2024 | 한국산업인력공단 | 국가기술자격

고시넷
고패스

산업안전기사 실기
필답형 + 작업형
기출복원문제 + 유형분석

gosi*net*
(주)고시넷

도서 소개

2024 고패스 기출+유형분석 산업안전기사 실기 도서는....

■ 분석기준

2005년~2023년까지 19년분의 산업안전기사&산업기사 실기 기출복원문제를 아래와 같은 기준에 입각하여 분석&정리하였습니다.

– 필기시험 합격 회차에 실기까지 한 번에 합격할 수 있도록

– 최대한 중복을 배제해서 짧은 시간동안 효율을 최대화할 수 있도록

– 시험유형(필답형/작업형)을 최대한 고려하여 꼼꼼하게 확인할 수 있도록

■ 분석대상

분석한 2005년~2023년까지 19년분의 산업안전기사&산업기사 실기 기출복원 대상문제는 다음과 같습니다.

– 필답형 문제 중 법규변경 등의 이유로 폐기한 문제를 제외한 기사 790개 문항과 산업기사 755개 문항으로 총 1,545문항

– 작업형 문제 기사 999개 문항과 산업기사 711개 문항으로 총 1,710문항

(작업형 문제의 경우 2011년 이전에 출제된 문제들의 경우 출제근거를 확인할 방법이 없어 부득이하게 분석 대상에서 제외했습니다.)

■ 분석결과

분석한 결과

• 필답형은 6~7년분의 기출을, 작업형은 4~5년분의 기출을 학습하셔야 중복출제문제의 비중이 70%에 근접할 수 있음을 확인하였습니다.

• 최근 기사 작업형 신출 문제의 50%가 넘는 문제가 산업기사 작업형에서 출제되었음을 확인하였습니다.

이에 본서에서는 이를 출제비중별로 재분류하여

- **필답형_유형별 기출복원문제 258題** : 258개의 기사 핵심 필답형 기출복원문제를 제시합니다. 동일한 이론이지만 출제유형이 서로 다르게 출제되는 경우 최대한 다양한 유형을 오래된 문제나 산발적으로 출제된 문제를 제외한 후 정리하였습니다. 아울러 2014년 이전에 출제된 문제 중 시험에 나올만한 문제를 선별하여 추가하였습니다.

- **필답형_회차별 기출복원문제〈Ⅰ〉** : 최근 10년(2014~2023)분의 필답형 기출복원문제를 제시합니다. 문제와 함께 모범답안을 제시하였습니다. 유형별 기출복원문제를 통해 학습한 내용이지만 회차별로 시험에 나오는 형태로 다시한번 점검하실 수 있습니다.

- **필답형_회차별 기출복원문제〈Ⅱ〉** : 최근 10년(2014~2023)분의 필답형 기출복원문제를 제시합니다. 〈Ⅰ〉과의 차이는 답안란이 비어져 있습니다. 최종마무리 평가용으로 직접 답안을 써볼 수 있도록 문제만 제시하였습니다. 모든 구성이 〈Ⅰ〉과 동일하므로 답안은 〈Ⅰ〉을 통해서 확인하실 수 있습니다.

- **작업형_유형별 기출복원문제 198題** : 198개의 기사 핵심 작업형 기출복원문제를 제시합니다. 동일한 이론이지만 출제유형이 서로 다르게 출제되는 경우 최대한 다양한 유형을 오래된 문제나 산발적으로 출제된 문제를 제외한 후 정리하였습니다. 아울러 2017년 이전에 출제된 문제 중 시험에 나올만한 문제를 선별하여 추가하였습니다.

- **작업형_회차별 기출복원문제** : 최근 7년(2017~2023)분의 작업형 기출복원문제를 제시합니다. 문제와 함께 모범답안을 제시하였습니다. 유형별 기출복원문제를 통해 학습한 내용이지만 회차별로 시험에 나오는 형태로 다시 한 번 점검하실 수 있습니다. 학습기간이 필답형에 비해 짧은 만큼 작업형은 별도의 문제만으로 구성된 회차별 기출복원문제를 제공하지는 않았습니다. 짧은 시간 최대한 집중해서 문제와 모범답안을 제공된 그림 및 사진과 함께 학습하실 수 있도록 하였습니다.

산업안전기사 실기 개요 및 유의사항

산업안전기사 실기 개요

- 필답형 55점과 작업형 45점으로 총 100점 만점에 60점 이상이어야
- 필답형 및 작업형 시험에 모두 응시하여야
- 부분점수 부여되므로 포기하지 말고 답안을 기재해야

산업안전기사 실기시험은 필답형과 작업형으로 구분되어 있습니다.

필답형은 보통 14문항에 각 문항 당 3점, 4점, 5점의 배점으로 총 55점 만점으로 구성되어 있습니다. 문제지에 나와 있는 지문을 보고 암기한 내용을 주관식으로 간략하게 정리하여야 합니다.

병행해서 별도의 일정으로 시행되는 작업형의 경우 문제내용은 컴퓨터에서 동영상으로 나오게 됩니다. 보통 9문항에 각 문항 당 4점, 5점, 6점의 배점으로 총 45점 만점으로 구성되어 있습니다. 아울러 작업형 시험은 동영상 시험인 관계로 컴퓨터가 있어야 하고 그러다보니 동시간대에 시험을 치르는 인원이 제한될 수밖에 없어서 시험 당일 하루에 2~3차례 시간을 나눠서 시험을 치르며 시험내용은 서로 다르게 출제됩니다.

실기 준비 시 유의사항

1. 주관식이므로 관련 내용을 정확히 기재하셔야 합니다.

- 중요한 단어의 맞춤법을 틀려서는 안 됩니다. 정확하게 기재하여야 하며 3가지를 쓰라고 되어있는 문제에서 정확하게 아는 3가지만을 기재하시면 됩니다. 4가지를 기재했다고 점수를 더 주는 것도 아니고 4가지를 기재하면서 하나가 틀린 경우 오답으로 인정되는 경우도 있사오니 가능하면 정확하게 아는 것 우선으로 기재하도록 합니다.

- 특히 중요한 것으로 단위와 이상, 이하, 초과, 미만 등의 표현입니다. 이 표현들을 빼먹어서 제대로 점수를 받지 못하는 분들이 의외로 많습니다. 암기하실 때도 이 부분을 소홀하게 취급하시는 분들이 많습니다. 시험 시작할 때 우선적으로 이것부터 챙기겠다고 마음속으로 다짐하시고 시작하십시오. 알고 있음에도 놓치는 점수를 없애기 위해 반드시 필요한 자세가 될 것입니다.

• 계산 문제는 특별한 지시사항이 없는 한 소수점 아래 둘째자리까지 구하시면 됩니다. 지시사항이 있다면 지시사항에 따르면 되고 그렇지 않으면 소수점 아래 셋째자리에서 반올림하셔서 소수점 아래 둘째자리까지 구하셔서 표기하시면 됩니다.

2. 부분점수가 부여되므로 포기하지 말고 기재하도록 합니다.

필답형, 작업형 공히 부분점수가 부여되므로 전혀 모르는 내용의 新유형 문제가 나오더라도 포기하지 않고 상식적인 범위 내에서 관련된 답을 기재하는 것이 유리합니다. 공백으로 비울 경우에도 0점이고, 틀린 답을 작성하여 제출하더라도 0점입니다. 상식적으로 답변할 수 있는 수준으로 제출할 경우 부분점수를 획득할 수도 있으니 포기하지 말고 기재하도록 합니다.

3. 필답형 시험을 망쳤다고 작업형을 포기하지 마세요.

대부분의 수험생들이 필답형 시험에서 20~40점대의 분포를 갖습니다. 특히 필답형 시험에서 20점도 안된다고 작업형을 포기하는 분들이 있는데 포기하지 마시기를 권해드립니다. 부분점수도 있고 주관식이다보니 채점자의 성향에 따라 정답으로 인정되는 경우도 많습니다. 의외로 실제 시험결과를 확인한 후 원래 예상했던 점수보다 더 많이 나왔다는 분들이 많습니다. 부분점수 등이 인정되기 때문입니다. 아울러 작업형은 생각보다 점수가 잘 나옵니다. 실제로 필답형에서 20점이 되지 않았지만 작업형 점수가 기대보다 훨씬 잘나와 합격한 경우를 여럿 보았습니다. 절대 필답형을 망쳤다고 작업형을 포기하지 마시기 바랍니다.

4. 작업형 시험은 보통 1주일 정도의 기간을 정해서 공부합니다.

예전과 달리 필답형 1주일 후에 작업형 시험이 시행되는 것이 아닌 관계로 시험접수 시에 수험생이 선택한 시험 일정에 따라 본인이 학습기간을 임의로 정하여 작업형을 공부하셔야 합니다. 필답형과 분리된 시험이기는 하지만 필답형에서 학습한 내용을 기반으로 답안을 작성하셔야 하는 만큼 필기시험이 끝나고 나면 일단은 필답형 시험에 집중하시고 실기 접수를 통해서 시험일정이 확정되면 그 시험일정에 맞게 작업형 학습 일정을 잡으시기 바랍니다. 보통의 수험생은 1주일정도의 기간을 정해서 작업형을 공부합니다.

5. 특히 작업형에서는 관련 동영상(혹은 실제 사진)을 많이 보셨으면 합니다.

필답형과 같이 실제 문제가 지문으로 제공되는 경우는 암기한 내용과 매칭이 어렵지 않아서 답을 적기가 수월하지만 작업형의 경우 동영상에서 이야기하는 내용이 뭔지를 몰라 답을 적지 못하는 경우도 많습니다. 주변 분 중에서 실기 작업형 시험을 준비하면서 건설용 리프트를 이용하는 작업을 하는 근로자에게 실시하는 특별안전보건교육 내용을 암기하고 있음에도 불구하고 동영상에서 나오는 건설용 리프트를 알아보지 못해서 공백으로 비우고 나왔다고 한탄을 하는 분이 있었습니다. 실제 전공자도 아니고 현직 근무자도 아닌 경우 여러분이 암기한 내용이 나오더라도 매칭을 하지 못해 답을 적지 못하는 경우가 많사오니 가능한 관련 내용의 다양한 동영상(혹은 실제 사진)을 보셨으면 합니다.

6. 작업형의 경우 정확한 답이 없습니다. 시험 친 후 올라오는 복원문제와 답에 너무 연연하지 마시기 바랍니다.

사람마다 동영상을 보는 관점이 다르고 문제점에 대한 인식의 기준도 다릅니다. 채점자가 기본적으로 모범 답안을 가지고 채점을 하겠지만 그 답이 딱 정해진 개수라고 볼 수 없습니다. 실례로 승강기 모터 부분을 청소하던 작업자가 사고를 당한 문제의 위험점을 묻는 문제가 출제된 적이 있는데 이때 사고가 나는 장면은 동영상에서 보이지 않았습니다. 사고가 나기는 했지만 회전하는 기계에서 사고가 날 가능성은 접선물림점이 될 수도 있고, 회전말림점이 될 수도 있습니다. 이 시험에서 회전말림점이라고 적은 분 중에서도, 접선물림점이라고 적은 분 중에서도 만점자가 나왔습니다. 즉, 답이 하나가 아닐 수 있다는 것입니다. 실제 동영상을 볼 때 문제 출제자가 의도하지 않았지만 불안전한 행동이나 상태가 나타날 수 있으며, 수험자가 이를 발견해서 답을 적을 수 있습니다. 그리고 채점자가 판단할 때 충분히 답이 될 수 있는 상황이라고 판단한다면 이는 정답으로 채점될 수 있다는 의미입니다. 꼼꼼히 따져보시고 상황에 맞는 답을 적도록 하시고 시험 후에 올라오는 후기에서의 정답 주장은 의미가 없으므로 크게 신경 쓰지 않도록 하셨으면 합니다.

어떻게 학습할 것인가?

앞서 도서 소개를 통해 본서가 어떤 기준에 의해서 만들어졌는지를 확인하였습니다. 이에 분석된 데이터들을 가지고 어떻게 학습하는 것이 가장 효율적인지를 저희 국가전문기술자격연구소에서 연구 · 검토한 결과를 제시하고자 합니다.

• 필기와 달리 실기(필답형, 작업형)는 직접 답안지에 서술형 혹은 단답형으로 그 내용을 기재하여야 하므로 정확하게 관련 내용에 대한 암기가 필요합니다. 가능한 한 직접 손으로 쓰면서 암기해주십시오.
• 작업형의 경우는 동영상에 나오는 실제 작업현장 및 시설, 설비가 무엇인지 알아야 암기하고 있던 관련 내용과 연계가 가능합니다. 관련 동영상(혹은 실제 사진)을 많이 참고해주십시오.
• 출제되는 문제는 새로운 문제가 포함되기는 하지만 80% 이상이 기출문제에서 출제되는 만큼 기출 위주의 학습이 필요합니다.

이에 저희 국가전문기술자격연구소에서는 시험에 중점적으로 많이 출제되는 문제들을 유형별로 구분하여 집중 암기할 수 있도록 하는 학습 방안을 제시합니다.

1단계 : 19년간 출제된 필답형 기출문제의 전유형을 제공한 유형별 기출복원문제 258題를 꼼꼼히 손으로 직접 쓰면서 암기해주십시오.

19년간 출제된 필답형 기출문제를 유형별로 분류하여 제공한 유형별 기출복원문제 258題를 펼치셔서 직접 문제를 보며 암기해주시기 바랍니다. 핵심유형이론과 달리 시험에서는 3가지 혹은 4가지 등 배점에 맞게 적어야 할 가짓수가 유형보다는 적게 제시됩니다. 자신이 암기하기 쉬운 문장들을 우선적으로 암기하시면서 정리해주십시오. 별도의 연습장을 활용하셔서 직접 적어가면서 암기하실 것을 강력히 권고드립니다.

2단계 : 어느 정도 유형별 기출복원문제 학습이 완료되시면 실제 시험과 같이 제공된 10년간 회차별
　　　　기출복원문제(Ⅰ)를 다시 한번 확인하시면서 암기해주십시오.

유형별 기출복원문제를 충분히 암기했다고 생각되신다면 실제 시험유형과 같은 회차별 기출복원문제(Ⅰ)로
시험적응력과 암기내용을 다시 한번 점검하시기 바랍니다. 필기와 달리 실기는 같은 해에도 회차별로 중복
문제가 많이 출제되었음을 확인하실 수 있을 겁니다.

3단계 : 회차별 기출복원문제까지 완료하셨다면 실제 시험과 같이 직접 연필을 이용해서 회차별
　　　　기출복원문제를 풀어보시기 바랍니다.

별도의 답안은 제공되지 않고 (Ⅰ)과 동일하게 구성되어있으므로 직접 풀어보신 후에는 (Ⅰ)의 모범답안과
비교해 본 후 틀린 내용은 오답노트를 작성하시기 바랍니다. 그런 후 틀린 내용에 대해서 집중적으로 암기
하는 시간을 가져보시기 바랍니다. 답안을 연필로 작성하신 후 지우개로 지워두시기 바랍니다. 시험 전에
다시 한번 최종 마무리 확인시간을 가지면 합격가능성은 더욱 올라갈 것입니다.

〈작업형 학습〉 작업형 역시 필답형과 동일하게 진행해주세요.

작업형은 필답형과 다르게 준비기간도 짧지만 외어야 할 내용도 그만큼 작습니다. 유형별 기출복원문제는
198題입니다. 보통은 1주일 정도의 기간을 정해서 작업형 시험에 대비한 학습을 합니다. 2일 정도는 유형
별 기출복원문제를 집중적으로 암기해주시고, 나머지 4일 정도는 회차별 기출복원문제 7년분을 통해서 암
기한 내용을 확인하시고 부족하신 부분을 보완하는 시간을 가지도록 하십시오. 마찬가지로 직접 손으로 적
어가면서 외우셔야 합니다.

산업안전기사 상세정보

자격종목

자격명		관련부처	시행기관
산업안전기사	Engineer Industrial Safety	고용노동부	한국산업인력공단

검정현황

■ 필기시험

	2013	2014	2015	2016	2017	2018	2019	2020	2021	2022	2023	합계
응시인원	13,023	15,885	20,981	3,322	25,088	27,018	33,297	33,732	41,704	54,500	80,253	368,803
합격인원	3,838	5,502	7,508	9,780	11,155	11,667	15,076	19,655	20,263	26,113	41,128	171,685
합격률	29.5%	34.6%	35.8%	41.9%	44.5%	43.2%	45.3%	58.3%	48.6%	47.9%	49.8%	46.6%

■ 실기시험

	2013	2014	2015	2016	2017	2018	2019	2020	2021	2022	2023	합계
응시인원	6,567	7,793	9,692	12,135	16,019	15,755	20,704	26,012	29,571	32,480	52,761	229,489
합격인원	2,184	3,993	5,377	6,882	7,886	7,600	9,765	14,824	15,310	15,296	28,628	117,745
합격률	33.3%	51.2%	55.5%	56.7%	49.2%	48.2%	47.2%	57.0%	51.8%	47.1%	54.3%	51.3%

■ 취득방법

구분	필기	실기
시험과목	① 산업재해 예방 및 안전보건교육 ② 인간공학 및 위험성 평가·관리 ③ 기계·기구 및 설비 안전관리 ④ 전기설비 안전관리 ⑤ 화학설비 안전관리 ⑥ 건설공사 안전관리	산업안전실무
검정방법	객관식 4지 택일형, 과목당 20문항	복합형[필답형+작업형]
합격기준	과목당 100점 만점에 40점 이상, 전 과목 평균 60점 이상	필답형+작업형 100점 만점에 60점 이상

■ 필기시험 합격자는 당해 필기시험 발표일로부터 2년간 필기시험이 면제된다.

이 책의 구성

① **258題의 필답형 유형별 기출복원문제로 필답형 완벽 준비**

– 최근 19년간 출제된 모든 필답형 기출문제를 분석하여 중복을 배제하고 중요도를 고려하여 다양한 유형을 빠짐없이 확인할 수 있도록 하였습니다.

258개의 유형별 기출복원문제를 제공합니다.

문제의 출제연혁을 통해 중요도를 확인할 수 있습니다.

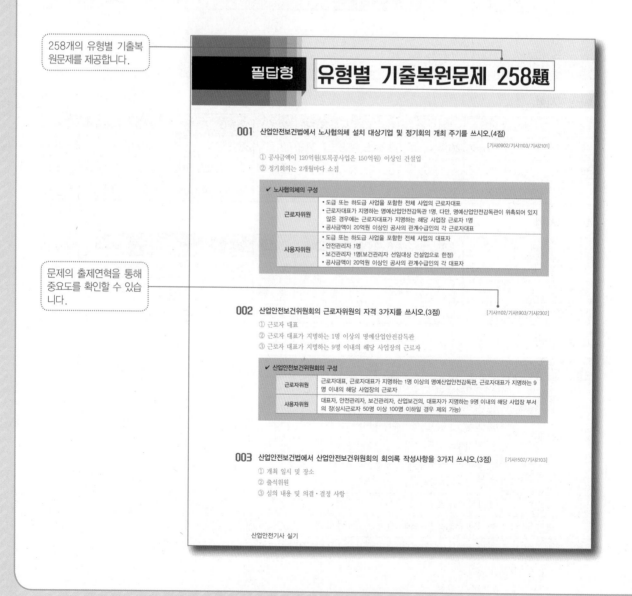

필답형 **유형별 기출복원문제 258題**

001 산업안전보건법에서 노사협의체 설치 대상기업 및 정기회의 개최 주기를 쓰시오.(4점)
[기사0902/기사1103/기사2101]

① 공사금액이 120억원(토목공사업은 150억원) 이상인 건설업
② 정기회의는 2개월마다 소집

✔ 노사협의체의 구성

근로자위원	• 도급 또는 하도급 사업을 포함한 전체 사업의 근로자대표 • 근로자대표가 지명하는 명예산업안전감독관 1명. 다만, 명예산업안전감독관이 위촉되어 있지 않은 경우에는 근로자대표가 지명하는 해당 사업장 근로자 1명 • 공사금액이 20억원 이상인 공사의 관계수급인의 각 근로자대표
사용자위원	• 도급 또는 하도급 사업을 포함한 전체 사업의 대표자 • 안전관리자 1명 • 보건관리자 1명(보건관리자 선임대상 건설업으로 한정) • 공사금액이 20억원 이상인 공사의 관계수급인의 각 대표자

002 산업안전보건위원회의 근로자위원의 자격 3가지를 쓰시오.(3점)
[기사1102/기사1903/기사2302]

① 근로자 대표
② 근로자 대표가 지명하는 1명 이상의 명예산업안전감독관
③ 근로자 대표가 지명하는 9명 이내의 해당 사업장의 근로자

✔ 산업안전보건위원회의 구성

근로자위원	근로자대표, 근로자대표가 지명하는 1명 이상의 명예산업안전감독관, 근로자대표가 지명하는 9명 이내의 해당 사업장의 근로자
사용자위원	대표자, 안전관리자, 보건관리자, 산업보건의, 대표자가 지명하는 9명 이내의 해당 사업장 부서의 장(상시근로자 50명 이상 100명 이하일 경우 제외 가능)

003 산업안전보건법에서 산업안전보건위원회의 회의록 작성사항을 3가지 쓰시오.(3점)
[기사1502/기사2103]

① 개최 일시 및 장소
② 출석위원
③ 심의 내용 및 의결·결정 사항

산업안전기사 실기

– 수험생의 요청에 따라 문항별 답안이 가능한 거의 모든 답안을 표시하였습니다. 문제에서 요구한 가짓수에 맞게 학습하신 후 기재하시기 바랍니다. 아울러 부족한 이론부분은 별도의 체크박스를 통해서 보충하였습니다.

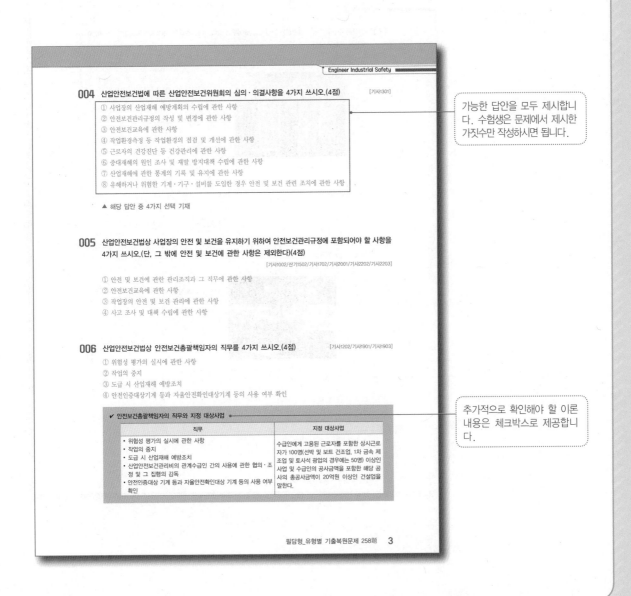

Engineer Industrial Safety

004 산업안전보건법에 따른 산업안전보건위원회의 심의·의결사항을 4가지 쓰시오.(4점) [기사1301]

① 사업장의 산업재해 예방계획의 수립에 관한 사항
② 안전보건관리규정의 작성 및 변경에 관한 사항
③ 안전보건교육에 관한 사항
④ 작업환경측정 등 작업환경의 점검 및 개선에 관한 사항
⑤ 근로자의 건강진단 등 건강관리에 관한 사항
⑥ 중대재해의 원인 조사 및 재발 방지대책 수립에 관한 사항
⑦ 산업재해에 관한 통계의 기록 및 유지에 관한 사항
⑧ 유해하거나 위험한 기계·기구·설비를 도입한 경우 안전 및 보건 관련 조치에 관한 사항

▲ 해당 답안 중 4가지 선택 기재

> 가능한 답안을 모두 제시합니다. 수험생은 문제에서 제시한 가짓수만 작성하시면 됩니다.

005 산업안전보건법상 사업장의 안전 및 보건을 유지하기 위하여 안전보건관리규정에 포함되어야 할 사항을 4가지 쓰시오.(단, 그 밖에 안전 및 보건에 관한 사항은 제외한다)(4점) [기사1002/산기1502/기사1702/기사2001/기사2202/기사2203]

① 안전 및 보건에 관한 관리조직과 그 직무에 관한 사항
② 안전보건교육에 관한 사항
③ 작업장의 안전 및 보건 관리에 관한 사항
④ 사고 조사 및 대책 수립에 관한 사항

006 산업안전보건법상 안전보건총괄책임자의 직무를 4가지 쓰시오.(4점) [기사1202/기사1901/기사1903]

① 위험성 평가의 실시에 관한 사항
② 작업의 중지
③ 도급 시 산업재해 예방조치
④ 안전인증대상기계 등과 자율안전확인대상기계 등의 사용 여부 확인

> 추가적으로 확인해야 할 이론 내용은 체크박스로 제공합니다.

✔ 안전보건총괄책임자의 직무와 지정 대상사업

직무	지정 대상사업
• 위험성 평가의 실시에 관한 사항 • 작업의 중지 • 도급 시 산업재해 예방조치 • 산업안전보건관리비의 관계수급인 간의 사용에 관한 협의·조정 및 그 집행의 감독 • 안전인증대상 기계 등과 자율안전확인대상 기계 등의 사용 여부 확인	수급인에게 고용된 근로자를 포함한 상시근로자가 100명(선박 및 보트 건조업, 1차 금속 제조업 및 토사석 광업의 경우에는 50명) 이상인 사업 및 수급인의 공사금액을 포함한 해당 공사의 총공사금액이 20억원 이상인 건설업을 말한다.

❷ 198題의 작업형 유형별 기출복원문제로 작업형 완벽 준비

- 최근 19년간 출제된 모든 작업형 기출문제를 분석하여 중복을 배제하고 중요도를 고려하여 다양한 유형을 빠짐없이 확인할 수 있도록 하였습니다.

작업형의 경우 같은 회차에도 A형부터 다양한 문제 Set이 있으니 유의하세요.

산업안전기사 실기

111 영상은 수소를 취급·보관하는 저장소를 보여주고 있다. 수소 취급 시 주의사항을 고려한 수소의 특성을 2가지 쓰시오.(4점)
[기사2003C]

작업자가 수소 저장고로 들어가는 모습을 보여준다. 방폭형 전원스위치가 있고, 저장고 상단 부분에 동작하지 않는 환풍기가 보인다. 환풍기 선의 콘센트와 전기 콘센트는 일반형이 설치되어 있다. 콘센트 주변에는 거미줄이 쳐 있는 등 관리가 소홀함을 확인할 수 있다.

① 공기보다 가볍다.
② 인화성이 강한 기체이다.

112 영상은 브레이크 라이닝 제조공정을 보여주고 있다. 사업주가 작업장의 분진을 배출하기 위해 설치하는 덕트의 설치기준을 3가지 쓰시오.(6점)
[기사2301A]

브레이크 라이닝 제조공장의 모습을 보여주고 있다. 환기가 되지 않아 힘들어하는 근로자의 찡그러진 표정이 보인다.

가능한 답안을 모두 제시합니다. 수험생은 문제에서 제시한 가짓수만 작성하시면 됩니다.

① 가능하면 길이는 짧게 하고 굴곡부의 수는 적게 할 것
② 접속부의 안쪽은 돌출된 부분이 없도록 할 것
③ 청소구를 설치하는 등 청소하기 쉬운 구조로 할 것
④ 덕트 내부에 오염물질이 쌓이지 않도록 이송속도를 유지할 것
⑤ 연결 부위 등은 외부 공기가 들어오지 않도록 할 것

▲ 해당 답안 중 3가지 선택 기재

작업형_유형별 기출복원문제 198題

- 수험생의 요청에 따라 문항별 답안이 가능한 거의 모든 답안을 표시하였습니다. 문제에서 요구한 가
짓수에 맞게 학습하신 후 기재하시기 바랍니다. 아울러 부족한 이론부분은 별도의 체크박스를 통해
서 보충하였습니다.

Engineer Industrial Safety

113 동영상은 보일러실의 모습을 보여준다. 배관의 압력이 설정압력에 도달하면 판이 파열하면서 유체가 분출하
도록 용기 등에 설치된 얇은 판으로 다시 닫히지 않는 압력방출 안전장치의 가) 장치명과 나) 해당 장치를
설치하여야 하는 경우를 2가지 쓰시오.(6점)   [기사2301C]

대형건물의 보일러실 내부를 보여
주고 있다.

가) 장치명 : 파열판
나) 설치해야 하는 경우
　　① 반응 폭주 등 급격한 압력 상승 우려가 있는 경우
　　② 급성 독성물질의 누출로 인하여 주위의 작업환경을 오염시킬 우려가 있는 경우
　　③ 운전 중 안전밸브에 이상 물질이 누적되어 안전밸브가 작동되지 아니할 우려가 있는 경우

▲ 나)의 답안 중 2가지 선택 기재

✓ **국소배기장치의 설치기준**
　• 국소배기장치의 후드는 유해물질이 발생하는 곳마다 설치할 것
　• 외부식 또는 리시버식 후드는 해당 분진 등의 발산원에 가장 가까운 위치에 설치할 것
　• 후드(Hood) 형식은 가능하면 포위식 또는 부스식 후드를 설치할 것
　• 국소배기장치의 덕트는 가능한 길이를 짧게 하고, 청소하기 쉬운 구조로 할 것
　• 국소배기장치에 공기정화장치를 설치하는 경우 정화 후의 공기가 통하는 위치에 배풍기(排風機)를 설치할 것
　• 분진 등을 배출하기 위하여 설치하는 국소배기장치의 배기구를 직접 외부로 향하도록 개방하여 실외에 설치하는 등 배출되는
　　분진 등이 작업장으로 재유입되지 않는 구조로 할 것

198개의 유형별 기출복원문제
를 제공합니다.

추가적으로 확인해야 할 이론
내용은 체크박스로 제공합니
다.

❸ 필답형 10년간 + 작업형 7년간 회차별 기출복원문제로 산업안전기사 자격증 획득!

– 유형별 기출복원문제에 추가적으로 회차별 기출복원문제로 산업안전기사 합격에 만전을 기할 수 있습니다.

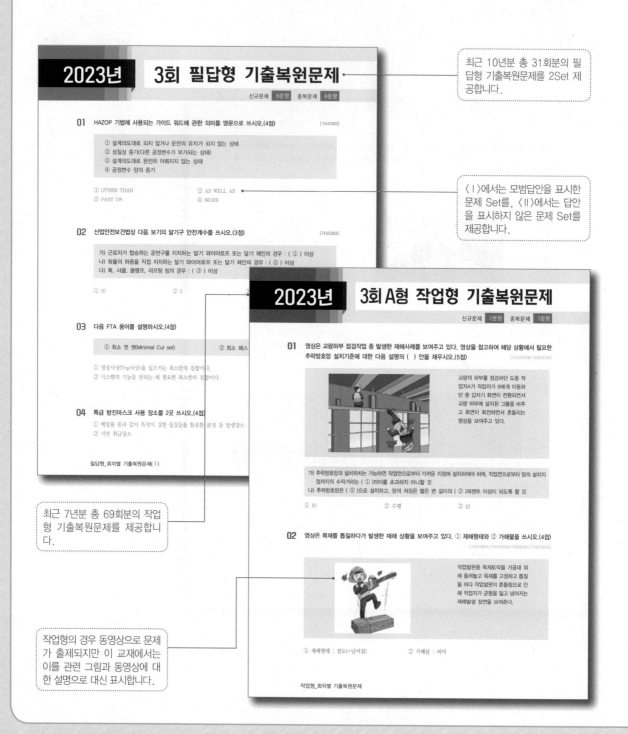

2023년 **3회 필답형 기출복원문제**

신규문제 8문항 중복문제 6문항

01 HAZOP 기법에 사용되는 가이드 워드에 관한 의미를 영문으로 쓰시오.(4점) [기사2303]

① 설계의도대로 되지 않거나 운전의 유지가 되지 않는 상태
② 성질상 증가(다른 공정변수가 부가되는 상태)
③ 설계의도대로 완전히 이뤄지지 않는 상태
④ 공정변수 양의 증가

① OTHER THAN   ② AS WELL AS
③ PART OF.   ④ MORE

02 산업안전보건법상 다음 보기의 달기구 안전계수를 쓰시오.(3점) [기사2303]

가) 근로자가 탑승하는 운반구를 지지하는 달기 와이어로프 또는 달기 체인의 경우 : (①) 이상
나) 화물의 하중을 직접 지지하는 달기 와이어로프 또는 달기 체인의 경우 : (②) 이상
다) 훅, 샤클, 클램프, 리프팅 빔의 경우 : (③) 이상

① 10   ② 5

03 다음 FTA 용어를 설명하시오.(4점)

① 최소 컷 셋(Minimal Cut set)   ② 최소 패스

① 정상사상(Top사상)을 일으키는 최소한의 집합이다.
② 시스템의 기능을 살리는 데 필요한 최소한의 집합이다.

04 특급 방진마스크 사용 장소를 2곳 쓰시오.(4점)
① 베릴륨 등과 같이 독성이 강한 물질들을 취유한 분진 등 발생장소
② 석면 취급장소

필답형_회차별 기출복원문제(Ⅰ)

2023년 **3회 A형 작업형 기출복원문제**

신규문제 2문항 중복문제 7문항

01 영상은 교량하부 점검작업 중 발생한 재해사례를 보여주고 있다. 영상을 참고하여 해당 상황에서 필요한 추락방호망 설치기준에 대한 다음 설명의 ( )안을 채우시오.(5점) [기사2202B/기사2303A]

교량의 하부를 점검하던 도중 작업자가 작업자가 B에게 이동하던 중 갑자기 화면이 전환되면서 교량 하부에 설치된 그물을 비추고 화면이 회전하면서 흔들리는 영상을 보여주고 있다.

가) 추락방호망의 설치위치는 가능하면 작업면으로부터 가까운 지점에 설치하여야 하며, 작업면으로부터 망의 설치지점까지의 수직거리는 (①)미터를 초과하지 아니할 것
나) 추락방호망은 (②)으로 설치하고, 망의 처짐은 짧은 변 길이의 (③)퍼센트 이상이 되도록 할 것

① 10   ② 수평   ③ 12

02 영상은 목재를 톱질하다가 발생한 재해 상황을 보여주고 있다. ① 재해형태와 ② 가해물을 쓰시오.(4점) [기사1409A/기사1503A/기사2004C/기사1303A]

작업발판용 목재토막을 가공대 위에 올려놓고 목재를 고정하고 톱질을 하다 작업발판이 흔들림으로 인해 작업자가 균형을 잃고 넘어지는 재해발생 장면을 보여준다.

① 재해형태 : 전도(=넘어짐)   ② 가해물 : 바닥

작업형_회차별 기출복원문제

최근 10년분 총 31회분의 필답형 기출복원문제를 2Set 제공합니다.

〈Ⅰ〉에서는 모범답안을 표시한 문제 Set를, 〈Ⅱ〉에서는 답안을 표시하지 않은 문제 Set를 제공합니다.

최근 7년분 총 69회분의 작업형 기출복원문제를 제공합니다.

작업형의 경우 동영상으로 문제가 출제되지만 이 교재에서는 이를 관련 그림과 동영상에 대한 설명으로 대신 표시합니다.

시험 접수부터 자격증 취득까지

실기시험

- 원서접수: http://www.q-net.or.kr
- 각 시험의 실기시험 원서접수 일정 확인

- 필답형/작업형 시험
- 각 실기시험에 필요한 준비물 확인
- 실기시험 일정 및 응시 장소 확인

- 합격발표: http://www.q-net.or.kr
- 각 시험의 합격발표 일정 확인

- 인터넷 발급: http://www.q-net.or.kr
- 방문 발급: 신분증 지참 후 발급장소(지부/지사) 방문

산업안전기사 실기시험은 크게 필답형과 작업형으로 구분되어 실시됩니다. 보통의 경우 1주일의 간격을 두고 실시되는 두 시험을 모두 응시하셔야 합니다.

필답형은 필기시험과 유사하게 시험지에 답안을 작성하는 시험으로 시험장의 선택이 자유로운 편입니다. 작업형 시험장소와 무관하게 접근성을 고려하여 선택하시면 됩니다.

그에 반해 산업안전기사 작업형 실기시험은 PC를 이용해 시험을 치르는 방식으로 동시에 시험을 치르는 인원수가 제한될 수 밖에 없는 관계로 하루에 3~4차례씩 하루 혹은 여러 날에 걸쳐 실시됩니다. 시험장도 원래 필기시험이나 필답형 실기시험 장소보다 희소한 관계로 수험생의 집에서 더 멀 수 있으며, 전혀 모르는 지역의 시험장을 선택할 수밖에 없을 수도 있습니다. 가능하면 접수할 때 접수 첫날 10:00에 접수하셔야 원하는 시험장과 시간을 선택할 수 있습니다.

시험 전날

1. 시험장에 가지고 갈 준비물은 하루 전날 미리 챙겨두세요.

의외로 시험장에 꼭 챙겨야 할 물품을 안 가져와서 허둥대는 분이 꽤 있습니다. 그러다 보면 마음이 급해지고, 하지 않아야 할 실수도 하는 경우가 많으니 미리 챙겨서 편안한 마음으로 좋은 결과를 만들었으면 좋겠습니다.

준비물	비고
수험표	없을 경우 여러 가지로 불편합니다. 꼭 챙기세요.
신분증	신분증 미지참자는 시험에 응시할 수 없습니다. 반드시 신분증을 지참하셔야 합니다.
검정색 볼펜	검정색 볼펜만 사용하도록 규정되었으므로 검정색 볼펜 잘 나오는 것으로 2개 정도 챙겨가도록 하는 게 좋습니다.(연필 및 다른 색 필기구 사용금지)
공학용 계산기	허용되는 공학용 계산기가 정해져 있습니다. 미리 자신의 계산기가 산업인력공단에서 허용된 계산기인지 확인하시고 초기화 방법도 익혀두시기 바랍니다. 산업안전기사 시험에 지수나 로그 등의 결과를 요구하는 문제가 필답형에서도 회차 별로 1문제씩은 출제되고 있습니다. 간단한 문제라면 시험지 모퉁이에 계산해도 되겠지만 아무래도 정확한 결과를 간단하게 구할 수 있는 계산기만 할까요? 귀찮더라도 챙겨가는 것이 좋습니다. 단, 작업형은 계산문제가 거의 나오지 않고 나오더라도 간단한 사칙연산수준인 만큼 본인이 판단하시기 바랍니다.
기타	요약 정리집, 오답노트 등 단시간에 집중적으로 볼 수 있도록 정리한 참고서, 시침과 분침이 있는 손목시계 등 본인 판단에 따라 준비하십시오.

2. 시험시간과 장소를 다시 한 번 확인하세요.

원서 접수 시에 본인이 시험장을 선택했을 것입니다. 일반적으로 자택에서 가까운 곳을 선택했겠지만 실기 시험을 치르는 시험장이 흔하지 않은 관계로 시험장이 자신이 잘 모르는 지역에 배당되는 경우가 꽤 있습니다. 이런 경우 시험장의 위치를 정확하게 알지 못하는 경우가 많으니 해당 시험장으로 가는 교통편 등을 미리 체크해서 당일 헤매지 않도록 하여야 할 것입니다.

시험 당일

1. 시험장에 가능한 일찍 도착하도록 하세요.

집에서 공부할 때 이런저런 주변 여건이나 인터넷, 핸드폰 등으로 인해 집중적인 학습이 어려운 분들이라도 시험장에 도착해서부터는 엄청 집중해서 학습이 가능합니다. 짧은 시간이지만 시험 전 잠시 본 내용이 시험에 나오면 정말 기분 좋게 정답을 적을 수 있습니다. 특히 필답이나 작업형 시험은 출제될 영역이 비교적 좁게 특정되어 있으므로 그 효과가 더욱 큽니다. 그러니 시험 당일 조금 귀찮더라도 1~2시간 일찍 시험장에 도착해서 수험생이 대기하는 교실에 들어가서 미리 준비해 온 정리집(오답노트)으로 마무리 공부를 해보세요. 집에서 3~4시간 동안 해도 긴가민가하던 암기내용이 시험장에서는 1~2시간 만에 머리에 쏙쏙 들어올 것입니다.

2. 매사에 허둥대는 당신, 수험자 유의사항을 천천히 읽으며 마음을 가다듬도록 하세요.

필답형이던 작업형이던 시험시작에 앞서 감독관이 시험장에 들어와 인원체크, 시험지 배부 전 준비, 휴대폰 수거, 계산기 초기화 등 시험과 관련하여 사전에 처리해야 할 일들을 진행하십니다. 긴장되는 시간이기도 하고 혹은 쓸데없는 시간이라고 생각할 수도 있습니다. 하지만 감독관 입장에서는 정해진 루틴에 따라 처리해야 하는 업무이고 수험생 입장에서는 어쩔 수 없이 멍을 때리더라도 앉아서 기다려야 하는 시간입니다.

아무 생각 없이 시간을 보내지 마시고 감독관 혹은 시험장 중앙의 안내방송에 따라 시험시작 전 30분 동안 수험자 유의사항을 읽어보도록 하세요. 어차피 시험은 정해진 시간에 시작됩니다. 혹시 화장실에 다녀오지 않으신 분들은 다녀오도록 하시고, 그렇지 않으시다면 수험자 유의사항을 꼼꼼히 읽어보시면서 자신에게 해당되는 내용이 있는지 살펴보시기 바랍니다.

의외로 처음 시험보시는 분들의 경우 가장 기본적인 부분에서 실수하여 시험을 망치는 경우가 꽤 있습니다. 수험자 유의사항은 그런 분들에게 아주 좋은 조언이, 덤벙대는 분들에게는 마음의 평안을 드릴 것입니다.

3. 시험시간에 쫓기지 마세요.

국가기술자격시험은 시험시간의 절반이 지나면 퇴실이 가능해집니다. 그러다보니 실제로 시험시간은 충분히 남아 있음에도 불구하고 자꾸만 시간에 쫓기는 분이 많습니다. '혹시라도 나만 남게 되는 것은 아닌가?' 감독관이 눈치 주는 것 아닌가? 하는 생각들로 인해 시험이 끝나지도 않았는데 서두르다 충분히 해결할 수 있는 문제임에도 제대로 정답을 못 쓰고 나오는 경우가 허다합니다. 일찍 나가는 분들 중 일부는 열심히 공부해서 충분히 좋은 점수를 내는 분들도 있지만 아무리 봐도 몰라서 그냥 포기하는 분들도 꽤 됩니다. 그런 분들보다는 끝까지 남아서 문제를 풀어가는 당신이 합격하실 수 있는 확률이 훨씬 더 높습니다. 일찍 나가는 데 연연하지 마시고 당신의 페이스대로 진행하십시오. 시간이 남는다면 잘 몰라서 비워둔 문제에 일반적인 상식선에서의 답안이라도 기재하시기 바랍니다. 특히, 작업형의 경우는 상식이라는 범위 내에서 해결 가능한 문제가 거의 절반 가까이 됩니다. 동영상에서 처음 봤을 때 보지 못했던 불안전한 상태나 행동을 찾아내는 귀중한 시간일 수 있으니 시간에 쫓겨 제대로 살펴보지 못하는 어리석음을 버리고 차분히 끝까지 하나라도 더 찾아보시기 바랍니다.

4. 제발 시키는 대로 하세요.

수험자 유의사항에 기재되어 있습니다. 소수점 아래 셋째자리에서 반올림하여 둘째자리까지 구하라고요. 그런데도 꼭 소수점 아래 셋째자리까지 기재하시는 분이 있습니다. 좀 더 정확성을 보여주고자 하는 의도라고 하는데 그건 지시사항을 위반한 경우로 일부러 틀리려고 하는 행위에 지나지 않습니다. 문제에 3가지만 적으라고 되어있음에도 4가지 혹은 5가지를 적는 분도 계십니다. 그것도 정확하지도 않은 내용을. 3가지 적으라고 되어있는 경우는 위에서부터 딱 3개만 채점하니 모두 쓸데없는 행동에 지나지 않습니다. 시험지에 체크 표시라던가 본인의 인적사항 등을 기재하지 말라고 되어 있습니다. 왜냐하면 실기시험은 채점자가 직접 채점을 해야 하는 관계로 혹시나 있을 부정행위를 방지하기 위해 본인을 특정하는 정보 등을 남겨서는 안 되기 때문입니다. 그런데도 시험을 치르고 나온 분들 중에 꼭 이런 분들 있습니다. 그러고는 까페나 인력공단에 전화해서 자신이 그렇게 했는데 어떻게 되냐고 묻습니다. 분명히 감독관도 그렇게 하지 말라고 이야기했고, 시험지에도 분명히 적혀있음에도 이를 무시하고는 결과가 발표 날 때까지 불안에 떠는 분들이 꽤 많습니다. 다시 한번 말씀드립니다. 감독관이나 시험지 유의사항에 적혀있는 대로만 하십시오.

5. 마지막으로 단위나 이상, 이하, 미만, 초과 등이 적혀야 할 곳이 빠진 것이 있는지 다시 한번 확인!!

시험을 치르고 나와서 가장 큰 후회가 되는 부분이 바로 이 부분입니다. 알고 있음에도 시험장에서 시험을 치르다보면 그냥 넘어가게 되는 실수 중 가장 대표적인 실수입니다.

문제 혹은 문제의 단서조항에 관련 사항에 대한 언급이 없는 상황에서 답안에 단위가 포함되어야 한다면 반드시 단위는 기재해야 합니다. 아울러 이상, 이하, 미만, 초과 등의 기준점을 포함하는지 포함하지 않는지도 법령의 조문 등에 포함된 중요한 요소입니다. 반드시 기재해야 하는 만큼 공부할 때도 이 부분을 중요하게 체크하는 버릇을 들이시기 바랍니다. 시험장에서의 행동도 어차피 습관화된 본인 루틴의 형태입니다. 평소에 꼭! 이를 체크하시는 분은 시험장에서 답안 기재할 때도 이를 체크하십시오. 평소에 무시하신 분들이 항상 시험이 끝나고 난 뒤에 후회하고, 불안해하십니다. 시험지 제출하시기 전에 반드시!! 단위, 이상, 이하, 미만, 초과가 들어가야 할 자리에 빠진 내용이 없는지 한 번 더 확인해주세요.

실기시험은 답안 발표가 되지 않습니다. 평소 참여하셨던 까페나 단톡방 등에 가시면 해당 시험의 시험을 치르신 분들이 문제 복원을 진행하고 있을 것입니다. 꼭 확인하고 싶으시다면 참여하셔서 시험문제를 복원하면서 확인해보시기 바랍니다.

이 책의 차례

2024 | 한국산업인력공단 | 국가기술자격

고시넷
고패스

산업안전기사 실기
필답형 + 작업형
기출복원문제 + 유형분석

필답형 유형별
기출복원문제
258題

gosinet
(주)고시넷

001 산업안전보건법에서 노사협의체 설치 대상기업 및 정기회의 개최 주기를 쓰시오.(4점)

[기사0902/기사1103/기사2101]

① 공사금액이 120억원(토목공사업은 150억원) 이상인 건설업
② 정기회의는 2개월마다 소집

✔ 노사협의체의 구성

근로자위원	• 도급 또는 하도급 사업을 포함한 전체 사업의 근로자대표 • 근로자대표가 지명하는 명예산업안전감독관 1명. 다만, 명예산업안전감독관이 위촉되어 있지 않은 경우에는 근로자대표가 지명하는 해당 사업장 근로자 1명 • 공사금액이 20억원 이상인 공사의 관계수급인의 각 근로자대표
사용자위원	• 도급 또는 하도급 사업을 포함한 전체 사업의 대표자 • 안전관리자 1명 • 보건관리자 1명(보건관리자 선임대상 건설업으로 한정) • 공사금액이 20억원 이상인 공사의 관계수급인의 각 대표자

002 산업안전보건위원회의 근로자위원의 자격 3가지를 쓰시오.(3점)

[기사1102/기사1903/기사2302]

① 근로자 대표
② 근로자 대표가 지명하는 1명 이상의 명예산업안전감독관
③ 근로자 대표가 지명하는 9명 이내의 해당 사업장의 근로자

✔ 산업안전보건위원회의 구성

근로자위원	근로자대표, 근로자대표가 지명하는 1명 이상의 명예산업안전감독관, 근로자대표가 지명하는 9명 이내의 해당 사업장의 근로자
사용자위원	대표자, 안전관리자, 보건관리자, 산업보건의, 대표자가 지명하는 9명 이내의 해당 사업장 부서의 장(상시근로자 50명 이상 100명 이하일 경우 제외 가능)

003 산업안전보건법에서 산업안전보건위원회의 회의록 작성사항을 3가지 쓰시오.(3점) [기사1502/기사2103]

① 개최 일시 및 장소
② 출석위원
③ 심의 내용 및 의결·결정 사항

004 산업안전보건법에 따른 산업안전보건위원회의 심의 · 의결사항을 4가지 쓰시오.(4점) [기사1301]

① 사업장의 산업재해 예방계획의 수립에 관한 사항
② 안전보건관리규정의 작성 및 변경에 관한 사항
③ 안전보건교육에 관한 사항
④ 작업환경측정 등 작업환경의 점검 및 개선에 관한 사항
⑤ 근로자의 건강진단 등 건강관리에 관한 사항
⑥ 중대재해의 원인 조사 및 재발 방지대책 수립에 관한 사항
⑦ 산업재해에 관한 통계의 기록 및 유지에 관한 사항
⑧ 유해하거나 위험한 기계·기구·설비를 도입한 경우 안전 및 보건 관련 조치에 관한 사항

▲ 해당 답안 중 4가지 선택 기재

005 산업안전보건법상 사업장의 안전 및 보건을 유지하기 위하여 안전보건관리규정에 포함되어야 할 사항을 4가지 쓰시오.(단, 그 밖에 안전 및 보건에 관한 사항은 제외한다)(4점)

[기사1002/산기1502/기사1702/기사2001/기사2202/기사2203]

① 안전 및 보건에 관한 관리조직과 그 직무에 관한 사항
② 안전보건교육에 관한 사항
③ 작업장의 안전 및 보건 관리에 관한 사항
④ 사고 조사 및 대책 수립에 관한 사항

006 산업안전보건법상 안전보건총괄책임자의 직무를 4가지 쓰시오.(4점) [기사1202/기사1901/기사1903]

① 위험성 평가의 실시에 관한 사항
② 작업의 중지
③ 도급 시 산업재해 예방조치
④ 안전인증대상기계 등과 자율안전확인대상기계 등의 사용 여부 확인

✔ 안전보건총괄책임자의 직무와 지정 대상사업

직무	지정 대상사업
• 위험성 평가의 실시에 관한 사항 • 작업의 중지 • 도급 시 산업재해 예방조치 • 산업안전보건관리비의 관계수급인 간의 사용에 관한 협의·조정 및 그 집행의 감독 • 안전인증대상 기계 등과 자율안전확인대상 기계 등의 사용 여부 확인	수급인에게 고용된 근로자를 포함한 상시근로자가 100명(선박 및 보트 건조업, 1차 금속 제조업 및 토사석 광업의 경우에는 50명) 이상인 사업 및 수급인의 공사금액을 포함한 해당 공사의 총공사금액이 20억원 이상인 건설업을 말한다.

007 산업안전보건법상의 사업주의 의무와 근로자의 의무를 2가지씩 쓰시오.(4점) [기사1401/1502]

가) 사업자의 의무

① 사업주는 법과 이 법에 따른 명령으로 정하는 산업재해 예방을 위한 기준을 지켜야 한다.

② 근로자의 신체적 피로와 정신적 스트레스 등을 줄일 수 있는 쾌적한 작업환경을 조성하고 근로조건을 개선해야 한다.

③ 사업주는 사업장의 안전·보건에 관한 정보를 근로자에게 제공해야 한다.

나) 근로자의 의무

① 근로자는 법에 정하는 기준 등 산업재해 예방에 필요한 사항을 지켜야 한다.

② 사업주 또는 근로감독관, 공단 등 관계자가 실시하는 산업재해 예방에·관한 조치에 따라야 한다.

▲ 가)의 답안 중 2가지 선택 기재

008 다음 보기의 안전관리자 최소인원을 쓰시오.(4점) [기사1203/기사1902]

① 펄프 제조업 - 상시근로자 600명   ② 고무제품 제조업 - 상시근로자 300명
③ 우편·통신업 - 상시근로자 500명   ④ 건설업 - 공사금액 500억

① 2명   ② 1명
③ 1명   ④ 1명

✔ 건설업 안전관리자의 수

규모	최소인원
공사금액 50억원 이상(관계수급인은 100억원 이상) 120억원 미만 (토목공사업의 경우에는 150억원 미만)	1명
공사금액 120억원 이상(토목공사업의 경우에는 150억원 이상) 800억원 미만	
공사금액 800억원 이상 1,500억원 미만	2명
공사금액 1,500억원 이상 2,200억원 미만	3명
공사금액 2,200억원 이상 3,000억원 미만	4명
공사금액 3,000억원 이상 3,900억원 미만	5명
공사금액 3,900억원 이상 4,900억원 미만	6명
공사금액 4,900억원 이상 6,000억원 미만	7명
공사금액 6,000억원 이상 7,200억원 미만	8명
공사금액 7,200억원 이상 8,500억원 미만	9명
공사금액 8,500억원 이상 1조원 미만	10명
1조원 이상	11명

009 안전관리자를 정수 이상으로 증원·교체 임명할 수 있는 사유 3가지를 쓰시오.(3점)

[기사0603/기사1703/기사2002/기사2303]

① 해당 사업장의 연간재해율이 같은 업종의 평균재해율의 2배 이상인 경우
② 중대재해가 연간 2건 이상 발생한 경우
③ 관리자가 질병이나 그 밖의 사유로 3개월 이상 직무를 수행할 수 없게 된 경우
④ 화학적 인자로 인한 직업성 질병자가 연간 3명 이상 발생한 경우

▲ 해당 답안 중 3가지 선택 기재

010 산업안전보건법 상 안전보건관리담당자의 업무를 4가지 쓰시오.(4점) [기사2203]
① 안전보건교육 실시에 관한 보좌 및 지도·조언
② 위험성평가에 관한 보좌 및 지도·조언
③ 작업환경측정 및 개선에 관한 보좌 및 지도·조언
④ 건강진단에 관한 보좌 및 지도·조언
⑤ 산업재해 발생의 원인 조사, 산업재해 통계의 기록 및 유지를 위한 보좌 및 지도·조언
⑥ 산업 안전·보건과 관련된 안전장치 및 보호구 구입 시 적격품 선정에 관한 보좌 및 지도·조언

▲ 해당 답안 중 4가지 선택 기재

011 근로자가 작업장 통로를 지나다가 바닥의 기름에 미끄러지면서 선반에 머리를 부딪치는 재해를 당하였다.
재해를 분석하시오.(3점) [기사2002/산기2003]
① 사고유형 : 충돌(부딪힘)
② 기인물 : 기름
③ 가해물 : 선반

012 재해 발생 형태를 쓰시오.(4점) [기사1103/기사1703]

① 폭발과 화재 2가지 현상이 복합적으로 발생한 경우
② 재해 당시 바닥면과 신체가 떨어진 상태로 더 낮은 위치로 떨어진 경우
③ 재해 당시 바닥면과 신체가 접해있는 상태에서 더 낮은 위치로 떨어진 경우
④ 재해자가 전도로 인하여 기계의 동력전달부위 등에 협착되어 신체부위가 절단된 경우

① 폭발   ② 추락(떨어짐)
③ 전도(넘어짐)   ④ 협착(끼임)

013 산업안전보건법에 의하여 산업재해를 예방하기 위하여 필요하다고 인정 하는 산업재해 발생건수, 재해율 또는 그 순위 등을 공표할 수 있는 이에 해당되는 대상사업장의 종류 2가지를 쓰시오.(4점)

[기사0801/기사1203]

① 산업재해로 인한 사망자가 연간 2명 이상 발생한 사업장
② 중대산업사고가 발생한 사업장
③ 사망만인율이 규모별 같은 업종의 평균 사망만인율 이상인 사업장
④ 산업재해 발생 사실을 은폐한 사업장
⑤ 산업재해의 발생에 관한 보고를 최근 3년 이내 2회 이상 하지 않은 사업장

▲ 해당 답안 중 2가지 선택 기재

014 다음은 중대재해에 대한 설명이다. ( ) 안을 채우시오.(4점)　　　[산기0602/산기1503/기사1802/기사1902]

> 가) 사망자가 (①) 이상 발생한 재해
> 나) 3개월 이상의 요양이 필요한 부상자가 동시에 (②) 이상 발생한 재해
> 다) 부상자 또는 직업성 질병자가 동시에 (③) 이상 발생한 재해

① 1명
② 2명
③ 10명

015 다음은 산업재해 발생 시의 조치내용을 순서대로 표시하였다. 아래의 빈칸에 알맞은 내용을 쓰시오.(4점)

[기사1002/기사1602]

> 산업재해 발생 → ① → ② → 원인분석 → ③ → 대책실시계획 → 실시 → ④

① 긴급조치
② 재해조사
③ 대책수립
④ 평가

016 재해조사 시 유의사항 4가지를 쓰시오.(4점) [기사1903]

① 피해자에 대한 구급조치를 최우선으로 한다.
② 가급적 재해 현장이 변형되지 않은 상태에서 실시한다.
③ 사실 이외의 추측되는 말은 참고용으로만 활용한다.
④ 사람, 기계설비 양면의 재해요인을 모두 도출한다.

017 산업재해조사표의 주요항목에 해당하지 않는 것 4가지를 보기에서 고르시오.(4점)

[기사1101/기사1201/기사1501/기사1503]

① 재해자의 국적	② 보호자의 성명	③ 재해 발생일시
④ 고용형태	⑤ 휴업 예상 일수	⑥ 급여 수준
⑦ 응급조치 내역	⑧ 재해자의 직업	⑨ 재해자의 복귀일시

• ②, ⑥, ⑦, ⑨

✔ 산업재해조사표 주요항목

사업장 정보	산재관리번호, 사업장명, 근로자 수, 업종, 공사종류, 공정률, 공사금액
재해자 정보	• 체류자격, 직업, 근속기간, 고용형태, 근무형태, 상해종류, 상해부위, 휴업예상일수 • 상해종류는 골절, 절단, 타박상, 찰과상, 중독·질식, 화상, 감전, 뇌진탕, 고혈압, 뇌졸중, 피부염, 진폐, 수근관증후군 등
재해발생정보	재해발생 개요, 재해발생 원인,
재발방지계획	재발방지 계획

018 산업안전보건법에 따라 산업재해조사표를 작성하고자 할 때, 다음 보기에서 산업재해조사표의 주요 작성항목이 아닌 것 3가지를 번호로 쓰시오.(3점) [기사1101/기사1201/기사1501/기사1503]

① 발생일시	② 목격자 인적사항	③ 휴업예정일수
④ 상해종류	⑤ 고용형태	⑥ 재해자직업
⑦ 가해물	⑧ 치료·요양기관	⑨ 재해 발생 후 첫 출근일자

• ②, ⑧, ⑨

019 산업안전보건법시행규칙에서 산업재해조사표에 작성해야 할 상해 종류 4가지를 쓰시오.(4점)

[기사1603]

① 골절   ② 절단   ③ 타박상
④ 찰과상   ⑤ 중독·질식   ⑥ 화상
⑦ 감전   ⑧ 뇌진탕   ⑨ 고혈압
⑩ 뇌졸중   ⑪ 피부염   ⑫ 진폐
⑬ 수근관증후군

▲ 해당 답안 중 4가지 선택 기재

020 A 사업장의 근무 및 재해 현황이 다음과 같을 때, 이 사업장의 도수율을 구하시오.(3점)

[기사2004]

- 상시근로자 500명   • 1인당 연간근로시간 3,000시간   • 재해건수 3건

- 연간총근로시간을 구하면 500명, 1인당 연간 3,000시간이므로 $500 \times 3,000 = 1,500,000$시간이다.
- 재해 발생건수는 3건이므로 도수율은 $\dfrac{3}{1,500,000} \times 1,000,000 = 2$이다.

021 도수율이 18.73인 사업장에서 근로자 1명에게 평생 약 몇 건의 재해가 발생하겠는가?(단, 1일 8시간, 월 25일, 12개월 근무, 평생 근로년수는 35년, 연간 잔업시간은 240시간으로 한다)(3점)

[기사1601]

- 연간총근로시간 $= 8 \times 25 \times 12 + 240 = 2,640$시간
- 평생근로시간 $= 2,640 \times 35 = 92,400$시간
- 도수율이 18.73이므로 1백만 시간동안 18.73건의 재해가 발생하는데

  92,400시간동안은 $\dfrac{18.73 \times 92,400}{1,000,000} = 1.73$건이다.

022 프레스 금형 공장의 근무 및 재해발생현황이 다음과 같을 때, 이 사업장의 강도율을 구하시오.(5점)

[기사2101]

- 연평균 300명, 1일 8시간, 1년 300일 근무 • 요양재해로 인한 휴업일수 300일
- 사망재해 2명
- 4급 요양재해 1명
- 10급 요양재해 1명

- 연간총근로시간 = 8 × 300 × 300 = 720,000시간이다.
- 근로손실일수를 구해야한다. 휴업일수는 근로손실일수로 보정해줘야 한다. 1년 365일 중 근로일은 300일이고, 휴업일수는 300일이므로 근로손실일수는 $300 \times \dfrac{300}{365} = 246.575 \cdots$ 이므로 246.58일이다.
- 재해로 인한 근로손실일수는 사망 7,500일, 4급 5,500일, 10급 600일이므로 (7,500×2) + 5,500 + 600 = 21,100일이다.
- 근로손실일수의 합은 246.58+21,100 = 21,346.58일이다.
- 대입하면 강도율은 $\dfrac{21,346.58}{720,000} \times 1,000 = 29.648 \cdots$ 이다. 소수점 셋째자리에서 반올림해서 둘째자리까지 구해야 하므로 29.65가 된다.

✔ **국제노동기구(ILO)의 상해정도별 분류**
- 사망 : 안전사고로 사망하거나 혹은 부상의 결과로 사망한 것으로 노동손실일수는 7,500일이다.
- 영구 전노동불능 상해(신체장애등급 1~3급)는 부상의 결과로 노동기능을 완전히 상실한 부상을 말한다. 노동손실일수는 7,500일이다.
- 영구 일부노동불능 상해(신체장애등급 4~14급)는 부상의 결과로 인해 신체 부분 일부가 노동기능을 상실한 부상을 말한다. 노동손실일수는 신체장애등급에 따른 손실일수를 적용한다.

사망	신체장애등급											
	1~3	4	5	6	7	8	9	10	11	12	13	14
7,500	7,500	5,500	4,000	3,000	2,200	1,500	1,000	600	400	200	100	50

- 일시 전노동불능 상해는 의사의 진단으로 일정기간 정규 노동에 종사할 수 없는 상해로 신체장애가 남지 않는 일반적인 휴업재해를 말한다.
- 일시 일부노동불능 상해는 의사의 진단으로 일정기간 정규 노동에 종사할 수 없으나 휴무상태가 아닌 일시 가벼운 노동에 종사 가능한 상해를 말한다.
- 응급조치 상해는 응급조치 또는 자가 치료(1일 미만) 후 정상 작업에 임할 수 있는 상해를 말한다.

023 다음 근로 불능상해의 종류를 설명하시오.(3점) [기사0603/기사1602]

> ① 영구 전노동불능 상해　　　　　　　　② 영구 일부노동불능 상해
> ③ 일시 전노동불능 상해

① 영구 전노동불능 상해(신체장해등급 1~3급)는 부상의 결과로 노동기능을 완전히 상실한 부상을 말한다. 노동손실일수는 7,500일이다.

② 영구 일부노동불능 상해(신체장해등급 제4급~제14급)는 부상의 결과로 신체 부분 일부가 노동기능을 상실한 부상을 말한다. 노동손실일수는 신체 장해등급에 따른 손실일수를 적용한다.

③ 일시 전노동불능 상해는 의사의 진단으로 일정기간 정규 노동에 종사할 수 없는 상해로 신체장애가 남지 않는 일반적인 휴업재해를 말하다.

024 근로자수 1,440명, 주당 40시간 근무, 1년 50주 근무하고 조기출근 및 잔업시간 합계 100,000시간, 재해건수 40건, 근로손실일수 1,200일, 사망재해 1건이 발생했을 때 강도율을 구하시오.(단, 조퇴 5,000시간, 평균 출근율은 94%이다)(3점) [기사1702]

- 연간총근로시간과 근로손실일수를 구해야 한다.
- 연간총근로시간 = $(1,440 \times 40 \times 50 \times 0.94) + (100,000 - 5,000) = 2,802,200$시간이다.
- 근로손실일수는 1,200일, 사망재해가 1건이 있으므로 7,500일을 추가하면 8,700일이다.
- 강도율은 $\dfrac{8,700}{2,802,200} \times 1,000 = 3.1047 \simeq 3.10$이다.

025 A 사업장에 근로자수가 300명이고, 연간 15건의 재해 발생으로 인한 휴업일수 288일이 발생하였다. 도수율과 강도율을 구하시오.(단, 근무시간은 1일 8시간, 근무일수는 연간 280일이다)(4점) [기사1902]

- 연간총근로시간은 $300 \times 8 \times 280 = 672,000$시간이다.
- 근로손실일수는 $288 \times \dfrac{280}{365} = 220.93$일이다.

① 도수율 = $\dfrac{15}{672,000} \times 1,000,000 = 22.32$가 된다.

② 강도율 = $\dfrac{220.93}{672,000} \times 1,000 = 0.3287 \cdots \simeq 0.33$이 된다.

026 A 사업장의 도수율이 12였고 12건의 재해로 인하여 15명의 재해자가 발생하였고 총 휴업일수는 146일이었다. 사업장의 강도율을 구하시오.(단, 근로자는 1일 10시간씩 연간 250일 근무하였다)(4점)[기사1003/기사1901]

- 연간총근로시간을 구하여야 강도율을 구할 수 있는데 A사업장에 근무하는 직원의 수를 알 수가 없어 연간총근로시간을 구할 수가 없다.
- 도수율과 재해건수가 주어져 있으므로 이를 통해서 연간총근로시간을 구할 수 있다. 연간총근로시간 = $\frac{연간재해건수}{도수율} \times 10^6$이므로 대입하면 $\frac{12}{12} \times 10^6 = 1,000,000$시간이다.
- 근로손실일수 대신 휴업일수가 제시되었으므로 이를 근로손실일수로 바꾸어야 한다. 근로손실일수 = 휴업일수 $\times \frac{250}{365}$이므로 대입하면 $146 \times \frac{250}{365} = 100$일이다.
- 강도율 = $\frac{100}{1,000,000} \times 1,000 = 0.1$이 된다.

027 A 사업장의 근무 및 재해 발생 현황이 다음과 같을 때, 이 사업장의 강도율을 구하시오.(4점)

[기사2004]

- 상시근로자수 : 400명
- 연간 재해자수 : 20명
- 총근로손실일수 : 100일
- 근로시간 : 1일 8시간, 연간 250일 근무

- 연간총근로시간 = $8 \times 250 \times 400 = 800,000$시간이다.
- 연간 재해자의 수는 강도율에서는 고려할 필요가 없으며, 근로손실일수는 100일이므로
  강도율 = $\frac{100}{800,000} \times 1,000 = 0.125$가 된다.
- 소수점 셋째자리에서 반올림해서 둘째자리까지 구해야 하므로 0.13이 된다.

028 연간 평균 상시 500명의 근로자를 두고 있는 사업장에서 1년간 20명의 재해자가 발생하였다. 연천인율은 얼마인가?(4점)

[기사1801]

- 연천인율은 근로자 1,000명당 발생한 재해자수이다.
- 연천인율 = $\frac{20}{500} \times 1,000 = 40$이 된다.

029 연평균 상시근로자 1,500명을 두고 있는 A 공장에서 1년간 60건의 재해가 발생하여 사망자 2명, 근로손실일수는 1,200일이 발생하였다. 연천인율은 얼마인가?(3점) [기사0503/기사2002]

- 연천인율은 근로자 1,000명당 발생한 재해자수이다. 문제에서는 재해의 건수만 주어지고 재해자가 주어지지 않았으므로 재해의 건수를 재해자 수로 취급한다.(사망자의 수는 재해자의 수 안에 포함되며, 근로손실일수는 수험생의 혼란을 유도하기 위해 넣어둔 것이다. 무시한다)

- 연천인율 $= \dfrac{60}{1,500} \times 1,000 = 40$이 된다.

030 A 사업장의 근무 및 재해 발생현황이 다음과 같을 때, 이 사업장의 종합재해지수를 구하시오.(4점)

[기사1102/기사1701/기사2003/기사2301]

- 평균 근로자수 : 400명
- 연간 재해 발생건수 : 80건
- 재해자수 : 100명
- 근로손실일수 : 800일
- 근로시간 : 1일 8시간, 연간 280일 근무

- 연간총근로시간 $= 8 \times 280 \times 400 = 896,000$시간이다. 종합재해지수를 구하기 위해서는 강도율과 도수율을 구해야 한다.

① 도수율 $= \dfrac{80}{896,000} \times 10^6 = 89.2857 \simeq 89.29$이다.

② 강도율 $= \dfrac{800}{896,000} \times 1,000 = 0.8928 \simeq 0.89$이다.

③ 종합재해지수 $= \sqrt{89.29 \times 0.89} = \sqrt{79.4681} = 8.9144 \simeq 8.91$이다.

031 연천인율, 평균강도율, 환산도수율, 안전활동율의 공식을 각각 쓰시오.(4점) [기사1302]

① 연천인율 $= \dfrac{\text{연간재해자수}}{\text{연평균근로자수}} \times 1000$

② 평균강도율 $= \dfrac{\text{강도율}}{\text{도수율}} \times 1000$

③ 환산도수율 $= \text{도수율} \times \dfrac{\text{총근로시간수}}{1,000,000}$

④ 안전활동율 $= \dfrac{\text{안전 활동 건수}}{\text{총근로시간수}} \times 1,000,000 = \dfrac{\text{안전 활동 건수}}{\text{근로 시간수} \times \text{평균 근로자수}} \times 1,000,000$

> ✔ **안전활동율**
> * 안전활동율 = $\dfrac{\text{안전활동건수}}{\text{연간총근로시간}} \times 1,000,000$ 으로 구한다.
> * 안전활동에는 불안전행동의 발견 및 조치, 안전제안, 안전홍보, 안전회의 등이 포함된다.

032 산업안전보건법상 사망만인율을 구하는 식과 사망자 수에 포함되지 않는 경우를 2가지 쓰시오.(4점)

[기사2303]

가) 사망만인율 = (사망자수/산재보험적용근로자수)×10,000

나) 사망자 수에 포함되지 않는 경우

① 사업장 밖의 교통사고에 의한 사망(운수업, 음식숙박업은 사업장 밖의 교통사고도 포함)

② 체육행사에 의한 사망

③ 폭력행위에 의한 사망

④ 통상의 출퇴근에 의한 사망

⑤ 사고발생일로부터 1년을 경과하여 사망

▲ 나)의 답안 중 2가지 선택 기재

> ✔ **건설업체 산업재해발생률의 사고사망만인율**
> * 사고사망만인율(‰) = $\dfrac{\text{사고사망자수}}{\text{상시근로자수}} \times 10,000$ 으로 구한다.
> * 단위는 bp(basis point, ‰)를 사용한다.

033 산업안전보건법에서 사업주가 근로자에게 시행해야 하는 안전보건교육의 종류 4가지를 쓰시오.(4점)

[산기0602/산기0701/산기0903/산기1101/기사1601/기사1802/산기2003]

① 정기교육

② 채용 시의 교육

③ 작업내용 변경 시의 교육

④ 특별교육

⑤ 건설업 기초안전·보건교육

▲ 해당 답안 중 4가지 선택 기재

034 산업안전보건법상 사업 내 안전·보건교육에 있어 근로자 정기안전·보건교육의 내용을 4가지 쓰시오. (4점)

[산기0901/기사1903/산기2002/기사2203]

① 산업안전 및 사고 예방에 관한 사항
② 산업보건 및 직업병 예방에 관한 사항
③ 위험성 평가에 관한 사항
④ 산업안전보건법령 및 산업재해보상보험 제도에 관한 사항
⑤ 직무스트레스 예방 및 관리에 관한 사항
⑥ 직장 내 괴롭힘, 고객의 폭언 등으로 인한 건강장해 예방 및 관리에 관한 사항
⑦ 유해·위험 작업환경 관리에 관한 사항
⑧ 건강증진 및 질병 예방에 관한 사항

▲ 해당 답안 중 4가지 선택 기재
※ ①~⑥은 근로자 및 관리감독자 정기교육, 채용 시 및 작업내용 변경 시 교육의 공통내용임

035 산업안전보건법령상 사업 내 안전·보건교육에 있어 500명의 사업장에 30명 채용 시의 교육내용을 4가지 쓰시오.(단, 산업안전보건법 및 일반관리에 관한 사항은 제외한다)(5점) [기사0602/기사1502/기사2004/기사2101]

① 산업안전 및 사고 예방에 관한 사항
② 산업보건 및 직업병 예방에 관한 사항
③ 위험성 평가에 관한 사항
④ 산업안전보건법령 및 산업재해보상보험 제도에 관한 사항
⑤ 직무 스트레스 예방 및 관리에 관한 사항
⑥ 직장 내 괴롭힘, 고객의 폭언 등으로 인한 건강장해 예방 및 관리에 관한 사항
⑦ 기계·기구의 위험성과 작업의 순서 및 동선에 관한 사항
⑧ 작업 개시 전 점검에 관한 사항
⑨ 정리정돈 및 청소에 관한 사항
⑩ 사고 발생 시 긴급조치에 관한 사항
⑪ 물질안전보건자료에 관한 사항

▲ 해당 답안 중 4가지 선택 기재

036 산업안전보건법에서 관리감독자 정기안전 · 보건교육의 내용을 5가지 쓰시오.(단, 산업안전보건법 및 일반 관리에 관한 사항은 생략할 것)(5점) [기사0902/기사1001/기사1603/기사1801/기사2003/기사2102]

① 산업안전 및 사고 예방에 관한 사항
② 산업보건 및 직업병 예방에 관한 사항
③ 위험성평가에 관한 사항
④ 산업안전보건법령 및 산업재해보상보험 제도에 관한 사항
⑤ 직무 스트레스 예방 및 관리에 관한 사항
⑥ 직장 내 괴롭힘, 고객의 폭언 등으로 인한 건강장해 예방 및 관리에 관한 사항
⑦ 유해 · 위험 작업환경 관리에 관한 사항
⑧ 작업공정의 유해 · 위험과 재해 예방대책에 관한 사항
⑨ 사업장 내 안전보건관리체제 및 안전 · 보건조치 현황에 관한 사항
⑩ 표준안전작업방법 및 지도 요령에 관한 사항
⑪ 현장근로자와의 의사소통능력 및 강의능력 등 안전보건교육 능력 배양에 관한 사항
⑫ 비상시 또는 재해 발생 시 긴급조치에 관한 사항

▲ 해당 답안 중 5가지 선택 기재
 ※ ①~⑥은 근로자 및 관리감독자 정기교육, 채용 시 및 작업내용 변경 시 교육의 공통내용임

037 사업주가 근로자에게 시행하는 안전보건교육 중 건설업 기초안전 · 보건교육의 교육내용을 2가지 쓰시오.
(4점) [기사2303]

① 건설공사의 종류(건축 · 토목 등) 및 시공 절차
② 산업재해 유형별 위험요인 및 안전보건조치
③ 안전보건관리체제 현황 및 산업안전보건 관련 근로자 권리 · 의무

▲ 해당 답안 중 2가지 선택 기재

038 밀폐된 장소에서 하는 용접작업 또는 습한 장소에서 하는 전기용접 작업시 특별안전보건교육을 실시할 때 교육내용 4가지를 쓰시오.(단, 공통사항 및 그 밖에 안전보건관리에 필요한 사항은 제외함)(4점)
[기사1203]

① 작업순서, 안전작업방법 및 수칙에 관한 사항
② 환기설비에 관한 사항
③ 전격 방지 및 보호구 착용에 관한 사항
④ 질식 시 응급조치에 관한 사항
⑤ 작업환경 점검에 관한 사항

▲ 해당 답안 중 4가지 선택 기재

039 로봇작업에 대한 특별안전보건교육을 실시할 때 교육내용 4가지를 쓰시오.(4점) [기사1501/기사2001/기사2302]

① 조작방법 및 작업순서에 관한 사항

② 안전시설 및 안전기준에 관한 사항

③ 이상 발생 시 응급조치에 관한 사항

④ 로봇의 기본원리·구조 및 작업방법에 관한 사항

040 산업안전보건법상 방사선 업무에 관계되는 작업(의료 및 실험용은 제외)에 종사하는 근로자에게 실시하여야 하는 특별 안전·보건교육 내용 4가지를 쓰시오.(4점) [기사1202]

① 방사선의 유해·위험 및 인체에 미치는 영향

② 방사선의 측정기기 기능의 점검에 관한 사항

③ 방호거리·방호벽 및 방사선물질의 취급 요령에 관한 사항

④ 응급처치 및 보호구 착용에 관한 사항

041 산업안전보건법상 타워크레인을 설치(상승작업 포함)·해체하는 작업을 하기 전 특별안전·보건교육내용을 4가지 쓰시오.(4점) [기사1701/기사2301]

① 붕괴·추락 및 재해 방지에 관한 사항

② 설치·해체 순서 및 안전작업방법에 관한 사항

③ 부재의 구조·재질 및 특성에 관한 사항

④ 신호방법 및 요령에 관한 사항

⑤ 이상 발생 시 응급조치에 관한 사항

▲ 해당 답안 중 4가지 선택 기재

042 다음 교육 시간을 쓰시오.(5점) [기사1301]

① 안전관리자 신규교육 시간 : (   )시간 이상
② 안전보건관리 책임자 보수교육 시간 : (   )시간 이상
③ 사무직 종사 근로자의 정기교육시간 : 매반기 (   )시간 이상
④ 일용근로자 및 기간제 근로자를 제외한 근로자의 채용 시의 교육시간 : (   )시간 이상
⑤ 일용근로자 및 기간제 근로자를 제외한 근로자의 작업내용변경 시의 교육시간 : (   )시간 이상

① 34   ② 6   ③ 6

④ 8   ⑤ 2

✔ 근로자 안전·보건교육 과정·대상·시간

교육과정	교육대상		교육시간
정기교육	사무직 종사 근로자		매반기 6시간 이상
	사무직 종사 근로자 외의 근로자	판매업무에 직접 종사하는 근로자	매반기 6시간 이상
		판매업무에 직접 종사하는 근로자 외의 근로자	매반기 12시간 이상
	관리감독자의 지위에 있는 사람		연간 16시간 이상
채용 시의 교육	일용근로자 및 근로계약기간이 1주일 이하인 기간제 근로자		1시간 이상
	근로계약기간이 1주일 초과 1개월 이하인 기간제 근로자		4시간 이상
	그 밖의 근로자		8시간 이상
작업내용 변경 시의 교육	일용근로자 및 근로계약기간이 1주일 이하인 기간제 근로자		1시간 이상
	그 밖의 근로자		2시간 이상
특별교육	일용근로자 및 근로계약기간이 1주일 이하인 기간제 근로자(타워크레인 신호작업 종사자 제외)		2시간 이상
	일용근로자 및 근로계약기간이 1주일 이하인 기간제 근로자로 타워크레인 신호작업 종사자		8시간 이상
	일용근로자 및 근로계약기간이 1주일 이하인 기간제 근로자를 제외한 근로자		• 16시간 이상(최초 작업에 종사하기 전 4시간 이상, 12시간은 3개월 이내에서 분할 실시 가능) • 단기간 작업 또는 간헐적 작업인 경우에는 2시간 이상
건설업 기초안전·보건교육	건설 일용근로자		4시간 이상

043 다음 안전보건교육관련 교육대상의 교육시간에서 빈칸을 채우시오.(4점)

[기사0901/기사1201/기사2002]

교육대상	교육시간	
	신규	보수
안전보건관리책임자	①	②
안전관리자	③	24시간 이상
건설재해예방전문지도기관 종사자		④

① 6시간 이상
② 6시간 이상
③ 34시간 이상
④ 24시간 이상

✔ 안전보건관리책임자 등에 대한 교육

교육대상	교육시간	
	신규교육	보수교육
안전보건관리책임자 안전보건관리담당자	6시간 이상 –	6시간 이상 8시간 이상
안전관리자, 안전관리전문기관의 종사자 보건관리자, 보건관리전문기관의 종사자 재해예방전문지도기관의 종사자 석면조사기관의 종사자 안전검사기관, 자율안전검사기관의 종사자	34시간 이상	24시간 이상

044 특수형태근로종사자에 대한 최초 노무제공 시 안전보건교육 내용을 5가지 쓰시오.(5점) [기사2202]

① 산업안전 및 사고 예방에 관한 사항
② 산업보건 및 직업병 예방에 관한 사항
③ 건강증진 및 질병 예방에 관한 사항
④ 유해·위험 작업환경 관리에 관한 사항
⑤ 산업안전보건법령 및 산업재해보상보험 제도에 관한 사항
⑥ 직무스트레스 예방 및 관리에 관한 사항
⑦ 직장 내 괴롭힘, 고객의 폭언 등으로 인한 건강장해 예방 및 관리에 관한 사항
⑧ 기계·기구의 위험성과 작업의 순서 및 동선에 관한 사항
⑨ 작업 개시 전 점검에 관한 사항
⑩ 정리정돈 및 청소에 관한 사항
⑪ 사고 발생 시 긴급조치에 관한 사항
⑫ 물질안전보건자료에 관한 사항
⑬ 교통안전 및 운전안전에 관한 사항
⑭ 보호구 착용에 관한 사항

▲ 해당 답안 중 5가지 선택 기재

045 하인리히가 제시한 재해예방의 4원칙을 쓰시오.(4점) [기사0803/기사1001/기사1402/산기1602/기사1803/산기1901]

① 예방가능의 원칙
② 손실우연의 원칙
③ 원인연계의 원칙
④ 대책선정의 원칙

046 하인리히 도미노 이론과 아담스의 이론 5단계를 각각 쓰시오.(4점) [기사1101/기사2101]

	1단계	2단계	3단계	4단계	5단계
하인리히	사회적환경과 유전적요소	개인적 결함	불안전한 행동과 상태	사고	재해
아담스	관리구조	작전적 에러	전술적 에러	사고	상해

047 [보기]를 참고하여 다음 이론에 해당하는 번호를 고르시오.(4점) [기사1202]

[보기]

① 사회적 환경 및 유전적 요소(유전과 환경) ② 기본적원인 ③ 불안전한 행동 및 불안전한 상태(직접원인)
④ 작전 ⑤ 사고 ⑥ 재해 ⑦ 관리(통제)의 부족 ⑧ 개인적 결함 ⑨ 관리적 결함 ⑩ 전술적 에러

| 가) 하인리히 | 나) 버드 | 다) 아담스 | 라) 웨버 |

가) 하인리히 : ①, ⑧, ③, ⑤, ⑥
나) 버드 : ⑦, ②, ③, ⑤, ⑥
다) 아담스 : ⑨, ④, ⑩, ⑤, ⑥
라) 웨버 : ①, ⑧, ③, ⑤, ⑥

048 하인리히의 재해구성 비율 1:29:300에 대해 설명하시오.(3점) [기사2102]

• 총 사고 발생건수 330건을 대상으로 중상(1) : 경상(29) : 무상해사고(300)의 재해구성 비율을 말한다.

049 하인리히의 재해예방 대책 5단계를 순서대로 쓰시오.(4점) [기사0601/기사1501]

① 1단계 – 안전관리조직과 안전기준
② 2단계 – 사실의 발견
③ 3단계 – 분석 및 평가
④ 4단계 – 시정책의 선정
⑤ 5단계 – 시정책의 적용

050 시몬즈 방식에 보험코스트와 비보험코스트 중 비보험코스트 항목(종류) 4가지를 쓰시오.(4점) [기사1301]

① 휴업상해

② 통원상해

③ 응급조치

④ 무상해사고

051 파블로프 조건반사설 학습의 원리를 쓰시오.(4점) [기사0903/기사1103/기사1401]

① 일관성의 원리

② 시간의 원리

③ 강도의 원리

④ 계속성의 원리

052 Swain은 인간의 오류를 작위적 오류(Commission Error)와 부작위적 오류(Omission Error)로 구분한다. 작위적 오류와 부작위적 오류에 대해 설명하시오.(4점) [기사0802/기사1601]

① 작위적 오류(Commission error) : 실행오류로서 작업 수행 중 작업을 정확하게 수행하지 못해 발생한 에러

② 부작위적 오류(Omission error) : 생략오류로 필요한 작업 또는 절차를 수행하지 않는데 기인한 에러

053 다음 보기는 Rook에 보고한 오류 중 일부이다. 각각 Omission Error와 Commission Error로 분류하시오. (5점) [기사1201/기사1702]

① 납 접합을 빠뜨렸다.	② 전선의 연결이 바뀌었다.
③ 부품을 빠뜨렸다.	④ 부품이 거꾸로 배열되었다.
⑤ 틀린 부품을 사용하였다.	

① Omission Error

② Commission Error

③ Omission Error

④ Commission Error

⑤ Commission Error

054 휴먼에러에서 독립행동에 관한 분류와 원인에 의한 분류를 2가지씩 쓰시오.(4점)

[기사0502/기사1401/기사1801]

가) 독립행동에 관한 분류
- ① Commission error(수행적 에러)
- ② Omission error(생략적 에러)

나) 원인에 의한 분류
- ① 1차 오류(Primary error)
- ② 2차 오류(Secondary error)
- ③ 지시 오류(Command error)

▲ 나)의 답안 중 2가지 선택 기재

055 위험예지훈련 기초 4라운드 기법의 진행순서를 쓰시오.(4점) [산기0601/산기1003/기사1503/기사1902/산기2001]

- ① 1단계 : 현상파악
- ② 2단계 : 본질추구
- ③ 3단계 : 대책수립
- ④ 4단계 : 목표설정

056 인간–기계 통합시스템에서 시스템(System)이 갖는 기능 4가지를 쓰시오.(5점)

[산기1401/기사1403/기사1502/기사1803/기사2203]

- ① 감지기능
- ② 정보보관기능
- ③ 정보처리 및 의사결정기능
- ④ 행동기능

057 인간–기계 시스템에서의 절차와 관련된 그림이다. 빈칸을 채우시오.(3점) [기사1903]

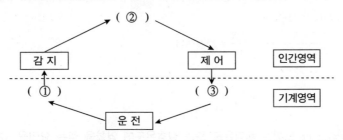

- ① 출력
- ② 정보처리 및 의사결정
- ③ 입력

058 인체 계측자료를 장비나 설비의 설계에 응용하는 경우 활용되는 3가지 원칙을 쓰시오.(3점)

[기사0802/기사0902/기사1802/기사1902/기사2303]

① 극단치(최소치수 및 최대치수) 설계
② 조절식 설계
③ 평균치를 이용한 설계

059 기초대사량이 7,000[kg/day]이고 작업 시 소비에너지가 20,000[kg/day], 안정 시 소비에너지가 6,000 [kg/day]일 때 에너지대사율(RMR)을 구하시오.(5점)

[기사1901]

• RMR $= \dfrac{20,000[\mathrm{kg/day}] - 6,000[\mathrm{kg/day}]}{7,000[\mathrm{kg/day}]} = \dfrac{14,000}{7,000} = 2$가 된다.

060 도끼로 나무를 자르는데 소요되는 에너지는 분당 8kcal, 작업에 대한 평균에너지 5kcal/min, 휴식에너지 1.5kcal/min, 작업시간 60분일 때 휴식시간을 구하시오.(4점)

[기사1402]

• R $= 60 \times \dfrac{8-5}{8-1.5} = \dfrac{180}{6.5} = 27.692\cdots$ 이므로 27.69분이다.

061 산소에너지당량은 5[kcal/L], 작업 시 산소소비량은 1.5[L/min], 작업 시 평균에너지 소비량 상한은 5[kcal /min], 휴식 시 평균에너지소비량은 1.5[kcal/min], 작업시간 60분일 때 휴식시간을 구하시오.(5점)

[기사0701/기사1703]

• 작업 시 평균에너지소모량 = 산소에너지당량 × 작업 시 산소소비량으로 구할 수 있다. 즉 5 × 1.5 = 7.5[kcal/min]이 된다.
• R $= 60 \times \dfrac{7.5-5}{7.5-1.5} = 60 \times \dfrac{2.5}{6} = 25$분이다.

062 사람이 작업할 때 느끼는 체감온도 또는 실효온도에 영향을 주는 요인을 3가지 쓰시오.(3점) [기사1201]

① 온도
② 습도
③ 기류(공기 유동)

063 양립성을 3가지 쓰고 사례를 들어 설명하시오.(3점) [기사1202/기사1402/기사2002/기사2102]

① 공간(Spatial)양립성 : 표시장치와 이에 대응하는 조종장치의 위치가 인간의 기대에 모순되지 않는 것
② 운동(Movement)양립성 : 조종장치의 조작방향에 따라서 기계장치나 자동차 등이 움직이는 것
③ 개념(Conceptual)양립성 : 인간이 가지는 개념과 일치하게 하는 것으로 적색 수도꼭지는 온수, 청색 수도꼭지
　　　　　　　　　　　　는 냉수를 의미하는 것
④ 양식(Modality)양립성 : 문화적 관습에 의해 생기는 양립성 혹은 직무에 관련된 자극과 이에 대한 응답 등으로
　　　　　　　　　　　청각적 자극 제시와 이에 대한 음성응답 과업에서 갖는 양립성

▲ 해당 답안 중 2가지 선택 기재

064 인간관계 매커니즘에 대한 설명이다. ( ) 안을 채우시오.(3점) [기사1803]

가) 자기의 실패나 결함을 다른 대상에게 책임을 전가시키는 것 : (①)
나) 다른 사람의 행동 양식이나 태도를 자기에게 투입하거나 그와 반대로 다른 사람 가운데서 자기의 행동 양식이
　　나 태도와 비슷한 것을 발견하는 것 : (②)
다) 남의 행동이나 판단을 표본으로 하여 따라하는 것 : (③)

① 투사　　　　　　　　　　② 동일화　　　　　　　　　③ 모방

065 인간의 주의에 대한 특성 3가지를 쓰시오.(3점) [산기1102/산기1501/기사2103]

① 선택성
② 변동성(단속성)
③ 방향성

066 4m 거리에서 Landolt ring(란돌트 고리)을 1.2mm까지 구분할 수 있는 사람의 시력을 구하시오.(단, 시각은 600′ 이하일 때이며, radian 단위를 분으로 환산하기 위한 상수값은 57.3과 60을 모두 적용하여 계산하도록 한다)(3점) [기사1301]

- 시각 $= \dfrac{57.3 \times 60 \times H}{D}$[분] (H : 틈 간격 1.2[mm], D : 글자의 거리 4000[mm])에 대입하면, 시각 $=$
  $\dfrac{57.3 \times 60 \times 1.2}{4000} = 1.0314$[분]이므로　시력 $= \dfrac{1}{\text{시각}} = \dfrac{1}{1.0314} = 0.969 = 0.97$이 된다.

067 소음이 심한 기계로부터 20[m] 떨어진 곳에서 100[dB]라면 동일한 기계에서 200[m] 떨어진 곳의 음압수준은 얼마인가?(4점) [기사1802/기사2003]

- 소음원으로부터 P_1만큼 떨어진 위치에서 음압수준이 dB_1일 경우 P_2만큼 떨어진 위치에서의 음압수준은 $dB_2 = dB_1 - 20\log\left(\dfrac{P_2}{P_1}\right)$로 구한다.

- $dB_2 = dB_1 - 20\log\left(\dfrac{P_2}{P_1}\right)$에서 $dB_1 = 100$, $P_1 = 20$, $P_2 = 200$를 대입하면 $dB_2 = 100 - 20\log\left(\dfrac{200}{20}\right)$이다. $\log 10 = 1$이므로 $100 - 20 = 80$이다.

068 실내 작업장에서 8시간 작업 시 소음측정결과 85dB[A] 2시간, 90dB[A] 4시간, 95dB[A] 2시간일 때 소음노출수준(%)을 구하고 소음노출기준 초과여부를 쓰시오.(4점) [기사1602]

① 소음노출수준(%) $= \left(\dfrac{4}{8} + \dfrac{2}{4}\right) \times 100 = 100[\%]$이다.

② 노출기준이 100%를 초과하지 않은 상태이다.

✔ **소음 노출 기준**
- 소음노출수준은 각 음압별 $\dfrac{\text{실제노출시간}}{\text{허용음압수준별 1일 노출 기준시간}}$ 의 합을 구한 후 100을 곱하여 나온 값을 백분율[%]로 표시한다.
- 허용 음압수준별 1일 노출시간

1일 노출시간(hr)	허용 음압수준(dBA)
8	90
4	95
2	100
1	105
1/2	110
1/4	115

---

069 조명은 근로자들의 작업환경 측면에서 중요한 안전요소이다. 산업안전보건법상 다음의 작업에서 근로자를 상시 작업시키는 장소의 조도기준을 쓰시오.(단, 갱도 등의 작업장은 제외한다)(4점)

[기사0503/기사1002/산기1202/산기1602/기사1603/산기1802/산기1803/산기2001/기사2101/기사2301]

초정밀작업	정밀작업	보통작업	그 밖의 작업
(①) Lux 이상	(②) Lux 이상	(③) Lux 이상	(④) Lux 이상

① 750 ② 300
③ 150 ④ 75

✔ 터널 작업면에 대한 조도의 기준		
막장구간	터널중간구간	터널입·출구, 수직구 구간
70Lux 이상	50Lux 이상	30Lux 이상

070 2[m]에서의 조도가 150[lux]일 때 3[m]에서의 조도를 구하시오.(3점)   [기사0502/기사1901]

- 조도 = 조도1 $\times \left(\dfrac{거리1}{거리}\right)^2 = 150 \times \left(\dfrac{2}{3}\right)^2 = 66.666 = 66.67[\text{lux}]$가 된다.

071 PHA의 목표를 달성하기 위한 4가지 특징을 쓰시오.(4점)   [기사0502/기사1503]

① 시스템의 모든 주요 사고를 식별하고 사고를 대략적으로 표현
② 사고요인의 식별
③ 사고를 가정한 후 시스템에 생기는 결과를 식별하고 평가
④ 식별된 사고를 파국적, 위기적, 한계적, 무시가능의 4가지 카테고리로 분류

072 미국방성 위험성 평가 중 위험도(MIL-STD-882E) 4가지를 쓰시오.(4점)

[기사1103/기사1302/산기1402/기사1802/기사2103]

① 1단계 : 파국적
② 2단계 : 중대/위기
③ 3단계 : 한계
④ 4단계 : 무시가능

073 안전성 평가를 순서대로 나열하시오.(5점)   [산기0601/산기1002/기사1303/산기1702/기사1703/기사2001/산기2002]

① 정성적 평가	② 재평가	③ FTA 재평가
④ 대책검토	⑤ 자료정비	⑥ 정량적 평가

- ⑤ → ① → ⑥ → ④ → ② → ③

074 FTA 단계를 순서대로 번호를 쓰시오.(3점) [기사0501/기사1003/기사1102/기사2101]

> ① FT도 작성   ② 재해원인 규명   ③ 개선계획 작성   ④ TOP 사상의 설정

- ④ → ② → ① → ③

075 FT의 각 단계별 내용이 보기와 같을 때 올바른 순서대로 번호를 나열하시오.(4점) [기사1003/기사1602]

> ① 정상사상의 원인이 되는 기초사상을 분석한다.
> ② 정상사상과의 관계는 논리게이트를 이용하여 도해한다.
> ③ 분석현상이 된 시스템을 정의한다.
> ④ 이전단계에서 결정된 사상이 조금 더 전개가 가능한지 검사한다.
> ⑤ 정성·정량적으로 해석 평가한다.
> ⑥ FT를 간소화한다.

- ③ → ① → ② → ④ → ⑥ → ⑤

076 다음 FT도에서 컷 셋(Cut set)을 모두 구하시오.(3점) [기사0703/기사1303/기사2004]

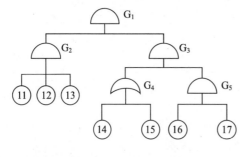

- $G_1 = G_2 \cdot G_3 = G_2 \cdot (G_4 \cdot G_5)$ 이다.
- $G_2 = ⑪ \cdot ⑫ \cdot ⑬$ 이고, $G_4 = ⑭ + ⑮$ 이며, $G_5 = ⑯ \cdot ⑰$ 이다.
- $\therefore G_1 = (⑪ \cdot ⑫ \cdot ⑬) \cdot (⑭ + ⑮) \cdot (⑯ \cdot ⑰)$ 이다.
  이는 $⑪ \cdot ⑫ \cdot ⑬ \cdot ⑭ \cdot ⑯ \cdot ⑰$
  $+ ⑪ \cdot ⑫ \cdot ⑬ \cdot ⑮ \cdot ⑯ \cdot ⑰$ 가 된다.
- 컷 셋은 {⑪,⑫,⑬,⑭,⑯,⑰}, {⑪,⑫,⑬,⑮,⑯,⑰}이다.

> ✔ 컷 셋(Cut set)
> - 시스템의 약점을 표현한 것이다.
> - 특정 조합의 기본사상들이 동시에 결함을 발생하였을 때 정상사상을 일으키는 기본사상의 집합을 말한다.

077 다음 FT도에서 컷 셋(cut set)을 모두 구하시오.(3점) [기사0702/기사1001/기사1601/기사2002]

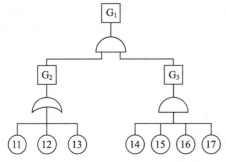

- $G_1 = G_2 \cdot G_3 = (⑪ + ⑫ + ⑬) \cdot (⑭ \cdot ⑮ \cdot ⑯ \cdot ⑰)$
  $= \{⑪,⑭,⑮,⑯,⑰\}, \{⑫,⑭,⑮,⑯,⑰\}, \{⑬,⑭,⑮,⑯,⑰\}$
- 컷 셋은 $\{⑪,⑭,⑮,⑯,⑰\}$와 $\{⑫,⑭,⑮,⑯,⑰\}$ 그리고 $\{⑬,⑭,⑮,⑯,⑰\}$이다.

078 다음 FT도의 미니멀 컷 셋을 구하시오.(5점) [기사0802/기사1701/기사2003]

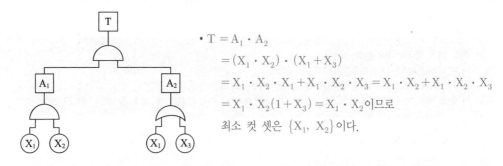

- $T = A_1 \cdot A_2$
  $= (X_1 \cdot X_2) \cdot (X_1 + X_3)$
  $= X_1 \cdot X_2 \cdot X_1 + X_1 \cdot X_2 \cdot X_3 = X_1 \cdot X_2 + X_1 \cdot X_2 \cdot X_3$
  $= X_1 \cdot X_2(1 + X_3) = X_1 \cdot X_2$이므로
  최소 컷 셋은 $\{X_1, \ X_2\}$이다.

✔ **최소 컷 셋(Minimal cut sets)**
- 컷 셋 중에 타 컷 셋을 포함하고 있는 것을 배제하고 남은 컷 셋들을 의미한다.
- 사고에 대한 시스템의 약점을 표현한다.
- 정상사상(Top사상)을 일으키는 최소한의 집합이다.

079 FT도가 다음과 같을 때 최소 패스 셋(minimal path set)을 모두 구하시오.(4점) [기사1302]

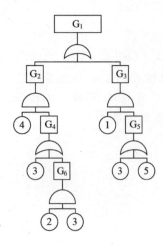

- 최소 패스 셋은 FT도의 게이트를 반대로 변환 후 최소 컷 셋을 구하면 된다. FT도의 게이트를 반대로 변환하면

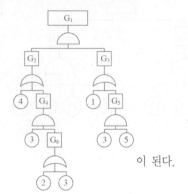

이 된다.

- G1 = G2×G3
- G2 = ④+G4 = ④+(③×G6) = ④+[③×(②+③)] = ④+(③×②)+(③×③)에서 A×A=A이므로 이 식은 ④+[(③× ②)+③]가 된다. 따라서 G2 = ④ + [(②+1)×③]이고, A+1=1이므로 ④+③이 된다.
- G3 = ①+G5 = ①+(③×⑤)
- G1 = G2×G3 = (④+③)×[①+(③×⑤)] = ①×④ + ①×③ + ④×③×⑤ + ③×③×⑤에서 A×A=A이므로 G2 = ①×④ + ①×③ + ④×③×⑤ + ③×⑤ (밑줄은 ③×⑤로 묶음)
  G2 = ①×④ + ①×③ + [(④+1)×(③×⑤)]에서 A+1=1이므로 ①×④ + ①×③ + ③×⑤가 된다.
- 따라서 미니멀 컷셋 : (①, ④) (①, ③) (③, ⑤)이므로 이것이 최소 패스 셋이 된다.
- (①, ④) (①, ③) (③, ⑤)

✔ 최소 패스 셋(Minimal path sets)
- FTA에서 시스템의 신뢰도를 표시하는 것이다.
- FTA에서 시스템의 기능을 살리는 데 필요한 최소한의 요인의 집합을 말한다.
- 최소 패스 셋은 FT도의 결합 게이트들을 반대로(AND ↔ OR) 변환한 후 최소 컷 셋을 구하면 된다.

080 다음과 같은 구조의 시스템이 있다. 부품2(X_2)의 고장을 초기사상으로 하여 사건나무(Event tree)를 그리고 각 가지마다 시스템의 작동 여부를 "작동" 또는 "고장"으로 표시하시오.(4점)   [기사0502/기사1403]

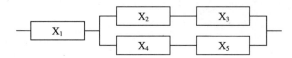

- X_3는 X_2가 고장이므로 사상나무에서 제외한다.

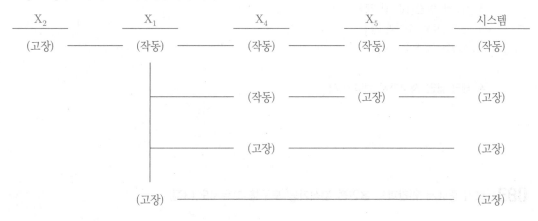

081 HAZOP 기법에 사용되는 가이드 워드에 관한 의미를 쓰시오.(4점)   [기사1202/기사1902]

| ① As well as | ② Part of | ③ Other than | ④ Reverse |

① 성질상의 증가
② 성질상의 감소
③ 완전한 대체
④ 설계의도의 정반대

✔ 가이드 워드(Guide Words)

No/Not	설계 의도의 완전한 부정(공정변수의 양이 없는 상태)
Part of	성질상의 감소(설계 의도대로 완전히 이뤄지지 않는 상태)
As well as	성질상의 증가(설계 의도 외에 다른 공정변수가 부가되는 상태)
More/Less	공정변수 양의 증가 혹은 감소로 양과 성질을 함께 표현
Other than	완전한 대체/설계 의도대로 되지 않거나 운전이 유지되지 않는 상태
Reverse	설계의도의 정반대
More	공정변수 양의 증가

082 시스템 안전을 실행하기 위한 시스템안전프로그램계획(SSPP) 포함사항 4가지를 쓰시오.(4점)

[기사1103/기사1501]

① 계획의 개요
② 안전조직
③ 계약조건
④ 안전성 평가
⑤ 시스템 안전기준 및 해석
⑥ 안전자료의 수집과 갱신
⑦ 경과와 결과의 보고

▲ 해당 답안 중 4가지 선택 기재

083 보기 중에서 인간과오 불안전 분석가능 도구를 고르시오.(3점)

[기사1203/기사2004]

| ① FTA | ② ETA | ③ HAZOP | ④ THERP |
| ⑤ CA | ⑥ FMEA | ⑦ PHA | ⑧ MORT |

• ①, ②, ④

084 어떤 기계를 1시간 가동하였을 때 고장발생확률이 0.004일 경우 아래 물음에 답하시오.(4점)

[기사0702/기사1501/기사2202]

① 평균 고장간격을 구하시오.
② 10시간 가동하였을 때 기계의 신뢰도를 구하시오.

① 평균고장간격(MTBF) $= \dfrac{1}{\lambda} = \dfrac{1}{0.004} = 250$[시간]이다.

② 신뢰도 $R(t) = e^{-\lambda t} = e^{-0.004 \times 10} = e^{-0.04} = 0.96$ 이다.

085 에어컨 스위치의 수명은 지수분포를 따르며, 평균수명은 1,000시간이다. 다음을 계산하시오.(4점)

[기사1402]

① 새로 구입한 스위치가 향후 500시간 동안 고장 없이 작동할 확률을 구하시오.
② 이미 1,000시간을 사용한 스위치가 향후 500시간 이상 견딜 확률을 구하시오.

① 고장까지의 평균시간이 1000시간일 때 이 부품을 500시간 동안 사용할 신뢰도이므로 $R(t) = e^{-\frac{t}{t_0}}$ 에 대입하면, $R(t) = e^{-\frac{500}{1,000}} = e^{-\frac{1}{2}} = 0.606 \approx 0.61$ 이다.

② 마찬가지로 이미 1,000시간을 사용했더라도 동일한 식을 사용하므로 $R(t) = e^{-\frac{500}{1,000}} = e^{-\frac{1}{2}} = 0.606 \approx 0.61$ 이다.

086 다음은 A 기계의 고장률과 고장확률에 대한 설명이다. 조건에 맞는 다음 물음에 답하시오.(4점)

[기사0602/기사1002/기사1302/기사2001]

● 고장건수 : 10건   ● 총가동시간 : 10,000시간

가) 고장률을 구하시오.
나) 900시간 가동했을 때의 고장확률을 구하시오.

가) $10/10,000 = 0.001$ 이다.
나) 신뢰도는 $e^{-\lambda t} = e^{-0.001 \times 900} = 0.41$ 이다. 따라서 고장확률은 $1-0.41 = 0.59$ 이다.

087 고장률이 1시간당 0.01로 일정한 기계가 있다. 이 기계에서 처음 100시간 동안 고장이 발생할 확률을 구하시오.(4점)

[기사0801/기사1003/기사1502/기사1503]

● 고장률이 λ인 시스템이 t시간 지난 후의 신뢰도 $R(t) = e^{-\lambda t}$ 이므로 $\lambda = 0.01$, $t=100$ 이므로 신뢰도 $R(t) = e^{-0.01 \times 100} = e^{-1} = 0.367$ 이므로 0.37이다.
● 고장이 발생할 확률은 1-신뢰도 이므로 0.63이다.

088 그림을 보고 전체의 신뢰도를 0.85로 설계하고자 할 때 부품 R_x의 신뢰도를 구하시오.(3점)

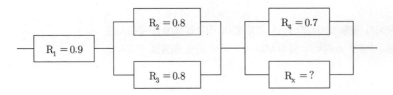

- 전체 신뢰도 $= 0.9 \times [1-(1-0.8)(1-0.8)] \times [1-(1-0.7)(1-R_x)] = 0.85$

    $= 0.9 \times 0.96 \times [1-(0.3)(1-R_x)] = 0.85$

    $= 0.9 \times 0.96 \times [0.7 + 0.3R_x] = 0.85$

    $= [0.7 + 0.3R_x] = 0.85/0.864 = 0.9838$

    $= 0.3R_x = 0.2838$

    $= R_x = 0.2838/0.3 = 0.946 = 0.95$

✔ **시스템의 신뢰도**

직렬연결	• 시스템의 신뢰도는 부품 a, b, c의 신뢰도를 R_a, R_b, R_c라 할 때 부품 a, b, c 신뢰도의 곱과 같으므로 전체 시스템 신뢰도 $R = R_a \times R_b \times R_c$ 로 구할 수 있다.
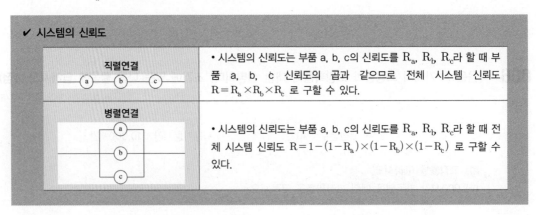	
병렬연결	• 시스템의 신뢰도는 부품 a, b, c의 신뢰도를 R_a, R_b, R_c라 할 때 전체 시스템 신뢰도 $R = 1-(1-R_a) \times (1-R_b) \times (1-R_c)$ 로 구할 수 있다.

089 다음 FT도에서 정상사상 T의 고장발생확률을 구하시오.(단, 발생확률은 각각 0.1이다)(4점)

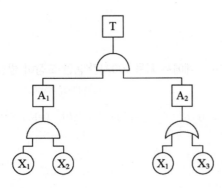

- $A1 = X1 \cdot X2$
- $A2 = X1 + X3$
- $T = A1 \cdot A2 = (X1 \cdot X2)(X1 + X3) = X1 \cdot X1 \cdot X2 + X1 \cdot X2 \cdot X3$ (불대수정리: $X1 \cdot X1 = X1$)
- $T = X1 \cdot X2 + X1 \cdot X2 \cdot X3 = X1 \cdot X2(1+X3) = X1 \cdot X2$ (불대수정리: $A+1=1$)
- $T = A1 \cdot A2 = X1 \cdot X2 = 0.1 \cdot 0.1 = 0.01$

090 기계설비의 근원적 안전을 확보하기 위한 안전화 방법을 4가지 쓰시오.(4점) [기사0503/기사1403]

① 외관의 안전화 ② 기능의 안전화
③ 구조의 안전화 ④ 보전작업의 안전화

091 Fail Safe 기능 3가지를 쓰시오.(3점) [기사0502/기사0703/기사1502]

① Fail Passive ② Fail Active
③ Fail Operational

092 다음을 간단히 설명하시오.(4점) [기사0802/기사0901/기사1101/기사1401/기사2202]

① Fail safe ② Fool proof

① 기계나 그 부품에 고장이나 기능 불량이 생겨도 항상 안전하게 작동하는 구조와 기능을 말한다.
② 기계 조작에 익숙하지 않은 사람이나 기계의 위험성 등을 이해하지 못한 사람이라도 기계 조작 시 조작 실수를
   하지 않도록 하는 기능으로 작업자가 기계 설비를 잘못 취급하더라도 사고가 일어나지 않도록 하는 기능을 말한다.

093 Fool proof 기계·기구를 3가지 쓰시오.(3점) [기사2003]

① 가드(Guard) ② 인터록(Interlock)
③ 크레인의 권과방지장치 ④ 안전블록

▲ 해당 답안 중 3가지 선택 기재

094 다음 보기의 위험점 정의를 쓰시오.(4점) [기사1503]

① 협착점 ② 끼임점 ③ 물림점 ④ 회전말림점

① 협착점이란 기계의 움직이는 부분 혹은 움직이는 부분과 고정된 부분 사이에 신체의 일부가 끼이거나 물리는
   현상을 말한다.
② 끼임점이란 고정부분과 회전하는 동작부분이 함께 만드는 위험점을 말한다.
③ 물림점이란 롤러기의 두 롤러 사이와 같이 회전하는 두 개의 회전체에 물려들어갈 위험이 있는 점을 말한다.
④ 회전말림점이란 회전하는 드릴기계의 운동부 자체에 작업복 등이 말려들 위험이 존재하는 점을 말한다.

095 다음 기계설비에 형성되는 위험점을 쓰시오.(4점) [기사1203]

  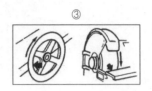 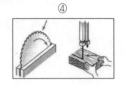

① 접선 물림점
③ 끼임점

② 회전 말림점
④ 절단점

096 기계의 원동기·회전축·기어·풀리·플라이휠·벨트 및 체인 등 근로자가 위험에 처할 우려가 있는 부위에 설치하여야 하는 방호장치를 3가지 쓰시오.(3점) [기사1002/기사1801]

① 덮개
③ 슬리브

② 울
④ 건널다리

▲ 해당 답안 중 3가지 선택 기재

097 다음은 연삭숫돌에 관한 내용이다. 빈칸을 채우시오.(4점) [기사0802/기사1303/기사2002/기사2003]

> 사업주는 연삭숫돌을 사용하는 작업의 경우 작업을 시작하기 전에는 (①) 이상, 연삭숫돌을 교체한 후에는
> (②) 이상 시험운전을 하고 해당 기계에 이상이 있는지를 확인하여야 한다.

① 1분

② 3분

098 산업용 로봇의 작동범위에서 해당 로봇에 대하여 교시 등의 작업을 할 경우 해당 로봇의 예기치 못한 작동 또는 오조작에 의한 위험을 방지하기 위하여 관련 지침을 정하여 그 지침에 따라 작업을 하도록 하여야 하는데, 이에 관련 지침에 포함되어야 할 사항 4가지를 쓰시오.(단, 기타 로봇의 예기치 못한 작동 또는 오동작에 의한 위험방지를 하기 위하여 필요한 조치는 제외한다)(4점) [기사1201/기사1901/기사2103]

① 로봇의 조작방법 및 순서
② 작업 중의 매니퓰레이터의 속도
③ 2명 이상의 근로자에게 작업을 시킬 경우의 신호방법
④ 이상을 발견한 경우의 조치
⑤ 이상을 발견하여 로봇의 운전을 정지시킨 후 이를 재가동시킬 경우의 조치

▲ 해당 답안 중 4가지 선택 기재

099 산업안전보건기준에 관한 규칙에서 용융고열물을 취급하는 설비를 내부에 설치한 건축물에 대하여 수증기 폭발을 방지하기 위한 조치사항 2가지를 쓰시오.(4점)　　　　　　　　　　　　　　　　　　[기사2103]

① 바닥은 물이 고이지 아니하는 구조로 할 것
② 지붕·벽·창 등은 빗물이 새어들지 아니하는 구조로 할 것

100 양중기의 종류 5가지를 쓰시오.(5점)　　　　　　　　　　　　　　　　　　[기사0502/기사0601/기사1601]

① 크레인(호이스트(Hoist) 포함)
② 이동식크레인
③ 승강기
④ 곤돌라
⑤ 리프트(이삿짐 운반용의 경우 적재하중 0.1톤 이상)

101 스트랜드의 꼬임 방향에 따른 와이어로프 꼬임 형식을 2가지 쓰시오.(4점)　　　　　　　[기사1102/기사1502]

① 랭꼬임
② 보통꼬임

102 타워크레인에 사용하는 와이어로프의 사용금지 기준을 4가지 쓰시오.(단, 부식된 것, 손상된 것은 제외)(4 점)　　　　　　　　[산기0302/산기0801/산기1403/기사1503/기사1601/산기1602/산기1701/기사1803/기사1903/산기2103]

① 이음매가 있는 것
② 와이어로프의 한 꼬임에서 끊어진 소선(素線)의 수가 10퍼센트 이상인 것
③ 지름의 감소가 공칭지름의 7퍼센트를 초과하는 것
④ 꼬인 것

103 화물의 하중을 직접 지지하는 와이어로프의 절단하중 값 2,000kg일 때 하중의 최대값을 구하시오.(3점)　　　　　　　　　　　　　　　　　　[기사1901]

- 안전계수 $= \dfrac{\text{절단하중}}{\text{허용하중의 최대값}}$ 이고, 화물의 하중을 직접 지지하는 와이어로프의 안전계수는 5 이상이어야 한다.
- 대입하면 $5 = \dfrac{2,000}{x}$ 이므로 $x = 400\text{kg}$ 이 된다.

> ✔ 양중기의 와이어로프 등 달기구의 안전계수
> • 근로자가 탑승하는 운반구를 지지하는 달기 와이어로프 또는 달기 체인의 경우 : 10 이상
> • 화물의 하중을 직접 지지하는 달기 와이어로프 또는 달기 체인의 경우 : 5 이상
> • 훅, 샤클, 클램프, 리프팅 빔의 경우 : 3 이상
> • 그 밖의 경우 : 4 이상

104 화물의 하중을 직접 지지하는 달기와이어로프 또는 달기체인의 안전계수는 얼마인지 쓰시오.(3점)

[기사1902]

• 5 이상

105 달기 체인을 달비계에 사용할 때 사용금지 기준 2가지를 쓰시오.(단, 균열이 있거나 심하게 변형된 것은 제외)(4점))

[산기1102/산기1402/기사1701/산기1703/기사2001/산기2002/기사2103]

① 달기 체인의 길이가 달기 체인이 제조된 때의 길이의 5퍼센트를 초과한 것
② 링의 단면지름이 달기 체인이 제조된 때의 해당 링의 지름의 10퍼센트를 초과하여 감소한 것

106 980kg의 화물을 두줄걸이 로프로 상부각도 90°의 각으로 들어 올릴 때, 각각의 와이어로프에 걸리는 하중[kg]을 구하시오.(4점)

[기사1603]

• 1가닥이 받는 하중 $= \dfrac{\dfrac{980}{2}}{\cos\left(\dfrac{90°}{2}\right)} = \dfrac{\dfrac{980}{2}}{\cos 45°} = \dfrac{\dfrac{980}{2}}{\dfrac{\sqrt{2}}{2}} \simeq 692.9646 \simeq 692.96[\text{kg}]$이다.

107 보일링 현상 방지대책을 3가지 쓰시오.(3점)   [기사0602/기사0701/기사1003/기사1302/기사1401/기사1901/기사2003]

① 굴착배면의 지하수위를 낮춘다.
② 토류벽의 근입 깊이를 깊게 한다.
③ 토류벽 선단에 코어 및 필터층을 설치한다.
④ 투수거리를 길게 하기 위한 지수벽을 설치한다.

▲ 해당 답안 중 3가지 선택 기재

108 콘크리트 구조물로 옹벽을 축조할 경우, 필요한 안정조건을 3가지 쓰시오.(3점)

[기사0803/기사1403/산기1902]

① 활동에 대한 안정
② 전도에 대한 안정
③ 지반지지력에 대한 안정
④ 원호활동에 대한 안정

▲ 해당 답안 중 3가지 선택 기재

109 흙막이 지보공을 설치하였을 때 정기적으로 점검하고 이상을 발견하면 즉시 보수하여야 사항 3가지를 쓰시오.(3점)

[산기1702/기사1903]

① 부재의 손상·변형·부식·변위 및 탈락의 유무와 상태
② 버팀대의 긴압의 정도
③ 부재의 접속부·부착부 및 교차부의 상태
④ 침하의 정도

▲ 해당 답안 중 3가지 선택 기재

110 작업발판 일체형 거푸집 종류 4가지를 쓰시오.(4점)

[산기1203/기사1301/산기1602/산기2002/기사2004]

① 갱폼
② 슬립폼
③ 클라이밍폼
④ 터널라이닝폼

111 콘크리트 타설작업 시 준수사항 3가지를 쓰시오.(3점)

[기사1502/기사1802]

① 설계도서상의 콘크리트 양생기간을 준수하여 거푸집 동바리 등을 해체할 것
② 콘크리트를 타설하는 경우에는 편심이 발생하지 않도록 골고루 분산하여 타설할 것
③ 콘크리트 타설작업 시 거푸집 붕괴의 위험이 발생할 우려가 있으면 충분한 보강조치를 할 것
④ 당일의 작업을 시작하기 전에 해당 작업에 관한 거푸집 및 동바리의 변형·변위 및 지반의 침하 유무 등을 점검하고 이상이 있으면 보수할 것
⑤ 작업 중에는 감시자를 배치하는 등의 방법으로 거푸집 및 동바리의 변형·변위 및 침하 유무 등을 확인해야 하며, 이상이 있으면 작업을 중지하고 근로자를 대피시킬 것

▲ 해당 답안 중 3가지 선택 기재

112 건물 해체작업 시 작업계획에 포함될 사항을 4가지 쓰시오.(4점) [기사0901/기사1701/기사2003]

① 해체의 방법 및 해체 순서도면
② 가설설비·방호설비·환기설비 및 살수·방화설비 등의 방법
③ 사업장 내 연락방법
④ 해체물의 처분계획
⑤ 해체작업용 기계·기구 등의 작업계획서
⑥ 해체작업용 화약류 등의 사용계획서

▲ 해당 답안 중 4가지 선택 기재

113 아세틸렌 용접장치에 대한 설명이다. 다음 빈칸을 채우시오.(3점) [기사2001]

사업주는 아세틸렌 용접장치의 아세틸렌 발생기를 설치하는 경우에는 전용의 발생기실에 설치하여야 한다. 이때 발생기실은 건물의 (①)에 위치하여야 하며, 화기를 사용히는 설비로부터 (②)를 초과하는 장소에 설치하여야 한다. 발생기실을 옥외에 설치한 경우에는 그 개구부를 다른 건축물로부터 (③) 이상 떨어지도록 하여야 한다.

① 최상층
② 3m
③ 1.5m

114 다음은 아세틸렌 용접장치의 관리에 대한 설명이다. ( ) 안을 채우시오.(5점) [기사2004]

가) 발생기(이동식 아세틸렌 용접장치의 발생기는 제외한다)의 (①), (②), (③), 매 시 평균 가스발생량 및 1회 카바이드 공급량을 발생기실 내의 보기 쉬운 장소에 게시할 것
나) 발생기실에는 관계 근로자가 아닌 사람이 출입하는 것을 금지할 것
다) 발생기에서 (④) 이내 또는 발생기실에서 (⑤) 이내의 장소에서는 흡연, 화기의 사용 또는 불꽃이 발생할 위험한 행위를 금지시킬 것

① 종류   ② 형식
③ 제작업체명   ④ 5미터
⑤ 3미터

115 보기의 가스 용기의 색채를 쓰시오.(4점) [기사0703/기사1201/기사1503]

| ① 산소 | ② 아세틸렌 | ③ 암모니아 | ④ 질소 |

① 녹색
② 황색
③ 백색
④ 회색

116 사업주가 이동식비계를 조립하여 작업을 하는 경우의 준수사항 4가지를 쓰시오.(4점) [기사1803]
① 승강용사다리는 견고하게 설치할 것
② 비계의 최상부에서 작업을 하는 경우에는 안전난간을 설치할 것
③ 작업발판은 항상 수평을 유지하고 작업발판 위에서 안전난간을 딛고 작업을 하거나 받침대 또는 사다리를 사용하여 작업하지 않도록 할 것
④ 작업발판의 최대적재하중은 250킬로그램을 초과하지 않도록 할 것
⑤ 이동식비계의 바퀴에는 뜻밖의 갑작스러운 이동 또는 전도를 방지하기 위하여 브레이크·쐐기 등으로 바퀴를 고정시킨 다음 비계의 일부를 견고한 시설물에 고정하거나 아웃트리거(outrigger, 전도방지용 지지대)를 설치하는 등 필요한 조치를 할 것

▲ 해당 답안 중 4가지 선택 기재

117 산업안전보건법상 비계(달비계, 달대비계 및 말비계는 제외)의 높이가 2미터 이상인 작업장소에 설치할 작업발판에 대한 다음 (   )안에 알맞은 수치를 쓰시오.(3점) [기사2102]

가) 작업발판의 폭은 (①)cm 이상으로 하고, 발판재료 간의 틈은 (②)cm 이하로 할 것
나) 추락의 위험이 있는 장소에는 (③)을 설치할 것

① 40
② 3
③ 안전난간

> ✔ 비계 높이 2미터 이상인 작업 장소에 설치하는 작업발판의 구조
> - 발판재료는 작업할 때의 하중을 견딜 수 있도록 견고한 것으로 할 것
> - 작업발판의 폭은 40cm 이상으로 하고, 발판재료 간의 틈은 3cm 이하로 할 것
> - 선박 및 보트 건조작업의 경우 선박블록 또는 엔진실 등의 좁은 작업공간에 작업발판을 설치하기 위하여 필요하면 작업발판의 폭을 30cm 이상으로 할 수 있고, 걸침비계의 경우 강관기둥 때문에 발판재료 간의 틈을 3cm 이하로 유지하기 곤란하면 5cm 이하로 할 수 있다. 이 경우 그 틈 사이로 물체 등이 떨어질 우려가 있는 곳에는 출입금지 등의 조치를 하여야 한다.
> - 추락의 위험이 있는 장소에는 안전난간을 설치할 것
> - 작업발판의 지지물은 하중에 의하여 파괴될 우려가 없는 것을 사용할 것
> - 작업발판재료는 뒤집히거나 떨어지지 않도록 둘 이상의 지지물에 연결하거나 고정시킬 것
> - 작업발판을 작업에 따라 이동시킬 경우는 위험방지에 필요한 조치를 할 것

118 사업주가 말비계를 사용할 때 조립 시 준수사항을 2가지 쓰시오.(4점)　　　　　　　[기사1701]

① 지주부재의 하단에는 미끄럼 방지장치를 하고, 근로자가 양측 끝부분에 올라서서 작업하지 않도록 할 것
② 지주부재와 수평면의 기울기를 75도 이하로 하고, 지주부재와 지주부재 사이를 고정시키는 보조부재를 설치할 것
③ 말비계의 높이가 2미터를 초과하는 경우에는 작업발판의 폭을 40센티미터 이상으로 할 것

▲ 해당 답안 중 2가지 선택 기재

119 달비계의 적재하중을 정하고자 한다. 다음 보기의 안전계수를 쓰시오.(4점)

[산기0603/기사1501/산기1503/기사2302]

> 가) 달기 와이어로프 및 달기 강선의 안전계수 : (①) 이상
> 나) 달기 체인 및 달기 훅의 안전계수 : (②) 이상
> 다) 달기 강대와 달비계의 하부 및 상부 지점의 안전계수는 강재의 경우 (③) 이상, 목재의 경우 (④) 이상

① 10
② 5
③ 2.5
④ 5

120 가설통로 설치 시 준수사항 4가지를 쓰시오.(4점) [기사0602/산기0901/산기1601/산기1602/기사1703/기사2301]

① 견고한 구조로 할 것
② 경사는 30도 이하로 할 것
③ 경사가 15도를 초과하는 경우에는 미끄러지지 아니하는 구조로 할 것
④ 추락할 위험이 있는 장소에는 안전난간을 설치할 것
⑤ 수직갱에 가설된 통로의 길이가 15미터 이상인 경우에는 10미터 이내마다 계단참을 설치할 것
⑥ 건설공사에 사용하는 높이 8미터 이상인 비계다리에는 7미터 이내마다 계단참을 설치할 것

▲ 해당 답안 중 4가지 선택 기재

121 가설통로의 설치기준에 관한 사항이다. 빈칸을 채우시오.(3점) [기사1801]

가) 경사가 (①)도를 초과하는 경우에는 미끄러지지 아니하는 구조로 할 것
나) 수직갱에 가설된 통로의 길이가 15m 이상인 경우에는 (②)m 이내마다 계단참을 설치할 것
다) 건설공사에 사용하는 높이 8m 이상인 비계다리에는 (③)m 이내마다 계단참을 설치할 것

① 15   ② 10   ③ 7

122 근로자의 추락 등에 의한 위험을 방지하기 위하여 설치하는 안전난간의 주요구성 요소 4가지를 쓰시오(4점) [기사1002/기사1301]

① 상부 난간대   ② 중간 난간대
③ 발끝막이판   ④ 난간기둥

✔ 안전난간의 구조
• 상부 난간대, 중간 난간대, 발끝막이판 및 난간기둥으로 구성할 것
• 상부 난간대는 바닥면·발판 또는 경사로의 표면으로부터 90cm 이상 지점에 설치하고, 상부 난간대를 120cm 이하에 설치하는 경우는 중간 난간대는 상부 난간대와 바닥면 등의 중간에 설치하여야 하며, 120cm 이상 지점에 설치하는 경우는 중간 난간대를 2단 이상으로 균등하게 설치하고 난간의 상하 간격은 60cm 이하가 되도록 할 것
• 발끝막이판은 바닥면 등으로부터 10cm 이상의 높이를 유지할 것
• 난간기둥은 상부 난간대와 중간 난간대를 견고하게 떠받칠 수 있도록 적정한 간격을 유지할 것
• 상부 난간대와 중간 난간대는 난간 길이 전체에 걸쳐 바닥면등과 평행을 유지할 것
• 난간대는 지름 2.7cm 이상의 금속제 파이프나 그 이상의 강도가 있는 재료일 것
• 안전난간은 구조적으로 가장 취약한 지점에서 가장 취약한 방향으로 작용하는 100kg 이상의 하중에 견딜 수 있는 튼튼한 구조일 것

123 안전난간의 구조에 대한 설명이다. 다음 ( )을 채우시오.(4점) [기사1703/기사2103]

> 가) 상부 난간대 : 바닥면·발판 또는 경사로의 표면으로부터 (①)cm 이상
> 나) 난간대 : 지름 (②)cm 이상 금속제 파이프
> 다) 하중 : (③)kg 이상의 하중에 견딜 수 있는 튼튼한 구조

① 90
② 2.7
③ 100

124 공사용 가설도로를 설치하는 경우 준수사항 3가지를 쓰시오.(3점) [기사1202/기사2101]
① 도로는 장비와 차량이 안전하게 운행할 수 있도록 견고하게 설치할 것
② 도로와 작업장이 접하여 있을 경우에는 울타리 등을 설치할 것
③ 도로는 배수를 위하여 경사지게 설치하거나 배수시설을 설치할 것
④ 차량의 속도제한 표지를 부착할 것

▲ 해당 답안 중 3가지 선택 기재

125 산업안전보건법상의 계단에 관한 내용이다. 다음 빈칸을 채우시오.(5점) [기사1302/기사1603/산기2001]

> 가) 사업주는 계단 및 계단참을 설치하는 경우 매 제곱미터당 (①)kg 이상의 하중에 견딜 수 있는 강도를 가진
>   구조로 설치하여야 하며, 안전율은 (②) 이상으로 하여야 한다.
> 나) 계단을 설치하는 경우 그 폭을 (③)m 이상으로 하여야 한다.
> 다) 높이가 (④)m를 초과하는 계단에는 높이 3m 이내마다 진행방향으로 길이 1.2m 이상의 계단참을 설치하여야
>   한다.
> 라) 높이 (⑤)m 이상인 계단의 개방된 측면에 안전난간을 설치하여야 한다.

① 500　　　　　　　　② 4　　　　　　　　③ 1
④ 3　　　　　　　　⑤ 1

✔ 계단 및 계단참
- 사업주는 계단 및 계단참을 설치하는 경우 매 m^2 당 500kg 이상의 하중에 견딜 수 있는 강도를 가진 구조로 설치하여야 하며, 안전율은 4 이상으로 하여야 한다.
- 사업주는 계단 및 승강구 바닥을 구멍이 있는 재료로 만드는 경우 렌치나 그 밖의 공구 등이 낙하할 위험이 없는 구조로 하여야 한다.
- 사업주는 계단을 설치하는 경우 그 폭을 1m 이상으로 하여야 한다.
- 사업주는 계단에 손잡이 외의 다른 물건 등을 설치하거나 쌓아 두어서는 아니 된다.
- 사업주는 높이가 3m를 초과하는 계단에 높이 3m 이내마다 진행방향으로 길이 1.2m 이상의 계단참을 설치하여야 한다.
- 사업주는 계단을 설치하는 경우 바닥면으로부터 높이 2m 이내의 공간에 장애물이 없도록 하여야 한다.
- 사업주는 높이 1m 이상인 계단의 개방된 측면에 안전난간을 설치하여야 한다.

126 산업안전보건법상 다음 기계·기구에 설치해야 할 방호장치를 각각 1개씩 쓰시오.(6점)

[산기1403/산기1901/산기2003/기사2004/기사2303]

기계·기구	방호장치
원심기	(①)
공기압축기	(②)
금속절단기	(③)

① 회전체 접촉예방장치
② 압력방출장치
③ 날 접촉예방장치

✔ 위험기계·기구 방호장치

기계·기구	방호장치
예초기	날 접촉예방장치
원심기	회전체 접촉예방장치
공기압축기	압력방출장치
금속절단기	날 접촉예방장치
지게차	헤드가드, 백레스트, 전조등, 후미등, 안전벨트
포장기계(진공포장기, 랩핑기)	구동부 방호연동장치

127 아세틸렌 또는 가스집합 용접장치에 설치하는 역화방지기 성능시험 종류를 4가지를 쓰시오.(4점)

[기사1403]

① 내압시험   ② 기밀시험

③ 역류방지시험   ④ 역화방지시험

⑤ 가스압력손실시험   ⑥ 방출장치동작시험

▲ 해당 답안 중 4가지 선택 기재

128 아세틸렌 용접장치의 안전기 설치위치에 대하여 빈칸에 알맞은 답을 쓰시오.(3점)

[기사0502/기사1202/기사1702/기사1802/기사2003]

> 가) 사업주는 아세틸렌 용접장치의 (①)마다 안전기를 설치하여야 한다. 다만, 주관 및 취관에 가장 가까운 (②)마다 안전기를 부착한 경우에는 그러하지 아니한다.
> 나) 사업주는 가스용기가 (③)와 분리되어 있는 아세틸렌 용접장치에 대하여 (③)와 가스 용기 사이에 안전기를 설치하여야 한다.

① 취관

② 분기관

③ 발생기

129 다음 그림의 연삭기 덮개 각도를 쓰시오.(단, 이상, 이하, 이내를 정확히 구분)(3점)

[산기0903/기사1301/산기1401/기사1503]

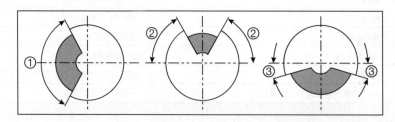

① 125° 이내(일반연삭작업 등에 사용하는 것을 목적으로 하는 탁상용 연삭기의 덮개 각도에 있어 숫돌이 노출되는 범위)

② 60° 이상(연삭숫돌의 상부를 사용하는 것을 목적으로 하는 탁상용 연삭기 덮개의 최대노출각도가 60° 이내이므로)

③ 15° 이상(평면연삭기, 절단연삭기 덮개의 최대노출각도는 150° 이내이므로)

✔ 각종 연삭기 덮개의 최대노출각도

종류	덮개의 최대노출각도
연삭숫돌의 상부를 사용하는 것을 목적으로 하는 탁상용 연삭기	60도 이내
일반 연삭작업 등에 사용하는 것을 목적으로 하는 탁상용 연삭기	125도 이내
평면 연삭기, 절단 연삭기	150도 이내
원통 연삭기, 공구 연삭기, 휴대용 연삭기, 스윙 연삭기, 스라브연삭기	180도 이내

130 연삭기 덮개의 시험방법 중 연삭기 작동시험은 시험용 연삭기에 직접 부착한 후 다음 사항을 확인하여 이상이 없어야 하는 지를 쓰시오.(4점)　　　　　　　　　　　　　　[기사1801/기사2102]

- 연삭(①)과 덮개의 접촉여부
- 탁상용 연삭기는 (②), (③) 및 (④) 부착상태의 적합성 여부

① 숫돌
② 덮개
③ 워크레스트
④ 조정편

131 연삭숫돌의 파괴원인 4가지를 쓰시오.(4점)　　　　　　　　　　　　　　[기사2101/기사2303]

① 숫돌에 큰 충격이 가해질 때
② 숫돌의 회전속도가 너무 빠를 때
③ 숫돌 자체에 균열이 있을 때
④ 숫돌작업 시 숫돌의 측면을 사용할 때
⑤ 숫돌의 회전중심이 제대로 잡혀있지 않았을 때
⑥ 플랜지 직경이 숫돌 직경의 1/3 이하일 때

▲ 해당 답안 중 4가지 선택 기재

132 다음 설명에 맞는 프레스 및 전단기의 방호장치를 각각 쓰시오.(4점)

[기사1301]

> ① 슬라이드 하강 중 정전 또는 방호장치의 이상 시에 정지할 수 있는 구조이어야 한다.
> ② 슬라이드 하강 중 정전 또는 방호장치의 이상 시에 정지하고, 1행정1정지 기구에 사용할 수 있어야 한다.
> ③ 슬라이드 하행정거리의 3/4 위치에서 손을 완전히 밀어내어야 한다.
> ④ 손목밴드는 착용감이 좋으며 쉽게 착용할 수 있는 구조이고, 수인끈은 작업자와 작업공정에 따라 그 길이를 조정할 수 있어야 한다.

① 광전자식(감응식) 방호장치
② 양수조작식 방호장치
③ 손쳐내기식 방호장치
④ 수인식 방호장치

133 감응식 방호장치를 설치한 프레스에서 광선을 차단한 후 200ms 후에 슬라이드가 정지하였다. 이 때 방호장치의 안전거리는 최소 몇 mm 이상이어야 하는가?(3점)

[기사0902/산기1401/기사1601/기사2002]

- $D = 1.6 \times T_m = 1.6 \times 200 = 320 [mm]$이다.

134 프레스의 방호장치에 관한 설명 중 (   )안에 알맞은 내용이나 수치를 써 넣으시오.(5점)

[기사1103/산기1701]

> 가) 광전자식 방호장치의 일반구조에 있어 정상작동 표시램프는 (①)색, 위험표시램프는 (②)색으로 하여 쉽게 근로자가 볼 수 있는 곳에 설치하여야한다.
> 나) 양수조작식 방호장치의 일반구조에 있어 누름버튼의 상호간 내측거리는 (③)mm 이상 이어야 한다.
> 다) 손쳐내기식 방호장치의 일반구조에 있어 슬라이드 하행정거리의 (④)위치 내에 손을 완전히 밀어내야 한다.
> 라) 수인식 방호장치의 일반구조에 있어 수인끈의 재료는 합성섬유로 직경이 (⑤)mm 이상이어야 한다.

① 녹   ② 붉은   ③ 300
④ 3/4   ⑤ 4

135 광전자식 방호장치 프레스에 관한 설명 중 (   )안에 알맞은 내용이나 수치를 써 넣으시오.(3점)

[기사1401/기사1603]

가) 프레스 또는 전단기에서 일반적으로 많이 활용되고 있는 형태로서 투광부, 수광부, 컨트롤 부분으로 구성된 것으로서 신체의 일부가 광선을 차단하면 기계를 급정지시키는 방호장치로 (①) 분류에 해당한다.

나) 정상동작표시램프는 (②)색, 위험표시램프는 (③)색으로 하며, 쉽게 근로자가 볼 수 있는 곳에 설치해야 한다.

다) 방호장치는 릴레이, 리미트 스위치 등의 전기부품의 고장, 전원전압의 변동 및 정전에 의해 슬라이드가 불시에 동작하지 않아야 하며, 사용전원전압의 ±(④)%의 변동에 대하여 정상으로 작동되어야 한다.

① A-1

② 녹

③ 붉은

④ 20

136 클러치 맞물림개수 5개, 200[SPM] 동력 프레스 양수조작식 방호장치의 안전거리를 구하시오.(4점)

[기사1103/기사1701]

- 방호장치의 반응시간 = $\left(\dfrac{1}{5}+\dfrac{1}{2}\right)\times\dfrac{60,000}{200}=0.7\times300=210[ms]$가 된다.

- 안전거리는 = $1.6\times210=336[mm]$가 된다.

✔ 양수조작식 방호장치 안전거리
- 인간 손의 기준속도(1.6[m/s])를 고려하여 양수조작식 방호장치의 안전거리는 1.6 × 반응시간으로 구할 수 있다.
- 클러치 프레스에 부착된 양수조작식 방호장치의 반응시간(T_m)은 버튼에서 손이 떨어지고 슬라이드가 정지할 때까지의 시간으로 해당 시간이 주어지지 않을 때는 $T_m=\left(\dfrac{1}{클러치}+\dfrac{1}{2}\right)\times\dfrac{60,000}{분당행정수}[ms]$로 구할 수 있다.
- 시간이 주어질 때는 $D=1.6(T_L+T_S)$로 구한다.
  D : 안전거리(mm)
  T_L : 버튼에서 손이 떨어질 때부터 급정지기구가 작동할 때까지 시간(ms)
  T_S : 급정지기구 작동 시부터 슬라이드가 정지할 때까지 시간(ms)

137 롤러의 방호장치에 관한 사항이다. 다음 괄호 안을 채우시오.(4점) [기사0802/산기1801/산기1802/기사2101]

종류	설치위치
손 조작식	밑면에서 (①)m 이내
복부 조작식	밑면에서 (②)m 이상 (③)m 이내
무릎 조작식	밑면에서 (④)m 이내

① 1.8   ② 0.8
③ 1.1   ④ 0.6

138 1000[rpm]으로 회전하는 롤러기의 앞면 롤러기의 지름이 50[cm]인 경우 앞면 롤러의 표면속도와 관련 규정에 따른 급정지거리[cm]를 구하시오.(4점) [기사1202]

- 롤러의 표면속도(V) = $\dfrac{\pi DN}{1,000}$ = $\dfrac{\pi \times 500 \times 1,000}{1,000}$ = 1,570.796[m/min]

- 급정지거리 기준 : 표면속도가 30[m/min] 이상시 원주(πD)의 $\dfrac{1}{2.5}$ 이내

- 급정지거리 = $\pi D \times \dfrac{1}{2.5}$ = $\pi \times 50 \times \dfrac{1}{2.5}$ = 62.831 = 62.83[cm]

139 롤러기 급정지장치 원주속도와 안전거리를 쓰시오.(4점) [기사1102/기사1703/기사2001]

- 30m/min 미만 – 앞면 롤러 원주의 (①)
- 30m/min 이상 – 앞면 롤러 원주의 (②)

① $\dfrac{1}{3}$ 이내

② $\dfrac{1}{2.5}$ 이내

140 동력식 수동대패의 방호장치의 명칭과 그 종류를 2가지 쓰시오.(5점)　　　　　　　[기사1903]

　　가) 명칭 : 칼날접촉방지장치(덮개)

　　나) 종류 : ① 가동식　② 고정식

141 목재가공용 둥근톱의 분할 날이 갖추어야 할 사항이다. 빈칸을 채우시오.(3점)　　[기사0702/기사1501]

> • 분할 날의 두께는 둥근톱 두께의 (①)배 이상으로 한다.
> • 견고히 고정할 수 있으며 분할 날과 톱날 원주면과의 거리는 (②)mm 이내로 조정, 유지할 수 있어야 한다.
> • 표준 테이블 면 상의 톱 뒷날의 (③) 이상을 덮도록 한다.

　　① 1.1　　　　　　　　　② 12　　　　　　　　　③ 2/3

142 다음 설명을 읽고 보일러에서 발생하는 현상을 각각 쓰시오.(4점)　　　　　　[기사1302]

> ① 보일러수 속의 용해 고형물이나 현탁 고형물이 증기에 섞여 보일러 밖으로 튀어 나가는 현상
> ② 유지분이나 부유물 등에 의하여 보일러수의 비등과 함께 수면부에 거품을 발생시키는 현상

　　① 캐리오버

　　② 포밍

143 보일러 운전 중 프라이밍의 발생원인 3가지를 쓰시오.(6점)　　　　　　　　　[기사1203]

　　① 보일러 관수의 과잉농축

　　② 주증기 밸브의 급개

　　③ 보일러 부하의 급변화

144 사업주는 보일러의 폭발사고를 예방하기 위하여 기능이 정상적으로 작동될 수 있도록 유지·관리하여야 한다. 유지·관리하여야 하는 부속을 3가지 쓰시오.(3점) [기사1402/기사1901]

① 압력방출장치
② 압력제한스위치
③ 고저수위 조절장치
④ 화염 검출기

▲ 해당 답안 중 3가지 선택 기재

145 보일러의 방호장치 3가지를 쓰시오.(3점) [기사1902]

① 압력방출장치
② 압력제한스위치
③ 고저수위 조절장치
④ 전기적 인터록 장치
⑤ 화염 검출기

▲ 해당 답안 중 3가지 선택 기재

146 산업안전보건법에 따라 이상상태로 인한 압력상승으로 당해설비의 최고 사용압력을 구조적으로 초과할 우려가 있는 화학설비 및 그 부속설비에 안전밸브 또는 파열판을 설치하여야 한다. 이 때 반드시 파열판을 설치해야 하는 경우 3가지를 쓰시오.(6점) [기사1003/산기1702/기사1703/기사2001/기사2004/기사2301]

① 반응 폭주 등 급격한 압력 상승 우려가 있는 경우
② 급성 독성물질의 누출로 인하여 주위의 작업환경을 오염시킬 우려가 있는 경우
③ 운전 중 안전밸브에 이상 물질이 누적되어 안전밸브가 작동되지 아니할 우려가 있는 경우

147 보일러에서 발생하는 캐리오버 현상의 원인 4가지를 쓰시오.(4점) [기사1501]

① 보일러수가 과잉 농축되었을 때
② 열부하가 급격하게 변동해 증감될 때
③ 운전 중 수위 조절이 원활하게 이뤄지지 못할 때
④ 보일러의 운전 압력을 너무 낮게 설정해 놓았을 때
⑤ 기수분리기의 불량 등 기계적인 고장이 발생했을 때

▲ 해당 답안 중 4가지 선택 기재

148 [보기]의 안전밸브 형식표시사항을 상세히 기술하시오.(5점) [기사1303]

[보기] SFⅡ1-B

① S : 요구성능은 증기의 분출압력
② F : 용량제한기구는 전량식
③ Ⅱ : 호칭입구의 크기는 지름 25mm 초과 50mm 이하
④ 1 : 호칭압력은 1MPa 이하
⑤ B : 평형형

149 사업주는 압력용기 등을 식별할 수 있도록 하기 위하여 그 압력 용기 등에 표시가 지워지지 않도록 각인(刻印) 표시된 것을 사용하여야 한다. 표시사항을 3가지 쓰시오.(6점) [기사1201]

① 최고사용압력
② 제조연월일
③ 제조회사명

150 산업안전보건법상 이동식크레인의 방호장치 3가지를 쓰시오.(6점) [기사1902]

① 과부하방지장치
② 권과방지장치
③ 비상정지장치 및 제동장치

151 다음에 해당하는 방폭구조의 기호를 쓰시오.(5점)

[기사0803/기사1001/산기1003/산기1902/기사2004]

| ① 내압방폭구조 | ② 충전방폭구조 | ③ 본질안전방폭구조 |
| ④ 몰드방폭구조 | ⑤ 비점화방폭구조 | |

① d
② q
③ ia, ib
④ m
⑤ n

✔ 장소별 방폭구조

0종 장소	지속적 위험분위기	• 본질안전방폭구조(Ex ia)
1종 장소	통상상태에서의 간헐적 위험분위기	• 내압방폭구조(Ex d) • 압력방폭구조(Ex p) • 충전방폭구조(Ex q) • 유입방폭구조(Ex o) • 안전증방폭구조(Ex e) • 본질안전방폭구조(Ex ib) • 몰드방폭구조(Ex m)
2종 장소	이상상태에서의 위험분위기	• 비점화방폭구조(Ex n)

• 분진방폭구조 : 용기 분진방폭구조(tD), 본질안전 분진방폭구조(iD), 몰드 분진방폭구조(mD), 압력 분진방폭구조(pD)

152 다음 방폭구조의 표시를 쓰시오.(5점)

[기사1102/기사1602]

• 방폭구조 : 외부의 가스가 용기 내로 침입하여 폭발하더라도 용기는 그 압력에 견디고 외부의 폭발성 가스에 착화될 우려가 없도록 만들어진 구조
• 그룹 : ⅡB
• 최고표면온도 : 90도

• EX d ⅡB T5

✔ 방폭구조 기호등급 표시
• EX : 방폭용임을 표시
• p : 방폭구조의 표시(예시된 "p"는 압력방폭구조)

p	압력방폭구조	ia, ib,	본질안전방폭구조
e	안전증방폭구조	o	유입방폭구조
m	몰드방폭구조	q	충전방폭구조
n	비점화방폭구조	d	내압방폭구조

• Ⅱ : 산업용(광산용 제외)임을 의미
• A : 가스 폭발등급을 표시함
• T5 : 최고표면온도에 따른 발화온도 표시("T5"는 100[℃])

153 d ⅡA T4 를 설명하시오.(3점) [기사1203]

① d : 내압방폭구조
② ⅡA : 폭발등급
③ T4 : 온도등급

154 방폭부품에 대한 표시는 식별이 잘되는 지점에 표시해야 하는데 소형 전기기기와 방폭부품의 경우, 표시크기를 줄일 수 있으나 이 경우 반드시 표시해야 할 최소 표시사항을 4가지 쓰시오. (4점) [기사1303]

① 제조자의 이름 또는 등록상표   ② 형식
③ 기호 Ex 및 방폭구조의 기호   ④ 인증서 발급기관의 이름 또는 마크, 합격번호
⑤ 해당 방폭구조의 기호   ⑥ 방폭부품의 그룹 기호
⑦ 합격번호 및 U 기호(X 기호는 사용될 수 없음)
⑧ 해당 방폭구조에서 정한 추가 표시

▲ 해당 답안 중 4가지 선택 기재

155 누전에 의한 감전위험을 방지하기 위하여 해당 전로의 정격에 적합하고 감도가 양호하며 확실하게 작동하는 감전방지용 누전차단기를 설치하는 상황을 3가지 쓰시오.(6점) [산기2002/기사2003/산기2102/기사2302]

① 대지전압이 150볼트를 초과하는 이동형 또는 휴대형 전기기계·기구
② 물 등 도전성이 높은 액체가 있는 습윤장소에서 사용하는 저압용 전기기계·기구
③ 철판·철골 위 등 도전성이 높은 장소에서 사용하는 이동형 또는 휴대형 전기기계·기구
④ 임시배선의 전로가 설치되는 장소에서 사용하는 이동형 또는 휴대형 전기기계·기구

▲ 해당 답안 중 3가지 선택 기재

156 전기기계·기구에 설치되어 있는 누전차단기는 정격감도전류가 (①)이고 작동시간은 (②)초 이내이어야 한다. ( )에 알맞은 내용을 쓰시오.(3점) [기사0603/기사0903/기사1502/산기1801]

① 30밀리암페어 이하
② 0.03

157 산업안전보건기준에 관한 규칙에서 누전에 의한 감전의 위험을 방지하기 위하여 코드와 플러그를 접속하여 사용하는 전기기계·기구를 5가지 쓰시오.(5점) [기사1603/기사2001/기사2103]

① 사용전압이 대지전압 150볼트를 넘는 것
② 냉장고·세탁기·컴퓨터 및 주변기기 등과 같은 고정형 전기기계·기구
③ 고정형·이동형 또는 휴대형 전동기계·기구
④ 물 또는 도전성(導電性)이 높은 곳에서 사용하는 전기기계·기구, 비접지형 콘센트
⑤ 휴대형 손전등

158 근로자가 작업이나 통행 등으로 인하여 전기기계, 기구 또는 전로 등의 충전부분에 접촉하거나 접근함으로써 감전 위험이 있는 충전부분에 대하여 감전을 방지하기 위한 방호방법을 3가지 쓰시오.(3점) [기사0703/기사1801/기사2201]

① 충전부가 노출되지 않도록 폐쇄형 외함(外函)이 있는 구조로 할 것
② 충전부에 충분한 절연효과가 있는 방호망이나 절연덮개를 설치할 것
③ 충전부는 내구성이 있는 절연물로 완전히 덮어 감쌀 것
④ 발전소·변전소 및 개폐소 등 구획되어 있는 장소로서 관계 근로자가 아닌 사람의 출입이 금지되는 장소에 충전부를 설치하고, 위험표시 등의 방법으로 방호를 강화할 것
⑤ 전주 위 및 철탑 위 등 격리되어 있는 장소로서 관계 근로자가 아닌 사람이 접근할 우려가 없는 장소에 충전부를 설치할 것

▲ 해당 답안 중 3가지 선택 기재

159 C. F. DALZIEL의 관계식을 이용하여 심실세동을 일으킬 수 있는 에너지[J]를 구하시오.(단, 통전시간은 1[초], 인체의 전기저항은 500[Ω]이다)(3점) [기사1202]

- 심실세동전류 $I = \dfrac{165}{\sqrt{T}}[\text{mA}]$ 로 구한다.

- 에너지 $W = I^2RT = \left(\dfrac{165}{\sqrt{T}} \times 10^{-3}\right)^2 \times R \times T = \left(\dfrac{165}{\sqrt{1}} \times 10^{-3}\right)^2 \times 500 \times 1 = 13.612 = 13.61[\text{J}]$

✔ 심실세동 한계전류와 전기에너지

- 심장의 맥동에 영향을 주어 혈액순환이 곤란하게 되고 끝내는 심장 기능을 잃게 되는 치사적 전류를 심실세동전류라 한다.

- 감전시간과 위험전류와의 관계에서 심실세동 한계전류 I는 $\dfrac{165}{\sqrt{T}}$[mA]이고, T는 통전시간이다.

- 인체의 접촉저항을 500Ω으로 할 때 심실세동을 일으키는 전류에서의 전기에너지는

$$W = I^2 Rt = \left(\frac{165 \times 10^{-3}}{\sqrt{T}}\right)^2 \times R \times T = (165 \times 10^{-3})^2 \times 500 = 13.612\,[\text{J}]\text{이 된다.}$$

---

160 용접작업을 하는 작업자가 전압이 300V인 충전부분이 물에 젖은 손이 접촉, 감전되어 사망하였다. 이때 인체에 통전된 심실세동전류(mA)와 통전시간(ms)을 계산하시오.(단, 인체의 저항은 1,000[Ω]으로 한다) (4점)

[기사0701/기사1403/기사2101/기사2303]

① 심실세동전류는 오옴의 법칙($I = \dfrac{V}{R}$)을 이용해서 구한다. 전압이 주어졌으며, 저항은 인체저항이 1,000[Ω]이지만 충전부분이 물에 젖을 경우 저항은 $\dfrac{1}{25}$로 감소하므로 40[Ω]이 되는데 유의한다.

$I = \dfrac{300}{40} = 7.5[\text{A}]$ 이며, 이는 7,500[mA]이다.

② 통전시간(T)는 심실세동전류를 알고 있으면 구할 수 있다. 심실세동전류 $I = \dfrac{165}{\sqrt{T}}$[mA]이므로 $T = \left(\dfrac{165}{I}\right)^2$ 이므로 구해진 심실세동전류를 대입하면 $T = \left(\dfrac{165}{I}\right)^2 = 0.000484[\text{sec}]$이다. 이는 0.48[ms]가 된다.

---

161 전압이 100[V]인 충전부분에 물에 젖은 작업자의 손이 접촉되어 감전, 사망하였다. 이 때 인체에 흐른 ① 심실세동전류[mA]를 구하고, ② 통전시간[초]를 구하시오.(단, 인체의 저항은 5,000[Ω]으로 하고, 소수 넷째자리에서 반올림하여 소수 셋째자리까지 표기할 것)(6점)

[기사0502/기사1401]

① 심실세동전류는 오옴의 법칙($I = \dfrac{V}{R}$)을 이용해서 구한다. 전압이 주어졌으며, 저항은 인체저항이 5,000[Ω]이지만 충전부분이 물에 젖을 경우 저항은 $\dfrac{1}{25}$로 감소하므로 200[Ω]이 되는데 유의한다.

$I = \dfrac{100}{200} = 0.5[\text{A}]$ 이며, 이는 500[mA]이다.

② 통전시간(T)는 심실세동전류를 알고 있으면 구할 수 있다. 심실세동전류 $I = \dfrac{165}{\sqrt{T}}$[mA]이므로 $T = \left(\dfrac{165}{I}\right)^2$ 이므로 구해진 심실세동전류를 대입하면 $T = \left(\dfrac{165}{500}\right)^2 = 0.1089 \simeq 0.109[\text{sec}]$이다.

162 다음은 옥내 사용전압에 따른 절연저항값을 표시한 것이다. 빈칸을 채우시오.(4점)　　　[기사1802]

전로의 사용전압(V)	DC 시험전압(V)	절연저항[MΩ]
SELV 및 PELV	250	(①)
FELV, 500V 이하	500	(②)
500V 초과	1,000	(③)

① 0.5

② 1.0

③ 1.0

163 접지공사의 종류에 따른 접지도체의 최소 단면적을 쓰시오.(단, 접지선의 굵기는 연동선의 직경을 기준으로 한다)(4점)　　　[기사1002/기사1302/기사1503/기사2002]

분류		접지선의 최소 단면적
특고압 · 고압 전기설비용 접지도체		①
중성점 접지용 접지도체		②
이동하여 사용하는 전기기계 · 기구	특고압 · 고압 · 중성점 접지용 접지도체	③
	저압 전기설비용 접지도체	④

① 6mm^2

② 16mm^2

③ 10mm^2

④ 0.75mm^2

164 충전전로에 대한 접근한계거리를 쓰시오.(4점)　　　[산기1103/기사1301/산기1303/산기1602/기사1703/기사2102/기사2301]

① 0.38kV	② 1.5kV	③ 6.6kV	④ 22.9kV

① 30cm

② 45cm

③ 60cm

④ 90cm

✔ 충전전로 접근한계거리

충전전로의 선간전압 (단위 : KV)	충전전로에 대한 접근한계거리(단위 : cm)
0.3 이하	접촉금지
0.3 초과 0.75 이하	30
0.75 초과 2 이하	45
2 초과 15 이하	60
15 초과 37 이하	90
37 초과 88 이하	110
88 초과 121 이하	130
121 초과 145 이하	150
145 초과 169 이하	170
169 초과 242 이하	230
242 초과 362 이하	380
362 초과 550 이하	550
550 초과 800 이하	790

165 산업안전보건법상 위험물의 종류에 있어 다음 각 물질에 해당하는 것을 보기에서 2가지씩 골라 번호를 쓰시오.(4점)

[기사1001/기사1403]

① 황	② 염소산	③ 하이드라진 유도체	④ 아세톤
⑤ 과망간산	⑥ 니트로소화합물	⑦ 수소	⑧ 리튬

가) 폭발성 물질 및 유기과산화물 : ③, ⑥
나) 물반응성 물질 및 인화성 고체 : ①, ⑧

✔ 위험물질의 분류와 그 종류

폭발성 물질 및 유기과산화물	질산에스테르류, 니트로 화합물, 니트로소 화합물, 아조 화합물, 디아조 화합물, 하이드라진 유도체, 유기과산화물
물반응성 물질 및 인화성 고체	리튬, 칼륨・나트륨, 황, 황린, 황화린・적린, 셀룰로이드류, 알킬알루미늄・알킬리튬, 마그네슘 분말, 금속 분말, 알칼리금속, 유기금속화합물, 금속의 수소화물, 금속의 인화물, 칼슘 탄화물, 알루미늄 탄화물
산화성 액체 및 산화성 고체	차아염소산, 아염소산, 염소산, 과염소산, 브롬산, 요오드산, 과산화수소 및 무기 과산화물, 질산 및 질산칼륨, 질산나트륨, 질산암모늄, 그 밖의 질산염류, 과망간산, 중크롬산 및 그 염류
인화성 액체	에틸에테르, 가솔린, 아세트알데히드, 산화프로필렌, 노말헥산, 아세톤, 메틸에틸케톤, 메틸알코올, 에틸 알코올, 이황화탄소, 크실렌, 아세트산아밀, 등유, 경유, 테레핀유, 이소아밀알코올, 아세트산, 하이드라진
인화성 가스	수소, 아세틸렌, 에틸렌, 메탄, 에탄, 프로판, 부탄
부식성 물질	농도 20% 이상인 염산・황산・질산, 농도 60% 이상인 인산・아세트산・불산, 농도 40% 이상인 수산화나트륨・수산화칼륨
급성독성물질	

166 산업안전보건법상 위험물질의 종류를 물질의 성질에 따라 5가지 쓰시오.(5점)　[기사0803/기사1901]

① 인화성 가스
② 산화성 액체 및 산화성 고체
③ 인화성 액체
④ 부식성 물질
⑤ 급성 독성 물질
⑥ 물반응성 물질 및 인화성 고체
⑦ 폭발성 물질 및 유기과산화물

▲ 해당 답안 중 5가지 선택 기재

167 다음은 급성독성물질에 대한 설명이다. 빈칸을 채우시오.(4점)　[산기0702/기사1103/산기1402/기사1701]

가) LD50은 (①)mg/kg을 쥐에 대한 경구투입실험에 의하여 실험동물의 50%를 사망케 한다.
나) LD50은 (②)mg/kg을 쥐 또는 토끼에 대한 경피흡수실험에 의하여 실험동물의 50%를 사망케 한다.
다) LC50은 가스로 (③)ppm을 쥐에 대한 4시간 동안 흡입실험에 의하여 실험동물의 50%를 사망케 한다.
라) LC50은 증기로 (④)mg/L을 쥐에 대한 4시간 동안 흡입실험에 의하여 실험동물의 50%를 사망케 한다.

① 300
② 1,000
③ 2,500
④ 10

✔ 급성독성물질
• 쥐에 대한 경구투입실험에 의하여 실험동물의 50퍼센트를 사망시킬 수 있는 물질의 양, 즉 LD50(경구, 쥐)이 킬로그램당 300밀리그램-(체중) 이하인 화학물질
• 쥐 또는 토끼에 대한 경피흡수실험에 의하여 실험동물의 50퍼센트를 사망시킬 수 있는 물질의 양, 즉 LD50(경피, 토끼 또는 쥐)이 킬로그램당 1,000밀리그램 -(체중) 이하인 화학물질
• 쥐에 대한 4시간 동안의 흡입실험에 의하여 실험동물의 50퍼센트를 사망시킬 수 있는 물질의 농도, 즉 가스 LC50(쥐, 4시간 흡입)이 2,500ppm 이하인 화학물질, 증기 LC50(쥐, 4시간 흡입)이 10mg/L 이하인 화학물질, 분진 또는 미스트 1mg/L 이하인 화학물질

168 다음 중 노출기준이 가장 낮은 것과 높은 것을 쓰시오.(단, 단위 ppm 기준)(4점)　　　[기사1301]

| ① 암모니아 | ② 불소 | ③ 과산화수소 |
| ④ 사염화탄소 | ⑤ 염화수소 | |

가) 낮은 것 : ② 불소
나) 높은 것 : ① 암모니아

169 위험물질을 제조·취급하는 작업장과 그 작업장이 있는 건축물에 출입구 외에 안전한 장소로 대피할 수 있는 비상구 1개 이상을 설치해야 하는 구조조건을 2가지 쓰시오.(4점)　　　[기사1402/기사1802]

① 출입구와 같은 방향에 있지 아니하고, 출입구로부터 3미터 이상 떨어져 있을 것
② 비상구의 너비는 0.75미터 이상으로 하고, 높이는 1.5미터 이상으로 할 것
③ 작업장의 각 부분으로부터 하나의 비상구 또는 출입구까지의 수평거리가 50미터 이하가 되도록 할 것
④ 비상구의 문은 피난 방향으로 열리도록 하고, 실내에서 항상 열 수 있는 구조로 할 것

▲ 해당 답안 중 2가지 선택 기재

170 니트로 화합물질을 제조·취급하는 작업장과 그 작업장이 있는 건축물에 출입구 외에 안전한 장소로 대피할 수 있는 비상구 1개 이상을 아래와 같은 구조로 설치하여야 한다. 다음 빈칸을 채우시오.(4점)　　　[기사1203]

가) 출입구와 같은 방향에 있지 아니하고, 출입구로부터 (①)m 이상 떨어져 있을 것
나) 작업장의 각 부분으로부터 하나의 비상구 또는 출입구까지의 수평거리가 (②)m 이하가 되도록 할 것
다) 비상구의 너비는 (③)m 이상으로 하고, 높이는 (④)m 이상으로 할 것

① 3
② 50
③ 0.75
④ 1.5

171 다음 물음의 위험물과 혼재 가능한 물질을 〔보기〕에서 골라 쓰시오.(4점)　　　　[기사1301]

〔보기〕

① 산화성고체　　　　② 가연성고체　　　　③ 자연발화 및 금수성
④ 인화성액체　　　　⑤ 자기반응성물질　　⑥ 산화성액체

가) 산화성고체　　　　　　　　　　　나) 가연성고체
다) 자기반응성물질　　　　　　　　　라) 자연발화성 및 금수성

가) 산화성고체 : ①, ⑥
나) 가연성고체 : ②, ④, ⑤
다) 자기반응성물질 : ②, ④, ⑤
라) 자연발화성 및 금수성 : ③, ④

172 분진 등을 배출하기 위하여 설치하는 국소배기장치의 덕트 설치기준을 3가지 쓰시오.(3점)　　[기사1803]

① 가능하면 길이는 짧게 하고 굴곡부의 수는 적게 할 것
② 접속부의 안쪽은 돌출된 부분이 없도록 할 것
③ 청소구를 설치하는 등 청소하기 쉬운 구조로 할 것
④ 덕트 내부에 오염물질이 쌓이지 않도록 이송속도를 유지할 것
⑤ 연결 부위 등은 외부 공기가 들어오지 않도록 할 것

▲ 해당 답안 중 3가지 선택 기재

173 잠함 또는 우물통의 내부에서 근로자가 굴착작업을 하는 경우 잠함 또는 우물통의 급격한 침하에 의한 위험을 방지하기 위하여 준수할 사항을 2가지 쓰시오.(4점)

[기사1202/기사1302/기사1503/산기1601/기사1901/기사2302]

① 침하관계도에 따라 굴착방법 및 재하량 등을 정할 것
② 바닥으로부터 천장 또는 보까지의 높이는 1.8미터 이상으로 할 것

174 인체에 해로운 분진, 흄(Fume), 미스트(Mist), 증기 또는 가스 상태의 물질을 배출하기 위하여 설치하는 국소배기장치의 후드 설치 시 준수사항 3가지를 쓰시오.(3점) [기사1303/기사2101]

① 유해물질이 발생하는 곳마다 설치할 것
② 후드(Hood) 형식은 가능하면 포위식 또는 부스식 후드를 설치할 것
③ 외부식 또는 리시버식 후드는 해당 분진 등의 발산원에 가장 가까운 위치에 설치할 것
④ 유해인자의 발생형태와 비중, 작업방법 등을 고려하여 해당 분진등의 발산원(發散源)을 제어할 수 있는 구조로 설치할 것

▲ 해당 답안 중 3가지 선택 기재

175 방호조치를 하지 아니하고는 양도, 대여, 설치 또는 사용에 제공하거나, 양도·대여의 목적으로 진열해서는 안 되는 기계·기구 4가지를 쓰시오.(4점) [산기0903/산기1203/산기1503/기사1602/기사1801/기사2003/기사2201/기사2302]

① 예초기
② 원심기
③ 공기압축기
④ 지게차
⑤ 금속절단기
⑥ 포장기계(진공포장기, 래핑기로 한정)

▲ 해당 답안 중 4가지 선택 기재

176 산업안전보건법상 안전인증대상 보호구를 6가지 쓰시오.(6점) [기사0703/기사1001/기사1803/기사2201/기사2203]

① 안전화
② 안전장갑
③ 방진마스크
④ 방독마스크
⑤ 송기마스크
⑥ 보호복
⑦ 안전대
⑧ 용접용 보안면
⑨ 추락 및 감전 위험방지용 안전모
⑩ 전동식 호흡보호구
⑪ 방음용 귀마개 또는 귀덮개
⑫ 차광 및 비산물 위험방지용 보안경

▲ 해당 답안 중 6가지 선택 기재

177 안전인증 제품에 안전인증 표시 외에 표시해야할 사항 4가지를 쓰시오.(4점)

[기사0902/산기1001/산기1902/기사1903]

① 형식 또는 모델명
② 규격 또는 등급 등
③ 제조자명
④ 제조번호 및 제조연월
⑤ 안전인증 번호

▲ 해당 답안 중 4가지 선택 기재

178 산업안전보건법상 안전인증대상 기계·기구 및 방호장치, 보호구에 해당하는 것을 보기에서 4가지 골라 번호를 쓰시오.(4점)

[기사1003/기사1403/기사1603/기사1903]

① 방독마스크	② 산업용 로봇	③ 윤전기	④ 안전매트	⑤ 압력용기
⑥ 보일러 안전밸브	⑦ 동력식 수동대패	⑧ 이동식 사다리	⑨ 지게차	⑩ 용접용 보안면

① 방독마스크(보호구)
⑤ 압력용기(기계·기구)
⑥ 보일러 안전밸브(방호장치)
⑩ 용접용 보안면(보호구)

✔ 안전인증대상 기계·기구·보호구

기계·기구	프레스, 전단기, 절곡기, 크레인, 리프트, 압력용기, 롤러기, 사출성형기, 고소작업대, 곤돌라
방호장치	프레스 및 전단기 방호장치, 양중기용 과부하방지장치, 보일러 압력방출용 안전밸브, 압력용기 압력방출용 안전밸브, 압력용기 압력방출용 파열판, 절연용 방호구 및 활선작업용기구, 방폭구조 전기기계·기구 및 부품, 추락·낙하 및 붕괴 등의 위험방호에 필요한 가설기자재, 충돌·협착 등의 위험방지에 필요한 산업용 로봇 방호장치
보호구	추락 및 감전 위험방지용 안전모, 안전화, 안전장갑, 방진마스크, 방독마스크, 송기마스크, 전동식 호흡보호구, 보호복, 안전대, 차광 및 비산물 위험방지용 보안경, 용접용 보안면, 방음용 귀마개 또는 귀덮개

179 안전인증을 전부 또는 일부 면제할 수 있는 경우 3가지를 쓰시오.(3점) [기사1303/기사1701]

① 연구·개발을 목적으로 제조·수입하거나 수출을 목적으로 제조하는 경우
② 다른 법령에 의해 검사나 인증을 받은 경우로 고용노동부령으로 정하는 경우
③ 고용노동부장관이 정하여 고시하는 외국의 안전인증기관에서 인증을 받은 경우

180 자율검사프로그램의 인정을 취소하거나 인정받은 자율검사프로그램의 내용에 따라 검사를 하도록 개선을 명할 수 있는 경우 2가지를 쓰시오.(단, 거짓이나 그 밖의 부정한 방법으로 자율검사프로그램을 인정받은 경우는 제외)(4점) [기사1102/기사1503/기사2002]

① 자율검사프로그램을 인정받고도 검사를 하지 아니한 경우
② 인정받은 자율검사프로그램의 내용에 따라 검사를 하지 아니한 경우
③ 산업안전보건법이 정한 사람 또는 자율안전검사기관이 검사를 하지 아니한 경우

▲ 해당 답안 중 2가지 선택 기재

181 자율안전확인대상 기계·기구를 4가지 쓰시오.(4점)

[기사0901/산기1103/산기1201/산기1303/산기1603/산기1702/기사1803/산기2001]

① 컨베이어　　　　　　② 산업용 로봇　　　　　③ 파쇄기(분쇄기)
④ 혼합기　　　　　　　⑤ 인쇄기　　　　　　　⑥ 연삭기 또는 연마기(휴대형 제외)
⑦ 식품가공용 기계　　　⑧ 자동차정비용 리프트
⑨ 공작기계(선반, 드릴, 평삭·형삭기, 밀링)
⑩ 고정형 목재가공용 기계(둥근톱, 대패, 루타기, 띠톱, 모떼기 기계)

▲ 해당 답안 중 4가지 선택 기재

✔ 자율안전확인대상 기계·기구와 방호장치	
기계·기구	연삭기 또는 연마기(휴대형 제외), 산업용 로봇, 혼합기, 파쇄기 또는 분쇄기, 식품가공용 기계, 컨베이어, 자동차정비용 리프트, 공작기계(선반, 드릴, 평삭·형삭기, 밀링), 고정형 목재가공용 기계(둥근톱, 대패, 루타기, 띠톱, 모떼기 기계), 인쇄기
방호장치	아세틸렌 용접장치용 또는 가스집합용접장치용 안전기, 교류 아크용접기용 자동전격방지기, 롤러기 급정지장치, 연삭기 덮개, 목재가공용 둥근톱 반발예방장치와 날 접촉예방장치, 동력식 수동대패용 칼날 접촉방지장치, 추락·낙하 및 붕괴 등의 위험방지 및 보호에 필요한 가설기자재
보호구	안전모(안전인증대상 제외), 보안경(안전인증대상 제외), 보안면(안전인증대상 제외)

182 산업안전보건법상 안전인증대상 기계·기구 등이 안전인증기준에 적합한지를 확인하기 위하여 안전인증기관이 심사하는 심사의 종류 4가지를 쓰시오.(4점) [기사1103/기사1202/기사1401/기사1902]

① 예비심사

② 서면심사

③ 기술능력 및 생산체계 심사

④ 제품심사

183 크레인(이동식크레인은 제외한다), 리프트(이삿짐 운반용 리프트는 제외한다) 및 곤돌라 안전검사 주기에 해당하는 (   )를 채우시오.(3점) [산기1401/기사1703/산기1902]

> 사업장에 설치가 끝난 날부터 (①) 이내에 최초 안전검사를 실시하되, 그 이후부터 (②)마다(건설현장에서 사용하는 것은 최초로 설치한 날부터 (③)마다) 실시한다.

① 3년

② 2년

③ 6개월

184 화재의 종류를 구분하여 쓰고, 그에 따른 표시 색을 쓰시오.(5점) [기사1601/2202]

유형	화재의 분류	색상
A	일반화재	④
B	①	⑤
C	②	청색
D	③	무색

① 유류화재

② 전기화재

③ 금속화재

④ 백색

⑤ 황색

185 가스폭발 위험장소 또는 분진폭발 위험장소에 설치되는 건축물 등에 대해서 해당하는 부분을 내화구조로 하여야 하며, 그 성능이 항상 유지될 수 있도록 점검·보수 등 적절한 조치를 하여야 한다. 해당하는 부분을 2가지 쓰시오.(4점)　　　　　　　　　　　　　　　　　　　　　　　　　　　　[산기1502/기사1703/기사2002]

① 건축물의 기둥 및 보: 지상 1층(지상 1층의 높이가 6미터를 초과하는 경우에는 6미터)까지
② 배관·전선관 등의 지지대: 지상으로부터 1단(1단의 높이가 6미터를 초과하는 경우 6미터)까지
③ 위험물 저장·취급 용기의 지지대(높이가 30센티미터 이하 제외)는 지상으로부터 지지대의 끝부분까지

▲ 해당 답안 중 2가지 선택 기재

186 폭발의 정의에서 UVCE와 BLEVE를 설명하시오.(4점)　　　　　　　　　　　　　　　[기사0802/기사1602]

① UVCE(Unconfined Vapor Cloud Explosion, 개방계증기운폭발)는 대기 중에 대량의 가연성 가스가 유출되거나 대량의 가연성 액체가 유출하여 그것으로부터 발생하는 증기가 공기와 혼합해서 가연성 혼합기체를 형성하고, 점화원에 의하여 발생하는 폭발을 말한다.
② BLEVE(Boiling Liquid Expanded Vapor Explosion, 비등액 팽창증가 폭발)는 비점이나 인화점이 낮은 액체가 들어 있는 용기 주위가 화재 등으로 인하여 가열되면, 내부의 비등현상으로 인한 압력 상승으로 용기의 벽면이 파열되면서 그 내용물이 폭발적으로 증발, 팽창하면서 폭발을 일으키는 현상을 말한다.

187 가스집합 용접장치에 있어서 가스장치실의 구조를 3가지 쓰시오.(3점)　　　　　　　　[기사1802/기사2103]

① 가스가 누출된 경우에는 그 가스가 정체되지 않도록 할 것
② 지붕과 천장에는 가벼운 불연성 재료를 사용할 것
③ 벽에는 불연성 재료를 사용할 것

188 아세틸렌의 위험도와, 아세틸렌 70%, 클로로벤젠 30%일 때 이 혼합기체의 공기 중 폭발하한계의 값을 계산하시오.(4점)　　　　　　　　　　　　　　　　　　　　　　　　　[기사0703/기사1603/기사2102]

	폭발하한계	폭발상한계
아세틸렌	2.5[vol%]	81[vol%]
클로로벤젠	1.3[vol%]	7.1[vol%]

① 아세틸렌의 위험도 $= \dfrac{81-2.5}{2.5} = \dfrac{78.5}{2.5} = 31.4$ 이다.

② 혼합기체의 폭발하한계 $= \dfrac{100}{\dfrac{70}{2.5}+\dfrac{30}{1.3}} = \dfrac{100}{28+23.08} = 1.9577 \simeq 1.96[vol\%]$ 이다.

> ✔ 가스의 위험도
> - $H = \dfrac{(U-L)}{L}$ 으로 구한다. 이때, H : 위험도, U : 폭발상한계, L : 폭발하한계이다.
>
> ✔ 혼합가스의 폭발한계
> - 혼합가스의 폭발한계는 혼합가스를 구성하는 각 가스의 폭발한계당 mol분율 합의 역수로 구한다.
> - 혼합가스의 폭발한계= $\dfrac{1}{\displaystyle\sum_{i=1}^{n}\dfrac{\text{mol분율}}{\text{폭발한계}}}$ 혹은 [vol%]를 구할 때= $\dfrac{100}{\displaystyle\sum_{i=1}^{n}\dfrac{\text{mol분율}}{\text{폭발한계}}}$[vol%]로 구한다.

189 부탄(C_4H_{10})이 완전 연소하기 위한 화학양론식을 쓰고, 완전연소에 필요한 최소산소농도(MOC)를 추정하시오.(단, 부탄 연소하한계는 1.6[vol%]이다)(4점)　　　　　　　　　　　[기사1002/기사1803]

① 화학양론식

　산소양론계수는 C_4H_{10}에서 $4+\dfrac{10}{4}$ 이므로 6.5이다.

　따라서 화학양론식은 $C_4H_{10} + 6.5O_2 \rightarrow 4CO_2 + 5H_2O$가 된다.

② 최소산소농도

　최소산소농도는 $6.5 \times 1.6 = 10.4$[vol%]이다.

> ✔ 완전연소 조성농도(화학양론농도)
> - 완전연소 조성농도(Cst)는 $\dfrac{100}{1+\text{공기몰수}\times(a+\dfrac{b-c-2d}{4})}$ 이다.
>
> 　주로 공기의 몰수는 4.773을 사용하므로 $\dfrac{100}{1+4.773(a+\dfrac{b-c-2d}{4})}$[vol%]로 구한다.
>
> 　단, a : 탄소, b : 수소, c : 할로겐의 원자수, d : 산소의 원자수로 구한다.
> - Jones식에 따라 폭발한계를 추산하면 폭발하한계 = Cst × 0.55, 폭발상한계 = Cst × 3.50이다.
>
> ✔ 최소산소농도(MOC)
> - 연소 시 필요한 산소(O_2)농도 즉, 산소양론계수는 $a+\dfrac{b-c-2d}{4}$로 구한다.
> - 최소산소농도(MOC) = 산소양론계수 × 연소하한값이다.

190 산업안전보건법상 인화성 고체 저장 시 정전기로 인한 화재 폭발 등 방지에 대하여 빈칸을 채우시오.(4점)

[기사0501/기사1103/기사1201/기사1702/기사1803/기사1901/기사2004/기사2203]

> 정전기에 의한 화재 또는 폭발 등의 위험이 발생할 우려가 있는 경우에는 해당 설비에 대하여 확실한 방법으로
> (①)를 하거나, (②) 재료를 사용하거나 가습 및 점화원이 될 우려가 없는 (③)장치를 사용하는 등 정전기의
> 발생을 억제하거나 제거하기 위하여 필요한 조치를 하여야 한다.

① 접지
② 도전성
③ 제전

191 정전기에 의한 화재 또는 폭발 등의 위험이 발생할 우려가 있는 경우에 사용하는 정전기 방지 대책 5가지를
쓰시오.(5점)

[기사0501/기사1103/기사1201/기사1702/기사1803/기사1901/기사2004]

① 접지
② 도전성 재료의 사용
③ 가습
④ 제전기의 사용
⑤ 대전 방지제의 사용

192 할로겐화합물 소화기에 사용하는 할로겐원소의 부촉매제(연소 억제제)의 종류 4가지를 쓰시오.(4점)

[기사1102/기사1302]

① F(불소)
② Cl(염소)
③ Br(브롬)
④ I(요오드)

193 보호구 자율안전확인에서 정의하는 보안경을 사용구분에 따라 3가지로 구분하고 종류별 사용 구분을 쓰시
오.(4점)

[기사1601]

① 유리보안경 : 비산물로부터 눈을 보호하기 위한 것으로 렌즈의 재질이 유리인 것
② 플라스틱보안경 : 비산물로부터 눈을 보호하기 위한 것으로 렌즈의 재질이 플라스틱인 것
③ 도수렌즈보안경 : 비산물로부터 눈을 보호하기 위한 것으로 도수가 있는 것

194 보호구 안전인증에서 정의하는 차광보안경의 종류 4가지를 쓰시오.(4점) [기사1201/기사2301]

① 자외선용
② 적외선용
③ 복합용
④ 용접용

195 시험가스농도 1.5%에서 표준유효시간이 80분인 정화통을 유해가스농도가 0.8%인 작업장에서 사용할 경우 유효사용 가능시간을 계산하시오.(4점) [기사0603/기사1301]

- 파과시간 = $\dfrac{\text{표준유효시간} \times \text{시험가스농도}}{\text{사용하는 작업장 공기중 유해가스 농도}} = \dfrac{80 \times 1.5}{0.8} = 150[\text{분}]$

196 방독마스크 정화통 외부측면의 색을 구분하여 쓰시오.(5점) [기사1703]

갈색	회색			황색
①	②	③	④	⑤

① 유기화합물용
② 할로겐용
③ 황화수소용
④ 시안화수소용
⑤ 아황산용

> ✔ 방독마스크의 종류와 특징
>
> | 표기 | 종류 | 색상 | 정화통흡수제 | 시험가스 |
> |---|---|---|---|---|
> | C | 유기화합물용 | 갈색 | 활성탄 | 시클로헥산, 디메틸에테르, 이소부탄 |
> | A | 할로겐가스용 | 회색 | 소다라임, 활성탄 | 염소가스, 증기 |
> | K | 황화수소용 | 회색 | 금속염류, 알칼리 | 황화수소 |
> | J | 시안화수소용 | 회색 | 산화금속, 알칼리 | 시안화수소 |
> | I | 아황산가스용 | 노란색 | 산화금속, 알칼리 | 아황산가스 |
> | H | 암모니아용 | 녹색 | 큐프라마이트 | 암모니아 |
> | E | 일산화탄소용 | 적색 | 호프카라이트, 방습제 | 일산화탄소 |

197 방독마스크의 등급은 사용장소에 따라 다음과 같이 한다. 빈칸에 적당한 값을 채우시오.(단, 암모니아에 해당하는 것은 제외함)(3점) [기사0803/기사1801]

등급	사용장소
고농도	가스 또는 증기의 농도가 (①) 이하의 대기 중에서 사용하는 것
중농도	가스 또는 증기의 농도가 (②) 이하의 대기 중에서 사용하는 것
※ 방독마스크는 산소농도가 (③)% 이상인 장소에서 사용하여야 한다.	

① 100분의 2
② 100분의 1
③ 18

198 특급 방진마스크 사용 장소를 2곳 쓰시오.(5점) [기사1901/기사2303]

① 베릴륨 등과 같이 독성이 강한 물질들을 함유한 분진 등 발생장소
② 석면 취급장소

> ✔ 방독마스크의 등급
>
> | 특급 | 1급 | 2급 |
> |---|---|---|
> | • 베릴륨 등과 같이 독성이 강한 물질들을 함유한 분진 등 발생장소
• 석면 취급장소 | • 특급마스크 착용장소를 제외한 분진 등 발생장소
• 금속흄 등과 같이 열적으로 생기는 분진 등 발생장소
• 기계적으로 생기는 분진 등 발생장소 | 특급 및 1급 마스크 착용장소를 제외한 분진 등 발생장소 |
>
> • 배기밸브가 없는 안면부 여과식 마스크는 특급 및 1급 장소에서 사용해서는 안 된다.
> • 산소농도 18% 미만인 장소에서는 방진마스크 착용을 금지한다.
> • 안면부 내부의 이산화탄소 농도가 부피분율 1% 이하여야 한다.

199 보호구 안전인증 고시에 의한 방진마스크의 시험성능기준 5가지를 쓰시오.(5점) [기사2101]

① 안면부 흡기저항   ② 안면부 배기저항   ③ 안면부 누설율
④ 시야   ⑤ 여과재 분진 등 포집효율   ⑥ 배기밸브 작동
⑦ 강도, 신장율 및 영구 변형율   ⑧ 불연성   ⑨ 음성전달판
⑩ 투시부의 내충격성   ⑪ 여과재 질량   ⑫ 여과재 호흡저항
⑬ 안면부 내부의 이산화탄소 농도

▲ 해당 답안 중 5가지 선택 기재

200 보호구 안전인증에 따른 분리식 방진마스크의 시험성능기준 중 여과재 분진 등의 포집효율에 대한 빈칸을 채우시오.(3점)

[기사0901/기사2103]

형태 및 등급		염화나트륨(NaCl) 및 파라핀 오일(Paraffin oil) 시험(%)
분리식	특급	(①)
	1급	(②)
	2급	(③)

① 99.95 이상

② 94.0 이상

③ 80.0 이상

201 안전모의 내관통성 시험 성능기준에 관한 내용이다. (   )안에 알맞은 내용을 쓰시오.(4점)

[기사0601/기사1701]

- AE형 및 ABE형의 관통거리 (①)mm 이하
- A형 및 AB형의 관통거리 (②)mm 이하

① 9.5

② 11.1

✔ 안전인증대상 안전모의 종류와 구분

종류	사용 구분	비고
AB	물체의 낙하 또는 비래 및 추락에 의한 위험을 방지 또는 경감시키기 위한 것	
AE	물체의 낙하 또는 비래에 의한 위험을 방지 또는 경감하고, 머리부위 감전에 의한 위험을 방지하기 위한 것	• 내전압성(7,000V 이하의 전압에 견디는 성질) • 내수성(질량증가율 1% 미만)
ABE	물체의 낙하 또는 비래 및 추락에 의한 위험을 방지 또는 경감하고, 머리부위 감전에 의한 위험을 방지하기 위한 것	

202 안전모의 성능시험 기준항목 5가지를 쓰시오.(5점) [기사0701/기사1902]

① 내관통성 시험   ② 충격흡수성 시험
③ 내전압성 시험   ④ 내수성 시험
⑤ 난연성 시험   ⑥ 턱끈 풀림

▲ 해당 답안 중 5가지 선택 기재

203 내전압용 절연장갑의 성능기준에 있어 각 등급에 대한 최대사용전압을 쓰시오.(4점)

[기사0801/기사0903/기사1503/기사2003]

등급	최대사용전압		색상
	교류(V, 실횻값)	직류(V)	
00	500	①	갈색
0	②	1500	빨간색
1	7500	11250	흰색
2	17000	25500	노란색
3	26500	39750	녹색
4	③	④	등색

① 750   ② 1,000
③ 36,000   ④ 54,000

204 착용부위에 따른 방열복의 종류 4가지를 쓰시오.(4점) [기사1302]

① 상체 : 방열상의
② 하체 : 방열하의
③ 몸체 : 방열일체복
④ 손 : 방열장갑

205 가죽제 안전화의 완성품에 대한 시험성능 기준을 4가지 쓰시오.(4점) [기사0501/산기1501/기사1903]

① 내압박성
② 내답발성
③ 내충격성
④ 박리저항

206 안전인증대상 보호구 중 안전화에 있어 성능구분에 따른 안전화의 종류 5가지를 쓰시오.(5점) [기사1202]

① 가죽제안전화

② 고무제안전화

③ 정전기안전화

④ 발등안전화

⑤ 절연화

⑥ 절연장화

⑦ 화학물질용안전화

▲ 해당 답안 중 5가지 선택 기재

207 색도기준과 관련된 다음 표의 빈칸을 넣으시오.(4점) [산기0701/기사1602/산기2001]

색채	색도기준	용도	사 용 례
(①)	7.5R 4/14	금지	정지신호, 소화설비 및 그 장소, 유해행위의 금지
		(②)	화학물질 취급 장소에서의 유해·위험 경고
파란색	2.5PB 4/10	지시	특정행위의 지시 및 사실의 고지
흰색	N9.5		(④)
검정색	(③)		문자 및 빨간색 또는 노란색에 대한 보조색

① 빨간색

② 경고

③ N0.5

④ 파란색 또는 녹색에 대한 보조색

208 "출입금지"표지를 그리고, 표지판과 도형의 색을 각각 구분하여 쓰시오.(4점)

[기사0702/기사1402/산기1803/기사2001]

① 바탕 : 흰색

② 도형 : 빨간색

③ 화살표 : 검정색

209 "위험장소경고"표지를 그리고 표지판의 색과 모형의 색을 적으시오.(4점) [기사1102/산기1801/기사2102]

① 바탕 : 노란색
② 도형 및 테두리 : 검은색

210 산업안전보건법상 안전보건표지 중 "응급구호"표지를 그리시오.(단, 색상표시는 글자로 나타내도록 하고, 크기에 대한 기준은 표시하지 않아도 된다)(5점) [기사0902/기사1203/기사1401/기사1501/기사2004]

① 바탕 : 녹색
② 도형 : 흰색

211 경고표지의 용도 및 사용 장소에 관한 내용이다. 빈칸에 알맞은 종류를 쓰시오.(4점) [기사1303/기사1702/기사2302]

가) 돌 및 블록 등 떨어질 우려가 있는 물체가 있는 장소 : (①)
나) 경사진 통로 입구, 미끄러운 장소 : (②)
다) 휘발유 등 화기의 취급을 극히 주의해야 하는 물질이 있는 장소 : (③)
라) 폭발성 물질이 있는 장소 : (④)

① 낙하물경고
② 몸균형상실경고
③ 인화성물질경고
④ 폭발성물질경고

212 산업안전보건법상 다음 그림에 해당하는 안전 · 보건표지의 명칭을 쓰시오.(4점)　　[기사1802/기사2202]

| ① | ② | ③ | ④ |

① 화기금지
② 폭발성물질 경고
③ 부식성물질 경고
④ 고압전기 경고

213 관계자 외 출입금지표지 종류 3가지를 쓰시오.(3점)　　[기사1103/산기1302/기사1603/산기1903]

① 허가대상물질 작업장
② 석면취급/해체 작업장
③ 금지대상물질의 취급 실험실 등

214 타워크레인의 작업 중지에 관한 내용이다. 빈칸을 채우시오.(4점)　　[기사1102/기사1702/기사2002]

• 운전작업을 중지하여야 하는 순간풍속은 (①)m/s
• 설치 · 수리 · 점검 또는 해체 작업을 중지하여야 하는 순간풍속은 (②)m/s

① 15　　　　　　　　　　　　　　② 10

✔ 강풍에 대한 조치	
순간풍속이 초당 35 미터 초과	• 건설용 리프트에 대하여 받침의 수를 증가시키는 등의 조치를 하여야 한다. • 옥외에 설치된 승강기에 대하여 받침의 수를 증가시키는 등의 조치를 하여야 한다.
순간풍속이 초당 30 미터 초과	• 옥외에 설치된 주행 크레인에 대하여 이탈방지장치를 작동시키는 등 이탈 방지를 위한 조치를 하여야 한다. • 옥외에 설치된 양중기를 사용하여 작업을 하는 경우 미리 기계 각 부위에 이상이 있는지를 점검하여야 한다.
순간풍속이 초당 15 미터 초과	타워크레인의 운전작업을 중지
순간풍속이 초당 10 미터 초과	타워크레인의 설치 · 수리 · 점검 또는 해체작업을 중지

215 다음의 빈칸을 채우시오.(3점)

[기사1203]

가) 사업주는 순간풍속이 (①)m/s를 초과하는 바람이 불어올 우려가 있는 경우 옥외에 설치되어 있는 주행 크레인에 대하여 이탈방지장치를 작동시키는 등 이탈 방지를 위한 조치를 하여야 한다.

나) 사업주는 갠트리 크레인 등과 같이 바닥에 고정된 레일을 따라 주행하는 크레인의 새들(saddle) 돌출부와 주변 구조물 사이의 안전공간이 (②)cm 이상 되도록 바닥에 표시를 하는 등 안전공간을 확보하여야 한다.

다) 양중기에 대한 권과방지장치는 훅·버킷 등 달기구의 윗면이 드럼, 상부 도르래, 트롤리프레임 등 권상장치의 아랫면과 접촉할 우려가 있는 경우에 그 간격이 (③)m 이상이 되도록 조정하여야 한다.

① 30

② 40

③ 0.25

216 철골작업에서는 강풍과 같은 악천후 시 작업을 중지하도록 하여야 하는데, 건립작업을 중지하여야 하는 기준을 3가지 쓰시오.(3점)

[기사0802/기사1201/기사1801/기사1803]

① 풍속 : 초당 10m 이상인 경우

② 강우량 : 시간당 1mm 이상인 경우

③ 강설량 : 시간당 1cm 이상인 경우

217 무재해 운동 추진 중 사고나 재해가 발생하여도 무재해로 인정되는 경우 4가지를 쓰시오.(4점)

[기사1102/기사1401/기사1403]

① 출·퇴근 도중에 발생한 재해

② 운동경기 등 각종 행사 중 발생한 사고

③ 제3자의 행위에 의한 업무상 재해

④ 업무시간 외에 발생한 재해

⑤ 업무상재해인정기준 중 뇌혈관질환 또는 심장질환에 의한 재해

⑥ 작업시간 중 천재지변 또는 돌발적인 사고로 인한 구조행위 또는 긴급피난 중 발생한 사고

⑦ 작업시간 외에 천재지변 또는 돌발적인 사고 우려가 많은 장소에서 사회통념상 인정되는 업무수행 중 발생한 사고

▲ 해당 답안 중 4가지 선택 기재

218 다음의 건설업 산업안전·보건 관리비를 계산하시오.(5점) [기사2102]

① 일반건설공사 갑   ② 낙찰률 70%
③ 관리비(간접비 포함) 10억   ④ 예정가격 내역서상의 직접노무비 10억원
⑤ 예정가격 내역서상의 재료비 25억원, 관급재료비 3억

- 2018년 이후부터는 낙찰률을 제공하더라도 낙찰률을 적용하지 않는다.
- 산업안전보건관리비 = 대상액(재료비+직접노무비) × 요율에서 대상액은 (25+3+10)억 원이고, 요율은 일반건설업(갑)이고 대상액이 38억이므로 기초액은 5,349,000원이고, 요율은 1.86%이다.
- 산업안전보건관리비 계상액 = 38억원 × 1.86% + 5,349,000 = 76,029,000원이다.
- 이때, 사업주가 재료를 제공하는 경우 해당 재료비를 포함시키지 않은 대상액을 기준으로 계상한 안전관리비의 1.2배를 초과할 수 없다. 이를 기준으로 계상하면 대상액은 (25+10)억 원으로 (35억원 × 1.86% + 5,349,000 원)× 1.2 = 84,538,800원으로 위에서 계상한 금액이 이를 초과하지 않으므로 위의 계상액(76,029,000원)이 산업안전·보건 관리비가 된다.
- 결과값 : 76,029,000원

✔ 건설업 산업안전보건관리비 기준
- 산업안전보건관리비 = 대상액(재료비+직접노무비) × 요율+ (기초액)으로 구한다.

공사종류 \ 대상액	5억원 미만	5억원 이상 50억원 미만		50억원 이상
		비율(X)	기초액(C)	
일반건설공사(갑)	2.93%	1.86%	5,349,000원	1.97%
일반건설공사(을)	3.09%	1.99%	5,499,000원	2.10%
중건설공사	3.43%	2.35%	5,400,000원	2.44%
철도·궤도신설공사	2.45%	1.57%	4,411,000원	1.66%
특수 및 기타건설공사	1.85%	1.20%	3,250,000원	1.27%

219 아래 보기 중 산업안전관리비로 사용 가능한 항목을 4가지 골라 번호를 쓰시오.(4점) [기사1002/기사1301]

> ① 면장갑 및 코팅장갑의 구입비　　　　② 안전보건 교육장내 냉·난방 설비 설치비
> ③ 안전보건 관리자용 안전 순찰차량의 유류비　④ 교통통제를 위한 교통정리자의 인건비
> ⑤ 외부인 출입금지, 경계표시를 위한 가설울타리　⑥ 위생 및 긴급 피난용 시설비
> ⑦ 안전보건교육장의 대지 구입비　　　⑧ 안전관련 간행물, 잡지 구독비

- ②, ③, ⑥, ⑧

✔ 산업안전보건관리비 항목별 사용기준

기본항목	사용기준
안전관리자·보건관리자의 임금 등	• 안전관리 또는 보건관리 업무만을 전담하는 안전관리자 또는 보건관리자의 임금과 출장비 전액 • 안전관리 또는 보건관리 업무를 전담하지 않는 안전관리자 또는 보건관리자의 임금과 출장비의 1/2에 해당하는 비용 • 안전관리자를 선임한 건설공사 현장에서 산업재해 예방업무만을 수행하는 작업지휘자, 유도자, 신호자 등의 임금 전액 • 관리감독자가 안전보건업무 수행시 수당지급 작업에 속하는 업무를 수행하는 경우의 업무수당(임금의 1/10 이내)
안전시설비 등	• 산업재해 예방을 위한 안전난간, 추락방호망, 안전대 부착설비, 방호장치 등 안전시설 구입·임대 및 설치 비용 • 스마트 안전장비 구입·임대의 1/5에 해당하는 비용 • 용접작업 등 화재 위험작업 시 사용하는 소화기 구입·임대비용
보호구 등	• 안전인증대상 보호구의 구입·수리·관리에 소요되는 비용 • 안전관리자 등의 업무용 피복 기기 구입 비용 • 언전관리자 등이 안전보건 점검을 목적으로 사용하는 차량의 유류비·수리비·보험료
안전보건진단비 등	• 유해위험방지계획서의 작성 등에 소요되는 비용 • 안전보건진단에 소요되는 비용 • 작업환경 측정에 소요되는 비용 • 산업재해예방 전문기관에서 실시하는 진단,검사, 지도에 소요되는 비용
안전보건교육비 등	• 법령에서 정하는 의무교육을 위한 현장 내 교육장소 설치·운영에 소요되는 비용 • 안전보건관리책임자, 안전관리자, 보건관리자가 업무수행을 위해 필요한 도서, 정기간행물 구입비용 • 건설공사 현장에서 안전기원제 등 산업재해 예방을 기원하는 행사 소요 비용 • 건설공사 현장의 유해·위험요인 제보 및 개선방안 제안 근로자 격려 비용
근로자 건강장해예방비 등	• 법 등에서 정하거나 필요로 하는 각종 근로자 건강장해 예방 비용 • 중대재해 목격으로 인한 정신질환 치료 비용 • 감염병 확산 방지를 위한 마스크, 손소독제, 체온계 구입비용및 감염병 병원체 검사비용 • 휴게시설의 온도, 조명 설치·관리 위한 비용

220 타워크레인을 설치 · 조립 · 해체하는 작업 시 작업계획서의 내용 4가지를 쓰시오.(4점)

[기사1401/기사2004/기사2201]

① 타워크레인의 종류 및 형식
② 설치 · 조립 및 해체순서
③ 작업도구 · 장비 · 가설설비 및 방호설비
④ 지지 방법
⑤ 작업인원의 구성 및 작업근로자의 역할 범위

▲ 해당 답안 중 4가지 선택 기재

221 공기압축기를 가동할 때 작업 시작 전 점검사항을 4가지 쓰시오.(4점)

[산기0602/산기1003/기사1602/산기1703/산기1801/산기1803/기사1902]

① 공기저장 압력용기의 외관 상태
② 회전부의 덮개 또는 울
③ 압력방출장치의 기능
④ 윤활유의 상태
⑤ 드레인밸브(drain valve)의 조작 및 배수
⑥ 언로드밸브(unloading valve)의 기능

▲ 해당 답안 중 4가지 선택 기재

222 산업안전보건법에 따라 굴착면의 높이가 2미터 이상이 되는 지반의 굴착 시 작업장의 지형 · 지반 및 지층 상태 등에 대한 사전 조사 후 작성하여야 하는 작업계획서에 포함되어야 하는 사항을 4가지 쓰시오.(단, 기타 안전보건에 관련된 사항은 제외한다)(4점)

[기사1103/기사1403/기사1901]

① 굴착방법 및 순서, 토사 반출 방법
② 필요한 인원 및 장비 사용계획
③ 매설물 등에 대한 이설 · 보호대책
④ 사업장 내 연락방법 및 신호방법
⑤ 흙막이 지보공 설치방법 및 계측계획
⑥ 작업지휘자의 배치계획

▲ 해당 답안 중 4가지 선택 기재

223 중량물의 취급작업 시 작성하는 작업계획서의 내용을 3가지 쓰시오.(3점) [기사0703/기사1002/기사2001]

① 추락위험을 예방할 수 있는 안전대책
② 낙하위험을 예방할 수 있는 안전대책
③ 전도위험을 예방할 수 있는 안전대책
④ 협착위험을 예방할 수 있는 안전대책
⑤ 붕괴위험을 예방할 수 있는 안전대책

▲ 해당 답안 중 3가지 선택 기재

224 산업안전보건기준에 관한 규칙에서 차량계 하역운반기계 등을 사용하는 작업에서 작성해야 하는 작업계획서의 내용을 2가지 쓰시오.(4점) [기사2102]

① 해당 작업에 따른 추락·낙하·전도·협착 및 붕괴 등의 위험 예방대책
② 차량계 하역운반기계 등의 운행경로 및 작업방법

225 비계 작업 시 비, 눈 그 밖의 기상상태의 불안정으로 날씨가 몹시 나빠서 작업을 중지시킨 후 그 비계에서 작업 재개할 때 점검사항을 4가지 쓰시오.(4점)

[기사0502/기사1003/기사1201/기사1203/기사1302/기사1303/산기1402/기사1602/산기1801/기사2001/산기2004/기사2202/기사2301]

① 발판 재료의 손상여부 및 부착 또는 걸림 상태
② 해당 비계의 연결부 또는 접속부의 풀림 상태
③ 연결재료 및 연결철물의 손상 또는 부식 상태
④ 손잡이의 탈락 여부
⑤ 기둥의 침하, 변형, 변위(變位) 또는 흔들림 상태
⑥ 로프의 부착 상태 및 매단 장치의 흔들림 상태

▲ 해당 답안 중 4가지 선택 기재

226 크레인을 사용하여 작업을 시작하기 전 점검사항 3가지를 쓰시오.(6점) [기사1501/산기1901/기사1802/기사2102]

① 권과방지장치·브레이크·클러치 및 운전장치의 기능
② 주행로의 상측 및 트롤리(Trolley)가 횡행하는 레일의 상태
③ 와이어로프가 통하고 있는 곳의 상태

227 산업안전보건법상 이동식크레인을 사용하여 작업할 때 작업 시작 전 점검사항을 3가지 쓰시오.(3점)

[기사0803/기사1603/산기1702]

① 권과방지장치나 그 밖의 경보장치의 기능
② 브레이크·클러치 및 조정장치의 기능
③ 와이어로프가 통하고 있는 곳 및 작업장소의 지반상태

228 근로자가 반복하여 계속적으로 중량물을 취급하는 작업할 때 작업 시작 전 점검사항 2가지를 쓰시오.(단, 그 밖의 하역운반기계 등의 적절한 사용방법은 제외한다)(4점)

[기사1303/기사1601]

① 중량물 취급의 올바른 자세 및 복장
② 위험물이 날아 흩어짐에 따른 보호구의 착용
③ 카바이드·생석회(산화칼슘) 등과 같이 온도 상승이나 습기에 의하여 위험성이 존재하는 중량물의 취급방법

▲ 해당 답안 중 2가지 선택 기재

229 프레스 등을 사용하여 작업할 때 작업 시작 전 점검사항을 2가지 쓰시오.(4점)

[기사2003]

① 클러치 및 브레이크의 기능
② 방호장치의 기능
③ 크랭크축·플라이휠·슬라이드·연결봉 및 연결 나사의 풀림 여부
④ 1행정 1정지기구·급정지장치 및 비상정지장치의 기능
⑤ 슬라이드 또는 칼날에 의한 위험방지 기구의 기능
⑥ 프레스의 금형 및 고정볼트 상태
⑦ 전단기(剪斷機)의 칼날 및 테이블의 상태

▲ 해당 답안 중 2가지 선택 기재

230 컨베이어 작업 시작 전에 점검해야 할 사항 3가지를 쓰시오.(3점)

[기사0601/기사1001/기사1402]

① 원동기 및 풀리(Pulley) 기능의 이상 유무
② 이탈 등의 방지장치 기능의 이상 유무
③ 비상정지장치 기능의 이상 유무
④ 원동기·회전축·기어 및 풀리 등의 덮개 또는 울 등의 이상 유무

▲ 해당 답안 중 3가지 선택 기재

231 산업안전보건법에 따라 구내운반차를 사용하여 작업을 하고자 할 때 작업 시작 전 점검사항을 3가지 쓰시오.
(3점) 　　　　　　　　　　　　　　　　　　　　　　　　　　　　　　　　　　　　　[기사1003/기사1703]

① 제동장치 및 조종장치 기능의 이상 유무
② 하역장치 및 유압장치 기능의 이상 유무
③ 바퀴의 이상 유무
④ 전조등·후미등·방향지시기 및 경음기 기능의 이상 유무
⑤ 충전장치를 포함한 홀더 등의 결합상태의 이상 유무

▲ 해당 답안 중 3가지 선택 기재

232 지게차를 사용하여 작업을 하는 때 작업 시작 전 점검사항 4가지를 쓰시오.(4점)
　　　　　　　　　　　　　　　　　　　　　　[산기1001/산기1502/산기1702/기사1702/산기1802]

① 제동장치 및 조종장치 기능의 이상 유무
② 하역장치 및 유압장치 기능의 이상 유무
③ 바퀴의 이상 유무
④ 전조등·후미등·방향지시기 및 경보장치 기능의 이상 유무

233 산업안전보건법령상 가연성물질이 있는 장소에서 화재위험작업을 하는 경우에 화재예방을 위한 사업주의
준수사항을 3가지 쓰시오.(3점) 　　　　　　　　　　　　　　　　　　　　　　　　　　[기사2301]

① 작업 준비 및 작업 절차 수립
② 작업장 내 위험물의 사용·보관 현황 파악
③ 화기작업에 따른 인근 가연성물질에 대한 방호조치 및 소화기구 비치
④ 용접불티 비산방지덮개, 용접방화포 등 불꽃, 불티 등 비산방지조치
⑤ 인화성 액체의 증기 및 인화성 가스가 남아 있지 않도록 환기 등의 조치
⑥ 작업근로자에 대한 화재예방 및 피난교육 등 비상조치

▲ 해당 답안 중 3가지 선택 기재

234 공정안전보고서의 제출대상에 해당하는 유해·위험설비로 보지 않는 시설·설비를 2가지 쓰시오.(단, 고용노동부장관이 누출·화재·폭발 등으로 인한 피해의 정도가 크지 않다고 인정하여 고시하는 설비는 제외)(4점)

[기사1102/기사1801]

① 원자력 설비
② 군사시설
③ 도매·소매시설
④ 차량 등의 운송설비
⑤ 액화석유가스의 충전·저장시설
⑥ 가스공급시설
⑦ 사업주가 해당 사업장 내에서 직접 사용하기 위한 난방용 연료의 저장설비 및 사용설비

▲ 해당 답안 중 2가지 선택 기재

235 산업안전보건법령에 따라 공정안전보고서에 포함되어야 하는 사항 4가지를 쓰시오.(4점)

[산기0803/산기0903/기사1001/기사1403/산기1501/기사1602/기사1703/산기1703/기사2101/기사2202]

① 공정안전자료
② 공정위험성 평가서
③ 안전운전계획
④ 비상조치계획

236 공정안전보고서 이행상태의 평가에 관한 내용이다. 다음 (   )를 채우시오.(4점)   [기사1401/기사1903]

> 가) 고용노동부장관은 공정안전보고서의 확인 후 1년이 경과한 날부터 (①)년 이내에 공정안전보고서 이행상태의 평가를 하여야 한다.
> 나) 사업주가 이행평가에 대한 추가요청을 하면 (②)기간 내에 이행평가를 할 수 있다.

① 2년
② 1년 또는 2년

237 공정안전보고서의 내용 중 공정위험성 평가서에서 적용하는 위험성 평가기법에 있어 제조공정 중 반응, 분리(증류, 추출 등), 이송시스템 및 전기·계장시스템 등의 단위공정에 대한 위험성 평가기법 4가지를 쓰시오 (4점)

[기사1303]

① 위험과 운전분석기법   ② 공정위험분석기법
③ 공정안전성분석기법   ④ 사건수분석
⑤ 이상위험도 분석   ⑥ 원인결과분석기법
⑦ 결함수분석   ⑧ 방호계층분석기법

▲ 해당 답안 중 4가지 선택 기재
　※ ①~③은 반응, 분리(증류, 추출 등), 이송시스템 및 전기·계장시스템 및 저장탱크, 유틸리티 설비 및 제조공정 중 고체건조, 분쇄설비의 공통내용임

238 공정안전보고서의 내용 중 '공정위험성 평가서'에서 적용하는 위험성 평가기법에 있어'저장탱크, 유틸리티 설비 및 제조공정 중 고체건조, 분쇄설비'등 간단한 단위공정에 대한 위험성 평가기법 4가지를 쓰시오.(4점)

[기사1201]

① 위험과 운전분석기법   ② 공정위험분석기법
③ 공정안정성분석기법   ④ 체크리스트기법
⑤ 상대 위험순위결정기법   ⑥ 작업자 실수 분석기법
⑦ 사고예상질문분석기법

▲ 해당 답안 중 4가지 선택 기재
　※ ①~③은 반응, 분리(증류, 추출 등), 이송시스템 및 전기·계장시스템 및 저장탱크, 유틸리티 설비 및 제조공정 중 고체건조, 분쇄설비의 공통내용임

239 대상화학물질을 양도하거나 제공하는 자는 물질안전보건자료의 기재내용을 변경할 필요가 생긴 때에는 이를 물질안전보건자료에 반영하여 대상 화학물질을 양도받거나 제공받은 자에게 신속하게 제공하여야 한다. 제공하여야 하는 내용을 3가지 쓰시오.(단, 그 밖에 고용노동부령으로 정하는 사항은 제외)(4점)

[기사1402/산기1801]

① 제품명(구성성분의 명칭 및 함유량의 변경이 없는 경우로 한정한다)
② 물질안전보건자료대상물질을 구성하는 화학물질의 명칭 및 함유량(제품명의 변경 없이 구성성분의 명칭 및 함유량만 변경된 경우로 한정한다)
③ 건강 및 환경에 대한 유해성 및 물리적 위험성

240 산업안전보건법상 물질안전보건자료의 작성·제출 제외 대상 화학물질 4가지를 쓰시오.(4점)

[기사1201/기사1501/기사1702]

① 사료   ② 농약   ③ 건강기능식품
③ 원료물질   ④ 비료   ⑥ 방사성물질
⑦ 마약 및 향정신성의약품   ⑧ 위생용품   ⑨ 의료기기
⑩ 화약류   ⑪ 첨단바이오의약품   ⑫ 폐기물
⑬ 화장품   ⑭ 의약품 및 의약외품   ⑮ 식품 및 식품첨가물

▲ 해당 답안 중 4가지 선택 기재

241 물질안전보건자료(MSDS) 작성 시 포함사항 16가지 중 [제외]사항을 뺀 4가지를 쓰시오.(4점)

[기사0701/산기0902/기사1101/기사1602/산기2001]

[제외]
① 화학제품과 회사에 관한 정보   ② 구성성분의 명칭과 함유량
③ 취급 및 저장 방법   ④ 물리화학적 특성
⑤ 폐기 시 주의사항   ⑥ 그 밖의 참고사항

① 유해성·위험성   ② 응급조치 요령
③ 폭발·화재 시 대처방법   ④ 누출사고 시 대처방법
⑤ 노출방지 및 개인보호구   ⑥ 안정성 및 반응성
⑦ 독성에 관한 정보   ⑧ 환경에 미치는 영향
⑨ 운송에 필요한 정보   ⑩ 법적규제 현황

▲ 해당 답안 중 4가지 선택 기재

242 작업장에서 취급하는 대상화학물질의 물질안전보건자료에 해당되는 내용을 근로자에게 교육하여야 한다. 근로자에게 실시하는 교육사항 4가지를 쓰시오.(4점)

[기사1303]

① 대상화학물질의 명칭(또는 제품명)   ② 물리적 위험성 및 건강 유해성
③ 취급상의 주의사항   ④ 적절한 보호구
⑤ 응급조치 요령 및 사고 시 대처방법   ⑥ 물질안전보건자료 및 경고표지를 이해하는 방법

▲ 해당 답안 중 4가지 선택 기재

243 고용노동부령이 정하는 바에 따라 유해위험방지계획서 제출해야 하는 대상사업의 종류 3가지를 쓰시오.(3점)

[기사2001]

① 금속가공제품 제조업(기계 및 가구 제외) ② 비금속 광물제품 제조업
③ 기타 기계 및 장비 제조업 ④ 자동차 및 트레일러 제조업
⑤ 식료품 제조업 ⑥ 고무제품 및 플라스틱제품 제조업
⑦ 목재 및 나무제품 제조업 ⑧ 기타 제품 제조업
⑨ 1차 금속 제조업 ⑩ 가구 제조업
⑪ 화학물질 및 화학제품 제조업 ⑫ 반도체 제조업
⑬ 전자부품 제조업

▲ 해당 답안 중 3가지 선택 기재

244 산업안전보건법상 건설업 중 유해·위험방지계획서의 제출대상 공사 4가지를 쓰시오.(4점)

[산기1002/산기1603/기사1701/기사2103]

① 터널의 건설 등 공사
② 최대 지간(支間)길이가 50미터 이상인 다리의 건설등 공사
③ 깊이 10미터 이상인 굴착공사
④ 연면적 5천제곱미터 이상인 냉동·냉장 창고시설의 설비공사 및 단열공사
⑤ 다목적댐, 발전용댐, 저수용량 2천만톤 이상의 용수 전용 댐 및 지방상수도 전용 댐의 건설등 공사
⑥ 지상높이가 31미터 이상인 건축물 또는 인공구조물의 건설등 공사
⑦ 연면적 3만제곱미터 이상인 건축물의 건설등 공사

▲ 해당 답안 중 4가지 선택 기재

245 지상높이가 31m 이상 되는 건축물을 건설하는 공사현장에서 건설공사 유해·위험방지계획서를 작성하여 제출하고자 할 때 첨부하여야 하는 작업공종별 유해위험방지계획의 해당 작업공종을 4가지 쓰시오.(4점)

[기사0703/기사1202/기사1702]

① 가설공사 ② 구조물공사
③ 마감공사 ④ 해체공사
⑤ 기계 설비공사

▲ 해당 답안 중 4가지 선택 기재

246 다음 설명은 산업안전보건법상 신규화학물질의 제조 및 수입 등에 관한 설명이다. ( )안에 해당하는 내용을 넣으시오.(4점) [기사1103/기사1502]

> 신규화학물질을 제조하거나 수입하려는 자는 제조하거나 수입하려는 날 (①)일 전까지 신규 화학물질 유해성·위험성 조사보고서에 따른 서류를 첨부하여 (②)에게 제출하여야 한다.

① 30
② 고용노동부장관

247 건설업 중 건설공사 유해·위험방지계획서의 제출기한과 첨부서류 2가지를 쓰시오.(5점)
[기사0903/기사1303/기사2302]

가) 제출기한 : 해당 공사의 착공 전날까지
나) 첨부서류
    ① 공사개요서   ② 전체 공정표
    ③ 안전관리 조직표   ④ 산업안전보건관리비 사용계획서
    ⑤ 재해 발생 위험 시 연락 및 대피방법 ⑥ 공사현장의 주변 현황 및 수변과의 관계를 나타내는 도면

    ▲ 나) 답안 중 2가지 선택 기재

248 산업안전보건법에서 관리대상 유해물질을 취급하는 작업장의 보기 쉬운 장소에 사업주가 게시해야 할 사항 5가지를 쓰시오.(5점) [기사0603/기사1603/기사2004]

① 관리대상 유해물질의 명칭
② 인체에 미치는 영향
③ 취급상 주의사항
④ 착용하여야 할 보호구
⑤ 응급조치와 긴급 방재 요령

249 산업안전보건기준에 관한 규칙에서 사업주가 화학설비 또는 그 부속설비의 용도를 변경하는 경우(사용하는 원재료의 종류를 변경하는 경우를 포함) 해당 설비의 점검사항을 3가지 쓰시오.(6점) [기사1702/기사2003]

① 그 설비 내부에 폭발이나 화재의 우려가 있는 물질이 있는지 여부
② 안전밸브·긴급차단장치 및 그 밖의 방호장치 기능의 이상 유무
③ 냉각장치·가열장치·교반장치·압축장치·계측장치 및 제어장치 기능의 이상 유무

250 유해물질의 취급 등으로 근로자에게 유해한 작업에 있어서 그 원인을 제거하기 위하여 조치해야 할 사항을 3가지 쓰시오.(3점) [기사0702/기사1501]

① 대치   ② 격리   ③ 환기

251 화학설비 및 그 부속설비의 설치에 있어서 다음 설명의 ( ) 안을 채우시오.(4점) [기사2303]

> 가) 사업주는 급성 독성물질이 지속적으로 외부에 유출될 수 있는 화학설비 및 그 부속설비에 파열판과 안전밸브를 (①)로 설치하고 그 사이에는 압력지시계 또는 (②)를 설치하여야 한다.
> 나) 사업주는 안전밸브 등이 안전밸브 등을 통하여 보호하려는 설비의 최고사용압력 이하에서 작동되도록 하여야 한다. 다만, 안전밸브등이 2개 이상 설치된 경우에 1개는 최고사용압력의 (③)배(외부화재를 대비한 경우에는 (④)배) 이하에서 작동되도록 설치할 수 있다.

① 직렬   ② 자동경보장치
③ 1.05   ④ 1.1

252 위험성 평가를 실시하려고 한다. 실시 순서를 번호로 쓰시오.(4점) [기사1503/기사2301]

> ① 파악된 유해·위험요인별 위험성의 추정
> ② 근로자의 작업과 관계되는 유해·위험요인의 파악
> ③ 평가대상의 선정 등 사전준비
> ④ 위험성 평가 실시내용 및 결과에 관한 기록
> ⑤ 위험성 감소대책의 수립 및 실행
> ⑥ 추정한 위험성이 허용 가능한 위험성인지 여부의 결정

● ③ → ② → ① → ⑥ → ⑤ → ④

253 설치·이전하거나 그 주요 구조부분을 변경하려는 경우 유해위험방지계획서 작성 대상이 되는 기계·기구 및 설비 3가지를 쓰시오.(3점) [기사2301]

① 금속이나 그 밖의 광물의 용해로   ② 화학설비
③ 건조설비   ④ 가스집합 용접장치
⑤ 근로자의 건강에 상당한 장해를 일으킬 우려가 있는 물질로서 고용노동부령으로 정하는 물질의 밀폐·환기·배기를 위한 설비

▲ 해당 답안 중 3가지 선택 기재

254 부두·안벽 등 하역작업을 하는 장소에서의 사업주의 조치사항을 3가지 쓰시오.(3점) [기사1803/기사2202]

① 작업장 및 통로의 위험한 부분에는 안전하게 작업할 수 있는 조명을 유지할 것

② 부두 또는 안벽의 선을 따라 통로를 설치하는 경우에는 폭을 90센티미터 이상으로 할 것

③ 육상에서의 통로 및 작업장소로서 다리 또는 선거 갑문을 넘는 보도 등의 위험한 부분에는 안전난간 또는 울타리 등을 설치할 것

255 차량계 하역운반기계 등을 이송하기 위하여 자주(自走) 또는 견인에 의하여 화물자동차에 싣거나 내리는 작업을 할 때에 발판·성토 등을 사용하는 경우에는 해당 차량계 하역운반기계등의 전도 또는 굴러 떨어짐에 의한 위험을 방지하기 위하여 사업주가 준수해야 하는 사항을 4가지 쓰시오.(4점) [기사2201]

① 싣거나 내리는 작업은 평탄하고 견고한 장소에서 할 것

② 발판을 사용하는 경우에는 충분한 길이·폭 및 강도를 가진 것을 사용하고 적당한 경사를 유지하기 위하여 견고하게 설치할 것

③ 가설대 등을 사용하는 경우에는 충분한 폭 및 강도와 적당한 경사를 확보할 것

④ 지정운전자의 성명·연락처 등을 보기 쉬운 곳에 표시하고 지정운전자 외에는 운전하지 않도록 할 것

256 차량계 하역운반기계(지게차 등)의 운전자가 운전위치를 이탈하고자 할 때 운전자가 준수하여야 할 사항을 2가지 쓰시오.(4점) [기사0601/산기0801/산기1001/산기1403/기사1602]

① 포크, 버킷, 디퍼 등의 장치를 가장 낮은 위치 또는 지면에 내려 둘 것

② 운전석을 이탈하는 경우에는 시동키를 운전대에서 분리시킬 것

③ 원동기를 정지시키고 브레이크를 확실히 거는 등 갑작스러운 주행이나 이탈을 방지하기 위한 조치를 할 것

▲ 해당 답안 중 2가지 선택 기재

257 화물의 낙하에 의하여 지게차의 운전자에 위험을 미칠 우려가 있는 작업장에서 사용된 지게차의 헤드가드가 갖추어야 할 사항 2가지를 쓰시오.(4점) [기사0801/기사1302/기사1601/기사1802/기사2102/기사2103]

① 강도는 지게차의 최대하중의 2배 값(4톤을 넘는 값에 대해서는 4톤)의 등분포정하중에 견딜 수 있을 것

② 상부틀의 각 개구의 폭 또는 길이가 16센티미터 미만일 것

③ 운전자가 앉아서 조작하거나 서서 조작하는 지게차의 헤드가드는 한국산업표준에서 정하는 높이 기준 이상일 것

▲ 해당 답안 중 2가지 선택 기재

258 낙하물방지망에 관한 내용이다. 빈칸을 채우시오.(4점) [기사1702/기사2002]

- 높이 (①)미터 이내마다 설치하고, 내민 길이는 벽면으로부터 (②)미터 이상으로 할 것
- 수평면과의 각도는 (③)도 이상 (④)도 이하를 유지하도록 할 것

---

① 10   ② 2
③ 20   ④ 30

✔ 낙하물에 의한 위험의 방지
- 사업주는 작업장의 바닥, 도로 및 통로 등에서 낙하물이 근로자에게 위험을 미칠 우려가 있는 경우 보호망을 설치하는 등 필요한 조치를 하여야 한다.
- 사업주는 작업으로 인하여 물체가 떨어지거나 날아올 위험이 있는 경우 낙하물방지망, 수직보호망 또는 방호선반의 설치, 출입금지구역의 설정, 보호구의 착용 등 위험을 방지하기 위하여 필요한 조치를 하여야 한다.
- 낙하물방지망 또는 방호선반을 설치하는 경우에는 높이 10미터 이내마다 설치하고, 내민 길이는 벽면으로부터 2미터 이상으로 하고, 수평면과의 각도는 20도 이상 30도 이하를 유지하도록 한다.

MEMO

2024 | 한국산업인력공단 | 국가기술자격

고시넷 고패스

산업안전기사 실기
필답형 + 작업형
기출복원문제 + 유형분석

**필답형 회차별
기출복원문제 31회분
2014~2023년**

[정답표시문제]

gosinet
(주)고시넷

01 HAZOP 기법에 사용되는 가이드 워드에 관한 의미를 영문으로 쓰시오.(4점) [기사2303]

① 설계의도대로 되지 않거나 운전의 유지가 되지 않는 상태
② 성질상 증가(다른 공정변수가 부가되는 상태)
③ 설계의도대로 완전히 이뤄지지 않는 상태
④ 공정변수 양의 증가

① OTHER THAN ② AS WELL AS
③ PART OF ④ MORE

02 산업안전보건법상 다음 보기의 달기구 안전계수를 쓰시오.(3점) [기사2303]

가) 근로자가 탑승하는 운반구를 지지하는 달기 와이어로프 또는 달기 체인의 경우 : (①) 이상
나) 화물의 하중을 직접 지지하는 달기 와이어로프 또는 달기 체인의 경우 : (②) 이상
다) 훅, 샤클, 클램프, 리프팅 빔의 경우 : (③) 이상

① 10 ② 5 ③ 3

03 다음 FTA 용어를 설명하시오.(4점) [기사2303]

① 최소 컷 셋(Minimal Cut set) ② 최소 패스 셋(Minimal Path set)

① 정상사상(Top사상)을 일으키는 최소한의 집합이다.
② 시스템의 기능을 살리는 데 필요한 최소한의 집합이다.

04 특급 방진마스크 사용 장소를 2곳 쓰시오.(4점) [기사1901/기사2303]

① 베릴륨 등과 같이 독성이 강한 물질들을 함유한 분진 등 발생장소
② 석면 취급장소

05 안전관리자를 정수 이상으로 증원·교체 임명할 수 있는 사유 3가지를 쓰시오.(3점)(단, 해당 사업장의 전년도 사망만인율이 같은 업종의 평균 사망만인율을 초과한 경우이며, 화학적 인자로 인한 직업성 질병자는 제외한다) [기사0603/기사1703/기사2002/기사2303]

① 해당 사업장의 연간재해율이 같은 업종의 평균재해율의 2배 이상인 경우
② 중대재해가 연간 2건 이상 발생한 경우
③ 관리자가 질병이나 그 밖의 사유로 3개월 이상 직무를 수행할 수 없게 된 경우

06 산업안전보건법상 사망만인율을 구하는 식과 사망자 수에 포함되지 않는 경우를 2가지 쓰시오.(4점) [기사2303]

가) 사망만인율 = (사망자수/산재보험적용근로자수)×10,000
나) 사망자 수에 포함되지 않는 경우
　① 사업장 밖의 교통사고에 의한 사망(운수업, 음식숙박업은 사업장 밖의 교통사고도 포함)
　② 체육행사에 의한 사망
　③ 폭력행위에 의한 사망
　④ 통상의 출퇴근에 의한 사망
　⑤ 사고발생일로부터 1년을 경과하여 사망

▲ 나)의 답안 중 2가지 선택 기재

07 다음 물음에 답하시오.(6점) [기사2303]

가) 사업장의 안전 및 보건에 관한 중요한 사항을 심의·의결하기 위하여 사업장에 근로자 위원과 사용자 위원이 같은 수로 구성되는 회의체를 쓰시오.
나) 해당 회의의 개최 주기를 쓰시오.
다) 근로자 위원, 사용자 위원의 자격을 각각 1가지씩 쓰시오.

가) 산업안전보건위원회
나) 분기에 1회
다)
　① 근로자 위원 : 근로자 대표, 명예산업안전감독관, 해당 사업장의 근로자
　② 사용자 위원 : 해당 사업장의 대표자, 안전관리자, 보건관리자, 산업보건의, 해당 사업장 부서의 장

▲ 다)의 답안 중 1가지씩 선택 기재

08 산업안전보건법상 다음 기계·기구에 설치해야 할 방호장치를 각각 1개씩 쓰시오.(3점)

[산기1403/산기1901/산기2003/기사2004/기사2303]

기계·기구	방호장치
원심기	(①)
공기압축기	(②)
금속절단기	(③)

① 회전체 접촉예방장치   ② 압력방출장치
③ 날 접촉예방장치

09 화학설비 및 그 부속설비의 설치에 있어서 다음 설명의 ( ) 안을 채우시오.(4점)

[기사2303]

가) 사업주는 급성 독성물질이 지속적으로 외부에 유출될 수 있는 화학설비 및 그 부속설비에 파열판과 안전밸브를 (①)로 설치하고 그 사이에는 압력지시계 또는 (②)를 설치하여야 한다.
나) 사업주는 안전밸브 등이 안전밸브 등을 통하여 보호하려는 설비의 최고사용압력 이하에서 작동되도록 하여야 한다. 다만, 안전밸브등이 2개 이상 설치된 경우에 1개는 최고사용압력의 (③)배(외부화재를 대비한 경우에는 (④)배) 이하에서 작동되도록 설치할 수 있다.

① 직렬   ② 자동경보장치
③ 1.05   ④ 1.1

10 용접작업을 하는 작업자가 전압이 300V인 충전부분이 물에 젖은 손이 접촉, 감전되어 사망하였다. 이때 인체에 통전된 심실세동전류(mA)와 통전시간(ms)을 계산하시오.(단, 인체의 저항은 1,000[Ω]으로 한다) (4점)

[기사0701/기사1403/기사2101/기사2303]

① 심실세동전류는 오옴의 법칙($I = \dfrac{V}{R}$)을 이용해서 구한다. 전압이 주어졌으며, 저항은 인체저항이 1,000[Ω]이지만 충전부분이 물에 젖을 경우 저항은 $\dfrac{1}{25}$로 감소하므로 40[Ω]이 되는데 유의한다.

$I = \dfrac{300}{40} = 7.5$[A] 이며, 이는 7,500[mA]이다.

② 통전시간(T)는 심실세동전류를 알고 있으면 구할 수 있다. 심실세동전류 $I = \dfrac{165}{\sqrt{T}}$[mA]이므로 $T = \left(\dfrac{165}{I}\right)^2$이므로 구해진 심실세동전류를 대입하면 $T = \left(\dfrac{165}{I}\right)^2 = 0.000484$[sec]이다. 이는 0.48[ms]가 된다.

11 사업주가 근로자에게 시행하는 안전보건교육 중 건설업 기초안전·보건교육의 교육내용을 2가지 쓰시오.(4점) [기사2303]

① 건설공사의 종류(건축·토목 등) 및 시공 절차
② 산업재해 유형별 위험요인 및 안전보건조치
③ 안전보건관리체제 현황 및 산업안전보건 관련 근로자 권리·의무

▲ 해당 답안 중 2가지 선택 기재

12 산업안전보건법상 보기의 사업장에 갖추어야 할 안전관리자의 최소 인원을 쓰시오.(4점) [기사2303]

① 상시근로자 600명의 식료품 제조업
② 상시근로자 200명의 1차 금속 제조업
③ 상시근로자 300명의 플라스틱제품 제조업
④ 총공사금액이 1,000억원 이상인 건설업(전체 공사기간 중 전·후 15에 해당하는 기간 외)

① 2명   ② 1명
③ 1명   ④ 2명

13 인체 측정 시 인체측정자료의 응용 설계 3원칙을 쓰시오.(3점) [기사0802/기사0902/기사1802/기사1902/기사2303]

① 극단치(최소치수 및 최대치수) 설계
② 조절식 설계
③ 평균치를 이용한 설계

14 연삭숫돌의 파괴원인 4가지를 쓰시오.(4점) [기사2101/기사2303]

① 숫돌에 큰 충격이 가해질 때
② 숫돌의 회전속도가 너무 빠를 때
③ 숫돌 자체에 균열이 있을 때
④ 숫돌작업 시 숫돌의 측면을 사용할 때
⑤ 숫돌의 회전중심이 제대로 잡혀있지 않았을 때
⑥ 플랜지 직경이 숫돌 직경의 1/3 이하일 때

▲ 해당 답안 중 4가지 선택 기재

01 경고표지의 용도 및 사용 장소에 관한 내용이다. 빈칸에 알맞은 종류를 쓰시오.(4점)

[기사1303/기사1702/기사2302]

> 가) 돌 및 블록 등 떨어질 우려가 있는 물체가 있는 장소 : (①)
> 나) 경사진 통로 입구, 미끄러운 장소 : (②)
> 다) 휘발유 등 화기의 취급을 극히 주의해야 하는 물질이 있는 장소 : (③)
> 라) 가열·압축하거나 강산·알칼리 등을 첨가하면 강한 산화성을 띠는 물질이 있는 장소 : (④)

① 낙하물경고 ② 몸균형상실경고

③ 인화성물질경고 ④ 산화성물질경고

02 산업안전보건기준에 의한 규칙에서 터널 강(鋼)아치 지보공의 조립을 하고자 할 때 사업주가 준수해야 하는 사항을 4가지 쓰시오.(4점)

[기사2302]

① 조립간격은 조립도에 따를 것

② 주재가 아치작용을 충분히 할 수 있도록 쐐기를 박는 등 필요한 조치를 할 것

③ 연결볼트 및 띠장 등을 사용하여 주재 상호간을 튼튼하게 연결할 것

④ 터널 등의 출입구 부분에는 받침대를 설치할 것

⑤ 낙하물이 근로자에게 위험을 미칠 우려가 있는 경우에는 널판 등을 설치할 것

▲ 해당 답안 중 4가지 선택 기재

03 달비계의 적재하중을 정하는 경우에 고려해야 하는 안전계수에 대한 다음 보기의 ( ) 안을 채우시오.(3점)

[산기0603/기사1501/산기1503/기사2302]

> 가) 달기 와이어로프 및 달기 강선의 안전계수 : (①) 이상
> 나) 달기 체인 및 달기 훅의 안전계수 : (②) 이상
> 다) 달기 강대와 달비계의 하부 및 상부 지점의 안전계수는 강재의 경우 (③) 이상

① 10 ② 5 ③ 2.5

04 사업주는 잠함 또는 우물통의 내부에서 근로자가 굴착작업을 하는 경우에 잠함 또는 우물통의 급격한 침하에 의한 위험을 방지하기 위하여 준수하여야 할 사항을 2가지 쓰시오.(5점)

[기사1202/기사1302/기사1503/산기1601/기사1901/기사2302]

① 침하관계도에 따라 굴착방법 및 재하량(載荷量) 등을 정할 것
② 바닥으로부터 천장 또는 보까지의 높이는 1.8미터 이상으로 할 것

05 누전에 의한 감전위험을 방지하기 위하여 해당 전로의 정격에 적합하고 감도가 양호하며 확실하게 작동하는 감전방지용 누전차단기를 설치하는 상황을 3가지 쓰시오.(3점) [산기2002/기사2003/산기2102/기사2302]

① 대지전압이 150볼트를 초과하는 이동형 또는 휴대형 전기기계·기구
② 물 등 도전성이 높은 액체가 있는 습윤장소에서 사용하는 저압용 전기기계·기구
③ 철판·철골 위 등 도전성이 높은 장소에서 사용하는 이동형 또는 휴대형 전기기계·기구
④ 임시배선의 전로가 설치되는 장소에서 사용하는 이동형 또는 휴대형 전기기계·기구

▲ 해당 답안 중 3가지 선택 기재

06 산업안전보건법에서 가) 소프트웨어 개발 및 공급업의 경우 안전보건관리규정을 작성해야 하는 상시근로자 의 수와 나) 안전보건관리규정에 포함될 사항을 3가지 쓰시오.(5점)[기사1002/산기1502/기사1702/기사2001/기사2302]

가) 300명 이상
나) ① 안전 및 보건에 관한 관리조직과 그 직무에 관한 사항
  ② 안전보건교육에 관한 사항
  ③ 작업장의 안전 및 보건 관리에 관한 사항
  ④ 사고 조사 및 대책 수립에 관한 사항

▲ 나)의 답안 중 3가지 선택 기재

07 건설업 중 건설공사 유해·위험방지계획서의 제출기한과 첨부서류 3가지를 쓰시오.(5점)

[기사0903/기사1303/기사2302]

가) 제출기한 : 해당 공사의 착공 전날까지
나) 첨부서류
  ① 공사개요서 ② 전체 공정표
  ③ 안전관리 조직표 ④ 산업안전보건관리비 사용계획서
  ⑤ 재해 발생 위험 시 연락 및 대피방법 ⑥ 공사현장의 주변 현황 및 주변과의 관계를 나타내는 도면

▲ 나) 답안 중 3가지 선택 기재

08 와이어로프로 1,200kg의 화물을 108°의 각도로 두줄걸이로 들어 올릴 때 다음을 구하시오.(단, 와이어로프의 파단하중은 42.8kN이다)(5점)

[기사2302]

> ① 안전율을 구하시오.
> ② 안전율에 대한 판단여부와 그 이유를 쓰시오.

① 안전율 = 파단하중/작용하중이므로 와이어로프에 걸리는 하중을 먼저 구해야 한다.

두줄걸이에서 와이어로프에 걸리는 하중은 $\dfrac{무게/2}{\cos(각도/2)}$ 이므로 대입하면

$\dfrac{\dfrac{1,200}{2}}{\cos(108/2)} = \dfrac{600}{0.5877\cdots} = 1,020.75\cdots$ [kg]이므로 이를 N으로 바꾸면 $1,020.76 \times 9.8 = 10,003.4N$이고,

이는 약 10kN이므로 안전율은 $\dfrac{42.8}{10} = 4.28$이 된다.

② 하중을 직접 지지하는 와이어로프의 안전율은 5 이상이어야 하는데 4.28이므로 이는 안전하지 않다고 판단할 수 있다.

09 목재가공용 둥근톱의 방호장치인 분할날이 갖추어야 하는 조건에 대한 다음 ( ) 안을 채우시오.(3점)

[기사2302]

> 가) 분할날의 두께는 둥근톱 두께의 1.1배 이상일 것
> 나) 견고히 고정할 수 있으며 분할날과 톱날 원주면과의 거리는 (①)밀리미터 이내로 조정, 유지할 수 있어야 하고 표준 테이블 상의 톱 뒷날의 2/3 이상을 덮도록 할 것
> 다) 분할날 조임볼트는 (②)개 이상일 것
> 라) 분할날 조임볼트는 (③)조치가 되어 있을 것

① 12   ② 2   ③ 이완방지

10 산업안전보건위원회의 근로자위원의 자격 3가지를 쓰시오.(3점) [기사1102/기사1903/기사2302]

① 근로자 대표
② 근로자 대표가 지명하는 1명 이상의 명예산업안전감독관
③ 근로자 대표가 지명하는 9명 이내의 해당 사업장의 근로자

11 산업안전보건법상 사업주는 유자격자가 충전전로 인근에서 작업하는 경우에도 절연장갑을 착용하거나 절연된 경우를 제외하고는 노출 충전부에 접근한계거리 이내로 접근하지 않도록 하여야 한다. 이때의 충전전로의 선간전압에 따른 충전전로에 대한 접근한계거리를 쓰시오.(3점) [기사2302]

충전전로의 선간전압 (단위 : KV)	충전전로에 대한 접근한계거리(단위 : cm)
2 초과 15 이하	(①)
37 초과 88 이하	(②)
145 초과 169 이하	(③)

① 60 ② 110 ③ 170

12 로봇작업에 대한 특별안전보건교육을 실시할 때 교육내용 4가지를 쓰시오.(4점) [기사1501/기사2001/기사2302]

① 로봇의 기본원리·구조 및 작업방법에 관한 사항

② 이상 발생 시 응급조치에 관한 사항

③ 안전시설 및 안전기준에 관한 사항

④ 조작방법 및 작업순서에 관한 사항

13 방호조치를 하지 아니하고는 양도, 대여, 설치 또는 사용에 제공하거나, 양도·대여의 목적으로 진열해서는 안 되는 기계·기구 4가지를 쓰시오.(4점) [산기0903/산기1203/산기1503/기사1602/기사1801/기사2003/기사2201/기사2302]

① 예초기 ② 원심기

③ 공기압축기 ④ 지게차

⑤ 금속절단기 ⑥ 포장기계(진공포장기, 래핑기로 한정)

▲ 해당 답안 중 4가지 선택 기재

14 다음에 해당하는 방폭구조의 기호를 쓰시오.(4점) [기사2302]

① 안전증방폭구조	② 충전방폭구조
③ 유입방폭구조	④ 특수방폭구조

① Ex e ② Ex q

③ Ex o ④ Ex s

01 산업안전보건법령상 소음노출기준에 대한 다음 설명의 ( ) 안을 채우시오.(3점) [기사2301]

> 가) 소음작업이란 1일 8시간 작업을 기준으로 (①)데시벨 이상의 소음이 발생하는 작업을 말한다.
> 나) 강렬한 소음작업이란 90데시벨 이상의 소음이 1일 (②)시간 이상, 100데시벨 이상의 소음이 1일
> (③)시간 이상 발생하는 작업을 말한다.

① 85   ② 8   ③ 2

02 공정안전보고서의 제출대상에 해당하는 유해·위험물질의 규정량(kg)을 쓰시오.(단, 제조·취급에 해당하는 양)(4점) [기사2301]

① 인화성 가스	② 암모니아	③ 염산(중량 20% 이상)	④ 황산(중량 20% 이상)
① 5,000	② 10,000	③ 20,000	④ 20,000

03 차광보안경의 종류를 4가지 쓰시오.(4점) [기사1201/기사2301]

① 자외선용   ② 적외선용   ③ 복합용   ④ 용접용

04 산업안전보건법령상 가연성물질이 있는 장소에서 화재위험작업을 하는 경우에 화재예방을 위한 사업주의 준수사항을 3가지 쓰시오.(3점) [기사2301]

① 작업 준비 및 작업 절차 수립
② 작업장 내 위험물의 사용·보관 현황 파악
③ 화기작업에 따른 인근 가연성물질에 대한 방호조치 및 소화기구 비치
④ 용접불티 비산방지덮개, 용접방화포 등 불꽃, 불티 등 비산방지조치
⑤ 인화성 액체의 증기 및 인화성 가스가 남아 있지 않도록 환기 등의 조치
⑥ 작업근로자에 대한 화재예방 및 피난교육 등 비상조치

▲ 해당 답안 중 3가지 선택 기재

05 비계 작업 시 비, 눈 그 밖의 기상상태의 불안정으로 날씨가 몹시 나빠서 작업을 중지시킨 후 그 비계에서 작업 재개할 때 점검사항을 5가지 쓰시오.(5점)

[기사0502/기사1003/기사1201/기사1203/기사1302/기사1303/산기1402/기사1602/산기1801/기사2001/산기2004/기사2202/기사2301]

① 발판 재료의 손상여부 및 부착 또는 걸림 상태
② 해당 비계의 연결부 또는 접속부의 풀림 상태
③ 연결재료 및 연결철물의 손상 또는 부식 상태
④ 손잡이의 탈락 여부
⑤ 기둥의 침하, 변형, 변위(變位) 또는 흔들림 상태
⑥ 로프의 부착 상태 및 매단 장치의 흔들림 상태

▲ 해당 답안 중 5가지 선택 기재

06 조명은 근로자들의 작업환경 측면에서 중요한 안전요소이다. 산업안전보건법상 다음의 작업에서 근로자를 상시 작업시키는 장소의 조도기준을 쓰시오.(단, 갱도 등의 작업장은 제외한다)(4점)

[기사0503/기사1002/산기1202/산기1602/기사1603/산기1802/산기1803/산기2001/기사2101/기사2301]

초정밀작업	정밀작업	보통작업	그 밖의 작업
(①)	(②)	(③)	(④)

① 750 Lux 이상   ② 300 Lux 이상
③ 150 Lux 이상   ④ 75 Lux 이상

07 A 사업장의 근무 및 재해 발생현황이 다음과 같을 때, 이 사업장의 종합재해지수를 구하시오.(4점)

[기사1102/기사1701/기사2003/기사2301]

- 평균 근로자수 : 400명
- 연간 재해 발생건수 : 80건
- 재해자수 : 100명
- 근로손실일수 : 800일
- 근로시간 : 1일 8시간, 연간 280일 근무

- 연간총근로시간 = 8 × 280 × 400 = 896,000시간이다. 종합재해지수를 구하기 위해서는 강도율과 도수율을 구해야 한다.

① 도수율 = $\dfrac{80}{896000} \times 10^6 = 89.2857 \simeq 89.29$ 이다.

② 강도율 = $\dfrac{800}{896000} \times 1000 = 0.8928 \simeq 0.89$ 이다.

③ 종합재해지수 = $\sqrt{89.29 \times 0.89} = \sqrt{79.4681} = 8.9144 \simeq 8.91$ 이다.

08 산업안전보건법에 따라 이상상태로 인한 압력상승으로 당해설비의 최고 사용압력을 구조적으로 초과할 우려가 있는 화학설비 및 그 부속설비에 안전밸브 또는 파열판을 설치하여야 한다. 이 때 반드시 파열판을 설치해야 하는 경우 3가지를 쓰시오.(6점)   [기사1003/산기1702/기사1703/기사2001/기사2004/기사2301]

① 반응 폭주 등 급격한 압력 상승 우려가 있는 경우
② 급성 독성물질의 누출로 인하여 주위의 작업환경을 오염시킬 우려가 있는 경우
③ 운전 중 안전밸브에 이상 물질이 누적되어 안전밸브가 작동되지 아니할 우려가 있는 경우

09 가설통로 설치 시 준수사항 3가지를 쓰시오.(3점)   [기사0602/산기0901/산기1601/산기1602/기사1703/기사2301]

① 견고한 구조로 할 것
② 경사는 30도 이하로 할 것
③ 경사가 15도를 초과하는 경우에는 미끄러지지 아니하는 구조로 할 것
④ 추락할 위험이 있는 장소에는 안전난간을 설치할 것
⑤ 수직갱에 가설된 통로의 길이가 15미터 이상인 경우에는 10미터 이내마다 계단참을 설치할 것
⑥ 건설공사에 사용하는 높이 8미터 이상인 비계다리에는 7미터 이내마다 계단참을 설치할 것

▲ 해당 답안 중 3가지 선택 기재

10 산업안전보건법상 사업주는 유자격자가 충전전로 인근에서 작업하는 경우에도 절연장갑을 착용하거나 절연된 경우를 제외하고는 노출 충전부에 접근한계거리 이내로 접근하지 않도록 하여야 한다. 아래 선간전압에 따른 충전전로에 대한 접근한계거리를 쓰시오.(4점)   [산기1103/기사1301/산기1303/산기1602/기사1703/기사2102/기사2301]

충전전로의 선간전압(단위 : KV)	충전전로에 대한 접근한계거리(단위 : cm)
0.38	(①)
1.5	(②)
6.6	(③)
22.9	(④)

① 30   ② 45   ③ 60   ④ 90

11 산업안전보건법상 타워크레인을 설치(상승작업 포함)·해체하는 작업을 하기 전 특별안전·보건교육내용을 4가지 쓰시오.(4점)   [기사1701/기사2301]

① 붕괴·추락 및 재해 방지에 관한 사항
② 설치·해체 순서 및 안전작업방법에 관한 사항
③ 부재의 구조·재질 및 특성에 관한 사항
④ 신호방법 및 요령에 관한 사항
⑤ 이상 발생 시 응급조치에 관한 사항

▲ 해당 답안 중 4가지 선택 기재

12 위험성 평가를 실시하려고 한다. 실시 순서를 번호로 쓰시오.(4점) [기사1503/기사2301]

> ① 파악된 유해·위험요인별 위험성의 추정
> ② 근로자의 작업과 관계되는 유해·위험요인의 파악
> ③ 평가대상의 선정 등 사전준비
> ④ 위험성 평가 실시내용 및 결과에 관한 기록
> ⑤ 위험성 감소대책의 수립 및 실행
> ⑥ 추정한 위험성이 허용 가능한 위험성인지 여부의 결정

- ③ → ② → ① → ⑥ → ⑤ → ④

13 작업조건에 맞는 보호구를 지급하고 착용하게 해야 하는 경우이다. 작업조건에 맞는 보호구를 쓰시오.(4점) [기사2301]

> ① 물체가 떨어지거나 날아올 위험 또는 근로자가 추락할 위험이 있는 작업
> ② 물체가 흩날릴 위험이 있는 작업
> ③ 높이 또는 깊이 2미터 이상의 추락할 위험이 있는 장소에서 하는 작업
> ④ 고열에 의한 화상 등의 위험이 있는 작업

① 안전모   ② 보안경   ③ 안전대   ④ 방열복

14 설치·이전하거나 그 주요 구조부분을 변경하려는 경우 유해위험방지계획서 작성 대상이 되는 기계·기구 및 설비 3가지를 쓰시오.(3점) [기사2301]

① 금속이나 그 밖의 광물의 용해로
② 화학설비
③ 건조설비
④ 가스집합 용접장치
⑤ 근로자의 건강에 상당한 장해를 일으킬 우려가 있는 물질로서 고용노동부령으로 정하는 물질의 밀폐·환기·배기를 위한 설비

▲ 해당 답안 중 3가지 선택 기재

01 산업안전보건법령상 로봇의 작동 범위에서 그 로봇에 관하여 교시 등(로봇의 동력원을 차단하고 하는 것은 제외)의 작업을 할 때 작업시작 전 점검사항을 3가지 쓰시오.(5점) [산기1101/산기1903/산기2103/기사2203]

① 외부 전선의 피복 또는 외장의 손상 유무
② 매니퓰레이터(manipulator) 작동의 이상 유무
③ 제동장치 및 비상정지장치의 기능

02 산업안전보건법상 안전인증대상 보호구를 8가지 쓰시오.(4점) [기사0703/기사1001/기사1803/기사2201/기사2203]

① 안전화　　　　　　　② 안전장갑　　　　　　　③ 방진마스크
④ 방독마스크　　　　　⑤ 송기마스크　　　　　　⑥ 보호복
⑦ 안전대　　　　　　　⑧ 용접용 보안면　　　　　⑨ 추락 및 감전 위험방지용 안전모
⑩ 전동식 호흡보호구　　⑪ 방음용 귀마개 또는 귀덮개
⑫ 차광 및 비산물 위험방지용 보안경

▲ 해당 답안 중 8가지 선택 기재

03 인간-기계 통합시스템에서 시스템(System)이 갖는 기능 4가지를 쓰시오.(4점)
[산기1401/기사1403/기사1502/기사1803/기사2203]

① 감지기능　　　　　　　　　　　② 정보보관기능
③ 정보처리 및 의사결정기능　　　　④ 행동기능

04 산업안전보건법 상 안전보건관리담당자의 업무를 4가지 쓰시오.(4점) [기사2203]

① 안전보건교육 실시에 관한 보좌 및 지도·조언
② 위험성평가에 관한 보좌 및 지도·조언
③ 작업환경측정 및 개선에 관한 보좌 및 지도·조언
④ 건강진단에 관한 보좌 및 지도·조언
⑤ 산업재해 발생의 원인 조사, 산업재해 통계의 기록 및 유지를 위한 보좌 및 지도·조언
⑥ 산업 안전·보건과 관련된 안전장치 및 보호구 구입 시 적격품 선정에 관한 보좌 및 지도·조언

▲ 해당 답안 중 4가지 선택 기재

05 말비계 조립 시 준수사항이다. ( )안을 채우시오.(4점) [기사2203]

> 가) 지주부재의 하단에는 (①)를 하고, 근로자가 양측 끝부분에 올라서서 작업하지 않도록 할 것
> 나) 지주부재와 수평면의 기울기를 (②)도 이하로 하고, 지주부재와 지주부재 사이를 고정시키는 보조부재를 설치할 것
> 다) 말비계의 높이가 (③)m를 초과하는 경우 작업발판의 폭을 (④)cm 이상으로 할 것

① 미끄럼 방지장치　　　　　② 75
③ 2　　　　　④ 40

06 산업안전보건법상 인화성 고체 저장 시 정전기로 인한 화재 폭발 등 방지에 대하여 빈칸을 채우시오.(4점)
[기사0501/기사1103/기사1201/기사1702/기사1803/기사1901/기사2004/기사2203]

> 정전기에 의한 화재 또는 폭발 등의 위험이 발생할 우려가 있는 경우에는 해당 설비에 대하여 확실한 방법으로 (①)를 하거나, (②) 재료를 사용하거나 가습 및 점화원이 될 우려가 없는 (③)장치를 사용하는 등 정전기의 발생을 억제하거나 제거하기 위하여 필요한 조치를 하여야 한다.

① 접지　　　　② 도전성　　　　③ 제전

07 산업안전보건기준에 관한 규칙에서 추락방호망의 설치 기준에 대한 설명이다. ( ) 안을 채우시오.(4점)
[기사2203]

> • 추락방호망의 설치위치는 가능하면 작업면으로부터 가까운 지점에 설치하여야 하며, 작업면으로부터 망의 설치지점까지의 수직거리는 (①)미터를 초과하지 아니할 것
> • 추락방호망은 수평으로 설치하고, 망의 처짐은 짧은 변 길이의 12퍼센트 이상이 되도록 할 것
> • 건축물 등의 바깥쪽으로 설치하는 경우 추락방호망의 내민 길이는 벽면으로부터 (②)미터 이상 되도록 할 것

① 10　　　　　② 3

08 화학설비 및 그 부속설비의 설치에 있어서 다음 설명의 ( ) 안을 채우시오.(4점) [기사2203]

> 사업주는 급성 독성물질이 지속적으로 외부에 유출될 수 있는 화학설비 및 그 부속설비에 파열판과 안전밸브를 (①)로 설치하고 그 사이에는 (②) 또는 (③)를 설치하여야 한다.

① 직렬　　　　② 압력지시계　　　　③ 자동경보장치

09 산업안전보건법상 교류아크용접기에 자동전격방지기를 설치해야 하는 장소 2가지를 쓰시오.(4점)

[산기2004/산기2101/기사2203]

① 근로자가 물·땀 등으로 인하여 도전성이 높은 습윤 상태에서 작업하는 장소
② 추락할 위험이 있는 높이 2미터 이상의 장소로 철골 등 도전성이 높은 물체에 근로자가 접촉할 우려가 있는 장소
③ 선박의 이중 선체 내부, 밸러스트 탱크(평형수 탱크), 보일러 내부 등 도전체에 둘러싸인 장소

▲ 해당 답안 중 2가지 선택 기재

10 산업안전보건법상 사업장의 안전 및 보건을 유지하기 위하여 안전보건관리규정에 포함되어야 할 사항을 4가지 쓰시오.(단, 그 밖에 안전 및 보건에 관한 사항은 제외한다)(4점)

[기사1002/산기1502/기사1702/기사2001/기사2202/기사2203]

① 안전 및 보건에 관한 관리조직과 그 직무에 관한 사항
② 안전보건교육에 관한 사항
③ 작업장의 안전 및 보건 관리에 관한 사항
④ 사고 조사 및 대책 수립에 관한 사항

11 기계설비에 있어서 방호의 기본원리 3가지를 쓰시오.(3점)

[기사2203]

① 위험제거   ② 덮어씌움
③ 위험차단   ④ 위험에 적응

▲ 해당 답안 중 3가지 선택 기재

12 다음은 사업장 재해로 인한 근로자의 신체장애등급을 표시한 것이다. 근로손실일수를 구하시오.(3점)

[기사2203]

• 사망 2명	• 1급 1명	• 2급 1명
• 3급 1명	• 9급 1명	• 10급 4명

• 사망과 1~3급은 근로손실일수가 7,500일이므로 (2+1+1+1)×7,500 = 37,500일이다.
• 9급은 근로손실일수가 1,000일이므로 1명은 1,000일이다.
• 10급은 근로손실일수가 600일이므로 4명은 2,400일이다.
• 합은 37,500 + 1,000 + 2,400 = 40,900일이다.

13 산업안전보건법상 사업 내 안전·보건교육에 있어 근로자 정기안전·보건교육의 내용을 4가지 쓰시오. (단, 그 밖에 안전 및 보건에 관한 사항은 제외한다)(4점) [산기0901/기사1903/산기2002/기사2203]

① 산업안전 및 사고 예방에 관한 사항
② 산업보건 및 직업병 예방에 관한 사항
③ 위험성 평가에 관한 사항
④ 산업안전보건법령 및 산업재해보상보험 제도에 관한 사항
⑤ 직무스트레스 예방 및 관리에 관한 사항
⑥ 직장 내 괴롭힘, 고객의 폭언 등으로 인한 건강장해 예방 및 관리에 관한 사항
⑦ 유해·위험 작업환경 관리에 관한 사항
⑧ 건강증진 및 질병 예방에 관한 사항

▲ 해당 답안 중 4가지 선택 기재
  ※ ①~⑥은 근로자 및 관리감독자 정기교육, 채용 시 및 작업내용 변경 시 교육의 공통내용임

14 다음 FT도에서 정상사상 A1의 고장발생확률[%]을 구하시오.(단, 고장발생확률은 ①, ③, ⑤, ⑦이 20%이고, ②, ④, ⑥은 10%이며, % 단위는 소수 아래 다섯째자리까지 나타낼 것)(4점) [기사2203]

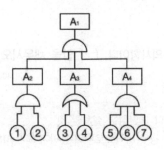

- A1 = A2·A3·A4
- A2 = ①·② = 0.2×0.1 = 0.02
- A3 = ③+④ = 1−(1−0.2)(1−0.1) = 1−0.72 = 0.28
- A4 = ⑤·⑥·⑦ = 0.2×0.1×0.2 = 0.004
- A1 = 0.02×0.28×0.004 = 0.0000224이다.

구해진 값을 백분율로 표시하면 0.00224%이다.

01 근로자가 용접·용단작업을 하는 경우 화재감시자를 지정하여 배치해야 하는 장소를 3가지 쓰시오.(4점)

[기사2202]

① 작업반경 11미터 이내에 건물구조 자체나 내부(개구부 등으로 개방된 부분을 포함)에 가연성물질이 있는 장소
② 작업반경 11미터 이내의 바닥 하부에 가연성물질이 11미터 이상 떨어져 있지만 불꽃에 의해 쉽게 발화될 우려가 있는 장소
③ 가연성물질이 금속으로 된 칸막이·벽·천장 또는 지붕의 반대쪽 면에 인접해 있어 열전도나 열복사에 의해 발화될 우려가 있는 장소

02 산업안전보건기준에 의한 규칙에서 전기기계·기구를 설치하려는 경우 고려사항을 3가지 쓰시오.(6점)

[기사1902/기사2202]

① 전기기계·기구의 충분한 전기적 용량 및 기계적 강도
② 습기·분진 등 사용장소의 주위 환경
③ 전기적·기계적 방호수단의 적정성

03 산업안전보건법령상 고정형 사다리식 통로를 설치할 때의 주의사항이다. ( ) 안을 채우시오.(3점)

[기사0901/기사2202]

> 가) 사다리식 통로의 길이가 10미터 이상인 경우 (①) 이내마다 계단참을 설치할 것
> 나) 통로의 기울기는 (②) 이하로 하고, 그 높이가 7미터 이상인 경우 바닥으로부터 높이가 (③)미터 되는 지점부터 등받이울을 설치할 것

① 5미터   ② 90도   ③ 2.5

04 다음을 간단히 설명하시오.(4점)

[기사0802/기사0901/기사1101/기사1401/기사2202]

> ① Fail safe   ② Fool proof

① 기계나 그 부품에 고장이나 기능 불량이 생겨도 항상 안전하게 작동하는 구조와 기능을 말한다.
② 기계 조작에 익숙하지 않은 사람이나 기계의 위험성 등을 이해하지 못한 사람이라도 기계 조작 시 조작 실수를 하지 않도록 하는 기능으로 작업자가 기계 설비를 잘못 취급하더라도 사고가 일어나지 않도록 하는 기능을 말한다.

05 특수형태근로종사자에 대한 최초 노무제공 시 안전보건교육 내용을 5가지 쓰시오.(5점) [기사2202]

① 산업안전 및 사고 예방에 관한 사항
② 산업보건 및 직업병 예방에 관한 사항
③ 건강증진 및 질병 예방에 관한 사항
④ 유해·위험 작업환경 관리에 관한 사항
⑤ 직무스트레스 예방 및 관리에 관한 사항
⑥ 산업안전보건법령 및 산업재해보상보험 제도에 관한 사항
⑦ 직장 내 괴롭힘, 고객의 폭언 등으로 인한 건강장해 예방 및 관리에 관한 사항
⑧ 기계·기구의 위험성과 작업의 순서 및 동선에 관한 사항
⑨ 작업 개시 전 점검에 관한 사항
⑩ 정리정돈 및 청소에 관한 사항
⑪ 사고 발생 시 긴급조치에 관한 사항
⑫ 물질안전보건자료에 관한 사항
⑬ 교통안전 및 운전안전에 관한 사항
⑭ 보호구 착용에 관한 사항

▲ 해당 답안 중 5가지 선택 기재

06 화재의 종류를 구분하여 쓰고, 그에 따른 표시 색을 쓰시오.(4점) [기사1601/기사2202]

유형	화재의 분류	색상
A	일반화재	①
B	유류화재	②
C	③	청색
D	④	무색

① 백색   ② 황색   ③ 전기화재   ④ 금속화재

07 산업안전보건법상 사업장의 안전 및 보건을 유지하기 위하여 안전보건관리규정에 포함되어야 할 사항을 4가지 쓰시오.(단, 그 밖에 안전 및 보건에 관한 사항은 제외한다)(4점)

[기사1002/산기1502/기사1702/기사2001/기사2202/기사2203]

① 안전 및 보건에 관한 관리조직과 그 직무에 관한 사항
② 안전보건교육에 관한 사항
③ 작업장의 안전 및 보건 관리에 관한 사항
④ 사고 조사 및 대책 수립에 관한 사항

08 다음의 기기들 중에서 안전인증대상 설비에 해당하는 것을 모두 고르시오.(3점) [기사2202]

① 프레스	② 크레인	③ 연삭기
④ 압력용기	⑤ 산업용 로봇	⑥ 컨테이너

- ①, ②, ④

09 비계 작업 시 비, 눈 그 밖의 기상상태의 불안정으로 날씨가 몹시 나빠서 작업을 중지시킨 후 그 비계에서 작업 재개할 때 점검사항을 4가지 쓰시오.(4점)

[기사0502/기사1003/기사1201/기사203/기사1302/기사1303/산기1402/기사1602/산기1801/기사2001/산기2004/기사2202/기사2301]

① 발판 재료의 손상여부 및 부착 또는 걸림 상태
② 해당 비계의 연결부 또는 접속부의 풀림 상태
③ 연결재료 및 연결철물의 손상 또는 부식 상태
④ 손잡이의 탈락 여부
⑤ 기둥의 침하, 변형, 변위(變位) 또는 흔들림 상태
⑥ 로프의 부착 상태 및 매단 장치의 흔들림 상태

▲ 해당 답안 중 4가지 선택 기재

10 부두·안벽 등 하역작업을 하는 장소에서의 사업주의 조치사항을 3가지 쓰시오.(3점) [기사1803/기사2202]

① 작업장 및 통로의 위험한 부분에는 안전하게 작업할 수 있는 조명을 유지할 것
② 부두 또는 안벽의 선을 따라 통로를 설치하는 경우에는 폭을 90센티미터 이상으로 할 것
③ 육상에서의 통로 및 작업장소로서 다리 또는 선거 갑문을 넘는 보도 등의 위험한 부분에는 안전난간 또는 울타리 등을 설치할 것

11 산업안전보건법령에 따라 공정안전보고서에 포함되어야 하는 사항 4가지를 쓰시오.(단, 그 밖에 공정상의 안전과 관련하여 고용노동부장관이 필요하다고 인정하여 고시하는 사항은 제외)(4점)

[산기0803/산기0903/기사1001/기사1403/산기1501/기사1602/기사1703/산기1703/기사2101/기사2202]

① 공정안전자료	② 공정위험성 평가서
③ 안전운전계획	④ 비상조치계획

12 위험분석기법 중 정량적, 귀납적 분석법에 해당하는 위험분석기법을 1가지 쓰시오.(3점) [기사2202]

- ETA

13 어떤 기계를 1시간 가동하였을 때 고장발생확률이 0.004일 경우 아래 물음에 답하시오.(4점)

[기사0702/기사1501/기사2202]

> ① 평균 고장간격을 구하시오.
> ② 10시간 가동하였을 때 기계의 신뢰도를 구하시오.

① 평균고장간격(MTBF) $= \dfrac{1}{\lambda} = \dfrac{1}{0.004} = 250[시간]$ 이다.

② 신뢰도 $R(t) = e^{-\lambda t} = e^{-0.004 \times 10} = e^{-0.04} = 0.96$ 이다.

14 산업안전보건법상 다음 그림에 해당하는 안전·보건표지의 명칭을 쓰시오.(4점) [기사1802/기사2202]

① 화기금지 ② 폭발성물질경고
③ 부식성물질경고 ④ 고압전기경고

01 건설공사발주자의 산업재해 예방조치에 대한 다음 설명의 ( ) 안을 채우시오.(4점) [기사2201]

> • 총 공사금액이 (①) 이상인 건설공사발주자는 산업재해 예방을 위하여 건설공사의 계획, 설계 및 시공 단계에서 다음 각 호의 구분에 따른 조치를 하여야 한다.
> ㉠ 건설공사 계획단계: 해당 건설공사에서 중점적으로 관리하여야 할 유해·위험요인과 이의 감소방안을 포함한 (②)을 작성할 것
> ㉡ 건설공사 설계단계: (②)을 설계자에게 제공하고, 설계자로 하여금 유해·위험요인의 감소방안을 포함한 (③)을 작성하게 하고 이를 확인할 것
> ㉢ 건설공사 시공단계: 건설공사발주자로부터 건설공사를 최초로 도급받은 수급인에게 (③)을 제공하고, 그 수급인에게 이를 반영하여 안전한 작업을 위한 (④)을 작성하게 하고 그 이행 여부를 확인할 것

① 50억원
② 기본안전보건대장
③ 설계안전보건대장
④ 공사안전보건대장

02 타워크레인을 설치·조립·해체하는 작업 시 작업계획서의 내용 3가지를 쓰시오.(3점) [기사1401/기사2004/기사2201]

① 타워크레인의 종류 및 형식
② 설치·조립 및 해체순서
③ 지지 방법
④ 작업도구·장비·가설설비 및 방호설비
⑤ 작업인원의 구성 및 작업근로자의 역할 범위

▲ 해당 답안 중 3가지 선택 기재

03 아세틸렌 용접장치의 안전기 설치위치에 대하여 빈칸에 알맞은 답을 쓰시오.(3점) [기사0502/기사1202/기사1702/기사1802/기사2003/기사2201]

> 가) 사업주는 아세틸렌 용접장치의 (①)마다 안전기를 설치하여야 한다. 다만, 주관 및 취관에 가장 가까운 (②)마다 안전기를 부착한 경우에는 그러하지 아니한다.
> 나) 사업주는 가스용기가 (③)와 분리되어 있는 아세틸렌 용접장치에 대하여 (③)와 가스 용기 사이에 안전기를 설치하여야 한다.

① 취관
② 분기관
③ 발생기

04 근로자가 작업이나 통행 등으로 인하여 전기기계, 기구 또는 전로 등의 충전부분에 접촉하거나 접근함으로써 감전 위험이 있는 충전부분에 대하여 감전을 방지하기 위한 방호방법을 5가지 쓰시오.(5점)

[기사0703/기사1801/기사2201]

① 충전부가 노출되지 않도록 폐쇄형 외함(外函)이 있는 구조로 할 것
② 충전부에 충분한 절연효과가 있는 방호망이나 절연덮개를 설치할 것
③ 충전부는 내구성이 있는 절연물로 완전히 덮어 감쌀 것
④ 발전·변전소 및 개폐소 등 구획된 장소로서 관계 근로자가 아닌 사람의 출입이 금지되는 장소에 충전부를 설치하고, 위험표시 등의 방법으로 방호를 강화할 것
⑤ 전주 위 및 철탑 위 등 격리된 장소로서 관계 근로자가 아닌 사람이 접근할 우려가 없는 장소에 충전부를 설치할 것

05 차량계 하역운반기계 등을 이송하기 위하여 자주(自走) 또는 견인에 의하여 화물자동차에 싣거나 내리는 작업을 할 때에 발판·성토 등을 사용하는 경우에는 해당 차량계 하역운반기계등의 전도 또는 굴러 떨어짐에 의한 위험을 방지하기 위하여 사업주가 준수해야 하는 사항을 4가지 쓰시오.(4점)   [기사2201]

① 싣거나 내리는 작업은 평탄하고 견고한 장소에서 할 것
② 발판을 사용하는 경우에는 충분한 길이·폭 및 강도를 가진 것을 사용하고 적당한 경사를 유지하기 위하여 견고하게 설치할 것
③ 가설대 등을 사용하는 경우에는 충분한 폭 및 강도와 적당한 경사를 확보할 것
④ 지정 운전자의 성명·연락처 등을 보기 쉬운 곳에 표시하고 지정운전자 외에는 운전하지 않도록 할 것

06 Swain은 인간의 오류를 작위적 오류(Commission Error)와 부작위적 오류(Omission Error)로 구분한다. 작위적 오류와 부작위적 오류에 대해 설명하시오.(4점)   [기사0802/기사1601/기사2201]

① 작위적 오류(Commission error) : 실행오류로서 작업 수행 중 작업을 정확하게 수행하지 못해 발생한 에러
② 부작위적 오류(Omission error) : 생략오류로 필요한 작업 또는 절차를 수행하지 않는데 기인한 에러

07 인간관계 매커니즘에 대한 설명이다. (   ) 안을 채우시오.(3점)   [기사1803/기사2201]

가) 자기의 실패나 결함을 다른 대상에게 책임을 전가시키는 것 : (①)
나) 다른 사람의 행동 양식이나 태도를 자기에게 투입하거나 그와 반대로 다른 사람 가운데서 자기의 행동 양식이나 태도와 비슷한 것을 발견하는 것 : (②)
다) 남의 행동이나 판단을 표본으로 하여 따라하는 것 : (③)

① 투사   ② 동일화   ③ 모방

08 산업안전보건법상 안전인증대상 보호구를 5가지 쓰시오.(5점) [기사0703/기사1001/기사1803/기사2201/기사2203]

① 안전화   ② 안전장갑   ③ 방진마스크

④ 방독마스크   ⑤ 송기마스크   ⑥ 보호복

⑦ 안전대   ⑧ 용접용 보안면   ⑨ 추락 및 감전 위험방지용 안전모

⑩ 전동식 호흡보호구   ⑪ 방음용 귀마개 또는 귀덮개

⑫ 차광 및 비산물 위험방지용 보안경

▲ 해당 답안 중 5가지 선택 기재

09 사업주가 사다리식 통로를 설치하는 경우 준수해야 할 사항을 5가지 쓰시오.(5점) [기사2201]

① 견고한 구조로 할 것

② 심한 손상·부식 등이 없는 재료를 사용할 것

③ 발판의 간격은 일정하게 할 것

④ 발판과 벽과의 사이는 15센티미터 이상의 간격을 유지할 것

⑤ 폭은 30센티미터 이상으로 할 것

⑥ 사다리가 넘어지거나 미끄러지는 것을 방지하기 위한 조치를 할 것

⑦ 사다리의 상단은 걸쳐놓은 지점으로부터 60센티미터 이상 올라가도록 할 것

⑧ 사다리식 통로의 길이가 10미터 이상인 경우에는 5미터 이내마다 계단참을 설치할 것

⑨ 사다리식 통로의 기울기는 75도 이하로 할 것. 다만, 고정식 사다리식 통로의 기울기는 90도 이하로 하고, 그 높이가 7미터 이상인 경우에는 바닥으로부터 높이가 2.5미터 되는 지점부터 등받이울을 설치할 것

⑩ 접이식 사다리 기둥은 사용 시 접혀지거나 펼쳐지지 않도록 철물 등을 사용하여 견고하게 조치할 것

▲ 해당 답안 중 5가지 선택 기재

10 연간 평균 상시 2,000명의 근로자를 두고 있는 사업장에서 1년간 11건의 재해가 발생하여 사망자 2명, 재해자수 10명이 발생하였다. 사망만인율을 구하시오.(단, 연 근로시간은 2,400시간)(4점) [기사2201]

- 사망만인율은 (사망자수 / 임금근로자수) × 10,000로 구한다.

- 사망만인율 = $\dfrac{2}{2,000} \times 1,0000 = 10[\text{‰}]$이 된다.

11 2[m]에서의 조도가 150[lux]일 때 3[m]에서의 조도를 구하시오.(3점) [기사0502/기사1901/기사2201]

$$조도 = 조도1 \times \left(\frac{거리1}{거리}\right)^2 = 150 \times \left(\frac{2}{3}\right)^2 = 66.666 = 66.67[\text{lux}]$$

12 방호조치를 하지 아니하고는 양도, 대여, 설치 또는 사용에 제공하거나, 양도·대여의 목적으로 진열해서는 안 되는 기계·기구 5가지를 쓰시오.(5점) [산기0903/산기1203/산기1503/기사1602/기사1801/기사2003/기사2201/기사2302]

① 예초기
② 원심기
③ 공기압축기
④ 지게차
⑤ 금속절단기
⑥ 포장기계(진공포장기, 래핑기로 한정)

▲ 해당 답안 중 5가지 선택 기재

13 화물의 하중을 직접 지지하는 와이어로프의 절단하중 값 2,000kg일 때 하중의 최대값을 구하시오.(3점)
[기사1901/기사2201]

- 안전계수 = $\frac{절단하중}{허용하중의 최대값}$ 이고, 화물의 하중을 직접 지지하는 와이어로프의 안전계수는 5이상이어야 한다.

- 대입하면 $5 = \frac{2,000}{x}$ 이므로 $x = 400\text{kg}$이 된다.

14 다음은 화학설비 및 부속설비 설치 시 안전거리에 대한 표이다. ( ) 안을 채우시오.(4점) [기사2201]

구 분	안 전 거 리
단위공정시설 및 설비로부터 다른 단위공정시설 및 설비의 사이	설비의 바깥면으로부터 (①)미터 이상
플레어스택으로부터 단위공정시설 및 설비, 위험물질 저장탱크 또는 위험물질 하역설비의 사이	플레어스택으로부터 반경 (②)미터 이상
위험물질 저장탱크로부터 단위공정 시설 및 설비, 보일러 또는 가열로의 사이	저장탱크의 바깥면으로부터 (③)미터 이상
사무실·연구실·실험실·정비실 또는 식당으로부터 단위공정시설 및 설비, 위험물질 저장탱크, 위험물질 하역설비, 보일러 또는 가열로의 사이	사무실 등의 바깥면으로부터 (④)미터 이상

① 10　　② 20　　③ 20　　④ 20

01 산업안전보건법령에 의거 대통령령으로 정하는 크기, 높이 등에 해당하는 건설공사를 착공하려는 경우 사업주는 유해위험방지계획서를 작성할 때 건설안전 분야의 자격 등 고용노동부령으로 정하는 자격을 갖춘 자의 의견을 들어야 한다. 여기서 대통령령으로 정하는 크기, 높이 등에 해당하는 건설공사의 종류 4가지를 쓰시오.(4점) [기사2103]

① 터널의 건설 등 공사
② 최대 지간(支間)길이가 50미터 이상인 다리의 건설등 공사
③ 깊이 10미터 이상인 굴착공사
④ 연면적 5천제곱미터 이상인 냉동·냉장 창고시설의 설비공사 및 단열공사
⑤ 다목적댐, 발전용댐, 저수용량 2천만톤 이상의 용수 전용 댐 및 지방상수도 전용 댐의 건설등 공사
⑥ 지상높이가 31미터 이상인 건축물 또는 인공구조물의 건설등 공사
⑦ 연면적 3만제곱미터 이상인 건축물의 건설등 공사

▲ 해당 답안 중 4가지 선택 기재

02 화물의 낙하에 의하여 지게차의 운전자에 위험을 미칠 우려가 있는 작업장에서 사용된 지게차의 헤드가드가 갖추어야 할 사항에 대한 다음 빈칸을 채우시오.(4점) [기사0801/기사1302/기사1601/기사1802/기사2102/기사2103]

가) 강도는 지게차의 최대하중의 (①)배 값(4톤을 넘는 값에 대해서는 4톤으로 한다)의 등분포정하중에 견딜 수 있을 것
나) 상부틀의 각 개구의 폭 또는 길이가 (②)cm 미만일 것

① 2   ② 16

03 산업안전보건기준에 관한 규칙에서 누전에 의한 감전의 위험을 방지하기 위하여 접지를 해야 하는 코드와 플러그를 접속하여 사용하는 전기기계·기구를 5가지 쓰시오.(5점) [기사1603/기사2001/기사2103]

① 사용전압이 대지전압 150볼트를 넘는 것
② 냉장고·세탁기·컴퓨터 및 주변기기 등과 같은 고정형 전기기계·기구
③ 고정형·이동형 또는 휴대형 전동기계·기구
④ 물 또는 도전성(導電性)이 높은 곳에서 사용하는 전기기계·기구, 비접지형 콘센트
⑤ 휴대형 손전등

04 산업안전보건기준에 관한 규칙에서 용융고열물을 취급하는 설비를 내부에 설치한 건축물에 대하여 수증기 폭발을 방지하기 위한 조치사항 2가지를 쓰시오.(4점) [기사2103]

① 바닥은 물이 고이지 아니하는 구조로 할 것
② 지붕·벽·창 등은 빗물이 새어들지 아니하는 구조로 할 것

05 현재 근로자가 선반작업 중에 있는 작업장의 조도가 120Lux이다. 작업장이 어두워 살펴보니 선반작업은 정밀작업 기준에 맞는 조명을 설치해야 한다. 산업안전보건기준에 관한 규칙에서 정한 선반작업의 조도기준을 쓰시오.(3점) [기사2103]

- 300Lux 이상

06 보호구 안전인증에 따른 분리식 방진마스크의 시험성능기준 중 여과재 분진 등의 포집효율에 대한 빈칸을 채우시오.(3점) [기사0901/기사2103]

형태 및 등급		염화나트륨(NaCl) 및 파라핀 오일(Paraffin oil) 시험(%)
분리식	특급	(①)
	1급	(②)
	2급	(③)

① 99.95 이상   ② 94.0 이상   ③ 80.0 이상

07 산업안전보건법에서 산업안전보건위원회의 회의록 작성사항을 3가지 쓰시오.(3점) [기사1502/기사2103]

① 개최 일시 및 장소
② 출석위원
③ 심의 내용 및 의결·결정 사항

08 안전난간의 구조에 대한 설명이다. 다음 ( )을 채우시오.(3점) [기사1703/기사2103]

가) 상부 난간대 : 바닥면·발판 또는 경사로의 표면으로부터 (①)cm 이상
나) 난간대 : 지름 (②)cm 이상 금속제 파이프
다) 하중 : (③)kg 이상의 하중에 견딜 수 있는 튼튼한 구조

① 90   ② 2.7   ③ 100

09 산업용 로봇의 작동범위에서 해당 로봇에 대하여 교시 등의 작업을 할 경우 해당 로봇의 예기치 못한 작동 또는 오조작에 의한 위험을 방지하기 위하여 관련 지침을 정하여 그 지침에 따라 작업을 하도록 하여야 하는데, 이에 관련 지침에 포함되어야 할 사항 5가지를 쓰시오.(단, 기타 로봇의 예기치 못한 작동 또는 오동작에 의한 위험방지를 하기 위하여 필요한 조치는 제외한다)(5점)   [기사1201/기사1901/기사2103]

① 로봇의 조작방법 및 순서
② 작업 중의 매니퓰레이터의 속도
③ 2명 이상의 근로자에게 작업을 시킬 경우의 신호방법
④ 이상을 발견한 경우의 조치
⑤ 이상을 발견하여 로봇의 운전을 정지시킨 후 이를 재가동시킬 경우의 조치

10 인간의 주의에 대한 특성 3가지를 쓰시오.(3점)   [산기1102/산기1501/기사2103]

① 선택성   ② 변동성(단속성)   ③ 방향성

11 시스템 위험성 평가 중 위험강도(MIL-STD-882E) 분류 4가지를 쓰시오.(4점)

[기사1103/기사1302/산기1402/기사1802/기사2103]

① 1단계 : 파국적   ② 2단계 : 중대위기
③ 3단계 : 한계적   ④ 4단계 : 무시가능

12 A 사업장의 근무 및 재해 발생현황이 다음과 같을 때, 이 사업장의 종합재해지수를 구하시오.(단, 소수점아래 넷째자리에서 반올림해서 소수점아래 셋째자리까지 구하시오)(5점)   [기사2103]

- 평균 근로자수 : 500명
- 근로손실일수 : 900일
- 연간 재해 발생건수 : 210건
- 1인당 연 근로시간 : 2,400시간

- 종합재해지수를 구하기 위해서는 강도율과 도수율을 구해야 한다.
- 도수율 $= \dfrac{210}{500 \times 2,400} \times 10^6 = 175$이다.
- 강도율 $= \dfrac{900}{500 \times 2,400} \times 1,000 = 0.75$이다.
- 종합재해지수 $= \sqrt{175 \times 0.75} = \sqrt{131.25} = 11.456 \cdots$ 이므로 11.456이다.

13 달기 체인의 사용금지 조건을 3가지 쓰시오.(6점) [산기1102/산기1402/기사1701/산기1703/기사2001/산기2002/기사2103]

① 달기 체인의 길이가 달기 체인이 제조된 때의 길이의 5퍼센트를 초과한 것

② 링의 단면지름이 달기 체인이 제조된 때의 해당 링의 지름의 10퍼센트를 초과하여 감소한 것

③ 균열이 있거나 심하게 변형된 것

14 가스집합 용접장치에 있어서 가스장치실의 구조를 3가지 쓰시오.(3점) [기사1802/기사2103]

① 가스가 누출된 경우에는 그 가스가 정체되지 않도록 할 것

② 지붕과 천장에는 가벼운 불연성 재료를 사용할 것

③ 벽에는 불연성 재료를 사용할 것

01 산업안전보건법에서 관리감독자 정기안전·보건교육의 내용을 5가지 쓰시오.(단, 그 밖의 관리감독자의 직무에 관한 사항은 제외)(5점)

[기사0902/기사1001/기사1603/기사1801/기사2003/기사2102]

① 산업안전 및 사고 예방에 관한 사항
② 산업보건 및 직업병 예방에 관한 사항
③ 위험성평가에 관한 사항
④ 유해·위험 작업환경 관리에 관한 사항
⑤ 산업안전보건법령 및 산업재해보상보험 제도에 관한 사항
⑥ 직무 스트레스 예방 및 관리에 관한 사항
⑦ 직장 내 괴롭힘, 고객의 폭언 등으로 인한 건강장해 예방 및 관리에 관한 사항
⑧ 작업공정의 유해·위험과 재해 예방대책에 관한 사항
⑨ 사업장 내 안전보건관리체제 및 안전·보건조치 현황에 관한 사항
⑩ 표준안전작업방법 및 지도 요령에 관한 사항
⑪ 현장근로자와의 의사소통능력 및 강의능력 등 안전보건교육 능력 배양에 관한 사항
⑫ 비상시 또는 재해 발생 시 긴급조치에 관한 사항

▲ 해당 답안 중 5가지 선택 기재

02 그림을 보고 전체의 신뢰도를 0.85로 설계하고자 할 때 부품 R_x의 신뢰도를 구하시오.(3점)

[기사0901/기사2102]

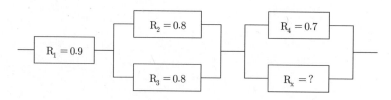

- 전체 신뢰도 $= 0.9 \times [1-(1-0.8)(1-0.8)] \times [1-(1-0.7)(1-R_x)] = 0.85$

$= 0.9 \times 0.96 \times [1-(0.3)(1-R_x)] = 0.85$

$= 0.9 \times 0.96 \times [0.7 + 0.3R_x] = 0.85$

$= [0.7 + 0.3R_x] = 0.85/0.864 = 0.9838$

$= 0.3R_x = 0.2838$

$= R_x = 0.2838/0.3 = 0.946 = 0.95$

03 화물의 낙하에 의하여 지게차의 운전자에 위험을 미칠 우려가 있는 작업장에서 사용된 지게차의 헤드가드가 갖추어야 할 사항을 2가지 쓰시오.(4점) [기사0801/기사1302/기사1601/기사1802/기사2102/기사2103]

① 강도는 지게차의 최대하중의 2배 값(4톤을 넘는 값에 대해서는 4톤)의 등분포정하중에 견딜 수 있을 것

② 상부틀의 각 개구의 폭 또는 길이가 16센티미터 미만일 것

③ 운전자가 앉아서 조작하거나 서서 조작하는 지게차의 헤드가드는 한국산업표준에서 정하는 높이 기준 이상일 것

▲ 해당 답안 중 2가지 선택 기재

04 산업안전보건기준에 관한 규칙에서 차량계 하역운반기계 등을 사용하는 작업에서 작성해야 하는 작업계획서의 내용을 2가지 쓰시오.(4점) [기사2102]

① 해당 작업에 따른 추락·낙하·전도·협착 및 붕괴 등의 위험 예방대책

② 차량계 하역운반기계 등의 운행경로 및 작업방법

05 아세틸렌의 위험도와, 아세틸렌 70%, 클로로벤젠 30%일 때 이 혼합기체의 공기 중 폭발하한계의 값을 계산하시오.(4점) [기사0703/기사1603/기사2102]

	폭발하한계	폭발상한계
아세틸렌	2.5[vol%]	81[vol%]
클로로벤젠	1.3[vol%]	7.1[vol%]

① 아세틸렌의 위험도 = $\dfrac{81-2.5}{2.5} = \dfrac{78.5}{2.5} = 31.4$이다.

② 혼합기체의 폭발하한계 = $\dfrac{100}{\dfrac{70}{2.5}+\dfrac{30}{1.3}} = \dfrac{100}{28+23.08} = 1.9577 \simeq 1.96[vol\%]$이다.

06 연평균 상시근로자 400명을 두고 있는 A 공장에서 재해로 인해 1년에 8명의 재해자가 발생하였다. 연천인율은 얼마인가?(3점) [기사2102]

- 연천인율은 근로자 1,000명당 발생한 재해자수이다.

- 연천인율 = $\dfrac{8}{400} \times 1,000 = 20$이 된다.

07 하인리히의 재해구성 비율 1:29:300에 대해 설명하시오.(3점) [기사2102]

- 총 사고 발생건수 330건을 대상으로 중상(1) : 경상(29) : 무상해사고(300)의 재해구성 비율을 말한다.

08 다음 [보기]의 건설업 산업안전·보건 관리비를 계산하시오.(5점) [기사2102]

> **[보기]**
>
> ① 일반건설공사 갑
> ② 낙찰률 70%
> ③ 예정가격 내역서상의 재료비 25억원, 관급재료비 3억
> ④ 예정가격 내역서상의 직접노무비 10억원
> ⑤ 관리비(간접비 포함) 10억

- 2018년 이후부터는 낙찰률을 제공하더라도 낙찰률을 적용하지 않는다.
- 산업안전보건관리비 = 대상액(재료비+직접노무비) × 요율에서 대상액은 (25+3+10)억 원이고, 요율은 일반건설업(갑)이고 대상액이 38억이므로 기초액은 5,349,000원이고, 요율은 1.86%이다.
- 산업안전보건관리비 계상액 = 38억원 × 1.86% + 5,349,000 = 76,029,000원이다.
- 이때, 사업주가 재료를 제공하는 경우 해당 재료비를 포함시키지 않은 대상액을 기준으로 계상한 안전관리비의 1.2배를 초과할 수 없다. 이를 기준으로 계상하면 대상액은 (25+10)억 원으로 (35억원 × 1.86% + 5,349,000원)× 1.2 = 84,538,800원으로 위에서 계산한 금액이 이를 초과하지 않으므로 위의 계상액(76,029,000원)이 산업안전·보건 관리비가 된다.
- 결과값 : 76,029,000원

09 연삭기 덮개의 시험방법 중 연삭기 작동시험은 시험용 연삭기에 직접 부착한 후 다음 사항을 확인하여 이상이 없어야 하는 지를 쓰시오.(4점) [기사1801/기사2102]

> - 연삭(①)과 덮개의 접촉여부
> - 탁상용 연삭기는 덮개, (②) 및 (③) 부착상태의 적합성 여부

① 숫돌　　　　　② 워크레스트　　　　　③ 조정편

10 위험장소 경고표지를 그리고 표지판의 색과 모형의 색을 적으시오.(4점) [기사1102/산기1801/기사2102]

① 바탕 : 노란색
② 도형 및 테두리 : 검은색

11 산업안전보건법상 비계(달비계, 달대비계 및 말비계는 제외)의 높이가 2미터 이상인 작업장소에 설치할 작업발판에 대한 다음 ( )안에 알맞은 수치를 쓰시오.(3점) [기사2102]

> 가) 작업발판의 폭은 (①)cm 이상으로 하고, 발판재료 간의 틈은 (②)cm 이하로 할 것
> 나) 추락의 위험이 있는 장소에는 (③)을 설치할 것

① 40   ② 3   ③ 안전난간

12 크레인을 사용하여 작업을 시작하기 전 점검사항 3가지를 쓰시오.(6점) [기사1501/산기1901/기사1802/기사2102]

① 권과방지장치·브레이크·클러치 및 운전장치의 기능
② 주행로의 상측 및 트롤리(Trolley)가 횡행하는 레일의 상태
③ 와이어로프가 통하고 있는 곳의 상태

13 산업안전보건법상 사업주는 유자격자가 충전전로 인근에서 작업하는 경우에도 절연장갑을 착용하거나 절연된 경우를 제외하고는 노출 충전부에 접근한계거리 이내로 접근하지 않도록 하여야 한다. 아래 선간전압에 따른 충전전로에 대한 접근한계거리를 쓰시오.(4점) [산기1103/기사1301/산기1303/산기1602/기사1703/기사2102/기사2301]

충전전로의 선간전압 (단위 : KV)	충전전로에 대한 접근한계거리(단위 : cm)
0.38	(①)
1.5	(②)
6.6	(③)
22.9	(④)

① 30   ② 45   ③ 60   ④ 90

14 양립성을 3가지 쓰고 사례를 들어 설명하시오.(3점) [기사1202/기사1402/기사2002/기사2102]

① 공간(Spatial)양립성 : 표시장치와 이에 대응하는 조종장치의 위치가 인간의 기대에 모순되지 않는 것
② 운동(Movement)양립성 : 조종장치의 조작방향에 따라서 기계장치나 자동차 등이 움직이는 것
③ 개념(Conceptual)양립성 : 인간이 가지는 개념과 일치하게 하는 것으로 적색 수도꼭지는 온수, 청색 수도꼭지는 냉수를 의미하는 것
④ 양식(Modality)양립성 : 문화적 관습에 의해 생기는 양립성 혹은 직무에 관련된 자극과 이에 대한 응답 등으로 청각적 자극 제시와 이에 대한 음성응답 과업에서 갖는 양립성

▲ 해당 답안 중 3가지 선택 기재

01 인체에 해로운 분진, 흄(Fume), 미스트(Mist), 증기 또는 가스 상태의 물질을 배출하기 위하여 설치하는 국소배기장치의 후드 설치 시 준수사항 3가지를 쓰시오.(3점)

[기사1303/기사2101]

① 유해물질이 발생하는 곳마다 설치할 것
② 후드(Hood) 형식은 가능하면 포위식 또는 부스식 후드를 설치할 것
③ 외부식 또는 리시버식 후드는 해당 분진 등의 발산원에 가장 가까운 위치에 설치할 것
④ 유해인자의 발생형태와 비중, 작업방법 등을 고려하여 해당 분진등의 발산원(發散源)을 제어할 수 있는 구조로 설치할 것

▲ 해당 답안 중 3가지 선택 기재

02 용접작업을 하는 작업자가 전압이 300V인 충전부분이 물에 젖은 손이 접촉, 감전되어 사망하였다. 이때 인체에 통전된 심실세동전류(mA)와 통전시간(ms)을 계산하시오.(단, 인체의 저항은 1,000[Ω]으로 한다) (5점)

[기사0701/기사1403/기사2101]

① 심실세동전류는 오옴의 법칙($I = \dfrac{V}{R}$)을 이용해서 구한다. 전압이 주어졌으며, 저항은 인체저항이 1,000[Ω]이지만 충전부분이 물에 젖을 경우 저항은 $\dfrac{1}{25}$로 감소하므로 40[Ω]이 되는데 유의한다.

$I = \dfrac{300}{40} = 7.5[A]$ 이며, 이는 7,500[mA]이다.

② 통전시간(T)는 심실세동전류를 알고 있으면 구할 수 있다. 심실세동전류 $I = \dfrac{165}{\sqrt{T}}$[mA]이므로 $T = \left(\dfrac{165}{I}\right)^2$이므로 구해진 심실세동전류를 대입하면 $T = \left(\dfrac{165}{I}\right)^2 = 0.000484$[sec]이다. 이는 0.48[ms]가 된다.

03 보호구 안전인증 고시에 의한 방진마스크의 시험성능기준 5가지를 쓰시오.(5점)

[기사2101]

① 안면부 흡기저항	② 안면부 배기저항	③ 안면부 누설율
④ 시야	⑤ 여과재 분진 등 포집효율	⑥ 배기밸브 작동
⑦ 강도, 신장율 및 영구 변형율	⑧ 불연성	⑨ 음성전달판
⑩ 투시부의 내충격성	⑪ 여과재 질량	⑫ 여과재 호흡저항
⑬ 안면부 내부의 이산화탄소 농도		

▲ 해당 답안 중 5가지 선택 기재

04 롤러기의 방호장치에 관한 사항이다. 다음 괄호 안을 채우시오.(4점) [기사0802/산기1801/산기1802/기사2101]

종류	설치위치
손 조작식	밑면에서 (①)m 이내
복부 조작식	밑면에서 (②)m 이상 (③)m 이내
무릎 조작식	밑면에서 (④)m 이내

① 1.8　　　　② 0.8　　　　③ 1.1　　　　④ 0.6

05 FTA 단계를 순서대로 번호를 쓰시오.(3점) [기사0501/기사1003/기사1102/기사2101]

① FT도 작성　　　② 재해원인 규명　　　③ 개선계획 작성　　　④ TOP 사상의 설정

• ④ → ② → ① → ③

06 연삭숫돌의 파괴원인 4가지를 쓰시오.(4점) [기사2101/기사2303]

① 숫돌에 큰 충격이 가해질 때
② 숫돌의 회전속도가 너무 빠를 때
③ 숫돌 자체에 균열이 있을 때
④ 숫돌작업 시 숫돌의 측면을 사용할 때
⑤ 숫돌의 회전중심이 제대로 잡혀있지 않았을 때
⑥ 플랜지 직경이 숫돌 직경의 1/3 이하일 때

▲ 해당 답안 중 4가지 선택 기재

07 조명은 근로자들의 작업환경 측면에서 중요한 안전요소이다. 산업안전보건법상 다음의 작업에서 근로자를 상시 작업시키는 장소의 조도기준을 쓰시오.(단, 갱도 등의 작업장은 제외한다)(4점)

[기사0503/기사1002/산기1202/산기1602/기사1603/산기1802/산기1803/산기2001/기사2101/기사2301]

초정밀작업	정밀작업	보통작업	그 밖의 작업
(①) Lux 이상	(②) Lux 이상	(③) Lux 이상	(④) Lux 이상

① 750　　　　② 300　　　　③ 150　　　　④ 75

08 산업안전보건법령상 사업 내 안전·보건교육에 있어 500명의 사업장에 30명 채용 시의 교육내용을 4가지 쓰시오.(4점)

[기사0602/기사1502/기사2004/기사2101]

① 산업안전 및 사고 예방에 관한 사항   ② 산업보건 및 직업병 예방에 관한 사항
③ 위험성 평가에 관한 사항   ④ 산업안전보건법령 및 산업재해보상보험 제도에 관한 사항
⑤ 직무 스트레스 예방 및 관리에 관한 사항   ⑥ 물질안전보건자료에 관한 사항
⑦ 사고 발생 시 긴급조치에 관한 사항   ⑧ 작업 개시 전 점검에 관한 사항
⑨ 정리정돈 및 청소에 관한 사항
⑩ 기계·기구의 위험성과 작업의 순서 및 동선에 관한 사항
⑪ 직장 내 괴롭힘, 고객의 폭언 등으로 인한 건강장해 예방 및 관리에 관한 사항

▲ 해당 답안 중 4가지 선택 기재

09 프레스 금형 공장의 근무 및 재해발생현황이 다음과 같을 때, 이 사업장의 강도율을 구하시오.(5점)

[기사2101]

• 연평균 300명, 1일 8시간, 1년 300일 근무	• 요양재해로 인한 휴업일수 300일
• 사망재해 2명	• 4급 요양재해 1명
• 10급 요양재해 1명	

• 강도율은 1,000 근로시간당 근로손실일수이다.
• 연간총근로시간 = 8 × 300 × 300 = 720,000시간이다.
• 근로손실일수를 구해야한다. 휴업일수는 근로손실일수로 보정해줘야 한다. 1년 365일 중 근로일은 300일이고, 휴업일수는 300일이므로 근로손실일수는 $300 \times \frac{300}{365} = 246.575 \cdots$ 이므로 246.58일이다.
• 재해로 인한 근로손실일수는 사망 7,500일, 4급 5,500일, 10급 600일이므로 (7,500×2) + 5,500 + 600 = 21,100일이다.
• 근로손실일수의 합은 246.58+21,100 = 21,346.58일이다.
• 대입하면 강도율은 $\frac{21,346.58}{720,000} \times 1,000 = 29.648 \cdots$ 이다. 소수점 셋째자리에서 반올림해서 둘째자리까지 구해야 하므로 29.65가 된다.

10 산업안전보건법에서 노사협의체 설치 대상기업 및 정기회의 개최 주기를 쓰시오.(4점)

[기사0902/기사1103/기사2101]

① 공사금액이 120억원(토목공사업은 150억원) 이상인 건설업
② 정기회의는 2개월마다 소집

11 산업안전보건법령에 따라 공정안전보고서에 포함되어야 하는 사항 4가지를 쓰시오.(단, 그 밖에 공정상의 안전과 관련하여 고용노동부장관이 필요하다고 인정하여 고시하는 사항은 제외)(4점)

[산기0803/산기0903/기사1001/기사1403/산기1501/기사1602/기사1703/산기1703/기사2101/기사2202]

① 공정안전자료   ② 공정위험성 평가서
③ 안전운전계획   ④ 비상조치계획

12 가설통로의 설치기준에 관한 사항이다. 빈칸을 채우시오.(3점)

[기사1801/기사2101]

> 가) 경사가 (①)도를 초과하는 경우에는 미끄러지지 아니하는 구조로 할 것
> 나) 수직갱에 가설된 통로의 길이가 15m 이상인 경우에는 (②)m 이내마다 계단참을 설치할 것
> 다) 건설공사에 사용하는 높이 8m 이상인 비계다리에는 (③)m 이내마다 계단참을 설치할 것

① 15   ② 10   ③ 7

13 하인리히 도미노 이론과 아담스의 이론 5단계를 각각 쓰시오.(4점)

[기사1101/기사2101]

	1단계	2단계	3단계	4단계	5단계
하인리히	사회적환경과 유전적요소	개인적 결함	불안전한 행동과 상태	사고	재해
아담스	관리구조	작전적 에러	전술적 에러	사고	상해

14 공사용 가설도로를 설치하는 경우 준수사항 3가지를 쓰시오.(3점)

[기사1202/기사2101]

① 도로는 장비와 차량이 안전하게 운행할 수 있도록 견고하게 설치할 것
② 도로와 작업장이 접하여 있을 경우에는 울타리 등을 설치할 것
③ 도로는 배수를 위하여 경사지게 설치하거나 배수시설을 설치할 것
④ 차량의 속도제한 표지를 부착할 것

▲ 해당 답안 중 3가지 선택 기재

01 산업안전보건법상 안전보건표지 중 "응급구호표지"를 그리시오.(단, 색상표시는 글자로 나타내도록 하고, 크기에 대한 기준은 표시하지 않아도 된다)(4점)
　　　　　　　　　　　　　　　　　　　　　　　　[기사0902/기사1203/기사1401/기사1501/기사2004]

　　　　　　　　　① 바탕 : 녹색
　　　　　　　　　② 도형 : 흰색

02 산업안전보건법상 다음 기계·기구에 설치해야 할 방호장치를 각각 1개씩 쓰시오.(3점)
　　　　　　　　　　　　　　　　　　　　　　　　[산기1403/산기1901/산기2003/기사2004/기사2303]

기계·기구	방호장치
원심기	(①)
공기압축기	(②)
금속절단기	(③)

① 회전체 접촉예방장치
② 압력방출장치
③ 날 접촉예방장치

03 A 사업장의 근무 및 재해 현황이 다음과 같을 때, 이 사업장의 도수율을 구하시오.(3점)　　[기사2004]

- 상시근로자 500명
- 1인당 연간근로시간 3,000시간
- 재해건수 3건

- 연간총근로시간을 구하면 500명, 1인당 연간 3,000시간이므로 $500 \times 3,000 = 1,500,000$시간이다.

- 재해 발생건수는 3건이므로 도수율은 $\dfrac{3}{1,500,000} \times 1,000,000 = 2$이다.

04 산업안전보건법에서 관리대상 유해물질을 취급하는 작업장의 보기 쉬운 장소에 사업주가 게시해야 할 사항 5가지를 쓰시오.(5점)　　　　　　　　　　　　　　　　　　　　　　　　　[기사0603/기사1603/기사2004]

① 관리대상 유해물질의 명칭　　　　　　② 인체에 미치는 영향
③ 취급상 주의사항　　　　　　　　　　　④ 착용하여야 할 보호구
⑤ 응급조치와 긴급 방재 요령

05 보기 중에서 인간과오 불안전 분석가능 도구를 고르시오.(3점)　　　　　　　[기사1203/기사2004]

| ① FTA | ② ETA | ③ HAZOP | ④ THERP |
| ⑤ CA | ⑥ FMEA | ⑦ PHA | ⑧ MORT |

- ①, ②, ④

06 다음에 해당하는 방폭구조의 기호를 쓰시오.(5점)　　　　[기사0803/기사1001/산기1003/산기1902/기사2004]

| ① 내압방폭구조 | ② 충전방폭구조 | ③ 본질안전방폭구조 |
| ④ 몰드방폭구조 | ⑤ 비점화방폭구조 | |

① d　　　　　　　　　② q　　　　　　　　③ ia, ib
④ m　　　　　　　　　⑤ n

07 A 사업장의 근무 및 재해 발생 현황이 다음과 같을 때, 이 사업장의 강도율을 구하시오.(3점)

[기사2004]

- 상시근로자수 : 400명
- 연간 재해자수 : 20명
- 총근로손실일수 : 100일
- 근로시간 : 1일 8시간, 연간 250일 근무

- 연간총근로시간 = 8 × 250 × 400 = 800,000시간이다.
- 연간 재해자의 수는 강도율에서는 고려할 필요가 없으며, 근로손실일수는 100일이므로

  강도율 $= \dfrac{100}{800,000} \times 1,000 = 0.125$ 가 된다.

- 소수점 셋째자리에서 반올림해서 둘째자리까지 구해야 하므로 0.13이 된다.

08 산업안전보건법령상 사업 내 안전·보건교육에 있어 500명의 사업장에 30명 채용 시의 교육내용을 4가지 쓰시오.(4점)

[기사0602/기사1502/기사2004/기사2101]

① 산업안전 및 사고 예방에 관한 사항
② 산업보건 및 직업병 예방에 관한 사항
③ 위험성 평가에 관한 사항
④ 산업안전보건법령 및 산업재해보상보험 제도에 관한 사항
⑤ 직무 스트레스 예방 및 관리에 관한 사항
⑥ 직장 내 괴롭힘, 고객의 폭언 등으로 인한 건강장해 예방 및 관리에 관한 사항
⑦ 기계·기구의 위험성과 작업의 순서 및 동선에 관한 사항
⑧ 작업 개시 전 점검에 관한 사항
⑨ 정리정돈 및 청소에 관한 사항
⑩ 사고 발생 시 긴급조치에 관한 사항
⑪ 물질안전보건자료에 관한 사항

▲ 해당 답안 중 4가지 선택 기재

09 타워크레인을 설치·조립·해체하는 작업 시 작업계획서의 내용 4가지를 쓰시오.(4점)

[기사1401/기사2004/기사2201]

① 타워크레인의 종류 및 형식
② 설치·조립 및 해체순서
③ 작업도구·장비·가설설비 및 방호설비
④ 지지 방법
⑤ 작업인원의 구성 및 작업근로자의 역할 범위

▲ 해당 답안 중 4가지 선택 기재

10 다음 FT도에서 컷 셋(Cut set)을 모두 구하시오.(3점)

[기사0703/기사1303/기사2004]

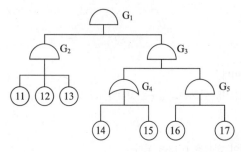

- $G_1 = G_2 \cdot G_3 = G_2 \cdot (G_4 \cdot G_5)$이다.
- $G_2 = ⑪ \cdot ⑫ \cdot ⑬$이고, $G_4 = ⑭ + ⑮$이며, $G_5 = ⑯ \cdot ⑰$이다.
- ∴ $G_1 = (⑪ \cdot ⑫ \cdot ⑬) \cdot (⑭ + ⑮) \cdot (⑯ \cdot ⑰)$이다.
  이는 ⑪ · ⑫ · ⑬ · ⑭ · ⑯ · ⑰
  $+ ⑪ · ⑫ · ⑬ · ⑮ · ⑯ · ⑰$가 된다.
- 컷 셋은 {⑪,⑫,⑬,⑭,⑯,⑰}, {⑪,⑫,⑬,⑮,⑯,⑰}이다.

11 산업안전보건법에 따라 이상상태로 인한 압력상승으로 당해설비의 최고 사용압력을 구조적으로 초과할 우려가 있는 화학설비 및 그 부속설비에 안전밸브 또는 파열판을 설치하여야 한다. 이 때 반드시 파열판을 설치해야 하는 경우 3가지를 쓰시오.(6점)　　　　　[기사1003/산기1702/기사1703/기사2001/기사2004/기사2301]

① 반응 폭주 등 급격한 압력 상승 우려가 있는 경우
② 급성 독성물질의 누출로 인하여 주위의 작업환경을 오염시킬 우려가 있는 경우
③ 운전 중 안전밸브에 이상 물질이 누적되어 안전밸브가 작동되지 아니할 우려가 있는 경우

12 작업발판 일체형 거푸집 종류 4가지를 쓰시오.(4점)　　　　　[산기1203/기사1301/산기1602/산기2002/기사2004]

① 갱 폼　　　　　　　　　　　② 슬립 폼
③ 클라이밍 폼　　　　　　　　④ 터널 라이닝 폼

13 다음은 아세틸렌 용접장치의 관리에 대한 설명이다. (　) 안을 채우시오.(5점)　　　　　[기사2004]

> 가) 발생기(이동식 아세틸렌 용접장치의 발생기는 제외한다)의 (　①　), (　②　), (　③　), 매 시 평균 가스발생량 및 1회 카바이드 공급량을 발생기실 내의 보기 쉬운 장소에 게시할 것
> 나) 발생기실에는 관계 근로자가 아닌 사람이 출입하는 것을 금지할 것
> 다) 발생기에서 (　④　) 이내 또는 발생기실에서 (　⑤　) 이내의 장소에서는 흡연, 화기의 사용 또는 불꽃이 발생할 위험한 행위를 금지시킬 것

① 종류　　　　　　　　　　　② 형식
③ 제작업체명　　　　　　　　④ 5미터
⑤ 3미터

14 정전기에 의한 화재 또는 폭발 등의 위험이 발생할 우려가 있는 경우에 사용하는 정전기 방지 대책 5가지를 쓰시오.(4점)　　　　　[기사0501/기사1103/기사1201/기사1702/기사1803/기사1901/기사2004]

① 접지　　　　　　　　　　　② 도전성 재료의 사용
③ 가습　　　　　　　　　　　④ 제전기의 사용
⑤ 대전 방지제의 사용

01 산업안전보건법에서 관리감독자 정기안전·보건교육의 내용을 4가지 쓰시오.(단, 그 밖의 관리감독자의 직무에 관한 사항은 생략할 것)(4점) [기사0902/기사1001/기사1603/기사1801/기사2003]

① 산업안전 및 사고 예방에 관한 사항 ② 산업보건 및 직업병 예방에 관한 사항

③ 위험성평가에 관한 사항 ④ 유해·위험 작업환경 관리에 관한 사항

⑤ 산업안전보건법령 및 산업재해보상보험 제도에 관한 사항

⑥ 직무 스트레스 예방 및 관리에 관한 사항

⑦ 직장 내 괴롭힘, 고객의 폭언 등으로 인한 건강장해 예방 및 관리에 관한 사항

⑧ 작업공정의 유해·위험과 재해 예방대책에 관한 사항

⑨ 사업장 내 안전보건관리체제 및 안전·보건조치 현황에 관한 사항

⑩ 표준안전작업방법 및 지도 요령에 관한 사항

⑪ 현장근로자와의 의사소통능력 및 강의능력 등 안전보건교육 능력 배양에 관한 사항

⑫ 비상시 또는 재해 발생 시 긴급조치에 관한 사항

▲ 해당 답안 중 4가지 선택 기재

02 아세틸렌 용접장치의 안전기 설치위치에 대하여 빈칸에 알맞은 답을 쓰시오.(3점) [기사0502/기사1202/기사1702/기사1802/기사2003/기사2201]

가) 사업주는 아세틸렌 용접장치의 (①)마다 안전기를 설치하여야 한다. 다만, 주관 및 취관에 가장 가까운 (②)마다 안전기를 부착한 경우에는 그러하지 아니한다.

나) 사업주는 가스용기가 (③)와 분리되어 있는 아세틸렌 용접장치에 대하여 (③)와 가스 용기 사이에 안전기를 설치하여야 한다.

① 취관　　　　　　　　② 분기관　　　　　　　　③ 발생기

03 다음은 연삭숫돌에 관한 내용이다. 빈칸을 채우시오.(4점) [기사0802/기사1303/기사2002/기사2003]

사업주는 연삭숫돌을 사용하는 작업의 경우 작업을 시작하기 전에는 (①) 이상, 연삭숫돌을 교체한 후에는 (②) 이상 시험운전을 하고 해당 기계에 이상이 있는지를 확인하여야 한다.

① 1분　　　　　　　　② 3분

04 소음이 심한 기계로부터 20[m] 떨어진 곳에서 100[dB]라면 동일한 기계에서 200[m] 떨어진 곳의 음압수준은 얼마인가?(4점)　　　　[기사1802/기사2003]

- 소음원으로부터 P_1만큼 떨어진 위치에서 음압수준이 dB_1일 경우 P_2만큼 떨어진 위치에서의 음압수준은 $dB_2 = dB_1 - 20\log\left(\dfrac{P_2}{P_1}\right)$로 구한다.

- $dB_2 = dB_1 - 20\log\left(\dfrac{P_2}{P_1}\right)$에서 $dB_1 = 100$, $P_1 = 20$, $P_2 = 200$를 대입하면 $dB_2 = 100 - 20\log\left(\dfrac{200}{20}\right)$이다. $\log 10 = 1$이므로 100−20 = 80[dB]이다.

05 산업안전보건기준에 관한 규칙에서 사업주가 화학설비 또는 그 부속설비의 용도를 변경하는 경우(사용하는 원재료의 종류를 변경하는 경우를 포함) 해당 설비의 점검사항을 3가지 쓰시오.(6점)　　　[기사1702/기사2003]

① 그 설비 내부에 폭발이나 화재의 우려가 있는 물질이 있는지 여부
② 안전밸브·긴급차단장치 및 그 밖의 방호장치 기능의 이상 유무
③ 냉각장치·가열장치·교반장치·압축장치·계측장치 및 제어장치 기능의 이상 유무

06 내전압용 절연장갑의 성능기준에 있어 각 등급에 대한 최대사용전압을 쓰시오.(4점)

[기사0801/기사0903/기사1503/기사2003]

등급	최대사용전압		색상
	교류(V, 실횻값)	직류(V)	
00	500	①	갈색
0	②	1500	빨간색
1	7500	11250	흰색
2	17000	25500	노란색
3	26500	39750	녹색
4	③	④	등색

① 750　　　　② 1,000　　　　③ 36,000　　　　④ 54,000

07 보일링 현상 방지대책을 3가지 쓰시오.(3점)　　[기사0602/기사0701/기사1003/기사1302/기사1401/기사1901/기사2003]

① 굴착배면의 지하수위를 낮춘다.
② 토류벽의 근입 깊이를 깊게 한다.
③ 토류벽 선단에 코어 및 필터층을 설치한다.
④ 투수거리를 길게 하기 위한 지수벽을 설치한다.

▲ 해당 답안 중 3가지 선택 기재

08 다음 FT도의 미니멀 컷 셋을 구하시오.(5점) [기사0802/기사1701/기사2003]

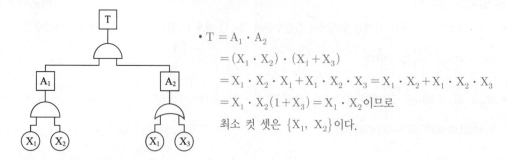

- $T = A_1 \cdot A_2$

  $= (X_1 \cdot X_2) \cdot (X_1 + X_3)$

  $= X_1 \cdot X_2 \cdot X_1 + X_1 \cdot X_2 \cdot X_3 = X_1 \cdot X_2 + X_1 \cdot X_2 \cdot X_3$

  $= X_1 \cdot X_2 (1 + X_3) = X_1 \cdot X_2$이므로

  최소 컷 셋은 $\{X_1, X_2\}$이다.

09 Fool proof 기계 · 기구를 3가지 쓰시오.(3점) [기사2003]

① 가드(Guard) ② 인터록(Interlock)
③ 크레인의 권과방지장치 ④ 안전블록

  ▲ 해당 답안 중 3가지 선택 기재

10 프레스 등을 사용하여 작업할 때 작업 시작 전 점검사항을 2가지 쓰시오.(4점) [기사2003]

① 클러치 및 브레이크의 기능
② 방호장치의 기능
③ 크랭크축 · 플라이휠 · 슬라이드 · 연결봉 및 연결 나사의 풀림 여부
④ 1행정 1정지기구 · 급정지장치 및 비상정지장치의 기능
⑤ 슬라이드 또는 칼날에 의한 위험방지 기구의 기능
⑥ 프레스의 금형 및 고정볼트 상태
⑦ 전단기(剪斷機)의 칼날 및 테이블의 상태

  ▲ 해당 답안 중 2가지 선택 기재

11 방호조치를 하지 아니하고는 양도, 대여, 설치 또는 사용에 제공하거나, 양도 · 대여의 목적으로 진열해서는 안 되는 기계 · 기구 4가지를 쓰시오.(4점) [산기0903/산기1203/산기1503/기사1602/기사1801/기사2003/기사2201/기사2302]

① 예초기 ② 원심기
③ 공기압축기 ④ 지게차
⑤ 금속절단기 ⑥ 포장기계(진공포장기, 래핑기로 한정)

  ▲ 해당 답안 중 4가지 선택 기재

12 누전에 의한 감전위험을 방지하기 위하여 해당 전로의 정격에 적합하고 감도가 양호하며 확실하게 작동하는 감전방지용 누전차단기를 설치하는 상황을 3가지 쓰시오.(3점) [산기2002/기사2003/산기2102/기사2302]

① 대지전압이 150볼트를 초과하는 이동형 또는 휴대형 전기기계·기구
② 물 등 도전성이 높은 액체가 있는 습윤장소에서 사용하는 저압용 전기기계·기구
③ 철판·철골 위 등 도전성이 높은 장소에서 사용하는 이동형 또는 휴대형 전기기계·기구
④ 임시배선의 전로가 설치되는 장소에서 사용하는 이동형 또는 휴대형 전기기계·기구

▲ 해당 답안 중 3가지 선택 기재

13 건물 해체작업 시 작업계획에 포함될 사항을 4가지 쓰시오.(4점) [기사0901/기사1701/기사2003]

① 해체의 방법 및 해체 순서도면
② 가설설비·방호설비·환기설비 및 살수·방화설비 등의 방법
③ 사업장 내 연락방법
④ 해체물의 처분계획
⑤ 해체작업용 기계·기구 등의 작업계획서
⑥ 해체작업용 화약류 등의 사용계획서

▲ 해당 답안 중 4가지 선택 기재

14 A 사업장의 근무 및 재해 발생현황이 다음과 같을 때, 이 사업장의 종합재해지수를 구하시오.(4점) [기사1102/기사1701/기사2003/기사2301]

- 평균 근로자수 : 400명
- 연간 재해 발생건수 : 80건
- 재해자수 : 100명
- 근로손실일수 : 800일
- 근로시간 : 1일 8시간, 연간 280일 근무

- 연간총근로시간 = 8 × 280 × 400 = 896,000시간이다. 종합재해지수를 구하기 위해서는 강도율과 도수율을 구해야 한다.

① 도수율 = $\dfrac{80}{896000} \times 10^6 = 89.2857 \simeq 89.29$ 이다.

② 강도율 = $\dfrac{800}{896000} \times 1000 = 0.8928 \simeq 0.89$ 이다.

③ 종합재해지수 = $\sqrt{89.29 \times 0.89} = \sqrt{79.4681} = 8.9144 \simeq 8.91$ 이다.

01 자율검사프로그램의 인정을 취소하거나 인정받은 자율검사프로그램의 내용에 따라 검사를 하도록 개선을 명할 수 있는 경우 2가지를 쓰시오.(단, 거짓이나 그 밖의 부정한 방법으로 자율검사프로그램을 인정받은 경우는 제외)(4점) [기사1102/기사1503/기사2002]

① 자율검사프로그램을 인정받고도 검사를 하지 아니한 경우
② 인정받은 자율검사프로그램의 내용에 따라 검사를 하지 아니한 경우
③ 산업안전보건법이 정한 사람 또는 자율안전검사기관이 검사를 하지 아니한 경우

▲ 해당 답안 중 2가지 선택 기재

02 연평균 상시근로자 1,500명을 두고 있는 A 공장에서 1년간 60건의 재해가 발생하여 사망자 2명, 근로손실일수는 1,200일이 발생하였다. 연천인율은 얼마인가?(4점) [기사0503/기사2002]

• 연천인율은 근로자 1,000명당 발생한 재해자수이다. 문제에서는 재해의 건수만 주어지고 재해자가 주어지지 않았으므로 재해의 건수를 재해자 수로 취급한다.(사망자의 수는 재해자의 수 안에 포함되며, 근로손실일수는 수험생의 혼란을 유도하기 위해 넣어둔 것이다. 무시한다)

• 연천인율 = $\dfrac{60}{1,500} \times 1,000 = 40$이 된다.

03 접지공사의 종류에 따른 접지도체의 최소 단면적을 쓰시오.(단, 접지선의 굵기는 연동선의 직경을 기준으로 한다)(4점) [기사1002/기사1302/기사1503/기사2002]

분류		접지선의 최소 단면적
특고압·고압 전기설비용 접지도체		①
중성점 접지용 접지도체		②
이동하여 사용하는 전기기계·기구	특고압·고압·중성점 접지용 접지도체	③
	저압 전기설비용 접지도체	④

① 6mm^2
② 16mm^2
③ 10mm^2
④ 0.75mm^2

04 낙하물방지망에 관한 내용이다. 빈칸을 채우시오.(4점) [기사1702/기사2002]

> • 높이 (①)미터 이내마다 설치하고, 내민 길이는 벽면으로부터 (②)미터 이상으로 할 것
> • 수평면과의 각도는 (③)도 이상 (④)도 이하를 유지하도록 할 것

① 10   ② 2

③ 20   ④ 30

05 근로자가 작업장 통로를 지나다가 바닥의 기름에 미끄러지면서 선반에 머리를 부딪치는 재해를 당하였다. 사고유형, 기인물, 가해물을 쓰시오.(3점) [기사2002/산기2003]

① 사고유형 : 충돌(부딪힘)   ② 기인물 : 기름

③ 가해물 : 선반

06 안전관리자를 정수 이상으로 증원·교체 임명할 수 있는 사유 3가지를 쓰시오.(3점)(단, 해당 사업장의 전년도 사망만인율이 같은 업종의 평균 사망만인율을 초과한 경우이며, 화학적 인자로 인한 직업성 질병자는 제외한다) [기사0603/기사1703/기사2002/기사2303]

① 해당 사업장의 연간재해율이 같은 업종의 평균재해율의 2배 이상인 경우

② 중대재해가 연간 2건 이상 발생한 경우

③ 관리자가 질병이나 그 밖의 사유로 3개월 이상 직무를 수행할 수 없게 된 경우

07 다음 FT도에서 컷 셋(cut set)을 모두 구하시오.(5점) [기사0702/기사1001/기사1601/기사2002]

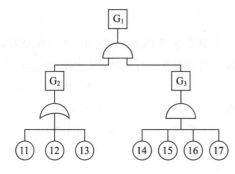

- $G_1 = G_2 \cdot G_3 = (⑪ + ⑫ + ⑬) \cdot (⑭ \cdot ⑮ \cdot ⑯ \cdot ⑰)$
  $= \{⑪,⑭,⑮,⑯,⑰\}, \{⑫,⑭,⑮,⑯,⑰\}, \{⑬,⑭,⑮,⑯,⑰\}$
- 컷 셋은 $\{⑪,⑭,⑮,⑯,⑰\}$와 $\{⑫,⑭,⑮,⑯,⑰\}$ 그리고 $\{⑬,⑭,⑮,⑯,⑰\}$이다.

08 차광보안경의 주목적 3가지를 쓰시오.(4점) [기사2002]

① 자외선으로부터 눈을 보호

② 적외선으로부터 눈을 보호

③ 가시광선으로부터 눈을 보호

09 광전자식 프레스 방호장치 급정지시간이 200[ms]일 때 급정지거리를 구하시오.(4점)

[기사0902/산기1401/기사1601/기사2002]

- 급정지거리(안전거리) = 1.6 × 급정지시간이므로 = 1.6 × 200 = 320[mm]이다.

10 타워크레인의 작업 중지에 관한 내용이다. 빈칸을 채우시오.(4점) [기사1102/기사1702/기사2002]

- 운전작업을 중지하여야 하는 순간풍속은 (①)m/s
- 설치 · 수리 · 점검 또는 해체 작업을 중지하여야 하는 순간풍속은 (②)m/s

① 15 ② 10

11 다음 안전보건교육관련 교육대상의 교육시간에서 빈칸을 채우시오.(4점) [기사0901/기사1201/기사2002]

교육대상	교육시간	
	신규	보수
안전보건관리책임자	①	②
안전관리자	③	24시간 이상
건설재해예방전문지도기관 종사자		④

① 6시간 이상 ② 6시간 이상

③ 34시간 이상 ④ 24시간 이상

12 가스폭발 위험장소 또는 분진폭발 위험장소에 설치되는 건축물 등에 대해서 해당하는 부분을 내화구조로 하여야 하며, 그 성능이 항상 유지될 수 있도록 점검 · 보수 등 적절한 조치를 하여야 한다. 해당하는 부분을 2가지 쓰시오.(4점) [산기1502/기사1703/기사2002]

① 건축물의 기둥 및 보: 지상 1층(지상 1층의 높이가 6미터를 초과하는 경우에는 6미터)까지

② 배관 · 전선관 등의 지지대: 지상으로부터 1단(1단의 높이가 6미터를 초과하는 경우 6미터)까지

③ 위험물 저장 · 취급 용기의 지지대(높이가 30센티미터 이하 제외)는 지상으로부터 지지대의 끝부분까지

▲ 해당 답안 중 2가지 선택 기재

13 다음은 연삭숫돌에 관한 내용이다. 빈칸을 채우시오.(4점) [기사0802/기사1303/기사2002/기사2003]

사업주는 연삭숫돌을 사용하는 작업의 경우 작업을 시작하기 전에는 (①) 이상, 연삭숫돌을 교체한 후에는 (②) 이상 시험운전을 하고 해당 기계에 이상이 있는지를 확인하여야 한다.

① 1분   ② 3분

14 양립성을 2가지 쓰고 사례를 들어 설명하시오.(4점) [기사1202/기사1402/기사2002/기사2102]

① 공간(Spatial)양립성 : 표시장치와 이에 대응하는 조종장치의 위치가 인간의 기대에 모순되지 않는 것
② 운동(Movement)양립성 : 조종장치의 조작방향에 따라서 기계장치나 자동차 등이 움직이는 것
③ 개념(Conceptual)양립성 : 인간이 가지는 개념과 일치하게 하는 것으로 적색 수도꼭지는 온수, 청색 수도꼭지는 냉수를 의미하는 것
④ 양식(Modality)양립성 : 문화적 관습에 의해 생기는 양립성 혹은 직무에 관련된 자극과 이에 대한 응답 등으로 청각적 자극 제시와 이에 대한 음성응답 과업에서 갖는 양립성

▲ 해당 답안 중 2가지 선택 기재

01 비, 눈, 그 밖의 기상상태의 악화로 작업을 중지시킨 후 또는 비계를 조립·해체하거나 변경한 후에 그 비계에서 작업을 하는 경우에는 해당 작업을 시작하기 전 점검항목을 구체적으로 3가지 쓰시오.(3점)

[기사0502/기사1003/기사1201/기사1203/기사1302/기사1303/산기1402/기사1602/산기1801/기사2001/산기2004/기사2202/기사2301]

① 발판 재료의 손상여부 및 부착 또는 걸림 상태
② 해당 비계의 연결부 또는 접속부의 풀림 상태
③ 연결재료 및 연결철물의 손상 또는 부식 상태
④ 손잡이의 탈락 여부
⑤ 기둥의 침하, 변형, 변위(變位) 또는 흔들림 상태
⑥ 로프의 부착 상태 및 매단 장치의 흔들림 상태

▲ 해당 답안 중 3가지 선택 기재

02 고용노동부령이 정하는 바에 따라 유해위험방지계획서 제출해야 하는 대상사업의 종류 3가지를 쓰시오. (3점)

[기사2001]

① 금속가공제품 제조업(기계 및 가구 제외) ② 비금속 광물제품 제조업
③ 기타 기계 및 장비 제조업 ④ 자동차 및 트레일러 제조업
⑤ 식료품 제조업 ⑥ 고무제품 및 플라스틱제품 제조업
⑦ 목재 및 나무제품 제조업 ⑧ 기타 제품 제조업
⑨ 1차 금속 제조업 ⑩ 가구 제조업
⑪ 화학물질 및 화학제품 제조업 ⑫ 반도체 제조업
⑬ 전자부품 제조업

▲ 해당 답안 중 3가지 선택 기재

03 산업안전보건법상 사업장의 안전 및 보건을 유지하기 위하여 안전보건관리규정에 포함되어야 할 사항을 4가지 쓰시오.(단, 그 밖에 안전 및 보건에 관한 사항은 제외한다)(4점)

[기사1002/산기1502/기사1702/기사2001/기사2302]

① 안전 및 보건에 관한 관리조직과 그 직무에 관한 사항
② 안전보건교육에 관한 사항
③ 작업장의 안전 및 보건 관리에 관한 사항
④ 사고 조사 및 대책 수립에 관한 사항

04 로봇작업에 대한 특별안전보건교육을 실시할 때 교육내용 4가지를 쓰시오.(4점) [기사1501/기사2001/기사2302]

① 로봇의 기본원리 · 구조 및 작업방법에 관한 사항

② 이상 발생 시 응급조치에 관한 사항

③ 안전시설 및 안전기준에 관한 사항

④ 조작방법 및 작업순서에 관한 사항

05 산업안전보건법에 따라 이상상태로 인한 압력상승으로 당해설비의 최고 사용압력을 구조적으로 초과할 우려가 있는 화학설비 및 그 부속설비에 안전밸브 또는 파열판을 설치하여야 한다. 이 때 반드시 파열판을 설치해야 하는 경우 3가지를 쓰시오.(6점) [기사1003/산기1702/기사1703/기사2001/기사2004/기사2301]

① 반응 폭주 등 급격한 압력 상승 우려가 있는 경우

② 급성 독성물질의 누출로 인하여 주위의 작업환경을 오염시킬 우려가 있는 경우

③ 운전 중 안전밸브에 이상 물질이 누적되어 안전밸브가 작동되지 아니할 우려가 있는 경우

06 다음은 작업과정에 걸쳐 위험성의 여부를 사전에 평가하는 안전성 평가단계를 구분했다. 보기의 단계를 순서대로 나열하시오.(4점) [산기0601/산기1002/기사1303/산기1702/기사1703/기사2001/산기2002]

① 자료의 정리	② 정성적 평가	③ FTA재평가
④ 정량적 평가	⑤ 재평가	⑥ 안전대책 수립

• ① → ② → ④ → ⑥ → ⑤ → ③

07 중량물의 취급작업 시 작성하는 작업계획서의 내용을 3가지 쓰시오.(3점) [기사0703/기사1002/기사2001]

① 추락위험을 예방할 수 있는 안전대책

② 낙하위험을 예방할 수 있는 안전대책

③ 전도위험을 예방할 수 있는 안전대책

④ 협착위험을 예방할 수 있는 안전대책

⑤ 붕괴위험을 예방할 수 있는 안전대책

▲ 해당 답안 중 3가지 선택 기재

08 롤러기의 급정지장치를 작동시켰을 경우에 앞면 롤러의 표면속도에 따른 급정지거리를 쓰시오.(4점)

[기사1102/기사1703/기사2001]

① 앞면 롤러의 표면속도가 30m/min 미만일 때 - 앞면 롤러 원주의 1/3 이내
② 앞면 롤러의 표면속도가 30m/min 이상일 때 - 앞면 롤러 원주의 1/2.5 이내

09 달기 체인의 사용금지 조건을 3가지 쓰시오.(6점)

[산기1102/산기1402/기사1701/산기1703/기사2001/산기2002]

① 달기 체인의 길이가 달기 체인이 제조된 때의 길이의 5퍼센트를 초과한 것
② 링의 단면지름이 달기 체인이 제조된 때의 해당 링의 지름의 10퍼센트를 초과하여 감소한 것
③ 균열이 있거나 심하게 변형된 것

10 아세틸렌 용접장치에 대한 설명이다. 다음 빈칸을 채우시오.(3점)

[기사2001]

> 사업주는 아세틸렌 용접장치의 아세틸렌 발생기를 설치하는 경우에는 전용의 발생기실에 설치하여야 한다.
> 이때 발생기실은 건물의 (①)에 위치하여야 하며, 화기를 사용하는 설비로부터 (②)를 초과하는 장소에
> 설치하여야 한다. 발생기실을 옥외에 설치한 경우에는 그 개구부를 다른 건축물로부터 (③) 이상 떨어지도록
> 하여야 한다.

① 최상층   ② 3m   ③ 1.5m

11 강도율이라 함은 근로시간 (①)시간당 재해로 인해 발생하는 (②)를 말한다. ①, ②에 알맞은 말을 쓰시오.
(4점)

[기사2001]

① 1,000   ② 근로손실일수

12 산업안전보건기준에 관한 규칙에서 누전에 의한 감전의 위험을 방지하기 위해 접지를 실시하는 코드와
플러그를 접속하여 사용하는 전기기계·기구를 3가지 쓰시오.(3점)

[기사1603/기사2001]

① 사용전압이 대지전압 150볼트를 넘는 것
② 냉장고·세탁기·컴퓨터 및 주변기기 등과 같은 고정형 전기기계·기구
③ 고정형·이동형 또는 휴대형 전동기계·기구
④ 물 또는 도전성이 높은 곳에서 사용하는 전기기계·기구, 비접지형 콘센트
⑤ 휴대형 손전등

▲ 해당 답안 중 3가지 선택 기재

13 다음은 A 기계의 고장률과 고장확률에 대한 설명이다. 조건에 맞는 다음 물음에 답하시오.(4점)

[기사0602/기사1002/기사1302/기사2001]

- 고장건수 : 10건
- 총가동시간 : 10,000시간

가) 고장률을 구하시오.
나) 900시간 가동했을 때의 고장확률을 구하시오.

가) $10/10,000 = 0.001$

나) 신뢰도는 $e^{-\lambda t} = e^{-0.001 \times 900} = 0.41$ 이다. 따라서 고장확률은 $1-0.41 = 0.59$이다.

14 작업장에서 출입을 통제하여야 할 곳에 설치하는 "출입금지표지"를 그리고, 표지판의 색과 도형의 색을 쓰시오.(4점)

[기사0702/기사1402/산기1803/기사2001]

① 바탕 : 흰색
② 도형 : 빨간색
③ 화살표 : 검정색

01 산업안전보건법상 안전인증대상 기계·기구 및 방호장치, 보호구에 해당하는 것을 보기에서 4가지 골라 번호를 쓰시오.(4점) [기사1003/기사1403/기사1603/기사1903]

> ① 방독마스크   ② 산업용 로봇   ③ 윤전기   ④ 안전매트   ⑤ 압력용기
> ⑥ 보일러 안전밸브   ⑦ 동력식 수동대패   ⑧ 이동식 사다리   ⑨ 지게차   ⑩ 용접용 보안면

① 방독마스크(보호구)   ⑤ 압력용기(기계·기구)
⑥ 보일러 안전밸브(방호장치)   ⑩ 용접용 보안면(보호구)

02 유해·위험방지를 위하여 필요한 조치를 하여야 할 기계·기구·설비의 종류 5가지를 쓰시오.(5점)

[기사1903]

① 이동식 크레인   ② 타워크레인   ③ 불도저
④ 로더   ⑤ 스크레이퍼   ⑥ 모터그레이더
⑦ 파워셔블   ⑧ 드래그라인   ⑨ 크램쉘
⑩ 항타기   ⑪ 항발기   ⑫ 리프트
⑬ 지게차   ⑭ 롤러기   ⑮ 콘크리트펌프

▲ 해당 답안 중 5가지 선택 기재

03 산업안전보건법상 사업 내 안전·보건교육에 있어 근로자 정기안전·보건교육의 내용을 4가지 쓰시오. (단, 그 밖에 안전 및 보건에 관한 사항은 제외한다)(4점) [산기0901/기사1903/산기2002/기사2203]

① 산업안전 및 사고 예방에 관한 사항
② 산업보건 및 직업병 예방에 관한 사항
③ 위험성 평가에 관한 사항
④ 산업안전보건법령 및 산업재해보상보험 제도에 관한 사항
⑤ 직무스트레스 예방 및 관리에 관한 사항
⑥ 직장 내 괴롭힘, 고객의 폭언 등으로 인한 건강장해 예방 및 관리에 관한 사항
⑦ 유해·위험 작업환경 관리에 관한 사항
⑧ 건강증진 및 질병 예방에 관한 사항

▲ 해당 답안 중 4가지 선택 기재
  ※ ①~⑥은 근로자 및 관리감독자 정기교육, 채용 시 및 작업내용 변경 시 교육의 공통내용임

04 동력식 수동대패의 방호장치의 명칭과 그 종류를 2가지 쓰시오.(5점)　　[기사1903]

　　가) 명칭 : 칼날접촉방지장치(덮개)
　　나) 종류 : ① 가동식　　② 고정식

05 산업안전보건위원회의 근로자위원의 자격 3가지를 쓰시오.(3점)　　[기사1102/기사1903/기사2302]

　　① 근로자 대표
　　② 근로자 대표가 지명하는 1명 이상의 명예산업안전감독관
　　③ 근로자 대표가 지명하는 9명 이내의 해당 사업장의 근로자

06 가죽제 안전화의 완성품에 대한 시험성능 기준을 4가지 쓰시오.(4점)　　[기사0501/산기1501/기사1903]

　　① 내압박성　　　　　　　　　　② 내답발성
　　③ 내충격성　　　　　　　　　　④ 박리저항

07 인간-기계 시스템에서의 절차와 관련된 그림이다. 빈칸을 채우시오.(3점)　　[기사1903]

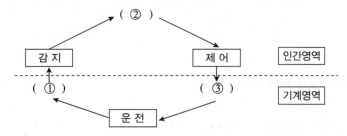

　　① 출력
　　② 정보처리 및 의사결정
　　③ 입력

08 공정안전보고서 이행상태의 평가에 관한 내용이다. 다음 (　)를 채우시오.(4점)　　[기사1401/기사1903]

　　가) 고용노동부장관은 공정안전보고서의 확인 후 1년이 경과한 날부터 (　①　)년 이내에 공정안전보고서 이행상태
　　　　의 평가를 하여야 한다.
　　나) 사업주가 이행평가에 대한 추가요청을 하면 (　②　) 기간 내에 이행평가를 할 수 있다.

　　① 2　　　　　　　　　　　　② 1년 또는 2년의

09 인간-기계 시스템에서 제어의 정도에 따른 분류 3단계를 쓰고 설명하시오.(5점) [기사1903]

① 수동체계 : 인간의 힘을 동력원으로 활용하여 수공구를 사용하는 시스템 형태
② 기계화체계 : 반자동 체계로 운전자의 조종에 의해 기계를 통제하는 융통성이 없는 시스템 형태
③ 자동화체계 : 인간은 작업계획의 수립, 모니터를 통한 작업 상황 감시, 프로그래밍, 설비보전의 역할을 수행하고 체계(System)가 감지, 정보보관, 정보처리 및 의사결정, 행동을 포함한 모든 임무를 수행하는 체계

10 양중기에서 사용하는 와이어로프의 사용금지 기준 3가지를 쓰시오.(3점)

[산기0302/산기0801/산기1403/기사1503/기사1601/기사1602/산기1701/기사1803/기사1903/산기2103]

① 이음매가 있는 것
② 와이어로프의 한 꼬임에서 끊어진 소선의 수가 10퍼센트 이상인 것
③ 지름의 감소가 공칭지름의 7퍼센트를 초과하는 것
④ 꼬인 것
⑤ 심하게 변형되거나 부식된 것
⑥ 열과 전기충격에 의해 손상된 것

▲ 해당 답안 중 3가지 선택 기재

11 재해조사 시 유의사항 4가지를 쓰시오.(4점) [기사1903]

① 피해자에 대한 구급조치를 최우선으로 한다.
② 가급적 재해 현장이 변형되지 않은 상태에서 실시한다.
③ 사실 이외의 추측되는 말은 참고용으로만 활용한다.
④ 사람, 기계설비 양면의 재해요인을 모두 도출한다.

12 흙막이 지보공을 설치하였을 때 정기적으로 점검하고 이상을 발견하면 즉시 보수하여야 사항 3가지를 쓰시오.(3점) [산기1702/기사1903]

① 부재의 손상·변형·부식·변위 및 탈락의 유무와 상태
② 버팀대의 긴압의 정도
③ 부재의 접속부·부착부 및 교차부의 상태
④ 침하의 정도

▲ 해당 답안 중 3가지 선택 기재

13 안전인증 제품에 안전인증 표시 외에 표시해야할 사항 4가지를 쓰시오.(4점)

[기사0902/산기1001/산기1902/기사1903]

① 형식 또는 모델명
② 규격 또는 등급 등
③ 제조자명
④ 제조번호 및 제조연월
⑤ 안전인증 번호

▲ 해당 답안 중 4가지 선택 기재

14 산업안전보건법상 안전보건총괄책임자의 직무를 4가지 쓰시오.(4점)　　[기사1202/기사1901/기사1903]

① 위험성 평가의 실시에 관한 사항
② 작업의 중지
③ 도급 시 산업재해 예방조치
④ 산업안전보건관리비의 관계수급인 간의 사용에 관한 협의·조정 및 그 집행의 감독
⑤ 안전인증대상 기계 등과 자율안전확인대상 기계 등의 사용 여부 확인

▲ 해당 답안 중 4가지 선택 기재

01 산업안전보건법에서의 중대재해에 대해 3가지로 정의하시오.(3점) [산기0602/산기1503/기사1802/기사1902]

① 사망자가 1명 이상 발생한 재해
② 3개월 이상의 요양이 필요한 부상자가 동시에 2명 이상 발생한 재해
③ 부상자 또는 직업성 질병자가 동시에 10명 이상 발생한 재해

02 다음 보기의 안전관리자 최소인원을 쓰시오.(4점) [기사1203/기사1902]

| ① 펄프 제조업 - 상시근로자 600명 | ② 고무제품 제조업 - 상시근로자 300명 |
| ③ 우편·통신업 - 상시근로자 500명 | ④ 건설업 - 공사금액 500억 |

① 2명 　　　② 1명 　　　③ 1명 　　　④ 1명

03 산업안전보건법상 이동식크레인의 방호장치 3가지를 쓰시오.(6점) [기사1902]

① 과부하방지장치
② 권과방지장치
③ 비상정지장치 및 제동장치

04 위험예지훈련 기초 4라운드 기법의 진행순서를 쓰시오.(3점) [산기0601/산기1003/기사1503/기사1902/산기2001]

① 1단계 : 현상파악
② 2단계 : 본질추구
③ 3단계 : 대책수립
④ 4단계 : 목표설정

05 인체 측정 시 인체측정자료의 응용 설계 3원칙을 쓰시오.(3점)　[기사0802/기사0902/기사1802/기사1902/기사2303]

① 극단치(최소치수 및 최대치수) 설계
② 조절식 설계
③ 평균치를 이용한 설계

06 A 사업장에 근로자수가 300명이고, 연간 15건의 재해 발생으로 인한 휴업일수 288일이 발생하였다. 도수율과 강도율을 구하시오.(단, 근무시간은 1일 8시간, 근무일수는 연간 280일이다)(4점)　[기사1902]

- 연간총근로시간은 $300 \times 8 \times 280 = 672,000$시간이다.
- 근로손실일수는 $288 \times \dfrac{280}{365} = 220.93$일이다.

① 도수율 $= \dfrac{15}{672,000} \times 1,000,000 = 22.32$가 된다.

② 강도율 $= \dfrac{220.93}{672,000} \times 1,000 = 0.3287 \cdots \simeq 0.33$이 된다.

07 공기압축기를 가동할 때 작업 시작 전 점검사항을 4가지 쓰시오.(단, 그 밖의 연결 부위의 이상 유무는 제외할 것)(4점)　[산기0602/산기1003/기사1602/산기1703/산기1801/산기1803/기사1902]

① 공기저장 압력용기의 외관 상태
② 회전부의 덮개 또는 울
③ 압력방출장치의 기능
④ 윤활유의 상태
⑤ 드레인밸브(drain valve)의 조작 및 배수
⑥ 언로드밸브(unloading valve)의 기능

▲ 해당 답안 중 4가지 선택 기재

08 보일러의 방호장치 3가지를 쓰시오.(3점)　[기사1902]

① 압력방출장치　　　　　　　② 압력제한스위치
③ 고저수위 조절장치　　　　　④ 전기적 인터록 장치
⑤ 화염 검출기

▲ 해당 답안 중 3가지 선택 기재

09 산업안전보건기준에 의한 규칙에서 전기기계·기구를 설치하려는 경우 고려사항을 3가지 쓰시오.(6점)

[기사1902/기사2202]

① 전기기계·기구의 충분한 전기적 용량 및 기계적 강도
② 습기·분진 등 사용장소의 주위 환경
③ 전기적·기계적 방호수단의 적정성

10 안전모의 성능시험 기준항목 5가지를 쓰시오.(5점)

[기사0701/기사1902]

① 내관통성 시험   ② 충격흡수성 시험
③ 내전압성 시험   ④ 내수성 시험
⑤ 난연성 시험   ⑥ 턱끈 풀림

▲ 해당 답안 중 5가지 선택 기재

11 HAZOP 기법에 사용되는 가이드 워드에 관한 의미를 쓰시오.(4점)

[기사1202/기사1902]

① As well as	② Part of	③ Other than	④ Reverse

① 성질상의 증가
② 성질상의 감소
③ 완전한 대체
④ 설계의도의 정반대

12 화물의 하중을 직접 지지하는 달기와이어로프 또는 달기체인의 안전계수는 얼마인지 쓰시오.(3점)

[기사1902]

• 5 이상

13 LD50을 간단하게 정의하시오.(3점)

[기사1902]

• Lethal Dose 50%로 약물의 독성 치사량 단위를 말한다. 즉, 실험동물의 50%를 사망시킬 수 있는 독성물질의 양을 말한다.

14 산업안전보건법상 안전인증대상 기계 · 기구 등이 안전인증기준에 적합한지를 확인하기 위하여 안전인증기관이 심사하는 심사의 종류 4가지를 쓰시오.(4점) [기사1103/기사1202/기사1401/기사1902]

① 예비심사

② 서면심사

③ 기술능력 및 생산체계 심사

④ 제품심사

01 2[m]에서의 조도가 150[lux]일 때 3[m]에서의 조도를 구하시오.(3점) [기사0502/기사1901/기사2201]

$$조도 = 조도1 \times \left(\frac{거리1}{거리}\right)^2 = 150 \times \left(\frac{2}{3}\right)^2 = 66.666 = 66.67[lux]$$

02 특급 방진마스크 사용 장소를 2곳 쓰시오.(5점) [기사1901/기사2303]

① 베릴륨 등과 같이 독성이 강한 물질들을 함유한 분진 등 발생장소

② 석면 취급장소

03 산업안전보건법에 따라 굴착면의 높이가 2미터 이상이 되는 지반의 굴착 시 작업장의 지형 · 지반 및 지층 상태 등에 대한 사전 조사 후 작성하여야 하는 작업계획서에 포함되어야 하는 사항을 4가지 쓰시오.(단, 기타 안전보건에 관련된 사항은 제외한다)(4점) [기사1103/기사1403/기사1901]

① 굴착방법 및 순서, 토사 반출 방법

② 필요한 인원 및 장비 사용계획

③ 매설물 등에 대한 이설 · 보호대책

④ 사업장 내 연락방법 및 신호방법

⑤ 흙막이 지보공 설치방법 및 계측계획

⑥ 작업지휘자의 배치계획

▲ 해당 답안 중 4가지 선택 기재

04 사업주는 보일러의 폭발사고를 예방하기 위하여 기능이 정상적으로 작동될 수 있도록 유지 · 관리하여야 한다. 유지 · 관리하여야 하는 부속을 3가지 쓰시오.(3점) [기사1402/기사1901]

① 압력방출장치

② 압력제한스위치

③ 고저수위 조절장치

④ 화염 검출기

▲ 해당 답안 중 3가지 선택 기재

05 양립성의 종류 3가지를 쓰시오.(3점) [기사1901]

① 공간(Spatial)양립성
② 운동(Movement)양립성
③ 개념(Conceptual)양립성
④ 양식(Modality)양립성

▲ 해당 답안 중 3가지 선택 기재

06 보일링 현상 방지대책을 3가지 쓰시오.(3점) [기사0602/기사0701/기사1003/기사1302/기사1401/기사1901/기사2003]

① 굴착배면의 지하수위를 낮춘다.
② 토류벽의 근입 깊이를 깊게 한다.
③ 토류벽 선단에 코어 및 필터층을 설치한다.
④ 투수거리를 길게 하기 위한 지수벽을 설치한다.

▲ 해당 답안 중 3가지 선택 기재

07 산업안전보건법상 안전보건총괄책임자의 직무를 4가지 쓰시오.(4점) [기사1202/기사1901/기사1903]

① 위험성 평가의 실시에 관한 사항
② 작업의 중지
③ 도급 시 산업재해 예방조치
④ 산업안전보건관리비의 관계수급인 간의 사용에 관한 협의·조정 및 그 집행의 감독
⑤ 안전인증대상 기계 등과 자율안전확인대상 기계 등의 사용 여부 확인

▲ 해당 답안 중 4가지 선택 기재

08 정전기에 의한 화재 또는 폭발 등의 위험이 발생할 우려가 있는 경우에 사용하는 정전기 방지 대책 5가지를 쓰시오.(5점) [기사0501/기사1103/기사1201/기사1702/기사1803/기사1901/기사2004]

① 접지 ② 도전성 재료의 사용
③ 가습 ④ 제전기의 사용
⑤ 대전 방지제의 사용

09 산업용 로봇의 작동범위에서 해당 로봇에 대하여 교시 등의 작업을 할 경우 해당 로봇의 예기치 못한 작동 또는 오조작에 의한 위험을 방지하기 위하여 관련 지침을 정하여 그 지침에 따라 작업을 하도록 하여야 하는데, 이에 관련 지침에 포함되어야 할 사항 4가지를 쓰시오.(단, 기타 로봇의 예기치 못한 작동 또는 오동작에 의한 위험방지를 하기 위하여 필요한 조치는 제외한다)(4점) [기사1201/기사1901]

① 로봇의 조작방법 및 순서
② 작업 중의 매니퓰레이터의 속도
③ 2명 이상의 근로자에게 작업을 시킬 경우의 신호방법
④ 이상을 발견한 경우의 조치
⑤ 이상을 발견하여 로봇의 운전을 정지시킨 후 이를 재가동시킬 경우의 조치

▲ 해당 답안 중 4가지 선택 기재

10 산업안전보건법상 위험물질의 종류를 물질의 성질에 따라 5가지 쓰시오.(5점) [기사0803/기사1901]

① 인화성 가스   ② 산화성 액체 및 산화성 고체
③ 인화성 액체   ④ 부식성 물질
⑤ 급성 독성 물질   ⑥ 폭발성 물질 및 유기과산화물
⑦ 물반응성 물질 및 인화성 고체

▲ 해당 답안 중 5가지 선택 기재

11 A 사업장의 도수율이 12였고 지난 한 해 동안 12건의 재해로 인하여 15명의 재해자가 발생하였고 총 휴업일수는 146일이었다. 사업장의 강도율을 구하시오.(단, 근로자는 1일 10시간씩 연간 250일 근무하였다)(4점) [기사1003/기사1901]

- 연간총근로시간을 구하여야 강도율을 구할 수 있는데 A사업장에 근무하는 직원의 수를 알 수가 없어 연간총근로시간을 구할 수가 없다.

- 도수율과 재해건수가 주어져 있으므로 이를 통해서 연간총근로시간을 구할 수 있다. 연간총근로시간 = $\frac{연간재해건수}{도수율} \times 10^6$ 이므로 대입하면 $\frac{12}{12} \times 10^6 = 1,000,000$ 시간이다.

- 근로손실일수 대신 휴업일수가 제시되었으므로 이를 근로손실일수로 바꾸어야 한다. 근로손실일수 = 휴업일수 $\times \frac{250}{365}$ 이므로 대입하면 $146 \times \frac{250}{365} = 100$ 일이다.

- 강도율 = $\frac{100}{1,000,000} \times 1,000 = 0.1$ 이 된다.

12 기초대사량이 7,000[kg/day]이고 작업 시 소비에너지가 20,000[kg/day], 안정 시 소비에너지가 6,000[kg/day]일 때 에너지대사율(RMR)을 구하시오.(5점)

[기사1901]

- $\text{RMR} = \dfrac{20,000[\text{kg/day}] - 6,000[\text{kg/day}]}{7,000[\text{kg/day}]} = \dfrac{14,000}{7,000} = 2$

13 화물의 하중을 직접 지지하는 와이어로프의 절단하중 값 2,000kg일 때 하중의 최대값을 구하시오.(3점)

[기사1901/기사2201]

- 안전계수 $= \dfrac{\text{절단하중}}{\text{허용하중의 최대값}}$ 이고, 화물의 하중을 직접 지지하는 와이어로프의 안전계수는 5이상이어야 한다.

- 대입하면 $5 = \dfrac{2,000}{x}$ 이므로 $x = 400\text{kg}$이 된다.

14 사업주는 잠함 또는 우물통의 내부에서 근로자가 굴착작업을 하는 경우에 잠함 또는 우물통의 급격한 침하에 의한 위험을 방지하기 위하여 준수하여야 할 사항을 2가지 쓰시오.(4점)

[기사1202/기사1302/기사1503/산기1601/기사1901/기사2302]

① 침하관계도에 따라 굴착방법 및 재하량(載荷量) 등을 정할 것
② 바닥으로부터 천장 또는 보까지의 높이는 1.8미터 이상으로 할 것

신규문제 4문항 중복문제 10문항

01 산업안전보건법상 안전인증대상 보호구를 6가지 쓰시오.(6점) [기사0703/기사1001/기사1803/기사2201/기사2203]

① 안전화	② 안전장갑	③ 방진마스크
④ 방독마스크	⑤ 송기마스크	⑥ 보호복
⑦ 안전대	⑧ 용접용 보안면	⑨ 추락 및 감전 위험방지용 안전모
⑩ 전동식 호흡보호구	⑪ 방음용 귀마개 또는 귀덮개	
⑫ 차광 및 비산물 위험방지용 보안경		

▲ 해당 답안 중 6가지 선택 기재

02 자율안전확인대상 기계·기구를 4가지 쓰시오.(4점)

[기사0901/산기1103/산기1201/산기1303/산기1603/산기1702/기사1803/산기2001]

① 컨베이어	② 산업용 로봇	③ 파쇄기(분쇄기)
④ 혼합기	⑤ 인쇄기	⑥ 연삭기 또는 연마기(휴대형 제외)
⑦ 식품가공용 기계	⑧ 자동차정비용 리프트	
⑨ 공작기계(선반, 드릴, 평삭·형삭기, 밀링)		
⑩ 고정형 목재가공용 기계(둥근톱, 대패, 루타기, 띠톱, 모떼기 기계)		

▲ 해당 답안 중 4가지 선택 기재

03 정전기에 의한 화재 또는 폭발 등의 위험이 발생할 우려가 있는 경우에 사용하는 정전기 방지 대책 5가지를 쓰시오.(5점) [기사0501/기사1103/기사1201/기사1702/기사1803/기사1901/기사2004]

① 접지	② 도전성 재료의 사용
③ 가습	④ 제전기의 사용
⑤ 대전 방지제의 사용	

04 산업안전보건기준에 관한 규칙에서 규정한 벌목작업(유압식 벌목기 사용하지 않는 경우)시 준수사항을 2가지 쓰시오.(4점) [기사1803]

① 벌목하려는 경우에는 미리 대피로 및 대피장소를 정해 둘 것

② 벌목하려는 나무의 가슴높이지름이 40센티미터 이상인 경우에는 뿌리부분 지름의 4분의 1 이상 깊이의 수구를 만들 것

05 달비계에서 사용하는 와이어로프의 사용금지 기준 4가지를 쓰시오.(4점)

[산기0302/산기0801/산기1403/기사1503/기사1601/산기1602/산기1701/기사1803/기사1903/산기2103]

① 이음매가 있는 것
② 와이어로프의 한 꼬임에서 끊어진 소선의 수가 10퍼센트 이상인 것
③ 지름의 감소가 공칭지름의 7퍼센트를 초과하는 것
④ 꼬인 것
⑤ 심하게 변형되거나 부식된 것
⑥ 열과 전기충격에 의해 손상된 것

▲ 해당 답안 중 4가지 선택 기재

06 분진 등을 배출하기 위하여 설치하는 국소배기장치의 덕트 설치기준을 3가지 쓰시오.(3점)   [기사1803]

① 가능하면 길이는 짧게 하고 굴곡부의 수는 적게 할 것
② 접속부의 안쪽은 돌출된 부분이 없도록 할 것
③ 청소구를 설치하는 등 청소하기 쉬운 구조로 할 것
④ 덕트 내부에 오염물질이 쌓이지 않도록 이송속도를 유지할 것
⑤ 연결 부위 등은 외부 공기가 들어오지 않도록 할 것

▲ 해당 답안 중 3가지 선택 기재

07 사업주가 이동식 비계를 조립하여 작업을 하는 경우의 준수사항 4가지를 쓰시오.(4점)   [기사1803]

① 승강용사다리는 견고하게 설치할 것
② 비계의 최상부에서 작업을 하는 경우에는 안전난간을 설치할 것
③ 작업발판은 항상 수평을 유지하고 작업발판 위에서 안전난간을 딛고 작업을 하거나 받침대 또는 사다리를 사용하여 작업하지 않도록 할 것
④ 작업발판의 최대적재하중은 250킬로그램을 초과하지 않도록 할 것
⑤ 이동식비계의 바퀴에는 뜻밖의 갑작스러운 이동 또는 전도를 방지하기 위하여 브레이크·쐐기 등으로 바퀴를 고정시킨 다음 비계의 일부를 견고한 시설물에 고정하거나 아웃트리거(outrigger, 전도방지용 지지대)를 설치하는 등 필요한 조치를 할 것

▲ 해당 답안 중 4가지 선택 기재

08 부두·안벽 등 하역작업을 하는 장소에서의 사업주의 조치사항을 3가지 쓰시오.(3점)　[기사1803/기사2202]

① 작업장 및 통로의 위험한 부분에는 안전하게 작업할 수 있는 조명을 유지할 것
② 부두 또는 안벽의 선을 따라 통로를 설치하는 경우에는 폭을 90센티미터 이상으로 할 것
③ 육상에서의 통로 및 작업장소로서 다리 또는 선거 갑문을 넘는 보도 등의 위험한 부분에는 안전난간 또는 울타리 등을 설치할 것

09 하인리히가 제시한 재해예방의 4원칙을 쓰시오.(4점)　[기사0803/기사1001/기사1402/산기1602/기사1803/산기1901]

① 예방가능의 원칙
② 손실우연의 원칙
③ 원인연계의 원칙
④ 대책선정의 원칙

10 인간-기계 통합시스템에서 시스템(System)이 갖는 기능 4가지를 쓰시오.(4점)

[산기1401/기사1403/기사1502/기사1803]

① 감지기능
② 정보보관기능
③ 정보처리 및 의사결정기능
④ 행동기능

11 미국방성 위험성 평가 중 위험도(MIL-STD-882E) 4가지를 쓰시오.(4점)　[기사1103/기사1302/산기1402/기사1803]

① 1단계 : 파국적
② 2단계 : 중대/위기
③ 3단계 : 한계
④ 4단계 : 무시가능

12 인간관계 매커니즘에 대한 설명이다. (　) 안을 채우시오.(3점)　[기사1803/기사2201]

> 가) 자기의 실패나 결함을 다른 대상에게 책임을 전가시키는 것 : (①)
> 나) 다른 사람의 행동 양식이나 태도를 자기에게 투입하거나 그와 반대로 다른 사람 가운데서 자기의 행동 양식이나 태도와 비슷한 것을 발견하는 것 : (②)
> 다) 남의 행동이나 판단을 표본으로 하여 따라하는 것 : (③)

① 투사
② 동일화
③ 모방

13 철골작업에서는 강풍과 같은 악천후 시 작업을 중지하도록 하여야 하는데, 건립작업을 중지하여야 하는 기준을 3가지 쓰시오.(3점)

[기사0802/기사1201/기사1801/기사1803]

① 풍속 : 초당 10m 이상인 경우

② 강우량 : 시간당 1mm 이상인 경우

③ 강설량 : 시간당 1cm 이상인 경우

14 부탄(C_4H_{10})이 완전 연소하기 위한 화학양론식을 쓰고, 완전연소에 필요한 최소산소농도(MOC)를 추정하시오.(단, 부탄 연소하한계는 1.6[vol%]이다)(4점)

[기사1002/기사1803]

① 화학양론식

산소양론계수는 C_4H_{10}에서 $4+\dfrac{10}{4}$ 이므로 6.5이다.

따라서 화학양론식은 $C_4H_{10} + 6.5O_2 \rightarrow 4CO_2 + 5H_2O$가 된다.

② 최소산소농도

최소산소농도는 $6.5 \times 1.6 = 10.4[vol\%]$이다.

01 위험물질을 제조·취급하는 작업장과 그 작업장이 있는 건축물에 출입구 외에 안전한 장소로 대피할 수 있는 비상구 1개 이상을 설치해야 하는 구조조건을 2가지 쓰시오.(4점)　　　　　[기사1402/기사1802]

① 출입구와 같은 방향에 있지 아니하고, 출입구로부터 3미터 이상 떨어져 있을 것
② 비상구의 너비는 0.75미터 이상으로 하고, 높이는 1.5미터 이상으로 할 것
③ 작업장의 각 부분으로부터 하나의 비상구 또는 출입구까지의 수평거리가 50미터 이하가 되도록 할 것
④ 비상구의 문은 피난 방향으로 열리도록 하고, 실내에서 항상 열 수 있는 구조로 할 것

▲ 해당 답안 중 2가지 선택 기재

02 콘크리트 타설작업 시 준수사항 3가지를 쓰시오.(3점)　　　　　[기사1502/기사1802]

① 설계도서상의 콘크리트 양생기간을 준수하여 거푸집 동바리 등을 해체할 것
② 콘크리트를 타설하는 경우에는 편심이 발생하지 않도록 골고루 분산하여 타설할 것
③ 콘크리트 타설작업 시 거푸집 붕괴의 위험이 발생할 우려가 있으면 충분한 보강조치를 할 것
④ 당일의 작업을 시작하기 전에 해당 작업에 관한 거푸집 및 동바리의 변형·변위 및 지반의 침하 유무 등을 점검하고 이상이 있으면 보수할 것
⑤ 작업 중에는 감시자를 배치하는 등의 방법으로 거푸집 및 동바리의 변형·변위 및 침하 유무 등을 확인해야 하며, 이상이 있으면 작업을 중지하고 근로자를 대피시킬 것

▲ 해당 답안 중 3가지 선택 기재

03 아세틸렌 용접장치의 안전기 설치위치에 대하여 빈칸에 알맞은 답을 쓰시오.(3점)
　　　　　[기사0502/기사1202/기사1702/기사1802/기사2003/기사2201]

가) 사업주는 아세틸렌 용접장치의 (①)마다 안전기를 설치하여야 한다. 다만, 주관 및 취관에 가장 가까운 (②)마다 안전기를 부착한 경우에는 그러하지 아니한다.
나) 사업주는 가스용기가 (③)와 분리되어 있는 아세틸렌 용접장치에 대하여 (③)와 가스 용기 사이에 안전기를 설치하여야 한다.

① 취관　　　　　　　② 분기관　　　　　　　③ 발생기

04 가스집합 용접장치에 있어서 가스장치실의 구조를 3가지 쓰시오.(5점) [기사1802/기사2103]

① 가스가 누출된 경우에는 그 가스가 정체되지 않도록 할 것

② 지붕과 천장에는 가벼운 불연성 재료를 사용할 것

③ 벽에는 불연성 재료를 사용할 것

05 다음은 중대재해에 대한 설명이다. ( ) 안을 채우시오.(4점) [산기0602/산기1503/기사1802/기사1902]

> 가) 사망자가 (①) 이상 발생한 재해
> 나) 3개월 이상의 요양이 필요한 부상자가 동시에 (②) 이상 발생한 재해
> 다) 부상자 또는 직업성 질병자가 동시에 (③) 이상 발생한 재해

① 1명   ② 2명   ③ 10명

06 다음 설명에 맞는 위험점을 쓰시오.(4점) [기사1802]

> ① 기계의 움직이는 부분 혹은 움직이는 부분과 고정된 부분 사이에 신체의 일부가 끼이거나 물리는 현상을 말한다.
> ② 고정부분과 회전하는 동작부분이 함께 만드는 위험점을 말한다.
> ③ 벨트와 풀리, 체인과 체인기어 등에서 주로 발생하는 위험점으로 회전하는 부분의 접선방향으로 물려들어가는 위험점이다.

① 협착점   ② 끼임점   ③ 접선물림점

07 산업안전보건법에서 사업주가 근로자에게 시행해야 하는 안전보건교육의 종류 4가지를 쓰시오.(4점)

[산기0602/산기0701/산기0903/산기1101/기사1601/기사1802/산기2003]

① 정기교육   ② 채용 시의 교육

③ 작업내용 변경 시의 교육   ④ 특별교육

⑤ 건설업 기초안전·보건교육

▲ 해당 답안 중 4가지 선택 기재

08 크레인을 사용하여 작업을 시작하기 전 점검사항 2가지를 쓰시오.(4점) [기사1501/산기1901/기사1802]

① 권과방지장치·브레이크·클러치 및 운전장치의 기능
② 와이어로프가 통하고 있는 곳의 상태
③ 주행로의 상측 및 트롤리(trolley)가 횡행하는 레일의 상태

▲ 해당 답안 중 2가지 선택 기재

09 산업안전보건법상 다음 그림에 해당하는 안전·보건표지의 명칭을 쓰시오.(4점) [기사1802]

①	②	③	④

① 화기금지
③ 부식성물질 경고

② 폭발성물질 경고
④ 고압전기 경고

10 소음이 심한 기계로부터 20[m] 떨어진 곳에서 100[dB]라면 동일한 기계에서 200[m] 떨어진 곳의 음압수준은 얼마인가?(4점) [기사1802/기사2003]

- 소음원으로부터 P_1만큼 떨어진 위치에서 음압수준이 dB_1일 경우 P_2만큼 떨어진 위치에서의 음압수준은 $dB_2 = dB_1 - 20\log\left(\dfrac{P_2}{P_1}\right)$로 구한다.

- $dB_2 = dB_1 - 20\log\left(\dfrac{P_2}{P_1}\right)$에서 $dB_1 = 100$, $P_1 = 20$, $P_2 = 200$를 대입하면 $dB_2 = 100 - 20\log\left(\dfrac{200}{20}\right)$이다. $\log 10 = 1$이므로 $100 - 20 = 80$[dB]이다.

11 인체 계측자료를 장비나 설비의 설계에 응용하는 경우 활용되는 3가지 원칙을 쓰시오.(3점)

[기사0802/기사0902/기사1802/기사1902/기사2303]

① 조절식
② 극단(최대 및 최소)치
③ 평균치

12 다음은 옥내 사용전압에 따른 절연저항값을 표시한 것이다. 빈칸을 채우시오.(4점) [기사1802]

전로의 사용전압(V)	DC 시험전압(V)	절연저항[MΩ]
SELV 및 PELV	250	(①)
FELV, 500V 이하	500	(②)
500V 초과	1,000	(③)

① 0.5　　　　　　　　② 1.0　　　　　　　　③ 1.0

13 화물의 낙하에 의하여 지게차의 운전자에 위험을 미칠 우려가 있는 작업장에서 사용된 지게차의 헤드가드가 갖추어야 할 사항 2가지를 쓰시오.(4점) [기사0801/기사1601/기사1802]

① 강도는 지게차의 최대하중의 2배 값(4톤을 넘는 값에 대해서는 4톤)의 등분포정하중에 견딜 수 있을 것
② 상부틀의 각 개구의 폭 또는 길이가 16센티미터 미만일 것
③ 운전자가 앉아서 조작하거나 서서 조작하는 지게차의 헤드가드는 한국산업표준에서 정하는 높이 기준 이상일 것

▲ 해당 답안 중 2가지 선택 기재

14 광전자식 방호장치를 광축 수에 따라 형식 구분한 것이다. 다음 ( ) 안을 채우시오.(5점) [기사1802]

형식구분	광축의 범위
Ⓐ	(①)광축 이하
Ⓑ	(②)광축 미만
Ⓒ	(③)광축 이상

① 12　　　　　　　　② 13~56　　　　　　　　③ 56

01

기계설비의 작업능률과 안전을 위한 배치(Layout)의 3단계를 올바른 순서대로 나열하시오.(3점)

[기사1801]

ⓐ 지역배치	ⓑ 공장배치	ⓒ 시설배치

- ⓐ 지역배치 → ⓑ 공장배치 → ⓒ 기계배치

02

방독마스크의 등급은 사용장소에 따라 다음과 같이 한다. 빈칸에 적당한 값을 채우시오.(단, 암모니아에 해당하는 것은 제외함)(3점)

[기사0803/기사1801]

등급	사용장소
고농도	가스 또는 증기의 농도가 (①) 이하의 대기 중에서 사용하는 것
중농도	가스 또는 증기의 농도가 (②) 이하의 대기 중에서 사용하는 것
※ 방독마스크는 산소농도가 (③)% 이상인 장소에서 사용하여야 한다.

① 100분의 2 ② 100분의 1
③ 18

03

근로자가 작업이나 통행 등으로 인하여 전기기계, 기구 또는 전로 등의 충전부분에 접촉하거나 접근함으로써 감전 위험이 있는 충전부분에 대하여 감전을 방지하기 위한 방호방법을 3가지 쓰시오.(6점)

[기사0703/기사1801/기사2201]

① 충전부가 노출되지 않도록 폐쇄형 외함(外函)이 있는 구조로 할 것
② 충전부에 충분한 절연효과가 있는 방호망이나 절연덮개를 설치할 것
③ 충전부는 내구성이 있는 절연물로 완전히 덮어 감쌀 것
④ 발전소・변전소 및 개폐소 등 구획되어 있는 장소로서 관계 근로자가 아닌 사람의 출입이 금지되는 장소에 충전부를 설치하고, 위험표시 등의 방법으로 방호를 강화할 것
⑤ 전주 위 및 철탑 위 등 격리되어 있는 장소로서 관계 근로자가 아닌 사람이 접근할 우려가 없는 장소에 충전부를 설치할 것

▲ 해당 답안 중 3가지 선택 기재

04 연삭기 덮개의 시험방법 중 연삭기 작동시험은 시험용 연삭기에 직접 부착한 후 다음 사항을 확인하여 이상이 없어야 하는 지를 쓰시오.(4점) [기사1801]

> • 연삭(①)과 덮개의 접촉여부
> • 탁상용 연삭기는 (②), (③) 및 (④) 부착상태의 적합성 여부

① 숫돌   ② 덮개
③ 워크레스트   ④ 조정편

05 연간 평균 상시 500명의 근로자를 두고 있는 사업장에서 1년간 20명의 재해자가 발생하였다. 연천인율은 얼마인가?(4점) [기사1801]

• 연천인율은 근로자 1,000명당 발생한 재해자수이다.

• 연천인율 $= \dfrac{20}{500} \times 1,000 = 40$이 된다.

06 사업주는 고속회전체의 회전시험을 하는 경우 미리 회전축의 재질 및 형상 등에 상응하는 종류의 비파괴검사를 해서 결함 유무(有無)를 확인하여야 하는데 이 고속회전체에 대한 설명의 (　)안에 적당한 값을 쓰시오.(4점) [기사1801]

> 비파괴검사를 하는 고속회전체는 회전축의 중량이 (①)톤을 초과하고 원주속도가 초당 (②)미터 이상인 것으로 한정한다.

① 1   ② 120

07 방호조치를 하지 아니하고는 양도, 대여, 설치 또는 사용에 제공하거나, 양도·대여의 목적으로 진열해서는 안 되는 기계·기구 4가지를 쓰시오.(4점) [산기0903/산기1203/산기1503/기사1602/기사1801/기사2003/기사2201/기사2302]

① 예초기   ② 원심기
③ 공기압축기   ④ 지게차
⑤ 금속절단기   ⑥ 포장기계(진공포장기, 래핑기로 한정)

▲ 해당 답안 중 4가지 선택 기재

08 철골작업에서는 강풍과 같은 악천후 시 작업을 중지하도록 하여야 하는데, 건립작업을 중지하여야 하는 기준을 3가지 쓰시오.(3점) [기사0802/기사1201/기사1801/기사1803]

① 풍속 : 초당 10m 이상인 경우

② 강우량 : 시간당 1mm 이상인 경우

③ 강설량 : 시간당 1cm 이상인 경우

09 가설통로의 설치기준에 관한 사항이다. 빈칸을 채우시오.(3점) [기사1801]

> 가) 경사가 (①)도를 초과하는 경우에는 미끄러지지 아니하는 구조로 할 것
> 나) 수직갱에 가설된 통로의 길이가 15m 이상인 경우에는 (②)m 이내마다 계단참을 설치할 것
> 다) 건설공사에 사용하는 높이 8m 이상인 비계다리에는 (③)m 이내마다 계단참을 설치할 것

① 15   ② 10   ③ 7

10 공정안전보고서의 제출대상에 해당하는 유해·위험설비로 보지 않는 시설·설비를 2가지 쓰시오.(단, 고용노동부장관이 누출·화재·폭발 등으로 인한 피해의 정도가 크지 않다고 인정하여 고시하는 설비는 제외)(4점) [기사1102/기사1801]

① 원자력 설비   ② 군사시설

③ 도매·소매시설   ④ 차량 등의 운송설비

⑤ 액화석유가스의 충전·저장시설   ⑥ 가스공급시설

⑦ 사업주가 해당 사업장 내에서 직접 사용하기 위한 난방용 연료의 저장설비 및 사용설비

▲ 해당 답안 중 2가지 선택 기재

11 기계의 원동기·회전축·기어·풀리·플라이휠·벨트 및 체인 등 근로자가 위험에 처할 우려가 있는 부위에 설치하여야 하는 방호장치를 3가지 쓰시오.(3점) [기사1002/기사1801]

① 덮개   ② 울

③ 슬리브   ④ 건널다리

▲ 해당 답안 중 3가지 선택 기재

12 비점이나 인화점이 낮은 액체가 들어 있는 용기 주위가 화재 등으로 인하여 가열되면, 내부의 비등현상으로 인한 압력 상승으로 용기의 벽면이 파열되면서 그 내용물이 폭발적으로 증발, 팽창하면서 폭발을 일으키는 현상인 비등액 팽창증기 폭발(BLEVE)에 영향을 미치는 요인을 3가지 쓰시오.(6점) [기사1801]

① 저장용기의 재질　　　　　　　　② 온도
③ 압력　　　　　　　　　　　　　　④ 저장된 물질의 종류와 형태

▲ 해당 답안 중 3가지 선택 기재

13 산업안전보건법에서 관리감독자 정기안전·보건교육의 내용을 4가지 쓰시오.(단, 그 밖의 관리감독자의 직무에 관한 사항은 생략할 것)(4점) [기사0902/기사1001/기사1603/기사1801/기사2003]

① 산업안전 및 사고 예방에 관한 사항
② 산업보건 및 직업병 예방에 관한 사항
③ 위험성평가에 관한 사항
④ 유해·위험 작업환경 관리에 관한 사항
⑤ 산업안전보건법령 및 산업재해보상보험 제도에 관한 사항
⑥ 직무 스트레스 예방 및 관리에 관한 사항
⑦ 직장 내 괴롭힘, 고객의 폭언 등으로 인한 건강장해 예방 및 관리에 관한 사항
⑧ 작업공정의 유해·위험과 재해 예방대책에 관한 사항
⑨ 사업장 내 안전보건관리체제 및 안전·보건조치 현황에 관한 사항
⑩ 표준안전작업방법 및 지도 요령에 관한 사항
⑪ 현장근로자와의 의사소통능력 및 강의능력 등 안전보건교육 능력 배양에 관한 사항
⑫ 비상시 또는 재해 발생 시 긴급조치에 관한 사항

▲ 해당 답안 중 4가지 선택 기재

14 휴먼에러에서 독립행동에 관한 분류와 원인에 의한 분류를 2가지씩 쓰시오.(4점) [기사0502/기사1401/기사1801]

가) 독립행동에 관한 분류
　　① Commission error(수행적 에러)　　② Omission error(생략적 에러)
나) 원인에 의한 분류
　　① 1차 오류(Primary error)　　② 2차 오류(Secondary error)
　　③ 지시 오류(Command error)

▲ 나)의 답안 중 2가지 선택 기재

01 안전관리자를 정수 이상으로 증원·교체 임명할 수 있는 사유 3가지를 쓰시오.(3점)(단, 해당 사업장의 전년도 사망만인율이 같은 업종의 평균 사망만인율을 초과한 경우이며, 화학적 인자로 인한 직업성 질병자는 제외한다) [기사0603/기사1703/기사2002/기사2303]

① 해당 사업장의 연간재해율이 같은 업종의 평균재해율의 2배 이상인 경우
② 중대재해가 연간 2건 이상 발생한 경우
③ 관리자가 질병이나 그 밖의 사유로 3개월 이상 직무를 수행할 수 없게 된 경우

02 크레인(이동식크레인은 제외한다), 리프트(이삿짐 운반용 리프트는 제외한다) 및 곤돌라 안전검사 주기에 해당하는 ( )를 채우시오.(3점) [산기1401/기사1703/산기1902]

사업장에 설치가 끝난 날부터 (①) 이내에 최초 안전검사를 실시하되, 그 이후부터 (②)마다(건설현장에서 사용하는 것은 최초로 설치한 날부터 (③)마다) 실시한다.

① 3년   ② 2년   ③ 6개월

03 방독마스크 정화통 외부측면의 색을 구분하여 쓰시오.(5점) [기사1703]

갈색	회색			황색
①	②	③	④	⑤

① 유기화합물용   ② 할로겐용
③ 황화수소용   ④ 시안화수소용
⑤ 아황산용

04 안전성 평가를 순서대로 나열하시오.(4점) [산기0601/산기1002/기사1303/산기1702/기사1703/기사2001/산기2002]

① 정성적 평가   ② 재평가   ③ FTA 재평가
④ 대책검토   ⑤ 자료정비   ⑥ 정량적 평가

• ⑤ → ① → ⑥ → ④ → ② → ③

05 산업안전보건법에 따라 구내운반차를 사용하여 작업을 하고자 할 때 작업 시작 전 점검사항을 3가지 쓰시오.
(3점)   [기사1003/기사1703]

① 제동장치 및 조종장치 기능의 이상 유무
② 하역장치 및 유압장치 기능의 이상 유무
③ 바퀴의 이상 유무
④ 전조등·후미등·방향지시기 및 경음기 기능의 이상 유무
⑤ 충전장치를 포함한 홀더 등의 결합상태의 이상 유무

▲ 해당 답안 중 3가지 선택 기재

06 산업안전보건법령에 따라 공정안전보고서에 포함되어야 하는 사항 4가지를 쓰시오.(단, 그 밖에 공정상의
안전과 관련하여 고용노동부장관이 필요하다고 인정하여 고시하는 사항은 제외)(4점)

[산기0803/산기0903/기사1001/기사1403/산기1501/기사1602/기사1703/산기1703/기사2101/기사2202]

① 공정안전자료   ② 공정위험성 평가서
③ 안전운전계획   ④ 비상조치계획

07 재해 발생 형태를 쓰시오.(4점)   [기사1103/기사1703]

① 폭발과 화재 2가지 현상이 복합적으로 발생한 경우
② 재해 당시 바닥면과 신체가 떨어진 상태로 더 낮은 위치로 떨어진 경우
③ 재해 당시 바닥면과 신체가 접해있는 상태에서 더 낮은 위치로 떨어진 경우
④ 재해자가 전도로 인하여 기계의 동력전달부위 등에 협착되어 신체부위가 절단된 경우

① 폭발   ② 추락(떨어짐)
③ 전도(넘어짐)   ④ 협착(끼임)

08 안전난간의 구조에 대한 설명이다. 다음 (   )을 채우시오.(3점)   [기사1703]

가) 상부 난간대 : 바닥면·발판 또는 경사로의 표면으로부터 (①)cm 이상
나) 난간대 : 지름 (②)cm 이상 금속제 파이프
다) 하중 : (③)kg 이상의 하중에 견딜 수 있는 튼튼한 구조

① 90   ② 2.7   ③ 100

09 롤러기 급정지장치 원주속도와 안전거리를 쓰시오.(4점) [기사1102/기사1703/기사2001]

- 30m/min 미만 – 앞면 롤러 원주의 (①)
- 30m/min 이상 – 앞면 롤러 원주의 (②)

① $\frac{1}{3}$ 이내　　　　　　　② $\frac{1}{2.5}$ 이내

10 산업안전보건법상 사업주는 유자격자가 충전전로 인근에서 작업하는 경우에도 절연장갑을 착용하거나 절연된 경우를 제외하고는 노출 충전부에 접근한계거리 이내로 접근하지 않도록 하여야 한다. 아래 선간전압에 따른 충전전로에 대한 접근한계거리를 쓰시오.(4점) [산기1103/기사1301/산기1303/산기1602/기사1703/기사2102/기사2301]

충전전로의 선간전압 (단위 : KV)	충전전로에 대한 접근한계거리(단위 : cm)
0.38	(①)
1.5	(②)
6.6	(③)
22.9	(④)

① 30　　　　　② 45　　　　　③ 60　　　　　④ 90

11 산업안전보건법에 따라 이상상태로 인한 압력상승으로 당해설비의 최고 사용압력을 구조적으로 초과할 우려가 있는 화학설비 및 그 부속설비에 안전밸브 또는 파열판을 설치하여야 한다. 이 때 반드시 파열판을 설치해야 하는 경우 3가지를 쓰시오.(6점) [기사1003/산기1702/기사1703/기사2001/기사2004/기사2301]

① 반응 폭주 등 급격한 압력 상승 우려가 있는 경우
② 급성 독성물질의 누출로 인하여 주위의 작업환경을 오염시킬 우려가 있는 경우
③ 운전 중 안전밸브에 이상 물질이 누적되어 안전밸브가 작동되지 아니할 우려가 있는 경우

12 가스폭발 위험장소 또는 분진폭발 위험장소에 설치되는 건축물 등에 대해서 해당하는 부분을 내화구조로 하여야 하며, 그 성능이 항상 유지될 수 있도록 점검 · 보수 등 적절한 조치를 하여야 한다. 해당하는 부분을 2가지 쓰시오.(4점) [산기1502/기사1703/기사2002]

① 건축물의 기둥 및 보: 지상 1층(지상 1층의 높이가 6미터를 초과하는 경우에는 6미터)까지
② 배관 · 전선관 등의 지지대: 지상으로부터 1단(1단의 높이가 6미터를 초과하는 경우 6미터)까지
③ 위험물 저장 · 취급 용기의 지지대(높이가 30센티미터 이하 제외)는 지상으로부터 지지대의 끝부분까지

▲ 해당 답안 중 2가지 선택 기재

13 가설통로 설치 시 준수사항 4가지를 쓰시오.(4점) [기사0602/산기0901/산기1601/산기1602/기사1703/기사2301]

① 견고한 구조로 할 것
② 경사는 30도 이하로 할 것
③ 경사가 15도를 초과하는 경우에는 미끄러지지 아니하는 구조로 할 것
④ 추락할 위험이 있는 장소에는 안전난간을 설치할 것
⑤ 수직갱에 가설된 통로의 길이가 15미터 이상인 경우에는 10미터 이내마다 계단참을 설치할 것
⑥ 건설공사에 사용하는 높이 8미터 이상인 비계다리에는 7미터 이내마다 계단참을 설치할 것

▲ 해당 답안 중 4가지 선택 기재

14 산소에너지당량은 5[kcal/L], 작업 시 산소소비량은 1.5[L/min], 작업 시 평균에너지 소비량 상한은 5[kcal/min], 휴식 시 평균에너지소비량은 1.5[kcal/min], 작업시간 60분일 때 휴식시간을 구하시오.(4점)

[기사0701/기사1703]

- 작업 시 평균에너지소모량 = 산소에너지당량 × 작업 시 산소소비량으로 구할 수 있다. 즉 $5 \times 1.5 = 7.5[kcal/min]$이 된다.
- $R = 60 \times \dfrac{7.5 - 5}{7.5 - 1.5} = 60 \times \dfrac{2.5}{6} = 25$분이다.

01 아세틸렌 용접장치의 안전기 설치위치에 대하여 빈칸에 알맞은 답을 쓰시오.(3점)

[기사0502/기사1202/기사1702/기사1802/기사2003/기사2201]

> 가) 사업주는 아세틸렌 용접장치의 (①)마다 안전기를 설치하여야 한다. 다만, 주관 및 취관에 가장 가까운 (②)마다 안전기를 부착한 경우에는 그러하지 아니한다.
>
> 나) 사업주는 가스용기가 (③)와 분리되어 있는 아세틸렌 용접장치에 대하여 (③)와 가스 용기 사이에 안전기를 설치하여야 한다.

① 취관   ② 분기관   ③ 발생기

02 산업안전보건법상 물질안전보건자료의 작성·비치·제출 제외 대상 화학물질 4가지를 쓰시오.(4점)

[기사1201/기사1501/기사1702]

① 사료   ② 농약   ③ 건강기능식품

③ 원료물질   ④ 비료   ⑥ 방사성물질

⑦ 마약 및 향정신성의약품   ⑧ 위생용품   ⑨ 의료기기

⑩ 화약류   ⑪ 첨단바이오의약품   ⑫ 폐기물

⑬ 화장품   ⑭ 의약품 및 의약외품   ⑮ 식품 및 식품첨가물

▲ 해당 답안 중 4가지 선택 기재

03 경고표지의 용도 및 사용 장소에 관한 내용이다. 빈칸에 알맞은 종류를 쓰시오.(3점)

[기사1303/기사1702/기사2302]

> 가) 돌 및 블록 등 떨어질 우려가 있는 물체가 있는 장소 : (①)
>
> 나) 경사진 통로 입구, 미끄러운 장소 : (②)
>
> 다) 휘발유 등 화기의 취급을 극히 주의해야 하는 물질이 있는 장소 : (③)

① 낙하물 경고

② 몸균형상실 경고

③ 인화성물질 경고

04 산업안전보건법상 사업장의 안전 및 보건을 유지하기 위하여 안전보건관리규정에 포함되어야 할 사항을 4가지 쓰시오.(단, 그 밖에 안전 및 보건에 관한 사항은 제외한다)(4점)

[기사1002/산기1502/기사1702/기사2001/기사2302]

① 안전 및 보건에 관한 관리조직과 그 직무에 관한 사항
② 안전보건교육에 관한 사항
③ 작업장의 안전 및 보건 관리에 관한 사항
④ 사고 조사 및 대책 수립에 관한 사항

05 다음 보기는 Rook에 보고한 오류 중 일부이다. 각각 Omission Error와 Commission Error로 분류하시오. (4점)

[기사1201/기사1702]

① 납 접합을 빠뜨렸다.　　　　　② 전선의 연결이 바뀌었다.
③ 부품을 빠뜨렸다.　　　　　　④ 부품이 거꾸로 배열되었다.
⑤ 틀린 부품을 사용하였다.

① Omission Error　　　　　　② Commission Error
③ Omission Error　　　　　　④ Commission Error
⑤ Commission Error

06 지게차를 사용하여 작업을 하는 때 작업 시작 전 점검사항 4가지를 쓰시오.(4점)

[산기1001/산기1502/산기1702/기사1702/산기1802]

① 제동장치 및 조종장치 기능의 이상 유무
② 하역장치 및 유압장치 기능의 이상 유무
③ 바퀴의 이상 유무
④ 전조등 · 후미등 · 방향지시기 및 경보장치 기능의 이상 유무

07 지상높이가 31m 이상 되는 건축물을 건설하는 공사현장에서 건설공사 유해 · 위험방지계획서를 작성하여 제출하고자 할 때 첨부하여야 하는 작업공종별 유해위험방지계획의 해당 작업공종을 4가지 쓰시오.(4점)

[기사0703/기사1202/기사1702]

① 가설공사　　　　　　　　② 구조물공사
③ 마감공사　　　　　　　　④ 해체공사
⑤ 기계 설비공사

▲ 해당 답안 중 4가지 선택 기재

08 산업안전보건법상 통풍이나 환기가 충분하지 않고 가연물이 있는 건축물 내부나 설비 내부에서 화재위험작업을 하는 경우에 화재예방에 필요한 사업주의 준수사항 3가지를 쓰시오.(단, 작업준비 및 작업 절차 수립은 제외한다)(3점) [기사1702]

① 작업장 내 위험물의 사용·보관 현황 파악
② 화기작업에 따른 인근 인화성 액체에 대한 방호조치 및 소화기구 비치
③ 용접불티 비산방지덮개, 용접방화포 등 불꽃, 불티 등 비산방지조치
④ 인화성 액체의 증기 및 인화성 가스가 남아 있지 않도록 환기 등의 조치
⑤ 작업근로자에 대한 화재예방 및 피난교육 등 비상조치

▲ 해당 답안 중 3가지 선택 기재

09 산업안전보건기준에 관한 규칙에서 사업주가 화학설비 또는 그 부속설비의 용도를 변경하는 경우(사용하는 원재료의 종류를 변경하는 경우를 포함) 해당 설비의 점검사항을 3가지 쓰시오.(6점) [기사1702/기사2003]

① 그 설비 내부에 폭발이나 화재의 우려가 있는 물질이 있는지 여부
② 안전밸브·긴급차단장치 및 그 밖의 방호장치 기능의 이상 유무
③ 냉각장치·가열장치·교반장치·압축장치·계측장치 및 제어장치 기능의 이상 유무

10 산업안전보건법상 인화성 고체 저장 시 정전기로 인한 화재 폭발 등 방지에 대하여 빈칸을 채우시오.(4점) [기사0501/기사1103/기사1201/기사1702/기사1803/기사1901/기사2004]

정전기에 의한 화재 또는 폭발 등의 위험이 발생할 우려가 있는 경우에는 해당 설비에 대하여 확실한 방법으로 (①)를 하거나, (②) 재료를 사용하거나 가습 및 점화원이 될 우려가 없는 (③)장치를 사용하는 등 정전기의 발생을 억제하거나 제거하기 위하여 필요한 조치를 하여야 한다.

① 접지   ② 도전성   ③ 제전

11 타워크레인의 작업 중지에 관한 내용이다. 빈칸을 채우시오.(4점) [기사1102/기사1702/기사2002]

- 운전작업을 중지하여야 하는 순간풍속은 (①)m/s
- 설치·수리·점검 또는 해체 작업을 중지하여야 하는 순간풍속은 (②)m/s

① 15   ② 10

12 낙하물방지망 또는 방호선반을 설치할 때 준수사항에 관한 내용이다. 빈칸을 채우시오.(4점)

[기사1702/기사2002]

> • 높이 (①)미터 이내마다 설치하고, 내민 길이는 벽면으로부터 (②)미터 이상으로 할 것
> • 수평면과의 각도는 (③)도 이상 (④)도 이하를 유지하도록 할 것

① 10   ② 2

③ 20   ④ 30

13 산업안전보건법상 건설용 리프트 · 곤돌라를 이용한 작업을 하기 전 특별안전 · 보건교육내용 5가지를 쓰시오.(5점)

[기사1702]

① 방호장치의 기능 및 사용에 관한 사항
② 기계, 기구, 달기 체인 및 와이어 등의 점검에 관한 사항
③ 화물의 권상 · 권하 작업방법 및 안전작업 지도에 관한 사항
④ 기계 · 기구의 특성 및 동작원리에 관한 사항
⑤ 신호방법 및 공동작업에 관한 사항

14 근로자수 1,440명, 주당 40시간 근무, 1년 50주 근무하고 조기출근 및 잔업시간 합계 100,000시간, 재해건수 40건, 근로손실일수 1,200일, 사망재해 1건이 발생했을 때 강도율을 구하시오.(단, 조퇴 5,000시간, 평균 출근율은 94%이다)(3점)

[기사1702]

• 연간총근로시간과 근로손실일수를 구해야 한다.
• 연간총근로시간 = (1,440 × 40 × 50 × 0.94) + (100,000 − 5,000) = 2,802,200시간이다.
• 근로손실일수는 1,200일, 사망재해가 1건이 있으므로 7,500일을 추가하면 8,700일이다.
• 강도율은 $\dfrac{8,700}{2,802,200} \times 1,000 = 3.1047 \simeq 3.10$이다.

01 다음 FT도의 미니멀 컷 셋을 구하시오.(5점)

[기사0802/기사1701/기사2003]

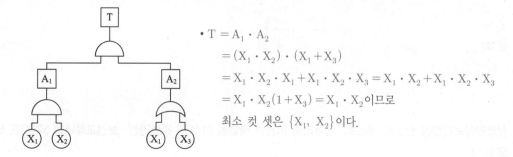

- $T = A_1 \cdot A_2$
  $= (X_1 \cdot X_2) \cdot (X_1 + X_3)$
  $= X_1 \cdot X_2 \cdot X_1 + X_1 \cdot X_2 \cdot X_3 = X_1 \cdot X_2 + X_1 \cdot X_2 \cdot X_3$
  $= X_1 \cdot X_2 (1 + X_3) = X_1 \cdot X_2$ 이므로
  최소 컷 셋은 $\{X_1, X_2\}$ 이다.

02 산업안전보건법상 타워크레인을 설치(상승작업 포함)·해체하는 작업을 하기 전 특별안전·보건교육내용을 4가지 쓰시오.(4점)

[기사1701/기사2301]

① 붕괴·추락 및 재해 방지에 관한 사항
② 설치·해체 순서 및 안전작업방법에 관한 사항
③ 부재의 구조·재질 및 특성에 관한 사항
④ 신호방법 및 요령에 관한 사항
⑤ 이상 발생 시 응급조치에 관한 사항

▲ 해당 답안 중 4가지 선택 기재

03 산업안전보건법상 건설업 중 유해·위험방지계획서의 제출대상 공사 4가지를 쓰시오.(4점)

[산기1002/산기1603/기사1701/기사2103]

① 터널의 건설 등 공사
② 최대 지간(支間)길이가 50미터 이상인 다리의 건설등 공사
③ 깊이 10미터 이상인 굴착공사
④ 연면적 5천제곱미터 이상인 냉동·냉장 창고시설의 설비공사 및 단열공사
⑤ 다목적댐, 발전용댐, 저수용량 2천만톤 이상의 용수 전용 댐 및 지방상수도 전용 댐의 건설등 공사
⑥ 지상높이가 31미터 이상인 건축물 또는 인공구조물의 건설등 공사
⑦ 연면적 3만제곱미터 이상인 건축물의 건설등 공사

▲ 해당 답안 중 4가지 선택 기재

04 사업주가 말비계를 사용할 때 조립 시 준수사항을 2가지 쓰시오.(4점) [기사1701]

① 지주부재의 하단에는 미끄럼 방지장치를 하고, 근로자가 양측 끝부분에 올라서서 작업하지 않도록 할 것
② 지주부재와 수평면의 기울기를 75도 이하로 하고, 지주부재와 지주부재 사이를 고정시키는 보조부재를 설치할 것
③ 말비계의 높이가 2미터를 초과하는 경우에는 작업발판의 폭을 40센티미터 이상으로 할 것

▲ 해당 답안 중 2가지 선택 기재

05 U자걸이를 사용할 수 있는 안전대의 구조를 2가지 쓰시오.(4점) [기사1701]

① 지탱벨트, 각링, 신축조절기가 있을 것
② 신축조절기는 죔줄로부터 이탈하지 않도록 할 것
③ U자걸이 사용 시 D링, 각 링은 안전대 착용자의 몸통 양 측면에 해당하는 곳에 고정되도록 지탱벨트 또는 안전그네에 부착할 것
④ U자걸이 사용상태에서 신체의 추락을 방지하기 위하여 보조죔줄을 사용할 것
⑤ 보조훅 부착 안전대는 신축조절기의 역방향으로 낙하저지 기능을 갖출 것
⑥ 보조훅이 없는 U자걸이 안전대는 1개걸이로 사용할 수 없도록 훅이 열리는 너비가 죔줄의 직경보다 작고 8자형링 및 이음형 고리를 갖추지 않을 것

▲ 해당 답안 중 2가지 선택 기재

06 안전모의 내관통성 시험 성능기준에 관한 내용이다. ( )안에 알맞은 내용을 쓰시오.(4점) [기사0601/기사1701]

- AE형 및 ABE형의 관통거리 (①)mm 이하
- A형 및 AB형의 관통거리 (②)mm 이하

① 9.5 ② 11.1

07 안전인증을 전부 또는 일부 면제할 수 있는 경우 3가지를 쓰시오.(3점) [기사1303/기사1701]

① 연구·개발을 목적으로 제조·수입하거나 수출을 목적으로 제조하는 경우
② 다른 법령에 의해 검사나 인증을 받은 경우로 고용노동부령으로 정하는 경우
③ 고용노동부장관이 정하여 고시하는 외국의 안전인증기관에서 인증을 받은 경우

08 누전에 의한 감전 위험 부분이 있을 때 전기기계·기구의 접지부분 3가지를 쓰시오.(4점) [기사1701]

① 금속제 외함
② 금속제 외피
③ 철대

09 클러치 맞물림개수 5개, 200[SPM] 동력 프레스 양수조작식 방호장치의 안전거리를 구하시오.(4점)

[기사1103/기사1701]

- 방호장치의 반응시간 = $\left(\dfrac{1}{5}+\dfrac{1}{2}\right)\times\dfrac{60,000}{200}=0.7\times300=210$[ms]가 된다.
- 안전거리는 = $1.6\times210=336$[mm]가 된다.

10 건물 해체작업 시 작업계획에 포함될 사항을 4가지 쓰시오.(4점) [기사0901/기사1701/기사2003]

① 해체의 방법 및 해체 순서도면
② 가설설비·방호설비·환기설비 및 살수·방화설비 등의 방법
③ 사업장 내 연락방법
④ 해체물의 처분계획
⑤ 해체작업용 기계·기구 등의 작업계획서
⑥ 해체작업용 화약류 등의 사용계획서

▲ 해당 답안 중 4가지 선택 기재

11 다음은 급성독성물질에 대한 설명이다. 빈칸을 채우시오.(4점) [산기0702/기사1103/산기1402/기사1701]

가) LD50은 (①)mg/kg을 쥐에 대한 경구투입실험에 의하여 실험동물의 50%를 사망케 한다.
나) LD50은 (②)mg/kg을 쥐 또는 토끼에 대한 경피흡수실험에 의하여 실험동물의 50%를 사망케 한다.
다) LC50은 가스로 (③)ppm을 쥐에 대한 4시간 동안 흡입실험에 의하여 실험동물의 50%를 사망케 한다.
라) LC50은 증기로 (④)mg/L을 쥐에 대한 4시간 동안 흡입실험에 의하여 실험동물의 50%를 사망케 한다.

① 300
② 1,000
③ 2,500
④ 10

12 잠함 등 내부에서의 작업 시 사업주가 해야 할 조치사항을 3가지 쓰시오.(3점) [기사1701]

① 산소 결핍 우려가 있는 경우에는 산소의 농도를 측정하는 사람을 지명하여 측정하도록 할 것

② 근로자가 안전하게 오르내리기 위한 설비를 설치할 것

③ 굴착 깊이가 20미터를 초과하는 경우에는 해당 작업장소와 외부와의 연락을 위한 통신설비 등을 설치할 것

13 달기 체인을 달비계에 사용할 때 사용금지 기준 2가지를 쓰시오.(단, 균열이 있거나 심하게 변형된 것은 제외)(4점) [산기1102/산기1402/기사1701/산기1703/기사2001/산기2002]

① 달기 체인의 길이가 달기 체인이 제조된 때의 길이의 5퍼센트를 초과한 것

② 링의 단면지름이 달기 체인이 제조된 때의 해당 링의 지름의 10퍼센트를 초과하여 감소한 것

14 A 사업장의 근무 및 재해 발생현황이 다음과 같을 때, 이 사업장의 종합재해지수를 구하시오.(4점) [기사1102/기사1701/기사2003/기사2301]

- 평균 근로자수 : 400명
- 연간 재해 발생건수 : 80건
- 재해자수 : 100명
- 근로손실일수 : 800일
- 근로시간 : 1일 8시간, 연간 280일 근무

- 연간총근로시간 = $8 \times 280 \times 400 = 896,000$시간이다. 종합재해지수를 구하기 위해서는 강도율과 도수율을 구해야 한다.

① 도수율 = $\dfrac{80}{896000} \times 10^6 = 89.2857 \simeq 89.29$이다.

② 강도율 = $\dfrac{800}{896000} \times 1000 = 0.8928 \simeq 0.89$이다.

③ 종합재해지수 = $\sqrt{89.29 \times 0.89} = \sqrt{79.4681} = 8.9144 \simeq 8.91$이다.

01 조명은 근로자들의 작업환경 측면에서 중요한 안전요소이다. 산업안전보건법상 다음의 작업에서 근로자를 상시 작업시키는 장소의 조도기준을 쓰시오.(단, 갱도 등의 작업장은 제외한다)(4점)

[기사0503/기사1002/산기1202/산기1602/기사1603/산기1802/산기1803/산기2001/기사2101/기사2301]

초정밀작업	정밀작업	보통작업	그 밖의 작업
(①) Lux 이상	(②) Lux 이상	(③) Lux 이상	(④) Lux 이상

① 750   ② 300   ③ 150   ④ 75

02 산업안전보건법에서 관리대상 유해물질을 취급하는 작업장의 보기 쉬운 장소에 사업주가 게시해야 할 사항 5가지를 쓰시오.(5점)

[기사0603/기사1603/기사2004]

① 관리대상 유해물질의 명칭   ② 인체에 미치는 영향
③ 취급상 주의사항   ④ 착용하여야 할 보호구
⑤ 응급조치와 긴급 방재 요령

03 산업안전보건법에서 관리감독자 정기안전·보건교육의 내용을 4가지 쓰시오.(단, 그 밖의 관리감독자의 직무에 관한 사항은 생략할 것)(4점)

[기사0902/기사1001/기사1603/기사1801/기사2003]

① 산업안전 및 사고 예방에 관한 사항
② 산업보건 및 직업병 예방에 관한 사항
③ 위험성평가에 관한 사항
④ 유해·위험 작업환경 관리에 관한 사항
⑤ 산업안전보건법령 및 산업재해보상보험 제도에 관한 사항
⑥ 직무 스트레스 예방 및 관리에 관한 사항
⑦ 직장 내 괴롭힘, 고객의 폭언 등으로 인한 건강장해 예방 및 관리에 관한 사항
⑧ 작업공정의 유해·위험과 재해 예방대책에 관한 사항
⑨ 사업장 내 안전보건관리체제 및 안전·보건조치 현황에 관한 사항
⑩ 표준안전작업방법 및 지도 요령에 관한 사항
⑪ 현장근로자와의 의사소통능력 및 강의능력 등 안전보건교육 능력 배양에 관한 사항
⑫ 비상시 또는 재해 발생 시 긴급조치에 관한 사항

▲ 해당 답안 중 4가지 선택 기재

04 산업안전보건법상 이동식크레인을 사용하여 작업할 때 작업 시작 전 점검사항을 3가지 쓰시오.(3점)

[기사0803/기사1603/산기1702]

① 권과방지장치나 그 밖의 경보장치의 기능
② 브레이크 · 클러치 및 조정장치의 기능
③ 와이어로프가 통하고 있는 곳 및 작업장소의 지반상태

05 안전인증대상 기계 · 기구를 3가지 쓰시오.(3점)

[기사1003/기사1403/기사1603/기사1903]

① 프레스	② 크레인	③ 리프트
④ 전단기 및 절곡기	⑤ 압력용기	⑥ 롤러기
⑦ 사출성형기	⑧ 고소작업대	⑨ 곤돌라

▲ 해당 답안 중 3가지 선택 기재

06 아세틸렌의 위험도와, 아세틸렌 70%, 클로로벤젠 30%일 때 이 혼합기체의 공기 중 폭발하한계의 값을 계산하시오.(5점)

[기사0703/기사1603]

	폭발하한계	폭발상한계
아세틸렌	2.5[vol%]	81[vol%]
클로로벤젠	1.3[vol%]	7.1[vol%]

① 아세틸렌의 위험도 $= \dfrac{81-2.5}{2.5} = \dfrac{78.5}{2.5} = 31.4$ 이다.

② 혼합기체의 폭발하한계 $= \dfrac{100}{\dfrac{70}{2.5} + \dfrac{30}{1.3}} = \dfrac{100}{28+23.08} = 1.9577 \simeq 1.96[\text{vol}\%]$ 이다.

07 산업안전보건기준에 관한 규칙에서 누전에 의한 감전의 위험을 방지하기 위해 접지를 실시하는 코드와 플러그를 접속하여 사용하는 전기기계 · 기구를 3가지 쓰시오.(3점)

[기사1603/기사2001]

① 사용전압이 대지전압 150볼트를 넘는 것
② 냉장고 · 세탁기 · 컴퓨터 및 주변기기 등과 같은 고정형 전기기계 · 기구
③ 고정형 · 이동형 또는 휴대형 전동기계 · 기구
④ 물 또는 도전성(導電性)이 높은 곳에서 사용하는 전기기계 · 기구, 비접지형 콘센트
⑤ 휴대형 손전등

▲ 해당 답안 중 3가지 선택 기재

08 산업안전보건법상의 계단에 관한 내용이다. 다음 빈칸을 채우시오.(5점) [기사1302/기사1603/산기2001]

> 가) 사업주는 계단 및 계단참을 설치하는 경우 매 제곱미터당 (①)kg 이상의 하중에 견딜 수 있는 강도를
> 가진 구조로 설치하여야 하며, 안전율은 (②) 이상으로 하여야 한다.
> 나) 계단을 설치하는 경우 그 폭을 (③)m 이상으로 하여야 한다.
> 다) 높이가 (④)m를 초과하는 계단에는 높이 3m 이내마다 진행방향으로 길이 1.2m 이상의 계단참을 설치하여
> 야 한다.
> 라) 높이 (⑤)m 이상인 계단의 개방된 측면에 안전난간을 설치하여야 한다.

① 500   ② 4
③ 1   ④ 3
⑤ 1

09 1급 방진마스크 사용 장소를 3곳 쓰시오.(3점) [기사1603]
① 특급마스크 착용장소를 제외한 분진 등 발생장소
② 금속 흄 등과 같이 열적으로 생기는 분진 등 발생장소
③ 기계적으로 생기는 분진 등 발생장소

10 관계자 외 출입금지표지 종류 3가지를 쓰시오.(3점) [기사1103/산기1302/기사1603/산기1903]
① 허가대상물질 작업장
② 석면취급/해체 작업장
③ 금지대상물질의 취급 실험실 등

11 980kg의 화물을 두줄걸이 로프로 상부각도 90°의 각으로 들어 올릴 때, 각각의 와이어로프에 걸리는
하중[kg]을 구하시오.(4점) [기사1603]

- 1가닥이 받는 하중 $= \dfrac{\dfrac{980}{2}}{\cos\left(\dfrac{90°}{2}\right)} = \dfrac{\dfrac{980}{2}}{\cos 45°} = \dfrac{\dfrac{980}{2}}{\dfrac{\sqrt{2}}{2}} \simeq 692.9646 \simeq 692.96[\text{kg}]$이다.

12 가설통로의 설치기준에 관한 사항이다. 빈칸을 채우시오.(5점)　　　　　　[기사1603]

> 가) 경사는 (①)도 이하일 것
> 나) 경사가 (②)도를 초과하는 경우에는 미끄러지지 아니하는 구조로 할 것
> 다) 추락할 위험이 있는 장소에는 (③)을 설치할 것
> 라) 수직갱에 가설된 통로의 길이가 15m 이상인 경우에는 (④)m 이내마다 계단참을 설치할 것
> 마) 건설공사에 사용하는 높이 8m 이상인 비계다리에는 (⑤)m 이내마다 계단참을 설치할 것

① 30　　　　　　　　② 15　　　　　　　　③ 안전난간
④ 10　　　　　　　　⑤ 7

13 광전자식 방호장치 프레스에 관한 설명 중 (　)안에 알맞은 내용이나 수치를 써 넣으시오.(4점)

[기사1401/기사1603]

> 가) 프레스 또는 전단기에서 일반적으로 많이 활용되고 있는 형태로서 투광부, 수광부, 컨트롤 부분으로 구성된
>   것으로서 신체의 일부가 광선을 차단하면 기계를 급정지시키는 방호장치로 (①) 분류에 해당한다.
> 나) 정상동작표시램프는 (②)색, 위험표시램프는 (③)색으로 하며, 쉽게 근로자가 볼 수 있는 곳에 설치해야
>   한다.
> 다) 방호장치는 릴레이, 리미트 스위치 등의 전기부품의 고장, 전원전압의 변동 및 정전에 의해 슬라이드가
>   불시에 동작하지 않아야 하며, 사용전원전압의 ±(④)%의 변동에 대하여 정상으로 작동되어야 한다.

① A-1　　　　　　　　② 녹
③ 붉은　　　　　　　　④ 20

14 산업안전보건법시행규칙에서 산업재해조사표에 작성해야 할 상해 종류 4가지를 쓰시오.(4점)

[기사1603]

① 골절　　　　　　② 절단　　　　　　③ 타박상
④ 찰과상　　　　　⑤ 중독·질식　　　⑥ 화상
⑦ 감전　　　　　　⑧ 뇌진탕　　　　　⑨ 고혈압
⑩ 뇌졸중　　　　　⑪ 피부염　　　　　⑫ 진폐
⑬ 수근관증후군

▲ 해당 답안 중 4가지 선택 기재

01 물질안전보건자료(MSDS) 작성 시 포함사항 16가지 중 [제외]사항을 뺀 4가지를 쓰시오.(4점)

[기사0701/산기0902/기사1101/기사1602/산기2001]

> **[제외]**
> ① 화학제품과 회사에 관한 정보 ② 구성성분의 명칭과 함유량
> ③ 취급 및 저장 방법 ④ 물리화학적 특성
> ⑤ 폐기 시 주의사항 ⑥ 그 밖의 참고사항

① 유해성·위험성 ② 응급조치 요령
③ 폭발·화재 시 대처방법 ④ 누출사고 시 대처방법
⑤ 노출방지 및 개인보호구 ⑥ 안정성 및 반응성
⑦ 독성에 관한 정보 ⑧ 환경에 미치는 영향
⑨ 운송에 필요한 정보 ⑩ 법적규제 현황

▲ 해당 답안 중 4가지 선택 기재

02 산업안전보건법령에 따라 공정안전보고서에 포함되어야 하는 사항 4가지를 쓰시오.(단, 그 밖에 공정상의 안전과 관련하여 고용노동부장관이 필요하다고 인정하여 고시하는 사항은 제외)(4점)

[산기0803/산기0903/기사1001/기사1403/산기1501/기사1602/기사1703/산기1703/기사2101/기사2202]

① 공정안전자료 ② 공정위험성 평가서
③ 안전운전계획 ④ 비상조치계획

03 다음은 동기부여의 이론 중 매슬로우의 욕구단계론, 알더퍼의 ERG이론을 비교한 것이다. ①~④의 빈칸에 들어갈 내용을 쓰시오.(4점)

[기사1602]

	욕구단계론	ERG이론
제5단계	자아실현의 욕구	④
제4단계	인정받으려는 욕구	③
제3단계	②	
제2단계	①	생존욕구(E)
제1단계	생리적 욕구	

① 안전욕구 ② 사회적욕구
③ 관계욕구(R) ④ 성장욕구(G)

04 실내 작업장에서 8시간 작업 시 소음측정결과 85dB[A] 2시간, 90dB[A] 4시간, 95dB[A] 2시간일 때 소음노출수준(%)을 구하고 소음노출기준 초과여부를 쓰시오.(4점) [기사1602]

① 소음노출수준(%) $= \left(\dfrac{4}{8} + \dfrac{2}{4}\right) \times 100 = 100[\%]$이다.

② 노출기준이 100%를 초과하지 않았다.

05 공기압축기를 가동할 때 작업 시작 전 점검사항을 4가지 쓰시오.(그 밖의 연결 부위의 이상 유무는 제외할 것)(4점) [산기0602/산기1003/기사1602/산기1703/산기1801/산기1803/기사1902]

① 공기저장 압력용기의 외관 상태
② 회전부의 덮개 또는 울
③ 압력방출장치의 기능
④ 윤활유의 상태
⑤ 드레인밸브(drain valve)의 조작 및 배수
⑥ 언로드밸브(unloading valve)의 기능

▲ 해당 답안 중 4가지 선택 기재

06 비계 작업 시 비, 눈 그 밖의 기상상태의 불안정으로 날씨가 몹시 나빠서 작업을 중지시킨 후 그 비계에서 작업 재개할 때 점검사항을 4가지 쓰시오.(4점)

[기사0502/기사1003/기사1201/기사1203/기사1302/기사1303/산기1402/기사1602/산기1801/기사2001/산기2004/기사2202/기사2301]

① 발판 재료의 손상여부 및 부착 또는 걸림 상태
② 해당 비계의 연결부 또는 접속부의 풀림 상태
③ 연결재료 및 연결철물의 손상 또는 부식 상태
④ 손잡이의 탈락 여부
⑤ 기둥의 침하, 변형, 변위(變位) 또는 흔들림 상태
⑥ 로프의 부착 상태 및 매단 장치의 흔들림 상태

▲ 해당 답안 중 4가지 선택 기재

07 다음은 산업재해 발생 시의 조치내용을 순서대로 표시하였다. 아래의 빈칸에 알맞은 내용을 쓰시오.(4점)

[기사1002/기사1602]

산업재해 발생 → ① → ② → 원인분석 → ③ → 대책실시계획 → 실시 → ④

① 긴급조치　　　　　　　　② 재해조사
③ 대책수립　　　　　　　　④ 평가

08 다음 근로 불능상해의 종류를 설명하시오.(3점)   [기사0603/기사1602]

> ① 영구 전노동불능 상해
> ② 영구 일부노동불능 상해
> ③ 일시 전노동불능 상해

① 영구 전노동불능 상해(신체장해등급 1~3급)는 부상의 결과로 노동기능을 완전히 상실한 부상을 말한다. 노동손실일수는 7,500일이다.

② 영구 일부노동불능 상해(신체장해등급 제4급~제14급)는 부상의 결과로 신체 부분 일부가 노동기능을 상실한 부상을 말한다. 노동손실일수는 신체 장해등급에 따른 손실일수를 적용한다.

③ 일시 전노동불능 상해는 의사의 진단으로 일정기간 정규 노동에 종사할 수 없는 상해로 신체장애가 남지 않는 일반적인 휴업재해를 말한다.

09 다음 방폭구조의 표시를 쓰시오.(4점)   [기사1102/기사1602]

> • 방폭구조 : 외부의 가스가 용기 내로 침입하여 폭발하더라도 용기는 그 압력에 견디고 외부의 폭발성 가스에 착화될 우려가 없도록 만들어진 구조
> • 그룹 : ⅡB
> • 최고표면온도 : 90도

• EX d ⅡB T5

10 색도기준과 관련된 다음 표의 빈칸을 넣으시오.(4점)   [산기0701/기사1602/산기2001]

색채	색도기준	용도	사 용 례
(①)	7.5R 4/14	금지	정지신호, 소화설비 및 그 장소, 유해행위의 금지
		(②)	화학물질 취급 장소에서의 유해·위험 경고
파란색	2.5PB 4/10	지시	특정행위의 지시 및 사실의 고지
흰색	N9.5		(③)
검정색	(④)		문자 및 빨간색 또는 노란색에 대한 보조색

① 빨간색   ② 경고
③ 파란색 또는 녹색에 대한 보조색   ④ N0.5

11 폭발의 정의에서 UVCE와 BLEVE를 설명하시오.(4점) [기사0802/기사1602]

① UVCE(Unconfined Vapor Cloud Explosion, 개방계증기운폭발)는 대기 중에 대량의 가연성 가스가 유출되거나 대량의 가연성 액체가 유출하여 그것으로부터 발생하는 증기가 공기와 혼합해서 가연성 혼합기체를 형성하고, 점화원에 의하여 발생하는 폭발을 말한다.

② BLEVE(Boiling Liquid Expanded Vapor Explosion, 비등액 팽창증가 폭발)는 비점이나 인화점이 낮은 액체가 들어 있는 용기 주위가 화재 등으로 인하여 가열되면, 내부의 비등현상으로 인한 압력 상승으로 용기의 벽면이 파열되면서 그 내용물이 폭발적으로 증발, 팽창하면서 폭발을 일으키는 현상을 말한다.

12 방호조치를 하지 아니하고는 양도, 대여, 설치 또는 사용에 제공하거나, 양도·대여의 목적으로 진열해서는 안 되는 기계·기구 4가지를 쓰시오.(4점) [산기0903/산기1203/산기1503/기사1602/기사1801/기사2003/기사2201/기사2302]

① 예초기 ② 원심기

③ 공기압축기 ④ 지게차

⑤ 금속절단기 ⑥ 포장기계(진공포장기, 래핑기로 한정)

▲ 해당 답안 중 4가지 선택 기재

13 차량계 하역운반기계(지게차 등)의 운전자가 운전위치를 이탈하고자 할 때 운전자가 준수하여야 할 사항을 2가지 쓰시오.(4점) [기사0601/산기0801/산기1001/산기1403/기사1602]

① 포크, 버킷, 디퍼 등의 장치를 가장 낮은 위치 또는 지면에 내려 둘 것

② 운전석을 이탈하는 경우에는 시동키를 운전대에서 분리시킬 것

③ 원동기를 정지시키고 브레이크를 확실히 거는 등 갑작스러운 주행이나 이탈을 방지하기 위한 조치를 할 것

▲ 해당 답안 중 2가지 선택 기재

14 FT의 각 단계별 내용이 [보기]와 같을 때 올바른 순서대로 번호를 나열하시오.(4점) [기사1003/기사1602]

① 정상사상의 원인이 되는 기초사상을 분석한다.
② 정상사상과의 관계는 논리게이트를 이용하여 도해한다.
③ 분석현상이 된 시스템을 정의한다.
④ 이전단계에서 결정된 사상이 조금 더 전개가 가능한지 검사한다.
⑤ 정성·정량적으로 해석 평가한다.
⑥ FT를 간소화한다.

• ③ → ① → ② → ④ → ⑥ → ⑤

01 산업안전보건법에서 사업주가 근로자에게 시행해야 하는 안전보건교육의 종류 4가지를 쓰시오.(4점)

[산기0602/산기0701/산기0903/산기1101/기사1601/기사1802/산기2003]

① 정기교육

② 채용 시의 교육

③ 작업내용 변경 시의 교육

④ 특별교육

⑤ 건설업 기초안전·보건교육

▲ 해당 답안 중 4가지 선택 기재

02 화재의 종류를 구분하여 쓰고, 그에 따른 표시 색을 쓰시오.(5점) [기사1601]

유형	화재의 분류	색상
A	일반화재	④
B	①	⑤
C	②	청색
D	③	무색

① 유류화재 ② 전기화재

③ 금속화재 ④ 백색

⑤ 황색

03 다음 FT도에서 컷 셋(cut set)을 모두 구하시오.(3점) [기사0702/기사1001/기사1601/기사2002]

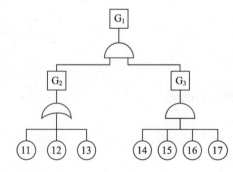

- $G_1 = G_2 \cdot G_3 = (⑪+⑫+⑬) \cdot (⑭ \cdot ⑮ \cdot ⑯ \cdot ⑰)$
  $= \{⑪,⑭,⑮,⑯,⑰\}, \{⑫,⑭,⑮,⑯,⑰\}, \{⑬,⑭,⑮,⑯,⑰\}$
- 컷 셋은 $\{⑪,⑭,⑮,⑯,⑰\}$와 $\{⑫,⑭,⑮,⑯,⑰\}$ 그리고 $\{⑬,⑭,⑮,⑯,⑰\}$이다.

04 근로자가 반복하여 계속적으로 중량물을 취급하는 작업할 때 작업 시작 전 점검사항 2가지를 쓰시오.(단, 그 밖의 하역운반기계 등의 적절한 사용방법은 제외한다)(4점) [기사1303/기사1601]

① 중량물 취급의 올바른 자세 및 복장
② 위험물이 날아 흩어짐에 따른 보호구의 착용
③ 카바이드·생석회(산화칼슘) 등과 같이 온도 상승이나 습기에 의하여 위험성이 존재하는 중량물의 취급방법

▲ 해당 답안 중 2가지 선택 기재

05 폭발등급에 따른 안전간격과 가스명을 쓰시오.(5점) [기사1601]

폭발등급	ⅡA	ⅡB	ⅡC
안전간격	①	②	③
가스	④	⑤	⑥

① 0.9mm 이상   ② 0.5~0.9mm   ③ 0.5mm 이하
④ 프로판   ⑤ 에틸렌   ⑥ 수소, 아세틸렌

06 아세틸렌 용접기 도관의 점검항목 3가지를 쓰시오.(3점) [기사1601]

① 밸브의 작동상태
② 가스 누출 여부
③ 역화방지기 접속부 및 밸브 코크의 작동상태 이상 유무

07 도수율이 18.73인 사업장에서 근로자 1명에게 평생 약 몇 건의 재해가 발생하겠는가?(단, 1일 8시간, 월 25일, 12개월 근무, 평생 근로년수는 35년, 연간 잔업시간은 240시간으로 한다)(3점) [기사1601]

- 연간총근로시간 = 8 × 25 × 12 + 240 = 2,640시간
- 평생근로시간 = 2,640 × 35 = 92,400시간
- 도수율이 18.73이므로 1백만 시간동안 18.73건의 재해가 발생하는데

$$92,400시간동안은 \ \frac{18.73 \times 92,400}{1,000,000} = 1.73 건이다.$$

08 감응식 방호장치를 설치한 프레스에서 광선을 차단한 후 200ms 후에 슬라이드가 정지하였다. 이 때 방호장치의 안전거리는 최소 몇 mm 이상이어야 하는가?(3점) [기사0902/산기1401/기사1601/기사2002]

- $D = 1.6 \times T_m = 1.6 \times 200 = 320 [mm]$

09 보호구 자율안전확인에서 정의하는 보안경을 사용구분에 따라 3가지로 구분하고 종류별 사용 구분을 쓰시오.(4점) [기사1601]

① 유리보안경 : 비산물로부터 눈을 보호하기 위한 것으로 렌즈의 재질이 유리인 것
② 플라스틱보안경 : 비산물로부터 눈을 보호하기 위한 것으로 렌즈의 재질이 플라스틱인 것
③ 도수렌즈보안경 : 비산물로부터 눈을 보호하기 위한 것으로 도수가 있는 것

10 타워크레인에 사용하는 와이어로프의 사용금지 기준을 4가지 쓰시오.(단, 부식된 것, 손상된 것은 제외)(4점) [산기0302/산기0801/산기1403/기사1503/기사1601/산기1602/산기1701/기사1803/기사1903/산기2103]

① 이음매가 있는 것
② 와이어로프의 한 꼬임에서 끊어진 소선의 수가 10퍼센트 이상인 것
③ 지름의 감소가 공칭지름의 7퍼센트를 초과하는 것
④ 꼬인 것

11 양중기의 종류 5가지를 쓰시오.(5점) [기사0502/기사0601/기사1601]

① 크레인(호이스트(Hoist) 포함) ② 이동식크레인
③ 승강기 ④ 곤돌라
⑤ 리프트(이삿짐 운반용의 경우 적재하중 0.1톤 이상)

12 화물의 낙하에 의하여 지게차의 운전자에 위험을 미칠 우려가 있는 작업장에서 사용된 지게차의 헤드가드가 갖추어야 할 사항 2가지를 쓰시오.(4점) [기사0801/기사1601/기사1802]

① 강도는 지게차의 최대하중의 2배 값(4톤을 넘는 값에 대해서는 4톤)의 등분포정하중에 견딜 수 있을 것
② 상부틀의 각 개구의 폭 또는 길이가 16센티미터 미만일 것
③ 운전자가 앉아서 조작하거나 서서 조작하는 지게차의 헤드가드는 한국산업표준에서 정하는 높이 기준 이상일 것

▲ 해당 답안 중 2가지 선택 기재

13 중대재해 발생 시 노동부에 구두나 유선으로 보고해야 하는 사항 4가지를 쓰시오.(단, 그 밖의 중요한 사항은 제외한다)(4점) [기사1601]

① 발생 개요
② 피해 상황
③ 조치
④ 전망

14 Swain은 인간의 오류를 작위적 오류(Commission Error)와 부작위적 오류(Omission Error)로 구분한다. 작위적 오류와 부작위적 오류에 대해 설명하시오.(4점) [기사0802/기사1601/기사2201]

① 작위적 오류(Commission error) : 실행오류로서 작업 수행 중 작업을 정확하게 수행하지 못해 발생한 에러
② 부작위적 오류(Omission error) : 생략오류로 필요한 작업 또는 절차를 수행하지 않는데 기인한 에러

01 다음 그림의 연삭기 덮개 각도를 쓰시오.(단, 이상, 이하, 이내를 정확히 구분)(3점)

[산기0903/기사1301/산기1401/기사1503]

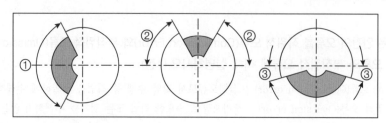

① 125° 이내(일반연삭작업 등에 사용하는 것을 목적으로 하는 탁상용 연삭기의 덮개 각도에 있어 숫돌이 노출되는 범위)

② 60° 이상(연삭숫돌의 상부를 사용하는 것을 목적으로 하는 탁상용 연삭기 덮개의 최대노출각도가 60° 이내이므로)

③ 15° 이상(평면연삭기, 절단연삭기 덮개의 최대노출각도는 150° 이내이므로)

02 보기의 가스 용기의 색채를 쓰시오.(4점)

[기사0703/기사1201/기사1503]

① 산소	② 아세틸렌	③ 암모니아	④ 질소

① 녹색

② 황색

③ 백색

④ 회색

03 내전압용 절연장갑 성능기준에서 등급별 최대사용전압을 쓰시오.(4점)

[기사0801/기사0903/기사1503/기사2003]

등급	최대사용전압		색상
	교류(V, 실횻값)	직류(V)	
00	500	①	갈색
0	②	1500	빨간색
1	7500	11250	흰색
2	17000	25500	노란색
3	26500	39750	녹색
4	③	④	등색

① 750

② 1,000

③ 36,000

④ 54,000

04 위험예지훈련 기초 4라운드 기법의 진행순서를 쓰시오.(4점) [산기0601/산기1003/기사1503/기사1902/산기2001]

① 1단계 : 현상파악 ② 2단계 : 본질추구

③ 3단계 : 대책수립 ④ 4단계 : 목표설정

05 다음 보기의 위험점 정의를 쓰시오.(4점) [기사1503]

① 협착점	② 끼임점	③ 물림점	④ 회전말림점

① 협착점이란 기계의 움직이는 부분 혹은 움직이는 부분과 고정된 부분 사이에 신체의 일부가 끼이거나 물리는 현상을 말한다.

② 끼임점이란 고정부분과 회전하는 동작부분이 함께 만드는 위험점을 말한다.

③ 물림점이란 롤러기의 두 롤러 사이와 같이 회전하는 두 개의 회전체에 물려들어갈 위험이 있는 점을 말한다.

④ 회전말림점이란 회전하는 드릴기계의 운동부 자체에 작업복 등이 말려들 위험이 존재하는 점을 말한다.

06 산업안전보건법에 따라 산업재해조사표를 작성하고자 할 때, 다음 보기에서 산업재해조사표의 주요 작성항목이 아닌 것 3가지를 번호로 쓰시오.(4점) [기사1101/기사1201/기사1501/기사1503]

① 발생일시	② 목격자 인적사항	③ 휴업예정일수
④ 상해종류	⑤ 고용형태	⑥ 재해자직업
⑦ 가해물	⑧ 치료·요양기관	⑨ 재해 발생 후 첫 출근일자

• ②, ⑧, ⑨

07 위험성 평가를 실시하려고 한다. 실시 순서를 번호로 쓰시오.(4점) [기사1503/기사2301]

① 파악된 유해·위험요인별 위험성의 추정
② 근로자의 작업과 관계되는 유해·위험요인의 파악
③ 평가대상의 선정 등 사전준비
④ 위험성 평가 실시내용 및 결과에 관한 기록
⑤ 위험성 감소대책의 수립 및 실행
⑥ 추정한 위험성이 허용 가능한 위험성인지 여부의 결정

• ③ → ② → ① → ⑥ → ⑤ → ④

08 PHA의 목표를 달성하기 위한 4가지 특징을 쓰시오.(4점) [기사0502/기사1503]

① 시스템의 모든 주요 사고를 식별하고 사고를 대략적으로 표현
② 사고요인의 식별
③ 사고를 가정한 후 시스템에 생기는 결과를 식별하고 평가
④ 식별된 사고를 파국적, 위기적, 한계적, 무시가능의 4가지 카테고리로 분류

09 고장률이 1시간당 0.01로 일정한 기계가 있다. 이 기계에서 처음 100시간 동안 고장이 발생할 확률을 구하시오.(4점) [기사0801/기사1003/기사1502/기사1503]

- 고장률이 λ인 시스템이 t시간 지난 후의 신뢰도 $R(t) = e^{-\lambda t}$ 이므로 $\lambda = 0.01$, $t=100$ 이므로 신뢰도 $R(t) = e^{-0.01 \times 100} = e^{-1} = 0.367$ 이므로 0.37이다.
- 고장이 발생할 확률은 1−신뢰도 이므로 0.63이다.

10 산업안전보건법상 관리감독자의 업무를 4가지 쓰시오.(4점) [기사1503]

① 관리감독자가 지휘·감독하는 작업과 관련된 기계·기구 또는 설비의 안전·보건 점검 및 이상 유무의 확인
② 관리감독자에게 소속된 근로자의 작업복·보호구 및 방호장치의 점검과 그 착용·사용에 관한 교육·지도
③ 해당작업에서 발생한 산업재해에 관한 보고 및 이에 대한 응급조치
④ 해당작업의 작업장 정리·정돈 및 통로 확보에 대한 확인·감독
⑤ 안전관리전문기관의 해당 사업장 담당자, 보건관리전문기관의 해당 사업장 담당자 , 산업보건의에 대한 지도·조언에 대한 협조
⑥ 위험성평가에 관한 유해·위험요인의 파악에 대한 참여, 개선조치의 시행에 대한 참여

▲ 해당 답안 중 4가지 선택 기재

11 타워크레인에 사용하는 와이어로프의 사용금지 기준을 4가지 쓰시오.(단, 부식된 것, 손상된 것은 제외)(4점) [산기0302/산기0801/산기1403/기사1503/기사1601/기사1602/산기1701/기사1803/기사1903/산기2103]

① 이음매가 있는 것
② 와이어로프의 한 꼬임에서 끊어진 소선(素線)의 수가 10퍼센트 이상인 것
③ 지름의 감소가 공칭지름의 7퍼센트를 초과하는 것
④ 꼬인 것

12 잠함 또는 우물통의 내부에서 근로자가 굴착작업을 하는 경우에 잠함 또는 우물통의 급격한 침하에 의한 위험을 방지하기 위하여 준수하여야 할 사항을 2가지 쓰시오.(4점)

[기사1202/기사1302/기사1503/산기1601/기사1901/기사2302]

① 침하관계도에 따라 굴착방법 및 재하량(載荷量) 등을 정할 것
② 바닥으로부터 천장 또는 보까지의 높이는 1.8미터 이상으로 할 것

13 자율검사프로그램의 인정을 취소하거나 인정받은 자율검사프로그램의 내용에 따라 검사를 하도록 개선을 명할 수 있는 경우 2가지를 쓰시오.(단, 거짓이나 그 밖의 부정한 방법으로 자율검사프로그램을 인정받은 경우는 제외)(4점)

[기사1102/기사1503/기사2002]

① 자율검사프로그램을 인정받고도 검사를 하지 아니한 경우
② 인정받은 자율검사프로그램의 내용에 따라 검사를 하지 아니한 경우
③ 산업안전보건법이 정한 사람 또는 자율안전검사기관이 검사를 하지 아니한 경우

▲ 해당 답안 중 2가지 선택 기재

14 접지공사의 종류에 따른 접지도체의 최소 단면적을 쓰시오.(단, 접지선의 굵기는 연동선의 직경을 기준으로 한다)(4점)

[기사1002/기사1302/기사1503/기사2002]

분류		접지선의 최소 단면적
특고압 · 고압 전기설비용 접지도체		①
중성점 접지용 접지도체		②
이동하여 사용하는 전기기계 · 기구	특고압 · 고압 · 중성점 접지용 접지도체	③
	저압 전기설비용 접지도체	④

① 6mm^2　　　② 16mm^2　　　③ 10mm^2　　　④ 0.75mm^2

01 산업안전보건법에 따라 산업재해조사표를 작성하고자 한다. 재해 발생 개요를 작성하시오.(4점)

[기사1502]

> 사출성형부 플라스틱 용기 생산 1팀 사출공정에서 재해자 A와 동료작업자 1명이 같이 작업중이었으며 재해자 A가 사출성형기 2호기에서 플라스틱 용기를 꺼낸 후 금형을 점검하던 중 재해자가 점검중임을 모르던 동료근로자 B가 사출성형기 조작스위치를 가동하여 금형 사이에 재해자가 끼어 사망하였다. 재해당시 사출성형기 도어인터록 장치는 설치가 되어있었으나 고장중이어서 기능을 상실한 상태였고, 점검과 관련하여 "수리중·조작금지"의 안전 표지판이나, 전원스위치 작동금지용 잠금장치는 설치하지 않은 상태에서 동료 근로자가 조작스위치를 잘못 조작하여 재해가 발생하였다.

> 가) 어디서 : 　　나) 누가 : 　　다) 무엇을 : 　　라) 어떻게 :

가) 어디서 : 사출성형부 플라스틱 용기 생산 1팀 사출공정

나) 누가 : 재해자 A와 동료작업자 1명

다) 무엇을 : 사출성형기 2호기에서 플라스틱 용기를 꺼낸 후 금형을 점검하던 중

라) 어떻게 : 재해자가 점검중임을 모르던 동료근로자 B가 사출성형기 조작스위치를 가동하여 금형 사이에 재해자 가 끼어 사망하였다.

02 산업안전보건법령상 사업 내 안전·보건교육에 있어 500명의 사업장에 30명 채용 시의 교육내용을 4가지 쓰시오.(5점)

[기사0602/기사1502/기사2004/기사2101]

① 산업안전 및 사고 예방에 관한 사항

② 산업보건 및 직업병 예방에 관한 사항

③ 위험성 평가에 관한 사항

④ 산업안전보건법령 및 산업재해보상보험 제도에 관한 사항

⑤ 직무 스트레스 예방 및 관리에 관한 사항

⑥ 직장 내 괴롭힘, 고객의 폭언 등으로 인한 건강장해 예방 및 관리에 관한 사항

⑦ 기계·기구의 위험성과 작업의 순서 및 동선에 관한 사항

⑧ 작업 개시 전 점검에 관한 사항

⑨ 정리정돈 및 청소에 관한 사항

⑩ 사고 발생 시 긴급조치에 관한 사항

⑪ 물질안전보건자료에 관한 사항

▲ 해당 답안 중 4가지 선택 기재

03 산업안전보건법상의 사업주의 의무와 근로자의 의무를 2가지씩 쓰시오.(4점) [기사1401/1502]

가) 사업자의 의무

① 사업주는 법과 이 법에 따른 명령으로 정하는 산업재해 예방을 위한 기준을 지켜야 한다.

② 근로자의 신체적 피로와 정신적 스트레스 등을 줄일 수 있는 쾌적한 작업환경을 조성하고 근로조건을 개선해야 한다.

③ 사업주는 사업장의 안전·보건에 관한 정보를 근로자에게 제공해야 한다.

나) 근로자의 의무

① 근로자는 법에 정하는 기준 등 산업재해 예방에 필요한 사항을 지켜야 한다.

② 사업주 또는 근로감독관, 공단 등 관계자가 실시하는 산업재해 예방에 관한 조치에 따라야 한다.

▲ 가)의 답안 중 2가지 선택 기재

04 Fail Safe 기능 3가지를 쓰시오.(3점) [기사0502/기사0703/기사1502]

① Fail Passive   ② Fail Active

③ Fail Operational

05 산업안전보건법에서 산업안전보건위원회의 회의록 작성사항을 3가지 쓰시오.(3점) [기사1502]

① 개최 일시 및 장소   ② 출석위원

③ 심의 내용 및 의결·결정 사항

06 다음 설명은 산업안전보건법상 신규화학물질의 제조 및 수입 등에 관한 설명이다. ( )안에 해당하는 내용을 넣으시오.(4점) [기사1103/기사1502]

신규화학물질을 제조하거나 수입하려는 자는 제조하거나 수입하려는 날 (①)일 전까지 신규 화학물질 유해성·위험성 조사보고서에 따른 서류를 첨부하여 (②)에게 제출하여야 한다.

① 30   ② 고용노동부장관

07 연소의 3요소와 소화방법을 쓰시오.(6점) [기사1502]

① 가연물 : 가연물의 공급을 제한하여 소화시키는 제거소화법

② 산소 : 산소의 공급을 차단하는 질식소화법

③ 점화원 또는 열 : 연소 시 발생하는 열에너지를 흡수하는 냉각소화법

08 스트랜드의 꼬임 방향에 따른 와이어로프 꼬임 형식을 2가지 쓰시오.(4점)　　　[기사1102/기사1502]

① 랭꼬임　　　　　　　　　　　　② 보통꼬임

09 인간-기계 통합시스템에서 시스템(System)이 갖는 기능 4가지를 쓰시오.(5점)

[산기1401/기사1403/기사1502/기사1803]

① 감지기능　　　　　　　　　　② 정보보관기능
③ 정보처리 및 의사결정기능　　　④ 행동기능

10 콘크리트 타설작업 시 준수사항 3가지를 쓰시오.(3점)　　　[기사1502/기사1802]

① 설계도서상의 콘크리트 양생기간을 준수하여 거푸집 동바리 등을 해체할 것
② 콘크리트를 타설하는 경우에는 편심이 발생하지 않도록 골고루 분산하여 타설할 것
③ 콘크리트 타설작업 시 거푸집 붕괴의 위험이 발생할 우려가 있으면 충분한 보강조치를 할 것
④ 당일의 작업을 시작하기 전에 해당 작업에 관한 거푸집 및 동바리의 변형·변위 및 지반의 침하 유무 등을 점검하고 이상이 있으면 보수할 것
⑤ 작업 중에는 감시자를 배치하는 등의 방법으로 거푸집 및 동바리의 변형·변위 및 침하 유무 등을 확인해야 하며, 이상이 있으면 작업을 중지하고 근로자를 대피시킬 것

▲ 해당 답안 중 3가지 선택 기재

11 고장률이 1시간당 0.01로 일정한 기계가 있다. 이 기계에서 처음 100시간 동안 고장이 발생할 확률을 구하시오.(4점)　　　[기사0801/기사1003/기사1502/기사1503]

- 고장률이 λ인 시스템이 t시간 지난 후의 신뢰도 $R(t) = e^{-\lambda t}$ 이므로 λ= 0.01, t=100 이므로 신뢰도 $R(t) = e^{-0.01 \times 100} = e^{-1} = 0.367$ 이므로 0.37이다.
- 고장이 발생할 확률은 1-신뢰도 이므로 0.63이다.

12 전기기계·기구에 설치되어 있는 누전차단기는 정격감도전류가 (①)이고 작동시간은 (②)초 이내이어야 한다. ( )에 알맞은 내용을 쓰시오.(3점)　　　[기사0603/기사0903/기사1502/산기1801]

① 30밀리암페어 이하
② 0.03

13 도급사업의 합동 안전·보건점검을 할 때 점검반으로 구성하여야 하는 사람을 3가지 쓰시오.(3점)

[기사1502]

① 도급인
② 관계수급인
③ 도급인 및 관계수급인의 근로자 각 1명

14 경고표지 및 지시표지를 고르시오.(4점)

[기사1502]

ⓐ	ⓑ	ⓒ	ⓓ	ⓔ	ⓕ	ⓖ	ⓗ	ⓘ	ⓙ

① 경고표지 : ⓐ, ⓒ, ⓔ, ⓕ, ⓘ, ⓙ
② 지시표지 : ⓑ, ⓓ, ⓖ, ⓗ

01 다음 방폭구조의 표시를 쓰시오.(5점)

[기사1102/기사1602]

> • 방폭구조 : 외부의 가스가 용기 내로 침입하여 폭발하더라도 용기는 그 압력에 견디고 외부의 폭발성 가스에 착화될 우려가 없도록 만들어진 구조
> • 그룹 : ⅡB
> • 최고표면온도 : 90도

• EX d ⅡB T5

02 유해물질의 취급 등으로 근로자에게 유해한 작업에 있어서 그 원인을 제거하기 위하여 조치해야 할 사항을 3가지 쓰시오.(3점)

[기사0702/기사1501]

① 대치   ② 격리   ③ 환기

03 보일러에서 발생하는 캐리오버 현상의 원인 4가지를 쓰시오.(4점)

[기사1501]

① 보일러수가 과잉 농축되었을 때
② 열부하가 급격하게 변동해 증감될 때
③ 운전 중 수위 조절이 원활하게 이뤄지지 못할 때
④ 보일러의 운전 압력을 너무 낮게 설정해 놓았을 때
⑤ 기수분리기의 불량 등 기계적인 고장이 발생했을 때

▲ 해당 답안 중 4가지 선택 기재

04 산업안전보건법상 물질안전보건자료의 작성·제출 제외 대상 화학물질 4가지를 쓰시오.(4점)

[기사1201/기사1501/기사1702]

① 사료	② 농약	③ 건강기능식품
③ 원료물질	④ 비료	⑥ 방사성물질
⑦ 마약 및 향정신성의약품	⑧ 위생용품	⑨ 의료기기
⑩ 화약류	⑪ 첨단바이오의약품	⑫ 폐기물
⑬ 화장품	⑭ 의약품 및 의약외품	⑮ 식품 및 식품첨가물

▲ 해당 답안 중 4가지 선택 기재

05 로봇작업에 대한 특별안전보건교육을 실시할 때 교육내용 4가지를 쓰시오.(4점) [기사1501/기사2001/기사2302]

① 로봇의 기본원리·구조 및 작업방법에 관한 사항
② 이상 발생 시 응급조치에 관한 사항
③ 안전시설 및 안전기준에 관한 사항
④ 조작방법 및 작업순서에 관한 사항

06 어떤 기계를 1시간 가동하였을 때 고장발생확률이 0.004일 경우 아래 물음에 답하시오.(4점)

[기사0702/기사1501]

① 평균 고장간격을 구하시오.
② 10시간 가동하였을 때 기계의 신뢰도를 구하시오.

① 평균고장간격(MTBF) $= \dfrac{1}{\lambda} = \dfrac{1}{0.004} = 250[시간]$
② 신뢰도 $R(t) = e^{-\lambda t} = e^{-0.004 \times 10} = e^{-0.04} = 0.96$

07 하역작업장 조치기준에 대한 설명이다. 다음 빈칸을 채우시오.(3점) [기사1501]

가) 화물을 취급하는 작업 등에 사업주는 바닥으로부터 높이가 2m 이상되는 하적단과 인접 하적단 사이의 간격을 하적단의 밑부분을 기준으로 하여 (①)cm 이상으로 할 것
나) 부두 또는 안벽의 선을 따라 통로를 설치하는 경우에는 폭을 (②)cm 이상으로 할 것
다) 육상에서의 통로 및 작업장소로서 다리 또는 선거 갑문을 넘는 보도 등의 위험한 부분에는 (③) 또는 울타리 등을 설치할 것

① 10   ② 90   ③ 안전난간

08 하인리히의 재해예방 대책 5단계를 순서대로 쓰시오.(4점) [기사0601/기사1501]

① 1단계 – 안전관리조직과 안전기준   ② 2단계 – 사실의 발견
③ 3단계 – 분석 및 평가   ④ 4단계 – 시정책의 선정
⑤ 5단계 – 시정책의 적용

09 산업재해조사표의 주요항목에 해당하지 않는 것 4가지를 보기에서 고르시오.(4점)

[기사1101/기사1201/기사1501/기사1503]

① 재해자의 국적　　② 보호자의 성명　　③ 재해 발생일시
④ 고용형태　　　　⑤ 휴업 예상 일수　　⑥ 급여 수준
⑦ 응급조치 내역　　⑧ 재해자의 직업　　⑨ 재해자의 복귀일시

• ②, ⑥, ⑦, ⑨

10 크레인을 사용하여 작업을 시작하기 전 점검사항 2가지를 쓰시오.(4점)　　[기사1501/산기1901/기사1802]

① 권과방지장치·브레이크·클러치 및 운전장치의 기능
② 와이어로프가 통하고 있는 곳의 상태
③ 주행로의 상측 및 트롤리(trolley)가 횡행하는 레일의 상태

▲ 해당 답안 중 2가지 선택 기재

11 산업안전보건법상 안전보건표지 중 "응급구호표지"를 그리시오.(단, 색상표시는 글자로 나타내도록 하고, 크기에 대한 기준은 표시하지 않아도 된다)(5점)　　[기사0902/기사1203/기사1401/기사1501/기사2004]

① 바탕 : 녹색
② 도형 : 흰색

12 달비계의 적재하중을 정하고자 한다. 다음 보기의 안전계수를 쓰시오.(4점)

[산기0603/기사1501/산기1503/기사2302]

가) 달기 와이어로프 및 달기 강선의 안전계수 : (①) 이상
나) 달기 체인 및 달기 훅의 안전계수 : (②) 이상
다) 달기 강대와 달비계의 하부 및 상부 지점의 안전계수는 강재의 경우 (③) 이상, 목재의 경우 (④) 이상

① 10　　　　　　　　　　　② 5
③ 2.5　　　　　　　　　　　④ 5

13 목재가공용 둥근톱에 대한 방호장치 중 분할 날이 갖추어야 할 사항이다. 빈칸을 채우시오.(3점)

[기사0702/기사1501]

> - 분할 날의 두께는 둥근톱 두께의 (①)배 이상으로 한다.
> - 견고히 고정할 수 있으며 분할 날과 톱날 원주면과의 거리는 (②)mm 이내로 조정, 유지할 수 있어야 한다.
> - 표준 테이블 면 상의 톱 뒷날의 (③)이상을 덮도록 한다.

① 1.1   ② 12   ③ 2/3

14 시스템 안전을 실행하기 위한 시스템안전프로그램계획(SSPP) 포함사항 4가지를 쓰시오.(4점)

[기사1103/기사1501]

① 계획의 개요   ② 안전조직
③ 계약조건   ④ 안전성 평가
⑤ 시스템 안전기준 및 해석   ⑥ 안전자료의 수집과 갱신
⑦ 경과와 결과의 보고

▲ 해당 답안 중 4가지 선택 기재

01 산업안전보건법상 위험물의 종류에 있어 다음 각 물질에 해당하는 것을 보기에서 2가지씩 골라 번호를 쓰시오.(4점)

[기사1001/기사1403]

① 황	② 염소산	③ 하이드라진 유도체	④ 아세톤
⑤ 과망간산	⑥ 니트로소화합물	⑦ 수소	⑧ 리튬

가) 폭발성 물질 및 유기과산화물 : ③, ⑥
나) 물반응성 물질 및 인화성 고체 : ①, ⑧

02 용접작업을 하는 작업자가 전압이 300V인 충전부분이 물에 젖은 손이 접촉, 감전되어 사망하였다. 이때 인체에 통전된 심실세동전류(mA)와 통전시간(ms)을 계산하시오.(단, 인체의 저항은 1,000[Ω]으로 한다) (4점)

[기사0701/기사1403/기사2303]

① 심실세동전류는 오옴의 법칙($I = \dfrac{V}{R}$)을 이용해서 구한다. 전압이 주어졌으며, 저항은 인체저항이 1,000[Ω]이지만 충전부분이 물에 젖을 경우 저항은 $\dfrac{1}{25}$로 감소하므로 40[Ω]이 되는데 유의한다.

$I = \dfrac{300}{40} = 7.5[A]$ 이며, 이는 7,500[mA]이다.

② 통전시간(T)는 심실세동전류를 알고 있으면 구할 수 있다. 심실세동전류 $I = \dfrac{165}{\sqrt{T}}$[mA]이므로 $T = \left(\dfrac{165}{I}\right)^2$이 므로 구해진 심실세동전류를 대입하면 $T = \left(\dfrac{165}{I}\right)^2 = 0.000484[sec]$이다. 이는 0.48[ms]가 된다.

03 무재해 운동 추진 중 사고나 재해가 발생하여도 무재해로 인정되는 경우 4가지를 쓰시오.(4점)

[기사1102/기사1401/기사1403]

① 출·퇴근 도중에 발생한 재해
② 운동경기 등 각종 행사 중 발생한 사고
③ 제3자의 행위에 의한 업무상 재해
④ 업무시간 외에 발생한 재해
⑤ 업무상재해인정기준 중 뇌혈관질환 또는 심장질환에 의한 재해
⑥ 작업시간 중 천재지변 또는 돌발적인 사고로 인한 구조행위 또는 긴급피난 중 발생한 사고
⑦ 작업시간 외에 천재지변 또는 돌발적인 사고 우려가 많은 장소에서 사회통념상 인정되는 업무수행 중 발생한 사고

▲ 해당 답안 중 4가지 선택 기재

04 콘크리트 구조물로 옹벽을 축조할 경우, 필요한 안정조건을 3가지 쓰시오.(3점)

[기사0803/기사1403/산기1902]

① 활동에 대한 안정   ② 전도에 대한 안정
③ 지반지지력에 대한 안정   ④ 원호활동에 대한 안정

▲ 해당 답안 중 3가지 선택 기재

05 산업안전보건법에 따라 굴착면의 높이가 2미터 이상이 되는 지반의 굴착 시 작업장의 지형·지반 및 지층 상태 등에 대한 사전 조사 후 작성하여야 하는 작업계획서에 포함되어야 하는 사항을 4가지 쓰시오.(단, 기타 안전보건에 관련된 사항은 제외한다)(4점)

[기사1103/기사1403/기사1901]

① 굴착방법 및 순서, 토사 반출 방법   ② 펼요한 인원 및 장비 사용계획
③ 매설물 등에 대한 이설·보호대책   ④ 사업장 내 연락방법 및 신호방법
⑤ 흙막이 지보공 설치방법 및 계측계획   ⑥ 작업지휘자의 배치계획

▲ 해당 답안 중 4가지 선택 기재

06 다음 보기에서 안전인증대상 기계·기구 및 설비, 방호장치 또는 보호구에 해당하는 것을 4가지 골라 번호를 쓰시오.(4점)

[기사1003/기사1403/기사1603/기사1903]

① 안전대	② 연삭기 덮개
③ 파쇄기	④ 산업용 로봇 안전매트
⑤ 압력용기	⑥ 양중기용 과부하방지장치
⑦ 교류아크용접기용 자동전격방지기	⑧ 이동식 사다리
⑨ 동력식 수동대패용 칼날 접촉방지장치	⑩ 용접용 보안면

• ①, ⑤, ⑥, ⑩

07 산업안전보건법령상 안전·보건표지의 종류에 있어 안내표지에 해당하는 것 4가지를 쓰시오.(4점)

[기사0903/기사1403]

① 녹십자표지   ② 응급구호표지   ③ 세안장치
④ 들 것   ⑤ 비상용기구   ⑥ 비상구

▲ 해당 답안 중 4가지 선택 기재

08 산업안전보건법령에 따라 공정안전보고서에 포함되어야 하는 사항 4가지를 쓰시오.(단, 그 밖에 공정상의 안전과 관련하여 고용노동부장관이 필요하다고 인정하여 고시하는 사항은 제외)(4점)

[산기0803/산기0903/기사1001/기사1403/산기1501/기사1602/기사1703/산기1703/기사2101/기사2202]

① 공정안전자료
② 공정위험성 평가서
③ 안전운전계획
④ 비상조치계획

09 다음과 같은 구조의 시스템이 있다. 부품2(X_2)의 고장을 초기사상으로 하여 사건나무(Event tree)를 그리고 각 가지마다 시스템의 작동 여부를 "작동" 또는 "고장"으로 표시하시오.(4점) [기사0502/기사1403]

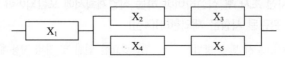

• X_3는 X_2가 고장이므로 사상나무에서 제외한다.

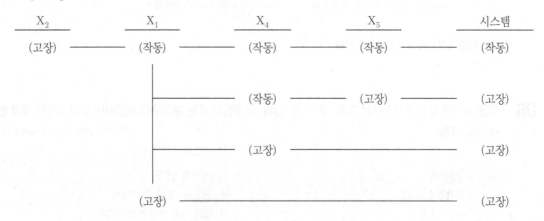

10 다음의 재해 통계지수에 관하여 설명하시오.(4점) [기사1403]

① 연천인율	② 강도율

① 연천인율 : 근로자 1000명당 1년간 발생하는 재해 발생자의 수를 나타낸다.
② 강도율 : 1,000시간당 근로손실일수를 나타낸다.

11 기계설비의 근원적 안전을 확보하기 위한 안전화 방법을 4가지 쓰시오.(4점) [기사0503/기사1403]

① 외관의 안전화
② 기능의 안전화
③ 구조의 안전화
④ 보전작업의 안전화

12 인간-기계 통합시스템에서 시스템(System)이 갖는 기능 4가지를 쓰시오.(4점)

[산기1401/기사1403/기사1502/기사1803]

① 감지기능   ② 정보보관기능
③ 정보처리 및 의사결정기능   ④ 행동기능

13 아세틸렌 또는 가스집합 용접장치에 설치하는 역화방지기 성능시험 종류를 4가지를 쓰시오.(4점)

[기사1403]

① 내압시험   ② 기밀시험
③ 역류방지시험   ④ 역화방지시험
⑤ 가스압력손실시험   ⑥ 방출장치동작시험

▲ 해당 답안 중 4가지 선택 기재

14 다음은 안전관리의 주요 대상인 4M과 안전대책인 3E와의 관계도를 나타낸 것이다. 그림의 빈칸에 알맞은 내용을 써 넣으시오.(4점)

[기사1403]

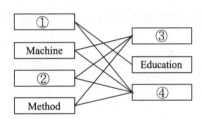

① Man   ② Material
③ Engineering   ④ Enforcement

01 하인리히의 재해예방대책 4원칙을 쓰고 설명하시오.(4점) [기사0803/기사1001/기사1402/기사1803]

① 대책선정의 원칙 : 사고의 원인을 발견하면 대책을 세워야 하며, 모든 사고는 대책선정이 가능하다는 원칙
② 손실우연의 원칙 : 사고로 인한 손실은 상황에 따라 다른 우연적이라는 원칙
③ 예방가능의 원칙 : 모든 사고는 예방이 가능하다는 원칙
④ 원인연계의 원칙 : 사고는 반드시 원인이 있으며 이는 복합적으로 필연적인 인과관계로 작용한다는 원칙

02 누전차단기에 관한 내용이다. 빈칸을 채우시오.(3점) [기사1402]

> 가) 누전차단기는 지락검출장치, (①), 개폐기구 등으로 구성된다.
> 나) 중감도형 누전차단기는 정격감도전류가 (②) ~ 1000mA 이하이다.
> 다) 시연형 누전차단기는 동작시간이 0.1초 초과하고 (③) 이내이다.

① 트립장치   ② 50mA   ③ 2초

03 다음 각 물음에 적응성이 있는 소화기를 보기에서 골라 2가지씩 쓰시오.(6점) [기사1402]

> ① CO_2 소화기   ② 건조사   ③ 봉상수소화기
> ④ 물통 또는 수조   ⑤ 포소화기   ⑥ 할로겐화합물소화기

가) 전기설비	나) 인화성 액체	다) 자기반응성 물질

가) 전기설비 : ① ⑥   나) 인화성 액체 : ② ⑤
다) 자기반응성 물질 : ③ ④

04 도끼로 나무를 자르는데 소요되는 에너지는 분당 8kcal, 작업에 대한 평균에너지 5kcal/min, 휴식에너지 1.5kcal/min, 작업시간 60분일 때 휴식시간을 구하시오.(4점) [기사1402]

- $R = 60 \times \dfrac{8-5}{8-1.5} = \dfrac{180}{6.5} = 27.692\cdots$ 이므로 27.69분이다.

05 사업주는 보일러의 폭발사고를 예방하기 위하여 기능이 정상적으로 작동될 수 있도록 유지·관리하여야 한다. 유지·관리하여야 하는 부속을 3가지 쓰시오.(3점) [기사1402/기사1901]

① 압력방출장치   ② 압력제한스위치

③ 고저수위 조절장치   ④ 화염 검출기

▲ 해당 답안 중 3가지 선택 기재

06 위험물질을 제조·취급하는 작업장과 그 작업장이 있는 건축물에 출입구 외에 안전한 장소로 대피할 수 있는 비상구 1개 이상을 설치해야 하는 구조조건을 2가지 쓰시오.(4점) [기사1402/기사1802]

① 출입구와 같은 방향에 있지 아니하고, 출입구로부터 3미터 이상 떨어져 있을 것
② 비상구의 너비는 0.75미터 이상으로 하고, 높이는 1.5미터 이상으로 할 것
③ 작업장의 각 부분으로부터 하나의 비상구 또는 출입구까지의 수평거리가 50미터 이하가 되도록 할 것
④ 비상구의 문은 피난 방향으로 열리도록 하고, 실내에서 항상 열 수 있는 구조로 할 것

▲ 해당 답안 중 2가지 선택 기재

07 안전보건총괄책임자 지정 대상사업을 3가지 쓰시오.(3점) [기사1402]

① 수급인에게 고용된 근로자를 포함한 상시근로자가 100명 이상인 사업
② 수급인에게 고용된 근로자를 포함한 상시근로자가 50명 이상인 선박 및 보트 건조업
③ 수급인에게 고용된 근로자를 포함한 상시근로자가 50명 이상인 1차 금속 제조업 및 토사석 광업
④ 수급인의 공사금액을 포함한 해당 공사의 총공사금액이 20억원 이상인 건설업

▲ 해당 답안 중 3가지 선택 기재

08 대상화학물질을 양도하거나 제공하는 자는 물질안전보건자료의 기재내용을 변경할 필요가 생긴 때 이를 물질안전보건자료에 반영하여 대상 화학물질을 양도받거나 제공받은 자에게 신속하게 제공하여야 한다. 제공 내용을 3가지 쓰시오.(단, 그 밖에 고용노동부령으로 정하는 사항은 제외)(4점) [기사1402/산기1801]

① 제품명(구성성분의 명칭 및 함유량의 변경이 없는 경우로 한정한다)
② 물질안전보건자료대상물질을 구성하는 화학물질의 명칭 및 함유량(제품명의 변경 없이 구성성분의 명칭 및 함유량만 변경된 경우로 한정한다)
③ 건강 및 환경에 대한 유해성 및 물리적 위험성

09 에어컨 스위치의 수명은 지수분포를 따르며, 평균수명은 1,000시간이다. 다음을 계산하시오.(4점)

[기사1402]

> ① 새로 구입한 스위치가 향후 500시간 동안 고장 없이 작동할 확률을 구하시오.
> ② 이미 1,000시간을 사용한 스위치가 향후 500시간 이상 견딜 확률을 구하시오.

① 고장까지의 평균시간이 1000시간일 때 이 부품을 500시간 동안 사용할 신뢰도이므로 $R(t) = e^{-\frac{t}{t_0}}$ 에 대입하면,

$R(t) = e^{-\frac{500}{1,000}} = e^{-\frac{1}{2}} = 0.606 \simeq 0.61$ 이다.

② 마찬가지로 이미 1,000시간을 사용했더라도 동일한 식을 사용하므로 $R(t) = e^{-\frac{500}{1,000}} = e^{-\frac{1}{2}} = 0.606 \simeq 0.61$ 이다.

10 안전관리비의 계상 및 사용에 관한 내용이다. 다음 각 물음에 답을 쓰시오.(6점) [기사1402]

> 가) 발주자가 재료를 제공하거나 물품이 완제품의 형태로 제작 또는 납품되어 설치되는 경우에 해당 재료비 또는 완제품의 가액을 대상액에 포함시킬 경우의 안전관리비는 해당 재료비 또는 완제품의 가액을 포함시키지 않은 대상액을 기준으로 계상한 안전관리비의 (①)를 초과할 수 없다.
> 나) 대상액이 구분되어 있지 않은 공사는 도급계약 또는 자체사업계획 상의 총공사금액의 (②)를 대상액으로 하여 안전관리비를 계상하여야 한다.
> 다) 수급인 또는 자기공사자는 안전관리비 사용내역에 대하여 공사 시작 후 (③)개월마다 1회 이상 발주자 또는 감리원의 확인을 받아야 한다.

① 1.2배   ② 70%   ③ 6개월

11 "출입금지표지"를 그리고, 표지판과 도형의 색을 각각 구분하여 쓰시오.(4점)

[기사0702/기사1402/산기1803/기사2001]

① 바탕 : 흰색
② 도형 : 빨간색
③ 화살표 : 검정색

12 컨베이어 작업 시작 전에 점검해야 할 사항 3가지를 쓰시오.(3점)　[기사0601/기사1001/기사1402]

① 원동기 및 풀리(Pulley) 기능의 이상 유무

② 이탈 등의 방지장치 기능의 이상 유무

③ 비상정지장치 기능의 이상 유무

④ 원동기·회전축·기어 및 풀리 등의 덮개 또는 울 등의 이상 유무

▲ 해당 답안 중 3가지 선택 기재

13 양립성을 2가지 쓰고 사례를 들어 설명하시오.(4점)　[기사1202/기사1402/기사2002/기사2102]

① 공간(Spatial)양립성 : 표시장치와 이에 대응하는 조종장치의 위치가 인간의 기대에 모순되지 않는 것

② 운동(Movement)양립성 : 조종장치의 조작방향에 따라서 기계장치나 자동차 등이 움직이는 것

③ 개념(Conceptual)양립성 : 인간이 가지는 개념과 일치하게 하는 것으로 적색 수도꼭지는 온수, 청색 수도꼭지는 냉수를 의미하는 것

④ 양식(Modality)양립성 : 문화적 관습에 의해 생기는 양립성 혹은 직무에 관련된 자극과 이에 대한 응답 등으로 청각적 자극 제시와 이에 대한 음성응답 과업에서 갖는 양립성

▲ 해당 답안 중 2가지 선택 기재

01 산업안전보건법상 안전보건표지 중 "응급구호표지"를 그리시오.(단, 색상표시는 글자로 나타내도록 하고, 크기에 대한 기준은 표시하지 않아도 된다)(5점)   [기사0902/기사1203/기사1401/기사1501/기사2004]

① 바탕 : 녹색
② 도형 : 흰색

02 사업을 타인에게 도급하는 자는 근로자의 건강을 보호하기 위하여 수급인이 고용노동부령으로 정하는 위생시설에 관한 기준을 준수할 수 있도록 수급인에게 위생시설을 설치할 수 있는 장소를 제공하거나 자신의 위생시설을 수급인의 근로자가 이용할 수 있도록 하는 등 적절한 협조를 하여야 한다. 위생시설 4가지를 쓰시오.(4점)   [기사1401]

① 세면시설   ② 목욕시설
③ 탈의시설   ④ 세탁시설

03 파블로프 조건반사설 학습의 원리를 쓰시오.(4점)   [기사0903/기사1103/기사1401]

① 일관성의 원리   ② 시간의 원리
③ 강도의 원리   ④ 계속성의 원리

04 무재해 운동 추진 중 사고나 재해가 발생하여도 무재해로 인정되는 경우 4가지를 쓰시오.(4점)

   [기사1102/기사1401/기사1403]

① 출·퇴근 도중에 발생한 재해   ② 운동경기 등 각종 행사 중 발생한 사고
③ 제3자의 행위에 의한 업무상 재해   ④ 업무시간 외에 발생한 재해
⑤ 업무상재해인정기준 중 뇌혈관질환 또는 심장질환에 의한 재해
⑥ 작업시간 중 천재지변 또는 돌발적인 사고로 인한 구조행위 또는 긴급피난 중 발생한 사고
⑦ 작업시간 외에 천재지변 또는 돌발적인 사고 우려가 많은 장소에서 사회통념상 인정되는 업무수행 중 발생한 사고

▲ 해당 답안 중 4가지 선택 기재

05 산업안전보건법상 안전인증대상 기계·기구 등이 안전인증기준에 적합한지를 확인하기 위하여 안전인증기관이 심사하는 심사의 종류 4가지를 쓰시오.(4점) [기사1103/기사1202/기사1401/기사1902]

① 예비심사 ② 서면심사

③ 기술능력 및 생산체계 심사 ④ 제품심사

06 보일링 현상 방지대책을 3가지 쓰시오.(3점) [기사0602/기사0701/기사1003/기사1302/기사1401/기사1901/기사2003]

① 굴착배면의 지하수위를 낮춘다.

② 토류벽의 근입 깊이를 깊게 한다.

③ 토류벽 선단에 코어 및 필터층을 설치한다.

④ 투수거리를 길게 하기 위한 지수벽을 설치한다.

▲ 해당 답안 중 3가지 선택 기재

07 다음을 간단히 설명하시오.(4점) [기사0802/기사0901/기사1101/기사1401]

① Fail safe   ② Fool proof

① 기계나 그 부품에 고장이나 기능 불량이 생겨도 항상 안전하게 작동하는 구조와 기능을 말한다.

② 기계 조작에 익숙하지 않은 사람이나 기계의 위험성 등을 이해하지 못한 사람이라도 기계 조작 시 조작 실수를 하지 않도록 하는 기능으로 작업자가 기계 설비를 잘못 취급하더라도 사고가 일어나지 않도록 하는 기능을 말한다.

08 타워크레인을 설치·조립·해체하는 작업 시 작업계획서의 내용 4가지를 쓰시오.(4점) [기사1401/기사2004/기사2201]

① 타워크레인의 종류 및 형식

② 설치·조립 및 해체순서

③ 작업도구·장비·가설설비 및 방호설비

④ 지지 방법

⑤ 작업인원의 구성 및 작업근로자의 역할 범위

▲ 해당 답안 중 4가지 선택 기재

09 산업안전보건법상의 사업주의 의무와 근로자의 의무를 2가지씩 쓰시오.(4점) [기사1401/1502]

가) 사업자의 의무

① 사업주는 법과 이 법에 따른 명령으로 정하는 산업재해 예방을 위한 기준을 지켜야 한다.

② 근로자의 신체적 피로와 정신적 스트레스 등을 줄일 수 있는 쾌적한 작업환경을 조성하고 근로조건을 개선해야 한다.

③ 사업주는 사업장의 안전·보건에 관한 정보를 근로자에게 제공해야 한다.

나) 근로자의 의무

① 근로자는 법에 정하는 기준 등 산업재해 예방에 필요한 사항을 지켜야 한다.

② 사업주 또는 근로감독관, 공단 등 관계자가 실시하는 산업재해 예방에 관한 조치에 따라야 한다.

▲ 가)의 답안 중 2가지 선택 기재

10 전압이 100[V]인 충전부분에 물에 젖은 작업자의 손이 접촉되어 감전, 사망하였다. 이 때 인체에 흐른 ① 심실세동전류[mA]를 구하고, ② 통전시간[초]를 구하시오.(단, 인체의 저항은 5,000[Ω]으로 하고, 소수 넷째자리에서 반올림하여 소수 셋째자리까지 표기할 것)(4점) [기사0502/기사1401]

① 심실세동전류는 오옴의 법칙($I = \dfrac{V}{R}$)을 이용해서 구한다. 전압이 주어졌으며, 저항은 인체저항이 5,000[Ω]이지만 충전부분이 물에 젖을 경우 저항은 $\dfrac{1}{25}$로 감소하므로 200[Ω]이 되는데 유의한다.

$I = \dfrac{100}{200} = 0.5[A]$ 이며, 이는 500[mA]이다.

② 통전시간(T)는 심실세동전류를 알고 있으면 구할 수 있다. 심실세동전류 $I = \dfrac{165}{\sqrt{T}}[mA]$이므로 $T = \left(\dfrac{165}{I}\right)^2$ 이므로 구해진 심실세동전류를 대입하면 $T = \left(\dfrac{165}{500}\right)^2 = 0.1089 \simeq 0.109[sec]$이다.

11 공정안전보고서 이행상태의 평가에 관한 내용이다. 다음 (   )를 채우시오.(4점) [기사1401/기사1903]

가) 고용노동부장관은 공정안전보고서의 확인 후 1년이 경과한 날부터 (①)년 이내에 공정안전보고서 이행상태의 평가를 하여야 한다.

나) 사업주가 이행평가에 대한 추가요청을 하면 (②) 기간 내에 이행평가를 할 수 있다.

① 2 ② 1년 또는 2년의

12 휴먼에러에서 독립행동에 관한 분류와 원인에 의한 분류를 2가지씩 쓰시오.(4점)

[기사0502/기사1401/기사1801]

가) 독립행동에 관한 분류
　① Commission error(수행적 에러)　　② Omission error(생략적 에러)

나) 원인에 의한 분류
　① 1차 오류(Primary error)　　　　② 2차 오류(Secondary error)
　③ 지시 오류(Command error)

▲ 나)의 답안 중 2가지 선택 기재

13 직렬이나 병렬구조로 단순화될 수 없는 복잡한 시스템의 신뢰도나 고장확률을 평가하는 기법 3가지를 쓰시오.(3점)

[기사1401]

① 사상공간법
② 경로추적법
③ 분해법

14 광전자식 방호장치 프레스에 관한 설명 중 ( )안에 알맞은 내용이나 수치를 써 넣으시오.(4점)

[기사1401/기사1603]

가) 프레스 또는 전단기에서 일반적으로 많이 활용되고 있는 형태로서 투광부, 수광부, 컨트롤 부분으로 구성된 것으로서 신체의 일부가 광선을 차단하면 기계를 급정지시키는 방호장치로 (①) 분류에 해당한다.
나) 정상동작표시램프는 (②)색, 위험표시램프는 (③)색으로 하며, 쉽게 근로자가 볼 수 있는 곳에 설치해야 한다.
다) 방호장치는 릴레이, 리미트 스위치 등의 전기부품의 고장, 전원전압의 변동 및 정전에 의해 슬라이드가 불시에 동작하지 않아야 하며, 사용전원전압의 ±(④)%의 변동에 대하여 정상으로 작동되어야 한다.

① A-1　　　　　　　　　　　② 녹
③ 붉은　　　　　　　　　　　④ 20

MEMO

2024 | 한국산업인력공단 | 국가기술자격

고시넷
고패스

산업안전기사 [실기]
필답형 + 작업형
기출복원문제 + 유형분석

필답형 회차별
기출복원문제 31회분
2014~2023년

[실전풀이문제]

gosinet
(주)고시넷

01 HAZOP 기법에 사용되는 가이드 워드에 관한 의미를 영문으로 쓰시오.(4점) [기사2303]

① 설계의도대로 되지 않거나 운전의 유지가 되지 않는 상태
② 성질상 증가(다른 공정변수가 부가되는 상태)
③ 설계의도대로 완전히 이뤄지지 않는 상태
④ 공정변수 양의 증가

02 산업안전보건법상 다음 보기의 달기구 안전계수를 쓰시오.(3점) [기사2303]

가) 근로자가 탑승하는 운반구를 지지하는 달기 와이어로프 또는 달기 체인의 경우 : (①) 이상
나) 화물의 하중을 직접 지지하는 달기 와이어로프 또는 달기 체인의 경우 : (②) 이상
다) 훅, 샤클, 클램프, 리프팅 빔의 경우 : (③) 이상

03 다음 FTA 용어를 설명하시오.(4점) [기사2303]

① 최소 컷 셋(Minimal Cut set)   ② 최소 패스 셋(Minimal Path set)

04 특급 방진마스크 사용 장소를 2곳 쓰시오.(4점) [기사1901/기사2303]

05 안전관리자를 정수 이상으로 증원·교체 임명할 수 있는 사유 3가지를 쓰시오.(3점)(단, 해당 사업장의 전년도 사망만인율이 같은 업종의 평균 사망만인율을 초과한 경우이며, 화학적 인자로 인한 직업성 질병자는 제외한다) [기사0603/기사1703/기사2002/기사2303]

06 산업안전보건법상 사망만인율을 구하는 식과 사망자 수에 포함되지 않는 경우를 2가지 쓰시오.(4점)

[기사2303]

07 다음 물음에 답하시오.(6점) [기사2303]

가) 사업장의 안전 및 보건에 관한 중요한 사항을 심의·의결하기 위하여 사업장에 근로자 위원과 사용자 위원이 같은 수로 구성되는 회의체를 쓰시오.
나) 해당 회의의 개최 주기를 쓰시오.
다) 근로자 위원, 사용자 위원의 자격을 각각 1가지씩 쓰시오.

08 산업안전보건법상 다음 기계·기구에 설치해야 할 방호장치를 각각 1개씩 쓰시오.(3점)

[산기1403/산기1901/산기2003/기사2004/기사2303]

기계·기구	방호장치
원심기	(①)
공기압축기	(②)
금속절단기	(③)

09 화학설비 및 그 부속설비의 설치에 있어서 다음 설명의 ( ) 안을 채우시오.(4점)

[기사2303]

가) 사업주는 급성 독성물질이 지속적으로 외부에 유출될 수 있는 화학설비 및 그 부속설비에 파열판과 안전밸브를 (①)로 설치하고 그 사이에는 압력지시계 또는 (②)를 설치하여야 한다.

나) 사업주는 안전밸브 등이 안전밸브 등을 통하여 보호하려는 설비의 최고사용압력 이하에서 작동되도록 하여야 한다. 다만, 안전밸브등이 2개 이상 설치된 경우에 1개는 최고사용압력의 (③)배(외부화재를 대비한 경우에는 (④)배) 이하에서 작동되도록 설치할 수 있다.

10 용접작업을 하는 작업자가 전압이 300V인 충전부분이 물에 젖은 손이 접촉, 감전되어 사망하였다. 이때 인체에 통전된 심실세동전류(mA)와 통전시간(ms)을 계산하시오.(단, 인체의 저항은 1,000[Ω]으로 한다) (4점)

[기사0701/기사1403/기사2101/기사2303]

11 사업주가 근로자에게 시행하는 안전보건교육 중 건설업 기초안전·보건교육의 교육내용을 2가지 쓰시오.(4점)

[기사2303]

12 산업안전보건법상 보기의 사업장에 갖추어야 할 안전관리자의 최소 인원을 쓰시오.(4점)　[기사2303]

> ① 상시근로자 600명의 식료품 제조업
> ② 상시근로자 200명의 1차 금속 제조업
> ③ 상시근로자 300명의 플라스틱제품 제조업
> ④ 총공사금액이 1,000억원 이상인 건설업(전체 공사기간 중 전·후 15에 해당하는 기간 외)

13 인체 측정 시 인체측정자료의 응용 설계 3원칙을 쓰시오.(3점)　[기사0802/기사0902/기사1802/기사1902/기사2303]

14 연삭숫돌의 파괴원인 4가지를 쓰시오.(4점)　[기사2101/기사2303]

01 경고표지의 용도 및 사용 장소에 관한 내용이다. 빈칸에 알맞은 종류를 쓰시오.(4점)

[기사1303/기사1702/기사2302]

> 가) 돌 및 블록 등 떨어질 우려가 있는 물체가 있는 장소 : (①)
> 나) 경사진 통로 입구, 미끄러운 장소 : (②)
> 다) 휘발유 등 화기의 취급을 극히 주의해야 하는 물질이 있는 장소 : (③)
> 라) 가열·압축하거나 강산·알칼리 등을 첨가하면 강한 산화성을 띠는 물질이 있는 장소 : (④)

02 산업안전보건기준에 의한 규칙에서 터널 강(鋼)아치 지보공의 조립을 하고자 할 때 사업주가 준수해야 하는 사항을 4가지 쓰시오.(4점)

[기사2302]

03 달비계의 적재하중을 정하는 경우에 고려해야 하는 안전계수에 대한 다음 보기의 ( ) 안을 채우시오.(3점)

[산기0603/기사1501/산기1503/기사2302]

> 가) 달기 와이어로프 및 달기 강선의 안전계수 : (①) 이상
> 나) 달기 체인 및 달기 훅의 안전계수 : (②) 이상
> 다) 달기 강대와 달비계의 하부 및 상부 지점의 안전계수는 강재의 경우 (③) 이상

04 사업주는 잠함 또는 우물통의 내부에서 근로자가 굴착작업을 하는 경우에 잠함 또는 우물통의 급격한 침하에 의한 위험을 방지하기 위하여 준수하여야 할 사항을 2가지 쓰시오.(5점)

[기사1202/기사1302/기사1503/산기1601/기사1901/기사2302]

05 누전에 의한 감전위험을 방지하기 위하여 해당 전로의 정격에 적합하고 감도가 양호하며 확실하게 작동하는 감전방지용 누전차단기를 설치하는 상황을 3가지 쓰시오.(3점)　　　[산기2002/기사2003/산기2102/기사2302]

06 산업안전보건법에서 (가) 소프트웨어 개발 및 공급업의 경우 안전보건관리규정을 작성해야 하는 상시근로자의 수와 (나) 안전보건관리규정에 포함될 사항을 3가지 쓰시오.(5점)[기사1002/산기1502/기사1702/기사2001/기사2302]

07 건설업 중 건설공사 유해·위험방지계획서의 제출기한과 첨부서류 3가지를 쓰시오.(5점)

[기사0903/기사1303/기사2302]

08 와이어로프로 1,200kg의 화물을 108°의 각도로 두줄걸이로 들어 올릴 때 다음을 구하시오.(단, 와이어로프의 파단하중은 42.8kN이다)(5점) [기사2302]

> ① 안전율을 구하시오.
> ② 안전율에 대한 판단여부와 그 이유를 쓰시오.

09 목재가공용 둥근톱의 방호장치인 분할날이 갖추어야 하는 조건에 대한 다음 ( ) 안을 채우시오.(3점) [기사2302]

> 가) 분할날의 두께는 둥근톱 두께의 1.1배 이상일 것
> 나) 견고히 고정할 수 있으며 분할날과 톱날 원주면과의 거리는 (①)밀리미터 이내로 조정, 유지할 수 있어야 하고 표준 테이블 상의 톱 뒷날의 2/3 이상을 덮도록 할 것
> 다) 분할날 조임볼트는 (②)개 이상일 것
> 라) 분할날 조임볼트는 (③)조치가 되어 있을 것

10 산업안전보건위원회의 근로자위원의 자격 3가지를 쓰시오.(3점) [기사1102/기사1903/기사2302]

11 산업안전보건법상 사업주는 유자격자가 충전전로 인근에서 작업하는 경우에도 절연장갑을 착용하거나 절연된 경우를 제외하고는 노출 충전부에 접근한계거리 이내로 접근하지 않도록 하여야 한다. 이때의 충전전로의 선간전압에 따른 충전전로에 대한 접근한계거리를 쓰시오.(3점)　[기사2302]

충전전로의 선간전압 (단위 : KV)	충전전로에 대한 접근한계거리(단위 : cm)
2 초과 15 이하	(①)
37 초과 88 이하	(②)
145 초과 169 이하	(③)

12 로봇작업에 대한 특별안전보건교육을 실시할 때 교육내용 4가지를 쓰시오.(4점) [기사1501/기사2001/기사2302]

13 방호조치를 하지 아니하고는 양도, 대여, 설치 또는 사용에 제공하거나, 양도·대여의 목적으로 진열해서는 안 되는 기계·기구 4가지를 쓰시오.(4점)　[산기0903/산기1203/산기1503/기사1602/기사1801/기사2003/기사2201/기사2302]

14 다음에 해당하는 방폭구조의 기호를 쓰시오.(4점)　[기사2302]

　① 안전증방폭구조　　　　　　　　② 충전방폭구조
　③ 유입방폭구조　　　　　　　　　④ 특수방폭구조

01 산업안전보건법령상 소음노출기준에 대한 다음 설명의 ( ) 안을 채우시오.(3점) [기사2301]

> 가) 소음작업이란 1일 8시간 작업을 기준으로 (①)데시벨 이상의 소음이 발생하는 작업을 말한다.
> 나) 강렬한 소음작업이란 90데시벨 이상의 소음이 1일 (②)시간 이상, 100데시벨 이상의 소음이 1일
> (③)시간 이상 발생하는 작업을 말한다.

02 공정안전보고서의 제출대상에 해당하는 유해 · 위험물질의 규정량(kg)을 쓰시오.(단, 제조 · 취급에 해당하는 양)(4점) [기사2301]

> ① 인화성 가스   ② 암모니아   ③ 염산(중량 20% 이상)   ④ 황산(중량 20% 이상)

03 차광보안경의 종류를 4가지 쓰시오.(4점) [기사1201/기사2301]

04 산업안전보건법령상 가연성물질이 있는 장소에서 화재위험작업을 하는 경우에 화재예방을 위한 사업주의 준수사항을 3가지 쓰시오.(3점) [기사2301]

05 비계 작업 시 비, 눈 그 밖의 기상상태의 불안정으로 날씨가 몹시 나빠서 작업을 중지시킨 후 그 비계에서 작업 재개할 때 점검사항을 5가지 쓰시오.(5점)

[기사0502/기사1003/기사1201/기사1203/기사1302/기사1303/산기1402/기사1602/산기1801/기사2001/산기2004/기사2202/기사2301]

06 조명은 근로자들의 작업환경 측면에서 중요한 안전요소이다. 산업안전보건법상 다음의 작업에서 근로자를 상시 작업시키는 장소의 조도기준을 쓰시오.(단, 갱도 등의 작업장은 제외한다)(4점)

[기사0503/기사1002/산기1202/산기1602/기사1603/산기1802/산기1803/산기2001/기사2101/기사2301]

초정밀작업	정밀작업	보통작업	그 밖의 작업
(①)	(②)	(③)	(④)

07 A 사업장의 근무 및 재해 발생현황이 다음과 같을 때, 이 사업장의 종합재해지수를 구하시오.(4점)

[기사1102/기사1701/기사2003/기사2301]

- 평균 근로자수 : 400명
- 연간 재해 발생건수 : 80건
- 재해자수 : 100명
- 근로손실일수 : 800일
- 근로시간 : 1일 8시간, 연간 280일 근무

08 산업안전보건법에 따라 이상상태로 인한 압력상승으로 당해설비의 최고 사용압력을 구조적으로 초과할 우려가 있는 화학설비 및 그 부속설비에 안전밸브 또는 파열판을 설치하여야 한다. 이 때 반드시 파열판을 설치해야 하는 경우 3가지를 쓰시오.(6점) [기사1003/산기1702/기사1703/기사2001/기사2004/기사2301]

09 가설통로 설치 시 준수사항 3가지를 쓰시오.(3점) [기사0602/산기0901/산기1601/산기1602/기사1703/기사2301]

10 산업안전보건법상 사업주는 유자격자가 충전전로 인근에서 작업하는 경우에도 절연장갑을 착용하거나 절연 된 경우를 제외하고는 노출 충전부에 접근한계거리 이내로 접근하지 않도록 하여야 한다. 아래 선간전압에 따른 충전전로에 대한 접근한계거리를 쓰시오.(4점) [산기1103/기사1301/산기1303/산기1602/기사1703/기사2102/기사2301]

충전전로의 선간전압(단위 : KV)	충전전로에 대한 접근한계거리(단위 : cm)
0.38	(①)
1.5	(②)
6.6	(③)
22.9	(④)

11 산업안전보건법상 타워크레인을 설치(상승작업 포함) · 해체하는 작업을 하기 전 특별안전 · 보건교육내용 을 4가지 쓰시오.(4점) [기사1701/기사2301]

12 위험성 평가를 실시하려고 한다. 실시 순서를 번호로 쓰시오.(4점)

> ① 파악된 유해·위험요인별 위험성의 추정
> ② 근로자의 작업과 관계되는 유해·위험요인의 파악
> ③ 평가대상의 선정 등 사전준비
> ④ 위험성 평가 실시내용 및 결과에 관한 기록
> ⑤ 위험성 감소대책의 수립 및 실행
> ⑥ 추정한 위험성이 허용 가능한 위험성인지 여부의 결정

13 작업조건에 맞는 보호구를 지급하고 착용하게 해야 하는 경우이다. 작업조건에 맞는 보호구를 쓰시오.(4점)

> ① 물체가 떨어지거나 날아올 위험 또는 근로자가 추락할 위험이 있는 작업
> ② 물체가 흩날릴 위험이 있는 작업
> ③ 높이 또는 깊이 2미터 이상의 추락할 위험이 있는 장소에서 하는 작업
> ④ 고열에 의한 화상 등의 위험이 있는 작업

14 설치·이전하거나 그 주요 구조부분을 변경하려는 경우 유해위험방지계획서 작성 대상이 되는 기계·기구 및 설비 3가지를 쓰시오.(3점)

01 산업안전보건법령상 로봇의 작동 범위에서 그 로봇에 관하여 교시 등(로봇의 동력원을 차단하고 하는 것은 제외)의 작업을 할 때 작업시작 전 점검사항을 3가지 쓰시오.(5점)   [산기1101/산기1903/산기2103/기사2203]

02 산업안전보건법상 안전인증대상 보호구를 8가지 쓰시오.(4점)   [기사0703/기사1001/기사1803/기사2201/기사2203]

03 인간-기계 통합시스템에서 시스템(System)이 갖는 기능 4가지를 쓰시오.(4점)   [산기1401/기사1403/기사1502/기사1803/기사2203]

04 산업안전보건법 상 안전보건관리담당자의 업무를 4가지 쓰시오.(4점)   [기사2203]

05 말비계 조립 시 준수사항이다. (   )안을 채우시오.(4점)　　　　　　　　　　[기사2203]

> 가) 지주부재의 하단에는 (①)를 하고, 근로자가 양측 끝부분에 올라서서 작업하지 않도록 할 것
> 나) 지주부재와 수평면의 기울기를 (②)도 이하로 하고, 지주부재와 지주부재 사이를 고정시키는 보조부재를 설치할 것
> 다) 말비계의 높이가 (③)m를 초과하는 경우 작업발판의 폭을 (④)cm 이상으로 할 것

06 산업안전보건법상 인화성 고체 저장 시 정전기로 인한 화재 폭발 등 방지에 대하여 빈칸을 채우시오.(4점)

[기사0501/기사1103/기사1201/기사1702/기사1803/기사1901/기사2004/기사2203]

> 정전기에 의한 화재 또는 폭발 등의 위험이 발생할 우려가 있는 경우에는 해당 설비에 대하여 확실한 방법으로 (①)를 하거나, (②) 재료를 사용하거나 가습 및 점화원이 될 우려가 없는 (③)장치를 사용하는 등 정전기의 발생을 억제하거나 제거하기 위하여 필요한 조치를 하여야 한다.

07 산업안전보건기준에 관한 규칙에서 추락방호망의 설치 기준에 대한 설명이다. (   ) 안을 채우시오.(4점)

[기사2203]

> • 추락방호망의 설치위치는 가능하면 작업면으로부터 가까운 지점에 설치하여야 하며, 작업면으로부터 망의 설치지점까지의 수직거리는 (①)미터를 초과하지 아니할 것
> • 추락방호망은 수평으로 설치하고, 망의 처짐은 짧은 변 길이의 12퍼센트 이상이 되도록 할 것
> • 건축물 등의 바깥쪽으로 설치하는 경우 추락방호망의 내민 길이는 벽면으로부터 (②)미터 이상 되도록 할 것

08 화학설비 및 그 부속설비의 설치에 있어서 다음 설명의 (   ) 안을 채우시오.(4점)　　　　[기사2203]

> 사업주는 급성 독성물질이 지속적으로 외부에 유출될 수 있는 화학설비 및 그 부속설비에 파열판과 안전밸브를 (①)로 설치하고 그 사이에는 (②) 또는 (③)를 설치하여야 한다.

09 산업안전보건법상 교류아크용접기에 자동전격방지기를 설치해야 하는 장소 2가지를 쓰시오.(4점)

[산기2004/산기2101/기사2203]

10 산업안전보건법상 사업장의 안전 및 보건을 유지하기 위하여 안전보건관리규정에 포함되어야 할 사항을 4가지 쓰시오.(단, 그 밖에 안전 및 보건에 관한 사항은 제외한다)(4점)

[기사1002/산기1502/기사1702/기사2001/기사2202/기사2203]

11 기계설비에 있어서 방호의 기본원리 3가지를 쓰시오.(3점)

[기사2203]

12 다음은 사업장 재해로 인한 근로자의 신체장애등급을 표시한 것이다. 근로손실일수를 구하시오.(3점)

[기사2203]

• 사망 2명	• 1급 1명	• 2급 1명
• 3급 1명	• 9급 1명	• 10급 4명

13 산업안전보건법상 사업 내 안전·보건교육에 있어 근로자 정기안전·보건교육의 내용을 4가지 쓰시오.
(단, 그 밖에 안전 및 보건에 관한 사항은 제외한다)(4점) [산기0901/기사1903/산기2002/기사2203]

14 다음 FT도에서 정상사상 A1의 고장발생확률[%]을 구하시오.(단, 고장발생확률은 ①, ③, ⑤, ⑦이 20%이고,
②, ④, ⑥은 10%이며, % 단위는 소수 아래 다섯째자리까지 나타낼 것)(4점) [기사2203]

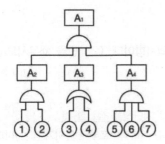

01 근로자가 용접·용단작업을 하는 경우 화재감시자를 지정하여 배치해야 하는 장소를 3가지 쓰시오.(4점)

[기사2202]

02 산업안전보건기준에 의한 규칙에서 전기기계·기구를 설치하려는 경우 고려사항을 3가지 쓰시오.(6점)

[기사1902/기사2202]

03 산업안전보건법령상 고정형 사다리식 통로를 설치할 때의 주의사항이다. ( ) 안을 채우시오.(3점)

[기사0901/기사2202]

> 가) 사다리식 통로의 길이가 10미터 이상인 경우 (①) 이내마다 계단참을 설치할 것
> 나) 통로의 기울기는 (②) 이하로 하고, 그 높이가 7미터 이상인 경우 바닥으로부터 높이가 (③)미터 되는
>   지점부터 등받이울을 설치할 것

04 다음을 간단히 설명하시오.(4점)

[기사0802/기사0901/기사1101/기사1401/기사2202]

> ① Fail safe   ② Fool proof

05 특수형태근로종사자에 대한 최초 노무제공 시 안전보건교육 내용을 5가지 쓰시오.(5점) [기사2202]

06 화재의 종류를 구분하여 쓰고, 그에 따른 표시 색을 쓰시오.(4점) [기사1601/기사2202]

유형	화재의 분류	색상
A	일반화재	①
B	유류화재	②
C	③	청색
D	④	무색

07 산업안전보건법상 사업장의 안전 및 보건을 유지하기 위하여 안전보건관리규정에 포함되어야 할 사항을 4가지 쓰시오.(단, 그 밖에 안전 및 보건에 관한 사항은 제외한다)(4점)

[기사1002/산기1502/기사1702/기사2001/기사2202/기사2203]

08 다음의 기기들 중에서 안전인증대상 설비에 해당하는 것을 모두 고르시오.(3점) [기사2202]

| ① 프레스 | ② 크레인 | ③ 연삭기 |
| ④ 압력용기 | ⑤ 산업용 로봇 | ⑥ 컨테이너 |

09 비계 작업 시 비, 눈 그 밖의 기상상태의 불안정으로 날씨가 몹시 나빠서 작업을 중지시킨 후 그 비계에서 작업 재개할 때 점검사항을 4가지 쓰시오.(4점)

[기사0502/기사1003/기사1201/기사1203/기사1302/기사1303/산기1402/기사1602/산기1801/기사2001/산기2004/기사2202/기사2301]

10 부두·안벽 등 하역작업을 하는 장소에서의 사업주의 조치사항을 3가지 쓰시오.(3점) [기사1803/기사2202]

11 산업안전보건법령에 따라 공정안전보고서에 포함되어야 하는 사항 4가지를 쓰시오.(단, 그 밖에 공정상의 안전과 관련하여 고용노동부장관이 필요하다고 인정하여 고시하는 사항은 제외)(4점)

[산기0803/산기0903/기사1001/기사1403/산기1501/기사1602/기사1703/산기1703/기사2101/기사2202]

12 위험분석기법 중 정량적, 귀납적 분석법에 해당하는 위험분석기법을 1가지 쓰시오.(3점)　　[기사2202]

13 어떤 기계를 1시간 가동하였을 때 고장발생확률이 0.004일 경우 아래 물음에 답하시오.(4점)

[기사0702/기사1501/기사2202]

① 평균 고장간격을 구하시오.
② 10시간 가동하였을 때 기계의 신뢰도를 구하시오.

14 산업안전보건법상 다음 그림에 해당하는 안전 · 보건표지의 명칭을 쓰시오.(4점)　　[기사1802/기사2202]

①	②	③	④

신규문제 5문항 중복문제 9문항

☞ 답안은 112Page

01 건설공사발주자의 산업재해 예방조치에 대한 다음 설명의 ( ) 안을 채우시오.(4점) [기사2201]

- 총 공사금액이 (①) 이상인 건설공사발주자는 산업재해 예방을 위하여 건설공사의 계획, 설계 및 시공 단계에서 다음 각 호의 구분에 따른 조치를 하여야 한다.
- ㉠ 건설공사 계획단계: 해당 건설공사에서 중점적으로 관리하여야 할 유해·위험요인과 이의 감소방안을 포함한 (②)을 작성할 것
- ㉡ 건설공사 설계단계: (②)을 설계자에게 제공하고, 설계자로 하여금 유해·위험요인의 감소방안을 포함한 (③)을 작성하게 하고 이를 확인할 것
- ㉢ 건설공사 시공단계: 건설공사발주자로부터 건설공사를 최초로 도급받은 수급인에게 (③)을 제공하고, 그 수급인에게 이를 반영하여 안전한 작업을 위한 (④)을 작성하게 하고 그 이행 여부를 확인할 것

02 타워크레인을 설치·조립·해체하는 작업 시 작업계획서의 내용 3가지를 쓰시오.(3점) [기사1401/기사2004/기사2201]

03 아세틸렌 용접장치의 안전기 설치위치에 대하여 빈칸에 알맞은 답을 쓰시오.(3점) [기사0502/기사1202/기사1702/기사1802/기사2003/기사2201]

가) 사업주는 아세틸렌 용접장치의 (①)마다 안전기를 설치하여야 한다. 다만, 주관 및 취관에 가장 가까운 (②)마다 안전기를 부착한 경우에는 그러하지 아니한다.
나) 사업주는 가스용기가 (③)와 분리되어 있는 아세틸렌 용접장치에 대하여 (③)와 가스 용기 사이에 안전기를 설치하여야 한다.

04 근로자가 작업이나 통행 등으로 인하여 전기기계, 기구 또는 전로 등의 충전부분에 접촉하거나 접근함으로써 감전 위험이 있는 충전부분에 대하여 감전을 방지하기 위한 방호방법을 5가지 쓰시오.(5점)

[기사0703/기사1801/기사2201]

05 차량계 하역운반기계 등을 이송하기 위하여 자주(自走) 또는 견인에 의하여 화물자동차에 싣거나 내리는 작업을 할 때에 발판·성토 등을 사용하는 경우에는 해당 차량계 하역운반기계등의 전도 또는 굴러 떨어짐에 의한 위험을 방지하기 위하여 사업주가 준수해야 하는 사항을 4가지 쓰시오.(4점)

[기사2201]

06 Swain은 인간의 오류를 작위적 오류(Commission Error)와 부작위적 오류(Omission Error)로 구분한다. 작위적 오류와 부작위적 오류에 대해 설명하시오.(4점)

[기사0802/기사1601/기사2201]

07 인간관계 매커니즘에 대한 설명이다. ( ) 안을 채우시오.(3점)

[기사1803/기사2201]

가) 자기의 실패나 결함을 다른 대상에게 책임을 전가시키는 것 : (①)
나) 다른 사람의 행동 양식이나 태도를 자기에게 투입하거나 그와 반대로 다른 사람 가운데서 자기의 행동 양식이나 태도와 비슷한 것을 발견하는 것 : (②)
다) 남의 행동이나 판단을 표본으로 하여 따라하는 것 : (③)

08 산업안전보건법상 안전인증대상 보호구를 5가지 쓰시오.(5점) [기사0703/기사1001/기사1803/기사2201/기사2203]

09 사업주가 사다리식 통로를 설치하는 경우 준수해야 할 사항을 5가지 쓰시오.(5점) [기사2201]

10 연간 평균 상시 2,000명의 근로자를 두고 있는 사업장에서 1년간 11건의 재해가 발생하여 사망자 2명, 재해자수 10명이 발생하였다. 사망만인율을 구하시오.(단, 연 근로시간은 2,400시간)(4점) [기사2201]

11 2[m]에서의 조도가 150[lux]일 때 3[m]에서의 조도를 구하시오.(3점) [기사0502/기사1901/기사2201]

12 방호조치를 하지 아니하고는 양도, 대여, 설치 또는 사용에 제공하거나, 양도 · 대여의 목적으로 진열해서는 안 되는 기계 · 기구 5가지를 쓰시오.(5점) [산기0903/산기1203/산기1503/기사1602/기사1801/기사2003/기사2201/기사2302]

13 화물의 하중을 직접 지지하는 와이어로프의 절단하중 값 2,000kg일 때 하중의 최대값을 구하시오.(3점)
[기사1901/기사2201]

14 다음은 화학설비 및 부속설비 설치 시 안전거리에 대한 표이다. ( ) 안을 채우시오.(4점)　　　[기사2201]

구 분	안 전 거 리
단위공정시설 및 설비로부터 다른 단위공정시설 및 설비의 사이	설비의 바깥면으로부터 (①)미터 이상
플레어스택으로부터 단위공정시설 및 설비, 위험물질 저장탱크 또는 위험물질 하역설비의 사이	플레어스택으로부터 반경 (②)미터 이상
위험물질 저장탱크로부터 단위공정 시설 및 설비, 보일러 또는 가열로의 사이	저장탱크의 바깥면으로부터 (③)미터 이상
사무실 · 연구실 · 실험실 · 정비실 또는 식당으로부터 단위공정시설 및 설비, 위험물질 저장탱크, 위험물질 하역설비, 보일러 또는 가열로의 사이	사무실 등의 바깥면으로부터 (④)미터 이상

01 산업안전보건법령에 의거 대통령령으로 정하는 크기, 높이 등에 해당하는 건설공사를 착공하려는 경우 사업주는 유해위험방지계획서를 작성할 때 건설안전 분야의 자격 등 고용노동부령으로 정하는 자격을 갖춘 자의 의견을 들어야 한다. 여기서 대통령령으로 정하는 크기, 높이 등에 해당하는 건설공사의 종류 4가지를 쓰시오.(4점)

[기사2103]

02 화물의 낙하에 의하여 지게차의 운전자에 위험을 미칠 우려가 있는 작업장에서 사용된 지게차의 헤드가드가 갖추어야 할 사항에 대한 다음 빈칸을 채우시오.(4점)   [기사0801/기사1302/기사1601/기사1802/기사2102/기사2103]

> 가) 강도는 지게차의 최대하중의 (①)배 값(4톤을 넘는 값에 대해서는 4톤으로 한다)의 등분포정하중에 견딜 수 있을 것
> 나) 상부틀의 각 개구의 폭 또는 길이가 (②)cm 미만일 것

03 산업안전보건기준에 관한 규칙에서 누전에 의한 감전의 위험을 방지하기 위하여 접지를 해야 하는 코드와 플러그를 접속하여 사용하는 전기기계·기구를 5가지 쓰시오.(5점)   [기사1603/기사2001/기사2103]

04 산업안전보건기준에 관한 규칙에서 용융고열물을 취급하는 설비를 내부에 설치한 건축물에 대하여 수증기 폭발을 방지하기 위한 조치사항 2가지를 쓰시오.(4점) [기사2103]

05 현재 근로자가 선반작업 중에 있는 작업장의 조도가 120Lux이다. 작업장이 어두워 살펴보니 선반작업은 정밀작업 기준에 맞는 조명을 설치해야 한다. 산업안전보건기준에 관한 규칙에서 정한 선반작업의 조도기준을 쓰시오.(3점) [기사2103]

06 보호구 안전인증에 따른 분리식 방진마스크의 시험성능기준 중 여과재 분진 등의 포집효율에 대한 빈칸을 채우시오.(3점) [기사0901/기사2103]

형태 및 등급		염화나트륨(NaCl) 및 파라핀 오일(Paraffin oil) 시험(%)
분리식	특급	(①)
	1급	(②)
	2급	(③)

07 산업안전보건법에서 산업안전보건위원회의 회의록 작성사항을 3가지 쓰시오.(3점) [기사1502/기사2103]

08 안전난간의 구조에 대한 설명이다. 다음 ( )을 채우시오.(3점) [기사1703/기사2103]

> 가) 상부 난간대 : 바닥면·발판 또는 경사로의 표면으로부터 (①)cm 이상
> 나) 난간대 : 지름 (②)cm 이상 금속제 파이프
> 다) 하중 : (③)kg 이상의 하중에 견딜 수 있는 튼튼한 구조

09 산업용 로봇의 작동범위에서 해당 로봇에 대하여 교시 등의 작업을 할 경우 해당 로봇의 예기치 못한 작동 또는 오조작에 의한 위험을 방지하기 위하여 관련 지침을 정하여 그 지침에 따라 작업을 하도록 하여야 하는데, 이에 관련 지침에 포함되어야 할 사항 5가지를 쓰시오.(단, 기타 로봇의 예기치 못한 작동 또는 오동작에 의한 위험방지를 하기 위하여 필요한 조치는 제외한다)(5점)
[기사1201/기사1901/기사2103]

10 인간의 주의에 대한 특성 3가지를 쓰시오.(3점)
[산기1102/산기1501/기사2103]

11 시스템 위험성 평가 중 위험강도(MIL-STD-882E) 분류 4가지를 쓰시오.(4점)
[기사1103/기사1302/산기1402/기사1802/기사2103]

12 A 사업장의 근무 및 재해 발생현황이 다음과 같을 때, 이 사업장의 종합재해지수를 구하시오.(단, 소수점아래 넷째자리에서 반올림해서 소수점아래 셋째자리까지 구하시오)(5점)
[기사2103]

- 평균 근로자수 : 500명
- 근로손실일수 : 900일
- 연간 재해 발생건수 : 210건
- 1인당 연 근로시간 : 2,400시간

13 달기 체인의 사용금지 조건을 3가지 쓰시오.(6점) [산기1102/산기1402/기사1701/산기1703/기사2001/산기2002/기사2103]

14 가스집합 용접장치에 있어서 가스장치실의 구조를 3가지 쓰시오.(3점) [기사802/기사2103]

01 산업안전보건법에서 관리감독자 정기안전·보건교육의 내용을 5가지 쓰시오.(단, 그 밖의 관리감독자의 직무에 관한 사항은 제외)(5점)

[기사0902/기사1001/기사1603/기사1801/기사2003/기사2102]

02 그림을 보고 전체의 신뢰도를 0.85로 설계하고자 할 때 부품 R_x의 신뢰도를 구하시오.(3점)

[기사0901/기사2102]

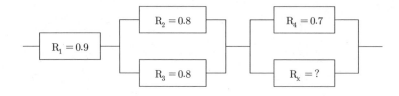

03 화물의 낙하에 의하여 지게차의 운전자에 위험을 미칠 우려가 있는 작업장에서 사용된 지게차의 헤드가드가 갖추어야 할 사항을 2가지 쓰시오.(4점) [기사0801/기사1302/기사1601/기사1802/기사2102/기사2103]

04 산업안전보건기준에 관한 규칙에서 차량계 하역운반기계 등을 사용하는 작업에서 작성해야 하는 작업계획서의 내용을 2가지 쓰시오.(4점) [기사2102]

05 아세틸렌의 위험도와, 아세틸렌 70%, 클로로벤젠 30%일 때 이 혼합기체의 공기 중 폭발하한계의 값을 계산하시오.(4점) [기사0703/기사1603/기사2102]

	폭발하한계	폭발상한계
아세틸렌	2.5[vol%]	81[vol%]
클로로벤젠	1.3[vol%]	7.1[vol%]

06 연평균 상시근로자 400명을 두고 있는 A 공장에서 재해로 인해 1년에 8명의 재해자가 발생하였다. 연천인율은 얼마인가?(3점) [기사2102]

07 하인리히의 재해구성 비율 1:29:300에 대해 설명하시오.(3점) [기사2102]

08 다음 보기의 건설업 산업안전·보건 관리비를 계산하시오.(5점) [기사2102]

> [보기]
> ① 일반건설공사 갑
> ② 낙찰률 70%
> ③ 예정가격 내역서상의 재료비 25억원, 관급재료비 3억
> ④ 예정가격 내역서상의 직접노무비 10억원
> ⑤ 관리비(간접비 포함) 10억

09 연삭기 덮개의 시험방법 중 연삭기 작동시험은 시험용 연삭기에 직접 부착한 후 다음 사항을 확인하여 이상이 없어야 하는 지를 쓰시오.(4점) [기사1801/기사2102]

> • 연삭(①)과 덮개의 접촉여부
> • 탁상용 연삭기는 덮개, (②) 및 (③) 부착상태의 적합성 여부

10 위험장소 경고표지를 그리고 표지판의 색과 모형의 색을 적으시오.(4점) [기사1102/산기1801/기사2102]

11 산업안전보건법상 비계(달비계, 달대비계 및 말비계는 제외)의 높이가 2미터 이상인 작업장소에 설치할 작업발판에 대한 다음 (   )안에 알맞은 수치를 쓰시오.(3점) [기사2102]

> 가) 작업발판의 폭은 (①)cm 이상으로 하고, 발판재료 간의 틈은 (②)cm 이하로 할 것
> 나) 추락의 위험이 있는 장소에는 (③   )을 설치할 것

12 크레인을 사용하여 작업을 시작하기 전 점검사항 3가지를 쓰시오.(6점) [기사1501/산기1901/기사1802/기사2102]

13 산업안전보건법상 사업주는 유자격자가 충전전로 인근에서 작업하는 경우에도 절연장갑을 착용하거나 절연된 경우를 제외하고는 노출 충전부에 접근한계거리 이내로 접근하지 않도록 하여야 한다. 아래 선간전압에 따른 충전전로에 대한 접근한계거리를 쓰시오.(4점) [산기1103/기사1301/산기1303/산기1602/기사1703/기사2102/기사2301]

충전전로의 선간전압 (단위 : KV)	충전전로에 대한 접근한계거리(단위 : cm)
0.38	(①)
1.5	(②)
6.6	(③)
22.9	(④)

14 양립성을 3가지 쓰고 사례를 들어 설명하시오.(3점) [기사1202/기사1402/기사2002/기사2102]

01 인체에 해로운 분진, 흄(Fume), 미스트(Mist), 증기 또는 가스 상태의 물질을 배출하기 위하여 설치하는 국소배기장치의 후드 설치 시 준수사항 3가지를 쓰시오.(3점) [기사1303/기사2101]

02 용접작업을 하는 작업자가 전압이 300V인 충전부분이 물에 젖은 손이 접촉, 감전되어 사망하였다. 이때 인체에 통전된 심실세동전류(mA)와 통전시간(ms)을 계산하시오.(단, 인체의 저항은 1,000[Ω]으로 한다) (5점) [기사0701/기사1403/기사2101]

03 보호구 안전인증 고시에 의한 방진마스크의 시험성능기준 5가지를 쓰시오.(5점) [기사2101]

04 롤러기의 방호장치에 관한 사항이다. 다음 괄호 안을 채우시오.(4점) [기사0802/산기1801/산기1802/기사2101]

종류	설치위치
손 조작식	밑면에서 (①)m 이내
복부 조작식	밑면에서 (②)m 이상 (③)m 이내
무릎 조작식	밑면에서 (④)m 이내

05 FTA 단계를 순서대로 번호를 쓰시오.(3점) [기사0501/기사1003/기사1102/기사2101]

① FT도 작성   ② 재해원인 규명   ③ 개선계획 작성   ④ TOP 사상의 설정

06 연삭숫돌의 파괴원인 4가지를 쓰시오.(4점) [기사2101/기사2303]

07 조명은 근로자들의 작업환경 측면에서 중요한 안전요소이다. 산업안전보건법상 다음의 작업에서 근로자를 상시 작업시키는 장소의 조도기준을 쓰시오.(단, 갱도 등의 작업장은 제외한다)(4점)

[기사0503/기사1002/산기1202/산기1602/기사1603/산기1802/산기1803/산기2001/기사2101/기사2301]

초정밀작업	정밀작업	보통작업	그 밖의 작업
(①) Lux 이상	(②) Lux 이상	(③) Lux 이상	(④) Lux 이상

08 산업안전보건법령상 사업 내 안전·보건교육에 있어 500명의 사업장에 30명 채용 시의 교육내용을 4가지 쓰시오.(4점) [기사0602/기사1502/기사2004/기사2101]

09 프레스 금형 공장의 근무 및 재해발생현황이 다음과 같을 때, 이 사업장의 강도율을 구하시오.(5점) [기사2101]

> - 연평균 300명, 1일 8시간, 1년 300일 근무
> - 사망재해 2명
> - 10급 요양재해 1명
> - 요양재해로 인한 휴업일수 300일
> - 4급 요양재해 1명

10 산업안전보건법에서 노사협의체 설치 대상기업 및 정기회의 개최 주기를 쓰시오.(4점) [기사0902/기사1103/기사2101]

11 산업안전보건법령에 따라 공정안전보고서에 포함되어야 하는 사항 4가지를 쓰시오.(단, 그 밖에 공정상의
안전과 관련하여 고용노동부장관이 필요하다고 인정하여 고시하는 사항은 제외)(4점)

[산기0803/산기0903/기사1001/기사1403/산기1501/기사1602/기사1703/산기1703/기사2101/기사2202]

12 가설통로의 설치기준에 관한 사항이다. 빈칸을 채우시오.(3점) [기사1801/기사2101]

> 가) 경사가 (①)도를 초과하는 경우에는 미끄러지지 아니하는 구조로 할 것
> 나) 수직갱에 가설된 통로의 길이가 15m 이상인 경우에는 (②)m 이내마다 계단참을 설치할 것
> 다) 건설공사에 사용하는 높이 8m 이상인 비계다리에는 (③)m 이내마다 계단참을 설치할 것

13 하인리히 도미노 이론과 아담스의 이론 5단계를 각각 쓰시오.(4점) [기사1101/기사2101]

	1단계	2단계	3단계	4단계	5단계
하인리히					
아담스					

14 공사용 가설도로를 설치하는 경우 준수사항 3가지를 쓰시오.(3점) [기사1202/기사2101]

01 산업안전보건법상 안전보건표지 중 "응급구호표지"를 그리시오.(단, 색상표시는 글자로 나타내도록 하고, 크기에 대한 기준은 표시하지 않아도 된다)(4점)

[기사0902/기사1203/기사1401/기사1501/기사2004]

02 산업안전보건법상 다음 기계·기구에 설치해야 할 방호장치를 각각 1개씩 쓰시오.(3점)

[산기1403/산기1901/산기2003/기사2004/기사2303]

기계·기구	방호장치
원심기	(①)
공기압축기	(②)
금속절단기	(③)

03 A 사업장의 근무 및 재해 현황이 다음과 같을 때, 이 사업장의 도수율을 구하시오.(3점) [기사2004]

- 상시근로자 500명
- 1인당 연간근로시간 3,000시간
- 재해건수 3건

04 산업안전보건법에서 관리대상 유해물질을 취급하는 작업장의 보기 쉬운 장소에 사업주가 게시해야 할 사항 5가지를 쓰시오.(5점) [기사0603/기사1603/기사2004]

05 보기 중에서 인간과오 불안전 분석가능 도구를 고르시오.(3점) [기사1203/기사2004]

① FTA	② ETA	③ HAZOP	④ THERP
⑤ CA	⑥ FMEA	⑦ PHA	⑧ MORT

06 다음에 해당하는 방폭구조의 기호를 쓰시오.(5점) [기사0803/기사1001/산기1003/산기1902/기사2004]

① 내압방폭구조	② 충전방폭구조	③ 본질안전방폭구조
④ 몰드방폭구조	⑤ 비점화방폭구조	

07 A 사업장의 근무 및 재해 발생 현황이 다음과 같을 때, 이 사업장의 강도율을 구하시오.(3점) [기사2004]

- 상시근로자수 : 400명
- 연간 재해자수 : 20명
- 총근로손실일수 : 100일
- 근로시간 : 1일 8시간, 연간 250일 근무

08 산업안전보건법령상 사업 내 안전·보건교육에 있어 500명의 사업장에 30명 채용 시의 교육내용을 4가지 쓰시오.(4점)

[기사0602/기사1502/기사2004/기사2101]

09 타워크레인을 설치·조립·해체하는 작업 시 작업계획서의 내용 4가지를 쓰시오.(4점)

[기사1401/기사2004/기사2201]

10 다음 FT도에서 컷 셋(Cut set)을 모두 구하시오.(3점)

[기사0703/기사1303/기사2004]

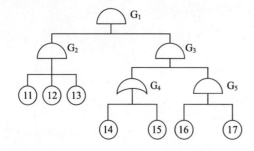

11 산업안전보건법에 따라 이상상태로 인한 압력상승으로 당해설비의 최고 사용압력을 구조적으로 초과할 우려가 있는 화학설비 및 그 부속설비에 안전밸브 또는 파열판을 설치하여야 한다. 이 때 반드시 파열판을 설치해야 하는 경우 3가지를 쓰시오.(6점) [기사1003/산기1702/기사1703/기사2001/기사2004/기사2301]

12 작업발판 일체형 거푸집 종류 4가지를 쓰시오.(4점) [산기1203/기사1301/산기1602/산기2002/기사2004]

13 다음은 아세틸렌 용접장치의 관리에 대한 설명이다. ( ) 안을 채우시오.(5점) [기사2004]

> 가) 발생기(이동식 아세틸렌 용접장치의 발생기는 제외한다)의 (①), (②), (③), 매 시 평균 가스발생량 및 1회 카바이드 공급량을 발생기실 내의 보기 쉬운 장소에 게시할 것
> 나) 발생기실에는 관계 근로자가 아닌 사람이 출입하는 것을 금지할 것
> 다) 발생기에서 (④) 이내 또는 발생기실에서 (⑤) 이내의 장소에서는 흡연, 화기의 사용 또는 불꽃이 발생할 위험한 행위를 금지시킬 것

14 정전기에 의한 화재 또는 폭발 등의 위험이 발생할 우려가 있는 경우에 사용하는 정전기 방지 대책 5가지를 쓰시오.(4점) [기사0501/기사1103/기사1201/기사1702/기사1803/기사1901/기사2004]

01 산업안전보건법에서 관리감독자 정기안전 · 보건교육의 내용을 4가지 쓰시오.(단, 그 밖의 관리감독자의 직무에 관한 사항은 생략할 것)(4점) [기사0902/기사1001/기사1603/기사1801/기사2003]

02 아세틸렌 용접장치의 안전기 설치위치에 대하여 빈칸에 알맞은 답을 쓰시오.(3점) [기사0502/기사1202/기사1702/기사1802/기사2003/기사2201]

가) 사업주는 아세틸렌 용접장치의 (①)마다 안전기를 설치하여야 한다. 다만, 주관 및 취관에 가장 가까운 (②)마다 안전기를 부착한 경우에는 그러하지 아니한다.

나) 사업주는 가스용기가 (③)와 분리되어 있는 아세틸렌 용접장치에 대하여 (③)와 가스 용기 사이에 안전기를 설치하여야 한다.

03 다음은 연삭숫돌에 관한 내용이다. 빈칸을 채우시오.(4점) [기사0802/기사1303/기사2002/기사2003]

사업주는 연삭숫돌을 사용하는 작업의 경우 작업을 시작하기 전에는 (①) 이상, 연삭숫돌을 교체한 후에는 (②) 이상 시험운전을 하고 해당 기계에 이상이 있는지를 확인하여야 한다.

04 소음이 심한 기계로부터 20[m] 떨어진 곳에서 100[dB]라면 동일한 기계에서 200[m] 떨어진 곳의 음압수준은 얼마인가?(4점) [기사1802/기사2003]

05 산업안전보건기준에 관한 규칙에서 사업주가 화학설비 또는 그 부속설비의 용도를 변경하는 경우(사용하는 원재료의 종류를 변경하는 경우를 포함) 해당 설비의 점검사항을 3가지 쓰시오.(6점) [기사1702/기사2003]

06 내전압용 절연장갑의 성능기준에 있어 각 등급에 대한 최대사용전압을 쓰시오.(4점)

[기사0801/기사0903/기사1503/기사2003]

등급	최대사용전압		색상
	교류(V, 실횻값)	직류(V)	
00	500	①	갈색
0	②	1500	빨간색
1	7500	11250	흰색
2	17000	25500	노란색
3	26500	39750	녹색
4	③	④	등색

07 보일링 현상 방지대책을 3가지 쓰시오.(3점) [기사0602/기사0701/기사1003/기사1302/기사1401/기사1901/기사2003]

08 다음 FT도의 미니멀 컷 셋을 구하시오.(5점) [기사0802/기사1701/기사2003]

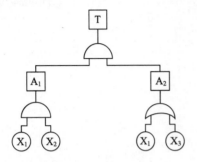

09 Fool proof 기계·기구를 3가지 쓰시오.(3점) [기사2003]

10 프레스 등을 사용하여 작업할 때 작업 시작 전 점검사항을 2가지 쓰시오.(4점) [기사2003]

11 방호조치를 하지 아니하고는 양도, 대여, 설치 또는 사용에 제공하거나, 양도·대여의 목적으로 진열해서는 안 되는 기계·기구 4가지를 쓰시오.(4점) [산기0903/산기1203/산기1503/기사1602/기사1801/기사2003/기사2201/기사2302]

12 누전에 의한 감전위험을 방지하기 위하여 해당 전로의 정격에 적합하고 감도가 양호하며 확실하게 작동하는 감전방지용 누전차단기를 설치하는 상황을 3가지 쓰시오.(3점) [산기2002/기사2003/산기2102/기사2302]

13 건물 해체작업 시 작업계획에 포함될 사항을 4가지 쓰시오.(4점) [기사0901/기사1701/기사2003]

14 A 사업장의 근무 및 재해 발생현황이 다음과 같을 때, 이 사업장의 종합재해지수를 구하시오.(4점) [기사1102/기사1701/기사2003/기사2301]

- 평균 근로자수 : 400명
- 연간 재해 발생건수 : 80건
- 재해자수 : 100명
- 근로손실일수 : 800일
- 근로시간 : 1일 8시간, 연간 280일 근무

01 자율검사프로그램의 인정을 취소하거나 인정받은 자율검사프로그램의 내용에 따라 검사를 하도록 개선을 명할 수 있는 경우 2가지를 쓰시오.(단, 거짓이나 그 밖의 부정한 방법으로 자율검사프로그램을 인정받은 경우는 제외)(4점)
[기사1102/기사1503/기사2002]

02 연평균 상시근로자 1,500명을 두고 있는 A 공장에서 1년간 60건의 재해가 발생하여 사망자 2명, 근로손실일수는 1,200일이 발생하였다. 연천인율은 얼마인가?(4점)
[기사0503/기사2002]

03 접지공사의 종류에 따른 접지도체의 최소 단면적을 쓰시오.(단, 접지선의 굵기는 연동선의 직경을 기준으로 한다)(4점)
[기사1002/기사1302/기사1503/기사2002]

분류		접지선의 최소 단면적
특고압 · 고압 전기설비용 접지도체		①
중성점 접지용 접지도체		②
이동하여 사용하는 전기기계 · 기구	특고압 · 고압 · 중성점 접지용 접지도체	③
	저압 전기설비용 접지도체	④

04 낙하물방지망에 관한 내용이다. 빈칸을 채우시오.(4점) [기사1702/기사2002]

> • 높이 (①)미터 이내마다 설치하고, 내민 길이는 벽면으로부터 (②)미터 이상으로 할 것
> • 수평면과의 각도는 (③)도 이상 (④)도 이하를 유지하도록 할 것

05 근로자가 작업장 통로를 지나다가 바닥의 기름에 미끄러지면서 선반에 머리를 부딪치는 재해를 당하였다. 재해를 분석하시오.(3점) [기사2002/산기2003]

06 안전관리자를 정수 이상으로 증원·교체 임명할 수 있는 사유 3가지를 쓰시오.(3점)(단, 해당 사업장의 전년도 사망만인율이 같은 업종의 평균 사망만인율을 초과한 경우이며, 화학적 인자로 인한 직업성 질병자는 제외한다) [기사0603/기사1703/기사2002/기사2303]

07 다음 FT도에서 컷 셋(cut set)을 모두 구하시오.(5점) [기사0702/기사1001/기사1601/기사2002]

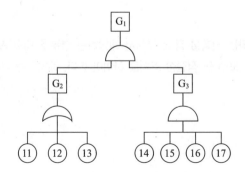

08 차광보안경의 주목적 3가지를 쓰시오.(4점)　　　　　　　　　　　　　　　　　　　[기사2002]

09 광전자식 프레스 방호장치 급정지시간이 200[ms]일 때 급정지거리를 구하시오.(4점)

[기사0902/산기1401/기사1601/기사2002]

10 타워크레인의 작업 중지에 관한 내용이다. 빈칸을 채우시오.(4점)　　　　[기사1102/기사1702/기사2002]

- 운전작업을 중지하여야 하는 순간풍속은 (①)m/s
- 설치 · 수리 · 점검 또는 해체 작업을 중지하여야 하는 순간풍속은 (②)m/s

11 다음 안전보건교육관련 교육대상의 교육시간에서 빈칸을 채우시오.(4점)　　[기사0901/기사1201/기사2002]

교육대상	교육시간	
	신규	보수
안전보건관리책임자	①	②
안전관리자	③	24시간 이상
건설재해예방전문지도기관 종사자		④

12 가스폭발 위험장소 또는 분진폭발 위험장소에 설치되는 건축물 등에 대해서 해당하는 부분을 내화구조로 하여야 하며, 그 성능이 항상 유지될 수 있도록 점검 · 보수 등 적절한 조치를 하여야 한다. 해당하는 부분을 2가지 쓰시오.(4점)　　　　　　　　　　　　　　　　　　　　　　　　　[산기1502/기사1703/기사2002]

13 다음은 연삭숫돌에 관한 내용이다. 빈칸을 채우시오.(4점) [기사0802/기사1303/기사2002/기사2003]

사업주는 연삭숫돌을 사용하는 작업의 경우 작업을 시작하기 전에는 (①) 이상, 연삭숫돌을 교체한 후에는 (②) 이상 시험운전을 하고 해당 기계에 이상이 있는지를 확인하여야 한다.

14 양립성을 2가지 쓰고 사례를 들어 설명하시오.(4점) [기사1202/기사1402/기사2002/기사2102]

01 비, 눈, 그 밖의 기상상태의 악화로 작업을 중지시킨 후 또는 비계를 조립·해체하거나 변경한 후에 그 비계에서 작업을 하는 경우에는 해당 작업을 시작하기 전 점검항목을 구체적으로 3가지 쓰시오.(3점)

[기사0502/기사1003/기사1201/기사1203/기사1302/기사1303/산기1402/기사1602/산기1801/기사2001/산기2004/기사2202/기사2301]

02 고용노동부령이 정하는 바에 따라 유해위험방지계획서 제출해야 하는 대상사업의 종류 3가지를 쓰시오.(3점)

[기사2001]

03 산업안전보건법상 사업장의 안전 및 보건을 유지하기 위하여 안전보건관리규정에 포함되어야 할 사항을 4가지 쓰시오.(단, 그 밖에 안전 및 보건에 관한 사항은 제외한다)(4점)

[기사1002/산기1502/기사1702/기사2001/기사2302]

04 로봇작업에 대한 특별안전보건교육을 실시할 때 교육내용 4가지를 쓰시오.(4점) [기사1501/기사2001/기사2302]

05 산업안전보건법에 따라 이상상태로 인한 압력상승으로 당해설비의 최고 사용압력을 구조적으로 초과할 우려가 있는 화학설비 및 그 부속설비에 안전밸브 또는 파열판을 설치하여야 한다. 이 때 반드시 파열판을 설치해야 하는 경우 3가지를 쓰시오.(6점) [기사1003/산기1702/기사1703/기사2001/기사2004/기사2301]

06 다음은 작업과정에 걸쳐 위험성의 여부를 사전에 평가하는 안전성 평가단계를 구분했다. 보기의 단계를 순서대로 나열하시오.(4점) [산기0601/산기1002/기사1303/산기1702/기사1703/기사2001/산기2002]

① 자료의 정리	② 정성적 평가	③ FTA재평가
④ 정량적 평가	⑤ 재평가	⑥ 안전대책 수립

07 중량물의 취급작업 시 작성하는 작업계획서의 내용을 3가지 쓰시오.(3점) [기사0703/기사1002/기사2001]

08 롤러기의 급정지장치를 작동시켰을 경우에 앞면 롤러의 표면속도에 따른 급정지거리를 쓰시오.(4점)

[기사1102/기사1703/기사2001]

09 달기 체인의 사용금지 조건을 3가지 쓰시오.(6점)　　[산기1102/산기1402/기사1701/산기1703/기사2001/산기2002]

10 아세틸렌 용접장치에 대한 설명이다. 다음 빈칸을 채우시오.(3점)　　　　　　　　　[기사2001]

> 사업주는 아세틸렌 용접장치의 아세틸렌 발생기를 설치하는 경우에는 전용의 발생기실에 설치하여야 한다.
> 이때 발생기실은 건물의 (①)에 위치하여야 하며, 화기를 사용하는 설비로부터 (②)를 초과하는 장소에
> 설치하여야 한다. 발생기실을 옥외에 설치한 경우에는 그 개구부를 다른 건축물로부터 (③) 이상 떨어지도록
> 하여야 한다.

11 강도율이라 함은 근로시간 (①)시간당 재해로 인해 발생하는 (②)를 말한다. ①, ②에 알맞은 말을 쓰시오.
(4점)
[기사2001]

12 산업안전보건기준에 관한 규칙에서 누전에 의한 감전의 위험을 방지하기 위해 접지를 실시하는 코드와
플러그를 접속하여 사용하는 전기기계·기구를 3가지 쓰시오.(3점)
[기사1603/기사2001]

13 다음은 A 기계의 고장률과 고장확률에 대한 설명이다. 조건에 맞는 다음 물음에 답하시오.(4점)

[기사0602/기사1002/기사1302/기사2001]

- 고장건수 : 10건
- 총가동시간 : 10,000시간

가) 고장률을 구하시오.
나) 900시간 가동했을 때의 고장확률을 구하시오.

14 작업장에서 출입을 통제하여야 할 곳에 설치하는 "출입금지표지"를 그리고, 표지판의 색과 도형의 색을 쓰시오.(4점)

[기사0702/기사1402/산기1803/기사2001]

01 산업안전보건법상 안전인증대상 기계·기구 및 방호장치, 보호구에 해당하는 것을 보기에서 4가지 골라 번호를 쓰시오.(4점) [기사1003/기사1403/기사1603/기사1903]

① 방독마스크   ② 산업용 로봇   ③ 윤전기   ④ 안전매트   ⑤ 압력용기
⑥ 보일러 안전밸브   ⑦ 동력식 수동대패   ⑧ 이동식 사다리   ⑨ 지게차   ⑩ 용접용 보안면

02 유해·위험방지를 위하여 필요한 조치를 하여야 할 기계·기구·설비의 종류 5가지를 쓰시오.(5점)

[기사1903]

03 산업안전보건법상 사업 내 안전·보건교육에 있어 근로자 정기안전·보건교육의 내용을 4가지 쓰시오. (단, 그 밖에 안전 및 보건에 관한 사항은 제외한다)(4점) [산기0901/기사1903/산기2002/기사2203]

04 동력식 수동대패의 방호장치의 명칭과 그 종류를 2가지 쓰시오.(5점) [기사1903]

05 산업안전보건위원회의 근로자위원의 자격 3가지를 쓰시오.(3점) [기사1102/기사1903/기사2302]

06 가죽제 안전화의 완성품에 대한 시험성능 기준을 4가지 쓰시오.(4점) [기사0501/산기1501/기사1903]

07 인간–기계 시스템에서의 절차와 관련된 그림이다. 빈칸을 채우시오.(3점) [기사1903]

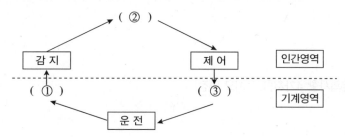

08 공정안전보고서 이행상태의 평가에 관한 내용이다. 다음 (   )를 채우시오.(4점) [기사1401/기사1903]

> 가) 고용노동부장관은 공정안전보고서의 확인 후 1년이 경과한 날부터 (①)년 이내에 공정안전보고서 이행상태
> 의 평가를 하여야 한다.
> 나) 사업주가 이행평가에 대한 추가요청을 하면 (②) 기간 내에 이행평가를 할 수 있다.

09 인간-기계 시스템에서 제어의 정도에 따른 분류 3단계를 쓰고 설명하시오.(5점) [기사1903]

10 양중기에서 사용하는 와이어로프의 사용금지 기준 3가지를 쓰시오.(3점)

[산기0302/산기0801/산기1403/기사1503/기사1601/산기1602/산기1701/기사1803/기사1903/산기2103]

11 재해조사 시 유의사항 4가지를 쓰시오.(4점) [기사1903]

12 흙막이 지보공을 설치하였을 때 정기적으로 점검하고 이상을 발견하면 즉시 보수하여야 사항 3가지를 쓰시오.(3점)

[산기1702/기사1903]

13 안전인증 제품에 안전인증 표시 외에 표시해야할 사항 4가지를 쓰시오.(4점)

[기사0902/산기1001/산기1902/기사1903]

14 산업안전보건법상 안전보건총괄책임자의 직무를 4가지 쓰시오.(4점)　　[기사1202/기사1901/기사1903]

01 산업안전보건법에서의 중대재해에 대해 3가지로 정의하시오.(3점) [산기0602/산기1503/기사1802/기사1902]

02 다음 보기의 안전관리자 최소인원을 쓰시오.(4점) [기사1203/기사1902]

① 펄프 제조업 - 상시근로자 600명 ② 고무제품 제조업 - 상시근로자 300명
③ 우편·통신업 - 상시근로자 500명 ④ 건설업 - 공사금액 500억

03 산업안전보건법상 이동식크레인의 방호장치 3가지를 쓰시오.(6점) [기사1902]

04 위험예지훈련 기초 4라운드 기법의 진행순서를 쓰시오.(3점) [산기0601/산기1003/기사1503/기사1902/산기2001]

05 인체 측정 시 인체측정자료의 응용 설계 3원칙을 쓰시오.(3점) [기사0802/기사0902/기사1802/기사1902/기사2303]

06 A 사업장에 근로자수가 300명이고, 연간 15건의 재해 발생으로 인한 휴업일수 288일이 발생하였다. 도수율과 강도율을 구하시오.(단, 근무시간은 1일 8시간, 근무일수는 연간 280일이다)(4점) [기사1902]

07 공기압축기를 가동할 때 작업 시작 전 점검사항을 4가지 쓰시오.(단, 그 밖의 연결 부위의 이상 유무는 제외할 것)(4점) [산기0602/산기1003/기사1602/산기1703/산기1801/산기1803/기사1902]

08 보일러의 방호장치 3가지를 쓰시오.(3점) [기사1902]

09 산업안전보건기준에 의한 규칙에서 전기기계·기구를 설치하려는 경우 고려사항을 3가지 쓰시오.(6점)

[기사1902/기사2202]

10 안전모의 성능시험 기준항목 5가지를 쓰시오.(5점)

[기사0701/기사1902]

11 HAZOP 기법에 사용되는 가이드 워드에 관한 의미를 쓰시오.(4점)

[기사1202/기사1902]

① As well as　　② Part of　　③ Other than　　④ Reverse

12 화물의 하중을 직접 지지하는 달기와이어로프 또는 달기체인의 안전계수는 얼마인지 쓰시오.(3점)

[기사1902]

13 LD50을 간단하게 정의하시오.(3점)

[기사1902]

14 산업안전보건법상 안전인증대상 기계·기구 등이 안전인증기준에 적합한지를 확인하기 위하여 안전인증기관이 심사하는 심사의 종류 4가지를 쓰시오.(4점) [기사1103/기사1202/기사1401/기사1902]

01 2[m]에서의 조도가 150[lux]일 때 3[m]에서의 조도를 구하시오.(3점) [기사0502/기사1901/기사2201]

02 특급 방진마스크 사용 장소를 2곳 쓰시오.(5점) [기사1901/기사2303]

03 산업안전보건법에 따라 굴착면의 높이가 2미터 이상이 되는 지반의 굴착 시 작업장의 지형·지반 및 지층 상태 등에 대한 사전 조사 후 작성하여야 하는 작업계획서에 포함되어야 하는 사항을 4가지 쓰시오.(단, 기타 안전보건에 관련된 사항은 제외한다)(4점) [기사1103/기사1403/기사1901]

04 사업주는 보일러의 폭발사고를 예방하기 위하여 기능이 정상적으로 작동될 수 있도록 유지·관리하여야 한다. 유지·관리하여야 하는 부속을 3가지 쓰시오.(3점) [기사1402/기사1901]

05 양립성의 종류 3가지를 쓰시오.(3점) [기사1901]

06 보일링 현상 방지대책을 3가지 쓰시오.(3점) [기사0602/기사0701/기사1003/기사1302/기사1401/기사1901/기사2003]

07 산업안전보건법상 안전보건총괄책임자의 직무를 4가지 쓰시오.(4점) [기사1202/기사1901/기사1903]

08 정전기에 의한 화재 또는 폭발 등의 위험이 발생할 우려가 있는 경우에 사용하는 정전기 방지 대책 5가지를 쓰시오.(5점) [기사0501/기사1103/기사1201/기사1702/기사1803/기사1901/기사2004]

09 산업용 로봇의 작동범위에서 해당 로봇에 대하여 교시 등의 작업을 할 경우 해당 로봇의 예기치 못한 작동 또는 오조작에 의한 위험을 방지하기 위하여 관련 지침을 정하여 그 지침에 따라 작업을 하도록 하여야 하는데, 이에 관련 지침에 포함되어야 할 사항 4가지를 쓰시오.(단, 기타 로봇의 예기치 못한 작동 또는 오동작에 의한 위험방지를 하기 위하여 필요한 조치는 제외한다)(4점) [기사1201/기사1901]

10 산업안전보건법상 위험물질의 종류를 물질의 성질에 따라 5가지 쓰시오.(5점) [기사0803/기사1901]

11 A 사업장의 도수율이 12였고 지난 한 해 동안 12건의 재해로 인하여 15명의 재해자가 발생하였고 총 휴업일수는 146일이었다. 사업장의 강도율을 구하시오.(단, 근로자는 1일 10시간씩 연간 250일 근무하였다)(4점) [기사1003/기사1901]

12 기초대사량이 7,000[kg/day]이고 작업 시 소비에너지가 20,000[kg/day], 안정 시 소비에너지가 6,000[kg/day]일 때 에너지대사율(RMR)을 구하시오.(5점)

[기사1901]

13 화물의 하중을 직접 지지하는 와이어로프의 절단하중 값 2,000kg일 때 하중의 최대값을 구하시오.(3점)

[기사1901/기사2201]

14 사업주는 잠함 또는 우물통의 내부에서 근로자가 굴착작업을 하는 경우에 잠함 또는 우물통의 급격한 침하에 의한 위험을 방지하기 위하여 준수하여야 할 사항을 2가지 쓰시오.(4점)

[기사1202/기사1302/기사1503/산기1601/기사1901/기사2302]

01 산업안전보건법상 안전인증대상 보호구를 6가지 쓰시오.(6점) [기사0703/기사1001/기사1803/기사2201/기사2203]

02 자율안전확인대상 기계·기구를 4가지 쓰시오.(4점)

[기사0901/산기1103/산기1201/산기1303/산기1603/산기1702/기사1803/산기2001]

03 정전기에 의한 화재 또는 폭발 등의 위험이 발생할 우려가 있는 경우에 사용하는 정전기 방지 대책 5가지를 쓰시오.(5점) [기사0501/기사1103/기사1201/기사1702/기사1803/기사1901/기사2004]

04 산업안전보건기준에 관한 규칙에서 규정한 벌목작업(유압식 벌목기 사용하지 않는 경우)시 준수사항을 2가 지 쓰시오.(4점) [기사1803]

05 달비계에서 사용하는 와이어로프의 사용금지 기준 4가지를 쓰시오.(4점)

[산기0302/산기0801/산기1403/기사1503/기사1601/산기1602/산기1701/기사1803/기사1903/산기2103]

06 분진 등을 배출하기 위하여 설치하는 국소배기장치의 덕트 설치기준을 3가지 쓰시오.(3점) [기사1803]

07 사업주가 이동식 비계를 조립하여 작업을 하는 경우의 준수사항 4가지를 쓰시오.(4점) [기사1803]

08 부두·안벽 등 하역작업을 하는 장소에서의 사업주의 조치사항을 3가지 쓰시오.(3점) [기사1803/기사2202]

09 하인리히가 제시한 재해예방의 4원칙을 쓰시오.(4점) [기사0803/기사1001/기사1402/산기1602/기사1803/산기1901]

10 인간-기계 통합시스템에서 시스템(System)이 갖는 기능 4가지를 쓰시오.(4점)

[산기1401/기사1403/기사1502/기사1803]

11 미국방성 위험성 평가 중 위험도(MIL-STD-882E) 4가지를 쓰시오.(4점) [기사1103/기사1302/산기1402/기사1803]

12 인간관계 매커니즘에 대한 설명이다. ( ) 안을 채우시오.(3점) [기사1803/기사2201]

가) 자기의 실패나 결함을 다른 대상에게 책임을 전가시키는 것 : (①)
나) 다른 사람의 행동 양식이나 태도를 자기에게 투입하거나 그와 반대로 다른 사람 가운데서 자기의 행동
양식이나 태도와 비슷한 것을 발견하는 것 : (②)
다) 남의 행동이나 판단을 표본으로 하여 따라하는 것 : (③)

13 철골작업에서는 강풍과 같은 악천후 시 작업을 중지하도록 하여야 하는데, 건립작업을 중지하여야 하는 기준을 3가지 쓰시오.(3점) [기사0802/기사1201/기사1801/기사1803]

14 부탄(C_4H_{10})이 완전 연소하기 위한 화학양론식을 쓰고, 완전연소에 필요한 최소산소농도(MOC)를 추정하시오.(단, 부탄 연소하한계는 1.6[vol%]이다)(4점) [기사1002/기사1803]

01 위험물질을 제조·취급하는 작업장과 그 작업장이 있는 건축물에 출입구 외에 안전한 장소로 대피할 수 있는 비상구 1개 이상을 설치해야 하는 구조조건을 2가지 쓰시오.(4점) [기사1402/기사1802]

02 콘크리트 타설작업 시 준수사항 3가지를 쓰시오.(3점) [기사1502/기사1802]

03 아세틸렌 용접장치의 안전기 설치위치에 대하여 빈칸에 알맞은 답을 쓰시오.(3점)

[기사0502/기사1202/기사1702/기사1802/기사2003/기사2201]

> 가) 사업주는 아세틸렌 용접장치의 (①)마다 안전기를 설치하여야 한다. 다만, 주관 및 취관에 가장 가까운 (②)마다 안전기를 부착한 경우에는 그러하지 아니한다.
> 나) 사업주는 가스용기가 (③)와 분리되어 있는 아세틸렌 용접장치에 대하여 (③)와 가스 용기 사이에 안전기를 설치하여야 한다.

04 가스집합 용접장치에 있어서 가스장치실의 구조를 3가지 쓰시오.(5점) [기사1802/기사2103]

05 다음은 중대재해에 대한 설명이다. ( ) 안을 채우시오.(4점) [산기0602/산기1503/기사1802/기사1902]

> 가) 사망자가 (①) 이상 발생한 재해
> 나) 3개월 이상의 요양이 필요한 부상자가 동시에 (②) 이상 발생한 재해
> 다) 부상자 또는 직업성 질병자가 동시에 (③) 이상 발생한 재해

06 다음 설명에 맞는 위험점을 쓰시오.(4점) [기사1802]

> ① 기계의 움직이는 부분 혹은 움직이는 부분과 고정된 부분 사이에 신체의 일부가 끼이거나 물리는 현상을
>   말한다.
> ② 고정부분과 회전하는 동작부분이 함께 만드는 위험점을 말한다.
> ③ 벨트와 풀리, 체인과 체인기어 등에서 주로 발생하는 위험점으로 회전하는 부분의 접선방향으로 물려들어가
>   는 위험점이다.

07 산업안전보건법에서 사업주가 근로자에게 시행해야 하는 안전보건교육의 종류 4가지를 쓰시오.(4점)

[산기0602/산기0701/산기0903/산기1101/기사1601/기사1802/산기2003]

08 크레인을 사용하여 작업을 시작하기 전 점검사항 2가지를 쓰시오.(4점) [기사1501/산기1901/기사1802]

09 산업안전보건법상 다음 그림에 해당하는 안전 · 보건표지의 명칭을 쓰시오.(4점) [기사1802]

① 	② 	③ 	④ 

10 소음이 심한 기계로부터 20[m] 떨어진 곳에서 100[dB]라면 동일한 기계에서 200[m] 떨어진 곳의 음압수준은 얼마인가?(4점) [기사1802/기사2003]

11 인체 계측자료를 장비나 설비의 설계에 응용하는 경우 활용되는 3가지 원칙을 쓰시오.(3점) [기사0802/기사0902/기사1802/기사1902/기사2303]

12 다음은 옥내 사용전압에 따른 절연저항값을 표시한 것이다. 빈칸을 채우시오.(4점) [기사1802]

전로의 사용전압(V)	DC 시험전압(V)	절연저항[MΩ]
SELV 및 PELV	250	(①)
FELV, 500V 이하	500	(②)
500V 초과	1,000	(③)

13 화물의 낙하에 의하여 지게차의 운전자에 위험을 미칠 우려가 있는 작업장에서 사용된 지게차의 헤드가드가 갖추어야 할 사항 2가지를 쓰시오.(4점) [기사0801/기사1601/기사1802]

14 광전자식 방호장치를 광축 수에 따라 형식 구분한 것이다. 다음 ( ) 안을 채우시오.(5점) [기사1802]

형식구분	광축의 범위
Ⓐ	(①)광축 이하
Ⓑ	(②)광축 미만
Ⓒ	(③)광축 이상

01 기계설비의 작업능률과 안전을 위한 배치(Layout)의 3단계를 올바른 순서대로 나열하시오.(3점)

[기사1801]

| ⓐ 지역배치 | ⓑ 공장배치 | ⓒ 시설배치 |

02 방독마스크의 등급은 사용장소에 따라 다음과 같이 한다. 빈칸에 적당한 값을 채우시오.(단, 암모니아에 해당하는 것은 제외함)(3점)

[기사0803/기사1801]

등급	사용장소
고농도	가스 또는 증기의 농도가 (①) 이하의 대기 중에서 사용하는 것
중농도	가스 또는 증기의 농도가 (②) 이하의 대기 중에서 사용하는 것
※ 방독마스크는 산소농도가 (③)% 이상인 장소에서 사용하여야 한다.	

03 근로자가 작업이나 통행 등으로 인하여 전기기계, 기구 또는 전로 등의 충전부분에 접촉하거나 접근함으로써 감전 위험이 있는 충전부분에 대하여 감전을 방지하기 위한 방호방법을 3가지 쓰시오.(6점)

[기사0703/기사1801/기사2201]

04 연삭기 덮개의 시험방법 중 연삭기 작동시험은 시험용 연삭기에 직접 부착한 후 다음 사항을 확인하여 이상이 없어야 하는 지를 쓰시오.(4점) [기사1801]

> • 연삭(①)과 덮개의 접촉여부
> • 탁상용 연삭기는 (②), (③) 및 (④) 부착상태의 적합성 여부

05 연간 평균 상시 500명의 근로자를 두고 있는 사업장에서 1년간 20명의 재해자가 발생하였다. 연천인율은 얼마인가?(4점) [기사1801]

06 사업주는 고속회전체의 회전시험을 하는 경우 미리 회전축의 재질 및 형상 등에 상응하는 종류의 비파괴검사를 해서 결함 유무(有無)를 확인하여야 하는데 이 고속회전체에 대한 설명의 (   )안에 적당한 값을 쓰시오. (4점) [기사1801]

> 비파괴검사를 하는 고속회전체는 회전축의 중량이 (①)톤을 초과하고 원주속도가 초당 (②)미터 이상인 것으로 한정한다.

07 방호조치를 하지 아니하고는 양도, 대여, 설치 또는 사용에 제공하거나, 양도·대여의 목적으로 진열해서는 안 되는 기계·기구 4가지를 쓰시오.(4점) [산기0903/산기1203/산기1503/기사1602/기사1801/기사2003/기사2201/기사2302]

08 철골작업에서는 강풍과 같은 악천후 시 작업을 중지하도록 하여야 하는데, 건립작업을 중지하여야 하는 기준을 3가지 쓰시오.(3점)　　　　　　　　　　　　　　　　　　　　　　　[기사0802/기사1201/기사1801/기사1803]

09 가설통로의 설치기준에 관한 사항이다. 빈칸을 채우시오.(3점)　　　　　　　　　　　　　　[기사1801]

> 가) 경사가 (①)도를 초과하는 경우에는 미끄러지지 아니하는 구조로 할 것
> 나) 수직갱에 가설된 통로의 길이가 15m 이상인 경우에는 (②)m 이내마다 계단참을 설치할 것
> 다) 건설공사에 사용하는 높이 8m 이상인 비계다리에는 (③)m 이내마다 계단참을 설치할 것

10 공정안전보고서의 제출대상에 해당하는 유해 · 위험설비로 보지 않는 시설 · 설비를 2가지 쓰시오.(단, 고용노동부장관이 누출 · 화재 · 폭발 등으로 인한 피해의 정도가 크지 않다고 인정하여 고시하는 설비는 제외)(4점)　　　　　　　　　　　　　　　　　　　　　　　　　　　　　　[기사1102/기사1801]

11 기계의 원동기 · 회전축 · 기어 · 풀리 · 플라이휠 · 벨트 및 체인 등 근로자가 위험에 처할 우려가 있는 부위에 설치하여야 하는 방호장치를 3가지 쓰시오.(3점)　　　　　　　　　　　　　　　[기사1002/기사1801]

12 비점이나 인화점이 낮은 액체가 들어 있는 용기 주위가 화재 등으로 인하여 가열되면, 내부의 비등현상으로 인한 압력 상승으로 용기의 벽면이 파열되면서 그 내용물이 폭발적으로 증발, 팽창하면서 폭발을 일으키는 현상인 비등액 팽창증기 폭발(BLEVE)에 영향을 미치는 요인을 3가지 쓰시오.(6점)　　　　[기사1801]

13 산업안전보건법에서 관리감독자 정기안전·보건교육의 내용을 4가지 쓰시오.(단, 그 밖의 관리감독자의 직무에 관한 사항은 생략할 것)(4점)　　　　[기사0902/기사1001/기사1603/기사1801/기사2003]

14 휴먼에러에서 독립행동에 관한 분류와 원인에 의한 분류를 2가지씩 쓰시오.(4점)

[기사0502/기사1401/기사1801]

01 안전관리자를 정수 이상으로 증원·교체 임명할 수 있는 사유 3가지를 쓰시오.(3점)(단, 해당 사업장의 전년도 사망만인율이 같은 업종의 평균 사망만인율을 초과한 경우이며, 화학적 인자로 인한 직업성 질병자는 제외한다)

[기사0603/기사1703/기사2002/기사2303]

02 크레인(이동식크레인은 제외한다), 리프트(이삿짐 운반용 리프트는 제외한다) 및 곤돌라 안전검사 주기에 해당하는 (   )를 채우시오.(3점)

[산기1401/기사1703/산기1902]

> 사업장에 설치가 끝난 날부터 (①) 이내에 최초 안전검사를 실시하되, 그 이후부터 (②)마다(건설현장에서 사용하는 것은 최초로 설치한 날부터 (③)마다) 실시한다.

03 방독마스크 정화통 외부측면의 색을 구분하여 쓰시오.(5점)

[기사1703]

갈색	회색			황색
①	②	③	④	⑤

04 안전성 평가를 순서대로 나열하시오.(4점)

[산기0601/산기1002/기사1303/산기1702/기사1703/기사2001/산기2002]

> ① 정성적 평가   ② 재평가   ③ FTA 재평가
> ④ 대책검토   ⑤ 자료정비   ⑥ 정량적 평가

05 산업안전보건법에 따라 구내운반차를 사용하여 작업을 하고자 할 때 작업 시작 전 점검사항을 3가지 쓰시오. (3점)

[기사1003/기사1703]

06 산업안전보건법령에 따라 공정안전보고서에 포함되어야 하는 사항 4가지를 쓰시오.(단, 그 밖에 공정상의 안전과 관련하여 고용노동부장관이 필요하다고 인정하여 고시하는 사항은 제외)(4점)

[산기0803/산기0903/기사1001/기사1403/산기1501/기사1602/기사1703/산기1703/기사2101/기사2202]

07 재해 발생 형태를 쓰시오.(4점)

[기사1103/기사1703]

> ① 폭발과 화재 2가지 현상이 복합적으로 발생한 경우
> ② 재해 당시 바닥면과 신체가 떨어진 상태로 더 낮은 위치로 떨어진 경우
> ③ 재해 당시 바닥면과 신체가 접해있는 상태에서 더 낮은 위치로 떨어진 경우
> ④ 재해자가 전도로 인하여 기계의 동력전달부위 등에 협착되어 신체부위가 절단된 경우

08 안전난간의 구조에 대한 설명이다. 다음 ( )을 채우시오.(3점)

[기사1703]

> 가) 상부 난간대 : 바닥면·발판 또는 경사로의 표면으로부터 (①)cm 이상
> 나) 난간대 : 지름 (②)cm 이상 금속제 파이프
> 다) 하중 : (③)kg 이상의 하중에 견딜 수 있는 튼튼한 구조

09 롤러기 급정지장치 원주속도와 안전거리를 쓰시오.(4점) [기사1102/기사1703/기사2001]

> - 30m/min 미만 – 앞면 롤러 원주의 (①)
> - 30m/min 이상 – 앞면 롤러 원주의 (②)

10 산업안전보건법상 사업주는 유자격자가 충전전로 인근에서 작업하는 경우에도 절연장갑을 착용하거나 절연된 경우를 제외하고는 노출 충전부에 접근한계거리 이내로 접근하지 않도록 하여야 한다. 아래 선간전압에 따른 충전전로에 대한 접근한계거리를 쓰시오.(4점) [산기1103/기사1301/산기1303/산기1602/기사1703/기사2102/기사2301]

충전전로의 선간전압 (단위 : KV)	충전전로에 대한 접근한계거리(단위 : cm)
0.38	(①)
1.5	(②)
6.6	(③)
22.9	(④)

11 산업안전보건법에 따라 이상상태로 인한 압력상승으로 당해설비의 최고 사용압력을 구조적으로 초과할 우려가 있는 화학설비 및 그 부속설비에 안전밸브 또는 파열판을 설치하여야 한다. 이 때 반드시 파열판을 설치해야 하는 경우 3가지를 쓰시오.(6점) [기사1003/산기1702/기사1703/기사2001/기사2004/기사2301]

12 가스폭발 위험장소 또는 분진폭발 위험장소에 설치되는 건축물 등에 대해서 해당하는 부분을 내화구조로 하여야 하며, 그 성능이 항상 유지될 수 있도록 점검 · 보수 등 적절한 조치를 하여야 한다. 해당하는 부분을 2가지 쓰시오.(4점) [산기1502/기사1703/기사2002]

13 가설통로 설치 시 준수사항 4가지를 쓰시오.(4점)   [기사0602/산기0901/산기1601/산기1602/기사1703/기사2301]

14 산소에너지당량은 5[kcal/L], 작업 시 산소소비량은 1.5[L/min], 작업 시 평균에너지 소비량 상한은 5[kcal/min], 휴식 시 평균에너지소비량은 1.5[kcal/min], 작업시간 60분일 때 휴식시간을 구하시오.(4점)

[기사0701/기사1703]

01 아세틸렌 용접장치의 안전기 설치위치에 대하여 빈칸에 알맞은 답을 쓰시오.(3점)

[기사0502/기사1202/기사1702/기사1802/기사2003/기사2201]

> 가) 사업주는 아세틸렌 용접장치의 (①)마다 안전기를 설치하여야 한다. 다만, 주관 및 취관에 가장 가까운 (②)마다 안전기를 부착한 경우에는 그러하지 아니한다.
>
> 나) 사업주는 가스용기가 (③)와 분리되어 있는 아세틸렌 용접장치에 대하여 (③)와 가스 용기 사이에 안전기를 설치하여야 한다.

02 산업안전보건법상 물질안전보건자료의 작성·비치·제출 제외 대상 화학물질 4가지를 쓰시오.(4점)

[기사1201/기사1501/기사1702]

03 경고표지의 용도 및 사용 장소에 관한 내용이다. 빈칸에 알맞은 종류를 쓰시오.(3점)

[기사1303/기사1702/기사2302]

> 가) 돌 및 블록 등 떨어질 우려가 있는 물체가 있는 장소 : (①)
>
> 나) 경사진 통로 입구, 미끄러운 장소 : (②)
>
> 다) 휘발유 등 화기의 취급을 극히 주의해야 하는 물질이 있는 장소 : (③)

04 산업안전보건법상 사업장의 안전 및 보건을 유지하기 위하여 안전보건관리규정에 포함되어야 할 사항을 4가지 쓰시오.(단, 그 밖에 안전 및 보건에 관한 사항은 제외한다)(4점)

[기사1002/산기1502/기사1702/기사2001/기사2302]

05 다음 보기는 Rook에 보고한 오류 중 일부이다. 각각 Omission Error와 Commission Error로 분류하시오. (4점)

[기사1201/기사1702]

> ① 납 접합을 빠뜨렸다.   ② 전선의 연결이 바뀌었다.
> ③ 부품을 빠뜨렸다.   ④ 부품이 거꾸로 배열되었다.
> ⑤ 틀린 부품을 사용하였다.

06 지게차를 사용하여 작업을 하는 때 작업 시작 전 점검사항 4가지를 쓰시오.(4점)

[산기1001/산기1502/산기1702/기사1702/산기1802]

07 지상높이가 31m 이상 되는 건축물을 건설하는 공사현장에서 건설공사 유해·위험방지계획서를 작성하여 제출하고자 할 때 첨부하여야 하는 작업공종별 유해위험방지계획의 해당 작업공종을 4가지 쓰시오.(4점)

[기사0703/기사1202/기사1702]

08 산업안전보건법상 통풍이나 환기가 충분하지 않고 가연물이 있는 건축물 내부나 설비 내부에서 화재위험작업을 하는 경우에 화재예방에 필요한 사업주의 준수사항 3가지를 쓰시오.(단, 작업준비 및 작업 절차 수립은 제외한다)(3점) [기사1702]

09 산업안전보건기준에 관한 규칙에서 사업주가 화학설비 또는 그 부속설비의 용도를 변경하는 경우(사용하는 원재료의 종류를 변경하는 경우를 포함) 해당 설비의 점검사항을 3가지 쓰시오.(6점) [기사1702/기사2003]

10 산업안전보건법상 인화성 고체 저장 시 정전기로 인한 화재 폭발 등 방지에 대하여 빈칸을 채우시오.(4점)
[기사0501/기사1103/기사1201/기사1702/기사1803/기사1901/기사2004]

> 정전기에 의한 화재 또는 폭발 등의 위험이 발생할 우려가 있는 경우에는 해당 설비에 대하여 확실한 방법으로 (①)를 하거나, (②) 재료를 사용하거나 가습 및 점화원이 될 우려가 없는 (③)장치를 사용하는 등 정전기의 발생을 억제하거나 제거하기 위하여 필요한 조치를 하여야 한다.

11 타워크레인의 작업 중지에 관한 내용이다. 빈칸을 채우시오.(4점) [기사1102/기사1702/기사2002]

> • 운전작업을 중지하여야 하는 순간풍속은 (①)m/s
> • 설치·수리·점검 또는 해체 작업을 중지하여야 하는 순간풍속은 (②)m/s

12 낙하물방지망 또는 방호선반을 설치할 때 준수사항에 관한 내용이다. 빈칸을 채우시오.(4점)

[기사1702/기사2002]

> - 높이 (①)미터 이내마다 설치하고, 내민 길이는 벽면으로부터 (②)미터 이상으로 할 것
> - 수평면과의 각도는 (③)도 이상 (④)도 이하를 유지하도록 할 것

13 산업안전보건법상 건설용 리프트·곤돌라를 이용한 작업을 하기 전 특별안전·보건교육내용 5가지를 쓰시오.(5점)

[기사1702]

14 근로자수 1,440명, 주당 40시간 근무, 1년 50주 근무하고 조기출근 및 잔업시간 합계 100,000시간, 재해건수 40건, 근로손실일수 1,200일, 사망재해 1건이 발생했을 때 강도율을 구하시오.(단, 조퇴 5,000시간, 평균 출근율은 94%이다)(3점)

[기사1702]

01 다음 FT도의 미니멀 컷 셋을 구하시오.(5점) [기사0802/기사1701/기사2003]

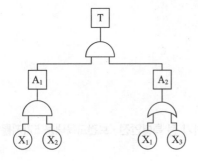

02 산업안전보건법상 타워크레인을 설치(상승작업 포함)·해체하는 작업을 하기 전 특별안전·보건교육내용을 4가지 쓰시오.(4점) [기사1701/기사2301]

03 산업안전보건법상 건설업 중 유해·위험방지계획서의 제출대상 공사 4가지를 쓰시오.(4점) [산기1002/산기1603/기사1701/기사2103]

04 사업주가 말비계를 사용할 때 조립 시 준수사항을 2가지 쓰시오.(4점) [기사1701]

05 U자걸이를 사용할 수 있는 안전대의 구조를 2가지 쓰시오.(4점) [기사1701]

06 안전모의 내관통성 시험 성능기준에 관한 내용이다. ( )안에 알맞은 내용을 쓰시오.(4점)
[기사0601/기사1701]

- AE형 및 ABE형의 관통거리 (①)mm 이하
- A형 및 AB형의 관통거리 (②)mm 이하

07 안전인증을 전부 또는 일부 면제할 수 있는 경우 3가지를 쓰시오.(3점) [기사1303/기사1701]

08 누전에 의한 감전 위험 부분이 있을 때 전기기계 · 기구의 접지부분 3가지를 쓰시오.(4점)   [기사1701]

09 클러치 맞물림개수 5개, 200[SPM] 동력 프레스 양수조작식 방호장치의 안전거리를 구하시오.(4점)

[기사1103/기사1701]

10 건물 해체작업 시 작업계획에 포함될 사항을 4가지 쓰시오.(4점)   [기사0901/기사1701/기사2003]

11 다음은 급성독성물질에 대한 설명이다. 빈칸을 채우시오.(4점)   [산기0702/기사1103/산기1402/기사1701]

> 가) LD50은 (①)mg/kg을 쥐에 대한 경구투입실험에 의하여 실험동물의 50%를 사망케 한다.
> 나) LD50은 (②)mg/kg을 쥐 또는 토끼에 대한 경피흡수실험에 의하여 실험동물의 50%를 사망케 한다.
> 다) LC50은 가스로 (③)ppm을 쥐에 대한 4시간 동안 흡입실험에 의하여 실험동물의 50%를 사망케 한다.
> 라) LC50은 증기로 (④)mg/ℓ을 쥐에 대한 4시간 동안 흡입실험에 의하여 실험동물의 50%를 사망케 한다.

12 잠함 등 내부에서의 작업 시 사업주가 해야 할 조치사항을 3가지 쓰시오.(3점) [기사1701]

13 달기 체인을 달비계에 사용할 때 사용금지 기준 2가지를 쓰시오.(단, 균열이 있거나 심하게 변형된 것은 제외)(4점) [산기1102/산기1402/기사1701/산기1703/기사2001/산기2002]

14 A 사업장의 근무 및 재해 발생현황이 다음과 같을 때, 이 사업장의 종합재해지수를 구하시오.(4점) [기사1102/기사1701/기사2003/기사2301]

- 평균 근로자수 : 400명
- 연간 재해 발생건수 : 80건
- 재해자수 : 100명
- 근로손실일수 : 800일
- 근로시간 : 1일 8시간, 연간 280일 근무

01 조명은 근로자들의 작업환경 측면에서 중요한 안전요소이다. 산업안전보건법상 다음의 작업에서 근로자를 상시 작업시키는 장소의 조도기준을 쓰시오.(단, 갱도 등의 작업장은 제외한다)(4점)

[기사0503/기사1002/산기1202/산기1602/기사1603/산기1802/산기1803/산기2001/기사2101/기사2301]

초정밀작업	정밀작업	보통작업	그 밖의 작업
(①) Lux 이상	(②) Lux 이상	(③) Lux 이상	(④) Lux 이상

02 산업안전보건법에서 관리대상 유해물질을 취급하는 작업장의 보기 쉬운 장소에 사업주가 게시해야 할 사항 5가지를 쓰시오.(5점)

[기사0603/기사1603/기사2004]

03 산업안전보건법에서 관리감독자 정기안전 · 보건교육의 내용을 4가지 쓰시오.(단, 그 밖의 관리감독자의 직무에 관한 사항은 생략할 것)(4점)

[기사0902/기사1001/기사1603/기사1801/기사2003]

04 산업안전보건법상 이동식크레인을 사용하여 작업할 때 작업 시작 전 점검사항을 3가지 쓰시오.(3점)

[기사0803/기사1603/산기1702]

05 안전인증대상 기계·기구를 3가지 쓰시오.(3점)　　　[기사1003/기사1403/기사1603/기사1903]

06 아세틸렌의 위험도와, 아세틸렌 70%, 클로로벤젠 30%일 때 이 혼합기체의 공기 중 폭발하한계의 값을
계산하시오.(5점)　　　[기사0703/기사1603]

	폭발하한계	폭발상한계
아세틸렌	2.5[vol%]	81[vol%]
클로로벤젠	1.3[vol%]	7.1[vol%]

07 산업안전보건기준에 관한 규칙에서 누전에 의한 감전의 위험을 방지하기 위해 접지를 실시하는 코드와
플러그를 접속하여 사용하는 전기기계·기구를 3가지 쓰시오.(3점)　　　[기사1603/기사2001]

08 산업안전보건법상의 계단에 관한 내용이다. 다음 빈칸을 채우시오.(5점)　　　　[기사1302/기사1603/산기2001]

가) 사업주는 계단 및 계단참을 설치하는 경우 매 제곱미터당 (①)kg 이상의 하중에 견딜 수 있는 강도를 가진 구조로 설치하여야 하며, 안전율은 (②) 이상으로 하여야 한다.
나) 계단을 설치하는 경우 그 폭을 (③)m 이상으로 하여야 한다.
다) 높이가 (④)m를 초과하는 계단에는 높이 3m 이내마다 진행방향으로 길이 1.2m 이상의 계단참을 설치하여야 한다.
라) 높이 (⑤)m 이상인 계단의 개방된 측면에 안전난간을 설치하여야 한다.

09 1급 방진마스크 사용 장소를 3곳 쓰시오.(3점)　　　　[기사1603]

10 관계자 외 출입금지표지 종류 3가지를 쓰시오.(3점)　　　　[기사1103/산기1302/기사1603/산기1903]

11 980kg의 화물을 두줄걸이 로프로 상부각도 90°의 각으로 들어 올릴 때, 각각의 와이어로프에 걸리는 하중[kg]을 구하시오.(4점)　　　　[기사1603]

12 가설통로의 설치기준에 관한 사항이다. 빈칸을 채우시오.(5점)

[기사1603]

> 가) 경사는 (①)도 이하일 것
> 나) 경사가 (②)도를 초과하는 경우에는 미끄러지지 아니하는 구조로 할 것
> 다) 추락할 위험이 있는 장소에는 (③)을 설치할 것
> 라) 수직갱에 가설된 통로의 길이가 15m 이상인 경우에는 (④)m 이내마다 계단참을 설치할 것
> 마) 건설공사에 사용하는 높이 8m 이상인 비계다리에는 (⑤)m 이내마다 계단참을 설치할 것

13 광전자식 방호장치 프레스에 관한 설명 중 ( )안에 알맞은 내용이나 수치를 써 넣으시오.(4점)

[기사1401/기사1603]

> 가) 프레스 또는 전단기에서 일반적으로 많이 활용되고 있는 형태로서 투광부, 수광부, 컨트롤 부분으로 구성된 것으로서 신체의 일부가 광선을 차단하면 기계를 급정지시키는 방호장치로 (①) 분류에 해당한다.
> 나) 정상동작표시램프는 (②)색, 위험표시램프는 (③)색으로 하며, 쉽게 근로자가 볼 수 있는 곳에 설치해야 한다.
> 다) 방호장치는 릴레이, 리미트 스위치 등의 전기부품의 고장, 전원전압의 변동 및 정전에 의해 슬라이드가 불시에 동작하지 않아야 하며, 사용전원전압의 ±(④)%의 변동에 대하여 정상으로 작동되어야 한다.

14 산업안전보건법시행규칙에서 산업재해조사표에 작성해야 할 상해 종류 4가지를 쓰시오.(4점)

[기사1603]

01 물질안전보건자료(MSDS) 작성 시 포함사항 16가지 중 [제외]사항을 뺀 4가지를 쓰시오.(4점)

[기사0701/산기0902/기사1101/기사1602/산기2001]

> [제외]
>
> ① 화학제품과 회사에 관한 정보   ② 구성성분의 명칭과 함유량
> ③ 취급 및 저장 방법   ④ 물리화학적 특성
> ⑤ 폐기 시 주의사항   ⑥ 그 밖의 참고사항

02 산업안전보건법령에 따라 공정안전보고서에 포함되어야 하는 사항 4가지를 쓰시오.(단, 그 밖에 공정상의 안전과 관련하여 고용노동부장관이 필요하다고 인정하여 고시하는 사항은 제외)(4점)

[산기0803/산기0903/기사1001/기사1403/산기1501/기사1602/기사1703/산기1703/기사2101/기사2202]

03 다음은 동기부여의 이론 중 매슬로우의 욕구단계론, 알더퍼의 ERG이론을 비교한 것이다. ①~④의 빈칸에 들어갈 내용을 쓰시오.(4점)

[기사1602]

	욕구단계론	ERG이론
제5단계	자아실현의 욕구	④
제4단계	인정받으려는 욕구	③
제3단계	②	
제2단계	①	생존욕구(E)
제1단계	생리적 욕구	

04 실내 작업장에서 8시간 작업 시 소음측정결과 85dB[A] 2시간, 90dB[A] 4시간, 95dB[A] 2시간일 때 소음노출수준(%)을 구하고 소음노출기준 초과여부를 쓰시오.(4점)   [기사1602]

05 공기압축기를 가동할 때 작업 시작 전 점검사항을 4가지 쓰시오.(그 밖의 연결 부위의 이상 유무는 제외할 것)(4점)   [산기0602/산기1003/기사1602/산기1703/산기1801/산기1803/기사1902]

06 비계 작업 시 비, 눈 그 밖의 기상상태의 불안정으로 날씨가 몹시 나빠서 작업을 중지시킨 후 그 비계에서 작업 재개할 때 점검사항을 4가지 쓰시오.(4점)   [기사0502/기사1003/기사1201/기사1203/기사1302/기사1303/산기1402/기사1602/산기1801/기사2001/산기2004/기사2202/기사2301]

07 다음은 산업재해 발생 시의 조치내용을 순서대로 표시하였다. 아래의 빈칸에 알맞은 내용을 쓰시오.(4점)   [기사1002/기사1602]

산업재해 발생 → ① → ② → 원인분석 → ③ → 대책실시계획 → 실시 → ④

08 다음 근로 불능상해의 종류를 설명하시오.(3점)　　　　　　　　　　　　　　　[기사0603/기사1602]

> ① 영구 전노동불능 상해
> ② 영구 일부노동불능 상해
> ③ 일시 전노동불능 상해

09 다음 방폭구조의 표시를 쓰시오.(4점)　　　　　　　　　　　　　　　　　　[기사1102/기사1602]

> • 방폭구조 : 외부의 가스가 용기 내로 침입하여 폭발하더라도 용기는 그 압력에 견디고 외부의 폭발성 가스에 착화될 우려가 없도록 만들어진 구조
> • 그룹 : ⅡB
> • 최고표면온도 : 90도

10 색도기준과 관련된 다음 표의 빈칸을 넣으시오.(4점)　　　　　　　　　　　[산기0701/기사1602/산기2001]

색채	색도기준	용도	사 용 례
(①)	7.5R 4/14	금지	정지신호, 소화설비 및 그 장소, 유해행위의 금지
		(②)	화학물질 취급 장소에서의 유해·위험 경고
파란색	2.5PB 4/10	지시	특정행위의 지시 및 사실의 고지
흰색	N9.5		(③)
검정색	(④)		문자 및 빨간색 또는 노란색에 대한 보조색

11 폭발의 정의에서 UVCE와 BLEVE를 설명하시오.(4점) [기사0802/기사1602]

12 방호조치를 하지 아니하고는 양도, 대여, 설치 또는 사용에 제공하거나, 양도·대여의 목적으로 진열해서는 안 되는 기계·기구 4가지를 쓰시오.(4점) [산기0903/산기1203/산기1503/기사1602/기사1801/기사2003/기사2201/기사2302]

13 차량계 하역운반기계(지게차 등)의 운전자가 운전위치를 이탈하고자 할 때 운전자가 준수하여야 할 사항을 2가지 쓰시오.(4점) [기사0601/산기0801/산기1001/산기1403/기사1602]

14 FT의 각 단계별 내용이 [보기]와 같을 때 올바른 순서대로 번호를 나열하시오.(4점) [기사1003/기사1602]

> ① 정상사상의 원인이 되는 기초사상을 분석한다.
> ② 정상사상과의 관계는 논리게이트를 이용하여 도해한다.
> ③ 분석현상이 된 시스템을 정의한다.
> ④ 이전단계에서 결정된 사상이 조금 더 전개가 가능한지 검사한다.
> ⑤ 정성·정량적으로 해석 평가한다.
> ⑥ FT를 간소화한다.

01 산업안전보건법에서 사업주가 근로자에게 시행해야 하는 안전보건교육의 종류 4가지를 쓰시오.(4점)

[산기0602/산기0701/산기0903/산기1101/기사1601/기사1802/산기2003]

02 화재의 종류를 구분하여 쓰고, 그에 따른 표시 색을 쓰시오.(5점)

[기사1601]

유형	화재의 분류	색상
A	일반화재	④
B	①	⑤
C	②	청색
D	③	무색

03 다음 FT도에서 컷 셋(cut set)을 모두 구하시오.(3점)

[기사0702/기사1001/기사1601/기사2002]

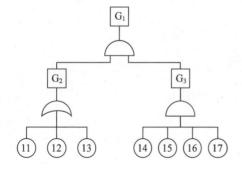

04 근로자가 반복하여 계속적으로 중량물을 취급하는 작업할 때 작업 시작 전 점검사항 2가지를 쓰시오.(단, 그 밖의 하역운반기계 등의 적절한 사용방법은 제외한다)(4점) [기사1303/기사1601]

05 폭발등급에 따른 안전간격과 가스명을 쓰시오.(5점) [기사1601]

폭발등급	ⅡA	ⅡB	ⅡC
안전간격	①	②	③
가스	④	⑤	⑥

06 아세틸렌 용접기 도관의 점검항목 3가지를 쓰시오.(3점) [기사1601]

07 도수율이 18.73인 사업장에서 근로자 1명에게 평생 약 몇 건의 재해가 발생하겠는가?(단, 1일 8시간, 월 25일, 12개월 근무, 평생 근로년수는 35년, 연간 잔업시간은 240시간으로 한다)(3점) [기사1601]

08 감응식 방호장치를 설치한 프레스에서 광선을 차단한 후 200ms 후에 슬라이드가 정지하였다. 이 때 방호장치의 안전거리는 최소 몇 mm 이상이어야 하는가?(3점) [기사0902/산기1401/기사1601/기사2002]

09 보호구 자율안전확인에서 정의하는 보안경을 사용구분에 따라 3가지로 구분하고 종류별 사용 구분을 쓰시오.(4점) [기사1601]

10 타워크레인에 사용하는 와이어로프의 사용금지 기준을 4가지 쓰시오.(단, 부식된 것, 손상된 것은 제외)(4점) [산기0302/산기0801/산기1403/기사1503/기사1601/산기1602/산기1701/기사1803/기사1903/산기2103]

11 양중기의 종류 5가지를 쓰시오.(5점) [기사0502/기사0601/기사1601]

12 화물의 낙하에 의하여 지게차의 운전자에 위험을 미칠 우려가 있는 작업장에서 사용된 지게차의 헤드가드가 갖추어야 할 사항 2가지를 쓰시오.(4점) [기사0801/기사1601/기사1802]

13 중대재해 발생 시 노동부에 구두나 유선으로 보고해야 하는 사항 4가지를 쓰시오.(단, 그 밖의 중요한 사항은 제외한다)(4점)

[기사1601]

14 Swain은 인간의 오류를 작위적 오류(Commission Error)와 부작위적 오류(Omission Error)로 구분한다. 작위적 오류와 부작위적 오류에 대해 설명하시오.(4점)

[기사0802/기사1601/기사2201]

01 다음 그림의 연삭기 덮개 각도를 쓰시오.(단, 이상, 이하, 이내를 정확히 구분)(3점)

[산기0903/기사1301/산기1401/기사1503]

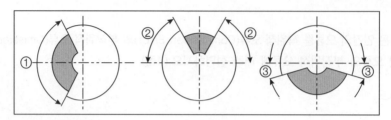

02 보기의 가스 용기의 색채를 쓰시오.(4점)

[기사0703/기사1201/기사1503]

① 산소	② 아세틸렌	③ 암모니아	④ 질소

03 내전압용 절연장갑 성능기준에서 등급별 최대사용전압을 쓰시오.(4점)

[기사0801/기사0903/기사1503/기사2003]

등급	최대사용전압		색상
	교류(V, 실횻값)	직류(V)	
00	500	①	갈색
0	②	1500	빨간색
1	7500	11250	흰색
2	17000	25500	노란색
3	26500	39750	녹색
4	③	④	등색

04 위험예지훈련 기초 4라운드 기법의 진행순서를 쓰시오.(4점) [산기0601/산기1003/기사1503/기사1902/산기2001]

05 다음 보기의 위험점 정의를 쓰시오.(4점) [기사1503]

| ① 협착점 | ② 끼임점 | ③ 물림점 | ④ 회전말림점 |

06 산업안전보건법에 따라 산업재해조사표를 작성하고자 할 때, 다음 보기에서 산업재해조사표의 주요 작성항목이 아닌 것 3가지를 번호로 쓰시오.(4점) [기사1101/기사1201/기사1501/기사1503]

① 발생일시	② 목격자 인적사항	③ 휴업예정일수
④ 상해종류	⑤ 고용형태	⑥ 재해자직업
⑦ 가해물	⑧ 치료·요양기관	⑨ 재해 발생 후 첫 출근일자

07 위험성 평가를 실시하려고 한다. 실시 순서를 번호로 쓰시오.(4점) [기사1503/기사2301]

① 파악된 유해·위험요인별 위험성의 추정
② 근로자의 작업과 관계되는 유해·위험요인의 파악
③ 평가대상의 선정 등 사전준비
④ 위험성 평가 실시내용 및 결과에 관한 기록
⑤ 위험성 감소대책의 수립 및 실행
⑥ 추정한 위험성이 허용 가능한 위험성인지 여부의 결정

08 PHA의 목표를 달성하기 위한 4가지 특징을 쓰시오.(4점) [기사0502/기사1503]

09 고장률이 1시간당 0.01로 일정한 기계가 있다. 이 기계에서 처음 100시간 동안 고장이 발생할 확률을 구하시오.(4점) [기사0801/기사1003/기사1502/기사1503]

10 산업안전보건법상 관리감독자의 업무를 4가지 쓰시오.(4점) [기사1503]

11 타워크레인에 사용하는 와이어로프의 사용금지 기준을 4가지 쓰시오.(단, 부식된 것, 손상된 것은 제외)(4점) [산기0302/산기0801/산기1403/기사1503/기사1601/산기1602/산기1701/기사1803/기사1903/산기2103]

12 잠함 또는 우물통의 내부에서 근로자가 굴착작업을 하는 경우에 잠함 또는 우물통의 급격한 침하에 의한 위험을 방지하기 위하여 준수하여야 할 사항을 2가지 쓰시오.(4점)

[기사1202/기사1302/기사1503/산기1601/기사1901/기사2302]

13 자율검사프로그램의 인정을 취소하거나 인정받은 자율검사프로그램의 내용에 따라 검사를 하도록 개선을 명할 수 있는 경우 2가지를 쓰시오.(단, 거짓이나 그 밖의 부정한 방법으로 자율검사프로그램을 인정받은 경우는 제외)(4점)

[기사1102/기사1503/기사2002]

14 접지공사의 종류에 따른 접지도체의 최소 단면적을 쓰시오.(단, 접지선의 굵기는 연동선의 직경을 기준으로 한다)(4점)

[기사1002/기사1302/기사1503/기사2002]

분류		접지선의 최소 단면적
특고압 · 고압 전기설비용 접지도체		①
중성점 접지용 접지도체		②
이동하여 사용하는 전기기계 · 기구	특고압 · 고압 · 중성점 접지용 접지도체	③
	저압 전기설비용 접지도체	④

01 산업안전보건법에 따라 산업재해조사표를 작성하고자 한다. 재해 발생 개요를 작성하시오.(4점)

[기사1502]

> 사출성형부 플라스틱 용기 생산 1팀 사출공정에서 재해자 A와 동료작업자 1명이 같이 작업중이었으며 재해자 A가 사출성형기 2호기에서 플라스틱 용기를 꺼낸 후 금형을 점검하던 중 재해자가 점검중임을 모르던 동료근로자 B가 사출성형기 조작스위치를 가동하여 금형 사이에 재해자가 끼어 사망하였다. 재해당시 사출성형기 도어인터록 장치는 설치가 되어있었으나 고장중이어서 기능을 상실한 상태였고, 점검과 관련하여 "수리중·조작금지"의 안전 표지판이나, 전원스위치 작동금지용 잠금장치는 설치하지 않은 상태에서 동료 근로자가 조작스위치를 잘못 조작하여 재해가 발생하였다.

가) 어디서 :   나) 누가 :   다) 무엇을 :   라) 어떻게 :

02 산업안전보건법령상 사업 내 안전·보건교육에 있어 500명의 사업장에 30명 채용 시의 교육내용을 4가지 쓰시오.(5점)

[기사0602/기사1502/기사2004/기사2101]

03 산업안전보건법상의 사업주의 의무와 근로자의 의무를 2가지씩 쓰시오.(4점) [기사1401/1502]

04 Fail Safe 기능 3가지를 쓰시오.(3점) [기사0502/기사0703/기사1502]

05 산업안전보건법에서 산업안전보건위원회의 회의록 작성사항을 3가지 쓰시오.(3점) [기사1502]

06 다음 설명은 산업안전보건법상 신규화학물질의 제조 및 수입 등에 관한 설명이다. ( )안에 해당하는 내용을 넣으시오.(4점) [기사103/기사1502]

> 신규화학물질을 제조하거나 수입하려는 자는 제조하거나 수입하려는 날 (①)일 전까지 신규 화학물질 유해성
> ·위험성 조사보고서에 따른 서류를 첨부하여 (②)에게 제출하여야 한다.

07 연소의 3요소와 소화방법을 쓰시오.(6점) [기사1502]

08 스트랜드의 꼬임 방향에 따른 와이어로프 꼬임 형식을 2가지 쓰시오.(4점) [기사1102/기사1502]

09 인간-기계 통합시스템에서 시스템(System)이 갖는 기능 4가지를 쓰시오.(5점)

[산기1401/기사1403/기사1502/기사1803]

10 콘크리트 타설작업 시 준수사항 3가지를 쓰시오.(3점) [기사1502/기사1802]

11 고장률이 1시간당 0.01로 일정한 기계가 있다. 이 기계에서 처음 100시간 동안 고장이 발생할 확률을 구하시오.(4점)

[기사0801/기사1003/기사1502/기사1503]

12 전기기계·기구에 설치되어 있는 누전차단기는 정격감도전류가 (①)이고 작동시간은 (②)초 이내이어야 한다. ( )에 알맞은 내용을 쓰시오.(3점) [기사0603/기사0903/기사1502/산기1801]

13 도급사업의 합동 안전 · 보건점검을 할 때 점검반으로 구성하여야 하는 사람을 3가지 쓰시오.(3점)

[기사1502]

14 경고표지 및 지시표지를 고르시오.(4점)

[기사1502]

ⓐ	ⓑ	ⓒ	ⓓ	ⓔ	ⓕ	ⓖ	ⓗ	ⓘ	ⓙ

01 다음 방폭구조의 표시를 쓰시오.(5점) [기사1102/기사1602]

- 방폭구조 : 외부의 가스가 용기 내로 침입하여 폭발하더라도 용기는 그 압력에 견디고 외부의 폭발성 가스에 착화될 우려가 없도록 만들어진 구조
- 그룹 : ⅡB
- 최고표면온도 : 90도

02 유해물질의 취급 등으로 근로자에게 유해한 작업에 있어서 그 원인을 제거하기 위하여 조치해야 할 사항을 3가지 쓰시오.(3점) [기사0702/기사1501]

03 보일러에서 발생하는 캐리오버 현상의 원인 4가지를 쓰시오.(4점) [기사1501]

04 산업안전보건법상 물질안전보건자료의 작성·제출 제외 대상 화학물질 4가지를 쓰시오.(4점) [기사1201/기사1501/기사1702]

05 로봇작업에 대한 특별안전보건교육을 실시할 때 교육내용 4가지를 쓰시오.(4점) [기사1501/기사2001/기사2302]

06 어떤 기계를 1시간 가동하였을 때 고장발생확률이 0.004일 경우 아래 물음에 답하시오.(4점)

[기사0702/기사1501]

① 평균 고장간격을 구하시오.
② 10시간 가동하였을 때 기계의 신뢰도를 구하시오.

07 하역작업장 조치기준에 대한 설명이다. 다음 빈칸을 채우시오.(3점)   [기사1501]

가) 화물을 취급하는 작업 등에 사업주는 바닥으로부터 높이가 2m 이상되는 하적단과 인접 하적단 사이의
   간격을 하적단의 밑부분을 기준으로 하여 (①)cm 이상으로 할 것
나) 부두 또는 안벽의 선을 따라 통로를 설치하는 경우에는 폭을 (②)cm 이상으로 할 것
다) 육상에서의 통로 및 작업장소로서 다리 또는 선거 갑문을 넘는 보도 등의 위험한 부분에는 (③) 또는
   울타리 등을 설치할 것

08 하인리히의 재해예방 대책 5단계를 순서대로 쓰시오.(4점)   [기사0601/기사1501]

09 산업재해조사표의 주요항목에 해당하지 않는 것 4가지를 보기에서 고르시오.(4점)

[기사1101/기사1201/기사1501/기사1503]

① 재해자의 국적　　　　② 보호자의 성명　　　　③ 재해 발생일시
④ 고용형태　　　　　　　⑤ 휴업 예상 일수　　　⑥ 급여 수준
⑦ 응급조치 내역　　　　⑧ 재해자의 직업　　　　⑨ 재해자의 복귀일시

10 크레인을 사용하여 작업을 시작하기 전 점검사항 2가지를 쓰시오.(4점)　　　　[기사1501/산기1901/기사1802]

11 산업안전보건법상 안전보건표지 중 "응급구호표지"를 그리시오.(단, 색상표시는 글자로 나타내도록 하고, 크기에 대한 기준은 표시하지 않아도 된다)(5점)　　　[기사0902/기사1203/기사1401/기사1501/기사2004]

12 달비계의 적재하중을 정하고자 한다. 다음 보기의 안전계수를 쓰시오.(4점)

[산기0603/기사1501/산기1503/기사2302]

가) 달기 와이어로프 및 달기 강선의 안전계수 : (①) 이상
나) 달기 체인 및 달기 훅의 안전계수 : (②) 이상
다) 달기 강대와 달비계의 하부 및 상부 지점의 안전계수는 강재의 경우 (③) 이상, 목재의 경우 (④) 이상

13 목재가공용 둥근톱에 대한 방호장치 중 분할 날이 갖추어야 할 사항이다. 빈칸을 채우시오.(3점)

[기사0702/기사1501]

- 분할 날의 두께는 둥근톱 두께의 (①)배 이상으로 한다.
- 견고히 고정할 수 있으며 분할 날과 톱날 원주면과의 거리는 (②)mm 이내로 조정, 유지할 수 있어야 한다.
- 표준 테이블 면 상의 톱 뒷날의 (③)이상을 덮도록 한다.

14 시스템 안전을 실행하기 위한 시스템안전프로그램계획(SSPP) 포함사항 4가지를 쓰시오.(4점)

[기사1103/기사1501]

01 산업안전보건법상 위험물의 종류에 있어 다음 각 물질에 해당하는 것을 보기에서 2가지씩 골라 번호를 쓰시오.(4점)

[기사1001/기사1403]

① 황	② 염소산	③ 하이드라진 유도체	④ 아세톤
⑤ 과망간산	⑥ 니트로소화합물	⑦ 수소	⑧ 리튬

02 용접작업을 하는 작업자가 전압이 300V인 충전부분이 물에 젖은 손이 접촉, 감전되어 사망하였다. 이때 인체에 통전된 심실세동전류(mA)와 통전시간(ms)을 계산하시오.(단, 인체의 저항은 1,000[Ω]으로 한다) (4점)

[기사0701/기사1403/기사2303]

03 무재해 운동 추진 중 사고나 재해가 발생하여도 무재해로 인정되는 경우 4가지를 쓰시오.(4점)

[기사1102/기사1401/기사1403]

04 콘크리트 구조물로 옹벽을 축조할 경우, 필요한 안정조건을 3가지 쓰시오.(3점)

[기사0803/기사1403/산기1902]

05 산업안전보건법에 따라 굴착면의 높이가 2미터 이상이 되는 지반의 굴착 시 작업장의 지형·지반 및 지층 상태 등에 대한 사전 조사 후 작성하여야 하는 작업계획서에 포함되어야 하는 사항을 4가지 쓰시오.(단, 기타 안전보건에 관련된 사항은 제외한다)(4점)

[기사1103/기사1403/기사1901]

06 다음 보기에서 안전인증대상 기계·기구 및 설비, 방호장치 또는 보호구에 해당하는 것을 4가지 골라 번호를 쓰시오.(4점)

[기사1003/기사1403/기사1603/기사1903]

① 안전대	② 연삭기 덮개
③ 파쇄기	④ 산업용 로봇 안전매트
⑤ 압력용기	⑥ 양중기용 과부하방지장치
⑦ 교류아크용접기용 자동전격방지기	⑧ 이동식 사다리
⑨ 동력식 수동대패용 칼날 접촉방지장치	⑩ 용접용 보안면

07 산업안전보건법령상 안전·보건표지의 종류에 있어 안내표지에 해당하는 것 4가지를 쓰시오.(4점)

[기사0903/기사1403]

08 산업안전보건법령에 따라 공정안전보고서에 포함되어야 하는 사항 4가지를 쓰시오.(단, 그 밖에 공정상의 안전과 관련하여 고용노동부장관이 필요하다고 인정하여 고시하는 사항은 제외)(4점)

[산기0803/산기0903/기사1001/기사1403/산기1501/기사1602/기사1703/산기1703/기사2101/기사2202]

09 다음과 같은 구조의 시스템이 있다. 부품2(X_2)의 고장을 초기사상으로 하여 사건나무(Event tree)를 그리고 각 가지마다 시스템의 작동 여부를 "작동" 또는 "고장"으로 표시하시오.(4점)

[기사0502/기사1403]

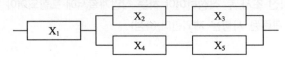

10 다음의 재해 통계지수에 관하여 설명하시오.(4점)

[기사1403]

① 연천인율	② 강도율

11 기계설비의 근원적 안전을 확보하기 위한 안전화 방법을 4가지 쓰시오.(4점)

[기사0503/기사1403]

12 인간-기계 통합시스템에서 시스템(System)이 갖는 기능 4가지를 쓰시오.(4점)

[산기1401/기사1403/기사1502/기사1803]

13 아세틸렌 또는 가스집합 용접장치에 설치하는 역화방지기 성능시험 종류를 4가지를 쓰시오.(4점)

[기사1403]

14 다음은 안전관리의 주요 대상인 4M과 안전대책인 3E와의 관계도를 나타낸 것이다. 그림의 빈칸에 알맞은 내용을 써 넣으시오.(4점)

[기사1403]

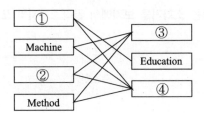

01 하인리히의 재해예방대책 4원칙을 쓰고 설명하시오.(4점)   [기사0803/기사1001/기사1402/기사1803]

02 누전차단기에 관한 내용이다. 빈칸을 채우시오.(3점)   [기사1402]

> 가) 누전차단기는 지락검출장치, (①), 개폐기구 등으로 구성된다.
> 나) 중감도형 누전차단기는 정격감도전류가 (②) ~ 1000mA 이하이다.
> 다) 시연형 누전차단기는 동작시간이 0.1초 초과하고 (③) 이내이다.

03 다음 각 물음에 적응성이 있는 소화기를 보기에서 골라 2가지씩 쓰시오.(6점)   [기사1402]

> ① CO_2 소화기   ② 건조사   ③ 봉상수소화기
> ④ 물통 또는 수조   ⑤ 포소화기   ⑥ 할로겐화합물소화기

> 가) 전기설비   나) 인화성 액체   다) 자기반응성 물질

04 도끼로 나무를 자르는데 소요되는 에너지는 분당 8kcal, 작업에 대한 평균에너지 5kcal/min, 휴식에너지 1.5kcal/min, 작업시간 60분일 때 휴식시간을 구하시오.(4점)   [기사1402]

05 사업주는 보일러의 폭발사고를 예방하기 위하여 기능이 정상적으로 작동될 수 있도록 유지·관리하여야 한다. 유지·관리하여야 하는 부속을 3가지 쓰시오.(3점) [기사1402/기사1901]

06 위험물질을 제조·취급하는 작업장과 그 작업장이 있는 건축물에 출입구 외에 안전한 장소로 대피할 수 있는 비상구 1개 이상을 설치해야 하는 구조조건을 2가지 쓰시오.(4점) [기사1402/기사1802]

07 안전보건총괄책임자 지정 대상사업을 3가지 쓰시오.(3점) [기사1402]

08 대상화학물질을 양도하거나 제공하는 자는 물질안전보건자료의 기재내용을 변경할 필요가 생긴 때 이를 물질안전보건자료에 반영하여 대상 화학물질을 양도받거나 제공받은 자에게 신속하게 제공하여야 한다. 제공 내용을 3가지 쓰시오.(단, 그 밖에 고용노동부령으로 정하는 사항은 제외)(4점) [기사1402/산기1801]

09 에어컨 스위치의 수명은 지수분포를 따르며, 평균수명은 1,000시간이다. 다음을 계산하시오.(4점)

[기사1402]

① 새로 구입한 스위치가 향후 500시간 동안 고장 없이 작동할 확률을 구하시오.
② 이미 1,000시간을 사용한 스위치가 향후 500시간 이상 견딜 확률을 구하시오.

10 안전관리비의 계상 및 사용에 관한 내용이다. 다음 각 물음에 답을 쓰시오.(6점)   [기사1402]

가) 발주자가 재료를 제공하거나 물품이 완제품의 형태로 제작 또는 납품되어 설치되는 경우에 해당 재료비 또는 완제품의 가액을 대상액에 포함시킬 경우의 안전관리비는 해당 재료비 또는 완제품의 가액을 포함시키지 않은 대상액을 기준으로 계상한 안전관리비의 (①)를 초과할 수 없다.
나) 대상액이 구분되어 있지 않은 공사는 도급계약 또는 자체사업계획 상의 총공사금액의 (②)를 대상액으로 하여 안전관리비를 계상하여야 한다.
다) 수급인 또는 자기공사자는 안전관리비 사용내역에 대하여 공사 시작 후 (③)개월마다 1회 이상 발주자 또는 감리원의 확인을 받아야 한다.

11 "출입금지표지"를 그리고, 표지판과 도형의 색을 각각 구분하여 쓰시오.(4점)

[기사0702/기사1402/산기1803/기사2001]

12 컨베이어 작업 시작 전에 점검해야 할 사항 3가지를 쓰시오.(3점)   [기사0601/기사1001/기사1402]

13 양립성을 2가지 쓰고 사례를 들어 설명하시오.(4점)   [기사1202/기사1402/기사2002/기사2102]

01 산업안전보건법상 안전보건표지 중 "응급구호표지"를 그리시오.(단, 색상표시는 글자로 나타내도록 하고, 크기에 대한 기준은 표시하지 않아도 된다)(5점)

[기사0902/기사1203/기사1401/기사1501/기사2004]

02 사업을 타인에게 도급하는 자는 근로자의 건강을 보호하기 위하여 수급인이 고용노동부령으로 정하는 위생시설에 관한 기준을 준수할 수 있도록 수급인에게 위생시설을 설치할 수 있는 장소를 제공하거나 자신의 위생시설을 수급인의 근로자가 이용할 수 있도록 하는 등 적절한 협조를 하여야 한다. 위생시설 4가지를 쓰시오.(4점)

[기사1401]

03 파블로프 조건반사설 학습의 원리를 쓰시오.(4점)

[기사0903/기사1103/기사1401]

04 무재해 운동 추진 중 사고나 재해가 발생하여도 무재해로 인정되는 경우 4가지를 쓰시오.(4점)

[기사1102/기사1401/기사1403]

05 산업안전보건법상 안전인증대상 기계 · 기구 등이 안전인증기준에 적합한지를 확인하기 위하여 안전인증기 관이 심사하는 심사의 종류 4가지를 쓰시오.(4점) [기사1103/기사1202/기사1401/기사1902]

06 보일링 현상 방지대책을 3가지 쓰시오.(3점) [기사0602/기사0701/기사1003/기사1302/기사1401/기사1901/기사2003]

07 다음을 간단히 설명하시오.(4점) [기사0802/기사0901/기사1101/기사1401]

① Fail safe   ② Fool proof

08 타워크레인을 설치 · 조립 · 해체하는 작업 시 작업계획서의 내용 4가지를 쓰시오.(4점)
[기사1401/기사2004/기사2201]

09 산업안전보건법상의 사업주의 의무와 근로자의 의무를 2가지씩 쓰시오.(4점) [기사1401/1502]

10 전압이 100[V]인 충전부분에 물에 젖은 작업자의 손이 접촉되어 감전, 사망하였다. 이 때 인체에 흐른 ① 심실세동전류[mA]를 구하고, ② 통전시간[초]를 구하시오.(단, 인체의 저항은 5,000[Ω]으로 하고, 소수 넷째자리에서 반올림하여 소수 셋째자리까지 표기할 것)(4점) [기사0502/기사1401]

11 공정안전보고서 이행상태의 평가에 관한 내용이다. 다음 (   )를 채우시오.(4점) [기사1401/기사1903]

> 가) 고용노동부장관은 공정안전보고서의 확인 후 1년이 경과한 날부터 (①)년 이내에 공정안전보고서 이행상태의 평가를 하여야 한다.
> 나) 사업주가 이행평가에 대한 추가요청을 하면 (②) 기간 내에 이행평가를 할 수 있다.

12 휴먼에러에서 독립행동에 관한 분류와 원인에 의한 분류를 2가지씩 쓰시오.(4점)

[기사0502/기사1401/기사1801]

13 직렬이나 병렬구조로 단순화될 수 없는 복잡한 시스템의 신뢰도나 고장확률을 평가하는 기법 3가지를 쓰시오.(3점)

[기사1401]

14 광전자식 방호장치 프레스에 관한 설명 중 ( )안에 알맞은 내용이나 수치를 써 넣으시오.(4점)

[기사1401/기사1603]

가) 프레스 또는 전단기에서 일반적으로 많이 활용되고 있는 형태로서 투광부, 수광부, 컨트롤 부분으로 구성된 것으로서 신체의 일부가 광선을 차단하면 기계를 급정지시키는 방호장치로 (①) 분류에 해당한다.

나) 정상동작표시램프는 (②)색, 위험표시램프는 (③)색으로 하며, 쉽게 근로자가 볼 수 있는 곳에 설치해야 한다.

다) 방호장치는 릴레이, 리미트 스위치 등의 전기부품의 고장, 전원전압의 변동 및 정전에 의해 슬라이드가 불시에 동작하지 않아야 하며, 사용전원전압의 ±(④)%의 변동에 대하여 정상으로 작동되어야 한다.

MEMO

MEMO

2024 | 한국산업인력공단 | 국가기술자격

고시넷
고패스

산업안전기사 실기
필답형 + 작업형
기출복원문제 + 유형분석

작업형 유형별
기출복원문제
198題

001 전기를 점검하는 도중 작업자의 몸에 통전되어 사망하는 사고가 발생하였다. 해당 사고의 재해유형과 가해물을 적으시오.(4점)

[기사1701B/기사1903B/기사2004C/기사2102C]

배전반에서 전기보수작업을 진행 중인 영상이다. 배전반을 사이에 두고 앞과 뒤에서 각각의 작업자가 점검과 보수를 진행하고 있다. 앞의 작업자가 절연내력시험기를 들고 스위치를 ON/OFF하며 점검 중인 상황에서 뒤쪽의 작업자가 쓰러지는 사고가 발생하였다.

① 재해유형 : 감전(=전류접촉)　　② 가해물 : 전류

002 영상은 목재를 톱질하다가 발생한 재해 상황을 보여주고 있다. ① 재해형태와 ② 가해물, ③ 기인물을 쓰시오.(3점)

[기사1402A/기사1503A/기사2004C/기사2303A]

작업발판용 목재토막을 가공대 위에 올려놓고 목재를 고정하고 톱질을 하다 작업발판이 흔들림으로 인해 작업자가 균형을 잃고 넘어지는 재해발생 장면을 보여준다.

① 재해형태 : 전도(=넘어짐)　　② 가해물 : 바닥
③ 기인물 : 작업발판

003 영상은 봉강 연마작업 중 발생한 재해를 보여주고 있다. 기인물은 무엇이며, 봉강 연마작업 시 파편이나 칩의 비래에 의한 위험에 대비하기 위하여 설치해야 하는 장치명을 쓰시오.(4점)

[기사1203A/산기1301A/기사1402B/산기1502A/기사1602B/기사1703A/산기1901B/기사2004C/기사2301C]

수도 배관용 파이프 절단 바이트 날을 탁상용 연마기로 연마작업을 하던 중 연삭기에 튕긴 칩이 작업자 얼굴을 강타하는 재해가 발생하는 영상이다.

① 기인물 : 탁상공구연삭기(가해물은 환봉)
② 방호장치명 : 칩비산방지투명판

004 영상은 전주의 이동작업 중 발생한 사고사례이다. 다음 물음에 답을 쓰시오.(6점) [산기1202A/기사1203C/

기사1401C/산기1402B/기사1502B/산기1503A/기사1603B/산기1701B/산기1802B/기사1902B/기사1903A/산기1903A/기사2002A/기사2302B]

항타기를 이용하여 콘크리트 전주를 세우는 작업을 보여주고 있다. 항타기에 고정된 콘크리트 전주가 불안하게 흔들리고 있다. 작업자가 항타기를 조정하는 순간, 전주가 인접한 활선전로에 접촉되면서 스파크가 발생한다. 안전모를 착용한 3명의 작업자가 보인다.

① 재해요인	② 가해물	③ 전기용 안전모의 종류

① 재해요인 : 비래(=맞음)　　　② 가해물 : 전주
③ 전기용 안전모의 종류 : AE형, ABE형

005 영상은 아파트 창틀에서 작업 중 발생한 재해사례를 보여주고 있다. 해당 동영상에서 작업자의 추락사고 ① 원인 3가지, ② 기인물, ③ 가해물을 간략히 쓰시오.(5점)

[기사1601B/기사1701A]

A, B 2명의 작업자가 아파트 창틀에서 작업 중에 A가 작업발판을 처마 위의 B에게 건네 준 후, B가 있는 옆 처마 위로 이동하려다 발을 헛디뎌 바닥으로 추락하는 재해 상황을 보여주고 있다. 이때 주변에 정리정돈이 되어 있지 않고, A작업자가 밟고 있던 콘크리트 부스러기가 추락할 때 같이 떨어진다.

① 원인 : 안전난간 미설치, 안전대 미착용, 안전방망 미설치, 주변 정리정돈 불량, 작업발판 미설치
② 기인물 : 작업발판   ③ 가해물 : 바닥

▲ ①의 원인 중 3가지 선택 기재

006 영상은 교류 아크용접작업 중 재해가 발생한 사례이다. ① 기인물은 무엇이며, ② 작업 중 작업자의 눈과 감전재해로부터 작업자를 보호하기 위해 착용하여야 할 보호구를 각각 쓰시오.(4점)

[기사1203C/기사1401B/산기1403A/산기1602B/기사1603A/산기1703B/기사1803B/산기1901B/산기2003B]

교류아크용접 작업장에서 작업자 혼자 대형 관의 플랜지 아래 부위를 아크용접하는 상황이다. 작업자의 왼손은 플랜지 회전 스위치를 조작하고 있으며, 오른손으로는 용접을 하고 있다. 작업장 주위에는 인화성 물질로 보이는 깡통 등이 용접작업장 주변에 쌓여 있는 상황이다.

가) 기인물 : 교류아크용접기
나) 보호구
　　① 눈 : 용접용 보안면   ② 감전 : 용접용 안전장갑

007 영상은 슬라이스 작업 중 재해가 발생한 상황을 보여주고 있다. 슬라이스 기계 중 무채를 썰어내는 부분에서 발생한 재해의 ① 기인물과 ② 가해물을 쓰시오.(4점) [기사1602C/기사2202A]

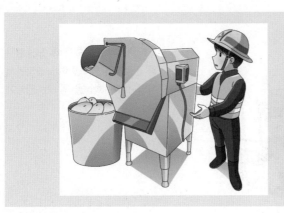

김치제조공장에서 슬라이스 작업 중 전원이 꺼져 무채를 써는(슬라이스) 기계의 작동이 정지되어 이를 점검하는 중 재해가 발생한 상황을 보여준다.

① 기인물 : 슬라이스 기계
② 가해물 : 슬라이스 기계 칼날

008 영상은 유해물질 취급 작업장에서 발생한 재해사례이다. 이때 발생하는 ① 재해형태, ② 정의를 각각 쓰시오. (4점) [기사1202B/기사1303C/기사1601C/신기1801A/기사1802C/기사1903D/신기2003C/기사2004C/기사2101B/기사2301B]

작업자가 어떠한 보호구도 착용하지 않고 유리병을 황산(H_2SO_4)에 세척하다 갑자기 아파하는 장면을 보여주고 있다.

① 재해형태 : 유해·위험물질 노출·접촉
② 정의 : 유해·위험물질에 노출·접촉 또는 흡입하였거나 독성동물에 쏘이거나 물린 경우

009 영상은 스팀노출 부위를 점검하던 중 발생한 재해사례이다. 동영상에서와 같은 재해를 산업재해 기록, 분류에 관한 기준에 따라 분류할 때 해당되는 재해 발생형태를 쓰시오.(3점)

[기사1203B/기사1401A/기사1501B/기사1603B/기사1801B/산기1803A/기사2003B]

스팀배관의 보수를 위해 노출부위를 점검하던 중 스팀이 노출되면서 작업자에게 화상을 입히는 영상이다.

● 이상온도 노출·접촉에 의한 화상

010 벨트에 묻은 기름과 먼지를 걸레로 청소하던 중 발생한 재해상황이다. 물음에 답하시오.(6점)

[기사2002B/기사2201C]

골재생산 작업장에서 작업자가 골재 이송용 컨베이어 벨트에 묻은 기름과 먼지를 걸레로 청소하던 중 상부 고정부분에 손이 끼이는 재해상황을 보여주고 있다.

① 위험점	② 재해형태	③ 재해형태의 정의

① 위험점 : 끼임점   ② 재해형태 : 협착(=끼임)
③ 정의 : 두 물체 사이의 움직임에 의하여 일어난 것으로 직선 운동하는 물체 사이의 협착, 회전부와 고정체 사이의 끼임, 롤러 등 회전체 사이에 물리거나 또는 회전체·돌기부 등에 감긴 경우

011 영상은 도로상의 가설전선 점검 작업 중 발생한 재해사례이다. ① 재해형태, ② 정의를 쓰시오.(4점)

[기사1102A/기사1302C/기사1601B/기사1702A/기사1901C/기사2002C]

도로공사 현장에서 공사구획을 점검하던 중 작업자가 절연테이프로 테이핑된 전선을 맨손으로 만지다 감전사고가 발생하는 영상이다.

① 재해형태 : 감전(=전류접촉)
② 정의 : 전기접촉이나 방전에 의해 사람이 (전기)충격을 받는 것을 말한다.

012 작업장 내부에서의 재해사례를 보여주고 있다. 재해의 유형과 불안전한 요소 2가지를 쓰시오.(4점)

[기사2002E/2201C/2202C]

작업장 내 하부 바닥의 철판을 교체하기 위하여 밸브의 해체작업을 하던 중 작업장소를 밝게 하기 위해 이동형 전등을 이동시켜 줄 것을 동료작업자가 요청하여 해당 이동형 전등을 잡고 위치를 이동시키는 중 외함에 재해자의 손이 접촉되어 쓰러지는 재해를 보여주고 있다.

가) 재해의 유형 : 감전(=전류접촉)
나) 불안전한 요소
　① 전원을 차단하지 않았다.
　② 절연용 보호구를 착용하지 않았다.

013 영상은 재해의 발생 사례를 보여주고 있다. ① 재해 발생형태, ② 정의를 쓰시오.(4점)

[기사1303A/기사1601C/기사1903C]

영상에서 승강기 개구부에 A, B 2명의 작업자가 위치해 있는 가운데, A는 위에서 안전난간에 밧줄을 걸쳐 하중물(물건)을 끌어올리고 B는 이를 밑에서 올려주고 있는데, 이때 인양하던 물건이 떨어져 밑에 있던 B가 다치는 사고장면을 보여주고 있다.

① 재해 발생형태 : 낙하(=맞음)
② 정의 : 물건이 떨어져 사람에게 부딪히는 것을 말한다.

014 영상은 작업자가 전동권선기에 동선을 감는 작업 중 기계가 정지하여 점검 중 발생한 재해사례를 보여주고 있다. 재해의 유형과 재해의 원인 2가지를 적으시오.(4점)

[기사1203A/기사301B/기사1403B/기사1501A/기사1602A/기사1603A/기사1903D/기사2002B/기사2101B/기사2102A/기사2203A/기사2303C]

작업자(맨손, 일반 작업복)가 전동권선기에 동선을 감는 작업 중 기계가 정지하여 점검하면서 전기에 감전되는 재해사례이다.

가) 재해의 유형 : 감전(=전류접촉)
나) 재해의 원인
　① 작업자가 절연용 보호구(내전압용 절연장갑)를 착용하지 않았다.
　② 작업자가 점검작업 전 기계의 전원을 차단하지 않았다.

015 영상은 작업자가 드라이버를 이용해 나사를 조이다 발생한 재해영상이다. 재해의 형태와 위험요인 2가지를 서술하시오.(4점)

[기사1901A/기사1901C/기사2002E]

배전반 뒤쪽에서 작업자 1명이 보수 작업을 하고 있다. 화면이 배전반 앞쪽으로 이동하면서 다른 작업자 1명을 보여준다. 해당 작업자가 절연내력시험기를 들고 한 선은 배전반 접지에 꽂은 후 장비의 스위치를 ON 시키고 배선용 차단기에 나머지 한 선을 여기저기 대보고 있는데 뒤쪽 작업자가 배전반 작업 중 쓰러졌는지 놀라서 일어나는 동영상이다.

가) 재해형태 : 감전(=전류접촉)

나) 위험요인

① 절연용 보호구(내전압용 안전장갑)를 착용하지 않고 작업하였다.

② 작업 전 전원을 차단하지 않았다.

③ 개폐기 문에 통전금지 표지판을 설치하고, 감시인을 배치한 후 작업을 하여야 하나 그러하지 않았다.

④ 잠금장치 및 표찰을 부착하여 해당 작업자 이외의 자에 의한 오작동을 막아야 하나 그러하지 않았다.

▲ 나)의 답안 중 2가지 선택 기재

016 영상은 승강기 모터 벨트 부분에 묻은 기름과 먼지를 걸레로 청소하던 중 모터 상부 고정부분에 손이 끼이는 재해사례를 보여주고 있다. 동영상을 보고 ① 위험점, ② 재해형태, ③ 위험점의 정의를 쓰시오.(6점)

[기사1403A/기사1503C/기사1803C]

승강기 모터 벨트 부분에 묻은 기름과 먼지를 걸레로 청소하던 중, 모터 상부 고정부분에 손이 끼이는 재해 상황을 보여준다.

① 위험점 : 접선물림점   ② 재해형태 : 협착(=끼임)

③ 위험점의 정의 : 회전하는 부분의 접선방향으로 물려 들어가는 위험점이다.

017 영상은 밀폐공간에서의 작업 영상을 보여주고 있다. 산업안전보건법령상 밀폐공간에서의 작업 시 특별교육 내용을 4가지 쓰시오.(단, 그 밖에 안전·보건관리에 필요한 사항은 제외)(4점) [기사2103C/기사2303C]

작업 공간 외부에 존재하던 국소배기장치의 전원이 다른 작업자의 실수에 의해 차단됨에 따라 탱크 내부의 밀폐된 공간에서 그라인더 작업을 수행 중에 있는 작업자가 갑자기 의식을 잃고 쓰러지는 상황을 보여주고 있다.

① 산소농도 측정 및 작업환경에 관한 사항
② 사고 시의 응급처치 및 비상 시 구출에 관한 사항
③ 보호구 착용 및 보호 장비 사용에 관한 사항
④ 작업내용·안전작업방법 및 절차에 관한 사항
⑤ 장비·설비 및 시설 등의 안전점검에 관한 사항

▲ 해당 답안 중 4가지 선택 기재

✔ 보호구	
안전모	물체가 떨어지거나 날아올 위험 또는 근로자가 추락할 위험이 있는 작업
안전대(安全帶)	높이 또는 깊이 2미터 이상의 추락할 위험이 있는 장소에서 하는 작업
안전화	물체의 낙하·충격, 물체에의 끼임, 감전 또는 정전기의 대전(帶電) 위험이 있는 작업
보안경	물체가 흩날릴 위험이 있는 작업
보안면	용접 시 불꽃이나 물체가 흩날릴 위험이 있는 작업
절연용 보호구	감전의 위험이 있는 작업
방열복	고열에 의한 화상 등의 위험이 있는 작업
방진마스크	선창 등 분진(粉塵)이 심하게 발생하는 하역작업
방한모·방한복·방한화·방한장갑	섭씨 영하 18도 이하인 급냉동어창에서 하는 하역작업
승차용 안전모	물건을 운반하거나 수거·배달하기 위하여 이륜자동차를 운행하는 작업

018 화면의 작업상황에서와 같이 작업자의 손이 말려 들어가는 부분에서 형성되는 ① 위험점, ② 정의를 쓰시오.
(5점)

[산기1203B/산기1303A/기사1402C/산기1403B/기사1503B/ 산기1603A/산기1303A/산기1702B/기사1702C/산기2002B/산기2003C/기사2004A/기사2101A/기사2102C/기사2201B/기사2302C]

작업자가 회전물에 샌드페이퍼(사포)를 감아 손으로 지지하고 있다. 위험점에 작업복과 손이 감겨 들어가는 동영상이다.

① 위험점 : 회전말림점
② 정의 : 회전하는 기계의 운동부 자체에 작업복 등이 말려들 위험이 존재하는 점을 말한다.

019 영상은 슬라이스 작업 중 재해가 발생한 상황을 보여주고 있다. 슬라이스 기계 중 무채를 썰어내는 부분에서 형성되는 ① 위험점과 ② 그 정의를 쓰시오.(4점)

[기사1301C/기사1502C/기사2002A/기사2201A]

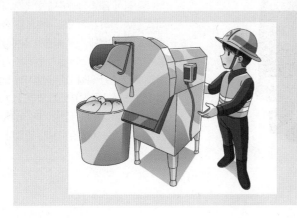

김치제조공장에서 슬라이스 작업 중 전원이 꺼져 무채를 써는(슬라이스) 기계의 작동이 정지되어 이를 점검하는 중 재해가 발생한 상황을 보여준다.

① 위험점 : 절단점
② 정의 : 회전하는 운동부 자체의 위험에서 초래되는 위험점이다.

020 영상은 인쇄윤전기를 청소하는 중에 발생한 재해사례이다. 이 동영상을 보고 작업 시 발생한 ① 위험점, ② 정의와 ③ 조건을 쓰시오.(4점)

[기사1202C/산기1203A/기사1303B/산기1501A/산기1502C/ 기사1601C/산기1603B/산기1701A/기사1703C/산기1802A/기사1803C/산기2004B/기사2103A/기사2202C/기사2301B]

작업자가 인쇄용 윤전기의 전원을 끄지 않고 서로 맞물려서 돌아가는 롤러를 걸레로 닦고 있다. 작업자는 체중을 실어서 위험하게 맞물리는 지점까지 걸레를 집어넣고 열심히 닦고 있던 중, 손이 롤러기 사이에 끼어서 사고를 당하고, 사고 발생 후 전원을 차단하고 손을 빼내는 장면을 보여준다.

① 위험점 : 물림점
② 정의 : 롤러기의 두 롤러 사이와 같이 회전하는 두 개의 회전체에 물려 들어갈 위험이 있는 점을 말한다.
③ 조건 : 두 개의 회전체가 서로 반대방향으로 맞물리는 경우

021 영상은 버스 정비작업 중 재해가 발생한 사례를 보여주고 있다. 기계설비의 위험점, 미 준수사항 3가지를 쓰시오.(6점)

[기사1203B/기사1402A/기사1501B/기사1603C/산기1802A]

버스를 정비하기 위해 차량용 리프트로 차량을 들어 올린 상태에서, 한 작업자가 버스 밑에 들어가 차량의 샤프트를 점검하고 있다. 그런데 다른 사람이 주변상황을 살피지 않고 버스에 올라 엔진을 시동하였다. 그 순간 밑에 있던 작업자의 팔이 버스의 회전하는 샤프트에 말려 들어가 협착사고가 일어나는 상황이다.(이때 작업장 주변에는 작업감시자가 없었다.)

가) 위험점 : 회전말림점
나) 미 준수사항
 ① 정비작업 중임을 보여주는 표지판을 설치하지 않았다.
 ② 작업과정을 지휘하고 감독할 감시자를 배치하지 않았다.
 ③ 기동장치에 잠금장치를 하지 않았고 열쇠의 별도관리가 이뤄지지 않았다.

022 영상은 작업자가 용광로 근처에서 작업하고 있는 상황을 보여주고 있다. 작업자가 해당 작업을 수행할 때 착용해야 할 신체부위별 보호구를 3가지 쓰시오.(4점)

[기사2004C]

아무런 보호구를 착용하지 않은 작업자가 쇳물이 들어가는 탕도 내에 고무래로 출렁이는 쇳물 표면을 젓고 당기면서 굳은 찌꺼기를 긁어내는 작업을 하고 있다. 찌꺼기를 긁어낸 후 고무래에 털어내는 영상이 보인다.

① 얼굴 : 보안면 또는 방열두건
② 신체 : 방열복
③ 손 : 방열장갑

023 영상은 작업자가 용광로 근처에서 작업하고 있는 상황을 보여주고 있다. 용융고열물을 취급하는 설비를 내부에 설치한 건축물에 대하여 수증기 폭발을 방지하기 위한 사업주의 조치사항 2가지를 쓰시오.(4점)

[기사2101A]

아무런 보호구를 착용하지 않은 작업자가 쇳물이 들어가는 탕도 내에 고무래로 출렁이는 쇳물 표면을 젓고 당기면서 굳은 찌꺼기를 긁어내는 작업을 하고 있다. 찌꺼기를 긁어낸 후 고무래에 털어내는 영상이 보인다.

① 바닥은 물이 고이지 아니하는 구조로 할 것
② 지붕·벽·창 등은 빗물이 새어들지 아니하는 구조로 할 것

024 컨베이어 작업 중 재해가 발생한 영상이다. 위험요인 3가지를 쓰시오.(6점) [산기1802B/산기2001A/기사2003A]

파지 압축장의 컨베이어 위에서 작업자가 집게암으로 파지를 들어서 작업자 머리 위를 통과한 후 집게암을 흔들어서 파지를 떨어뜨리는 영상을 보여주고 있다.

① 작업자가 안전모를 착용하지 않고 있다.
② 파지를 작업자 머리 위로 옮기고 있어 위험하다.
③ 작업자가 컨베이어 위에서 작업을 하고 있어 위험하다.
④ 파지가 떨어지지 않는다고 집게암을 흔들어서 떨어뜨리고 있어 위험하다.

▲ 해당 답안 중 3가지 선택 기재

025 영상은 작업자가 드라이버를 이용해 나사를 조이다 발생한 재해영상이다. 위험요인 2가지를 서술하시오.
(4점)
[기사2002A/산기2202A]

동영상은 작업자가 임시배전반에서 맨손으로 드라이버를 이용해 나사를 조이는 중이다. 이때 문틈에 손이 끼어있는 상태이다. 작업 하던 도중 지나가던 다른 작업자가 통행을 위해 문을 닫으려고 배전반 문을 밀면서 손이 컨트롤 박스에 끼이는 사고를 보여주고 있다.

① 작업지휘자 혹은 감시인을 배치하지 않았다.
② 개폐기 문에 작업 중이라는 표지판을 설치하지 않아 다른 작업자가 작업 중임을 인지하지 못해 재해가 발생하였다.

026 영상은 이동식크레인을 이용하여 배관을 운반하는 작업을 보여주고 있다. 이동식크레인 운전자의 준수수항 3가지를 쓰시오.(6점)

[기사1303C/기사1802A/기사2002C/기사2201C]

신호수의 신호에 의해 이동식크레인을 이용하여 배관을 위로 올리는 작업현장을 보여주고 있다. 보조로프가 없어 배관이 근처 H빔에 부딪혀 흔들린다. 훅 해지장치는 보이지 않으며 배관 양쪽 끝에 와이어로 두바퀴를 감고 샤클로 채결한 상태이다. 흔들리는 배관을 아래쪽의 근로자가 손으로 지탱하려다가 배관이 근로자의 상체에 부딪혀 근로자가 넘어지는 사고가 발생한다.

① 일정한 신호방법을 정하고 신호수의 신호에 따라 작업한다.
② 화물을 매단 채 운전석을 이탈하지 않는다.
③ 작업종료 후 크레인의 동력을 차단시키고 정지조치를 확실히 한다.

027 타워크레인으로 커다란 통을 인양중에 있는 장면을 보여주고 있다. 동영상을 참고하여 크레인 작업 시의 준수사항을 3가지 쓰시오.(6점)

[산기2101A/기사2101C/기사2102A]

크레인으로 형강의 인양작업을 준비중이다. 유도로프를 사용해 작업자가 형강을 1줄걸이로 인양하고 있다. 인양된 형강은 철골 작업자에게 전달되어진다.

① 인양할 하물(荷物)을 바닥에서 끌어당기거나 밀어내는 작업을 하지 아니할 것
② 고정된 물체를 직접 분리·제거하는 작업을 하지 아니할 것
③ 미리 근로자의 출입을 통제하여 인양 중인 하물이 작업자의 머리 위로 통과하지 않도록 할 것
④ 유류드럼이나 가스통 등 운반 도중에 떨어져 폭발하거나 누출될 가능성이 있는 위험물 용기는 보관함(또는 보관고)에 담아 안전하게 매달아 운반할 것
⑤ 인양할 하물이 보이지 아니하는 경우에는 어떠한 동작도 하지 아니할 것

▲ 해당 답안 중 3가지 선택 기재

028 타워크레인을 이용한 양중작업을 보여주고 있다. 영상과 같이 타워크레인 작업 시 위험요인 3가지를 쓰시오. (6점)

[기사1202A/기사1203C/기사1303A/기사1502C/기사1703C/기사2001C/기사2202B]

타워크레인을 이용하여 철제 비계를 옮기는 중 안전모와 안전대를 미착용한 신호수가 있는 곳에서 흔들리다 작업자 위로 비계가 낙하하는 사고가 발생한 사례를 보여주고 있다.

① 크레인을 사용하여 작업하는 경우 인양 중인 화물이 작업자의 머리 위로 통과하지 않도록 미리 작업자 출입통제를 실시하여야 하지만 그렇지 않았다.

② 크레인을 사용하여 작업하는 경우 미리 슬링 와이어의 체결상태 등을 점검하여야 하지만 그렇지 않았다.

③ 보조로프를 설치하여 흔들림을 방지하여야 하지만 그렇지 않았다.

④ 운전자와 신호수 간에 무전기 등을 사용하여 신호하거나 일정한 신호방법을 미리 정하여 작업하여야 하지만 그렇지 않아 사고가 발생하였다.

▲ 해당 답안 중 3가지 선택 기재

029 영상은 이동식크레인을 이용하여 배관을 이동하는 작업이다. 영상을 보고 위험요인 3가지를 쓰시오.(6점)

[산기1201B/산기1302B/산기1403B/산기1903A/산기1903B/기사2001B/기사2002B/기사2003B/기사2201B]

신호수의 신호에 의해 이동식크레인을 이용하여 배관을 위로 올리는 작업현장을 보여주고 있다. 보조로프가 없어 배관이 근처 H빔에 부딪혀 흔들린다. 훅 해지장치는 보이지 않으며 배관 양쪽 끝에 와이어로 두바퀴를 감고 샤클로 채결한 상태이다. 흔들리는 배관을 아래쪽의 근로자가 손으로 지탱하려다가 배관이 근로자의 상체에 부딪혀 근로자가 넘어지는 사고가 발생한다.

① 작업 반경 내 작업과 관계없는 근로자가 출입하고 있다.

② 보조(유도)로프를 설치하지 않아 화물이 빠질 위험이 있다.

③ 훅의 해지장치 및 안전상태를 점검하지 않았다.

④ 와이어로프가 불안정 상태를 안정시킬 방안을 마련하지 않고 인양하여 위험에 노출되었다.

▲ 해당 답안 중 3가지 선택 기재

030 영상은 이동식크레인을 이용하여 배관을 이동하는 작업이다. 영상을 보고 화물의 낙하·비래 위험을 방지하기 위한 사전 조치사항 3가지를 쓰시오.(6점) [산기1601B/산기1602A/기사1602C/기사1603C/기사1701A/산기1702B/

기사1801C/산기1802B/기사1802C/산기1901A/산기1901B/기사1903A/기사1902B/기사1903D/산기2001B/산기2003B/기사2202C/기사2203A]

신호수의 신호에 의해 이동식크레인을 이용하여 배관을 위로 올리는 작업현장을 보여주고 있다. 보조로프가 없어 배관이 근처 H빔에 부딪혀 흔들린다. 훅`해지장치는 보이지 않으며 배관 양쪽 끝에 와이어로 두바퀴를 감고 샤클로 채결한 상태이다. 흔들리는 배관을 아래쪽의 근로자가 손으로 지탱하려다가 배관이 근로자의 상체에 부딪혀 근로자가 넘어지는 사고가 발생한다.

① 작업 반경 내 관계 근로자 이외의 자는 출입을 금지한다.
② 와이어로프 및 슬링벨트의 안전상태를 점검한다.
③ 훅의 해지장치 및 안전상태를 점검한다.
④ 인양 도중에 화물이 빠질 우려가 있는지에 대해 확인한다.
⑤ 보조(유도)로프를 설치하여 화물의 흔들림을 방지한다.

▲ 해당 답안 중 3가지 선택 기재

031 천장크레인으로 물건을 옮기다 재해가 발생하는 장면이다. 위험요인을 3가지 쓰시오.(6점)

[기사2102B/기사2203B]

천장크레인으로 물건을 옮기는 동영상으로 작업자는 한손으로는 조작스위치를, 또다른 손으로는 인양물을 잡고 있다. 1줄 걸이로 인양물을 걸고 인양 중 인양물이 흔들리면서 한쪽으로 기울고 결국에는 추락하고 만다. 작업장 바닥이 여러 가지 자재들로 어질러져 있고 인양물이 떨어지는 사태에 당황한 작업자도 바닥에 놓인 자재에 부딪혀 넘어지며 소리지르고 있다. 인양물을 걸었던 훅에는 해지장치가 달려있지 않다.

① 훅에 해지장치가 없다.   ② 1줄 걸이로 인양물을 걸었다.
③ 유도로프를 사용하지 않아 인양물의 흔들림을 방지할 수 없다.
④ 작업장소 주변의 정리정돈이 되지 않았다.
⑤ 작업지휘자 없이 혼자서 단독작업을 하고 있고, 양손으로 작업하고 있어 위험하다.

▲ 해당 답안 중 3가지 선택 기재

032 영상은 마그네틱크레인으로 물건을 옮기다 재해가 발생하는 장면을 보여주고 있다. 위험요인을 3가지 쓰시오.(6점)

[기사1302C/기사1403C/기사1502B/기사2001B/산기2002B/기사2102C]

마그네틱크레인으로 물건을 옮기는 동영상으로 마그네틱을 금형 위에 올리고 손잡이를 작동시켜 이동시키고 있다. 작업자는 안전모를 미착용하고, 목장갑 착용하고 오른손으로 금형을 잡고, 왼손으로 상하좌우 조정장치(전기배선 외관에 피복이 벗겨져 있음)를 누르면서 이동 중이다. 갑자기 작업자가 쓰러지면서 오른손이 마그네틱 ON/ OFF 봉을 건드려 금형이 발등으로 떨어져 협착사고가 발생하는 상황을 보여주고 있다. 이때 크레인에는 훅 해지장치가 없고, 훅에 샤클이 3개 연속으로 걸려있는 상태이다.

① 훅에 해지장치가 없어 슬링와이어가 이탈 위험을 가지고 있다.
② 조정장치의 전선피복이 벗겨져 있어 전선 단선으로 인한 하물의 낙하 위험을 가지고 있다.
③ 작업자가 안전모 등 보호구를 착용하지 않았다.
④ 화물의 흔들림을 방지하는 보조기구를 사용하지 않았다.
⑤ 작업지휘자 없이 단독작업으로 사고발생의 위험이 있다.
⑥ 작업자가 작업반경 내 낙하 위험장소에서 조정장치를 조작하고 있다.
⑦ 작업자가 양손을 동시에 사용하여 스위치를 보지 않고 조작하다 오작동의 위험을 가지고 있다.

▲ 해당 답안 중 3가지 선택 기재

033 영상에 나오는 가) 크레인의 종류와 나) 해당 크레인의 새들 돌출부와 주변 구조물 사이의 안전공간은 얼마 이상 확보하여야 하는지 쓰시오.(4점)

[기사2302C]

수출입항구에 설치된 대형 크레인을 보여준다.

가) 갠트리 크레인
나) 40cm

034 동영상은 건설현장에서 사용하는 리프트의 위치별 방호장치를 보여주고 있다. 그림에 맞는 장치의 이름을 쓰시오.(6점)

[기사1803A/기사2001A/산기2003A/기사2301C]

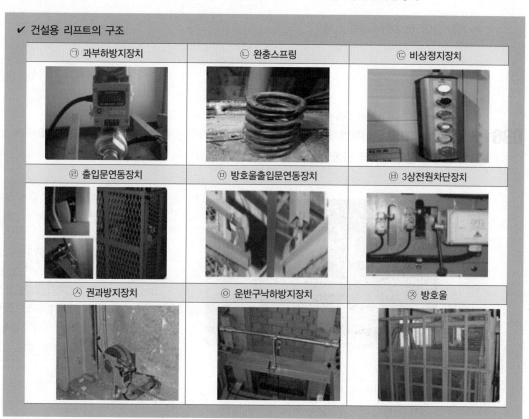

① 과부하방지장치
② 완충스프링
③ 비상정지장치
④ 출입문연동장치
⑤ 방호울출입문연동장치
⑥ 3상전원차단장치

✔ 건설용 리프트의 구조

㉠ 과부하방지장치	㉡ 완충스프링	㉢ 비상정지장치
㉣ 출입문연동장치	㉤ 방호울출입문연동장치	㉥ 3상전원차단장치
㉦ 권과방지장치	㉧ 운반구낙하방지장치	㉨ 방호울

035 굴착공사 현장에서 흙막이 지보공을 설치한 후 정기적으로 점검해야 할 사항을 3가지 쓰시오.(6점)

[산기1902A/기사2002B/산기2003C/기사2201B/기사2301A]

대형건물의 건축현장이다. 굴착공사를 하면서 흙막이 지보공을 설치하고 이를 점검하는 모습을 보여준다.

① 부재의 손상·변형·부식·변위 및 탈락의 유무와 상태
② 버팀대 긴압의 정도
③ 부재의 접속부·부착부 및 교차부의 상태
④ 침하의 정도

▲ 해당 답안 중 3가지 선택 기재

036 굴착기계로 터널을 굴착하면서 흙을 버리는 장면을 보여주는 동영상이다. 동영상을 참고하여 해당 작업 시의 근로자 입장에서의 위험요인 2가지를 쓰시오.(5점)

[기사2103A]

터널 내부 굴착을 하는 모습을 보여준다. 분진이 많이 발생하는 모습이다. 컨베이어로 모래와 돌가루 등을 밖으로 내보내고 있는 모습을 보여준다. 컨베이어에 별도의 방호시설(덮개나 울)이 부착되어 있지 않다. TBM 기계 안으로 작업자가 드나들고 있으며, TBM 기계 주변에 방진마스크를 착용하지 않은 작업자들이 서 있다. TBM 기계에서 분진이 뿜어져 나오고 있다.

① 터널 내부에 분진이 많이 발생하고 있으나 방진마스크 착용 근로자를 찾기 힘들다.
② 분진을 없애기 위한 환기 및 살수 등의 대책이 마련되지 않았다.

037 영상은 터널 지보공 공사현장을 보여주고 있다. 터널 지보공을 설치한 경우에 수시로 점검하여 이상을 발견 시 즉시 보강하거나 보수해야 할 사항 3가지를 쓰시오.(5점)

[산기1203A/산기1402A/산기1601A/산기1703A/산기1801A/기사1802A]

터널 지보공을 보여주고 있다.

① 부재의 긴압 정도　　　　　　　② 기둥침하의 유무 및 상태
③ 부재의 접속부 및 교차부의 상태　④ 부재의 손상·변형·부식·변위 및 탈락의 유무와 상태

▲ 해당 답안 중 3가지 선택 기재

038 영상은 거푸집 해체작업 중 작업자가 다치는 장면을 보여주고 있다. 영상을 보고 사고예방을 위해 준수해야 하는 사항을 3가지 쓰시오.(6점)

[기사1802C/기사2002E]

거푸집 해체작업 중 거푸집 지지대가 떨어져서 아래를 지나던 사람이 맞는 사고가 발생했다.

① 해당 작업을 하는 구역에는 관계 근로자가 아닌 사람의 출입을 금지할 것
② 비, 눈, 그 밖의 기상상태의 불안정으로 날씨가 몹시 나쁜 경우에는 그 작업을 중지할 것
③ 재료, 기구 또는 공구 등을 올리거나 내리는 경우에는 근로자로 하여금 달줄·달포대 등을 사용하도록 할 것
④ 낙하·충격에 의한 돌발적 재해를 방지하기 위하여 버팀목을 설치하고 거푸집 동바리 등을 인양장비에 매단 후에 작업을 하도록 하는 등 필요한 조치를 할 것

▲ 해당 답안 중 3가지 선택 기재

039 동영상은 콘크리트 타설작업을 보여주고 있다. 작업 시 안전작업수칙을 3가지 쓰시오.(6점) _[기사1802A]

콘크리트 타설작업 현장을 보여주고 있다.

① 콘크리트를 타설하는 경우에는 편심이 발생하지 않도록 골고루 분산하여 타설할 것
② 설계도서상의 콘크리트 양생기간을 준수하여 거푸집 동바리 등을 해체할 것
③ 콘크리트 타설작업 시 거푸집 붕괴의 위험이 발생할 우려가 있으면 충분한 보강조치를 할 것
④ 당일의 작업을 시작하기 전에 해당 작업에 관한 거푸집 동바리 등의 변형·변위 및 지반의 침하 유무 등을 점검하고 이상이 있으면 보수할 것
⑤ 작업 중에는 거푸집 동바리 등의 변형·변위 및 침하 유무 등을 감시할 수 있는 감시자를 배치하여 이상이 있으면 작업을 중지하고 근로자를 대피시킬 것

▲ 해당 답안 중 3가지 선택 기재

040 영상에서와 같이 터널 굴착공사 중에 사용되는 계측방법의 종류 3가지를 쓰시오.(6점)

[기사1302B/기사1403C/기사1601C/기사1702B/기사1902A/기사2002A]

터널 굴착공사 현장을 보여준다.

① 터널내 육안조사 ② 내공변위 측정 ③ 천단침하 측정
④ 록 볼트 인발시험 ⑤ 지표면 침하측정 ⑥ 지중변위 측정
⑦ 지중수평변위 측정 ⑧ 지하수위 측정 ⑨ 록볼트 축력 측정
⑩ 뿜어붙이기콘크리트 응력측정 ⑪ 터널 내 탄성파 속도 측정 ⑫ 주변 구조물의 변형상태 조사

▲ 해당 답안 중 3가지 선택 기재

041 영상은 콘크리트 파일 권상용 항타기를 보여주고 있다. 해당 영상을 보고 아래 설명의 (   ) 안을 채우시오.
(4점) [기사1302A/기사1503B/기사1703B/기사1803A/기사2003B/기사2201A]

콘크리트 파일 권상용 항타기를
보여준다.

- 화면에 표시되는 항타기의 권상장치의 드럼축과 권상장치로부터 첫 번째 도르래의 축 간의 거리를 권상장치 드럼
  폭의 (①   ) 이상으로 해야 한다.
- 도르래는 권상장치의 드럼 (②   )을 지나야 하며 축과 (③   )상에 있어야 한다.

① 15배 ② 중심 ③ 수직면

042 영상은 콘크리트 전주를 세우기 작업하는 도중에 발생한 사례를 보여주고 있다. 항타기 · 항발기 조립 시
점검사항 4가지를 쓰시오.(4점) [기사1401C/기사1603B/기사1702B/기사1801A/기사1902A/기사2002A/산기2004B/기사2303A]

콘크리트 전주를 세우기 작업하
는 도중에 전도사고가 발생한 사
례를 보여주고 있다.

① 본체 연결부의 풀림 또는 손상의 유무
② 권상용 와이어로프 · 드럼 및 도르래의 부착상태의 이상 유무
③ 권상장치의 브레이크 및 쐐기장치 기능의 이상 유무
④ 권상기의 설치상태의 이상 유무
⑤ 리더(leader)의 버팀 방법 및 고정상태의 이상 유무
⑥ 본체 · 부속장치 및 부속품의 강도가 적합한지 여부
⑦ 본체 · 부속장치 및 부속품에 심한 손상 · 마모 · 변형 또는 부식이 있는지 여부

▲ 해당 답안 중 4가지 선택 기재

043 영상은 터널 내 발파작업을 보여주고 있다. 영상에 나오는 화약 장전 시의 불안전한 행동을 쓰시오.(4점)

터널 굴착을 위한 터널 내 발파작업을 보여주고 있다. 장전구 안으로 화약을 집어넣는데 길고 얇은 철물을 이용해서 화약을 장전구 안으로 3~4개 정도 밀어 넣은 다음 접속한 전선을 꼬아 주변 선에 올려놓고 있다.

• 철근으로 화약을 장전시킬 경우 충격, 정전기, 마찰 등으로 인해 폭발의 위험이 있으므로 폭발의 위험이 없는 안전한 장전봉으로 장전을 실시해야 한다.

044 영상은 건물의 해체작업을 보여주고 있다. 화면상에 나타난 해체작업의 해체계획서 작성 시 포함사항 4가지를 쓰시오.(5점)

영상은 건물해체에 관한 장면으로 작업자가 위험부분에 머무르고 있어 사고 발생의 위험을 내포하고 있다.

① 사업장 내 연락방법　　　　　　② 해체물의 처분계획
③ 가설설비·방호설비·환기설비 및 살수·방화설비 등의 방법
④ 해체의 방법 및 해체 순서도면
⑤ 해체작업용 기계·기구 등의 작업계획서
⑥ 해체작업용 화약류 등의 사용계획서

▲ 해당 답안 중 4가지 선택 기재

045 영상은 건물의 해체작업을 보여주고 있다. 영상을 참고하여 다음 물음에 답하시오.(6점) [기사2003A]

압쇄기를 이용해 건물의 해체작업
이 진행중인 모습을 보여주고 있다.

가) 동영상에서 보여주고 있는 해체장비의 명칭을 쓰시오.
나) 해체작업을 할 때 재해 예방을 위한 준수사항 2가지를 쓰시오.

가) 해체장비의 명칭 : 압쇄기

나) 준수사항

① 작업구역 내에는 관계자 이외의 자에 대하여 출입을 통제하여야 한다.

② 강풍, 폭우, 폭설 등 악천후 시에는 작업을 중지하여야 한다.

③ 사용기계기구 등을 인양하거나 내릴때에는 그물망이나 그물포대 등을 사용토록 하여야 한다.

④ 외벽과 기둥 등을 전도시키는 작업을 할 경우에는 전도 낙하위치 검토 및 파편 비산거리 등을 예측하여 작업 반경을 설정하여야 한다.

⑤ 전도작업을 수행할 때에는 작업자 이외의 다른 작업자는 대피시키도록 하고 완전 대피상태를 확인한 다음 전도시키도록 하여야 한다.

⑥ 해체건물 외곽에 방호용 비계를 설치하여야 하며 해체물의 전도, 낙하, 비산의 안전거리를 유지하여야 한다.

⑦ 파쇄공법의 특성에 따라 방진벽, 비산차단벽, 분진억제 살수시설을 설치하여야 한다.

⑧ 작업자 상호간의 적정한 신호규정을 준수하고 신호방식 및 신호기기사용법은 사전교육에 의해 숙지되어야 한다.

⑨ 적정한 위치에 대피소를 설치하여야 한다.

▲ 나)의 답안 중 2가지 선택 기재

046 용접작업을 준비하는 중 발생한 재해사례를 보여주고 있다. 재해의 유형과 불안전한 요소 2가지를 쓰시오. (4점)

[기사2003B]

용접작업을 준비하기 위해 분전반 판넬에 용접기 케이블을 결선하고 있는 모습을 보여주고 있다. 이때 전원은 유지 중이며, 작업자는 일반 목장갑을 착용하고 있다. 결선작업이 끝난 후 작업자가 용접기를 만지는 순간 쓰러지는 영상이다.

가) 재해의 유형 : 감전

나) 불안전한 요소

① 전원을 차단하지 않았다.

② 절연용 보호구를 착용하지 않았다.

047 작업자가 대형 관의 플랜지 아랫부분에 교류 아크용접작업을 하고 있는 영상이다. 확인되는 작업 중 위험요인 3가지를 쓰시오.(6점)

[기사1903D/기사2001C/산기2002A/기사2102C/기사2103C]

교류아크용접 작업장에서 작업자 혼자 대형 관의 플랜지 아래 부위를 아크 용접하는 상황이다. 작업자의 왼손은 플랜지 회전 스위치를 조작하고 있으며, 오른손으로는 용접을 하고 있다. 작업장 주위에는 인화성 물질로 보이는 깡통 등이 용접 작업장 주변에 쌓여있는 상황이다.

① 단독작업으로 감시인이 없어 작업장 상황파악이 어렵다.

② 작업현장에 인화성 물질이 쌓여있는 등 화재의 위험이 높다.

③ 용접불티 비산방지덮개, 용접방화포 등 불꽃, 불티 등의 비산방지조치가 되어있지 않다.

④ 화기작업에 따른 인근 가연성물질에 대한 방호조치 및 소화기구 비치가 되어있지 않다.

⑤ 케이블이 정리되지 않아 전도의 위험에 노출되어 있다.

▲ 해당 답안 중 3가지 선택 기재

048 화면은 가스용접작업 진행 중 발생된 재해사례를 나타내고 있다. 위험요인을 3가지 쓰시오.(6점)

[산기1201A/산기1303B/산기1501B/산기1602A/산기1801A/기사2002C/기사2203B]

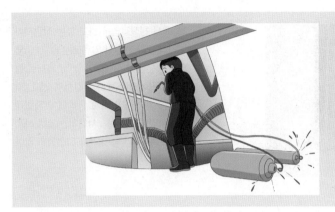

가스 용접작업 중 맨 얼굴과 목장갑을 끼고 작업하면서 산소통 줄을 당겨서 호스가 뽑혀 산소가 새어나오고 불꽃이 튀는 동영상이다. 가스용기가 눕혀진 상태이고 별도의 안전장치가 없다.

① 용기가 눕혀진 상태에서 작업을 실시하고 있다.
② 작업자가 작업 중 용접용 보안면과 용접용 안전장갑을 미착용하고 있다.
③ 산소통의 호스를 잡아 당겨 호스가 뽑혀 산소가 유출되고 있다.

049 영상은 교류 아크용접작업 중 재해가 발생한 사례이다. 용접작업 중 재해를 예방하기 위해 작업자가 착용해야 할 보호구를 4가지 쓰시오.(4점)

[기사2103A/기사2203A]

교류아크용접 작업장에서 작업자 혼자 대형 관의 플랜지 아래 부위를 아크용접하는 상황이다. 작업자의 왼손은 플랜지 회전 스위치를 조작하고 있으며, 오른손으로는 용접을 하고 있다. 작업장 주위에는 인화성 물질로 보이는 깡통 등이 용접작업장 주변에 쌓여 있는 상황이다.

① 용접용 보안면
② 용접용 안전장갑
③ 용접용 가죽 앞치마
④ 용접용 안전화

050 이동식비계에서의 작업 영상이다. 영상을 참고하여 위험요인 2가지를 쓰시오.(4점)

[기사2004B/기사2101A/기사2102B/기사2103C/기사2303C]

2층에서 천장작업을 하고 있는 작업자가 보인다. 2층 난간이 앞뒤로는 없고, 양옆으로만 난간이 구성되어 있다. 목재로 된 작업발판이 비스듬하게 걸쳐져 있고, 각종 건축폐기물이 비계 한쪽에 어지럽게 흩어져있다. 승강용 사다리는 설치하지 않았으며, 작업 중 비계를 고정하지 않아 움직이는 것이 보인다.

① 이동식비계의 바퀴를 브레이크·쐐기 등으로 고정시키지 않았다.
② 이동식비계의 일부를 견고한 시설물에 고정하거나 아웃트리거를 설치하여야 하는데 고정하지 않았다.
③ 비계의 최상부는 안전난간을 설치하여야 하나 양옆으로만 설치하고 앞뒤로는 설치하지 않았다.
④ 승강용 사다리를 설치하지 않았다.

▲ 해당 답안 중 2가지 선택 기재

051 영상은 2m 이상 고소작업을 하고 있는 이동식비계를 보여주고 있다. 다음 (   ) 안을 채우시오.(4점)

[기사1301A/기사1503A/기사1601A/기사1701C/기사1702C/기사1801C/기사1902C/기사1903B/기사2002B/기사2103C/기사2202C]

높이가 2m 이상인 이동식 비계의 작업발판을 설치하던 중 발생한 재해 상황을 보여주고 있다.

비계 작업발판의 폭은 (①)센티미터 이상으로 하고, 발판재료 간의 틈은 (②)센티미터 이하로 할 것

① 40   ② 3

052 동영상은 이동식비계의 조립작업을 보여주고 있다. 해당 작업 시 준수하여야 할 사항을 3가지 쓰시오.(6점)

[기사2001A/기사2101B/기사2102A/기사2302B]

2층에서 작업을 하고 있는 작업자가 보인다. 2층 난간이 앞뒤로는 없고, 양옆으로만 난간이 구성되어 있다. 목재로 된 작업발판이 비스듬하게 걸쳐져 있고, 각종 건축폐기물이 비계 한쪽에 어지럽게 흩어져있다. 승강용 사다리는 설치하지 않았으며, 작업 중 비계를 고정하지 않아 움직이는 것이 보인다.

① 승강용 사다리는 견고하게 설치할 것
② 비계의 최상부에서 작업을 하는 경우에는 안전난간을 설치할 것
③ 작업발판의 최대적재하중은 250킬로그램을 초과하지 않도록 할 것
④ 이동식비계의 바퀴에는 뜻밖의 갑작스러운 이동 또는 전도를 방지하기 위하여 브레이크·쐐기 등으로 바퀴를 고정시킨 다음 비계의 일부를 견고한 시설물에 고정하거나 아웃트리거를 설치하는 등 필요한 조치를 할 것
⑤ 작업발판은 항상 수평을 유지하고 작업발판 위에서 안전난간을 딛고 작업을 하거나 받침대 또는 사다리를 사용하여 작업하지 않도록 할 것

▲ 해당 답안 중 3가지 선택 기재

053 영상에서 표시하는 구조물의 설치 기준에 관한 설명이다. ( ) 안을 채우시오.(4점)

[기사1803B/신기2003C/기사2101B/기사2102B/기사2203B]

가설통로를 지나던 작업자가 쌓아둔 적재물을 피하다가 추락하는 영상이다.

설치 시 경사는 (①)로 하여야 하며, 경사가 (②)하는 경우에는 미끄러지지 아니하는 구조로 할 것

① 30도 이하   ② 15도를 초과

054 동영상은 비계의 작업발판을 설치하던 중 발생한 재해 상황을 보여주고 있다. 높이가 2m 이상에서의 작업발판 설치기준을 3가지 쓰시오.(단, 작업발판 폭과 틈의 크기는 제외)(6점)

[기사1903C/기사2001A/산기2003B/기사2201A/기사2302A/기사2303B]

작업자 2명이 비계 최상단에서 비계설치를 위해 발판을 주고 받다가 균형을 잡지 못하고 추락하는 재해상황을 보여주고 있다.

① 발판재료는 작업할 때의 하중을 견딜 수 있도록 견고한 것으로 할 것
② 추락의 위험이 있는 장소에는 안전난간을 설치할 것
③ 작업발판의 지지물은 하중에 의하여 파괴될 우려가 없는 것을 사용할 것
④ 작업발판재료는 뒤집히거나 떨어지지 않도록 둘 이상의 지지물에 연결하거나 고정시킬 것
⑤ 작업발판을 작업에 따라 이동시킬 경우에는 위험 방지에 필요한 조치를 할 것

▲ 해당 답안 중 3가지 선택 기재

055 영상은 전주에 사다리를 기대고 작업하는 도중 넘어지는 재해를 보여주고 있다. 동영상에서와 같이 이동식 사다리의 설치기준(=사용상 주의사항) 3가지를 쓰시오.(6점) [산기1502C/산기1603B/산기1903B/기사2003C]

작업자 1명이 전주에 사다리를 기대고 작업하는 도중 사다리가 미끄러지면서 작업자와 사다리가 넘어지는 재해상황을 보여주고 있다.

① 이동식사다리의 길이는 6m를 초과해서는 안 된다.
② 사다리의 상단은 걸쳐놓은 지점으로부터 60cm 이상 또는 사다리 발판 3개 이상을 연장하여 설치한다.
③ 사다리 기둥 하부에 마찰력이 큰 재질의 미끄러짐 방지조치가 된 사다리를 사용한다.
④ 이동식 사다리 발판의 수직간격은 25~35cm 사이, 폭은 30cm 이상으로 제작된 사다리를 사용한다.
⑤ 다리의 벌림은 벽 높이의 1/4 정도가 적당하다.
⑥ 이동식 사다리를 수평으로 눕히거나 계단식 사다리를 펼쳐 사용하는 것을 제한한다.

▲ 해당 답안 중 3가지 선택 기재

056 고소작업대에서 작업자가 작업하는 영상이다. 고소작업대에서의 안전작업 준수사항 3가지를 쓰시오.(6점)

[기사1903D]

고소작업대에서 산소절단기를 이용한 철근 절단 작업을 진행중이다. 소화기를 확대해서 보여주고 있다.

① 작업대에서 작업 중인 작업자는 안전대와 용접용 보안면 등 보호구를 착용하여야 한다.
② 고소작업대에서 용접작업 시 방염복 등 보호장구 착용, 불꽃비산방지 조치 및 소화기를 비치하고, 화재감시자 배치장소에는 하부에 감시인을 배치하여야 한다.
③ 작업대를 정기적으로 점검하고 붐·작업대 등 각 부위의 이상 유무를 확인할 것
④ 작업대의 붐대를 상승시킨 상태에서 탑승자는 작업대를 벗어나지 말 것
⑤ 작업대는 정격하중을 초과하여 물건을 싣거나 탑승하지 말 것

▲ 해당 답안 중 3가지 선택 기재

057 영상은 고소작업대 이동 중 발생한 재해영상이다. 고소작업대 이동 시 준수사항을 2가지 쓰시오.(4점)

[기사1903D/기사2201B/산기2201B]

고소작업대가 이동 중 부하를 이기지 못하고 옆으로 넘어지는 전도재해가 발생한 상황을 보여주고 있다.

① 작업대를 가장 낮게 내릴 것
② 작업자를 태우고 이동하지 말 것
③ 이동통로의 요철상태 또는 장애물의 유무 등을 확인할 것

▲ 해당 답안 중 2가지 선택 기재

058 동영상은 고정식 수직사다리를 보여주고 있다. 동영상을 참고하여 사다리식 통로를 설치할 때의 준수사항을 3가지 쓰시오.(단, 치수를 포함하는 내용만 쓰시오)(6점) [기사2303C]

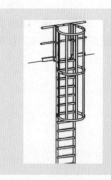

작업현장에 설치된 고정식 수직사다리를 보여주고 있다. 바닥에서부터 높이 2.5미터 되는 지점부터는 등받이울이 설치된 것을 확인할 수 있다.

① 발판과 벽과의 사이는 15cm 이상의 간격을 유지할 것
② 폭은 30cm 이상으로 할 것
③ 사다리의 상단은 걸쳐놓은 지점으로부터 60cm 이상 올라가도록 할 것
④ 사다리식 통로의 길이가 10m 이상인 경우는 5m 이내마다 계단참을 설치할 것
⑤ 사다리식 통로의 기울기는 75도 이하로 할 것
⑥ 고정식 사다리식 통로의 기울기는 90도 이하로 하고, 그 높이가 7m 이상인 경우는 바닥으로부터 높이가 2.5m 되는 지점부터 등받이울을 설치할 것

▲ 해당 답안 중 3가지 선택 기재

✔ 계단 및 계단참
• 사업주는 계단 및 계단참을 설치하는 경우 매 m^2당 500kg 이상의 하중에 견딜 수 있는 강도를 가진 구조로 설치하여야 하며, 안전율은 4 이상으로 하여야 한다.
• 사업주는 계단 및 승강구 바닥을 구멍이 있는 재료로 만드는 경우 렌치나 그 밖의 공구 등이 낙하할 위험이 없는 구조로 하여야 한다.
• 사업주는 계단을 설치하는 경우 그 폭을 1m 이상으로 하여야 한다.
• 사업주는 계단에 손잡이 외의 다른 물건 등을 설치하거나 쌓아 두어서는 아니 된다.
• 사업주는 높이가 3m를 초과하는 계단에 높이 3m 이내마다 진행방향으로 길이 1.2m 이상의 계단참을 설치하여야 한다.
• 사업주는 계단을 설치하는 경우 바닥면으로부터 높이 2m 이내의 공간에 장애물이 없도록 하여야 한다.
• 사업주는 높이 1m 이상인 계단의 개방된 측면에 안전난간을 설치하여야 한다.

059 다양한 위험기계들이 나오는 영상이다. 해당 위험기계에 필요한 방호장치를 각각 1개씩 쓰시오.(5점)

[기사1903B/기사2102B]

컨베이어, 선반, 휴대용 연삭기가 차례대로 표시되고 있다.

① (컨베이어) 비상정지장치, 건널다리, 덮개, 울
② (선반) 덮개, 울, 가드
③ (휴대용 연삭기) 덮개

▲ ①, ② 답안 중 1가지씩 선택 기재

✔ 산업용 기계와 방호장치

기계 · 기구	방호장치
연삭기	덮개
산업용 로봇	안전매트
컨베이어	덮개나 울타리, 비상정지장치, 건널다리
자동차 정비용리프트	비상정지장치
공작기계(선반, 드릴기, 평삭·형삭기, 밀링)	가드
목재가공기계(둥근톱, 대패, 루타기, 띠톱, 모떼기 기계)	날 접촉예방장치
선반	덮개, 울, 가드

060 영상은 아크용접작업 영상이다. 교류아크용접기용 자동전격방지기의 종류를 4가지 쓰시오.(4점)

[기사1901A/기사2303C]

교류아크용접 작업장에서 작업자 혼자 대형 관의 플랜지 아래 부위를 아크용접하는 상황이다. 작업자의 왼손은 플랜지 회전 스위치를 조작하고 있으며, 오른손으로는 용접을 하고 있다. 작업장 주위에는 인화성 물질로 보이는 깡통 등이 용접작업장 주변에 쌓여 있는 상황이다.

① 외장형   ② 내장형
③ 저저항시동형(L형)   ④ 고저항시동형(H형)

✔ **교류아크용접기에 자동전격방지기 설치 장소**
- 선박의 이중 선체 내부, 밸러스트 탱크(ballast tank, 평형수 탱크), 보일러 내부 등 도전체에 둘러싸인 장소
- 추락할 위험이 있는 높이 2미터 이상의 장소로 철골 등 도전성이 높은 물체에 근로자가 접촉할 우려가 있는 장소
- 근로자가 물·땀 등으로 인하여 도전성이 높은 습윤 상태에서 작업하는 장소

✔ **전격방지기를 설치한 용접기 사용 시 점검사항**
- 전격방지기 외함의 접지상태
- 전격방지기 외함의 뚜껑상태
- 전격방지기와 용접기와의 배선 및 이에 부속된 접속기구의 피복 또는 외장의 손상유무
- 전자접촉기의 작동상태
- 이상소음, 이상냄새의 발생유무

061 상수도 배관 용접작업을 보여주고 있다. 습윤장소에서 교류아크용접기에 부착해야 하는 안전장치를 쓰시오. (5점)

[기사2003C/기사2202A]

작업자가 일반 캡 모자와 목장갑을 착용하고 상수도 배관 용접을 하다 감전당한 사고영상이다.

- 자동전격방지기

062 영상은 연삭기를 이용한 작업 화면이다. 화면에서 나오는 연삭기 작업에 사용하는 ① 방호장치와 안전한 ② 설치각도를 쓰시오.(4점)
[기사1401B/기사1601C/기사2101C/기사2103B/기사2202A/기사2303B]

휴대용 연삭기를 이용하여 목재의 각진 부분을 연마하는 작업을 보여주고 있다.

① 덮개
② 설치각도는 180° 이상(노출각도는 180° 이내)

✔ **연삭기 덮개**

㉠ 성능기준
- 직경 5cm 이상의 연삭숫돌은 반드시 덮개를 설치하고 작업해야 한다.
- 탁상용 연삭기의 덮개에는 워크레스트 및 조정편을 구비하여야 하며, 워크레스트는 연삭 숫돌과 간격을 3mm 이하로 조정할 수 있는 구조이어야 한다.
- 각종 연삭기 덮개의 최대노출각도

종류	덮개의 최대노출각도
연삭숫돌의 상부를 사용하는 것을 목적으로 하는 탁상용 연삭기	60도 이내
일반 연삭작업 등에 사용하는 것을 목적으로 하는 탁상용 연삭기	125도 이내
평면 연삭기, 절단 연삭기	150도 이내
원통 연삭기, 공구 연삭기, 휴대용 연삭기, 스윙 연삭기, 스라브연삭기	180도 이내

㉡ 연삭기 덮개의 작동시험
- 연삭숫돌과 덮개의 접촉여부
- 덮개의 고정상태, 작업의 원활성, 안전성, 덮개 노출의 적합성 여부
- 탁상용 연삭기는 덮개, 워크레스트 및 조정편 부착상태의 적합성 여부

㉢ 추가 표시사항
- 숫돌사용 주속도
- 숫돌회전방향

063 공작기계를 이용한 작업상황을 보여주고 있다. 공작기계에 사용할 수 있는 방호장치의 종류 4가지와 그 중 작업자가 기능을 무력화시킨 방호장치의 이름을 쓰시오.(6점) [기사2002A]

발광부와 수광부가 설치된 프레스를 보여준다. 페달로 작동시켜 철판에 구멍을 뚫는 작업 중 작업자가 방호장치(발광부, 수광부)를 젖히고 2회 더 작업을 한다. 그 후 작업대 위에 손으로 청소를 하다가 페달을 밟아 작업자의 손이 끼이는 사고가 발생하는 장면을 보여준다.

가) 사용가능한 방호장치
　① 게이트가드식 방호장치　　　② 손쳐내기식 방호장치
　③ 수인식 방호장치　　　　　　④ 양수조작식 방호장치
나) 작업자가 기능을 무력화시킨 방호장치 : 광전자식 방호장치

064 동영상은 프레스로 철판에 구멍을 뚫는 작업을 보여주고 있다. 동영상에서 보여주는 프레스에는 급정지장치가 부착되어 있지 않다. 이 경우 설치하여야 하는 방호장치를 3가지 쓰시오.(4점)

[산기1202B/기사1302B/산기1402A/산기1503A/기사1603B/기사1802A/산기2001B/기사2301C/기사2302A]

급정지장치가 없는 프레스로 철판에 구멍을 뚫는 작업을 보여주고 있다.

　① 가드식　　　　　　　　② 수인식
　③ 손쳐내기식　　　　　　④ 양수기동식

　▲ 해당 답안 중 3가지 선택 기재

065 동영상의 장치는 A-1이라 불리우는 방호장치이다. 해당 방호장치의 명칭과 작동형태를 쓰시오.(5점)

[기사1801B/기사2001B]

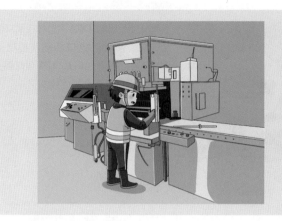

광전자식 방호장치가 부착된 프레스를
보여주고 있다. 왼쪽의 빨간색, 오른쪽의
노란색 발광기와 수광기가 눈에 띈다.

① 명칭 : 광전자식 방호장치
② 작동형태 : 슬라이드 하강 중에 작업자의 손이나 신체 일부가 광센서에 감지되면 자동적으로 슬라이드를 정지시
키는 접근반응형 방호장치를 말한다.

066 영상은 롤러기를 이용한 작업상황을 보여주고 있다. 긴급상황이 발생했을 때 롤러기를 급히 정지하기 위한
급정지장치의 조작부 설치 위치에 따른 급정지장치의 종류를 3가지로 분류해서 쓰시오.(6점)

[기사1701C/기사1902A/기사2101C/기사2303B]

작업자가 롤러기의 전원을 끄지 않은 상
태에서 롤러기 측면의 볼트를 채운 후 롤
러기 롤러 전면에 부착된 이물질을 불어
내면서 면장갑을 착용한 채 손을 회전 중
인 롤러에 대려다가 말려 들어가는 사고
를 당하고 사고 발생 후 전원을 차단하고
손을 빼내는 장면을 보여준다.

① 손 조작식 : 밑면에서 1.8[m] 이내
② 복부 조작식 : 밑면에서 0.8~1.1[m]
③ 무릎 조작식 : 밑면에서 0.6[m] 이내

067 동력식 수동대패기를 이용하여 목재를 가공하는 영상이다. 영상의 기계에 설치하는 방호장치의 명칭과 종류, 설치방법 3가지를 쓰시오.(6점)

[기사1903C]

동력식 수동대패기계에 작업자가 목재를 밀어넣는 영상이 보인다. 노란색 덮개(날접촉예방장치)가 보이고, 기계 아래로는 톱밥이 떨어지고 있는 영상이다.

가) 방호장치 : 날접촉예방장치(보호덮개)

나) 종류 : 가동식, 고정식

다) 설치방법

① 날접촉예방장치의 덮개는 가공재를 절삭하고 있는 부분 이외의 날부분을 완전히 덮을 수 있어야 한다.

② 날접촉예방장치를 고정시키는 볼트 및 핀 등은 견고하게 부착되도록 하여야 한다.

③ 다수의 가공재를 절삭폭이 일정하게 절삭하는 경우 외에 사용하는 날접촉예방장치는 가동식이어야 한다.

068 안전장치가 달려있지 않은 둥근톱 기계에 고정식 접촉예방장치를 설치하고자 한다. 이때 ① 하단과 가공재 사이의 간격, ② 하단과 테이블 사이의 높이는 각각 얼마로 하여야 하는지를 각각 쓰시오.(4점)

[기사0901C/기사1602A/기사1603C/기사1703A/기사1901B/기사2001C/기사2003A/기사2201A/기사2302C]

안전장치가 달려있지 않은 둥근톱 기계를 보여준다. 고정식 접촉예방장치를 설치하려고 해당 장치의 설명서를 살펴보고 있다.

① 가공재 : 8mm 이하

② 테이블 상부 : 25mm 이하

069 영상은 천장크레인을 이용해 철판을 이동시키는 작업 중 발생한 재해를 보여주고 있다. 다음 물음에 답하시오.(6점)

[기사1103B/기사1603B/기사2001C]

천장크레인이 고리가 아닌 철판집게로 철판을 'ㄷ'자로 물고 철판을 트럭 위로 이동시키고 있다. 트럭 위에서 작업자가 이동해 온 철판을 내리려는 찰나에 철판이 낙하하여 작업자가 깔리는 재해가 발생하는 상황을 보여준다.

가) 이 기계의 방호장치를 3가지 쓰시오.
나) 영상을 보고 괄호 안에 적절한 수치를 적어 넣으시오.

> 안전검사 주기에서 사업장에 설치가 끝난 날로부터 (①)년 이내에 최초 안전검사를 실시하되, 그 이후부터 매 (②)년[건설현장에서 사용하는 것은 최초로 설치한 날로부터 6개월]마다 안전검사를 실시한다.

가) ① 권과방지장치　　　　② 과부하방지장치　　　　③ 비상정지장치
나) ① 3　　　　　　　　　② 2

070 영상은 전주 위의 모습을 집중적으로 보여주고 있다. 전주를 뇌격으로부터 보호하기 위해 설치된 영상의 가) 방호장치 명칭과 해당 장치가 갖춰야 할 나) 구비조건을 3가지 쓰시오.(6점)

[기사2302A]

전주 위의 뇌서지로부터 전주를 보호하기 위해 설치된 피뢰기를 보여주고 있다. 퓨즈링크 없이 설치된 피뢰기의 모습을 확대해서 보여준다.

가) 명칭 : 피뢰기
나) 구비조건
　　① 반복동작이 가능할 것　　　　② 구조가 견고하며 특성이 변하지 않을 것
　　③ 점검·보수가 용이할 것　　　　④ 충격파 방전 개시 전압이 낮을 것
　　⑤ 제한 전압이 낮을 것　　　　　⑥ 속류 차단 능력이 클 것
　　⑦ 방전 능력이 클 것

▲ 나)의 답안 중 3가지 선택 기재

071 영상은 산업용 로봇의 작동모습을 보여준다. 로봇의 방호장치인 안전매트의 가) 작동원리와 나) 안전인증의 표시 외에 추가로 표시해야 할 사항을 2가지 쓰시오.(6점)

[기사2302A]

안전매트가 설치된 산업용 로봇의 모습을 보여주고 있다.

가) 작동원리 : 유효감지영역 내의 임의의 위치에 일정한 정도 이상의 압력이 주어졌을 때 이를 감지하여 신호를 발생

나) 안전인증 표시 외 추가로 표시해야 하는 사항
　① 작동하중　　　　　　　　　　② 감응시간
　③ 복귀신호의 자동 또는 수동여부　④ 대소인공용 여부

▲ 나)의 답안 중 2가지 선택 기재

072 영상에 나오는 장소(가스집합 용접장치)에 배관을 설치할 때 준수해야 하는 사항을 2가지 쓰시오.(4점)

[기사1803A/기사2302B]

각종 가스를 공급하는 밸브들을 여러 개를 보여주고 있다.

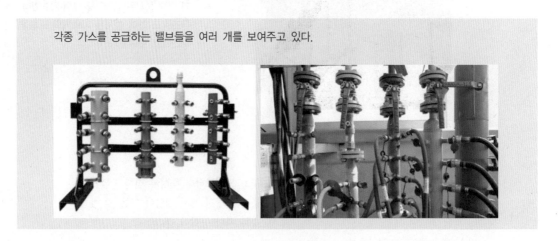

① 플랜지·밸브·콕 등의 접합부에는 개스킷을 사용하고 접합면을 상호 밀착시키는 등의 조치를 한다.
② 주관 및 분기관에는 안전기를 설치할 것. 이 경우 하나의 취관에 2개 이상의 안전기를 설치하여야 한다.

073 동영상은 그라인더로 작업하는 중 발생한 재해를 보여주고 있다. 누전에 의한 감전위험을 방지하기 위하여 누전차단기를 설치해야 하는 기계·기구 3가지를 쓰시오.(6점)

[기사1601A/기사1703A/기사1802A/기사1901B/기사2001A/기사2201B/기사2303A]

작업자 한 명이 분전반을 통해 연결한 콘센트에 플러그를 꽂고 그라인더 앵글작업을 진행하는 중에 또 다른 작업자 한 명이 다가와 콘센트에 플러그를 꽂으려고 전기선을 만지다가 감전되어 쓰러지는 영상이다. 작업장 주변에 물이 고여있고 전선 등이 널려있다.

① 대지전압이 150볼트를 초과하는 이동형 또는 휴대형 전기기계·기구
② 물 등 도전성이 높은 액체가 있는 습윤장소에서 사용하는 저압용 전기기계·기구
③ 철판·철골 위 등 도전성이 높은 장소에서 사용하는 이동형 또는 휴대형 전기기계·기구
④ 임시배선의 전로가 설치되는 장소에서 사용하는 이동형 또는 휴대형 전기기계·기구

▲ 해당 답안 중 3가지 선택 기재

074 영상은 감전사고를 보여주고 있다. 작업자가 감전사고를 당한 원인을 피부저항과 관련하여 설명하시오.
(5점)

[기사1203B/기사1402A/기사1501C/기사1602C/기사1703B/기사1901B/기사2002D/기사2302C]

영상은 작업자가 단무지가 들어있는 수조에 수중펌프를 설치하는 작업을 하고 있는 상황이다. 설치를 끝내고 펌프를 작동시킴과 동시에 작업자가 감전되는 재해가 발생하는 상황을 보여주고 있다.

• 인체가 수중에 있으면 인체의 피부저항이 기존 저항의 최대 1/25로 감소되므로 쉽게 감전의 피해를 입는다.

075 분전반 전면에서 그라인더 작업이 진행 중인 영상이다. 위험요인 2가지를 찾아 쓰시오.(4점)

[산기1202A/산기1401B/산기1402B/산기1502C/산기1701A/기사1802B/기사1903B/기사2002B/기사2004B]

작업자 한 명이 콘센트에 플러그를 꽂고 그라인더 작업 중이고, 다른 작업자가 다가와서 작업을 위해 콘센트에 플러그를 꽂고 주변을 만지는 도중 감전이 발생하는 동영상이다.

① 작업자가 절연용 보호구를 착용하지 않았다.
② 감전방지용 누전차단기를 설치하지 않았다.
③ 접지를 하지 않았다.

▲ 해당 답안 중 2가지 선택 기재

076 영상은 고압선 아래에서 작업하는 현장을 보여주고 있다. 충전전로 인근에서 작업 시 조치사항에 대한 다음 ( ) 안을 채우시오.(4점)

[기사2004B/기사2101A/기사2102C/기사2103B/기사2203C]

고압선 아래에서 항타기를 이용해 전주를 심는 작업을 하고 있다. 작업 중 붐대가 고압선에 접촉하여 스파크가 일어나는 상황을 보여준다.

가) 충전전로를 취급하는 근로자에게 그 작업에 적합한 (①)를 착용시킬 것
나) 충전전로에 근접한 장소에서 전기작업을 하는 경우에는 해당 전압에 적합한 (②)를 설치할 것. 다만, 저압인 경우에는 해당 전기작업자가 (①)를 착용하되, 충전전로에 접촉할 우려가 없는 경우에는 (②)를 설치하지 아니할 수 있다.

① 절연용 보호구   ② 절연용 방호구

077 영상은 항타기·항발기 장비로 땅을 파고 전주를 묻는 작업현장을 보여주고 있다. 고압선 주위에서 항타기 ·항발기 작업 시 안전 작업수칙 3가지를 쓰시오.(6점) [기사1203B/기사1301B/기사1402B/기사1403B/산기1501A /기사1502A/산기1602B/기사1701B/기사1901A/기사2002E/기사2101C/기사2102B/기사2201B]

항타기로 땅을 파고 전주를 묻는 작업 현장에서 2~3명의 작업자가 안전모 를 착용하고 작업하는 상황이다. 항 타기에 고정된 전주가 조금 불안전한 듯 싶더니 조금씩 돌아가서 항타기로 전주를 조금 움직이는 순간 인접 활선 전로에 접촉되어서 스파크가 일어난 상황을 보여준다.

① 충전전로에 대한 접근 한계거리 이상을 유지한다.
② 인접 충전전로에 대하여 절연용 방호구를 설치한다.
③ 해당 충전전로에 접근이 되지 않도록 울타리를 설치하거나 감시인을 배치한다.

078 영상은 전주에서 활선작업 중 감전사고가 발생하는 장면을 보여주고 있다. 화면을 보고 해당 작업에서 내재되어 있는 핵심 위험요인 2가지를 쓰시오.(4점) [기사1301A/기사1401A/기사1601B/기사1701A/기사1701C/기사1802B/기사1803A/기사2002C/기사2002D]

영상은 작업자 2명이 전주에서 활선작업을 하고 있다. 작업자 1명은 아래에서 주황색 플라스틱으로 된 절연 방호구를 올려주고 다른 1명이 크레인 위에서 이를 받 아 활선에 절연방호구를 설치하는 작업을 하다 감전사 고가 발생하는 상황이다. 크레인 붐대가 활선에 접촉되 지는 않았으나 근처까지 접근하여 작업하고 있으며, 위 쪽의 작업자는 두꺼운 장갑(절연용 방호장갑으로 보 임)을 착용하였으나 아래쪽 작업자는 목장갑을 착용하 고 있다. 작업자 간에 신호전달이 원활하지 않아 작업 이 원활하지 않다.

① 작업자가 보호구(내전압용 절연장갑)를 착용하지 않아 감전위험에 노출되었다.
② 근로자가 활선 접근 시 지켜야 하는 접근한계거리를 준수하지 않아 감전위험에 노출되었다.
③ 크레인 붐대가 활선에 가깝게 접근해 감전 위험이 있다.
④ 작업자들 간에 신호전달이 원활하게 이뤄지지 않고 있다.

▲ 해당 답안 중 2가지 선택 기재

079 화면(전주 동영상)은 전기형강작업 중이다. 정전작업 후 조치사항 3가지를 쓰시오.(6점)

[기사1302A/기사1601C/기사2001B/기사2301C]

작업자 2명이 전주 위에서 작업을 하고 있는 장면을 보여주고 있다. 작업자 1명은 발판이 안정되지 않은 변압기 위에 올라가서 담배를 입에 물고 볼트를 푸는 작업을 하고 있으며 작업자의 아래쪽 발판용 볼트에 C.O.S (Cut Out Switch)가 임시로 걸쳐있음을 보여주고 있다. 다른 한명의 작업자는 근처에선 이동식 크레인에 작업대를 매달고 또 다른 작업을 하고 있는 상황을 보여주고 있다.

① 작업기구, 단락 접지기구 등을 제거하고 전기기기 등이 안전하게 통전될 수 있는지를 확인할 것
② 모든 작업자가 작업이 완료된 전기기기 등에서 떨어져 있는지를 확인할 것
③ 잠금장치와 꼬리표는 설치한 근로자가 직접 철거할 것
④ 모든 이상 유무를 확인한 후 전기기기 등의 전원을 투입할 것

▲ 해당 답안 중 3가지 선택 기재

080 동영상은 전주에 작업자가 올라서서 전기형강 교체작업을 하던 중 추락하는 장면이다. 위험요인 2가지를 쓰시오.(4점)   [기사1302A/기사1403C/기사1601A/기사1702B/기사1803C/산기1901B/기사2001A/산기2002C/기사2102B/기사2103C]

작업자가 안전대를 착용하고 있으나 이를 전주에 걸지 않은 상태에서 전주에 올라서서 작업발판(볼트)을 딛고 변압기 볼트를 조이는 중 추락하는 영상이다. 작업자는 안전대를 착용하지 않고, 안전화의 끈이 풀려있는 상태에서 불안정한 발판 위에서 작업 중 사고를 당했다.

① 작업자가 안전대를 전주에 걸지 않고 작업하고 있어 추락위험이 있다.
② 작업자가 딛고 선 발판이 불안하여 위험에 노출되어 있다.
③ 안전화의 끈이 풀려있는 등 작업자 복장이 작업에 적합하지 않다.

▲ 해당 답안 중 2가지 선택 기재

081 영상은 전기형강작업을 보여주고 있다. 작업 중 위험요인 3가지를 쓰시오.(6점)

[기사1203B/기사1402C/기사1602A/기사1703A/기사1801B/기사1903A/기사2003B]

작업자 2명이 전주 위에서 작업을 하고 있는 장면을 보여주고 있다. 작업자 1명은 발판이 안정되지 않은 변압기 위에 올라가서 담배를 입에 물고 볼트를 푸는 작업을 하고 있으며 작업자의 아래쪽 발판용 볼트에 C.O.S (Cut Out Switch)가 임시로 걸쳐있음을 보여주고 있다. 다른 한명의 작업자는 근처에선 이동식 크레인에 작업대를 매달고 또 다른 작업을 하고 있는 상황을 보여주고 있다.

① 작업 중 흡연을 하고 있다.
② 작업자가 딛고 선 발판이 불안하다.
③ C.O.S(Cut Out Switch)를 발판용 볼트에 임시로 걸쳐놓아 위험하다.

082 영상은 MCC 패널 차단기의 전원을 투입하여 발생한 재해사례이다. 동종의 재해방지 대책 3가지를 서술하시오.(6점)

[산기1202B/기사1302B/산기1303B/산기1501A/기사1503C/산기1703B/기사1802C/산기1803B/산기2002C/산기2002A]

작업자가 MCC 패널의 문을 열고 스피커를 통해 나오는 지시사항을 정확히 듣지 못한 상태에서, 차단기 2개를 쳐다보며 망설이다가 그중 하나를 투입하였는데, 잘못 투입하여 원하지 않은 상황이 발생하여 당황하는 표정을 짓고 있다.

① 차단기 별로 회로명을 표기하여 오작동을 막는다.
② 잠금장치 및 표찰을 부착하여 해당 작업자 이외의 자에 의한 오작동을 막는다.
③ 작업자 간의 정확성을 기하기 위해 무전기 등 연락가능 장비를 이용하여 여러 차례 확인하는 절차를 준수한다.
④ 작업자에게 해당 작업 시의 전기위험에 대한 안전교육을 실시한다.

▲ 해당 답안 중 3가지 선택 기재

083 영상은 승강기 컨트롤 패널을 점검하는 중 발생한 재해사례이다. 동종의 재해 방지대책 3가지를 서술하시오. (6점)

[기사1302C/기사1403C/기사1503B/기사1702B/기사1801A/기사2002D]

동영상은 MCC 패널 점검 중으로 개폐기에는 통전 중이라는 표지가 붙어있고 작업자(면장갑 착용)가 개폐기 문을 열어 전원을 차단하고 문을 닫은 후 다른 곳 패널에서 작업하려다 쓰러진 상황이다.

① 작업 전에 잔류전하를 완전히 제거해야 한다.
② 작업 시작 전 내전압용 절연장갑 등 절연용 보호구를 착용하여야 한다.
③ 잠금장치 및 표찰을 부착하여 해당 작업자 이외의 자에 의한 오작동을 막아야 한다.
④ 개폐기 문에 통전금지 표지판을 설치하고, 감시인을 배치한 후 작업을 한다.
⑤ 작업자들에게 해당 작업 시의 전기위험에 대한 안전교육을 실시한다.

▲ 해당 답안 중 3가지 선택 기재

084 영상은 변압기 측정 중 일어난 재해 상황이다. 재해 발생원인을 3가지 쓰시오.(6점)

[기사1202C/기사1301C/기사1303A/기사1402B/기사1501C/기사1503B/기사1701B/기사1702C/기사1901C/기사2102A/기사2103C]

영상에서 A작업자가 변압기의 2차 전압을 측정하기 위해 유리창 너머의 B작업자에게 전원을 투입하라는 신호를 보낸다. A작업자의 측정 완료 후 다시 차단하라고 신호를 보내고 전원이 차단되었다고 생각하고 측정기기를 철거하다 감전사고가 발생되는 장면을 보여주고 있다.(이때 작업자 A는 맨손에 슬리퍼를 착용하고 있다.)

① 작업자가 절연용 보호구(내전압용 절연장갑, 절연장화)를 미착용하고 있다.
② 작업자 간의 신호전달이 정확하게 이루어지지 않았다.
③ 작업자가 안전 확인을 소홀히 했다.

085 영상은 작업자가 차단기를 점검하다 감전되어 쓰러지는 영상이다. 위험요인 2가지를 서술하시오.(4점)

[산기1303A/산기1801B/기사1901A/기사1901C/산기1902B/산기2001A/산기2002C/기사2002E]

배전반 뒤쪽에서 작업자 1명이 보수작업을 하고 있다. 화면이 배전반 앞쪽으로 이동하면서 다른 작업자 1명을 보여준다. 해당 작업자가 절연내력시험기를 들고 한 선은 배전반 접지에 꽂은 후 장비의 스위치를 ON시키고 배선용 차단기에 나머지 한 선을 여기저기 대보고 있는데 뒤쪽 작업자가 배전반 작업 중 쓰러졌는지 놀라서 일어나는 동영상이다.

① 작업 시작 전 내전압용 절연장갑 등 절연용 보호구를 착용하지 않았다.
② 개폐기 문에 통전금지 표지판을 설치하고, 감시인을 배치한 후 작업을 하여야 하나 그러하지 않았다.
③ 작업 시작 전 전원을 차단하지 않았다.
④ 잠금장치 및 표찰을 부착하여 해당 작업자 이외의 자에 의한 오작동을 막아야 하나 그러하지 않았다.

▲ 해당 답안 중 2가지 선택 기재

086 영상은 감전사고를 보여주고 있다. 재해를 예방할 수 있는 방안을 3가지 쓰시오.(6점)

[기사1403B/기사1503A/기사1701C/기사1802C/기사2103A]

영상은 작업자가 단무지가 들어있는 수조에 수중펌프를 설치하는 작업을 하고 있는 상황이다. 설치를 끝내고 펌프를 작동시킴과 동시에 작업자가 감전되는 재해가 발생하는 상황을 보여주고 있다.

① 모터와 전선의 이음새 부분을 작업 시작 전 확인 또는 작업 시작 전 펌프의 작동여부를 확인한다.
② 수중 및 습윤한 장소에서 사용하는 전선은 수분의 침투가 불가능한 것을 사용한다.
③ 감전방지용 누전차단기를 설치한다.

087 화면은 작업자가 가정용 배전반 점검을 하다 추락하는 재해사례이다. 화면에서 점검 시 불안전한 행동 2가지를 쓰시오.(4점)

[산기1203A/산기1501A/산기1602A/기사2003A]

작업자가 가정용 배전반 점검을 하다가 딛 고 있던 의자가 불안정하여 추락하는 재해 사례를 보여주고 있다.

① 전원을 차단하지 않고 배전반을 점검하고 있어 감전의 위험이 있다.
② 절연용 보호구를 착용하지 않아 감전의 위험에 노출되어 있다.
③ 작업자가 딛고 있는 의자(발판)가 불안정하여 추락위험이 있다.

▲ 해당 답안 중 2가지 선택 기재

088 영상은 습윤한 장소에서 이동전선을 사용하는 화면이다. 사용하기 전 점검사항 2가지를 쓰시오.(4점)

[기사1202A/기사1303A/기사1603C/기사1802A/기사2001C/기사2201B]

영상은 작업자가 단무지가 들어있는 수 조에 수중펌프를 설치하는 작업을 하고 있는 상황이다. 설치를 끝내고 펌프를 작동시킴과 동시에 작업자가 감전되는 재해가 발생하는 상황을 보여주고 있 다.

① 접속부위 절연상태 점검
② 전선의 피복 또는 외장의 손상유무 점검
③ 절연저항 측정 실시

▲ 해당 답안 중 2가지 선택 기재

089 영상은 크롬도금작업을 보여준다. 동영상에서와 같이 유해물질(화학물질) 취급 시 일반적인 주의사항을 3가지 쓰시오.(6점) [기사1302B/기사1403C/기사1503C/기사1701B/기사1802C/기사2003C/기사2004A]

크롬도금작업을 하고 있는 작업자의 모습을 보여준다. 작업자는 보안경과 방독마스크를 착용하지 않고 있다.상의는 티셔츠를 입고 그 위에 앞치마 형식의 보호복을 걸친 작업자가 작업을 하는 모습이다.

① 유해물질에 대한 사전 조사 ② 유해물 발생원인의 봉쇄
③ 실내 환기와 점화원의 제거 ④ 설비의 밀폐화와 자동화
⑤ 생산 공정의 격리와 원격조작의 채용 ⑥ 환경의 정돈과 청소

▲ 해당 답안 중 3가지 선택 기재

090 영상은 산소결핍작업을 보여주고 있다. 동영상에서의 장면 중 퍼지(환기)하는 상황이 있는데, 아래 내용과 연관하여 퍼지의 목적을 쓰시오.(6점) [기사1203C/기사1601C/기사1702C/기사1901A]

영상은 불활성가스를 주입하여 산소의 농도를 낮추는 퍼지작업 진행상황을 보여주고 있다.

① 가연성 가스 및 지연성 가스의 경우 ② 독성 가스의 경우
③ 불활성 가스의 경우

① 가연성 가스 및 지연성 가스의 경우 : 화재폭발사고 방지 및 산소결핍에 의한 질식사고 방지
② 독성 가스의 경우 : 중독사고 방지
③ 불활성 가스의 경우 : 산소결핍에 의한 질식사고 방지

091 영상은 퍼지작업 상황을 보여주고 있다. 이 퍼지작업의 종류 4가지를 쓰시오.(4점)

[기사1402B/기사1502A/기사1503B/기사1701C/기사1802B/기사2002A/기사2004A]

영상은 불활성가스를 주입하여 산
소의 농도를 낮추는 퍼지작업 진행
상황을 보여주고 있다.

① 진공퍼지   ② 압력퍼지

③ 스위프퍼지   ④ 사이펀퍼지

092 영상은 밀폐공간에서 작업하는 근로자들을 보여주고 있다. 아래 빈칸을 채우시오.(4점)

[기사1602A/기사1703A/기사1801C/산기1803A/기사1903C/산기2001A/기사2101C/기사2203A]

지하 피트 내부의 밀폐공간에서 작
업자들이 작업하는 영상이다.

적정공기란 산소농도의 범위가 (①)% 이상, (②)% 미만, 이산화탄소의 농도가 (③)% 미만, 황화수소의 농도가
(④)ppm 미만인 수준의 공기를 말한다.

① 18   ② 23.5   ③ 1.5   ④ 10

093 영상은 밀폐공간에서 작업을 하던 중 발생한 재해를 보여주고 있다. 밀폐공간에서의 작업 시 위험요인 2가지를 쓰시오.(4점)

[산기1801B/기사2001B]

작업 공간 외부에 존재하던 국소배기장치의 전원이 다른 작업자의 실수에 의해 차단됨에 따라 탱크 내부의 밀폐된 공간에서 그라인더 작업을 수행 중에 있는 작업자가 갑자기 의식을 잃고 쓰러지는 상황을 보여주고 있다.

① 국소배기장치의 전원부에 잠금장치를 하지 않았다.
② 감시인을 배치하지 않아 사고의 위험이 있다.
③ 산소결핍 장소에 작업을 위해 들어갈 때는 호흡용 보호구를 착용하여야 함에도 이를 위반하여 위험에 노출되었다.
④ 작업 시작 전 산소농도 및 유해가스 농도를 측정하지 않았고, 작업 중 꾸준히 환기를 시키지 않아 위험에 노출되어 있다.

▲ 해당 답안 중 2가지 선택 기재

094 영상은 지하 피트의 밀폐공간 작업 동영상이다. 작업 시 준수해야 할 안전수칙 3가지를 쓰시오.(6점)

[기사1202C/기사1303B/기사1702C/기사1801C/기사1902A/기사2003A/기사2101A/기사2303B]

지하 피트 내부의 밀폐공간에서 작업자들이 작업하는 영상이다.

① 작업 전에 산소 및 유해가스 농도를 측정하여 적정공기 유지 여부를 평가한다.
② 작업을 시작하기 전과 작업 중에 해당 작업장을 적정공기 상태가 유지되도록 환기하여야 한다.
③ 환기가 되지 않거나 곤란한 경우 공기호흡기 또는 송기마스크 착용하게 한다.
④ 밀폐공간에 근로자를 입장시킬 때와 퇴장시킬 때마다 인원을 점검한다.
⑤ 밀폐공간에 관계 근로자 외의 사람의 출입을 금지하고, 출입금지 표지를 게시한다.

▲ 해당 답안 중 3가지 선택 기재

095 영상은 지하 피트의 밀폐공간 작업 동영상이다. 밀폐공간 작업 시 사업주의 직무를 3가지 쓰시오.(6점)

[기사2004B]

지하 피트 내부의 밀폐공간에서 작업자들이 작업하는 영상이다.

① 밀폐공간작업프로그램을 수립하여 시행한다.
② 작업 전에 산소 및 유해가스 농도를 측정하여 적정공기가 유지되고 있는지 평가하도록 한다.
③ 작업을 시작하기 전과 작업 중에 해당 작업장을 적정공기 상태가 유지되도록 환기하여야 한다.
④ 환기가 되지 않거나 곤란한 경우 반드시 송기마스크와 같은 호흡용 보호기를 착용하도록 한다.
⑤ 근로자를 입장시킬 때와 퇴장시킬 때마다 인원을 점검하여야 한다.
⑥ 근로자가 밀폐공간에서 작업을 하는 동안 작업상황을 감시할 수 있는 감시인을 지정하여 밀폐공간 외부에 배치하여야 한다.

▲ 해당 답안 중 3가지 선택 기재

096 영상은 밀폐공간 내에서의 작업 상황을 보여주고 있다. 이와 같은 환경의 작업장에서 관리감독자의 직무를 3가지 쓰시오.(6점)

[기사1302C/기사1603A/기사1901B]

작업 공간 외부에 존재하던 국소배기장치의 전원이 다른 작업자의 실수에 의해 차단됨에 따라 탱크 내부의 밀폐된 공간에서 그라인더 작업을 수행 중에 있는 작업자가 갑자기 의식을 잃고 쓰러지는 상황을 보여주고 있다.

① 작업 시작 전 작업방법 결정 및 당해 근로자의 작업을 지휘한다.
② 작업 시작 전 작업을 행하는 장소의 공기 적정여부를 확인한다.
③ 작업 시작 전 측정장비·환기장치 또는 송기마스크 등을 점검한다.
④ 근로자에게 공기호흡기 또는 송기마스크의 착용을 지도하고 착용 상황을 점검한다.

▲ 해당 답안 중 3가지 선택 기재

097 맨홀(밀폐공간)에서 전화선 작업 중 발생한 재해영상이다. 재해피해자를 구호하기 위한 구조자가 착용해야 할 호흡용 보호구를 쓰시오.(4점)

[기사1302C/기사1601A/기사1703B/기사1902A/기사2002B/기사2002C/산기2003B/기사2202C/기사2303A]

지하에 위치한 맨홀(밀폐공간)에서 전화선 복구작업을 하던 중 유해가스에 작업자가 쓰러지는 재해영상을 보여주고 있다.

• 공기호흡기 또는 송기마스크

098 영상은 밀폐공간 내부에서 작업 도중 발생한 재해사례를 보여주고 있다. 이러한 사고에 대비하여 필요한 비상시 피난용구 3가지를 쓰시오.(3점)   [기사1203A/기사1401A/기사1501B/기사1601C/기사1703C/산기1901A/기사2001A]

선박 밸러스트 탱크 내부의 슬러지를 제거하는 작업 도중에 작업자가 유독가스 질식으로 의식을 잃고 쓰러지는 재해가 발생하여 구급요원이 이들을 구호하는 모습을 보여주고 있다.

① 공기호흡기   ② 사다리   ③ 섬유로프

099 영상은 특수 화학설비를 보여주고 있다. 화면과 연관된 특수 화학설비 내부의 이상상태를 조기에 파악하기 위하여 설치해야 할 장치 등의 대책 2가지를 쓰시오.(단, 계측장비는 제외)(4점)

[기사1902C/기사2003B/산기2201C/기사2202C/기사2303B]

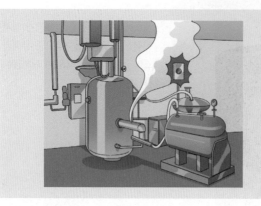

화학공장 내부의 특수 화학설비를 보여주고 있다. 갑자기 배관에서 가스가 누출되면서 비상벨이 울리는 장면이다.

① 자동경보장치
② (원재료 공급) 긴급차단장치
③ (제품 등의)방출장치
④ 불활성가스의 주입장치
⑤ 냉각용수 등의 공급장치

▲ 해당 답안 중 2가지 선택 기재

100 영상은 특수 화학설비를 보여주고 있다. 화면과 연관된 특수 화학설비 내부의 이상상태를 조기에 파악하기 위하여 설치해야 할 계측장치 3가지를 쓰시오.(3점)

[기사1302A/산기1303A/기사1403A/산기1502C/기사1503B/산기1603A/기사1801C/기사1803B/산기2001B/기사2002E/기사2302A]

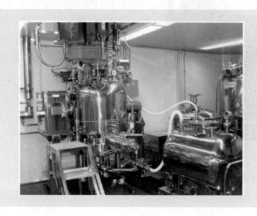

화학공장 내부의 특수 화학설비를 보여주고 있다.

① 온도계
② 유량계
③ 압력계

101 영상은 스팀노출 부위를 점검하던 중 발생한 재해사례이다. 동영상에서와 같은 배관작업 시 위험요인을 2가지 쓰시오.(4점) [기사2004A/산기2004B/기사2203A]

스팀배관의 보수를 위해 노출부위를 점검하던 중 스팀이 노출되면서 작업자에게 화상을 입히는 영상이다. 작업자는 안전모와 장갑을 착용하고 플라이어로 작업하고 있다.

① 작업자가 보안경을 착용하지 않고 작업하고 있다.
② 작업 전 배관의 내용물을 제거하지 않았다.
③ 전용공구를 사용하지 않아 작업 중 위험에 노출되어 있다.
④ 보호구(방열장갑, 방열복 등)를 미착용하고 있다.

▲ 해당 답안 중 2가지 선택 기재

102 동영상은 고소에 위치한 에어배관 점검 중 발생한 재해상황을 보여주고 있다. 위험요인 3가지를 쓰시오. (6점) [산기1202A/산기1301B/산기1303B/산기1402A/산기1501A/산기1503A/산기1701A/산기1702B/산기1902A/기사2001B/산기2002B]

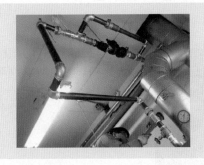

작업자가 이동식사다리를 딛고 올라서서 고온의 증기가 흐르는 고소의 에어배관을 점검하고 있다. 작업자는 스패너 2개를 각각의 손에 나눠 들고 배관 플랜지의 볼트를 풀려고 하다가 추락한다.

① 보안경을 착용하지 않아 고압증기에 의한 눈 부위 손상의 위험에 노출되어 있다.
② 보호구(방열장갑, 방열복 등)를 미착용하고 있다.
③ 작업자가 밟고 선 사다리의 설치상태가 불안정하여 위험에 노출되었다.
④ 배관 내 가스 및 압력을 미제거하여 위험에 노출되었다.
⑤ 보호구(방열장갑, 방열복 등)를 미착용하고 있다.

▲ 해당 답안 중 3가지 선택 기재

103 영상은 브레이크 패드를 제조하는 중 석면을 사용하는 장면을 보여주고 있다. 이 작업의 안전한 작업방법에 대하여 3가지를 쓰시오.(단, 근로자는 석면의 위험성을 인지하고 있다.)(6점)

[기사1202B/기사1401C/기사1602B/기사1901A/기사1902B]

석면이 날리고 있는 작업장에서 작업자가 석면을 포대에서 플라스틱 용기를 사용하여 배합기에 넣고, 아래 작업자는 철로 된 용기에 주변 바닥으로 흩어진 석면을 빗자루로 쓸어서 담고 있으며, 국소배기장치가 보이지 않는다. 작업자는 일반 작업복에 일반장갑, 일반 마스크를 착용한 상태에서 작업하는 상황을 보여준다.

① 석면이 작업자의 호흡기로 침투되는 것을 방지하기 위하여 작업자에게 호흡용 보호구를 착용시킨다.
② 작업장에는 석면이 날리지 않도록 국소배기장치, 석면분진 포집장치 등을 설치 가동한다.
③ 작업장 내 작업 중 석면이 날리지 않도록 적절한 습기를 유지시킨다.

104 영상은 석면을 취급하는 장면을 보여주고 있다. 작업자가 마스크를 착용하고 있으나 석면분진 폭로위험성에 노출되어 있어 작업자에게 직업성 질환으로 이환될 우려가 있다. 그 이유를 상세히 설명하고, 장기간 폭로 시 어떤 종류의 직업병이 발생할 위험이 있는지 3가지를 쓰시오.(6점)

[기사1301B/기사1301C/ 기사1303A/기사1402A/기사1501A/기사1502B/신기1502C/기사1601A/신기1701B/기사1701C/기사1703A/기사1901C/신기1903B]

송기마스크를 착용한 작업자가 석면을 취급하는 상황을 보여주고 있다.

가) 이유 : 석면 취급장소는 특급 방진마스크를 착용하여야 하는데, 해당 작업자가 착용한 마스크는 방진전용마스크가 아닌 배기밸브가 없는 안면부여과식이어서 석면분진이 마스크를 통해 흡입될 수 있다.
나) 발생 직업병 : ① 폐암　　② 석면폐증　　③ 악성중피종

105 섬유공장에서 기계가 돌아가고 있는 영상이다. 적절한 보호구를 3가지 쓰시오.(6점)

[기사1801B/산기1803A/기사2001C/기사2102A/기사2102B]

돌아가는 회전체가 보이고 작업자가 목장갑만 끼고 전기기구를 만지고 있음. 먼지가 많이 날리는지 먼지를 손으로 닦아내고 있고, 소음으로 인해 계속 얼굴 찡그리고 있는 것과 작업자의 귀와 눈을 많이 보여준다.

① 방진마스크
② 보안경
③ 귀덮개

106 영상은 작업자들이 작업장을 청소하는 모습을 보여주고 있다. 이때 작업자가 착용해야 하는 보호구를 2가지 쓰시오.(4점)

[기사1803A]

작업자들이 작업장을 청소하는 모습을 보여주고 있다. 그중 한 작업자가 에어컴프레셔를 이용해 배관 위의 분진을 제거하는데 분진이 날리면서 작업자가 눈을 찡그리고, 기침을 하는 장면을 보여준다.

① 방진마스크
② 비산물방지용보안경
③ 귀덮개

▲ 해당 답안 중 2가지 선택 기재

107 영상은 실험실에서 유해물질을 취급하고 있는 장면이다. 유해물질이 인체에 흡수되는 경로를 2가지 쓰시오. (4점)

[산기1202B/기사1203B/기사1301A/산기1402B/기사1402C/기사1501C/
산기1601B/기사1702B/기사1901B/기사1902B/기사1903A/산기1903A/기사2002A/기사2003A/기사2303A]

작업자는 맨손에 마스크도 착용하지 않고 황산을 비커에 따르다 실수로 손에 묻는 장면을 보여주고 있다.

① 호흡기　　　　　　② 소화기　　　　　　③ 피부

▲ 해당 답안 중 2가지 선택 기재

108 영상은 인화성 물질의 취급 및 저장소를 보여주고 있다. 이 동영상을 참고하여 점화원의 유형과 종류를 쓰시오.(4점)

[기사1602C/기사1703B/기사1903B]

인화성 물질 저장창고에 인화성 물질을 저장한 드럼이 여러 개 있고 한 작업자가 인화성 물질이 든 운반용 캔을 몇 개 운반하다가 잠시 쉬려고 드럼 옆에서 웃옷을 벗는 순간 "퍽" 하는 소리와 함께 폭발이 일어나는 사고상황을 보여주고 있다.

① 점화원의 유형 : 작업복에 의한 정전기
② 점화원의 종류 : 정전기, 전기스파크

109 영상은 가스 저장소에서 발생한 재해 상황을 보여주고 있다. 누설감지경보기의 적절한 ① 설치위치 ② 경보설 정값이 몇 %가 적당한지 쓰시오.(6점) [기사1401B/기사1502B/기사1702A/기사1803C/기사2002E/기사2103B/기사2302A]

LPG저장소에 가스누설감지경 보기의 미설치로 인해 재해사례 가 발생한 장면이다.

① 설치위치 : LPG는 공기보다 무거우므로 바닥에 인접한 곳에 설치한다.
② 설정값 : 폭발하한계의 25% 이하

110 영상은 폭발성 화학물질 취급 중 작업자의 부주의로 발생한 사고 사례를 보여주고 있다. 영상에서와 같이 폭발성 물질 저장소에 들어가는 작업자가 신발에 물을 묻히는 ① 이유는 무엇인지 상세히 설명하고, 화재 시 적합한 ② 소화방법은 무엇인지 쓰시오.(4점) [기사1302B/기사1403C/기사1502C/기사1603C/기사1803B/기사2002C/신기2003B/기사2202A]

작업자가 폭발성 물질 저장소 에 들어가는 장면을 보여주고 있다. 먼저 들어오는 작업자는 입구에서 신발 바닥에 물을 묻 힌 후 들어오는 데 반해 뒤에 들어오는 작업자는 그냥 들어 오고 있다. 뒤의 작업자 이동 에 따라 작업자 신발 바닥에서 불꽃이 발생되는 모습을 보여 준다.

① 이유 : 정전기에 의한 폭발위험에 대비해 신발과 바닥면의 접촉으로 인한 정전기 발생을 예방하기 위해서이다.
② 소화방법 : 다량 주수에 의한 냉각소화

111 영상은 수소를 취급 · 보관하는 저장소를 보여주고 있다. 수소 취급 시 주의사항을 고려한 수소의 특성을 2가지 쓰시오.(4점) [기사2003C]

작업자가 수소 저장고로 들어가는 모습을 보여준다. 방폭형 전원스위치가 있고, 저장고 상단 부분에 동작하지 않는 환풍기가 보인다. 환풍기 선의 콘센트와 전기 콘센트는 일반형이 설치되어 있다. 콘센트 주변에는 거미줄이 쳐 있는 등 관리가 소홀함을 확인할 수 있다.

① 공기보다 가볍다.
② 인화성이 강한 기체이다.

112 영상은 브레이크 라이닝 제조공정을 보여주고 있다. 사업주가 작업장의 분진을 배출하기 위해 설치하는 덕트의 설치기준을 3가지 쓰시오.(6점) [기사2301A]

브레이크 라이닝 제조공장의 모습을 보여주고 있다. 환기가 되지 않아 힘들어하는 근로자의 찡그러진 표정이 보인다.

① 가능하면 길이는 짧게 하고 굴곡부의 수는 적게 할 것
② 접속부의 안쪽은 돌출된 부분이 없도록 할 것
③ 청소구를 설치하는 등 청소하기 쉬운 구조로 할 것
④ 덕트 내부에 오염물질이 쌓이지 않도록 이송속도를 유지할 것
⑤ 연결 부위 등은 외부 공기가 들어오지 않도록 할 것

▲ 해당 답안 중 3가지 선택 기재

113 동영상은 보일러실의 모습을 보여준다. 배관의 압력이 설정압력에 도달하면 판이 파열하면서 유체가 분출하도록 용기 등에 설치된 얇은 판으로 다시 닫히지 않는 압력방출 안전장치의 가) 장치명과 나) 해당 장치를 설치하여야 하는 경우를 2가지 쓰시오.(6점)

[기사2301C]

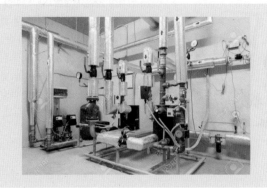

대형건물의 보일러실 내부를 보여주고 있다.

가) 장치명 : 파열판

나) 설치해야 하는 경우

① 반응 폭주 등 급격한 압력 상승 우려가 있는 경우

② 급성 독성물질의 누출로 인하여 주위의 작업환경을 오염시킬 우려가 있는 경우

③ 운전 중 안전밸브에 이상 물질이 누적되어 안전밸브가 작동되지 아니할 우려가 있는 경우

▲ 나)의 답안 중 2가지 선택 기재

✔ **국소배기장치의 설치기준**
- 국소배기장치의 후드는 유해물질이 발생하는 곳마다 설치할 것
- 외부식 또는 리시버식 후드는 해당 분진 등의 발산원에 가장 가까운 위치에 설치할 것
- 후드(Hood) 형식은 가능하면 포위식 또는 부스식 후드를 설치할 것
- 국소배기장치의 덕트는 가능한 길이를 짧게 하고, 청소하기 쉬운 구조로 할 것
- 국소배기장치에 공기정화장치를 설치하는 경우 정화 후의 공기가 통하는 위치에 배풍기(排風機)를 설치할 것
- 분진 등을 배출하기 위하여 설치하는 국소배기장치의 배기구를 직접 외부로 향하도록 개방하여 실외에 설치하는 등 배출되는 분진 등이 작업장으로 재유입되지 않는 구조로 할 것

114 영상은 인화성 물질의 취급 및 저장소를 보여주고 있다. 이 동영상을 참고하여 ① 가스폭발의 종류와 ② 정의를 쓰시오.(4점) [산기1503B/기사1503C/기사1701A/기사1802B/산기1901A/산기2002A/기사2004C/기사2202A/기사2303C]

인화성 물질 저장창고에 인화성 물질을 저장한 드럼이 여러 개 있고 한 작업자가 인화성 물질이 든 운반용 캔을 몇 개 운반하다가 잠시 쉬려고 드럼 옆에서 웃옷을 벗는 순간 "퍽"하는 소리와 함께 폭발이 일어나는 사고상황을 보여주고 있다.

① 종류 : 증기운폭발
② 정의 : 액체상태로 저장되어 있던 인화성 물질이 인화성가스로 공기 중에 누출되어 있다가 정전기와 같은 점화원에 접촉하여 폭발하는 현상

✔ 용접·용단 작업 시 화재감시자를 배치해야 하는 장소
 • 작업반경 11미터 이내에 건물구조 자체나 내부(개구부 등으로 개방된 부분을 포함한다)에 가연성물질이 있는 장소
 • 작업반경 11미터 이내의 바닥 하부에 가연성물질이 11미터 이상 떨어져 있지만 불꽃에 의해 쉽게 발화될 우려가 있는 장소
 • 가연성물질이 금속으로 된 칸막이·벽·천장 또는 지붕의 반대쪽 면에 인접해 있어 열전도나 열복사에 의해 발화될 우려가 있는 장소

115 영상을 보고 다음 각 물음에 답을 쓰시오.(6점) [기사1203B/기사1301B/기사1401B/기사1403C/기사1501C/기사1702B]

녹색의 정화통을 가진 방독면을 보여주고 있다.

① 방독마스크의 종류를 쓰시오.　　　　　② 방독마스크의 형식을 쓰시오.
③ 방독마스크의 시험가스 종류를 쓰시오.　④ 방독마스크의 정화통 흡수제 1가지를 쓰시오.
⑤ 방독마스크의 시험가스 농도가 0.5%일 때 파과시간을 쓰시오.
⑥ 시험가스 농도가 0.5%, 농도가 25ppm(±20%)이었을 때 파과시간을 쓰시오.

① 암모니아용 방독마스크　　② 격리식 전면형　　③ 암모니아 가스
④ 큐프라마이트　　　　　　　⑤ 40분 이상　　　　⑥ 40분 이상

✔ **정화통의 파과농도와 파과시간**

종류	기호	등급	시험가스 조건		파과농도 (ppm, ±20%)	파과시간 (분)
			시험가스	농도(%) (±10%)		
유기화합물용	C	고농도	시클로헥산(C_6H_{12})	0.8	10.0	65 이상
		중농도		0.5		35 이상
		저농도		0.1		70 이상
		최저농도		0.1		20 이상
할로겐용	A	고농도	염소가스(Cl_2)	1.0	0.5	30 이상
		중농도		0.5		20 이상
		저농도		0.1		20 이상
황화수소용	K	고농도	황화수소가스(H_2S)	1.0	10.0	60 이상
		중농도		0.5		40 이상
		저농도		0.1		40 이상
시안화수소용	J	고농도	시안화수소가스(HCN)	1.0	10.0	35 이상
		중농도		0.5		25 이상
		저농도		0.1		25 이상
아황산용	I	고농도	아황산가스(SO_2)	1.0	5.0	30 이상
		중농도		0.5		20 이상
		저농도		0.1		20 이상
암모니아용	H	고농도	암모니아가스(NH_3)	1.0	25.0	60 이상
		중농도		0.5		40 이상
		저농도		0.1		50 이상

116 영상은 화학약품을 사용하는 작업영상이다. 동영상에서 작업자가 착용하여야 하는 마스크와 흡수제 종류 3가지를 쓰시오.(4점)

[산기1202B/기사1203C/기사1301B/기사1402A/산기1501A/산기1502B/기사1601B/산기1602B/기사1603B/기사1702A/산기1703A/산기1801B/기사1903B/기사1903C/산기2003C/기사2302A]

작업자가 스프레이건으로 쇼파 이프 여러 개를 눕혀놓고 페인트 칠을 하는 작업영상을 보여주고 있다.

가) 마스크 : 방독마스크

나) 흡수제 : ① 활성탄 ② 큐프라마이트 ③ 소다라임
④ 실리카겔 ⑤ 호프카라이트

▲ 나)의 답안 중 3가지 선택 기재

117 영상은 개인용 보호구(방독마스크)를 보여주는 영상이다. 화면에 보이는 영상에 해당하는 보호구의 시험성능 기준 3가지를 쓰시오.(6점)

[기사1903C]

다양한 종류의 방독면을 보여주고 있다.

① 안면부 흡기저항 ② 정화통의 제독능력 ③ 안면부 배기저항
④ 안면부 누설률 ⑤ 배기밸브 작동 ⑥ 시야
⑦ 강도, 신장률 및 영구변형률 ⑧ 불연성 ⑨ 음성전달판
⑩ 투시부의 내충격성 ⑪ 정화통 질량 ⑫ 정화통 호흡저항

▲ 해당 답안 중 3가지 선택 기재

118 영상은 자동차 브레이크 라이닝을 세척하는 것을 보여주고 있다. 작업자가 착용해야 할 보호구 2가지를 쓰시오.(4점) [기사1502A/기사1603C/기사1801B/기사1903B/산기2001A/기사2004A/기사2101B/기사2103C/기사2201C/기사2301C]

작업자들이 브레이크 라이닝을 화학약품을 사용하여 세척하는 작업과정을 보여주고 있다. 세정제가 바닥에 흩어져 있으며, 고무장화 등을 착용하지 않고 작업을 하고 있는 상태를 보여준다.

① 보안경   ② 불침투성 보호복   ③ 불침투성 보호장갑
④ 송기마스크(방독마스크)   ⑤ 불침투성 보호장화

▲ 해당 답안 중 2가지 선택 기재

119 영상은 자동차 부품을 도금한 후 세척하는 과정을 보여주고 있다. 이 영상을 참고하여 위험예지훈련을 하고자 한다. 연관된 행동목표 2가지를 쓰시오.(4점)

[기사1202C/기사1303B/기사1503A/기사1801A/산기1803A/기사1902C/산기2002B/기사2003B]

작업자들이 브레이크 라이닝을 화학약품을 사용하여 세척하는 작업과정을 보여주고 있다. 세정제가 바닥에 흩어져 있으며, 고무장화 등을 착용하지 않고 작업을 하고 있는 상태를 보여준다. 담배를 피우면서 작업하는 작업자의 모습도 보여준다.

① 작업 중 흡연을 금지하자.
② 세척 작업 시 불침투성 보호장화 및 보호장갑을 착용하자.

120 영상은 DMF작업장에서 작업자가 유해물질 DMF 작업을 하고 있는 것을 보여주고 있다. 피부 자극성 및 부식성 관리대상 유해물질 취급 시 비치하여야 할 보호장구 3가지를 쓰시오.(6점)

[산기1301A/기사1402C/기사1503A/기사1702B/기사1801A/산기1801A/기사1802A/기사2002D]

DMF작업장에서 한 작업자가 방독마스크, 안전장갑, 보호복 등을 착용하지 않은 채 유해물질 DMF 작업을 하고 있는 것을 보여주고 있다.

① 보안경   ② 불침투성 보호장갑
③ 불침투성 보호복   ④ 불침투성 보호장화

▲ 해당 답안 중 3가지 선택 기재

121 영상은 변압기를 유기화합물에 담가서 절연처리와 건조작업을 하고 있음을 보여주고 있다. 이 작업 시 착용할 보호구를 다음에 제시한 대로 쓰시오.(6점)

[기사1202A/기사1301A/기사1401B/기사1402B/기사1501A/기사1602C/기사1701B/기사1703C/기사2001C/산기2002B/기사2002D/기사2302C]

가로·세로 15cm 정도로 작은 변압기의 양쪽에 나와 있는 선을 일반 작업복에 맨손의 작업자가 양손으로 들고 스텐으로 사각형 유기화합물통에 넣었다 빼서 앞쪽 선반에 올리는 작업하고 있다. 화면이 바뀌면서 선반 위 소형변압기를 건조시키기 위해 문 4개짜리 업소용 냉장고처럼 생긴 곳에다가 넣고 문을 닫는 화면을 보여준다.

① 손	② 눈	③ 피부(몸)

① 손 : 불침투성 보호장갑   ② 눈 : 보안경
③ 피부 : 불침투성 보호복

122 동영상은 실험실에서 유해물질을 취급하고 있는 장면이다. 영상을 참고하여 필요한 보호구를 3가지 쓰시오. (6점)

[기사2102C/기사2103B]

작업자가 아무런 보호구도 착용하지 않고 유리병을 황산(H_2SO_4)이 들어있는 용기를 만지다 용기가 바닥으로떨어지는 모습을 보여주고 있다. 용기가 깨져 황산이 실험실 바닥에 퍼지는 모습과 함께 작업자의 갈색 운동화를 보여준다.

① 불침투성 보호복   ② 불침투성 보호장갑
③ 불침투성 보호장화   ④ 방독마스크
⑤ 보안경   ⑥ 내산 안전장화

▲ 해당 답안 중 3가지 선택 기재

123 영상에서 보여주는 보호구에 안전인증 표시 외의 추가 표시사항 4가지를 쓰시오.(4점)

[기사1303C/기사1502B/기사1802C]

개인용 보호구 중 방독마스크의 정화통을 여러 개 보여주고 있다.

① 파과곡선도   ② 사용시간 기록카드
③ 정화통의 외부측면의 표시 색   ④ 사용상의 주의사항

124 영상은 개인용 보호구 중 하나를 보여주고 있다. 다음과 같은 마스크의 명칭, 등급 3종류, 산소농도가 몇 % 이상인 장소에서 사용하는 지를 쓰시오.(6점) [기사1403A/기사1503B/기사1902C]

직결식 반면형 방진마스크를 보여주고 있다.

① 명칭	② 등급	③ 산소농도
① 방진마스크(직결식 반면형)	② 특급, 1급, 2급	③ 18%

125 영상은 개인용 보호구를 착용하고 있는 모습을 보여주고 있다. 해당 보호구의 보호구 안전인증 고시에 명시된 일반적인 구조조건 3가지를 쓰시오.(6점) [기사1303B/기사1602C]

개인용 보호구에 해당하는 방진마스크를 보여주고 있다.

① 착용 시 이상한 압박감이나 고통을 주지 않을 것
② 전면형은 호흡 시에 투시부가 흐려지지 않을 것
③ 안면부 여과식 마스크는 여과재를 안면에 밀착시킬 수 있어야 할 것
④ 분리식 마스크에 있어서는 여과재, 흡기밸브, 배기밸브 및 머리끈을 쉽게 교환할 수 있고 착용자 자신이 안면과 분리식 마스크의 안면부와의 밀착성 여부를 수시로 확인할 수 있어야 할 것
⑤ 안면부여과식 마스크는 여과재로 된 안면부가 사용기간 중심하게 변형되지 않을 것

▲ 해당 답안 중 3가지 선택 기재

126 영상에서 보여주는 보호장구의 등급별 여과재 분진 등 포집효율을 쓰시오.(5점)

[기사1203C/기사1403B/기사1601C/기사1702A/기사1902B]

개인용 보호구에 해당하는 흡기밸브와 배기밸브를 갖는 분리식 방진 마스크를 보여주고 있다.

형태 및 등급		염화나트륨(NaCl) 및 파라핀 오일(Paraffin Oil) 시험[%]
분리식	특급	①
	1급	②
	2급	③

① 99.95% 이상　　　② 94.0% 이상　　　③ 80.0% 이상

---

127 영상은 작업자의 개인용 보호구의 한 종류를 보여주고 있다. 해당 보호구의 세부 명칭을 쓰시오.(5점)

[기사1601A/기사1701C/기사1802A]

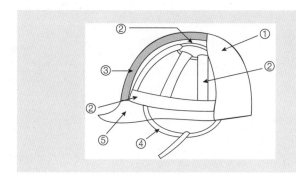

개인용 보호구에 해당하는 안전모를 보여주고 있다.

① 모체　　　　　　② 착장체(머리고정대)　　　③ 충격흡수재
④ 턱끈　　　　　　⑤ 챙(차양)

128 영상은 개인용 보호구에 해당하는 안전모를 보여주고 있다. 해당 보호구의 시험성능기준에 대한 설명에서 ( )안을 채우시오.(6점)

[기사1901A]

개인용 보호구에 해당하는 안전모를 보여주고 있다.

가) 내관통성은 AE, ABE종 안전모는 관통거리가 (①)이고, AB종 안전모는 관통거리가 (②)이어야 한다.
나) 충격흡수성은 최고전달충격력이 (③)을 초과해서는 안 되며, 모체와 착장체의 기능이 상실되지 않아야 한다.

① 9.5mm 이하   ② 11.1mm 이하   ③ 4,450N

129 영상에 표시되는 장치의 명칭과 갖추어야 하는 구조를 2가지 쓰시오.(4점)

[기사1202A/기사1301A/기사1402B/기사1501B/기사1602A/기사1603B/기사1703C/기사1801C/산기1803A/기사1901A]

안전그네와 연결하여 작업자의 추락을 방지하는 장치를 보여주고 있다

가) 명칭 : 안전블록
나) 갖추어야 하는 구조
　　① 자동잠김장치를 갖출 것
　　② 안전블록의 부품은 부식방지처리를 할 것

130 영상은 안전대의 한 종류를 보여주고 있다. 이 안전대의 명칭과 ① 위쪽과 ② 아래쪽의 명칭을 쓰시오.(4점)

[산기1202B/산기1301B/산기1402A/산기1503B/산기1601A/산기1701B/기사1702C/기사1901B]

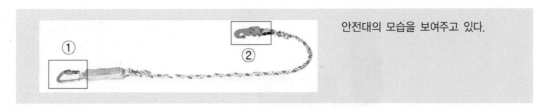

안전대의 모습을 보여주고 있다.

가) 명칭 : 죔줄
나) ① 카라비나 ② 훅

131 화면(전주 동영상)은 전기형강작업 중이다. 작업 중 작업자가 착용하고 있는 안전대의 종류를 쓰시오.(3점)

[기사1401A/기사1703B/기사1902A]

작업자 2명이 전주 위에서 작업을 하고 있는
장면을 보여주고 있다.
작업자 1명은 발판이 안정되지 않은 변압기 위에
올라가서 담배를 입에 물고 볼트를 푸는 작업
을 하고 있으며 작업자의 아래쪽 발판용 볼트
에 C.O.S(Cut Out Switch)가 임시로 걸쳐 있음
을 보여주고 있다.
다른 한명의 작업자는 근처에선 이동식 크레인
에 작업대를 매달고 또 다른 작업을 하고 있는
상황을 보여주고 있다.

• 벨트식 안전대

✔ 안전대의 종류와 특징

벨트식 안전대		안전그네식 안전대	
	• U자 걸이 전용 • 착용이 편리하다.		• 벨트식에 비해 추락할 때 받는 충격하중을 신체 곳곳에 분산시켜 충격을 최소화한다. • 추락방지대와 안전블록을 함께 연결하여 사용한다.

132 영상은 개인용 방음보호구를 보여주고 있다. 해당 보호구의 종류, 등급, 기호, 성능을 각각 쓰시오.(5점)

[기사1401A/산기1601B/기사1602B/산기1703A/산기1901B]

방음보호구에 해당하는 귀마개를 보여주고 있다.

• 보호구의 종류 : 귀마개

등급	기호	성능
1종	EP-1	저음부터 고음까지 차음하는 것
2종	EP-2	주로 고음을 차음하고 저음(회화음영역)은 차음하지 않는 것

133 영상은 방열복을 비롯한 내열원단을 보여주고 있다. 내열원단의 성능시험항목 3가지를 쓰시오.(5점)

[기사1301C/기사1402A/기사1601B/기사1801B/기사1902A]

작업자가 착용하는 방열복, 방열두건, 방열장갑 등을 보여주고 있다.

① 난연성 시험   ② 내열성 시험   ③ 내한성 시험
④ 절연저항 시험   ⑤ 인장강도 시험

▲ 해당 답안 중 3가지 선택 기재

134 영상은 방열보호구를 보여주고 있다. 방열복의 종류에 따른 질량을 쓰시오.(5점) [기사1603C/기사1803C]

작업자가 착용하는 방열복, 방열두
건, 방열장갑 등을 보여주고 있다.

종류	질량(kg)
방열상의	(①) 이하
방열하의	(②) 이하
방열일체복	(③) 이하
방열장갑	(④) 이하
방열두건	(⑤) 이하

① 3.0   ② 2.0   ③ 4.3   ④ 0.5   ⑤ 2.0

135 영상은 개인보호구(방열복)에 대한 영상이다. 해당 보호구 내열원단의 시험성능기준에 대한 설명에서
( )안을 채우시오.(6점) [기사1902C/기사2103A/기사2201B]

작업자가 착용하는 방열복, 방
열두건, 방열장갑 등을 보여주
고 있다.

가) 난연성 : 잔염 및 잔진시간이 (①) 미만이고 녹거나 떨어지지 말아야 하며, 탄화길이가 (②) 이내 일 것
나) 절연저항 : 표면과 이면의 절연저항이 (③) 이상일 것

① 2초   ② 102mm   ③ 1MΩ

136 영상은 개인보호구의 한 종류를 보여주고 있다. 이 보호구의 성능기준 항목 3가지를 쓰시오.(6점)

[산기1201B/산기1302A/기사1402C/산기1403B/기사1502A/산기1602B/기사1703B/산기1801A]

화면에서 보여주는 개인용 보호구
는 가죽제 안전화이다.

① 내답발성   ② 내부식성
③ 내유성   ④ 몸통과 겉창의 박리저항

▲ 해당 답안 중 3가지 선택 기재

137 영상은 유해물질 취급 시 사용하는 보호구이다. 동영상에서 표시된 C보호구의 사용 장소에 따른 분류
2가지를 쓰시오.(5점)

[산기1203A/기사1302A/산기1403A/기사1501A/기사701A/기사1901C/산기1902A]

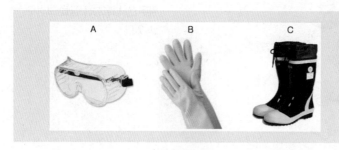

도금작업에 사용하는 보호구 사진
A, B, C 3가지를 보여준 후 C보호구
에 노란색 동그라미가 표시되면서
정지된다.

① 일반용 : 일반작업장
② 내유용 : 탄화수소류의 윤활유 등을 취급하는 작업장

138 영상은 가죽제 안전화를 보여주고 있다. 안전화의 뒷굽을 제외한 몸통높이에 대한 기준의 ( )안을 채우시오. (5점)

[기사1202B/기사1503A/기사1703A/기사1803A]

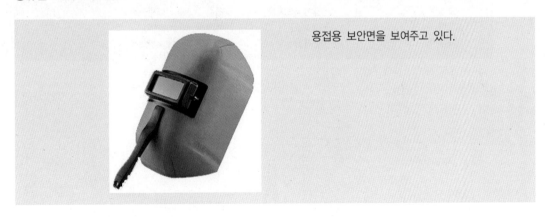

화면에서 보여주는 개인용 보호구는 가죽제 안전화이다.

단화	중단화	장화
(①)	(②)	(③)

① 113 미만　　　　　② 113 이상　　　　　③ 178 이상

139 영상은 개인용 보호장구(용접용 보안면)를 보여주고 있다. 해당 보호장구의 등급을 나누는 기준과 투과율의 종류를 쓰시오.(5점)

[산기1203B/산기1402B/산기1501A/산기1701A/산기1802A/기사1901C]

용접용 보안면을 보여주고 있다.

① 등급을 나누는 기준 : 차광도 번호
② 투과율의 종류 : 자외선투과율, 적외선투과율, 시감투과율

140 영상은 보안면을 보여주고 있다. 보안면의 시험성능기준 중 채색 투시부 구분에 따른 투과율에 대한 ( )안을 채우시오.(6점)

[산기1703B/기사1802B]

용접용 보안면을 보여주고 있다.

구　　분		투과율(%)
투명 투시부		85 이상
채색 투시부	밝　음	(①)±7
	중간밝기	(②)±4
	어 두 움	(③)±4

① 50　　　　　　　　② 23　　　　　　　　③ 14

✔ **보안면의 시험성능기준**
- 보호범위
- 굴절력
- 내노후성
- 투시부(그물형)
- 투과율
- 내식성
- 내충격성
- 표면
- 내발화성

141 영상은 타워크레인이 무너진 재해현장을 보여주고 있다. 작업 중 강풍에 의해 작업을 중지하여야 하는 기준에 대한 다음 ( ) 안을 채우시오.(4점) [기사1803C/기사2103A/기사2302B]

강풍에 의해 무너진 타워크레인 현장을 보여주고 있다.

가) 설치 · 수리 · 점검 또는 해체 작업을 중지하여야 하는 순간풍속은 (①)m/s
나) 운전 작업을 중지하여야 하는 순간풍속은 (②)m/s

① 10
② 15

✔ 강풍에 대한 조치	
순간풍속이 초당 35 미터 초과	• 건설용 리프트에 대하여 받침의 수를 증가시키는 등 그 붕괴 등을 방지하기 위한 조치를 하여야 한다. • 옥외에 설치된 승강기에 대하여 받침의 수를 증가시키는 등 승강기가 무너지는 것을 방지하기 위한 조치를 하여야 한다.
순간풍속이 초당 30 미터 초과	• 옥외에 설치된 주행 크레인에 대하여 이탈방지장치를 작동시키는 등 이탈 방지를 위한 조치를 하여야 한다. • 옥외에 설치된 양중기를 사용하여 작업을 하는 경우 미리 기계 각 부위에 이상이 있는지를 점검하여야 한다.
순간풍속이 초당 15 미터 초과	타워크레인의 운전작업을 중지
순간풍속이 초당 10 미터 초과	타워크레인의 설치 · 수리 · 점검 또는 해체작업을 중지

142 중량물을 취급하는 동영상을 보고 해당 내용에 대한 작업계획서에 제출할 내용을 3가지 쓰시오.(6점)

[기사1801C/기사2101A]

큰 회전체를 열고 회전체를 닦더니 다시 조립하고 있는 작업현장에 대한 영상이다. 조립하는 중 2인 1조 작업인데 한 작업자가 분해된 무거운 부품을 무리해서 들다가 허리가 삐끗하여 놓쳐서 옆 사람의 발등을 부품으로 눌러버리는 상황을 보여주고 있다.

① 추락위험을 예방할 수 있는 안전대책 ② 낙하위험을 예방할 수 있는 안전대책
③ 전도위험을 예방할 수 있는 안전대책 ④ 협착위험을 예방할 수 있는 안전대책
⑤ 붕괴위험을 예방할 수 있는 안전대책

▲ 해당 답안 중 3가지 선택 기재

143 영상은 지게차 운행 중 발생한 사고를 보여주고 있다. 이 작업의 작업계획서에 포함될 사항 2가지를 쓰시오.(4점)

[기사1903C/기사2102C/기사2301A]

작업장에서 화물을 지게차로 옮기다 사고가 발생하는 장면을 보여주고 있다.

① 해당 작업에 따른 추락·낙하·전도·협착 및 붕괴 등의 위험 예방대책
② 차량계 하역운반기계 등의 운행경로 및 작업방법

144 크레인을 이용한 양중작업을 보여주고 있다. 영상과 같이 크레인 작업 시 낙하 및 비래 위험을 방지하기 위한 작업시작 전 점검사항 3가지를 쓰시오.(6점) [기사2103C]

타워크레인을 이용하여 철제 비계를 옮기는 중 안전모와 안전대를 미착용한 신호수가 있는 곳에서 흔들리다 작업자 위로 비계가 낙하하는 사고가 발생한 사례를 보여주고 있다.

① 권과방지장치·브레이크·클러치 및 운전장치의 기능
② 주행로의 상측 및 트롤리(Trolley)가 횡행하는 레일의 상태
③ 와이어로프가 통하고 있는 곳의 상태

145 영상은 화물을 매달아 올리는 장면을 보여주고 있다. 해당 작업을 시작하기 전 점검사항을 3가지 쓰시오.(6점) [기사1402A/기사1503B/기사1701C/기사1702A/기사1802C/기사1803B/기사2001A/기사2004A/기사2101A/기사2203B]

이동식크레인 붐대를 보여준 후 와이어로프에 화물을 매달아 올리는 영상을 보여준다.

① 권과방지장치나 그 밖의 경보장치의 기능
② 브레이크·클러치 및 조정장치의 기능
③ 와이어로프가 통하고 있는 곳 및 작업장소의 지반상태

146 승강기(리프트)를 타고 이동한 후 용접하는 영상이다. 리프트를 이용한 작업 시작 전 점검사항을 2가지 쓰시오.(4점)

[기사1202A/기사1303B/기사1601A/기사1801A/기사1801B/기사1902B/기사2003C/기사2201A]

테이블리프트(승강기)를 타고 이동한 후 고공에서 용접하는 영상을 보여주고 있다.

① 방호장치·브레이크 및 클러치의 기능
② 와이어로프가 통하고 있는 곳의 상태

147 영상은 프레스기 외관을 점검하고 있는 모습을 보여주고 있다. 프레스 작업 시작 전 점검사항 3가지를 쓰시오.(6점)

[기사2002B/기사2102C/산기2103A/기사2301A]

작업자가 프레스의 외관을 살펴보면서 페달을 밟거나 전원을 올려 작동시험을 하는 등 점검작업을 수행 중이다.

① 클러치 및 브레이크의 기능　　② 프레스의 금형 및 고정볼트 상태
③ 방호장치의 기능　　④ 전단기의 칼날 및 테이블의 상태
⑤ 크랭크축·플라이휠·슬라이드·연결봉 및 연결 나사의 풀림 여부
⑥ 1행정 1정지기구·급정지장치 및 비상정지장치의 기능
⑦ 슬라이드 또는 칼날에 의한 위험방지 기구의 기능

▲ 해당 답안 중 3가지 선택 기재

148 영상은 컨베이어 관련 재해사례를 보여주고 있다. 컨베이어 작업 시작 전 점검사항 3가지를 쓰시오.(4점)

[기사1301C/기사1402C/산기1403A/기사1501C/산기1602B/기사1702B/산기1803A/산기2001B/기사2004B/기사2101B/기사2103B/기사2201C]

작은 공장에서 볼 수 있는 소규모 작업용 컨베이어를 작업자가 점검 중이다. 이때 다른 작업자가 전원스위치 쪽으로 서서히 다가오더니 전원버튼을 누르는 순간 점검 중이던 작업자의 손이 벨트에 끼이는 사고가 발생하는 영상을 보여준다.

① 원동기 및 풀리(Pulley) 기능의 이상 유무
② 이탈 등의 방지장치 기능의 이상 유무
③ 비상정지장치 기능의 이상 유무
④ 원동기·회전축·기어 및 풀리 등의 덮개 또는 울 등의 이상 유무

▲ 해당 답안 중 3가지 선택 기재

149 영상은 지게차를 운행하기 전 운전자가 유압장치, 조정장치, 경보등 등을 점검하고 있음을 보여주고 있다. 지게차의 작업 시작 전 점검사항 3가지를 쓰시오.(6점)

[기사1103C/기사1803A/기사1902A/기사2001A/기사2103A/기사2202B/기사2302A]

작업자가 지게차를 사용하기 전에 지게차의 바퀴를 발로 차보고 조명을 켜보는 등 점검을 하고 있는 모습을 보여주고 있다.

① 제동장치 및 조종장치 기능의 이상 유무
② 하역장치 및 유압장치 기능의 이상 유무
③ 바퀴의 이상 유무
④ 전조등·후미등·방향지시기 및 경보장치 기능의 이상 유무

▲ 해당 답안 중 3가지 선택 기재

150 공기압축기를 가동하고자 한다. 공기압축기 가동하기 전 점검사항을 2가지를 쓰시오.(단, 그 밖의 연결 부위의 이상 유무는 제외)(4점)

[기사2202B/기사2302C]

작업자 2인이 이동식 대형 공기압축기를 가동하려고 하고 있다.

① 윤활유의 상태   ② 압력방출장치의 기능
③ 공기저장 압력용기의 외관 상태   ④ 드레인밸브(drain valve)의 조작 및 배수
⑤ 언로드밸브(unloading valve)의 기능   ⑥ 회전부의 덮개 또는 울

▲ 해당 답안 중 2가지 선택 기재

✔ **용접·용단 작업 등의 화재위험작업을 할 때 작업 시작 전 점검사항**
• 작업 준비 및 작업 절차 수립 여부
• 화기작업에 따른 인근 가연성물질에 대한 방호조치 및 소화기구 비치 여부
• 용접불티 비산방지덮개 또는 용접방화포 등 불꽃· 불티 등의 비산을 방지하기 위한 조치 여부
• 인화성 액체의 증기 또는 인화성 가스가 남아 있지 않도록 하는 환기 조치 여부
• 작업근로자에 대한 화재예방 및 피난교육 등 비상조치 여부

✔ **타워크레인의 설치·조립·해체작업을 하는 때의 작업계획서 내용**
• 타워크레인의 종류 및 형식
• 설치·조립 및 해체 순서
• 작업도구·장비·가설설비 및 방호설비
• 작업인원의 구성 및 작업근로자의 역할 범위
• 지지 방법

✔ **자동경보장치 작업 시작 전 점검사항**
• 계기의 이상 유무
• 검지부의 이상 유무
• 경보장치의 작동상태

151 영상은 컨베이어를 이용해 화물을 적재 중인 장면을 보여주고 있다. 영상에서 잘못된 작업방법 2가지와 재해 발생 시 조치사항을 각각 1가지씩 쓰시오.(4점) [기사1301A/기사1403B/기사1502B/기사2004A/기사2102C]

30도 정도의 경사를 가진 컨베이어 기계가 작동 중이고, 컨베이어 위에 작업자 A가, 아래쪽 작업장 바닥에 작업자 B가 있으며, 컨베이어 오른쪽에 위치한 시멘트 포대를 컨베이어 벨트 위로 올리는 작업을 보여주고 있다. 컨베이어 오른쪽에 포대가 많이 쌓여 있고, A는 경사진 컨베이어 위에 회전하는 벨트 양 끝 모서리에 양발을 벌리고 서 있으며, B가 포대를 무성의하게 컨베이어에 올리는 중에 컨베이어 위에 양발을 벌리고 있는 작업자 발에 포대 끝부분이 부딪혀 A가 무게 중심을 잃고 기계 오른쪽으로 쓰러진 후, 팔이 기계하단으로 들어가 절단되는 사고가 발생하는 상황을 보여주고 있다.

가) 잘못된 작업방법

① 작업자가 양발을 컨베이어 양 끝에 지지하여 불안전한 자세로 작업을 하고 있었다.

② 시멘트 포대가 컨베이어로부터 떨어져 근로자를 위험하게 할 우려가 있음에도 덮개 또는 울을 설치하는 등의 낙하 방지 조치를 하지 않았다.

③ 비상상황에서 비상정지장치를 사용하지 않았다.

나) 재해 발생 시 조치사항 : 피재 기계의 정지

▲ 가)의 답안 중 2가지 선택 기재

152 영상은 크랭크프레스로 철판에 구멍을 뚫는 작업에 대한 그림이다. 위험요소 3가지를 쓰시오.(6점)

[기사1502A/기사1701A/기사1802B/기사2004A/기사2201C]

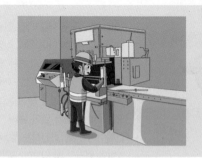

영상은 프레스로 철판에 구멍을 뚫는 작업현장을 보여준다. 주변 정리가 되지 않은 상태에서 작업자가 작업 중 철판에 걸린 이물질을 제거하기 위해 몸을 기울여 제거하는 중 실수로 페달을 밟아 프레스 손을 다치는 재해가 발생한다. 프레스에는 별도의 급정지 장치가 부착되어 있지 않다.

① 프레스 페달을 발로 밟아 프레스의 슬라이드가 작동해 손을 다칠 수 있다.
② 금형에 붙어있는 이물질을 전용공구를 사용하지 않고 손으로 제거하고 있다.
③ 전원을 차단하지 않은 채 이물질 제거작업을 해 다칠 수 있다.
④ 페달 위에 U자형 커버 등 방호구를 설치하지 않았다.
⑤ 급정지장치 및 안전장치 등의 방호장치를 설치하지 않았다.

▲ 해당 답안 중 3가지 선택 기재

153 영상은 크랭크프레스로 철판에 구멍을 뚫는 작업 중 발생한 재해를 보여준다. 재해 예방을 위한 조치사항 2가지를 쓰시오.(6점)

[기사2002D]

영상은 프레스로 철판에 구멍을 뚫는 작업현장을 보여준다. 주변 정리가 되지 않은 상태에서 작업자가 작업 중 철판에 걸린 이물질을 제거하기 위해 몸을 기울여 제거하는 중 실수로 페달을 밟아 프레스 손을 다치는 재해가 발생한다. 프레스에는 별도의 급정지장치가 부착되어 있지 않다.

① 프레스 작업을 중지할 때는 페달에 U자형 덮개를 씌운다.
② 금형에 붙어있는 이물질을 제거하기 위해서는 전용의 공구를 사용한다.
③ 정해진 수공구 및 지그를 사용한다.
④ 작업 시작 전 복장, 작업장 정리정돈, 기계점검을 실시한다.
⑤ 작업자의 자세가 무리하거나 불편하지 않도록 보조도구를 사용한다.
⑥ 급정지장치 및 안전장치를 설치하고 주기적으로 기능을 점검한다.

▲ 해당 답안 중 2가지 선택 기재

154 영상은 프레스기의 금형을 교체하는 작업을 보여주고 있다. 작업 중 안전상 점검사항을 4가지 쓰시오.(4점)

[기사1203B/산기1401A/산기1602B/기사1701B]

프레스기의 금형을 교체하는 작업을 보여주고 있다.

① 펀치와 다이의 평행도
② 펀치와 볼스터면의 평행도
③ 다이와 볼스터의 평행도
④ 다이홀더와 펀치의 직각도
⑤ 생크홀과 펀치의 직각도

▲ 해당 답안 중 4가지 선택 기재

155 강재의 연마작업 모습을 보여주고 있다. 동영상을 참고하여 연마작업 시 감전사고 예방을 위한 안전대책 2가지를 쓰시오.(6점)

[기사2102A/기사2103B]

고무장갑을 착용하고 방진마스크를 착용하지 않은 작업자가 강재에 물을 뿌리며 연마작업을 하고 있다. 전선의 접속부를 고무장갑 안쪽에 넣은 후 물에 젖은 바닥에 둔다. 작업자가 감전되는 모습을 보여준다.

① 임시배선의 전로가 설치된 장소에 누전차단기를 설치한다.
② 물 등의 도전성이 높은 액체가 있는 습윤한 장소에서 작업중 이동전선 및 이의 부속 접속기구에 접촉할 우려가 있는 경우 충분한 절연효과가 있는 것을 사용하여야 한다.
③ 통로바닥에 전선 또는 이동전선 등을 설치하여 사용하여서는 안된다.

▲ 해당 답안 중 2가지 선택 기재

156 영상은 금형제조를 위해 가공기를 사용하던 중에 발생한 재해사례를 보여주고 있다. 이 영상 속에서 발견되는 재해의 발생원인을 2가지 쓰시오.(4점)

[기사1202B/기사1303C/기사1502A/기사1702C]

작업자가 금형을 제작하는 과정에서 천을 이용하여 맨손으로 이물질을 직접 제거하고 있는데, 금형의 한쪽에서는 연기가 조금씩 나기 시작하는 것을 보여주다가 금형을 만지던 작업자가 감전된다.

① 기계의 가동 중에 전원을 차단하지 않고 청소작업을 실시하였다.
② 작업자가 내전압용 절연장갑 등의 절연용 보호구를 착용하지 않았다.

157 영상은 전기드릴을 이용하여 수행하는 위험한 작업을 보여주고 있다. 위험방지방안을 2가지 쓰시오.(4점)

[산기1202B/산기1401A/산기1502A/기사1601A/산기1903A]

작업자가 공작물을 맨손으로 잡고 전기드릴을 이용해서 작업물의 구멍을 넓히는 작업을 하는 것을 보여주고 있다. 안전모와 보안경을 착용하지 않고 있으며, 방호장치도 설치되어 있지 않은 상태에서 일반 목장갑을 끼고 작업하다가 공작물이 튀는 장면을 보여주고 있다.

① 회전기계이므로 장갑을 착용하지 않는다.
② 안전덮개를 설치한다.
③ 안전모와 보안경 등 보호구를 착용한다.

▲ 해당 답안 중 2가지 선택 기재

158 영상은 어두운 장소에서의 컨베이어 점검 시 사고가 발생하는 상황을 동영상으로 보여주고 있다. 작업 시작 전 조치사항을 2가지 쓰시오.(4점) [기사1301B/기사1403A/기사1501C/기사1702A]

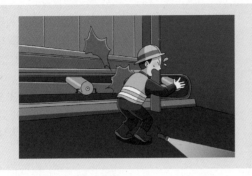

작업자가 어두운 장소에서 플래시를 들고 컨베이어 벨트를 점검하다가 부주의하여 손이 컨베이어의 롤러기 사이에 끼어 말려 들어가는 재해 상황을 보여주고 있다.

① 컨베이어의 전원을 차단한다.
② 조명을 밝게 한다.
③ 통전금지 표지판 및 잠금장치를 설치한다.

▲ 해당 답안 중 2가지 선택 기재

159 영상은 전기드릴을 이용하여 수행하는 위험한 작업을 보여주고 있다. 위험요인을 2가지 쓰시오.(4점) [기사1703C/기사1803C/기사1903A/기사2001B/기사2001C/기사2004A/기사2101C/기사2103B/기사2202A/기사2203A/기사2303C]

작업자가 공작물을 맨손으로 잡고 전기드릴을 이용해서 작업물의 구멍을 넓히는 작업을 하는 것을 보여주고 있다. 안전모와 보안경을 착용하지 않고 있으며, 방호장치도 설치되어 있지 않은 상태에서 일반 목장갑을 끼고 작업하다가 이물질을 입으로 불어 제거하고, 동시에 손으로 제거하려다 드릴에 손을 다치는 장면을 보여주고 있다.

① 보안경과 작업모 등의 안전보호구를 미착용하고 있다.
② 안전덮개 등 방호장치가 설치되어있지 않다.
③ 회전기계를 사용하면서 목장갑을 착용하고 있다.
④ 이물질을 제거하면서 전원을 차단하지 않았다.
⑤ 이물질을 손으로 제거하고 있다.

▲ 해당 답안 중 2가지 선택 기재

160 영상은 띠톱으로 강재를 절단하는 작업 중 발생한 재해사례를 보여주고 있다. 동영상을 보고 작업자의 복장과 행동에서 위험요인 3가지를 찾아 쓰시오.(6점) [기사1202B/기사1303A/기사2004B]

띠톱을 이용해, 보안경을 착용하지 않고 강재가 절단되는 것을 작업자가 고개 숙여서 들여다보고 있다. 절단 후 작업대에서 강재를 꺼내려다, 착용하고 있던 일반 면장갑 손등부분이 작동이 멈춘 띠톱 날에 걸려 찢어지는 사고가 발생하는 영상이다.

① 전원을 차단하지 않고 이물질을 제거하다가 위험에 노출되었다.
② 절단 후 강재를 꺼낼 때 전용공구를 사용하지 않고 손으로 제거하는 등 불안전한 행동을 하고 있다.
③ 강재의 절단 시 파편 등이 비산할 경우를 대비하여 보안경을 착용하여야 하나 착용하지 않았다.
④ 회전기계 사용 중 면장갑을 착용하고 있다.

▲ 해당 답안 중 3가지 선택 기재

161 영상은 선반작업 중 발생한 재해사례를 보여주고 있다. 화면과 같이 안전준수사항을 지키지 않고 작업할 때 일어날 수 있는 재해요인을 3가지 쓰시오.(6점) [기사1203A/기사1401A/기사1501A/기사1702A/기사1902C/기사2102A]

면장갑을 착용한 작업자가 회전물에 샌드페이퍼(사포)를 감아 손으로 지지하고 있다. 위험점에 작업복과 손이 감겨 들어가는 동영상이다.

① 회전물에 샌드페이퍼(사포)를 감아 손으로 지지하고 있기 때문에 작업복과 손이 말려 들어갈 수 있다.
② 회전기계를 사용하는 중에 면장갑을 착용하고 있어 위험하다.
③ 작업에 집중하지 않았을 때 작업복과 손이 말려 들어갈 위험성이 존재한다.

162 영상은 섬유기계의 운전 중 발생한 재해사례를 보여주고 있다. 영상에 나오는 기계 작업 시 핵심위험요인 3가지를 쓰시오.(5점) [기사1203C/기사1401C/기사1503C/기사1703B/기사2003A/산기2003B]

섬유공장에서 실을 감는 기계를 운전 중에 갑자기 실이 끊어지며 기계가 정지한다. 이때 목장갑을 착용한 작업자가 회전하는 대형 회전체의 문을 열고 허리까지 안으로 집어넣고 안을 들여다보며 점검하다가 갑자기 기계가 동작하면서 작업자의 몸이 회전체에 끼이는 상황을 보여주고 있다.

① 기계의 전원을 차단하지 않은 상태에서 점검하여 사고위험에 노출되었다.
② 목장갑을 착용한 상태에서 회전체를 점검할 경우 장갑으로 인해 회전체에 끼일 위험에 노출된다.
③ 기계에 안전장치가 설치되지 않아 사고위험이 있다.

163 영상은 작업자가 사출성형기에 끼인 이물질을 당기다 감전으로 뒤로 넘어지는 사고가 발생하는 재해사례이다. 사출성형기 잔류물 제거 시 재해 발생 방지대책을 3가지 쓰시오.(6점) [산기1203B/기사1301B/산기1401B/기사1403A/기사1501B/기사1602B/산기1603B/기사1703C/기사1801B/산기1902A/기사1902B/기사2003B]

작업자가 장갑을 착용하지 않고 작동 중인 사출성형기에 끼인 이물질을 잡아당기다, 감전과 함께 뒤로 넘어지는 사고영상이다.

① 잔류물 제거를 위해서는 제거작업을 시작하기 전 기계의 전원을 차단한다.
② 잔류전하 등으로 인한 방전위험을 방지하기 위해 제거작업 시 절연용 보호구를 착용한다.
③ 금형의 이물질 제거를 위한 전용공구를 사용하여 제거한다.

164 고속절단기를 이용해 파이프 절단 작업을 보여주고 있다. 작업자가 추가로 착용해야 할 보호구 3가지를 쓰시오.(5점)

[기사2002A]

고속절단기 파이프 절단 작업으로 불똥이 튀는 작업현장을 보여주고 있다. 작업자는 안전화와 안전모를 착용하고 작업 중이다.

① 보안경   ② 귀마개   ③ 방진마스크

165 원형톱을 이용해 물을 뿌리면서 대리석을 절단하는 영상을 보여주고 있다. 해당 작업 시 불안전한 행동을 찾아 3가지 쓰시오.(6점)

[기사2101B]

영상은 대리석 절단작업 현장을 보여주고 있다. 절단작업 중 물의 수압을 조절하려는지 쇠파이프를 이용해서 작업자가 수압조절밸브를 조절하고 있다. 그후 가동중인 기계의 레일 위를 이동한 후 전원스위치를 물 묻은 손으로 만지고 있다. 왼쪽의 원형톱(방호장치가 설치되지 않았다)이 갑자기 정지하자 면장갑을 낀 손으로 톱날을 돌려본다.

① 전원이 On 상태에서 원형톱의 톱날을 점검하고 있다.
② 원형톱에 방호장치(톱날접촉예방장치)가 설치되지 않았다.
③ 가동 중인 기계 위를 넘어다니고 있다.
④ 전원이 On 상태에서 수압조절밸브를 조절하고 있다.
⑤ 회전기계를 사용중에 면장갑을 착용하고 있다.

▲ 해당 답안 중 3가지 선택 기재

166 대리석 연마작업 상황을 보여주고 있다. 작업 중 위험요인 3가지를 쓰시오.(6점)

[산기2003A/기사2003C/기사2301B]

대리석 연마작업을 하는 2명의 작업자를 보여주고 있다. 작업장 정리정돈이 안 되어 이동전선과 충전부가 널려져 있으며 일부는 물에 젖은 상태로 방치되고 있다. 덮개도 없는 연삭기의 측면을 사용해 대리석을 연마하는 모습이 보인다. 작업이 끝난 후 작업자가 대리석을 힘겹게 옮긴다.

① 연삭작업을 하는 작업자가 보안경을 착용하지 않았다.
② 연삭기에 방호장치가 설치되지 않았다.
③ 작업자가 방진마스크를 착용하지 않았다.
④ 통로바닥에 이동전선이 방치되어 감전의 위험이 있다.

▲ 해당 답안 중 3가지 선택 기재

167 영상은 그라인더를 이용한 연마작업 현장을 보여주고 있다. 연삭작업 중 작업자가 미착용한 보호구 2가지를 쓰시오.(4점)

[기사2002B/산기2002C]

작업자가 보호구를 착용하지 않고 작업을 하고 있는 모습을 보여주고 있다. 작업이 끝나자 손으로 눈을 비비는 모습을 보여준다.

① 보안경   ② 방진마스크   ③ 귀마개

▲ 해당 답안 중 2가지 선택 기재

168 영상은 영상표시단말기(VDT) 작업을 하고 있는 장면을 보여주고 있다. 이러한 자세를 오래 지속할 경우 발생할 수 있는 위험요인을 3가지 쓰시오.(6점)

[기사1502C/기사2003C]

작업자가 사무실에서 의자에 앉아 컴퓨터를 조작하고 있다. 작업자의 의자 높이가 맞지 않아 다리를 구부리고 앉아있는 모습과 모니터가 작업자와 너무 가깝게 놓여 있는 모습, 키보드가 너무 높게 위치해 있어 불편하게 조작하는 모습을 보여주고 있다.

① 의자가 앞쪽으로 기울어져 요통에 위험이 있다.
② 키보드가 너무 높은 곳에 있어 손목에 무리를 주어 손목증후군 및 어깨 결림이 발생할 수 있다.
③ 모니터가 작업자와 너무 가깝게 있어 시력 저하의 우려가 있다.

✔ **컴퓨터 단말기 조작업무를 하는 경우에 사업주 조치사항**
- 실내는 명암의 차이가 심하지 않도록 하고 직사광선이 들어오지 않는 구조로 할 것
- 저휘도형(低輝度型)의 조명기구를 사용하고 창·벽면 등은 반사되지 않는 재질을 사용할 것
- 컴퓨터 단말기와 키보드를 설치하는 책상과 의자는 작업에 종사하는 근로자에 따라 그 높낮이를 조절할 수 있는 구조로 할 것
- 연속적으로 컴퓨터 단말기 작업에 종사하는 근로자에 대하여 작업시간 중에 적절한 휴식시간을 부여할 것

✔ **근골격계 부담작업 유해요인 조사**
　㉠ 항목
- 설비·작업공정·작업량·작업속도 등 작업장 상황
- 작업시간·작업자세·작업방법 등 작업조건
- 작업과 관련된 근골격계질환 징후와 증상 유무 등
　㉡ 조사시기
- 3년마다 조사(단, 신설 사업장은 신설일부터 1년 이내 최초의 조사)
　㉢ 조사내용
- 설비·작업공정·작업량·작업속도 등 작업장 상황
- 작업시간·작업자세·작업방법 등 작업조건
- 작업과 관련된 근골격계질환 징후와 증상 유무 등

169 영상은 인쇄 윤전기를 청소하는 중에 발생한 재해사례이다. 영상을 보고 롤러기의 청소 시 위험요인과 안전작업수칙을 각각 3가지씩 쓰시오.(6점)

[기사1301B/기사1302B/기사1402B/기사1403B/기사1503A/ 기사1503B/기사1602C/기사1701B/기사1703B/기사1902C/기사2002C/기사2101A/기사2102A]

작업자가 인쇄용 윤전기의 전원을 끄지 않고 서로 맞물려서 돌아가는 롤러를 걸레로 닦고 있다. 작업자는 체중을 실어서 위험하게 맞물리는 지점까지 걸레를 집어넣고 열심히 닦고 있는 도중 손이 롤러기 사이에 끼어서 사고를 당하고, 사고 발생 후 전원을 차단하고 손을 빼내는 장면을 보여준다.

가) 위험요인

① 회전 중 롤러의 죄어 들어가는 쪽에서 직접 손으로 눌러 닦고 있어서 손이 물려 들어갈 위험이 있다.

② 전원을 차단하지 않고 청소를 함으로 인해 사고위험에 노출되어 있다.

③ 체중을 걸쳐 닦고 있음으로 해서 신체의 일부가 말려 들어갈 위험이 있다.

④ 안전장치가 없어서 걸레를 위로 넣었을 때 롤러가 멈추지 않아 손이 물려 들어갈 위험이 있다.

나) 안전대책

① 회전 중 롤러의 죄어 들어가는 쪽에서 직접 손으로 눌러 닦고 있어서 손이 물려 들어가게 되므로 전용의 청소도구를 사용한다.

② 청소를 할 때는 기계의 전원을 차단한다.

③ 체중을 걸쳐 닦고 있어서 물려 들어가게 되므로 바로 서서 청소한다.

④ 안전장치가 없어서 걸레를 위로 넣었을 때 롤러가 멈추지 않아 손이 물려 들어가므로 안전장치를 설치한다.

▲ 해당 답안 중 각각 3가지씩 선택 기재

170 영상은 롤러기를 점검하는 중에 발생한 재해사례이다. 영상을 보고 롤러기의 점검 시 위험요인과 안전작업 수칙을 각각 2가지씩 쓰시오.(6점)

[기사1903B/기사1903C/기사2004C]

작업자가 롤러기의 전원을 끄지 않은 상태에서 롤러기 측면의 볼트를 채운 후, 롤러기 롤러 전면에 부착된 이물질을 불어내면서, 면장갑을 착용한 채 회전 중인 롤러에 손을 대려다가 말려 들어가는 사고를 당하고, 사고 발생 후 전원을 차단하고 손을 빼내는 장면을 보여준다.

가) 위험요인

① 전원을 차단하지 않고 점검을 함으로 인해 사고위험에 노출되어 있다.

② 안전장치가 없어서 롤러 표면부에 손을 대는 등 위험에 노출되어 있다.

③ 회전 중인 롤러기를 점검하는데 면장갑을 끼고 있어 이로 인해 장갑이 회전체에 물려 들어갈 위험에 노출되어 있다.

나) 안전대책

① 점검할 때는 기계의 전원을 차단한다.

② 안전장치를 설치한다.

③ 회전 중인 롤러를 점검할 때는 장갑을 착용하지 않는다.

▲ 해당 답안 중 각각 2가지씩 선택 기재

171 영상은 덤프트럭의 적재함을 올리고 실린더 유압장치 밸브를 수리하던 중에 발생한 재해사례를 보여주고 있다. 동영상에서와 같이 차량계 하역운반기계 등의 수리 또는 부속장치의 장착 및 해제작업을 할 때 설치해야 하는 안전장치 2가지를 쓰시오.(4점)

[기사1803B/기사2003A/기사2203C]

작업자가 운전석에서 내려 덤프트럭 적재함을 올리고 실린더 유압장치 밸브를 수리하던 중 적재함의 유압이 빠지면서 사이에 끼이는 재해가 발생한 사례를 보여주고 있다.

① 안전지지대
② 안전블록

172 동영상에서와 같이 차량계 하역운반기계 등의 수리 또는 부속장치의 장착 및 해제작업을 하는 때에 작업시작 전 조치사항을 3가지 쓰시오.(6점)

[산기1202B/기사1203A/산기1303A/기사1402B/산기1501B/기사1503C/산기1701B/기사1703C/기사1801A/산기1803B/기사2002D]

작업자가 운전석에서 내려 덤프트럭 적재함을 올리고 실린더 유압장치 밸브를 수리하는 동영상을 보여주고 있다.

① 작업지휘자를 지정·배치한다.
② 작업지휘자로 하여금 작업순서를 결정하고 작업을 지휘하게 한다.
③ 안전지지대 또는 안전블록 등의 사용 상황을 점검하게 한다.

173 영상은 작업장 내에서 차량을 이용하는 모습이다. 해당 차량을 사용하는 경우 준수해야 할 사항을 3가지 쓰시오.(6점)
[기사1903A/산기1903A]

작업장 내에서 구내운반차를 이용하여 화물을 이송하는 모습을 보여준다.

① 주행을 제동하거나 정지상태를 유지하기 위하여 유효한 제동장치를 갖출 것
② 경음기를 갖출 것
③ 전조등과 후미등을 갖출 것
④ 운전석이 차 실내에 있는 것은 좌우에 한 개씩 방향지시기를 갖출 것

▲ 해당 답안 중 3가지 선택 기재

174 화면에서는 지게차 작업을 보여주고 있다. 지게차를 시속 5km 속도로 주행할 때의 좌우 안정도를 쓰시오.(4점)
[기사1602A/기사1902B/기사2004B]

작업장에서 화물을 지게차로 옮기다 사고가 발생하는 장면을 보여주고 있다.

• 주행 시의 좌우 안정도는 (15 + 1.1V)%이므로 속도가 5km라면 15+1.1×5 = 15+5.5 = 20.5%가 된다.

175 화면에서는 지게차 작업을 보여주고 있다. 지게차의 작업 시 안정도를 쓰시오.(3점)

[기사1302A/기사1601B/기사2203C]

작업장에서 화물을 지게차로 옮기는 모습을 보여주고 있다.

하역작업 시의 전후 안정도(5톤 미만)	①
하역작업 시의 좌우 안정도	②
주행 시의 전후 안정도	③

① 4%   ② 6%   ③ 18%

176 영상은 지게차 작업 화면을 보여주고 있다. 영상과 같이 운전자의 시야가 심각하게 방해를 받을 경우 운전자의 조치를 3가지 쓰시오.(6점)

[기사1203C/기사1401C/기사1502A/기사1602B/기사1701A]

화물을 지게차로 옮기는 것을 보여주는 영상이다. 화물이 과적되어 운전자의 시야를 방해하고 있으며, 적재된 화물의 일부가 주행 중 떨어져 지나가던 작업자를 덮치는 재해가 발생하였다. 별도의 유도자도 보이지 않고 있는 상황이다.

① 하차하여 주변의 안전을 확인한다.
② 경적 및 경광등을 사용하여 주의를 환기시킨다.
③ 유도자를 지정하여 지게차를 유도 또는 후진으로 서행한다.

177 영상은 지게차 작업 화면을 보여주고 있다. 영상을 보고 지게차 운행 시의 문제점을 3가지 쓰시오.(6점)

[기사1302C/기사1803C/기사2004C/기사2101C/기사2102B]

화물을 지게차로 옮기는 것을 보여주는 영상이다. 화물이 과적되어 운전자의 시야를 방해하고 있으며, 적재된 화물의 일부가 주행 중 떨어져 지나가던 작업자를 덮치는 재해가 발생하였다. 별도의 유도자도 보이지 않고 있는 상황이다.

① 전방 시야확보가 충분하지 않아 사고 발생의 위험이 있다.
② 시야확보가 되지 않음에도 불구하고 유도자를 배치하지 않았다.
③ 화물을 불안정하게 적재하여 화물이 떨어질 위험이 있다.

178 영상은 작업장에서 전구를 교체하는 영상이다. 영상을 보고 위험요인 3가지를 쓰시오.(6점)

[산기1803B/산기2001A/기사2003B/기사2303B]

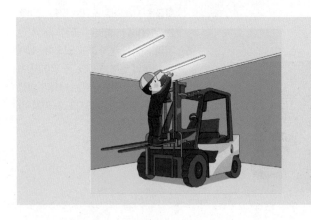

안전장구를 착용하지 않은 작업자가 지게차 포크 위에서 전원이 연결된 상태의 전구를 교체하고 있다. 교체가 완료된 후 포크 위에서 뛰어내리는 영상을 보여주고 있다.

① 작업자가 지게차 포크 위에 올라가서 전구 교체작업을 하는 위험한 행동을 하고 있다.
② 전원을 차단하지 않고 전구를 교체하는 등 감전 위험에 노출되어 있다.
③ 작업자가 절연용 보호구를 착용하지 않아 감전 위험에 노출되어 있다.

179 영상은 지게차 주유 중 화재가 발생하는 상황을 보여주고 있다. 재해발생 형태와 위험요인을 원인과 결과로 구분하여 쓰시오.(4점)

[기사1601B/기사1701A/기사1901C/기사2101B]

지게차가 시동이 걸린 상태에서 경유를 주입하는 모습을 보여주고 있다. 이때 운전자는 차에서 내려 다른 작업자와 흡연을 하며 대화하는 중에 담뱃불에 의해 화재가 발생하는 장면을 보여준다.

가) 재해발생 형태 : 폭발

나) 위험요인

① 원인 : 인화성 물질 옆에서 흡연을 하였다.

② 결과 : 나화로 인해 화재 및 폭발이 발생했다.

180 영상은 지게차 주유 중 화재가 발생하는 상황을 보여주고 있다. 이 화면에서 발화원의 형태를 쓰시오.(3점)

[기사1601B/기사1701A/기사2002E]

지게차가 시동이 걸린 상태에서 경유를 주입하는 모습을 보여주고 있다. 이때 운전자는 차에서 내려 다른 작업자와 흡연을 하며 대화하는 중에 담뱃불에 의해 화재가 발생하는 장면을 보여준다.

• 나화

181 영상은 드럼통을 운반하고 있는 모습을 보여주고 있다. 영상에서 위험요인 2가지를 쓰시오.(4점)

[기사1903A/산기1903A]

작업자 한 명이 내용물이 들어있는 드럼통을 굴려서 운반하고 있다. 혼자서 무리하게 드럼통을 들어올리려다 허리를 삐끗한 후 드럼통을 떨어뜨려 다리를 다치는 영상이다.

① 안전화 및 안전장갑을 미착용하였다.
② 중량물을 혼자 들어 올리려 하는 등 사고 위험에 노출되어 있다.
③ 전용 운반도구를 사용하지 않았다.

▲ 해당 답안 중 2가지 선택 기재

182 영상은 하역운반기계로 화물을 이송하는 장면을 보여주고 있다. 영상에서 보여주는 가) 장비의 명칭과 나) 해당 장비에 필요한 방호장치를 4가지 쓰시오.(6점)

[기사2303A]

작업장에서 화물을 지게차로 옮기다 사고가 발생하는 장면을 보여주고 있다.

가) 명칭 : 지게차
나) 방호장치
　① 헤드가드　　　② 백레스트　　　③ 전조등
　④ 후미등　　　⑤ 안전벨트

▲ 나)의 답안 중 4가지 선택 기재

183 동영상은 비계에서 작업 중 발생한 재해상황을 보여주고 있다. 영상을 참고하여 해당 재해를 방지하기 위한 대책을 2가지 쓰시오.(4점)

[기사2002D/기사2002E]

작업자가 강관비계에서 작업을 하던 중 망치를 놓쳐 망치가 아래로 떨어진다. 작업장 아래에 지나가는 다른 근로자의 모습과 함께 비명소리가 들린다.

① 낙하물 방지망의 설치
② 보호구의 착용
③ 수직보호망 또는 방호선반의 설치
④ 출입금지구역의 설정

▲ 해당 답안 중 2가지 선택 기재

184 영상은 승강기 개구부에서 하중물 인양하는 모습이다. 이때의 준수사항을 2가지 쓰시오.(4점)

[기사1202B/기사401C/기사1502C/기사1603C/신기2001B]

영상에서 승강기 개구부에 A, B 2명의 작업자가 위치해 있는 가운데, A는 위에서 안전난간에 밧줄을 걸쳐 하중물(물건)을 끌어올리고 B는 이를 밑에서 올려주고 있는데, 이때 인양하던 물건이 떨어져 밑에 있던 B가 다치는 사고장면을 보여주고 있다.

① 작업자에게 안전모 등 보호구를 착용하게 한다.
② 하중물 낙하 위험을 방지하기 위해 낙하물 방지망을 설치한다.
③ 하중물 낙하 위험을 방지하기 위해 수직보호망 또는 방호선반을 설치한다.
④ 작업공간에 대하여 출입금지구역을 설정한다.

▲ 해당 답안 중 2가지 선택 기재

185 동영상은 낙하물이 근로자에게 위험을 미칠 우려가 있는 경우에 설치하는 낙하물방지망을 보여준다. 이에 대한 다음 설명 중 빈칸을 채우시오.(4점)

[기사2103A/기사2302A/기사2303C]

건물 신축현장에서 고소에서 떨어지는 낙하물이 아래 쪽 근로자에게 피해를 주는 것을 방지하기 위해서 낙하물방지망이 설치된 모습을 보여주고 있다.

낙하물방지망 또는 방호선반을 설치하는 경우 높이 (①)미터 이내마다 설치하고, 내민 길이는 벽면으로부터 (②)미터 이상으로 해야 하며, 수평면과의 각도는 (③)도 이상 (④)도 이하를 유지한다.

① 10 　　　　　 ② 2 　　　　　 ③ 20 　　　　　 ④ 30

> ✔ 낙하물방지망 또는 방호선반 설치 시 준수사항
> • 높이 10m 이내마다 설치하고, 내민 길이는 벽면으로부터 2m 이상으로 할 것
> • 수평면과의 각도는 20도 이상 30도 이하를 유지할 것

186 영상은 터널공사 현장을 보여주고 있다. 영상에서와 같이 터널 등의 건설작업에 있어서 낙반 등에 의하여 근로자에게 위험을 미칠 우려가 있을 때 위험을 방지하기 위하여 필요한 조치를 2가지 쓰시오.(4점)

[기사1203C/기사1401A/기사1601B/기사1901B/기사2002C]

터널공사 중 다이너마이트를 설치하는 장면을 보여주고 있다.

① 터널 지보공 및 록볼트의 설치
② 부석의 제거

187 영상은 교량하부 점검작업 중 발생한 재해사례를 보여주고 있다. 영상을 참고하여 해당 상황에서 필요한 가) 안전용품의 이름과 주어진 문제의 나) 빈칸을 채우시오.(4점) [기사1802C/기사2002C/기사2202B/기사2303A]

교량의 하부를 점검하던 도중 작업자A가 작업자가 B에게 이동하던 중 갑자기 화면이 전환되면서 교량 하부에 설치된 그물을 비추고 화면이 회전하면서 흔들리는 영상을 보여주고 있다.

가) 설치위치는 가능하면 작업면으로부터 가까운 지점에 설치하여야 하며, 작업면으로부터 망의 설치지점까지의 수직거리는 (①)미터를 초과하지 아니할 것
나) (②)으로 설치하고, 망의 처짐은 짧은 변 길이의 (③)퍼센트 이상이 되도록 할 것

가) 추락방호망
나) ① 10   ② 수평   ③ 12

188 영상은 작업자가 피트 내에서 작업하다 추락하는 재해사례를 보여주고 있다. 영상의 작업현장에서 불안전요소 3가지를 쓰시오.(6점)

[기사1301C/기사1402A/산기1403B/산기1601B/기사1602C/산기1703A/산기1802A/기사1803B/산기1903B/기사2002D/기사2203C]

승강기 설치 전 피트 내부의 불안정한 발판 (나무판자로 엉성하게 이어붙인) 위에서 벽면에 돌출된 못을 망치로 제거하던 중 승강기 개구부로 추락하여 사망하는 재해 상황을 보여주고 있다. 이때 작업자는 안전장비를 착용하지 않았고, 피트 내부에 안전시설이 설치되지 않았음을 확인할 수 있다.

① 안전대 부착설비 및 안전대를 착용하지 않았다.
② 추락방호망을 설치하지 않았다.
③ 작업자가 딛고 선 발판이 불량하다.
④ 안전난간, 덮개, 수직형 추락방망 등 안전시설을 설치하지 않았다.

▲ 해당 답안 중 3가지 선택 기재

189 영상은 공장 지붕 철골 작업 중 발생한 재해사례를 보여주고 있다. 영상의 내용을 참고하여 재해 원인과 조치사항 2가지를 각각 쓰시오.(4점) [기사1302A/기사1501C/기사1602A/기사1703A/기사2001C]

공장 지붕 철골 상에 패널을 설치 하는 중 작업자가 미끄러지면서 추 락하는 재해 상황을 보여준다.

가) 원인
① 안전대 부착설비 미설치 및 안전대 미착용하였다.
② 추락방호망을 미설치하였다.　③ 작업발판을 미설치하였다.

나) 대책
① 안전대 부착설비 설치 및 안전대 착용을 철저히 한다.
② 추락방호망을 설치한다.　③ 작업발판을 설치한다.

▲ 해당 답안 중 각각 2가지씩 선택 기재

190 영상은 작업자가 피트 내에서 작업하다 추락하는 재해사례를 보여주고 있다. 피트에서 작업할 때 지켜야 할 안전 작업수칙 3가지를 쓰시오.(5점)

[기사1202A/기사1401B/기사1502C/기사1603A/기사1902B/기사2003C/기사2004B/기사2303A]

작업자가 뚜껑을 한쪽으로 열어놓고, 불 안정한 나무 발판 위에 발을 올려놓은 상태에서 왼손으로 뚜껑을 잡고, 오른손 으로 플래시를 안쪽으로 비추면서 내부 를 점검하던 중 발이 미끄러져 추락하는 재해 상황을 보여주고 있다.

① 개구부에 덮개를 설치한다.　② 추락방호망을 설치 한다.
③ 개구부에 안전난간을 설치한다.　④ 개구부 주변에 울타리를 설치한다.
⑤ 수직형 추락방망을 설치한다.
⑥ 안전대 부착설비 설치 및 작업자가 안전대를 착용한다.

▲ 해당 답안 중 3가지 선택 기재

191 영상은 아파트 창틀에서 작업 중 발생한 재해사례를 보여주고 있다. 해당 동영상에서 추락사고의 원인 3가지를 간략히 쓰시오.(6점)

[기사1202B/산기1203B/기사1302B/기사1401B/산기1402B/기사1403A/기사1502B/
산기1503B/기사1601B/기사1701A/기사1702C/기사1801B/산기1901A/기사2001B/기사2004C/기사2101B/기사2102A/기사2103B]

A, B 2명의 작업자가 아파트 창틀에서 작업 중에 A가 작업발판을 처마 위의 B에게 건네 준 후, B가 있는 옆 처마 위로 이동하려다 발을 헛디뎌 바닥으로 추락하는 재해 상황을 보여주고 있다. 이때 주변에 정리정돈이 되어 있지 않고, A작업자가 밟고 있던 콘크리트 부스러기가 추락할 때 같이 떨어진다.

① 작업발판 부실 　　　　　　② 추락방호망 미설치
③ 안전난간 미설치 　　　　　　④ 주변 정리정돈 불량
⑤ 안전대 미착용 및 안전대 부착설비 미설치

▲ 해당 답안 중 3가지 선택 기재

192 동영상은 아파트 창틀에서 작업 중 발생한 재해사례를 보여주고 있다. 추락방지대책을 2가지 쓰시오.(4점)

[기사2001B/산기2002A]

A, B 2명의 작업자가 아파트 창틀에서 작업 중에 A가 작업발판을 처마 위의 B에게 건네 준 후, B가 있는 옆 처마 위로 이동하려다 발을 헛디뎌 바닥으로 추락하는 재해 상황을 보여주고 있다. 이때 주변에 정리정돈이 되어 있지 않고, A작업자가 밟고 있던 콘크리트 부스러기가 추락할 때 같이 떨어진다.

① 안전난간을 설치한다. 　　　　② 추락방호망을 설치한다.
③ 주변 정리정돈을 잘한다. 　　　④ 작업발판을 견고히 설치한다.
⑤ 안전대 부착설비를 설치하고 안전대를 착용한다.

▲ 해당 답안 중 2가지 선택 기재

193 영상은 작업자가 전주에 올라가다 표지판에 부딪혀 추락하는 재해를 보여주고 있다. 재해 발생 원인 2가지를 쓰시오.(4점)

[기사1202A/기사1303B/기사1502C/기사801A/기사1903D/기사2103B]

전기형강작업을 위해 작업자가 전주에 올라가다 기존에 설치되어 있던 표지판에 부딪혀 추락하는 재해 상황을 보여주고 있다.

① 전주에 올라갈 때 방해를 주는 표지판을 이설하지 않고 작업하였다.
② 전주에 올라갈 때 머리 위의 시야를 확보하는 데 소홀했다.
③ 안전대 미착용으로 피해가 발생하였다.

▲ 해당 답안 중 2가지 선택 기재

194 영상은 컨베이어가 작동되는 작업장에서의 안전사고 사례에 대해서 보여주고 있다. 작업자의 불안전한 행동 2가지와 사고발생 시 즉시 취해야 할 조치를 각각 쓰시오.(4점)

[기사1301C/산기1302B/기사1402C/기사1501B/산기1602A/기사1602B/기사1603A/기사1701C/산기1801A/기사1803B/산기1902B/기사1903C]

영상은 작업자가 컨베이어가 작동하는 상태에서 컨베이어 벨트 끝부분에 발을 짚고 올라서서 불안정한 자세로 형광등을 교체하다 추락하는 재해사례를 보여주고 있다.

가) 불안전한 행동
　① 컨베이어 전원을 끄지 않은 상태에서 형광등 교체를 시도하여 사고위험에 노출되었다.
　② 작동하는 컨베이어에 올라가 불안정한 자세로 형광등 교체를 시도하여 사고위험에 노출되었다.
나) 조치 : 피재기계의 정지

195 영상은 교량하부 점검 중 발생한 재해사례이다. 화면을 참고하여 사고 원인 3가지를 쓰시오.(6점)

[기사1303B/기사1501C/기사1701B/기사1802B/기사1903B/기사2101A]

교량의 하부를 점검하던 도중 작업자A가 작업자가 B에게 이동하던 중 갑자기 화면이 전환되면서 교량 하부에 설치된 그물을 비추고 화면이 회전하면서 흔들리는 영상을 보여주고 있다.

① 안전대 부착 설비 및 작업자가 안전대 착용을 하지 않았다.
② 추락방호망이 설치되지 않았다.
③ 안전난간 설치가 불량하다.
④ 작업장의 정리정돈이 불량하다.
⑤ 작업 전 작업발판 등에 대한 점검이 미비했다.

▲ 해당 답안 중 3가지 선택 기재

196 영상은 근로자의 추락을 방지하기 위해 설치된 안전난간을 보여주고 있다. 안전난간에 관한 다음 설명의
( ) 안을 채우시오.(5점)

[기사2303B]

작업장에 가설구조물이나 개구부 등에서 추락 위험을 방지하기 위해 설치한 안전난간의 모습을 보여주고 있다.

가) 상부 난간대는 바닥면·발판 또는 경사로의 표면으로부터 (①)cm 이상 지점에 설치
나) 발끝막이판은 바닥면 등으로부터 (②)cm 이상의 높이를 유지
다) 난간대는 지름 (③)cm 이상의 금속제 파이프나 그 이상의 강도가 있는 재료일 것

① 90   ② 10   ④ 2.7

197 영상은 박공지붕 설치작업 중 박공지붕의 비래에 의해 재해가 발생하는 장면을 보여주고 있다. 재해요인을 찾아 3가지 쓰시오.(6점) [기사1503A/산기1701B/기사1703B/기사1803A/기사1901C/산기1902B/산기2002C/기사2003A]

박공지붕 위쪽과 바닥을 보여주고 있으며, 지붕의 오른쪽에 안전난간, 추락방지망이 미설치된 화면과 지붕 위쪽 중간에서 커피를 마시면서 앉아 휴식을 취하는 작업자(안전모, 안전화 착용함)들과 작업자 왼쪽과 뒤편에 적재물이 적치되어 있는 상태이다. 뒤에 있던 삼각형 적재물이 굴러와 휴식 중이던 작업자를 덮쳐 작업자가 앞으로 쓰러지는 영상이다.

① 중량물이 구를 위험이 있는 방향에서 근로자가 휴식을 취하고 있다.
② 추락방호망이 설치되지 않았다.
③ 안전대 부착설비가 없고, 안전대를 착용하지 않았다.
④ 안전난간이 설치되지 않았다.
⑤ 중량물의 동요나 이동을 조절하기 위해 구름멈춤대, 쐐기 등을 이용하지 않았다.

▲ 해당 답안 중 3가지 선택 기재

198 영상은 박공지붕 설치작업 중 박공지붕의 비래에 의해 재해가 발생하는 장면을 보여주고 있다. 재해방지대책을 3가지 쓰시오.(6점) [기사1301B/산기1303B/기사1402C/산기1501B/산기1803B/산기2001A/기사2002E/기사2103C/기사2301A]

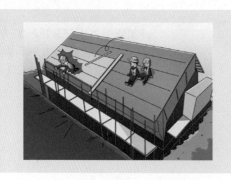

박공지붕 위쪽과 바닥을 보여주고 있으며, 지붕의 오른쪽에 안전난간, 추락방지망이 미설치된 화면과 지붕 위쪽 중간에서 커피를 마시면서 앉아 휴식을 취하는 작업자(안전모, 안전화 착용함)들과 작업자 왼쪽과 뒤편에 적재물이 적치되어 있는 상태이다. 뒤에 있던 삼각형 적재물이 굴러와 휴식 중이던 작업자를 덮쳐 작업자가 앞으로 쓰러지는 영상이다.

① 휴식은 안전한 장소에서 취하도록 한다.
② 추락방호망을 설치한다.
③ 안전대 부착설비 및 안전대를 착용한다.
④ 지붕의 가장자리에 안전난간을 설치한다.
⑤ 구름멈춤대, 쐐기 등을 이용하여 중량물의 동요나 이동을 조절한다.
⑥ 중량물이 구를 위험이 있는 방향 앞의 일정거리 이내로는 근로자의 출입을 제한한다.

▲ 해당 답안 중 3가지 선택 기재

2024 | 한국산업인력공단 | 국가기술자격

고시넷
고패스

산업안전기사 실기
필답형 + 작업형
기출복원문제 + 유형분석

작업형 회차별
기출복원문제 69회분
(2017 ~ 2023년)

01 영상은 교량하부 점검작업 중 발생한 재해사례를 보여주고 있다. 영상을 참고하여 해당 상황에서 필요한 추락방호망 설치기준에 대한 다음 설명의 ( ) 안을 채우시오.(5점)

[기사2202B/기사2303A]

교량의 하부를 점검하던 도중 작업자A가 작업자가 B에게 이동하던 중 갑자기 화면이 전환되면서 교량 하부에 설치된 그물을 비추고 화면이 회전하면서 흔들리는 영상을 보여주고 있다.

가) 추락방호망의 설치위치는 가능하면 작업면으로부터 가까운 지점에 설치하여야 하며, 작업면으로부터 망의 설치지점까지의 수직거리는 (①)미터를 초과하지 아니할 것
나) 추락방호망은 (②)으로 설치하고, 망의 처짐은 짧은 변 길이의 (③)퍼센트 이상이 되도록 할 것

① 10   ② 수평   ③ 12

02 영상은 목재를 톱질하다가 발생한 재해 상황을 보여주고 있다. ① 재해형태와 ② 가해물을 쓰시오.(4점)

[기사1402A/기사1503A/기사2004C/기사2303A]

작업발판용 목재토막을 가공대 위에 올려놓고 목재를 고정하고 톱질을 하다 작업발판이 흔들림으로 인해 작업자가 균형을 잃고 넘어지는 재해발생 장면을 보여준다.

① 재해형태 : 전도(=넘어짐)   ② 가해물 : 바닥

03 맨홀(밀폐공간)에서 작업 중 발생한 재해영상이다. 작업자가 착용해야 할 호흡용 보호구를 2가지 쓰시오.(4점)

[기사1302C/기사1601A/기사1703B/기사1902A/기사2002B/기사2002C/산기2003B/기사2202C/기사2303A]

지하에 위치한 맨홀(밀폐공간)에서 전화선 복구작업을 하던 중 유해가스에 작업자가 쓰러지는 재해영상을 보여주고 있다.

① 공기호흡기   ② 송기마스크

04 영상은 콘크리트 전주를 세우기 작업하는 도중에 발생한 사례를 보여주고 있다. 항타기·항발기 조립 및 해체 시 사업주의 점검사항 3가지를 쓰시오.(6점)

[기사1401C/기사1603B/기사1702B/기사1801A/기사1902A/기사2002A/산기2004B/기사2303A]

콘크리트 전주를 세우기 작업하는 도중에 전도사고가 발생한 사례를 보여주고 있다.

① 본체 연결부의 풀림 또는 손상의 유무
② 권상용 와이어로프·드럼 및 도르래의 부착상태의 이상 유무
③ 권상장치의 브레이크 및 쐐기장치 기능의 이상 유무
④ 권상기의 설치상태의 이상 유무
⑤ 리더(leader)의 버팀 방법 및 고정상태의 이상 유무
⑥ 본체·부속장치 및 부속품의 강도가 적합한지 여부
⑦ 본체·부속장치 및 부속품에 심한 손상·마모·변형 또는 부식이 있는지 여부

▲ 해당 답안 중 3가지 선택 기재

05 영상은 작업자가 피트 내에서 작업하다 추락하는 재해사례를 보여주고 있다. 피트에서 작업할 때 지켜야 할 작업장 측면에서의 조치사항을 3가지 쓰시오.(안전대 착용 관련 사항은 제외)(6점)

[기사1202A/기사1401B/기사1502C/기사1603A/기사1902B/기사2003C/기사2004B/기사2303A]

작업자가 뚜껑을 한쪽으로 열어놓고, 불안정한 나무 발판 위에 발을 올려놓은 상태에서 왼손으로 뚜껑을 잡고, 오른손으로 플래시를 안쪽으로 비추면서 내부를 점검하던 중 발이 미끄러져 추락하는 재해 상황을 보여주고 있다.

① 개구부에 덮개를 설치한다.
③ 개구부에 안전난간을 설치한다.
⑤ 수직형 추락방망을 설치한다.

② 추락방호망을 설치 한다.
④ 개구부 주변에 울타리를 설치한다.

▲ 해당 답안 중 3가지 선택 기재

06 동영상은 목재를 가공하는 영상이다. 영상에서 사용하는 가) 기계의 명칭과 해당 기계에 설치하는 나) 방호장치의 명칭을 쓰시오.(4점)

[기사2303A]

동력식 수동대패기계에 작업자가 목재를 밀어넣는 영상이 보인다. 노란색 덮개(날접촉예방장치)가 보이고, 기계 아래로는 톱밥이 떨어지고 있는 영상이다.

(가) 기계 : 동력식 수동대패기계
(나) 방호장치 : 날접촉예방장치(보호덮개)

07 영상은 하역운반기계로 화물을 이송하는 장면을 보여주고 있다. 영상에서 보여주는 가) 장비의 명칭과 나) 해당 장비에 필요한 방호장치를 4가지 쓰시오.(6점)

[기사2303A]

작업장에서 화물을 지게차로 옮기다 사고가 발생하는 장면을 보여주고 있다.

가) 명칭 : 지게차
나) 방호장치
　　① 헤드가드　　　　② 백레스트　　　　③ 전조등
　　④ 후미등　　　　　⑤ 안전벨트

　▲ 나)의 답안 중 4가지 선택 기재

08 동영상은 그라인더로 작업하는 중 발생한 재해를 보여주고 있다. 누전에 의한 감전위험을 방지하기 위하여 누전차단기를 설치해야 하는 기계·기구 3가지를 쓰시오.(6점)

[기사1601A/기사1703A/기사1802A/기사1901B/기사2001A/기사2201B/기사2303A]

작업자 한 명이 분전반을 통해 연결한 콘센트에 플러그를 꽂고 그라인더 앵글작업을 진행하는 중에 또 다른 작업자 한 명이 다가와 콘센트에 플러그를 꽂으려고 전기선을 만지다가 감전되어 쓰러지는 영상이다. 작업장 주변에 물이 고여있고 전선 등이 널려있다.

① 대지전압이 150볼트를 초과하는 이동형 또는 휴대형 전기기계·기구
② 물 등 도전성이 높은 액체가 있는 습윤장소에서 사용하는 저압용 전기기계·기구
③ 철판·철골 위 등 도전성이 높은 장소에서 사용하는 이동형 또는 휴대형 전기기계·기구
④ 임시배선의 전로가 설치되는 장소에서 사용하는 이동형 또는 휴대형 전기기계·기구

　▲ 해당 답안 중 3가지 선택 기재

09 영상은 실험실에서 유해물질을 취급하고 있는 장면이다. 유해물질이 인체에 흡수되는 경로를 3가지 쓰시오.
(4점)

[산기1202B/기사1203B/기사1301A/산기1402B/기사1402C/기사1501C/
산기1601B/기사1702B/기사1901B/기사1902B/기사1903A/산기1903A/기사2002A/기사2003A/기사2303A]

작업자는 맨손에 마스크도 착용하
지 않고 황산을 비커에 따르다 실수
로 손에 묻는 장면을 보여주고 있다.

① 호흡기 ② 소화기 ③ 피부

01 영상은 근로자의 추락을 방지하기 위해 설치된 안전난간을 보여주고 있다. 안전난간에 관한 다음 설명의 ( ) 안을 채우시오.(5점)

[기사2303B]

작업장에 가설구조물이나 개구부 등에서 추락 위험을 방지하기 위해 설치한 안전난간의 모습을 보여주고 있다.

가) 상부 난간대는 바닥면·발판 또는 경사로의 표면으로부터 (①)cm 이상 지점에 설치

나) 발끝막이판은 바닥면 등으로부터 (②)cm 이상의 높이를 유지

다) 난간대는 지름 (③)cm 이상의 금속제 파이프나 그 이상의 강도가 있는 재료일 것

① 90   ② 10   ④ 2.7

02 영상은 연삭기를 이용한 작업 화면이다. 화면에서 나오는 연삭기 작업에 사용하는 ① 방호장치와 안전한 ② 설치각도를 쓰시오.(4점)

[기사1401B/기사1601C/기사2101C/기사2103B/기사2202A/기사2303B]

휴대용 연삭기를 이용하여 목재의 각진 부분을 연마하는 작업을 보여주고 있다.

① 덮개

② 설치각도는 180° 이상(노출각도는 180° 이내)

03 영상은 롤러기를 이용한 작업상황을 보여주고 있다. 긴급상황이 발생했을 때 롤러기를 급히 정지하기 위한 급정지장치의 조작부 설치 위치에 따른 급정지장치의 종류를 3가지로 분류해서 쓰시오.(6점)

[기사1701C/기사1902A/기사2101C/기사2303B]

작업자가 롤러기의 전원을 끄지 않은 상태에서 롤러기 측면의 볼트를 채운 후 롤러기 롤러 전면에 부착된 이물질을 불어내면서 면장갑을 착용한 채 손을 회전 중인 롤러에 대려다가 말려 들어가는 사고를 당하고 사고 발생 후 전원을 차단하고 손을 빼내는 장면을 보여준다.

① 손 조작식 : 밑면에서 1.8[m] 이내
② 복부 조작식 : 밑면에서 0.8~1.1[m]
③ 무릎 조작식 : 밑면에서 0.6[m] 이내

04 영상은 특수 화학설비를 보여주고 있다. 화면과 연관된 특수 화학설비 내부의 이상상태를 조기에 파악하고 이에 따른 폭발·화재 또는 위험물의 누출을 방지하기 위하여 설치해야 할 장치 2가지를 쓰시오.(단, 온도계, 유량계, 압력계 등의 계측장치는 제외)(4점)

[기사1902C/기사2003B/산기2201C/기사2202C/기사2303B]

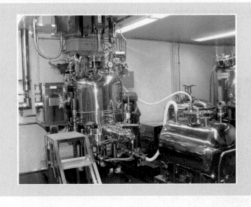

화학공장 내부의 특수 화학설비를 보여주고 있다. 작업자가 설비를 수리하기 위해 스패너로 배관을 두들기다가 스패너를 놓치는 모습을 보여준다.

① 자동경보장치　　　　　　② (원재료 공급) 긴급차단장치
③ (제품 등의)방출장치　　　④ 불활성가스의 주입장치
⑤ 냉각용수 등의 공급장치

▲ 해당 답안 중 2가지 선택 기재

05 동영상은 높이가 2m 이상인 조립식 비계의 작업발판을 설치하던 중 발생한 재해 상황을 보여주고 있다. 높이가 2m 이상인 작업장소에서의 작업발판 설치기준을 3가지 쓰시오.(단, 작업발판 폭과 틈의 크기는 제외한다)(6점)

[기사1903C/기사2001A/산기2003B/기사2201A/기사2302A/기사2303B]

작업자 2명이 비계 최상단에서 비계설치를 위해 발판을 주고 받다가 균형을 잡지 못하고 추락하는 재해상황을 보여주고 있다.

① 발판재료는 작업할 때의 하중을 견딜 수 있도록 견고한 것으로 할 것
② 추락의 위험이 있는 장소에는 안전난간을 설치할 것
③ 작업발판의 지지물은 하중에 의하여 파괴될 우려가 없는 것을 사용할 것
④ 작업발판재료는 뒤집히거나 떨어지지 않도록 둘 이상의 지지물에 연결하거나 고정시킬 것
⑤ 작업발판을 작업에 따라 이동시킬 경우에는 위험 방지에 필요한 조치를 할 것

▲ 해당 답안 중 3가지 선택 기재

06 상수도 배관 용접작업을 보여주고 있다. 습윤장소에서 교류아크용접기에 부착해야 하는 가) 안전장치의 명칭과 나) 용접홀더의 구비조건을 1가지 쓰시오.(4점)

[기사2303B]

작업자가 일반 캡 모자와 목장갑을 착용하고 상수도 배관 용접을 하다 감전당한 사고영상이다.

가) 자동전격방지기
나) ① 절연내력   ② 내열성

▲ 나)의 답안 중 1가지 선택 기재

07 영상은 지하 피트의 밀폐공간 작업 동영상이다. 작업 시 준수해야 할 안전수칙 3가지를 쓰시오.(단, 감시자 배치는 제외)(6점)

[기사1202C/기사1303B/기사1702C/기사1801C/기사1902A/기사2003A/기사2101A/기사2303B]

지하 피트 내부의 밀폐공간에서 작업자들이 작업하는 영상이다.

① 작업 전에 산소 및 유해가스 농도를 측정하여 적정공기 유지 여부를 평가한다.
② 작업을 시작하기 전과 작업 중에 해당 작업장을 적정공기 상태가 유지되도록 환기하여야 한다.
③ 환기가 되지 않거나 곤란한 경우 공기호흡기 또는 송기마스크 착용하게 한다.
④ 밀폐공간에 근로자를 입장시킬 때와 퇴장시킬 때마다 인원을 점검한다.
⑤ 밀폐공간에 관계 근로자 외의 사람의 출입을 금지하고, 출입금지 표지를 게시한다.

▲ 해당 답안 중 3가지 선택 기재

08 동영상은 말비계를 이용한 작업현장을 보여주고 있다. 말비계 조립 시 준수사항에 관련된 다음 설명의 빈칸을 채우시오.(4점)

[기사2303B]

말비계 위에서 작업자가 도배 작업중인 모습을 보여주고 있다.

가) 지주부재와 수평면의 기울기를 (①)도 이하로 하고, 지주부재와 지주부재 사이를 고정시키는 보조부재를 설치할 것
나) 말비계의 높이가 2미터를 초과하는 경우에는 작업발판의 폭을 (②) 이상으로 할 것

① 75

② 40센티미터

09 영상은 작업장에서 전구를 교체하는 영상이다. 영상을 보고 위험요인 3가지를 쓰시오.(6점)

[산기1803B/산기2001A/기사2003B/기사2303B]

안전장구를 착용하지 않은 작업자가 지게차 포크 위에서 전원이 연결된 상태의 전구를 교체하고 있다. 교체가 완료된 후 포크 위에서 뛰어내리는 영상을 보여주고 있다.

① 작업자가 지게차 포크 위에 올라가서 전구 교체작업을 하는 위험한 행동을 하고 있다.
② 전원을 차단하지 않고 전구를 교체하는 등 감전 위험에 노출되어 있다.
③ 작업자가 절연용 보호구를 착용하지 않아 감전 위험에 노출되어 있다.

01 영상은 전기드릴을 이용하여 수행하는 위험한 작업을 보여주고 있다. 위험요인을 2가지 쓰시오.(4점)

[기사1703C/기사1803C/기사1903A/기사2001B/기사2001C/기사2004A/기사2101C/기사2103B/기사2202A/기사2203A/기사2303C]

작업자가 공작물을 맨손으로 잡고 전기드릴을 이용해서 작업물의 구멍을 넓히는 작업을 하는 것을 보여주고 있다. 안전모와 보안경을 착용하지 않고 있으며, 방호장치도 설치되어 있지 않은 상태에서 일반 목장갑을 끼고 작업하다가 이물질을 입으로 불어 제거하고, 동시에 손으로 제거하려다 드릴에 손을 다치는 장면을 보여주고 있다.

① 보안경과 작업모 등의 안전보호구를 미착용하고 있다.
② 안전덮개 등 방호장치가 설치되어있지 않다.
③ 회전기계를 사용하면서 목장갑을 착용하고 있다.
④ 이물질을 제거하면서 전원을 차단하지 않았다.
⑤ 이물질을 손으로 제거하고 있다.

▲ 해당 답안 중 2가지 선택 기재

02 영상은 작업자가 사출성형기 사고가 발생하는 재해사례이다. 가) 재해의 발생형태와 나) 기인물을 쓰시오.(4점)

[기사2303C]

작업자가 안전모와 장갑을 착용하고 사출성형기로 작업을 끝낸 후 개방하여 잔류물을 정리하던 중 금형에 끼인 볼트를 손으로 꺼집어내려다 잘 되지 않아 제어판을 손으로 두드리는 등 조치를 취하다 손이 눌리는 사고가 발생한다.

가) 재해의 발생형태 : 협착(끼임)
나) 기인물 : 사출성형기

03 영상은 밀폐공간에서의 작업 영상을 보여주고 있다. 산업안전보건법령상 밀폐공간에서의 작업 시 특별교육 내용을 3가지 쓰시오.(단, 그 밖에 안전·보건관리에 필요한 사항은 제외)(6점) [기사2103C/기사2303C]

작업 공간 외부에 존재하던 국소배기장치의 전원이 다른 작업자의 실수에 의해 차단됨에 따라 탱크 내부의 밀폐된 공간에서 그라인더 작업을 수행 중에 있는 작업자가 갑자기 의식을 잃고 쓰러지는 상황을 보여주고 있다.

① 산소농도 측정 및 작업환경에 관한 사항
② 사고 시의 응급처치 및 비상 시 구출에 관한 사항
③ 보호구 착용 및 보호 장비 사용에 관한 사항
④ 작업내용·안전작업방법 및 절차에 관한 사항
⑤ 장비·설비 및 시설 등의 안전점검에 관한 사항

▲ 해당 답안 중 3가지 선택 기재

04 영상은 아크용접작업 영상이다. 교류아크용접기용 자동전격방지기의 종류를 4가지 쓰시오.(6점) [기사1901A/기사2303C]

교류아크용접 작업장에서 작업자 혼자 대형 관의 플랜지 아래 부위를 아크용접하는 상황이다. 작업자의 왼손은 플랜지 회전 스위치를 조작하고 있으며, 오른손으로는 용접을 하고 있다. 작업장 주위에는 인화성 물질로 보이는 깡통 등이 용접작업장 주변에 쌓여 있는 상황이다.

① 외장형   ② 내장형
③ 저저항시동형(L형)   ④ 고저항시동형(H형)

05 영상은 인화성 물질의 취급 및 저장소를 보여주고 있다. 이 동영상을 참고하여 ① 가스폭발의 종류와 ② 정의를 쓰시오.(5점) [산기1503B/기사1503C/기사1701A/기사1802B/산기1901A/산기2002A/기사2004C/기사2202A/기사2303C]

인화성 물질 저장창고에 인화성 물질을 저장한 드럼이 여러 개 있고 한 작업자가 인화성 물질이 든 운반용 캔을 몇 개 운반하다가 잠시 쉬려고 드럼 옆에서 웃옷을 벗는 순간 "펑"하는 소리와 함께 폭발이 일어나는 사고상황을 보여주고 있다.

① 종류 : 증기운폭발
② 정의 : 액체상태로 저장되어 있던 인화성 물질이 인화성가스로 공기 중에 누출되어 있다가 정전기와 같은 점화원에 접촉하여 폭발하는 현상

06 이동식비계에서의 작업 영상이다. 영상을 참고하여 위험요인 3가지를 쓰시오.(6점)

[기사2004B/기사2101A/기사2102B/기사2103C/기사2303C]

2층에서 천정작업을 하고 있는 작업자가 보인다. 2층 난간이 앞뒤로는 없고, 양옆으로만 난간이 구성되어 있다. 목재로 된 작업발판이 비스듬하게 걸쳐져 있고, 각종 건축폐기물이 비계 한쪽에 어지럽게 흩어져있다. 승강용 사다리는 설치하지 않았으며, 작업 중 비계를 고정하지 않아 움직이는 것이 보인다.

① 이동식비계의 바퀴를 브레이크·쐐기 등으로 고정시키지 않았다.
② 이동식비계의 일부를 견고한 시설물에 고정하거나 아웃트리거를 설치하여야 하는데 고정하지 않았다.
③ 비계의 최상부는 안전난간을 설치하여야 하나 양옆으로만 설치하고 앞뒤로는 설치하지 않았다.
④ 승강용 사다리를 설치하지 않았다.

▲ 해당 답안 중 3가지 선택 기재

07 동영상은 낙하물이 근로자에게 위험을 미칠 우려가 있는 경우에 설치하는 낙하물방지망을 보여준다. 이에 대한 다음 설명 중 빈칸을 채우시오.(4점)
[기사2103A/기사2302A/기사2303C]

건물 신축현장에서 고소에서 떨어지는 낙하물이 아래 쪽 근로자에게 피해를 주는 것을 방지하기 위해서 낙하물방지망이 설치된 모습을 보여주고 있다.

낙하물방지망 또는 방호선반을 설치하는 경우 높이 10미터 이내마다 설치하고, 내민 길이는 벽면으로부터 2미터 이상으로 해야 하며, 수평면과의 각도는 (①)도 이상 (②)도 이하를 유지한다.

① 20   ② 30

08 영상은 작업자가 전동권선기에 동선을 감는 작업 중 기계가 정지하여 점검 중 발생한 재해사례를 보여주고 있다. 재해의 유형과 위험요소 1가지를 적으시오.(4점)
[기사1203A/기사1301B/기사1403B/기사1501A/기사1602A/기사1603A/기사1903D/기사2002B/기사2101B/기사2102A/기사2203A/기사2303C]

작업자(맨손, 일반 작업복)가 전동권선기에 동선을 감는 작업 중 기계가 정지하여 점검하면서 전기에 감전되는 재해사례이다.

가) 재해의 유형 : 감전(=전류접촉)
나) 위험요소
　① 작업자가 절연용 보호구(내전압용 절연장갑)를 착용하지 않았다.
　② 작업자가 전원을 차단하지 않은 채 점검을 하고 있다.

▲ 나)의 답안 중 1가지 선택 기재

09 동영상은 고정식 수직사다리를 보여주고 있다. 동영상을 참고하여 사다리식 통로를 설치할 때의 준수사항을 3가지 쓰시오.(단, 치수를 포함하는 내용만 쓰시오)(6점) [기사2303C]

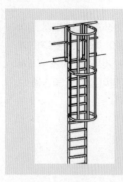

작업현장에 설치된 고정식 수직사다리를 보여주고 있다. 바닥에서부터 높이 2.5미터 되는 지점부터는 등받이울이 설치된 것을 확인할 수 있다.

① 발판과 벽과의 사이는 15cm 이상의 간격을 유지할 것
② 폭은 30cm 이상으로 할 것
③ 사다리의 상단은 걸쳐놓은 지점으로부터 60cm 이상 올라가도록 할 것
④ 사다리식 통로의 길이가 10m 이상인 경우는 5m 이내마다 계단참을 설치할 것
⑤ 사다리식 통로의 기울기는 75도 이하로 할 것
⑥ 고정식 사다리식 통로의 기울기는 90도 이하로 하고, 그 높이가 7m 이상인 경우는 바닥으로부터 높이가 2.5m 되는 지점부터 등받이울을 설치할 것

▲ 해당 답안 중 3가지 선택 기재

01 영상은 화학약품을 사용하는 작업영상이다. 동영상에서 작업자가 착용하는 방독마스크 흡수제의 종류를 2가지 쓰시오.(4점)

[산기1202B/기사1203C/기사1301B/기사1402A/산기1501A/산기1502B/기사1601B/산기1602B/기사1603B/기사1702A/산기1703A/산기1801B/기사1903B/기사1903C/산기2003C/기사2302A]

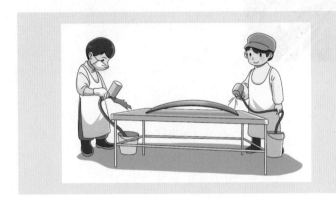

작업자가 스프레이건으로 쇠파이프 여러 개를 눕혀놓고 페인트칠을 하는 작업영상을 보여주고 있다.

① 활성탄   ② 큐프라마이트   ③ 소다라임
④ 실리카겔   ⑤ 호프카라이트

▲ 해당 답안 중 2가지 선택 기재

02 영상은 가스 저장소에서 발생한 재해 상황을 보여주고 있다. 누설감지경보기의 적절한 ① 설치위치 ② 경보설정값이 몇 %가 적당한지 쓰시오.(5점)

[기사1401B/기사1502B/기사1702A/기사1803C/기사2002E/기사2103B/기사2302A]

LPG저장소에 가스누설감지경보기의 미설치로 인해 가스가 누설되어 화재 및 폭발 재해가 발생한 장면이다.

① 설치위치 : LPG는 공기보다 무거우므로 바닥에 인접한 곳에 설치한다.
② 설정값 : 폭발하한계의 25% 이하

03 영상은 전주 위의 모습을 집중적으로 보여주고 있다. 전주를 뇌격으로부터 보호하기 위해 설치된 영상의 가) 방호장치 명칭과 해당 장치가 갖춰야 할 나) 구비조건을 3가지 쓰시오.(6점)
[기사2302A]

전주 위의 뇌서지로부터 전주를 보호하기 위해 설치된 피뢰기를 보여주고 있다. 퓨즈링크 없이 설치된 피뢰기의 모습을 확대해서 보여준다.

가) 명칭 : 피뢰기

나) 구비조건

① 반복동작이 가능할 것
③ 점검·보수가 용이할 것
⑤ 제한 전압이 낮을 것
⑦ 방전 능력이 클 것

② 구조가 견고하며 특성이 변하지 않을 것
④ 충격과 방전 개시 전압이 낮을 것
⑥ 속류 차단 능력이 클 것

▲ 나)의 답안 중 3가지 선택 기재

04 동영상은 낙하물이 근로자에게 위험을 미칠 우려가 있는 경우에 설치하는 낙하물방지망을 보여준다. 이에 대한 다음 설명 중 빈칸을 채우시오.(4점)
[기사2103A/기사2302A/기사2303C]

건물 신축현장에서 고소에서 떨어지는 낙하물이 아래 쪽 근로자에게 피해를 주는 것을 방지하기 위해서 낙하물방지망이 설치된 모습을 보여주고 있다.

낙하물방지망 또는 방호선반을 설치하는 경우 높이 (①)미터 이내마다 설치하고, 내민 길이는 벽면으로부터 (②)미터 이상으로 해야 하며, 수평면과의 각도는 (③)도 이상 (④)도 이하를 유지한다.

① 10 　　　② 2 　　　③ 20 　　　④ 30

05 영상은 산업용 로봇의 작동모습을 보여준다. 로봇의 방호장치인 안전매트의 가) 작동원리와 나) 안전인증의 표시 외에 추가로 표시해야 할 사항을 2가지 쓰시오.(6점) [기사2302A]

안전매트가 설치된 산업용 로봇의 모습을 보여주고 있다.

가) 작동원리 : 유효감지영역 내의 임의의 위치에 일정한 정도 이상의 압력이 주어졌을 때 이를 감지하여 신호를 발생
나) 안전인증 표시 외 추가로 표시해야 하는 사항
　① 작동하중　　　　　　　　　② 감응시간
　③ 복귀신호의 자동 또는 수동여부　④ 대소인공용 여부

　▲ 나)의 답안 중 2가지 선택 기재

06 동영상은 프레스로 철판에 구멍을 뚫는 작업을 보여주고 있다. 동영상에서 보여주는 프레스에는 급정지 장치가 부착되어 있지 않다. 이 경우 설치하여야 하는 방호장치를 4가지 쓰시오.(4점)
[산기1202B/기사1302B/산기1402A/산기1503A/기사1603B/기사1802A/산기2001B/기사2301C/기사2302A]

급정지장치가 없는 프레스로 철판에 구멍을 뚫는 작업을 보여주고 있다.

① 가드식　　　　　　　　　② 수인식
③ 손쳐내기식　　　　　　　④ 양수기동식

07 동영상은 높이가 2m 이상인 조립식 비계의 작업발판을 설치하던 중 발생한 재해 상황을 보여주고 있다. 높이가 2m 이상인 작업장소에서의 작업발판 설치기준을 3가지 쓰시오.(단, 작업발판 폭과 틈의 크기는 제외한다)(6점)

[기사1903C/기사2001A/산기2003B/기사2201A/기사2302A/기사2303B]

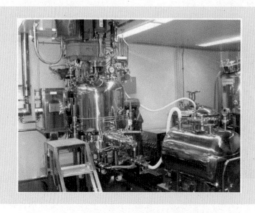

작업자 2명이 비계 최상단에서 비계설치를 위해 발판을 주고 받다가 균형을 잡지 못하고 추락하는 재해상황을 보여주고 있다.

① 발판재료는 작업할 때의 하중을 견딜 수 있도록 견고한 것으로 할 것
② 추락의 위험이 있는 장소에는 안전난간을 설치할 것
③ 작업발판의 지지물은 하중에 의하여 파괴될 우려가 없는 것을 사용할 것
④ 작업발판재료는 뒤집히거나 떨어지지 않도록 둘 이상의 지지물에 연결하거나 고정시킬 것
⑤ 작업발판을 작업에 따라 이동시킬 경우에는 위험 방지에 필요한 조치를 할 것

▲ 해당 답안 중 3가지 선택 기재

08 영상은 특수 화학설비를 보여주고 있다. 화면과 연관된 특수 화학설비 내부의 이상상태를 조기에 파악하기 위하여 설치해야 할 계측장치 3가지를 쓰시오.(4점)

[기사1302A/산기1303A/기사1403A/산기1502C/기사1503B/산기1603A/기사1801C/기사1803B/산기2001B/기사2002E/기사2302A]

화학공장 내부의 특수 화학설비를 보여주고 있다.

① 온도계   ② 유량계   ③ 압력계

09 영상은 지게차를 운행하기 전 운전자가 유압장치, 조정장치, 경보등 등을 점검하고 있음을 보여주고 있다. 지게차의 작업 시작 전 점검사항 3가지를 쓰시오.(6점)

[기사1103C/기사1803A/기사1902A/기사2001A/기사2103A/기사2202B/기사2302A]

작업자가 지게차를 사용하기 전에 지게차의 바퀴를 발로 차보고 조명을 켜보는 등 점검을 하고 있는 모습을 보여주고 있다.

① 제동장치 및 조종장치 기능의 이상 유무
② 하역장치 및 유압장치 기능의 이상 유무
③ 바퀴의 이상 유무
④ 전조등·후미등·방향지시기 및 경보장치 기능의 이상 유무

▲ 해당 답안 중 3가지 선택 기재

01 영상은 컨베이어 관련 재해사례를 보여주고 있다. 컨베이어의 안전장치를 4가지 쓰시오.(6점) [기사2302B]

작은 공장에서 볼 수 있는 소규모 작업용 컨베이어의 구동부를 작업자가 점검 중이다. 컨베이어는 비록 저속이지만 작동중이고 작업자는 목장갑을 끼고 점검하고 있다. 벨트 구동부에 덮개 또는 울 등의 방호장치가 설치되지 않았다.

① 비상정지장치   ② 덮개
③ 이탈 및 역주행 방지장치   ④ 울
⑤ 건널다리   ⑥ 스토퍼

▲ 해당 답안 중 4가지 선택 기재

02 영상은 손수레 하물을 하역하는 중 지게차와 부딪히는 재해장면을 보여주고 있다. 재해의 발생원인 3가지를 쓰시오.(6점)

[기사2201A/기사2302B]

근로자가 손수레에 하물을 부린 후 뒤돌아서 나오다가 과적하여 시야가 불안한 지게차와 충돌하는 사고가 발생한다.

① 지게차 운행경로 상에 다른 작업자가 작업을 하였다.
② 전방 시야확보가 충분하지 않아 사고가 발생하였다.
③ 유도자를 배치하지 않았다.

03 영상은 타워크레인이 무너진 재해현장을 보여주고 있다. 작업 중 강풍에 의해 작업을 중지하여야 하는 기준에 대한 다음 ( ) 안을 채우시오.(4점)

[기사1803C/기사2103A/기사2302B]

강풍에 의해 무너진 타워크레인 현장을 보여주고 있다.

가) 설치·수리·점검 또는 해체 작업을 중지하여야 하는 순간풍속은 (①)m/s
나) 운전 작업을 중지하여야 하는 순간풍속은 (②)m/s

① 10 　　　　　　　　　　　　　② 15

04 동영상은 이동식비계의 조립하여 작업하는 모습을 보여주고 있다. 해당 작업 시 준수하여야 할 사항을 3가지 쓰시오.(6점)

[기사2001A/기사2101B/기사2102A/기사2302B]

2층에서 작업을 하고 있는 작업자가 보인다. 2층 난간이 앞뒤로는 없고, 양옆으로만 난간이 구성되어 있다. 목재로 된 작업발판이 비스듬하게 걸쳐져 있고, 각종 건축폐기물이 비계 한쪽에 어지럽게 흩어져있다. 승강용 사다리는 설치하지 않았으며, 작업 중 비계를 고정하지 않아 움직이는 것이 보인다.

① 승강용 사다리는 견고하게 설치할 것
② 비계의 최상부에서 작업을 하는 경우에는 안전난간을 설치할 것
③ 작업발판의 최대적재하중은 250킬로그램을 초과하지 않도록 할 것
④ 이동식비계의 바퀴에는 뜻밖의 갑작스러운 이동 또는 전도를 방지하기 위하여 브레이크·쐐기 등으로 바퀴를 고정시킨 다음 비계의 일부를 견고한 시설물에 고정하거나 아웃트리거를 설치하는 등 필요한 조치를 할 것
⑤ 작업발판은 항상 수평을 유지하고 작업발판 위에서 안전난간을 딛고 작업을 하거나 받침대 또는 사다리를 사용하여 작업하지 않도록 할 것

▲ 해당 답안 중 3가지 선택 기재

05 영상은 크랭크프레스를 보여준다. 가) 발로 작동하는 조작장치에 설치해야 하는 방호장치와 나) 금형에 신체의 일부가 협착되는 위험을 방지하기 위해 금형 설치 시 주어야 할 빈틈의 크기를 쓰시오.(4점)

[기사2002D]

영상은 프레스로 철판에 구멍을 뚫는 작업현장을 보여준다. 주변 정리가 되지 않은 상태에서 작업자가 작업 중 철판에 걸린 이물질을 제거하기 위해 몸을 기울여 제거하는 중 실수로 페달을 밟아 프레스 손을 다치는 재해가 발생한다. 프레스에는 별도의 급정지장치가 부착되어 있지 않다.

가) U자형 페달 덮개
나) 8mm

06 영상은 전주의 이동작업 중 발생한 사고사례이다. 다음 물음에 답을 쓰시오.(6점) [산기1202A/기사1203C/

기사1401C/산기1402B/기사1502B/산기1503A/기사1603B/산기1701B/산기1802B/기사1902B/기사1903A/산기1903A/기사2002A/기사2302B]

항타기를 이용하여 콘크리트 전주를 세우는 작업을 보여주고 있다. 항타기에 고정된 콘크리트 전주가 불안하게 흔들리고 있다. 작업자가 항타기를 조정하는 순간, 전주가 인접한 활선전로에 접촉되면서 스파크가 발생한다. 안전모를 착용한 3명의 작업자가 보인다.

| ① 재해요인 | ② 가해물 | ③ 전기용 안전모의 종류 |

① 재해요인 : 비래(=맞음)
② 가해물 : 전주
③ 전기용 안전모의 종류 : AE형, ABE형

07 영상은 산업용 로봇이 동작하는 모습을 보여주고 있다. 컨베이어 시스템의 설치 등으로 울타리를 설치할 수 없는 일부 구간에 대해서는 설치해야 하는 방호장치를 2가지 쓰시오.(4점) [기사2302B]

안전매트가 설치된 산업용 로봇의 모습을 보여주고 있다.

① 안전매트
② 광전자식 방호장치

08 영상에 나오는 장소(가스집합 용접장치)에 배관을 설치할 때 준수해야 하는 사항을 2가지 쓰시오.(4점) [기사1803A/기사2302B]

각종 가스를 공급하는 밸브들을 여러 개를 보여주고 있다.

① 플랜지·밸브·콕 등의 접합부에는 개스킷을 사용하고 접합면을 상호 밀착시키는 등의 조치를 한다.
② 주관 및 분기관에는 안전기를 설치할 것. 이 경우 하나의 취관에 2개 이상의 안전기를 설치하여야 한다.

09 영상은 영상표시단말기(VDT) 작업을 하고 있는 장면을 보여주고 있다. 가) 작업 중 반복적인 동작, 부적절한 자세 등으로 발생되는 건강장해로 목, 어깨, 팔·다리의 신경 등에 나타나는 질환의 명칭과 나) 근로자가 컴퓨터 단말기 조작업무를 하는 경우에 사업주가 조치해야 하는 사항을 4가지 쓰시오.(6점) [기사2302B]

작업자가 사무실에서 의자에 앉아 컴퓨터를 조작하고 있다. 작업자의 의자 높이가 맞지 않아 다리를 구부리고 앉아있는 모습과 모니터가 작업자와 너무 가깝게 놓여 있는 모습, 키보드가 너무 높게 위치해 있어 불편하게 조작하는 모습을 보여주고 있다.

가) 근골격계질환

나) 사업주 조치사항

① 실내는 명암의 차이가 심하지 않도록 하고 직사광선이 들어오지 않는 구조로 할 것

② 저휘도형(低輝度型)의 조명기구를 사용하고 창·벽면 등은 반사되지 않는 재질을 사용할 것

③ 컴퓨터 단말기와 키보드를 설치하는 책상과 의자는 작업에 종사하는 근로자에 따라 그 높낮이를 조절할 수 있는 구조로 할 것

④ 연속적으로 컴퓨터 단말기 작업에 종사하는 근로자에 대하여 작업시간 중에 적절한 휴식시간을 부여할 것

01 영상은 연마작업을 보여준다. 연마작업 시 작업자가 착용해야 할 보호구를 3가지 쓰시오.(6점)

[기사2302C]

작업자가 맨손으로 연마기를 이용해 목재를 연마작업 하고 있는 모습을 보여준다.

① 보안경   ② 안전모   ③ 안전화
④ 방진마스크   ⑤ 방진장갑(안전장갑)   ⑥ 귀마개(귀덮개)

▲ 해당 답안 중 3가지 선택 기재

02 영상에 나오는 가) 크레인의 종류와 나) 해당 크레인의 새들 돌출부와 주변 구조물 사이의 안전공간은 얼마 이상 확보하여야 하는지 쓰시오.(4점)

[기사2302C]

수출입항구에 설치된 대형 크레인을 보여준다.

가) 갠트리 크레인
나) 40cm

03 천장크레인으로 물건을 옮기다 재해가 발생하는 장면이다. 크레인으로 하물을 인양하기 위해 걸이 작업시 준수사항 3가지를 쓰시오.(6점)

[기사2302C]

천장크레인으로 물건을 옮기는 동영상으로 작업자는 한손으로는 조작스위치를, 또다른 손으로는 인양물을 잡고 있다. 1줄 걸이로 인양물을 걸고 인양 중 인양물이 흔들리면서 한쪽으로 기울고 결국에는 추락하고 만다. 작업장 바닥이 여러 가지 자재들로 어질러져 있고 인양물이 떨어지는 사태에 당황한 작업자도 바닥에 놓인 자재에 부딪혀 넘어지며 소리지르고 있다.

① 와이어로프 등은 크레인의 후크 중심에 걸어야 한다.
② 인양 물체의 안정을 위하여 2줄 걸이 이상을 사용하여야 한다.
③ 밑에 있는 물체를 걸고자 할 때에는 위의 물체를 제거한 후에 행하여야 한다.
④ 매다는 각도는 60도 이내로 하여야 한다.
⑤ 근로자를 매달린 물체위에 탑승시키지 않아야 한다.

▲ 해당 답안 중 3가지 선택 기재

04 화면의 작업상황에서와 같이 작업자의 손이 말려 들어가는 부분에서 형성되는 ① 위험점, ② 정의를 쓰시오.
(4점)

[산기1203B/산기1303A/기사1402C/산기1403B/기사1503B/
산기1603A/산기1303A/산기1702B/산기1702C/산기2002B/산기2003C/기사2004A/기사2101A/기사2102C/기사2201B/기사2302C]

작업자가 회전물에 샌드페이퍼(사포)를 감아 손으로 지지하고 있다. 위험점에 작업복과 손이 감겨 들어가는 동영상이다.

① 위험점 : 회전말림점
② 정의 : 회전하는 기계의 운동부 자체에 작업복 등이 말려들 위험이 존재하는 점을 말한다.

05 공기압축기를 가동하고자 한다. 공기압축기 가동하기 전 점검사항을 2가지를 쓰시오.(단, 그 밖의 연결 부위의 이상 유무는 제외)(4점)

[기사2202B/기사2302C]

작업자 2인이 이동식 대형 공기압축기를 가동하려고 하고 있다.

① 윤활유의 상태
② 압력방출장치의 기능
③ 공기저장 압력용기의 외관 상태
④ 드레인밸브(drain valve)의 조작 및 배수
⑤ 언로드밸브(unloading valve)의 기능
⑥ 회전부의 덮개 또는 울

▲ 해당 답안 중 2가지 선택 기재

06 안전장치가 달려있지 않은 둥근톱 기계에 고정식 접촉예방장치를 설치하고자 한다. 이때 ① 하단과 가공재 사이의 간격, ② 하단과 테이블 사이의 높이는 각각 얼마로 하여야 하는지를 각각 쓰시오.(4점)

[기사0901C/기사1602A/기사1603C/기사1703A/기사1901B/기사2001C/기사2003A/기사2201A/기사2302C]

안전장치가 달려있지 않은 둥근톱 기계를 보여준다. 고정식 접촉예방장치를 설치하려고 해당 장치의 설명서를 살펴보고 있다.

① 가공재 : 8mm 이하
② 테이블 상부 : 25mm 이하

07 영상은 감전사고를 보여주고 있다. 작업자가 감전사고를 당한 원인을 피부저항과 관련하여 설명하시오. (5점)

[기사1203B/기사1402A/기사1501C/기사1602C/기사1703B/기사1901B/기사2002D/기사2302C]

영상은 작업자가 단무지가 들어있는 수조에 수중펌프를 설치하는 작업을 하고 있는 상황이다. 설치를 끝내고 펌프를 작동시킴과 동시에 작업자가 감전되는 재해가 발생하는 상황을 보여주고 있다.

• 인체가 수중에 있으면 인체의 피부저항이 기존 저항의 최대 1/25로 감소되므로 쉽게 감전의 피해를 입는다.

08 영상은 변압기를 유기화합물에 담가서 절연처리와 건조작업을 하고 있음을 보여주고 있다. 이 작업 시 착용할 보호구를 다음에 제시한 대로 쓰시오.(6점)

[기사1202A/기사1301A/기사1401B/기사1402B/기사1501A/기사1602C/기사1701B/기사1703C/기사2001C/산기2002B/기사2002D/기사2302C]

가로·세로 15cm 정도로 작은 변압기의 양쪽에 나와 있는 선을 일반 작업복에 맨손의 작업자가 양손으로 들고 스텐으로 사각형 유기화합물통에 넣었다 빼서 앞쪽 선반에 올리는 작업하고 있다. 화면이 바뀌면서 선반 위 소형변압기를 건조시키기 위해 문 4개짜리 업소용 냉장고처럼 생긴 곳에다가 넣고 문을 닫는 화면을 보여준다.

① 손	② 눈	③ 피부(몸)

① 손 : 불침투성 보호장갑
② 눈 : 보안경
③ 피부 : 불침투성 보호복

09 영상은 영상표시단말기(VDT) 작업을 하고 있는 장면을 보여주고 있다. 영상과 같은 근골격계 부담작업 시 가) 유해요인 조사항목 2가지와 신설되는 사업장의 경우 나) 최초의 유해요인 조사를 신설일로부터 얼마의 기간 내에 실시해야 하는지를 쓰시오.(6점)

[기사2302B]

작업자가 사무실에서 의자에 앉아 컴퓨터를 조작하고 있다. 작업자의 의자 높이가 맞지 않아 다리를 구부리고 앉아있는 모습과 모니터가 작업자와 너무 가깝게 놓여 있는 모습, 키보드가 너무 높게 위치해 있어 불편하게 조작하는 모습을 보여주고 있다.

가) 유해요인 조사항목
　① 설비·작업공정·작업량·작업속도 등 작업장 상황
　② 작업시간·작업자세·작업방법 등 작업조건
　③ 작업과 관련된 근골격계질환 징후와 증상 유무 등
나) 신설사업장 유해요인 조사기간 : 1년 이내

▲ 가)의 답안 중 2가지 선택 기재

01 영상은 프레스기 외관을 점검하고 있는 모습을 보여주고 있다. 프레스 작업 시작 전 점검사항 4가지를 쓰시오. (6점)

[기사2002B/기사2102C/산기2103A/기사2301A]

작업자가 프레스의 외관을 살펴보면서 페달을 밟거나 전원을 올려 작동시험을 하는 등 점검작업을 수행 중이다.

① 클러치 및 브레이크의 기능
② 프레스의 금형 및 고정볼트 상태
③ 방호장치의 기능
④ 전단기의 칼날 및 테이블의 상태
⑤ 크랭크축·플라이휠·슬라이드·연결봉 및 연결 나사의 풀림 여부
⑥ 1행정 1정지기구·급정지장치 및 비상정지장치의 기능
⑦ 슬라이드 또는 칼날에 의한 위험방지 기구의 기능

▲ 해당 답안 중 4가지 선택 기재

02 영상은 지게차 운행 중 발생한 사고를 보여주고 있다. 이 작업의 작업계획서에 포함될 사항 2가지를 쓰시오. (4점)

[기사1903C/기사2102C/기사2301A]

작업장에서 화물을 지게차로 옮기다 사고가 발생하는 장면을 보여주고 있다.

① 해당 작업에 따른 추락·낙하·전도·협착 및 붕괴 등의 위험 예방대책
② 차량계 하역운반기계 등의 운행경로 및 작업방법

03 영상은 도로보수 작업을 보여주고 있다. 해당 영상 작업자가 착용해야 할 보호구를 4가지 쓰시오.(4점)

[기사2301A]

파괴해머를 이용해서 보도블럭 옆 인도를 부수고 있다. 감시자도 울타리도 없이 작업중이다.

① 안전모   ② 안전화   ③ 보안경
④ 방진마스크   ⑤ 귀마개(귀덮개)   ⑥ 방진장갑

▲ 해당 답안 중 4가지 선택 기재

04 동영상은 탱크로리에 등유를 주입하는 장면을 보여주고 있다. 가솔린이 남아있는 탱크로리 등에 등유를 주입할 경우 사전작업이 필요하다. 사전작업이 필요없는 경우에 대한 다음 설명의 ( ) 안을 채우시오.(6점)

[기사2301A]

가솔린을 실었던 탱크로리를 비우고 등유를 주입하는 모습을 보여주고 있다.

가) 등유나 경유를 주입하기 전에 탱크·드럼 등과 주입설비 사이에 접속선이나 접지선을 연결하여 (①)를 줄이도록 할 것
나) 등유나 경유를 주입하는 경우에는 그 액표면의 높이가 주입관의 선단의 높이를 넘을 때까지 주입속도를 초당 (②)미터 이하로 할 것

① 전위차   ② 1

05 영상은 박공지붕 설치작업 중 박공지붕의 비래에 의해 재해가 발생하는 장면을 보여주고 있다. 재해방지대책을 3가지 쓰시오.(6점)   [기사1301B/산기1303B/기사1402C/산기1501B/산기1803B/산기2001A/기사2002E/기사2103C/기사2301A]

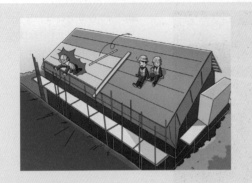

박공지붕 위쪽과 바닥을 보여주고 있으며, 지붕의 오른쪽에 안전난간, 추락방지망이 미설치된 화면과 지붕 위쪽 중간에서 커피를 마시면서 앉아 휴식을 취하는 작업재(안전모, 안전화 착용함)들과 작업자 왼쪽과 뒤편에 적재물이 적치되어 있는 상태이다. 뒤에 있던 삼각형 적재물이 굴러와 휴식 중이던 작업자를 덮쳐 작업자가 앞으로 쓰러지는 영상이다.

① 휴식은 안전한 장소에서 취하도록 한다.   ② 추락방호망을 설치한다.
③ 안전대 부착설비 및 안전대를 착용한다.   ④ 지붕의 가장자리에 안전난간을 설치한다.
⑤ 구름멈춤대, 쐐기 등을 이용하여 중량물의 동요나 이동을 조절한다.
⑥ 중량물이 구를 위험이 있는 방향 앞의 일정거리 이내로는 근로자의 출입을 제한한다.

▲ 해당 답안 중 3가지 선택 기재

06 영상은 브레이크 라이닝 제조공정을 보여주고 있다. 사업주가 작업장의 분진을 배출하기 위해 설치하는 덕트의 설치기준을 3가지 쓰시오.(6점)   [기사2301A]

브레이크 라이닝 제조공장의 모습을 보여주고 있다. 환기가 되지 않아 힘들어하는 근로자의 찡그러진 표정이 보인다.

① 가능하면 길이는 짧게 하고 굴곡부의 수는 적게 할 것
② 접속부의 안쪽은 돌출된 부분이 없도록 할 것
③ 청소구를 설치하는 등 청소하기 쉬운 구조로 할 것
④ 덕트 내부에 오염물질이 쌓이지 않도록 이송속도를 유지할 것
⑤ 연결 부위 등은 외부 공기가 들어오지 않도록 할 것

▲ 해당 답안 중 3가지 선택 기재

07 굴착공사 현장에서 흙막이 지보공을 설치하는 가) 목적과 나) 정기적으로 점검하고 이상 발견 시 즉시 보수해야 할 사항을 3가지 쓰시오.(6점)

[산기1902A/기사2002B/산기2003C/기사2301A]

대형건물의 건축현장이다. 굴착공사를 하면서 흙막이 지보공을 설치하고 이를 점검하는 모습을 보여준다.

가) 목적 : 지반의 붕괴 방지
나) 정기점검 및 보수 사항
　　① 침하의 정도　　　　　　　　② 버팀대 긴압의 정도
　　③ 부재의 접속부 · 부착부 및 교차부의 상태
　　④ 부재의 손상 · 변형 · 부식 · 변위 및 탈락의 유무와 상태

　▲ 나)의 답안 중 3가지 선택 기재

08 영상은 활선작업 모습을 보여주고 있다. 영상의 작업에서 보여지는 핵심 위험요인 3가지를 쓰시오.(6점)

[기사2301A]

고소작업차를 이용해 충전전로에 절연용 방호구를 설치하는 작업을 보여준다.
고소작업대에 탑승한 작업자가 안전대를 착용하지 않고 절연장갑 및 절연용 안전모를 착용하고 작업 중이다. 차량 밑에서 보호구를 착용하지 않은 근로자가 절연용 방호구를 와이어로프로 올려보내는데 와이어로프는 전선에 걸쳐져 있다. 작업 중 차량이 흔들리는 모습을 보여지며, 작업자가 활선에 너무 가까이 위치하여 불안해 보인다. 차량 역시 활선에 가깝게 위치해 있다.

① 작업자가 절연용 보호구를 착용하지 않았다.
② 작업자가 활선작업용 기구 및 장치를 사용하지 않았다.
③ 작업자가 접근한계거리 이내로 접근하여 작업중이다.
④ 충전전로 인근에서 차량이 충전부에 너무 근접해서 작업중이다.

　▲ 해당 답안 중 3가지 선택 기재

09 영상은 밀폐공간에서의 작업의 위험성을 보여주고 있다. 밀폐공간에 근로자를 작업하게 할 경우 사전에 해당 공간의 산소 및 유해가스 농도를 측정하고 평가해야 하는 사람이나 기관의 명칭을 4가지 쓰시오.(6점)

[기사2301A]

밀폐공간에서 쓰러진 작업자를 구조하는 모습을 보여주고 있다.

① 관리감독자
② 안전관리자 또는 보건관리자
③ 안전관리전문기관 또는 보건관리전문기관
④ 건설재해예방전문지도기관
⑤ 작업환경측정기관
⑥ 한국산업안전보건공단이 정하는 산소 및 유해가스 농도의 측정·평가에 관한 교육을 이수한 사람

▲ 해당 답안 중 4가지 선택 기재

01 선반 작업이 진행중인 모습을 보여준다. 영상을 참고하여 작업 중 근로자에게 발생할 수 있는 위험요인을 3가지 쓰시오.(5점)

[기사2301B]

덮개나 울이 설치되지 않은 선반에서 길이가 긴 작업물을 가공중이다. 칩 브레이커가 설치되지 않아 칩이 길게 나온다. 맨손으로 장비 조작부에 손을 올려둔 상태다. 뒷 주머니에 면장갑을 넣어두고 있다. 선반 한쪽에 "비산주의"라는 경고문구가 보인다.

① 방호장치(덮개 또는 울)가 설치되지 않아 작업자가 기계의 회전축에 말려들 위험이 있다.
② 긴 작업물을 가공할 때 방진구 등으로 고정해야 하지만 고정되지 않아 위험하다.
③ 칩 브레이커가 설치되지 않아 칩이 작업자에게 날아올 위험이 있다.

02 영상은 인쇄윤전기를 청소하는 중에 발생한 재해사례이다. 이 동영상을 보고 작업 시 발생한 ① 위험점, ② 해당 위험점이 형성되는 조건을 쓰시오.(4점)

[기사2301B]

작업자가 인쇄용 윤전기의 전원을 끄지 않고 서로 맞물려서 돌아가는 롤러를 걸레로 닦고 있다. 작업자는 체중을 실어서 위험하게 맞물리는 지점까지 걸레를 집어넣고 열심히 닦고 있던 중, 손이 롤러기 사이에 끼어서 사고를 당하고, 사고 발생 후 전원을 차단하고 손을 빼내는 장면을 보여준다.

① 위험점 : 물림점
② 조건 : 두 개의 회전체가 서로 반대방향으로 맞물리는 경우

03 화면에서는 지게차 작업을 보여주고 있다. 지게차의 안정도와 관련한 다음 설명의 ( ) 안을 채우시오.(6점)

[기사2301B]

작업장에서 화물을 지게차로 옮기는 모습을 보여주고 있다.

가. 지게차는 다음 각 호에 해당하는 지면에서 중심선이 지면의 기울어진 방향과 평행할 경우 앞이나 뒤로 넘어지지 아니하여야 한다.
　1. 지게차의 최대하중상태에서 쇠스랑을 가장 높이 올린 경우 기울기가 (①)(지게차의 최대하중이 5톤 이상인 경우에는 (②))인 지면
　2. 지게차의 기준부하상태에서 주행할 경우 기울기가 (③)인 지면
② 지게차는 다음 각 호에 해당하는 지면에서 중심선이 지면의 기울어진 방향과 직각으로 교차할 경우 옆으로 넘어지지 아니하여야 한다.
　1. 지게차의 최대하중상태에서 쇠스랑을 가장 높이 올리고 마스트를 가장 뒤로 기울인 경우 기울기가 (④)인 지면

① 100분의 4(4%)　　　　　　　② 100분의 3.5(3.5%)
③ 100분의 18(18%)　　　　　　④ 100분의 6(6%)

04 영상은 석유공장의 한 모습을 보여주고 있다. 동영상 설비의 가) 명칭과 나) 설치 목적을 쓰시오.(6점)

[기사2301B]

석유제품의 생산공정 등에서 발생하는 폐가스 등을 모아서 안전하게 소각한 뒤 대기 중으로 배출하는 역할을 하는 플레어스택을 보여주고 있다.

가) 명칭 : 플레어 스택(=플레어 타워)
나) 목적 : 석유제품의 생산공정 등에서 발생하는 폐가스 등을 모아서 안전하게 소각한 뒤 대기 중으로 배출

05 대리석 연마작업 상황을 보여주고 있다. 작업 중 위험요인 3가지를 쓰시오.(6점)

[산기2003A/기사2003C/기사2301B]

대리석 연마작업을 하는 2명의 작업자를 보여주고 있다. 작업장 정리정돈이 안 되어 이동전선과 충전부가 널려져 있으며 일부는 물에 젖은 상태로 방치되고 있다. 덮개도 없는 연삭기의 측면을 사용해 대리석을 연마하는 모습이 보인다. 작업이 끝난 후 작업자가 대리석을 힘겹게 옮긴다.

① 연삭작업을 하는 작업자가 보안경을 착용하지 않았다.
② 연삭기에 방호장치가 설치되지 않았다.
③ 작업자가 방진마스크를 착용하지 않았다.
④ 통로바닥에 이동전선이 방치되어 감전의 위험이 있다.

▲ 해당 답안 중 3가지 선택 기재

06 영상은 유해물질 취급 작업장에서 발생한 재해사례이다. 이때 발생하는 ① 재해형태, ② 정의를 각각 쓰시오.
(4점)

[기사1202B/기사1303C/기사1601C/산기1801A/기사1802C/기사1903D/산기2003C/기사2004C/기사2101B/기사2301B]

작업자가 어떠한 보호구도 착용하지 않고 유리병을 황산(H_2SO_4)에 세척하다 갑자기 아파하는 장면을 보여주고 있다.

① 재해형태 : 유해·위험물질 노출·접촉
② 정의 : 유해·위험물질에 노출·접촉 또는 흡입하였거나 독성동물에 쏘이거나 물린 경우

07 동영상은 추락재해 영상이다. 가) 위험요인과 나) 예방대책을 각각 2가지 쓰시오.(4점)　[기사2301B]

고소에 설치된 낙하물방지망의 한쪽 끝이
풀려 바람에 날리는 장면을 보여주고 있다.
이에 작업자가 낙하물방지망을 보수하기
위해 바람에 날리는 낙하물방지망의 매듭
부위에 접근하다가 추락하는 모습을 보여
주고 있다.

가) 위험요인
　　① 작업발판을 설치하지 않았음　　② 안전대를 착용하지 않았음
나) 예방대책
　　① 작업발판을 설치　　　　　　　② 안전대를 착용

08 영상은 아세틸렌 용접장치를 이용한 용접·용단작업을 보여준다. 다음 설명의 (　) 안을 채우시오.(4점)　[기사2301B]

아세틸렌 용접장치를 이용해서 금속의
용접·용단작업을 진행중인 모습을 보여
주고 있다. 게이지 압력을 보여준다.

가) 사업주는 아세틸렌 용접장치를 사용하여 금속의 용접·용단 또는 가열작업을 하는 경우에는 게이지 압력이
　(　①　)킬로파스칼을 초과하는 압력의 아세틸렌을 발생시켜 사용해서는 아니 된다.
나) 사업주는 가스용기가 발생기와 분리되어 있는 아세틸렌 용접장치에 대하여 발생기와 가스용기 사이에 (　②　)를
　설치하여야 한다.
다) 발생기실은 건물의 최상층에 위치하여야 하며, 화기를 사용하는 설비로부터 (　③　)미터를 초과하는 장소에 설치하여
　야 한다.
라) 사업주는 용해아세틸렌의 가스집합용접장치의 배관 및 부속기구는 구리나 구리 함유량이 (　④　)퍼센트 이상인
　합금을 사용해서는 아니 된다.

　① 127　　　　　② 안전기　　　③ 3　　　　④ 70

09 영상은 건물의 해체작업을 보여주고 있다. 해체작업을 할 때 재해예방을 위한 준수사항을 3가지 쓰시오.(6점)

[기사2003A/기사2301B]

압쇄기를 이용해 건물의 해체작업
이 진행중인 모습을 보여주고 있다.

① 작업구역 내에는 관계자 이외의 자에 대하여 출입을 통제하여야 한다.
② 강풍, 폭우, 폭설 등 악천후시에는 작업을 중지하여야 한다.
③ 사용기계기구 등을 인양하거나 내릴때에는 그물망이나 그물포대 등을 사용토록 하여야 한다.
④ 외벽과 기둥 등을 전도시키는 작업을 할 경우에는 전도 낙하위치 검토 및 파편 비산거리 등을 예측하여 작업반경을 설정하여야 한다.
⑤ 전도작업을 수행할 때에는 작업자 이외의 다른 작업자는 대피시키도록 하고 완전 대피상태를 확인한 다음 전도시키도록 하여야 한다.
⑥ 해체건물 외곽에 방호용 비계를 설치하여야 하며 해체물의 전도, 낙하, 비산의 안전거리를 유지하여야 한다.
⑦ 파쇄공법의 특성에 따라 방진벽, 비산차단벽, 분진억제 살수시설을 설치하여야 한다.
⑧ 작업자 상호간의 적정한 신호규정을 준수하고 신호방식 및 신호기기사용법은 사전교육에 의해 숙지되어야 한다.
⑨ 적정한 위치에 대피소를 설치하여야 한다.

▲ 해당 답안 중 3가지 선택 기재

01 영상은 봉강 연마작업 중 발생한 재해를 보여주고 있다. 기인물은 무엇이며, 봉강 연마작업 시 파편이나 칩의 비래에 의한 위험에 대비하기 위하여 설치해야 하는 장치명을 쓰시오.(4점)

[기사1203A/산기1301A/기사1402B/산기1502A/기사1602B/기사1703A/산기1901B/기사2004C/기사2301C]

수도 배관용 파이프 절단 바이트 날을 탁상용 연마기로 연마작업을 하던 중 연삭기에 튕긴 칩이 작업자 얼굴을 강타하는 재해가 발생하는 영상이다.

① 기인물 : 탁상공구연삭기(가해물은 환봉)
② 방호장치명 : 칩비산방지투명판

02 동영상은 프레스로 철판에 구멍을 뚫는 작업을 보여주고 있다. 동영상에서 보여주는 프레스에는 급정지장치가 부착되어 있지 않다. 이 경우 설치하여야 하는 방호장치를 4가지 쓰시오.(4점)

[산기1202B/기사1302B/산기1402A/산기1503A/기사1603B/기사1802A/산기2001B/기사2301C/기사2302A]

급정지장치가 없는 프레스로 철판에 구멍을 뚫는 작업을 보여주고 있다.

① 가드식   ② 수인식
③ 손쳐내기식   ④ 양수기동식

03 동영상은 보일러실의 모습을 보여준다. 배관의 압력이 설정압력에 도달하면 판이 파열하면서 유체가 분출하도록 용기 등에 설치된 얇은 판으로 다시 닫히지 않는 압력방출 안전장치의 가) 장치명과 나) 해당 장치를 설치하여야 하는 경우를 2가지 쓰시오.(6점)

[기사2301C]

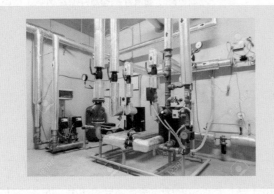

대형건물의 보일러실 내부를 보여주고 있다.

가) 장치명 : 파열판

나) 설치해야 하는 경우

    ① 반응 폭주 등 급격한 압력 상승 우려가 있는 경우

    ② 급성 독성물질의 누출로 인하여 주위의 작업환경을 오염시킬 우려가 있는 경우

    ③ 운전 중 안전밸브에 이상 물질이 누적되어 안전밸브가 작동되지 아니할 우려가 있는 경우

▲ 나)의 답안 중 2가지 선택 기재

04 영상은 전주를 묻다 발생한 재해상황을 보여주고 있다. 재해의 직접적인 원인 2가지를 쓰시오.(4점)

[기사1402B/기사1403B/산기1501A/기사1502A/산기1602B/기사1701B/기사1901A/기사2002E/기사2101C/기사2102B/기사2301C]

항타기로 땅을 파고 전주를 묻는 작업 현장에서 2~3명의 작업자가 안전모를 착용하고 작업하는 상황이다. 항타기에 고정된 전주가 조금 불안전한 듯 싶더니 조금씩 돌아가서 항타기로 전주를 조금 움직이는 순간 인접 활선 전로에 접촉되어서 스파크가 일어난 상황을 보여준다.

① 충전전로에 대한 접근 한계거리 이상 이격시키지 않았음

② 인접 충전전로에 대하여 절연용 방호구를 설치하지 않았음

05 동영상은 작업장에 설치된 계단을 보여주고 있다. 동영상에서와 같이 작업장에 계단 및 계단참을 설치할 경우 준수하여야 하는 사항에 대하여 다음 (   )안에 알맞은 내용을 쓰시오.(6점) [기사2301C]

작업장에 설치된 가설계단을 보여주고 있다.

가) 계단 및 계단참을 설치할 때에는 매 제곱미터 당 (①)kg 이상의 하중을 견딜 수 있는 강도를 가진 구조로 설치하여야 하며, 안전율은 (②) 이상으로 하여야 한다.

나) 계단을 설치할 때에는 그 폭을 (③)m 이상으로 하여야 한다. 다만, 급유용·보수용·비상용 계단 및 나선형 계단이거나 높이 (④)미터 미만의 이동식 계단인 경우에는 그러하지 아니하다.

다) 높이가 (⑤)m를 초과하는 계단에는 높이 3m 이내마다 진행방향으로 길이 (⑥)m 이상의 계단참을 설치하여야 한다.

① 500   ② 4   ③ 1
④ 1   ⑤ 3   ⑥ 1.2

06 영상은 자동차 브레이크 라이닝을 세척하는 것을 보여주고 있다. 작업자가 착용해야 할 보호구 4가지를 쓰시오.(4점) [기사1502A/기사1603C/기사1801B/기사1903B/산기2001A/기사2004A/기사2101B/기사2103C/기사2201C/기사2301C]

작업자들이 브레이크 라이닝을 화학약품을 사용하여 세척하는 작업과정을 보여주고 있다. 세제제가 바닥에 흩어져 있으며, 고무장화 등을 착용하지 않고 작업을 하고 있는 상태를 보여준다.

① 보안경   ② 불침투성 보호복   ③ 불침투성 보호장갑
④ 송기마스크(방독마스크) ⑤ 불침투성 보호장화

▲ 해당 답안 중 4가지 선택 기재

07 화면(전주 동영상)은 전기형강작업 중이다. 정전작업 후 조치사항 3가지를 쓰시오.(6점)

[기사1302A/기사1601C/기사2001B/기사2301C]

작업자 2명이 전주 위에서 작업을 하고 있는 장면을 보여주고 있다. 작업자 1명은 발판이 안정되지 않은 변압기 위에 올라가서 담배를 입에 물고 볼트를 푸는 작업을 하고 있으며 작업자의 아래쪽 발판용 볼트에 C.O.S (Cut Out Switch)가 임시로 걸쳐있음을 보여주고 있다. 다른 한명의 작업자는 근처에 선 이동식 크레인에 작업대를 매달고 또 다른 작업을 하고 있는 상황을 보여주고 있다.

① 작업기구, 단락 접지기구 등을 제거하고 전기기기 등이 안전하게 통전될 수 있는지를 확인할 것
② 모든 작업자가 작업이 완료된 전기기기 등에서 떨어져 있는지를 확인할 것
③ 잠금장치와 꼬리표는 설치한 근로자가 직접 철거할 것
④ 모든 이상 유무를 확인한 후 전기기기 등의 전원을 투입할 것

▲ 해당 답안 중 3가지 선택 기재

08 영상은 이동식크레인을 이용한 인양작업 현장을 보여주고 있다. 다음 설명에 맞는 이동식크레인의 방호장치의 명칭을 쓰시오.(6점)

[기사2203A/기사2301C]

이동식크레인 붐대를 보여준 후 와이어로프에 화물을 매달아 올리는 영상을 보여준다.

① 와이어로프를 감는데 있어서 너무 많이 감기거나 풀리는 것을 방지하는 장치로 일정 한계 이상 감기게 될 경우 자동적으로 동력을 차단하고 작동을 정지시키는 장치
② 훅에서 와이어로프가 이탈되는 것을 방지하는 장치
③ 기계장치가 전도(넘어지지)되지 않도록 장치의 측면에 부착하는 장치

① 권과방지장치   ② 훅 해지장치   ③ 아웃트리거

09 동영상은 건설현장에서 사용하는 리프트의 위치별 방호장치를 보여주고 있다. 그림에 맞는 장치의 이름을 쓰시오.(6점)

[기사1803A/기사2001A/산기2003A/기사2301C]

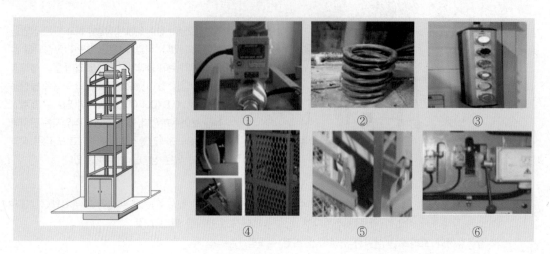

① 과부하방지장치　　　　② 완충스프링　　　　③ 비상정지장치
④ 출입문연동장치　　　　⑤ 방호울출입문연동장치　　⑥ 3상전원차단장치

01 영상은 교류 아크용접작업 중 재해가 발생한 사례이다. 용접작업 중 재해를 예방하기 위해 작업자가 착용해야 할 보호구를 4가지 쓰시오.(4점)

[기사2103A/기사2203A]

교류아크용접 작업장에서 작업자 혼자 대형 관의 플랜지 아래 부위를 아크 용접하는 상황이다. 작업자의 왼손은 플랜지 회전 스위치를 조작하고 있으며, 오른손으로는 용접을 하고 있다. 작업장 주위에는 인화성 물질로 보이는 깡통 등이 용접작업장 주변에 쌓여 있는 상황이다.

① 용접용 보안면 ② 용접용 안전장갑
③ 용접용 가죽 앞치마 ④ 용접용 안전화

02 영상은 스팀노출 부위를 점검하던 중 발생한 재해사례이다. 동영상에서와 같은 배관작업 시 위험요인을 2가지 쓰시오.(4점)

[기사2004A/산기2004B/기사2203A]

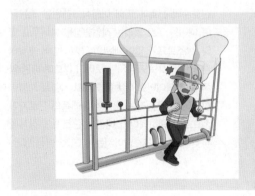

스팀배관의 보수를 위해 노출부위를 점검하던 중 스팀이 노출되면서 작업자에게 화상을 입히는 영상이다. 작업자는 안전모와 장갑을 착용하고 플라이어로 작업하고 있다.

① 작업자가 보안경을 착용하지 않고 작업하고 있다.
② 작업 전 배관의 내용물을 제거하지 않았다.
③ 전용공구를 사용하지 않아 작업 중 위험에 노출되어 있다.
④ 보호구(방열장갑, 방열복 등)를 미착용하고 있다.

▲ 해당 답안 중 2가지 선택 기재

03 영상은 밀폐공간에서 작업하는 근로자들을 보여주고 있다. 아래 빈칸을 채우시오.(4점)

[기사1602A/기사1703A/기사1801C/산기1803A/기사1903C/산기2001A/기사2101C/기사2203A]

지하 피트 내부의 밀폐공간에서 작업자들이 작업하는 영상이다.

적정공기란 산소농도의 범위가 (①)% 이상, (②)% 미만, 이산화탄소의 농도가 (③)% 미만, 일산화탄소의 농도가 (④)ppm 미만, 황화수소의 농도가 (⑤)ppm 미만인 수준의 공기를 말한다.

① 18 　　　　　② 23.5 　　　　　③ 1.5
④ 30 　　　　　⑤ 10

04 영상은 이동식크레인을 이용하여 배관을 이동하는 작업이다. 영상을 보고 화물의 낙하·비래 위험을 방지하기 위한 사전 조치사항 3가지를 쓰시오.(6점)

[산기1201A/기사1301A/산기1302B/산기1401B/기사1403B/기사1501A/
기사1501B/기사1601B/산기1601B/산기1602A/기사1602C/기사1603C/기사1701A/산기1702B/
기사1801C/산기1802B/산기1802C/산기1901A/산기1901B/기사1903A/기사1902B/기사1903D/산기2001B/산기2003B/기사2203A]

신호수의 신호에 의해 이동식크레인을 이용하여 배관을 위로 올리는 작업현장을 보여주고 있다. 보조로프가 없어 배관이 근처 H빔에 부딪혀 흔들린다. 훅 해지장치는 보이지 않으며 배관 양쪽 끝에 와이어로 두바퀴를 감고 샤클로 채결한 상태이다. 흔들리는 배관을 아래쪽의 근로자가 손으로 지탱하려다가 배관이 근로자의 상체에 부딪혀 근로자가 넘어지는 사고가 발생한다.

① 작업 반경 내 관계 근로자 이외의 자는 출입을 금지한다.
② 와이어로프 및 슬링벨트의 안전상태를 점검한다.
③ 훅의 해지장치 및 안전상태를 점검한다.
④ 인양 도중에 화물이 빠질 우려가 있는지에 대해 확인한다.
⑤ 보조(유도)로프를 설치하여 화물의 흔들림을 방지한다.

▲ 해당 답안 중 3가지 선택 기재

05 영상은 실험실에서 유해물질을 취급하고 있는 장면이다. 유해물질이 인체에 흡수되는 경로를 3가지와 사업주가 특별관리물질을 취급할 때 그 물질이 특별관리물질이라는 사실과 함께 게시해야 하는 것을 3가지 쓰시오.(6점) [기사2203A]

작업자는 맨손에 마스크도 착용하지 않고 황산을 비커에 따르다 실수로 손에 묻는 장면을 보여주고 있다.

가) ① 호흡기 ② 소화기 ③ 피부점막
나) ① 발암성 물질 ② 생식세포 변이원성 물질 ③ 생식독성 물질

06 영상은 전기드릴을 이용하여 수행하는 위험한 작업을 보여주고 있다. 위험요인을 2가지 쓰시오.(4점)

[기사1703C/기사1803C/기사1903A/기사2001B/기사2001C/기사2004A/기사2101C/기사2103B/기사2202A/기사2203A/기사2303C]

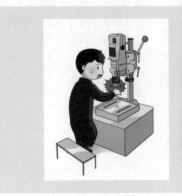

작업자가 공작물을 맨손으로 잡고 전기드릴을 이용해서 작업물의 구멍을 넓히는 작업을 하는 것을 보여주고 있다. 안전모와 보안경을 착용하지 않고 있으며, 방호장치도 설치되어 있지 않은 상태에서 일반 목장갑을 끼고 작업하다가 이물질을 입으로 불어 제거하고, 동시에 손으로 제거하려다 드릴에 손을 다치는 장면을 보여주고 있다.

① 보안경과 작업모 등의 안전보호구를 미착용하고 있다.
② 안전덮개 등 방호장치가 설치되어있지 않다.
③ 회전기계를 사용하면서 목장갑을 착용하고 있다.
④ 이물질을 제거하면서 전원을 차단하지 않았다.
⑤ 이물질을 손으로 제거하고 있다.

▲ 해당 답안 중 2가지 선택 기재

07 영상은 인화성 물질의 취급 및 저장소를 보여주고 있다. 이 동영상을 참고하여 정전기로 인한 폭발화재의 위험에 대비한 작업자의 조치사항을 4가지 쓰시오.(5점) [기사2203A]

인화성 물질 저장창고에 인화성 물질을 저장한 드럼이 여러 개 있고 한 작업자가 인화성 물질이 든 운반용 캔을 몇 개 운반하다가 잠시 쉬려고 드럼 옆에서 웃옷을 벗는 순간 "퍽" 하는 소리와 함께 폭발이 일어나는 사고상황을 보여주고 있다.

① 제전화 착용   ② 제전복 착용
③ 정전기 제전용구의 사용   ④ 작업장 바닥에 전도성 바닥재 마감

08 영상은 이동식크레인을 이용한 인양작업 현장을 보여주고 있다. 다음 설명에 맞는 이동식크레인의 방호장치의 명칭을 쓰시오.(6점) [기사2203A/기사2301C]

이동식크레인 붐대를 보여준 후 와이어로프에 화물을 매달아 올리는 영상을 보여준다.

① 와이어로프를 감는데 있어서 너무 많이 감기거나 풀리는 것을 방지하는 장치로 일정 한계 이상 감기게 될 경우 자동적으로 동력을 차단하고 작동을 정지시키는 장치
② 훅에서 와이어로프가 이탈되는 것을 방지하는 장치
③ 기계장치가 전도(넘어지지)되지 않도록 장치의 측면에 부착하는 장치

① 권과방지장치   ② 훅 해지장치   ③ 아웃트리거

09 영상은 작업자가 전동권선기에 동선을 감는 작업 중 기계가 정지하여 점검 중 발생한 재해사례를 보여주고 있다. 재해의 유형과 위험요소 2가지를 적으시오.(6점)

[기사1203A/기사1301B/기사1403B/기사1501A/기사1602A/기사1603A/기사1903D/기사2002B/기사2101B/기사2102A/기사2203A/기사2303C]

작업자(맨손, 일반 작업복)가 전동 권선기에 동선을 감는 작업 중 기계 가 정지하여 점검하면서 전기에 감 전되는 재해사례이다.

가) 재해의 유형 : 감전(=전류접촉)

나) 위험요소

① 작업자가 절연용 보호구(내전압용 절연장갑)를 착용하지 않았다.

② 작업자가 전원을 차단하지 않은 채 점검을 하고 있다.

01 영상은 지게차 운행상황을 보여주고 있다. 일상작업에서의 지게차 작업계획서는 최초 작업개시 전에 작성하는데 그 외 작업계획서를 작성해야 하는 경우를 2가지 쓰시오.(4점)

[기사2203B]

작업장에서 화물을 지게차로 옮기다 사고가 발생하는 장면을 보여주고 있다.

① 지게차 운전자가 변경되었을 때
② 작업장소 또는 화물의 상태가 변경되었을 때
③ 일상작업은 최초 작업개시 전
④ 작업장내 구조 설비 및 작업방법이 변경되었을 때

▲ 해당 답안 중 2가지 선택 기재

02 화면은 가스용접작업 진행 중 발생된 재해사례를 나타내고 있다. 위험요인을 3가지 쓰시오.(6점)

[산기1201A/산기1303B/산기1501B/산기1602A/산기1801A/기사2002C/기사2203B]

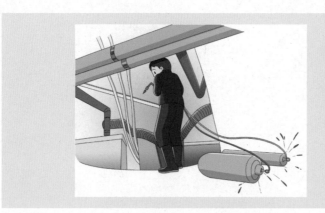

가스 용접작업 중 맨 얼굴과 목장갑을 끼고 작업하면서 산소통 줄을 당겨서 호스가 뽑혀 산소가 새어나오고 불꽃이 튀는 동영상이다. 가스용기가 눕혀진 상태이고 별도의 안전장치가 없다.

① 용기가 눕혀진 상태에서 작업을 실시하고 있다.
② 작업자가 작업 중 용접용 보안면과 용접용 안전장갑을 미착용하고 있다.
③ 산소통의 호스를 잡아 당겨 호스가 뽑혀 산소가 유출되고 있다.

03 영상은 밀폐공간에서 작업하는 근로자들을 보여주고 있다. 산업안전보건법령상 밀폐공간 작업프로그램 내용을 3가지 쓰시오.(5점)

[산기1203B/산기1402B/산기1602A/산기1703B/산기1803A/산기2001B/기사2203B]

작업 공간 외부에 존재하던 국소배기장치의 전원이 다른 작업자의 실수에 의해 차단됨에 따라 탱크 내부의 밀폐된 공간에서 그라인더 작업을 수행 중에 있는 작업자가 갑자기 의식을 잃고 쓰러지는 상황을 보여주고 있다.

① 안전보건교육 및 훈련 　　　　② 사업장 내 밀폐공간의 위치 파악 및 관리 방안
③ 밀폐공간 작업 시 사전 확인이 필요한 사항에 대한 확인 절차
④ 밀폐공간 내 질식·중독 등을 일으킬 수 있는 유해·위험 요인의 파악 및 관리 방안

▲ 해당 답안 중 3가지 선택 기재

04 영상은 화물을 매달아 올리는 장면을 보여주고 있다. 해당 작업을 시작하기 전 점검사항을 2가지 쓰시오.(단, 경보장치는 제외한다)(6점)

[기사1402A/기사1503B/기사1701C/기사1702A/기사1802C/기사1803B/기사2001A/기사2004A/기사2101A/기사2203B]

이동식크레인 붐대를 보여준 후 와이어로프에 화물을 매달아 올리는 영상을 보여준다.

① 브레이크·클러치 및 조정장치의 기능
② 와이어로프가 통하고 있는 곳 및 작업장소의 지반상태

05 영상은 전주에서 활선작업 중 감전사고가 발생하는 장면을 보여주고 있다. 화면을 보고 해당 작업 중 근로자가 착용해야 할 절연보호구 3가지를 쓰시오.(4점) [기사2203B]

영상은 작업자 2명이 전주에서 활선작업을 하고 있다. 작업자 1명은 아래에서 주황색 플라스틱으로 된 절연방호구를 올려주고 다른 1명이 크레인 위에서 이를 받아 활선에 절연방호구를 설치하는 작업을 하다 감전사고가 발생하는 상황이다. 크레인 붐대가 활선에 접촉되지는 않았으나 근처까지 접근하여 작업하고 있으며, 위쪽의 작업자는 두꺼운 장갑(절연용 방호장갑으로 보임)을 착용하였으나 아래쪽 작업자는 목장갑을 착용하고 있다. 작업자 간에 신호전달이 원활하지 않아 작업이 원활하지 않다.

① 절연장갑 ② 절연화
③ 절연용 안전모 ④ 절연복

▲ 해당 답안 중 3가지 선택 기재

06 콘크리트 양생을 위해 열풍기를 사용하는 모습을 보여주고 있다. 동영상을 참고하여 열풍기 사용 양생 작업 전 안전수칙 3가지를 쓰시오.(6점) [기사2203B]

겨울철 콘크리트 양생을 위해 열풍기를 사용하는 장면을 보여주고 있다.

① 소화기를 비치한다.
② 질식 및 중독사고 방지를 위해 환기설비를 설치한다.
③ 산소 및 유해가스 농도 측정을 실시한다.
④ 작업 근로자에게 호흡용 보호구를 지급한다.

▲ 해당 답안 중 3가지 선택 기재

07 영상에서 표시하는 구조물의 설치 기준에 관한 설명이다. (   ) 안을 채우시오.(4점)

[기사1803B/산기2003C/기사2101B/기사2102B/기사2203B]

가설통로를 지나던 작업자가 쌓아둔 적재물을 피하다가 추락하는 영상이다.

설치 시 경사는 (①)로 하여야 하며, 경사가 (②)하는 경우에는 미끄러지지 아니하는 구조로 할 것

① 30도 이하
② 15도를 초과

08 천장크레인으로 물건을 옮기다 재해가 발생하는 장면이다. 위험요인을 3가지 쓰시오.(6점)

[기사2102B/기사2203B]

천장크레인으로 물건을 옮기는 동영상으로 작업자는 한손으로는 조작스위치를, 또다른 손으로는 인양물을 잡고 있다. 1줄 걸이로 인양물을 걸고 인양 중 인양물이 흔들리면서 한쪽으로 기울고 결국에는 추락하고 만다. 작업장 바닥이 여러 가지 자재들로 어질러져 있고 인양물이 떨어지는 사태에 당황한 작업자도 바닥에 놓인 자재에 부딪혀 넘어지며 소리지르고 있다. 인양물을 걸었던 훅에는 해지장치가 달려있지 않다.

① 훅에 해지장치가 없다.　　　　　　② 1줄 걸이로 인양물을 걸었다.
③ 유도로프를 사용하지 않아 인양물의 흔들림을 방지할 수 없다.
④ 작업장소 주변의 정리정돈이 되지 않았다.
⑤ 작업지휘자 없이 혼자서 단독작업을 하고 있고, 양손으로 작업하고 있어 위험하다.

▲ 해당 답안 중 3가지 선택 기재

09 영상은 중량물을 들어올리는 작업을 보여주고 있다. 산업안전보건기준에 관한 규칙에서 중량물을 들어올리는 작업에 대한 안전수칙에 대한 설명에서 ( ) 안을 채우시오.(4점) [기사2203B]

작업자 한 명이 내용물이 들어있는 드럼통을 굴려서 운반하고 있다. 혼자서 무리하게 드럼통을 들어올리려다 허리를 삐끗한 후 드럼통을 떨어뜨려 다리를 다치는 영상이다.

사업주는 근로자가 취급하는 (①)·(②)·(③)·(④) 등 인체에 부담을 주는 작업의 조건에 따라 작업시간과 휴식시간 등을 적정하게 배분하여야 한다.

① 물품의 중량   ② 취급빈도
③ 운반거리   ④ 운반속도

01 동영상은 비계를 이용한 작업현장을 보여주고 있다. 해당 비계의 조립 시 준수사항에 대한 다음 설명의 ( ) 안을 채우시오.(4점)

[기사2203C]

말비계 위에서 작업자가 작업중인 모습을 보여주고 있다.

지주부재와 수평면의 기울기를 (①)도 이하로 하고, 지주부재와 지주부재 사이를 고정시키는 (②)를 설치할 것

① 75　　　　　　　　　　② 보조부재

02 작업자가 대형 관의 플랜지 아랫부분에 교류 아크용접작업을 하고 있는 영상이다. 확인되는 작업 중 위험요인 3가지를 쓰시오.(6점)

[기사1903D/기사2001C/신기2002A/기사2102C/기사2103C/기사2203C]

교류아크용접 작업장에서 작업자 혼자 대형 관의 플랜지 아래 부위를 아크 용접하는 상황이다. 작업자의 왼손은 플랜지 회전 스위치를 조작하고 있으며, 오른손으로는 용접을 하고 있다. 작업장 주위에는 인화성 물질로 보이는 깡통 등이 용접작업장 주변에 쌓여있는 상황이다.

① 단독작업으로 감시인이 없어 작업장 상황파악이 어렵다.
② 작업현장에 인화성 물질이 쌓여있는 등 화재의 위험이 높다.
③ 용접불티 비산방지덮개, 용접방화포 등 불꽃, 불티 등의 비산방지조치가 되어있지 않다.
④ 화기작업에 따른 인근 가연성물질에 대한 방호조치 및 소화기구 비치가 되어있지 않다.
⑤ 케이블이 정리되지 않아 전도의 위험에 노출되어 있다.

▲ 해당 답안 중 3가지 선택 기재

03 화면에서는 지게차 작업을 보여주고 있다. 지게차의 작업 시 안정도를 쓰시오.(4점)

[기사1302A/기사1601B/기사2203C]

작업장에서 화물을 지게차로 옮기는 모습을 보여주고 있다.

하역작업 시의 전후 안정도	①
하역작업 시의 전후 안정도(5톤 이상)	②
하역작업 시의 좌우 안정도	③
주행 시의 전후 안정도	④

① 4%   ② 3.5%   ③ 6%   ④ 18%

04 영상은 덤프트럭의 적재함을 올리고 실린더 유압장치 밸브를 수리하던 중에 발생한 재해사례를 보여주고 있다. 동영상에서와 같이 차량계 하역운반기계 등의 수리 또는 부속장치의 장착 및 해제작업을 할 때 설치해야 하는 안전장치 2가지를 쓰시오.(4점)

[기사1803B/기사2003A/기사2203C]

작업자가 운전석에서 내려 덤프트럭 적재함을 올리고 실린더 유압장치 밸브를 수리하던 중 적재함의 유압이 빠지면서 사이에 끼이는 재해가 발생한 사례를 보여주고 있다.

① 안전지지대
② 안전블록

05 영상은 고압선 아래에서 작업하는 현장을 보여주고 있다. 충전전로 인근에서 작업 시 조치사항에 대한 다음 ( ) 안을 채우시오.(6점)

[기사2004B/기사2101A/기사2102C/기사2103B/기사2203C]

고압선 아래에서 항타기를 이용해 전주를 심는 작업을 하고 있다. 작업 중 붐대가 고압선에 접촉하여 스파크가 일어나는 상황을 보여준다.

가) 충전전로를 취급하는 근로자에게 그 작업에 적합한 (①)를 착용시킬 것
나) 충전전로에 근접한 장소에서 전기작업을 하는 경우에는 해당 전압에 적합한 (②)를 설치할 것
다) 근로자가 충전전로 인근의 높은 곳에서 작업할 때에 대지전압이 50킬로볼트 이하인 경우에는 (③)센티미터 이내로 접근할 수 없도록 할 것

① 절연용 보호구   ② 절연용 방호구   ③ 300

06 영상은 자동차 부품을 도금한 후 세척하는 과정을 보여주고 있다. 이 영상을 보고 위험요인 2가지를 쓰시오. (4점)

[기사2203C]

작업자들이 브레이크 라이닝을 화학약품을 사용하여 세척하는 작업과정을 보여주고 있다. 세정제가 바닥에 흩어져 있으며, 고무장화 등을 착용하지 않고 작업을 하고 있는 상태를 보여준다. 담배를 피우면서 작업하는 작업자의 모습도 보여준다.

① 작업 중 흡연을 하고 있다.
② 유해물질 세척 작업 중 보호구(불침투성 보호장화 및 보호장갑)를 미착용하고 있다.

07 영상은 작업자가 피트 내에서 작업하다 추락하는 재해사례를 보여주고 있다. 영상의 작업현장에서 불안전 요소 3가지를 쓰시오.(6점)

[기사1301C/기사1402A/산기1403B/산기1601B/기사1602C/산기1703A/산기1802A/기사1803B/산기1903B/기사2002D/기사2203C]

승강기 설치 전 피트 내부의 불안정한 발판(나무판자로 엉성하게 이어붙인) 위에서 벽면에 돌출된 못을 망치로 제거하던 중 승강기 개구부로 추락하여 사망하는 재해 상황을 보여주고 있다. 이때 작업자는 안전장비를 착용하지 않았고, 피트 내부에 안전시설이 설치되지 않았음을 확인할 수 있다.

① 안전대 부착설비 및 안전대를 착용하지 않았다.
② 추락방호망을 설치하지 않았다.
③ 작업자가 딛고 선 발판이 불량하다.
④ 안전난간, 덮개, 수직형 추락방망 등 안전시설을 설치하지 않았다.

▲ 해당 답안 중 3가지 선택 기재

08 화면(전주 동영상)은 전기형강작업 중이다. 작업 중 작업자가 착용하고 있는 안전대에 대한 치수기준에 대한 설명에서 ( ) 안을 채우시오.(5점) [기사2203C]

작업자 2명이 전주 위에서 작업을 하고 있는 장면을 보여주고 있다.
작업자 1명은 발판이 안정되지 않은 변압기 위에 올라가서 담배를 입에 물고 볼트를 푸는 작업을 하고 있으며 작업자의 아래쪽 발판용 볼트에 C.O.S(Cut Out Switch)가 임시로 걸쳐 있음을 보여주고 있다.

가) 벨트의 너비는 (①)mm 이상, 길이는 버클포함 1,100mm 이상, 두께는 (②)mm 이상일 것
나) 시험하중은 (③)kN으로 할 것

① 50　　　　　　　　② 2　　　　　　　　③ 15

09 승강기(리프트)를 타고 이동한 후 용접하는 영상이다. 건설용 리프트의 방호장치 3가지를 쓰시오.(6점)

[기사1202A/기사1303B/기사1601A/기사1801A/기사1801B/기사1902B/기사2003C]

테이블리프트(승강기)를 타고 이동한 후 고공에서 용접하는 영상을 보여주고 있다.

① 과부하방지장치
② 권과방지장치
③ 비상정지장치 및 제동장치

01 영상은 인화성 물질의 취급 및 저장소를 보여주고 있다. 이 동영상을 참고하여 ① 가스폭발의 종류와 ② 정의를 쓰시오.(4점)   [산기1503B/기사1503C/기사701A/기사1802B/신기1901A/산기2002A/기사2004C/기사2202A/기사2303C]

인화성 물질 저장창고에 인화성 물질을 저장한 드럼이 여러 개 있고 한 작업자가 인화성 물질이 든 운반용 캔을 몇 개 운반하다가 잠시 쉬려고 드럼 옆에서 웃옷을 벗는 순간 "펑"하는 소리와 함께 폭발이 일어나는 사고상황을 보여주고 있다.

① 종류 : 증기운폭발
② 정의 : 액체상태로 저장되어 있던 인화성 물질이 인화성가스로 공기 중에 누출되어 있다가 정전기와 같은 점화원에 접촉하여 폭발하는 현상

02 상수도 배관 용접작업을 보여주고 있다. 습윤장소에서 교류아크용접기에 부착해야 하는 안전장치를 쓰시오. (5점)   [기사2003C/기사2202A]

작업자가 일반 캡 모자와 목장갑을 착용하고 상수도 배관 용접을 하다 감전당한 사고영상이다.

• 자동전격방지기

03 영상은 슬라이스 작업 중 재해가 발생한 상황을 보여주고 있다. 슬라이스 기계 중 무채를 썰어내는 부분에서 발생한 재해의 ① 기인물과 ② 가해물을 쓰시오.(4점)

[기사1602C / 기사2202A]

김치제조공장에서 슬라이스 작업 중 전원이 꺼져 무채를 써는(슬라이스) 기계의 작동이 정지되어 이를 점검하는 중 재해가 발생한 상황을 보여준다.

① 기인물 : 슬라이스 기계
② 가해물 : 슬라이스 기계 칼날

04 영상은 전기드릴을 이용하여 수행하는 위험한 작업을 보여주고 있다. 위험요인을 2가지 쓰시오.(4점)

[기사1703C / 기사1803C / 기사1903A / 기사2001B / 기사2001C / 기사2004A / 기사2101C / 기사2103B / 기사2202A / 기사2203A / 기사2303C]

작업자가 공작물을 맨손으로 잡고 전기드릴을 이용해서 작업물의 구멍을 넓히는 작업을 하는 것을 보여주고 있다. 안전모와 보안경을 착용하지 않고 있으며, 방호장치도 설치되어 있지 않은 상태에서 일반 목장갑을 끼고 작업하다가 이물질을 입으로 불어 제거하고, 동시에 손으로 제거하려다 드릴에 손을 다치는 장면을 보여주고 있다.

① 보안경과 작업모 등의 안전보호구를 미착용하고 있다.
② 안전덮개 등 방호장치가 설치되어있지 않다.
③ 회전기계를 사용하면서 목장갑을 착용하고 있다.
④ 이물질을 제거하면서 전원을 차단하지 않았다.
⑤ 이물질을 손으로 제거하고 있다.

▲ 해당 답안 중 2가지 선택 기재

05 작동 중인 양수기를 수리 중에 손을 벨트에 물리는 재해가 발생하였다. 동영상에서 점검 작업 시 위험요인 3가지를 쓰시오.(6점) [기사1202C/기사1303B/기사1601B/기사1702C/기사2202A]

2명의 작업자(장갑 착용)가 작동 중인 양수기 옆에서 점검작업을 하면서 수공구(드라이버나 집게 등)를 던져주다가 한 사람이 양수기 벨트에 손이 물리는 재해 상황을 보여주고 있다. 작업자는 이야기를 하면서 웃다가 재해를 당한다.

① 운전 중 점검작업을 하고 있어 사고위험이 있다.
② 회전기계에 장갑을 착용하고 취급하고 있어서 접선물림점에 손이 다칠 수 있다.
③ 작업자가 작업에 집중하지 않고 있어 사고위험이 있다.

06 영상은 고압선 아래에서 작업하는 현장을 보여주고 있다. 충전전로 인근에서 이동식 비계를 이용한 작업 중 위험요인을 3가지 쓰시오.(6점) [기사2202A]

고압선 인근에서 이동식 비계를 이용해 작업중인 근로자의 모습을 보여주고 있다. 아웃트리거가 설치되지 않은 이동식 비계 상단에 작업자가 안전대를 착용하고 안전모를 쓴 채 작업중이다.

① 근로자가 절연용 보호구를 착용하지 않고 있다.
② 이동식 비계가 고정되지 않았다.
③ 이동식 비계 등에 절연용 방호구를 설치하지 않았다.

07 영상은 연삭기를 이용한 작업 화면이다. 화면에서 나오는 연삭기 작업에 사용하는 ① 방호장치와 안전한 ② 설치각도를 쓰시오.(4점)

[기사1401B/기사1601C/기사2101C/기사2103B/기사2202A/기사2303B]

휴대용 연삭기를 이용하여 목재의 각진 부분을 연마하는 작업을 보여주고 있다.

① 덮개
② 설치각도는 180° 이상(노출각도는 180° 이내)

08 영상은 폭발성 화학물질 취급 중 작업자의 부주의로 발생한 사고 사례를 보여주고 있다. 영상에서와 같이 폭발성 물질 저장소에 들어가는 작업자가 신발에 물을 묻히는 ① 이유는 무엇인지 상세히 설명하고, 화재 시 적합한 ② 소화방법은 무엇인지 쓰시오.(6점)

[기사1302B/기사1403C/기사1502C/기사1603C/기사1803B/기사2002C/산기2003B/기사2202A]

작업자가 폭발성 물질 저장소에 들어가는 장면을 보여주고 있다. 먼저 들어오는 작업자는 입구에서 신발 바닥에 물을 묻힌 후 들어오는 데 반해 뒤에 들어오는 작업자는 그냥 들어오고 있다. 뒤의 작업자 이동에 따라 작업자 신발 바닥에서 불꽃이 발생되는 모습을 보여준다.

① 이유 : 정전기에 의한 폭발위험에 대비해 신발과 바닥면의 접촉으로 인한 정전기 발생을 예방하기 위해서이다.
② 소화방법 : 다량 주수에 의한 냉각소화

09 영상은 크레인으로 인양작업 중 후진하는 지게차와 부딪히는 재해장면을 보여주고 있다. 재해예방대책 2가지를 쓰시오.(6점)

[기사2202A]

천장크레인을 이용해서 인양작업 중에 천장크레인 조작자가 뒷걸음치다가 후진하던 지게차와 부딪히는 재해가 발생했다.
천장크레인 조작자도 지게차 운전자도 자신의 작업에 집중하다보니 서로 보지 못해 발생한 사고이다.

① 지게차 운전 시 시야가 방해받을 때는 하차하여 주변의 안전을 확인한다.
② 경적 및 경광등을 사용하여 주의를 환기시킨다.
③ 유도자를 지정하여 지게차를 유도 또는 후진으로 서행한다.

▲ 해당 답안 중 2가지 선택 기재

01 영상은 컨베이어 관련 재해사례를 보여주고 있다. 영상을 참고하여 재해예방대책 2가지를 쓰시오.(4점)

[기사2202B]

작은 공장에서 볼 수 있는 소규모 작업용 컨베이어의 구동부를 작업자가 점검 중이다. 컨베이어는 비록 저속이지만 작동중이고 작업자는 목장갑을 끼고 점검하고 있다. 벨트 구동부에 덮개 또는 울 등의 방호장치가 설치되지 않았다.

① 기기의 점검 시에는 전원을 차단한다.
② 컨베이어 벨트 구동부에 안전덮개 또는 접근방지울 등의 방호장치를 설치한다.
③ 신체의 일부가 말려드는 등 비상시에 즉시 멈출 수 있는 비상정지장치를 설치한다.

▲ 해당 답안 중 2가지 선택 기재

02 영상은 지게차를 운행하기 전 운전자가 유압장치, 조정장치, 경보등 등을 점검하고 있음을 보여주고 있다. 지게차의 작업 시작 전 점검사항 3가지를 쓰시오.(6점)

[기사1103C/기사1803A/기사1902A/기사2001A/기사2103A/기사2202B/기사2302A]

작업자가 지게차를 사용하기 전에 지게차의 바퀴를 발로 차보고 조명을 켜보는 등 점검을 하고 있는 모습을 보여주고 있다.

① 제동장치 및 조종장치 기능의 이상 유무
② 하역장치 및 유압장치 기능의 이상 유무
③ 바퀴의 이상 유무
④ 전조등·후미등·방향지시기 및 경보장치 기능의 이상 유무

▲ 해당 답안 중 3가지 선택 기재

03 영상은 고압선 아래에서 작업하는 현장을 보여주고 있다. 충전전로 인근에서 작업 시 조치사항을 3가지 쓰시오.(6점)

[기사2004B/기사2101A/기사2102C/기사2103B/기사2202B/기사2203C]

고압선 아래에서 항타기를 이용해 전주를 심는 작업을 하고 있다. 작업 중 붐대가 고압선에 접촉하여 스파크가 일어나는 상황을 보여준다.

① 충전전로를 취급하는 근로자에게 그 작업에 적합한 절연용 보호구를 착용시킬 것
② 충전전로에 근접한 장소에서 전기작업을 하는 경우에는 해당 전압에 적합한 절연용 방호구를 설치할 것
③ 근로자가 충전전로 인근의 높은 곳에서 작업할 때에 대지전압이 50킬로볼트 이하인 경우에는 300센티미터 이내로 접근할 수 없도록 할 것
④ 근로자가 차량 등의 그 어느 부분과도 접촉하지 않도록 울타리를 설치하거나 감시인을 배치한다.
⑤ 차량 등을 충진진로의 충진부로부터 인진거리 이싱 유지한다.

▲ 해당 답안 중 3가지 선택 기재

04 공기압축기를 가동하고자 한다. 공기압축기 가동하기 전 점검사항을 2가지를 쓰시오.(단, 그 밖의 연결부위의 이상 유무는 제외)(4점)

[기사2202B/기사2302C]

작업자 2인이 이동식 대형 공기압축기를 가동하려고 하고 있다.

① 윤활유의 상태
② 압력방출장치의 기능
③ 공기저장 압력용기의 외관 상태
④ 드레인밸브(drain valve)의 조작 및 배수
⑤ 언로드밸브(unloading valve)의 기능
⑥ 회전부의 덮개 또는 울

▲ 해당 답안 중 2가지 선택 기재

05 영상은 항타기·항발기 장비로 땅을 파고 전주를 묻는 현장을 보여주고 있다. 해당 기계에서 사용하는 와이어로프의 사용금지 규정을 3가지 쓰시오.(6점)

[기사2202B]

항타기로 땅을 파고 전주를 묻는 작업현장에서 2~3명의 작업자가 안전모를 착용하고 작업하는 상황이다. 항타기에 고정된 전주가 조금 불안전한 듯 싶더니 조금씩 돌아가서 항타기로 전주를 조금 움직이는 순간 인접 활선전로에 접촉되어서 스파크가 일어난 상황을 보여준다.

① 이음매가 있는 것
② 꼬인 것
③ 심하게 변형되거나 부식된 것
④ 열과 전기충격에 의해 손상된 것
⑤ 지름의 감소가 공칭지름의 7퍼센트를 초과하는 것
⑥ 와이어로프의 한 꼬임[(스트랜드(Strand))에서 끊어진 소선(素線)의 수가 10퍼센트 이상인 것

▲ 해당 답안 중 3가지 선택 기재

06 고소작업대에서 작업자가 작업하는 영상이다. 고소작업대에서의 안전작업 준수사항 2가지를 쓰시오.(6점)

[기사1903D/기사2202B]

고소작업대에서 안전모와 면장갑을 착용하고 용접작업을 하는 작업자의 모습을 보여주고 있다. 작업자가 탄 상태에서 붐을 내리고 이동 후 다시 붐을 올려서 작업을 계속하고 있다. 마지막에 소화기를 확대해서 보여주고 있다.

① 작업대에서 작업 중인 작업자는 안전대와 용접용 보안면 등 보호구를 착용하여야 한다.
② 고소작업대에서 용접작업 시 방염복 등 보호장구 착용, 불꽃비산방지 조치 및 소화기를 비치하고, 화재감시자 배치장소에는 하부에 감시인을 배치하여야 한다.
③ 작업대를 정기적으로 점검하고 붐·작업대 등 각 부위의 이상 유무를 확인할 것
④ 작업대의 붐대를 상승시킨 상태에서 탑승자는 작업대를 벗어나지 말 것
⑤ 작업대는 정격하중을 초과하여 물건을 싣거나 탑승하지 말 것

▲ 해당 답안 중 2가지 선택 기재

07 영상은 아파트 창틀에서 작업 중 발생한 재해사례를 보여주고 있다. 해당 동영상에서 작업자의 추락사고 재해원인을 2가지 쓰시오.(4점)

[기사1601B/기사1701A]

A, B 2명의 작업자가 아파트 창틀에서 작업 중에 A가 작업발판을 처마 위의 B에게 건네 준 후, B가 있는 옆 처마 위로 이동하려다 발을 헛디뎌 바닥으로 추락하는 재해 상황을 보여주고 있다. 이때 주변에 정리정돈이 되어 있지 않고, A작업자가 밟고 있던 콘크리트 부스러기가 추락할 때 같이 떨어진다.

① 작업발판 부실
② 추락방호망 미설치
③ 안전난간 미설치
④ 주변 정리정돈 불량
⑤ 안전대 미착용 및 안전대 부착설비 미설치

▲ 해당 답안 중 2가지 선택 기재

08 타워크레인을 이용한 양중작업을 보여주고 있다. 영상과 같이 타워크레인 작업 시 위험요인 2가지를 쓰시오. (6점)

[기사1202A/기사1203C/기사1303A/기사1502C/기사1703C/기사2001C/기사2202B]

타워크레인을 이용하여 철제 비계를 옮기는 중 안전모와 안전대를 미착용한 신호수가 있는 곳에서 흔들리다 작업자 위로 비계가 낙하하는 사고가 발생한 사례를 보여주고 있다.

① 크레인을 사용하여 작업하는 경우 인양 중인 화물이 작업자의 머리 위로 통과하지 않도록 미리 작업자 출입통제를 실시하여야 하지만 그렇지 않았다.
② 크레인을 사용하여 작업하는 경우 미리 슬링 와이어의 체결상태 등을 점검하여야 하지만 그렇지 않았다.
③ 보조로프를 설치하여 흔들림을 방지하여야 하지만 그렇지 않았다.
④ 운전자와 신호수 간에 무전기 등을 사용하여 신호하거나 일정한 신호방법을 미리 정하여 작업하여야 하지만 그렇지 않아 사고가 발생하였다.

▲ 해당 답안 중 2가지 선택 기재

09 영상은 교량하부 점검작업 중 발생한 재해사례를 보여주고 있다. 영상을 참고하여 해당 상황에서 필요한 추락방호망 설치기준에 대한 다음 설명의 ( ) 안을 채우시오.(3점)

[기사2202B]

교량의 하부를 점검하던 도중 작업자A가 작업자가 B에게 이동하던 중 갑자기 화면이 전환되면서 교량 하부에 설치된 그물을 비추고 화면이 회전하면서 흔들리는 영상을 보여주고 있다.

가) 추락방호망의 설치위치는 가능하면 작업면으로부터 가까운 지점에 설치하여야 하며, 작업면으로부터 망의 설치지점까지의 수직거리는 (①)미터를 초과하지 아니할 것
나) 추락방호망은 (②)으로 설치하고, 망의 처짐은 짧은 변 길이의 (③)퍼센트 이상이 되도록 할 것

① 10 　　　　　　　② 수평 　　　　　　　③ 12

01 영상은 인쇄윤전기를 청소하는 중에 발생한 재해사례이다. 이 동영상을 보고 작업 시 발생한 ① 위험점, ② 정의를 쓰시오.(5점)

[기사1202C/산기1203A/기사1303B/산기1501A/산기1502C/
기사1601C/산기1603B/산기1701A/기사1703C/산기1802A/기사1803C/산기2004B/기사2103A/기사2202C]

작업자가 인쇄용 윤전기의 전원을 끄지 않고 서로 맞물려서 돌아가는 롤러를 걸레로 닦고 있다. 작업자는 체중을 실어서 위험하게 맞물리는 지점까지 걸레를 집어넣고 열심히 닦고 있던 중, 손이 롤러기 사이에 끼어서 사고를 당하고, 사고 발생 후 전원을 차단하고 손을 빼내는 장면을 보여준다.

① 위험점 : 물림점
② 정의 : 롤러기의 두 롤러 사이와 같이 회전하는 두 개의 회전체에 물려 들어갈 위험이 있는 점을 말한다.

02 작업장 내부에서의 재해사례를 보여주고 있다. 재해의 유형과 불안전한 요소 2가지를 쓰시오.(6점)

[기사2002E/2202C]

작업장 내 하부 바닥의 철판을 교체하기 위하여 밸브의 해체작업을 하던 중 작업장소를 밝게 하기 위해 이동형 전등을 이동시켜 줄 것을 동료 작업자가 요청하여 해당 이동형 전등을 잡고 위치를 이동시키는 중 외함에 재해자의 손이 접촉되어 쓰러지는 재해를 보여주고 있다.

가) 재해의 유형 : 감전(=전류접촉)
나) 불안전한 요소
① 전원을 차단하지 않았다.
② 절연용 보호구를 착용하지 않았다.

03 목재 가공작업 중 발생한 재해상황을 보여주고 있다. 작업 중 위험요인과 설치해야 할 방호장치를 각각 2가지씩 쓰시오.(6점)

[기사2202C]

영상은 일반장갑을 착용한 작업자가 둥근톱을 이용하여 나무판자를 자르는 작업을 보여주고 있다. 둥근톱에 덮개가 없으며, 작업자는 보안경 및 방진마스크 등을 착용하지 않고 있다. 작업 중 곁눈질을 하는 등 부주의로 작업자의 손가락이 절단되는 재해가 발생한다.

가) 위험요인
　① 작업자가 보호구를 착용하지 않고 있다.
　② 방호장치가 설치되지 않았다.
　③ 작업 중에 집중하지 않고 부주의하였다.

나) 방호장치
　① 톱날접촉방지장치(덮개 등)　　② 반발예방장치(분할 날 등)
　③ 밀대(소형 목재 가공 시)

▲ 해당 답안 중 각각 2가지씩 선택 기재

04 맨홀(밀폐공간)에서 작업 중 발생한 재해영상이다. 작업자가 착용해야 할 호흡용 보호구를 2가지 쓰시오.(4점)

[기사1302C/기사1601A/기사1703B/기사1902A/기사2002B/기사2002C/산기2003B/기사2202C/기사2303A]

지하에 위치한 맨홀(밀폐공간)에서 전화선 복구작업을 하던 중 유해가스에 작업자가 쓰러지는 재해영상을 보여주고 있다.

① 공기호흡기　　　　　　② 송기마스크

05 영상은 특수 화학설비를 보여주고 있다. 화면과 연관된 특수 화학설비 내부의 이상상태를 조기에 파악하고 이에 따른 폭발·화재 또는 위험물의 누출을 방지하기 위하여 설치해야 할 장치 2가지를 쓰시오.(단, 온도계, 유량계, 압력계 등의 계측장치는 제외)(4점) [기사1902C/기사2003B/산기2201C/기사2202C/기사2303B]

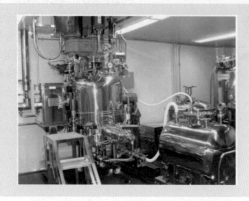

화학공장 내부의 특수 화학설비를 보여주고 있다. 작업자가 설비를 수리하기 위해 스패너로 배관을 두들기다가 스패너를 놓치는 모습을 보여준다.

① 자동경보장치　　　　　　　② (원재료 공급) 긴급차단장치
③ (제품 등의)방출장치　　　　④ 불활성가스의 주입장치
⑤ 냉가용수 등의 공급장치

▲ 해당 답안 중 2가지 선택 기재

06 이동식비계에서의 작업 영상이다. 영상을 참고하여 낙하 위험요인 3가지를 쓰시오.(6점) [기사2202C]

이동식비계의 3층에서 천장작업을 하고 있는 작업자가 보인다. 3층에는 난간이 없는 이동식비계이다.승강용 사다리는 설치하지 않았으며, 작업 중 비계를 고정하지 않아 움직이는 것이 보인다. 비계 위에서 파이프를 1줄걸이로 올리는 도중 떨어져 보호구를 착용하지 않은 아래 작업자가 다치는 재해가 발생한다.

① 낙하물 방지망이 설치되지 않았다.
② 수직보호망 또는 방호선반이 설치되지 않았다.
③ 출입금지구역이 설정되지 않았다.
④ 보호구를 착용하지 않았다.

▲ 해당 답안 중 3가지 선택 기재

07 영상은 2m 이상 고소작업을 하고 있는 이동식비계를 보여주고 있다. 다음 (   ) 안을 채우시오.(4점)

[기사1301A/기사1503A/기사1601A/기사1701C/기사1702C/기사1801C/기사1902C/기사1903B/기사2002B/기사2103C/기사2202C]

높이가 2m 이상인 이동식 비계의 작업발판을 설치하던 중 발생한 재해 상황을 보여주고 있다.

비계 작업발판의 폭은 (①)센티미터 이상으로 하고, 발판재료 간의 틈은 (②)센티미터 이하로 할 것

① 40   ② 3

08 영상은 이동식크레인을 이용하여 배관을 이동하는 작업이다. 영상을 보고 화물의 낙하·비래 위험을 방지하기 위한 사전 조치사항 3가지를 쓰시오.(6점)   [산기1201A/기사1301A/산기1302B/기사1401B/기사1403B/기사1501A/

기사1501B/기사1601B/산기1601B/산기1602A/기사1602C/기사1603C/기사1701A/산기1702B/

기사1801C/산기1802B/기사1802C/산기1901A/산기1901B/기사1903A/기사1902B/기사1903D/산기2001B/산기2003B/기사2202C/기사2203A]

신호수의 신호에 의해 이동식크레인을 이용하여 배관을 위로 올리는 작업현장을 보여주고 있다. 보조로프가 없어 배관이 근처 H빔에 부딪혀 흔들린다. 훅 해지장치는 보이지 않으며 배관 양쪽 끝에 와이어로 두바퀴를 감고 샤클로 채결한 상태이다. 흔들리는 배관을 아래쪽의 근로자가 손으로 지탱하려다가 배관이 근로자의 상체에 부딪혀 근로자가 넘어지는 사고가 발생한다.

① 작업 반경 내 관계 근로자 이외의 자는 출입을 금지한다.
② 와이어로프 및 슬링벨트의 안전상태를 점검한다.
③ 훅의 해지장치 및 안전상태를 점검한다.
④ 인양 도중에 화물이 빠질 우려가 있는지에 대해 확인한다.
⑤ 보조(유도)로프를 설치하여 화물의 흔들림을 방지한다.

▲ 해당 답안 중 3가지 선택 기재

09 보일러의 압력방출장치를 설치하는 모습을 보여주고 있다. 압력방출장치에 대한 다음 설명의 ( ) 안을 채우시오.(4점) [기사2202C]

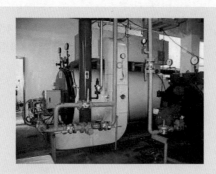

보일러의 압력방출장치를 보여주고 있다.

가) 사업주는 보일러의 안전한 가동을 위하여 압력방출장치를 1개 또는 2개 이상 설치하고 (①) 이하에서 작동되도록 하여야 한다.

나) 압력방출장치가 2개 이상 설치된 경우에는 최고사용압력 이하에서 1개가 작동되고, 다른 압력방출장치는 최고사용 압력 (②)배 이하에서 작동되도록 부착하여야 한다.

① 최고사용압력

② 1.05

01 안전장치가 달려있지 않은 둥근톱 기계에 고정식 접촉예방장치를 설치하고자 한다. 이때 ① 하단과 가공재 사이의 간격, ② 하단과 테이블 사이의 높이는 각각 얼마로 하여야 하는지를 각각 쓰시오.(4점)

[기사0901C/기사1602A/기사1603C/기사1703A/기사1901B/기사2001C/기사2003A/기사2201A/기사2302C]

안전장치가 달려있지 않은 둥근톱 기계를 보여준다. 고정식 접촉예방장치를 설치하려고 해당 장치의 설명서를 살펴보고 있다.

① 가공재 : 8mm 이하
② 테이블 상부 : 25mm 이하

02 강재의 연마작업을 보여주고 있다. 감전사고 예방을 위한 안전대책을 3가지쓰시오.(6점) [기사2201A]

안전모, 방진마스크, 절연 장갑을 착용한 작업자가 강재에 물을 뿌리면서 연마작업을 하는 모습을 보여주고 있다. 전선의 접속부는 고무장갑 안에 들어있는 것으로 보인다. 물이 바닥에 흥건하게 젖어있다.

① 누전차단기를 설치한다.
② 작업장 통로 바닥에 전선을 설치하지 않는다.
③ 습윤장소에서 충분히 절연효과를 갖는 이동전선을 사용한다.

03 영상은 콘크리트 파일 권상용 항타기를 보여주고 있다. 해당 영상을 보고 아래 설명의 ( ) 안을 채우시오.(6점)

[기사1302A/기사1503B/기사1703B/기사1803A/기사2003B/기사2201A]

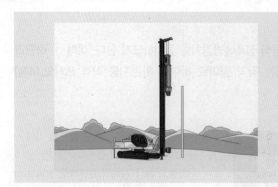

콘크리트 파일 권상용 항타기를 보여준다.

- 화면에 표시되는 항타기의 권상장치의 드럼축과 권상장치로부터 첫 번째 도르래의 축 간의 거리를 권상장치 드럼폭의 (①) 이상으로 해야 한다.
- 도르래는 권상장치의 드럼 (②)을 지나야 하며 축과 (③)상에 있어야 한다.

① 15배   ② 중심   ③ 수직면

04 동영상은 높이가 2m 이상인 조립식 비계의 작업발판을 설치하던 중 발생한 재해 상황을 보여주고 있다. 높이가 2m 이상인 작업장소에서의 작업발판 설치기준을 3가지 쓰시오.(단, 작업발판 폭과 틈의 크기는 제외한다)(6점)

[기사1903C/기사2001A/산기2003B/기사2201A/기사2302A/기사2303B]

작업자 2명이 비계 최상단에서 비계설치를 위해 발판을 주고 받다가 균형을 잡지 못하고 추락하는 재해상황을 보여주고 있다.

① 발판재료는 작업할 때의 하중을 견딜 수 있도록 견고한 것으로 할 것
② 추락의 위험이 있는 장소에는 안전난간을 설치할 것
③ 작업발판의 지지물은 하중에 의하여 파괴될 우려가 없는 것을 사용할 것
④ 작업발판재료는 뒤집히거나 떨어지지 않도록 둘 이상의 지지물에 연결하거나 고정시킬 것
⑤ 작업발판을 작업에 따라 이동시킬 경우에는 위험 방지에 필요한 조치를 할 것

▲ 해당 답안 중 3가지 선택 기재

05 영상은 손수레 하물을 하역하는 중 지게차와 부딪히는 재해장면을 보여주고 있다. 재해의 발생원인 3가지를 쓰시오.(6점)

[기사2201A/기사2302B]

근로자가 손수레에 하물을 부린 후 뒤돌아서 나오다가 과적하여 시야가 불안한 지게차와 충돌하는 사고가 발생한다.

① 지게차 운행경로 상에 다른 작업자가 작업을 하였다.
② 전방 시야확보가 충분하지 않아 사고가 발생하였다.
③ 유도자를 배치하지 않았다.

06 영상은 건물의 해체작업을 보여주고 있다. 화면상에 나타난 해체작업의 해체계획서 작성 시 포함사항 4가지를 쓰시오.(5점)

[기사1202C/산기1301A/기사1303C/산기1403A/기사1501A/기사1502B/
기사1602B/기사1702A/산기1702B/기사1802B/기사1803C/산기1902A/기사1903D/산기2003A/기사2103A/기사2201A]

커다란 가위손과 같은 기계장치가 건물을 해체하고 있는 모습을 보여주고 있다.

① 사업장 내 연락방법
② 해체물의 처분계획
③ 가설설비 · 방호설비 · 환기설비 및 살수 · 방화설비 등의 방법
④ 해체의 방법 및 해체 순서도면
⑤ 해체작업용 기계 · 기구 등의 작업계획서
⑥ 해체작업용 화약류 등의 사용계획서

▲ 해당 답안 중 4가지 선택 기재

07 승강기(리프트)를 타고 이동한 후 용접하는 영상이다. 리프트를 이용한 작업 시작 전 점검사항을 2가지 쓰시오.(4점)

[기사1202A/기사1303B/기사1601A/기사1801A/기사1801B/기사1902B/기사2003C/기사2201A]

테이블리프트(승강기)를 타고 이동한 후 고공에서 용접하는 영상을 보여주고 있다.

① 방호장치・브레이크 및 클러치의 기능
② 와이어로프가 통하고 있는 곳의 상태

08 영상은 슬라이스 작업 중 재해가 발생한 상황을 보여주고 있다. 슬라이스 기계 중 무채를 썰어내는 부분에서 형성되는 ① 위험점과 ② 그 정의를 쓰시오.(4점)

[기사1301C/기사1502C/기사2002A/기사2201A]

김치제조공장에서 슬라이스 작업 중 전원이 꺼져 무채를 써는(슬라이스) 기계의 작동이 정지되어 이를 점검하는 중 재해가 발생한 상황을 보여준다.

① 위험점 : 절단점
② 정의 : 회전하는 운동부 자체의 위험에서 초래되는 위험점이다.

09 이동식비계에서의 작업 영상이다. 영상을 참고하여 위험요인 2가지를 쓰시오.(4점)

[기사2004B/기사2101A/기사2102B/기사2103C/기사2201A]

2층에서 천장작업을 하고 있는 작업자가 보인다. 2층 난간이 앞뒤로는 없고, 양옆으로만 난간이 구성되어 있다. 목재로 된 작업발판이 비스듬하게 걸쳐져 있고, 각종 건축폐기물이 비계 한쪽에 어지럽게 흩어져있다. 승강용 사다리는 설치하지 않았으며, 작업 중 비계를 고정하지 않아 움직이는 것이 보인다.

① 이동식비계의 바퀴는 고정시킨 다음 견고한 시설물에 고정하거나 아웃트리거를 설치하여야 하는데 고정하지 않아 움직인다.

② 비계의 최상부는 안전난간을 설치하여야 하나 양옆으로만 설치하고 앞뒤로는 설치하지 않았다.

③ 승강용 사다리를 설치하지 않았다.

④ 작업현장 정리정돈이 제대로 되지 않았다.

▲ 해당 답안 중 2가지 선택 기재

01 화면의 작업상황에서와 같이 작업자의 손이 말려 들어가는 부분에서 형성되는 ① 위험점, ② 정의를 쓰시오.
(4점)

[산기1203B/산기1303A/기사1402C/산기1403B/
산기1603A/산기1303A/산기1702B/기사1702C/산기2002B/산기2003C/기사2004A/기사2101A/기사2102C/기사2201B/기사2302C]

작업자가 회전물에 샌드페이퍼(사포)를 감아 손으로 지지하고 있다. 위험점에 작업복과 손이 감겨 들어가는 동영상이다.

① 위험점 : 회전말림점
② 정의 : 회전하는 기계의 운동부 자체에 작업복 등이 말려들 위험이 존재하는 점을 말한다.

02 영상은 습윤한 장소에서 이동전선을 사용하는 화면이다. 사용하기 전 점검사항 2가지를 쓰시오.(4점)

[기사1202A/기사1303A/기사1603C/기사1802A/기사2001C/기사2201B]

영상은 작업자가 단무지가 들어있는 수조에 수중펌프를 설치하는 작업을 하고 있는 상황이다. 설치를 끝내고 펌프를 작동시킴과 동시에 작업자가 감전되는 재해가 발생하는 상황을 보여주고 있다.

① 접속부위 절연상태 점검
② 절연저항 측정 실시
③ 전선의 피복 또는 외장의 손상유무 점검

▲ 해당 답안 중 2가지 선택 기재

03 영상은 항타기·항발기 장비로 땅을 파고 전주를 묻는 작업현장을 보여주고 있다. 고압선 주위에서 항타기·항발기 작업 시 안전 작업수칙 3가지를 쓰시오.(6점) [기사1203B/기사1301B/기사1402B/기사1403B/산기1501A /기사1502A/산기1602B/기사1701B/기사1901A/기사2002E/기사2101C/기사2102B/기사2201B]

항타기로 땅을 파고 전주를 묻는 작업현장에서 2~3명의 작업자가 안전모를 착용하고 작업하는 상황이다. 항타기에 고정된 전주가 조금 불안전한 듯 싶더니 조금씩 돌아가서 항타기로 전주를 조금 움직이는 순간 인접 활선전로에 접촉되어서 스파크가 일어난 상황을 보여준다.

① 충전전로에 대한 접근 한계거리 이상을 유지한다.
② 인접 충전전로에 대하여 절연용 방호구를 설치한다.
③ 해당 충전전로에 접근이 되지 않도록 울타리를 설치하거나 감시인을 배치한다.
④ 작업자는 해당 전압에 적합한 절연용 보호구 등을 착용하거나 사용한다.
⑤ 근로자가 충전전로 인근의 높은 곳에서 작업할 때에 대지전압이 50킬로볼트 이하인 경우에는 300센티미터 이내로 접근할 수 없도록 할 것

▲ 해당 답안 중 3가지 선택 기재

04 영상은 고소작업대 이동 중 발생한 재해영상이다. 고소작업대 이동 시 준수사항을 3가지 쓰시오.(6점) [기사1903D/기사2201B/산기2201B]

고소작업대가 이동 중 부하를 이기지 못하고 옆으로 넘어지는 전도재해가 발생한 상황을 보여주고 있다.

① 작업대를 가장 낮게 내릴 것
② 작업자를 태우고 이동하지 말 것
③ 이동통로의 요철상태 또는 장애물의 유무 등을 확인할 것

05 영상은 이동식크레인을 이용하여 배관을 이동하는 작업이다. 영상을 보고 위험요인 3가지를 쓰시오.(6점)

[산기1201B/산기1302B/산기1403B/산기1903A/산기1903B/기사2001B/기사2002B/기사2003B/기사2201B]

신호수의 신호에 의해 이동식크레인을 이용하여 배관을 위로 올리는 작업현장을 보여주고 있다. 보조로프가 없어 배관이 근처 H빔에 부딪혀 흔들린다. 훅 해지장치는 보이지 않으며 배관 양쪽 끝에 와이어로 두바퀴를 감고 샤클로 채결한 상태이다. 흔들리는 배관을 아래쪽의 근로자가 손으로 지탱하려다가 배관이 근로자의 상체에 부딪혀 근로자가 넘어지는 사고가 발생한다.

① 작업 반경 내 작업과 관계없는 근로자가 출입하고 있다.
② 보조(유도)로프를 설치하지 않아 화물이 빠질 위험이 있다.
③ 훅의 해지장치 및 안전상태를 점검하지 않았다.
④ 와이어로프가 불안정 상태를 안정시킬 방안을 마련하지 않고 인양하여 위험에 노출되었다.

▲ 해당 답안 중 3가지 선택 기재

06 영상은 개인보호구(방열복)에 대한 영상이다. 해당 보호구 내열원단의 시험성능기준에 대한 설명에서 (   )안을 채우시오.(3점)

[기사1902C/기사2103A/기사2201B]

작업자가 착용하는 방열복, 방열두건, 방열장갑 등을 보여주고 있다.

가) 난연성 : 잔염 및 잔진시간이 (①) 미만이고 녹거나 떨어지지 말아야 하며, 탄화길이가 (②) 이내 일 것
나) 절연저항 : 표면과 이면의 절연저항이 (③) 이상일 것

① 2초   ② 102mm   ③ 1MΩ

07 동영상은 그라인더로 작업하는 중 발생한 재해를 보여주고 있다. 누전에 의한 감전위험을 방지하기 위하여 누전차단기를 설치해야 하는 기계·기구 3가지를 쓰시오.(6점)

[기사1601A/기사1703A/기사1802A/기사1901B/기사2001A/기사2201B/기사2303A]

작업자 한 명이 분전반을 통해 연결한 콘센트에 플러그를 꽂고 그라인더 앵글작업을 진행하는 중에 또 다른 작업자 한 명이 다가와 콘센트에 플러그를 꽂으려고 전기선을 만지다가 감전되어 쓰러지는 영상이다. 작업장 주변에 물이 고여있고 전선 등이 널려있다.

① 대지전압이 150볼트를 초과하는 이동형 또는 휴대형 전기기계·기구
② 물 등 도전성이 높은 액체가 있는 습윤장소에서 사용하는 저압용 전기기계·기구
③ 철판·철골 위 등 도전성이 높은 장소에서 사용하는 이동형 또는 휴대형 전기기계·기구
④ 임시배선의 전로가 설치되는 장소에서 사용하는 이동형 또는 휴대형 전기기계·기구

▲ 해당 답안 중 3가지 선택 기재

08 이동식비계에서의 작업 영상이다. 영상을 참고하여 위험요인 2가지를 쓰시오.(4점)

[기사2004B/기사2101A/기사2102B/기사2103C/기사2201A/기사2201B]

2층에서 천장작업을 하고 있는 작업자가 보인다. 2층 난간이 앞뒤로는 없고, 양옆으로만 난간이 구성되어 있다. 목재로 된 작업발판이 비스듬하게 걸쳐져 있고, 각종 건축폐기물이 비계 한쪽에 어지럽게 흩어져있다. 승강용 사다리는 설치하지 않았으며, 작업 중 비계를 고정하지 않아 움직이는 것이 보인다.

① 이동식비계의 바퀴는 고정시킨 다음 견고한 시설물에 고정하거나 아웃트리거를 설치하여야 하는데 고정하지 않아 움직인다.
② 비계의 최상부는 안전난간을 설치하여야 하나 양옆으로만 설치하고 앞뒤로는 설치하지 않았다.
③ 승강용 사다리를 설치하지 않았다.
④ 작업현장 정리정돈이 제대로 되지 않았다.

▲ 해당 답안 중 2가지 선택 기재

09 굴착공사 현장에서 흙막이 지보공을 설치한 후 정기적으로 점검해야 할 사항을 3가지 쓰시오.(6점)

[산기1902A/기사2002B/산기2003C/기사2201B]

대형건물의 건축현장이다. 굴착공사를 하면서 흙막이 지보공을 설치하고 이를 점검하는 모습을 보여준다.

① 부재의 손상·변형·부식·변위 및 탈락의 유무와 상태
② 버팀대 긴압의 정도
③ 부재의 접속부·부착부 및 교차부의 상태
④ 침하의 정도

▲ 해당 답안 중 3가지 선택 기재

01 영상은 컨베이어 관련 재해사례를 보여주고 있다. 컨베이어 작업 시작 전 점검사항 3가지를 쓰시오.(4점)

[기사1301C/기사1402C/산기1403A/기사1501C/산기1602B/기사1702B/산기1803A/산기2001B/기사2004B/기사2101B/기사2103B/기사2201C]

작은 공장에서 볼 수 있는 소규모 작업용 컨베이어를 작업자가 점검 중이다. 이때 다른 작업자가 전원스위치 쪽으로 서서히 다가오더니 전원버튼을 누르는 순간 점검 중이던 작업자의 손이 벨트에 끼이는 사고가 발생하는 영상을 보여준다.

① 원동기 및 풀리(Pulley) 기능의 이상 유무
② 이탈 등의 방지장치 기능의 이상 유무
③ 비상정지장치 기능의 이상 유무
④ 원동기 · 회전축 · 기어 및 풀리 등의 덮개 또는 울 등의 이상 유무

▲ 해당 답안 중 3가지 선택 기재

02 영상은 자동차 브레이크 라이닝을 세척하는 것을 보여주고 있다. 작업자가 착용해야 할 보호구 2가지를 쓰시오.(4점)

[기사1502A/기사1603C/기사1801C/기사1903A/산기2001A/기사2004A/기사2101B/기사2103C/기사2201C/기사2301C]

작업자들이 브레이크 라이닝을 화학약품을 사용하여 세척하는 작업과정을 보여주고 있다. 세정제가 바닥에 흩어져 있으며, 고무장화 등을 착용하지 않고 작업을 하고 있는 상태를 보여준다.

① 보안경
② 불침투성 보호복
③ 불침투성 보호장갑
④ 송기마스크(방독마스크)
⑤ 불침투성 보호장화

▲ 해당 답안 중 2가지 선택 기재

03 작업장 내부에서의 재해사례를 보여주고 있다. 재해의 유형과 불안전한 요소 1가지를 쓰시오.(4점)

[기사2002E/기사2201C/기사2202C]

작업장 내 하부 바닥의 철판을 교체하기 위하여 밸브의 해체작업을 하던 중 작업장소를 밝게 하기 위해 이동형 전등을 이동시켜 줄 것을 동료 작업자가 요청하여 해당 이동형 전등을 잡고 위치를 이동시키는 중 외함에 재해자의 손이 접촉되어 쓰러지는 재해를 보여주고 있다.

가) 재해의 유형 : 감전(=전류접촉)
나) 불안전한 요소 :
　① 전원을 차단하지 않았다.
　② 절연용 보호구를 착용하지 않았다.

▲ 나)의 답안 중 1가지 선택 기재

04 영상은 이동식크레인을 이용하여 배관을 운반하는 작업을 보여주고 있다. 이동식크레인 운전자의 준수수항 3가지를 쓰시오.(6점)

[기사1303C/기사1802A/기사2002C/기사2201C]

신호수의 신호에 의해 이동식크레인을 이용하여 배관을 위로 올리는 작업현장을 보여주고 있다. 보조로프가 없어 배관이 근처 H빔에 부딪혀 흔들린다. 훅 해지장치는 보이지 않으며 배관 양쪽 끝에 와이어로 두바퀴를 감고 샤클로 채결한 상태이다. 흔들리는 배관을 아래쪽의 근로자가 손으로 지탱하려다가 배관이 근로자의 상체에 부딪혀 근로자가 넘어지는 사고가 발생한다.

① 일정한 신호방법을 정하고 신호수의 신호에 따라 작업한다.
② 화물을 매단 채 운전석을 이탈하지 않는다.
③ 작업종료 후 크레인의 동력을 차단시키고 정지조치를 확실히 한다.

05 영상은 크랭크프레스로 철판에 구멍을 뚫는 작업에 대한 그림이다. 위험요소 3가지를 쓰시오.(6점)

[기사1502A/기사1701A/기사1802B/기사2004A/기사2201C]

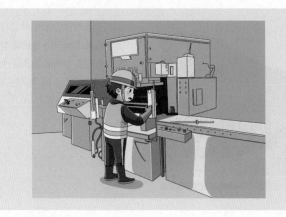

영상은 프레스로 철판에 구멍을 뚫는 작업현장을 보여준다. 주변 정리가 되지 않은 상태에서 작업자가 작업 중 철판에 걸린 이물질을 제거하기 위해 몸을 기울여 제거하는 중 실수로 페달을 밟아 프레스 손을 다치는 재해가 발생한다. 프레스에는 별도의 급정지장치가 부착되어 있지 않다.

① 프레스 페달을 발로 밟아 프레스의 슬라이드가 작동해 손을 다칠 수 있다.
② 금형에 붙어있는 이물질을 전용공구를 사용하지 않고 손으로 제거하고 있다.
③ 전원을 차단하지 않은 채 이물질 제거작업을 해 다칠 수 있다.
④ 페달 위에 U자형 커버 등 방호구를 설치하지 않았다.
⑤ 급정지장치 및 안전장치 등의 방호장치를 설치하지 않았다.

▲ 해당 답안 중 3가지 선택 기재

06 영상은 롤러기를 이용한 작업상황을 보여주고 있다. 긴급상황이 발생했을 때 롤러기를 급히 정지하기 위한 급정지장치의 조작부 설치 위치에 따른 급정지장치의 종류를 3가지로 분류해서 쓰시오.(6점)

[기사1701C/기사1902A/기사2101C/기사2201C]

작업자가 롤러기의 전원을 끄지 않은 상태에서 롤러기 측면의 볼트를 채운 후 롤러기 롤러 전면에 부착된 이물질을 불어내면서 면장갑을 착용한 채 손을 회전 중인 롤러에 대려다가 말려 들어가는 사고를 당하고 사고 발생 후 전원을 차단하고 손을 빼내는 장면을 보여준다.

① 손 조작식 : 밑면에서 1.8[m] 이내
② 복부 조작식 : 밑면에서 0.8~1.1[m]
③ 무릎 조작식 : 밑면에서 0.6[m] 이내

07 벨트에 묻은 기름과 먼지를 걸레로 청소하던 중 발생한 재해상황이다. 물음에 답하시오.(6점)

[기사2002B/기사2201C]

골재생산 작업장에서 작업자가 골재 이송용 컨베이어 벨트에 묻은 기름과 먼지를 걸레로 청소하던 중 상부 고정부분에 손이 끼이는 재해상황을 보여주고 있다.

① 위험점	② 재해형태	③ 재해형태의 정의

① 위험점 : 끼임점　　　　　　② 재해형태 : 협착(=끼임)

③ 정의 : 두 물체 사이의 움직임에 의하여 일어난 것으로 직선 운동하는 물체 사이의 협착, 회전부와 고정체 사이의 끼임, 롤러 등 회전체 사이에 물리거나 또는 회전체·돌기부 등에 감긴 경우

08 영상은 지게차 운행 중 발생한 사고를 보여주고 있다. 이 작업의 작업계획서에 포함될 사항 2가지를 쓰시오. (4점)

[기사1903C/기사2102C/2201C]

작업장에서 화물을 지게차로 옮기다 사고가 발생하는 장면을 보여주고 있다.

① 해당 작업에 따른 추락·낙하·전도·협착 및 붕괴 등의 위험 예방대책

② 차량계 하역운반기계 등의 운행경로 및 작업방법

09 영상은 아파트 공사현장의 비계다리 모습을 보여주고 있다. 작업자의 추락 또는 공구의 낙하로 인한 재해를 방지하기 위한 안전설비를 각각 1가지씩 쓰시오.(5점)

[기사2201C]

아파트 공사현장의 모습을 보여주고 있다.

가) 추락재해방지설비
　① 추락방호망　　② 작업발판　　③ 수직형 추락방망
나) 낙하재해방지설비
　① 낙하물방지망　② 수직보호망　③ 방호선반

▲ 해당 답안 중 각각 1가지씩 선택 기재

01 영상은 타워크레인이 무너진 재해현장을 보여주고 있다. 작업 중 강풍에 의해 작업을 중지하여야 하는 기준에 대한 다음 ( ) 안을 채우시오.(4점)

[기사1803C/기사2103A/기사2302B]

강풍에 의해 무너진 타워크레인 현장을 보여주고 있다.

가) 설치·수리·점검 또는 해체 작업을 중지하여야 하는 순간풍속은 (①)m/s
나) 운전 작업을 중지하여야 하는 순간풍속은 (②)m/s

① 10   ② 15

02 영상은 인쇄윤전기를 청소하는 중에 발생한 재해사례이다. 이 동영상을 보고 작업 시 발생한 ① 위험점, ② 정의를 쓰시오.(4점)

[기사1202C/산기1203A/기사1303B/산기1501A/산기1502C/

기사1601C/산기1603B/산기1701A/기사1703C/산기1802A/기사1803C/산기2004B/기사2103A]

작업자가 인쇄용 윤전기의 전원을 끄지 않고 서로 맞물려서 돌아가는 롤러를 걸레로 닦고 있다. 작업자는 체중을 실어서 위험하게 맞물리는 지점까지 걸레를 집어넣고 열심히 닦고 있던 중, 손이 롤러기 사이에 끼어서 사고를 당하고, 사고 발생 후 전원을 차단하고 손을 빼내는 장면을 보여준다.

① 위험점 : 물림점
② 정의 : 롤러기의 두 롤러 사이와 같이 회전하는 두 개의 회전체에 물려 들어갈 위험이 있는 점을 말한다.

03 영상은 지게차를 운행하기 전 운전자가 유압장치, 조정장치, 경보등 등을 점검하고 있음을 보여주고 있다. 지게차의 작업 시작 전 점검사항 3가지를 쓰시오.(6점)

[기사1103C/기사1803A/기사1902A/기사2001A/기사2103A/기사2202B/기사2302A]

작업자가 지게차를 사용하기 전에 지게차의 바퀴를 발로 차보고 조명을 켜보는 등 점검을 하고 있는 모습을 보여주고 있다.

① 제동장치 및 조종장치 기능의 이상 유무
② 하역장치 및 유압장치 기능의 이상 유무
③ 바퀴의 이상 유무
④ 전조등·후미등·방향지시기 및 경보장치 기능의 이상 유무

▲ 해당 답안 중 3가지 선택 기재

04 영상은 감전사고를 보여주고 있다. 재해를 예방할 수 있는 방안을 3가지 쓰시오.(6점)

[기사1403B/기사1503A/기사1701C/기사1802C/기사2103A]

영상은 작업자가 단무지가 들어있는 수조에 수중펌프를 설치하는 작업을 하고 있는 상황이다. 설치를 끝내고 펌프를 작동시킴과 동시에 작업자가 감전되는 재해가 발생하는 상황을 보여주고 있다.

① 모터와 전선의 이음새 부분을 작업 시작 전 확인 또는 작업 시작 전 펌프의 작동여부를 확인한다.
② 수중 및 습윤한 장소에서 사용하는 전선은 수분의 침투가 불가능한 것을 사용한다.
③ 감전방지용 누전차단기를 설치한다.

05 동영상은 낙하물이 근로자에게 위험을 미칠 우려가 있는 경우에 설치하는 낙하물방지망을 보여준다. 이에 대한 다음 설명 중 빈칸을 채우시오.(4점) [기사2103A/기사2302A/기사2303C]

건물 신축현장에서 고소에서 떨어 지는 낙하물이 아래 쪽 근로자에게 피해를 주는 것을 방지하기 위해서 낙하물방지망이 설치된 모습을 보 여주고 있다.

낙하물방지망 또는 방호선반을 설치하는 경우 높이 10미터 이내마다 설치하고, 내민 길이는 벽면으로부터 2미터 이상으로 해야 하며, 수평면과의 각도는 (①)도 이상 (②)도 이하를 유지한다.

① 20   ② 30

06 영상은 교류 아크용접작업 중 재해가 발생한 사례이다. 용접작업 중 재해를 예방하기 위해 작업자가 착용해야 할 보호구를 4가지 쓰시오.(4점) [기사2103A/기사2203A]

교류아크용접 작업장에서 작업자 혼 자 대형 관의 플랜지 아래 부위를 아크 용접하는 상황이다. 작업자의 왼손은 플랜지 회전 스위치를 조작하고 있으 며, 오른손으로는 용접을 하고 있다. 작업장 주위에는 인화성 물질로 보이 는 깡통 등이 용접작업장 주변에 쌓여 있는 상황이다.

① 용접용 보안면
② 용접용 안전장갑
③ 용접용 가죽 앞치마
④ 용접용 안전화

07 영상은 건물의 해체작업을 보여주고 있다. 화면상에 나타난 해체작업의 해체계획서 작성 시 포함사항 3가지를 쓰시오.(6점)

[기사1202C/산기1301A/기사1303C/산기1403A/기사1501A/기사1502B/기사1602B/기사1702A/산기1702B/기사1802B/기사1803C/산기1902A/기사1903D/산기2003A/기사2103A]

영상은 건물해체에 관한 장면으로 작업자가 위험부분에 머무르고 있어 사고 발생의 위험을 내포하고 있다.

① 사업장 내 연락방법   ② 해체물의 처분계획
③ 가설설비·방호설비·환기설비 및 살수·방화설비 등의 방법
④ 해체의 방법 및 해체 순서도면
⑤ 해체작업용 기계·기구 등의 작업계획서
⑥ 해체작업용 화약류 등의 사용계획서

▲ 해당 답안 중 3가지 선택 기재

08 굴착기계로 터널을 굴착하면서 흙을 버리는 장면을 보여주는 동영상이다. 동영상을 참고하여 해당 작업 시의 근로자 입장에서의 위험요인 2가지를 쓰시오.(5점)

[기사2103A]

터널 내부 굴착을 하는 모습을 보여준다. 분진이 많이 발생하는 모습이다. 컨베이어로 모래와 돌가루 등을 밖으로 내보내고 있는 모습을 보여준다. 컨베이어에 별도의 방호시설(덮개나 울)이 부착되어 있지 않다. TBM 기계 안으로 작업자가 드나들고 있으며, TBM 기계 주변에 방진마스크를 착용하지 않은 작업자들이 서 있다. TBM 기계에서 분진이 뿜어져 나오고 있다.

① 터널 내부에 분진이 많이 발생하고 있으나 방진마스크 착용 근로자를 찾기 힘들다.
② 분진을 없애기 위한 환기 및 살수 등의 대책이 마련되지 않았다.

09 영상은 개인보호구(방열복)에 대한 영상이다. 해당 보호구 내열원단의 시험성능기준에 대한 설명에서
( )안을 채우시오.(6점) [기사1902C/기사2103A/기사2201B]

작업자가 착용하는 방열복, 방
열두건, 방열장갑 등을 보여주
고 있다.

가) 난연성 : 잔염 및 잔진시간이 (①) 미만이고 녹거나 떨어지지 말아야 하며, 탄화길이가 (②) 이내 일 것
나) 절연저항 : 표면과 이면의 절연저항이 (③) 이상일 것

① 2초   ② 102mm   ③ 1MΩ

01 영상은 가스 저장소에서 발생한 재해 상황을 보여주고 있다. 누설감지경보기의 적절한 ① 설치위치 ② 경보설 정값이 몇 %가 적당한지 쓰시오.(5점)   [기사1401B/기사1502B/기사1702A/기사1803C/기사2002E/기사2103B/기사2302A]

LPG저장소에 가스누설감지경보기의 미설치로 인해 가스가 누설되어 화재 및 폭발 재해가 발생한 장면이다.

① 설치위치 : LPG는 공기보다 무거우므로 바닥에 인접한 곳에 설치한다.

② 설정값 : 폭발하한계의 25% 이하

02 영상은 작업자가 전주에 올라가다 표지판에 부딪혀 추락하는 재해를 보여주고 있다. 재해 발생 원인 2가지를 쓰시오.(4점)   [기사1202A/기사1303B/기사1502C/기사1801A/기사1903D/기사2103B]

전기형강작업을 위해 작업자가 전주에 올라가다 기존에 설치되어 있던 표지판에 부딪혀 추락하는 재해 상황을 보여주고 있다.

① 전주에 올라갈 때 방해를 주는 표지판을 이설하지 않고 작업하였다.

② 전주에 올라갈 때 머리 위의 시야를 확보하는 데 소홀했다.

③ 안전대 미착용으로 피해 발생했다.

▲ 해당 답안 중 2가지 선택 기재

03 영상은 아파트 창틀에서 작업 중 발생한 재해사례를 보여주고 있다. 해당 동영상에서 추락사고의 원인 3가지
를 간략히 쓰시오.(6점)

[기사1202B/산기1203B/기사1302B/기사1401B/산기1402B/기사1403A/기사1502B/
산기1503B/기사1601B/기사1701A/기사1702C/기사1801B/산기1901A/기사2001B/기사2004C/기사2101B/기사2102A/기사2103B]

A, B 2명의 작업자가 아파트 창틀에
서 작업 중에 A가 작업발판을 처마
위의 B에게 건네 준 후, B가 있는
옆 처마 위로 이동하려 발을 헛디
뎌 바닥으로 추락하는 재해 상황을
보여주고 있다. 이때 주변에 정리정
돈이 되어 있지 않고, A작업자가 밟
고 있던 콘크리트 부스러기가 추락
할 때 같이 떨어진다.

① 안전난간을 미설치하였다. ② 작업발판이 부실하다.
③ 주변 정리정돈이 불량하다. ④ 추락방호망을 설치하지 않았다.
⑤ 안전대 미착용 및 안전대 부착설비를 미설치하였다.

▲ 해당 답안 중 3가지 선택 기재

04 영상은 컨베이어 관련 재해사례를 보여주고 있다. 컨베이어 작업 시작 전 점검사항 3가지를 쓰시오.(6점)

[기사1301C/기사1402C/산기1403A/기사1501C/산기1602B/기사1702B/산기1803A/산기2001B/기사2004B/기사2101B/기사2103B]

작은 공장에서 볼 수 있는 소규모
작업용 컨베이어를 작업자가 점
검 중이다. 이때 다른 작업자가
전원스위치 쪽으로 서서히 다가
오더니 전원버튼을 누르는 순간
점검 중이던 작업자의 손이 벨트
에 끼이는 사고가 발생하는 영상
을 보여준다.

① 원동기 및 풀리(Pulley) 기능의 이상 유무
② 이탈 등의 방지장치 기능의 이상 유무
③ 비상정지장치 기능의 이상 유무
④ 원동기·회전축·기어 및 풀리 등의 덮개 또는 울 등의 이상 유무

▲ 해당 답안 중 3가지 선택 기재

05 영상은 전기드릴을 이용하여 수행하는 위험한 작업을 보여주고 있다. 위험요인을 2가지 쓰시오.(4점)

[기사1703C/기사1803C/기사1903A/기사2001B/기사2001C/기사2004A/기사2101C/기사2103B/기사2202A/기사2203A/기사2303C]

작업자가 공작물을 맨손으로 잡고 전기드릴을 이용해서 작업물의 구멍을 넓히는 작업을 하는 것을 보여주고 있다. 안전모와 보안경을 착용하지 않고 있으며, 방호장치도 설치되어 있지 않은 상태에서 일반 목장갑을 끼고 작업하다가 이물질을 입으로 불어 제거하고, 동시에 손으로 제거하려다 드릴에 손을 다치는 장면을 보여주고 있다.

① 보안경과 작업모 등의 안전보호구를 미착용하고 있다.
② 안전덮개 등 방호장치가 설치되어있지 않다.
③ 회전기계를 사용하면서 목장갑을 착용하고 있다.
④ 이물질을 제거하면서 전원을 차단하지 않았다.
⑤ 이물질을 손으로 제거하고 있다.

▲ 해당 답안 중 2가지 선택 기재

06 강재의 연마작업 모습을 보여주고 있다. 동영상을 참고하여 연마작업 시 감전사고 예방을 위한 안전대책 2가지를 쓰시오.(6점)

[기사2102A/기사2103B]

고무장갑을 착용하고 방진마스크를 착용하지 않은 작업자가 강재에 물을 뿌리며 연마작업을 하고 있다. 전선의 접속부를 고무장갑 안쪽에 넣은 후 물에 젖은 바닥에 둔다. 작업자가 감전되는 모습을 보여준다.

① 임시배선의 전로가 설치된 장소에 누전차단기를 설치한다.
② 물 등의 도전성이 높은 액체가 있는 습윤한 장소에서 작업중 이동전선 및 이의 부속 접속기구에 접촉할 우려가 있는 경우 충분한 절연효과가 있는 것을 사용하여야 한다.
③ 통로바닥에 전선 또는 이동전선 등을 설치하여 사용하여서는 안된다.

▲ 해당 답안 중 2가지 선택 기재

07 영상은 연삭기를 이용한 작업 화면이다. 화면에서 나오는 연삭기 작업에 사용하는 ① 방호장치와 안전한 ② 설치각도를 쓰시오.(4점) [기사1401B/기사1601C/기사2101C/기사2103B/기사2202A/기사2303B]

휴대용 연삭기를 이용하여 목재의 각진 부분을 연마하는 작업을 보여 주고 있다.

① 덮개
② 180° 이상(노출각도는 180° 이내)

08 동영상은 실험실에서 유해물질을 취급하고 있는 장면이다. 영상을 참고하여 필요한 보호구를 3가지 쓰시오. (6점) [기사2102C/기사2103B]

작업자가 아무런 보호구도 착용하지 않고 유리병을 황산(H_2SO_4)이 들어있는 용기를 만지다 용기가 바닥으로떨어지는 모습을 보여주고 있다. 용기가 깨져 황산이 실험실 바닥에 퍼지는 모습과 함께 작업자의 갈색 운동화를 보여준다.

① 불침투성 보호복　　　　② 불침투성 보호장갑
③ 불침투성 보호장화　　　④ 방독마스크
⑤ 보안경　　　　　　　　⑥ 내산 안전장화

▲ 해당 답안 중 3가지 선택 기재

09 영상은 이동식크레인으로 작업하는 현장을 보여주고 있다. 충전전로 인근에서 작업 시 조치사항에 대한 다음 ( ) 안을 채우시오.(4점) [기사2004B/기사2101A/기사2102C/기사2103B]

고압선 아래에서 항타기를 이용해 전주를 심는 작업을 하고 있다. 작업 중 붐대가 고압선에 접촉하여 스파크가 일어나는 상황을 보여준다.

가) 충전전로를 취급하는 근로자에게 그 작업에 적합한 (①)를 착용시킬 것
나) 충전전로에 근접한 장소에서 전기작업을 하는 경우에는 해당 전압에 적합한 (②)를 설치할 것. 다만, 저압인 경우에는 해당 전기작업자가 (①)를 착용하되, 충전전로에 접촉할 우려가 없는 경우에는 (②)를 설치하지 아니할 수 있다.

① 절연용 보호구
② 절연용 방호구

01 동영상은 전기작업 중의 모습을 보여주고 있다. 작업 중 위험요인을 3가지 쓰시오.(6점) [기사2103C]

작업자 2명이 면장갑을 끼고 전신주 근처의 고소에서 전기작업중이다. 이동식 크레인이 전신주에 근접한 상태이고 여기에 탑승한 작업자 중 1명은 안전대와 안전모를 미착용하고 전기작업중이다. 나머지 1명은 안전대와 안전모를 착용한 상태이다. 작업현장의 아래쪽에 또 다른 안전모를 착용한 작업자가 작업을 구경하고 있고, 그 옆을 일반인이 지나가면서 공사장면을 쳐다본다.

① 안전모 및 안전대 미착용
② 관계 근로자 외 출입금지 지켜지지 않음
③ 전기작업중 내전압용 절연장갑을 착용하지 않고 면장갑을 착용

02 영상은 자동차 브레이크 라이닝을 세척하는 것을 보여주고 있다. 작업자가 착용해야 할 보호구 2가지를 쓰시오.(4점) [기사1502A/기사1603C/기사1801B/기사1903B/산기2001A/기사2004A/기사2101B/기사2103C/기사2201C/기사2301C]

작업자들이 브레이크 라이닝을 화학약품을 사용하여 세척하는 작업과정을 보여주고 있다. 세정제가 바닥에 흩어져 있으며, 고무장화 등을 착용하지 않고 작업을 하고 있는 상태를 보여준다.

① 보안경   ② 불침투성 보호복   ③ 불침투성 보호장갑
④ 송기마스크(방독마스크)   ⑤ 불침투성 보호장화

▲ 해당 답안 중 2가지 선택 기재

03 영상은 변압기 측정 중 일어난 재해 상황이다. 재해 발생원인을 2가지 쓰시오.(6점)

[기사1202C/기사1301C/기사1303A/기사1402B/기사1501C/기사1503B/기사1701B/기사1702C/기사1901C/기사2102A/기사2103C]

영상에서 A작업자가 변압기의 2차 전압을 측정하기 위해 유리창 너머의 B작업자에게 전원을 투입하라는 신호를 보낸다. A작업자의 측정 완료 후 다시 차단하라고 신호를 보내고 전원이 차단되었다고 생각하고 측정기기를 철거하다 감전사고가 발생되는 장면을 보여주고 있다.(이때 작업자 A는 맨손에 슬리퍼를 착용하고 있다.)

① 작업자가 절연용 보호구(내전압용 절연장갑, 절연장화)를 미착용하고 있다.
② 작업자 간의 신호전달이 정확하게 이루어지지 않았다.
③ 작업자가 안전 확인을 소홀히 했다.

▲ 해당 답안 중 2가지 선택 기재

04 이동식비계에서의 작업 영상이다. 영상을 참고하여 위험요인 2가지를 쓰시오.(4점)

[기사2004B/기사2101A/기사2102B/기사2103C/기사2303C]

2층에서 천정작업을 하고 있는 작업자가 보인다. 2층 난간이 앞뒤로는 없고, 양옆으로만 난간이 구성되어 있다. 목재로 된 작업발판이 비스듬하게 걸쳐져 있고, 각종 건축폐기물이 비계 한쪽에 어지럽게 흩어져있다. 승강용 사다리는 설치하지 않았으며, 작업 중 비계를 고정하지 않아 움직이는 것이 보인다.

① 이동식비계의 바퀴를 브레이크·쐐기 등으로 고정시키지 않았다.
② 이동식비계의 일부를 견고한 시설물에 고정하거나 아웃트리거를 설치하여야 하는데 고정하지 않았다.
③ 비계의 최상부는 안전난간을 설치하여야 하나 양옆으로만 설치하고 앞뒤로는 설치하지 않았다.
④ 승강용 사다리를 설치하지 않았다.

▲ 해당 답안 중 2가지 선택 기재

05 영상은 2m 이상 고소작업을 하고 있는 이동식비계를 보여주고 있다. 다음 (   ) 안을 채우시오.(4점)

[기사1301A/기사1503A/기사1601A/기사1701C/기사1702C/기사1801C/기사1902C/기사1903B/기사2002B/기사2103C]

높이가 2m 이상인 이동식 비계의 작업발판을 설치하던 중 발생한 재해 상황을 보여주고 있다.

비계 작업발판의 폭은 (①)센티미터 이상으로 하고, 발판재료 간의 틈은 (②)센티미터 이하로 할 것

① 40   ② 3

06 영상은 밀폐공간에서의 작업 영상을 보여주고 있다. 산업안전보건법령상 밀폐공간에서의 작업 시 특별교육 내용을 4가지 쓰시오.(단, 그 밖에 안전·보건관리에 필요한 사항은 제외)(4점) [기사2103C/기사2303C]

작업 공간 외부에 존재하던 국소배기장치의 전원이 다른 작업자의 실수에 의해 차단됨에 따라 탱크 내부의 밀폐된 공간에서 그라인더 작업을 수행 중에 있는 작업자가 갑자기 의식을 잃고 쓰러지는 상황을 보여주고 있다.

① 산소농도 측정 및 작업환경에 관한 사항
② 사고 시의 응급처치 및 비상 시 구출에 관한 사항
③ 보호구 착용 및 보호 장비 사용에 관한 사항
④ 작업내용·안전작업방법 및 절차에 관한 사항
⑤ 장비·설비 및 시설 등의 안전점검에 관한 사항

▲ 해당 답안 중 4가지 선택 기재

07 동영상은 전주에 작업자가 올라서서 전기형강 교체작업을 하던 중 추락하는 장면이다. 위험요인 2가지를 쓰시오.(4점) [기사1302A/기사1403C/기사1601A/기사1702B/기사1803C/산기1901B/기사2001A/산기2002C/기사2102B/기사2103C]

작업자가 안전대를 착용하고 있으나 이를 전주에 걸지 않은 상태에서 전주에 올라서서 작업발판(볼트)을 딛고 변압기 볼트를 조이는 중 추락하는 영상이다. 작업자는 안전대를 착용하지 않고, 안전화의 끈이 풀려있는 상태에서 불안정한 발판 위에서 작업 중 사고를 당했다.

① 작업자가 안전대를 전주에 걸지 않고 작업하고 있어 추락위험이 있다.
② 작업자가 딛고 선 발판이 불안하여 위험에 노출되어 있다.
③ 안전화의 끈이 풀려있는 등 작업자 복장이 작업에 적합하지 않다.

▲ 해당 답안 중 2가지 선택 기재

08 작업자가 대형 관의 플랜지 아랫부분에 교류 아크용접작업을 하고 있는 영상이다. 확인되는 작업 중 위험요인 3가지를 쓰시오.(6점) [기사1903D/기사2001C/산기2002A/기사2102C/기사2103C/기사2203C]

교류아크용접 작업장에서 작업자 혼자 대형 관의 플랜지 아래 부위를 아크 용접하는 상황이다. 작업자의 왼손은 플랜지 회전 스위치를 조작하고 있으며, 오른손으로는 용접을 하고 있다. 작업장 주위에는 인화성 물질로 보이는 깡통 등이 용접작업장 주변에 쌓여있는 상황이다.

① 단독작업으로 감시인이 없어 작업장 상황파악이 어렵다.
② 작업현장에 인화성 물질이 쌓여있는 등 화재의 위험이 높다.
③ 용접불티 비산방지덮개, 용접방화포 등 불꽃, 불티 등의 비산방지조치가 되어있지 않다.
④ 화기작업에 따른 인근 가연성물질에 대한 방호조치 및 소화기구 비치가 되어있지 않다.
⑤ 케이블이 정리되지 않아 전도의 위험에 노출되어 있다.

▲ 해당 답안 중 3가지 선택 기재

09 영상은 박공지붕 설치작업 중 박공지붕의 비래에 의해 재해가 발생하는 장면을 보여주고 있다. 재해방지대책을 3가지 쓰시오.(6점) [기사1301B/산기1303B/기사1402C/산기1501B/산기1803B/산기2001A/기사2002E/기사2103C/기사2301A]

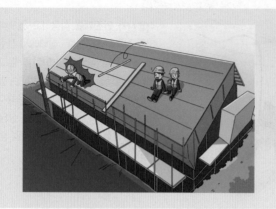

박공지붕 위쪽과 바닥을 보여주고 있으며, 지붕의 오른쪽에 안전난간, 추락방지망이 미설치된 화면과 지붕 위쪽 중간에서 커피를 마시면서 앉아 휴식을 취하는 작업자(안전모, 안전화 착용함)들과 작업자 왼쪽과 뒤편에 적재물이 적치되어 있는 상태이다. 뒤에 있던 삼각형 적재물이 굴러와 휴식 중이던 작업자를 덮쳐 작업자가 앞으로 쓰러지는 영상이다.

① 휴식은 안전한 장소에서 취하도록 한다.
② 추락방호망을 설치한다.
③ 안전대 부착설비 및 안전대를 착용한다.
④ 지붕의 가장자리에 안전난간을 설치한다.
⑤ 구름멈춤대, 쐐기 등을 이용하여 중량물의 동요나 이동을 조절한다.
⑥ 중량물이 구를 위험이 있는 방향 앞의 일정거리 이내로는 근로자의 출입을 제한한다.

▲ 해당 답안 중 3가지 선택 기재

01 영상은 에어컴프레셔를 이용해 기계설비를 청소하는 모습을 보여주고 있다. 동영상의 작업을 할 때 착용해야 하는 보호구를 3가지 쓰시오.(4점) [기사2102A]

별도의 보호구를 장착하지 않은 작업자가 개폐기함에 전원을 올린 후 기계설비 및 주변을 에어건으로 청소하고 있다. 바닥에까지 엎드려 기계의 밑부분까지 구석구석 바람을 쏘며 먼지를 제거하고 있다. 그러던 중 눈에 먼지가 들어갔는지 일어서면 눈을 찡그리고 아파한다.

① 보안경　　　　　　② 귀덮개　　　　　③ 방진마스크

02 영상은 작업자가 전동권선기에 동선을 감는 작업 중 기계가 정지하여 점검 중 발생한 재해사례를 보여주고 있다. 재해의 유형과 위험요소 1가지를 적으시오.(4점)

[기사1203A/기사1301B/기사1403B/기사1501A/기사1602A/기사1603A/기사1903D/기사2002B/기사2101B/기사2102A/기사2203A/기사2303C]

작업자(맨손, 일반 작업복)가 전동권선기에 동선을 감는 작업 중 기계가 정지하여 점검하면서 전기에 감전되는 재해사례이다.

가) 재해의 유형 : 감전(=전류접촉)
나) 위험요소
　　① 작업자가 절연용 보호구(내전압용 절연장갑)를 착용하지 않았다.
　　② 작업자가 전원을 차단하지 않은 채 점검을 하고 있다.

　　▲ 나)의 답안 중 1가지 선택 기재

03 영상은 선반작업 중 발생한 재해사례를 보여주고 있다. 화면에서와 같이 안전준수사항을 지키지 않고 작업할 때 일어날 수 있는 재해요인을 3가지 쓰시오.(6점) [기사1203A/기사1401A/기사1501A/기사1702A/기사1902C/기사2102A]

작업자가 회전물에 샌드페이퍼(사포)를 감아 손으로 지지하고 있다. 면장갑을 착용하고 보안경 없이 작업중이다. 주위 사람과 농담을 하며 산만하게 작업하다 위험점에 작업복과 손이 감겨 들어가는 동영상이다.

① 회전물에 샌드페이퍼(사포)를 감아 손으로 지지하고 있기 때문에 작업복과 손이 말려 들어갈 수 있다.
② 회전기계를 사용하는 중에 면장갑을 착용하고 있어 위험하다.
③ 작업에 집중하지 않았을 때 작업복과 손이 말려 들어갈 위험성이 존재한다.

04 동영상은 이동식비계의 조립하여 작업하는 모습을 보여주고 있다. 해당 작업 시 준수하여야 할 사항을 3가지 쓰시오.(6점) [기사2001A/기사2101B/기사2102A/기사2302B]

2층에서 작업을 하고 있는 작업자가 보인다. 2층 난간이 앞뒤로는 없고, 양옆으로만 난간이 구성되어 있다. 목재로 된 작업발판이 비스듬하게 걸쳐져 있고, 각종 건축폐기물이 비계 한쪽에 어지럽게 흩어져있다. 승강용 사다리는 설치하지 않았으며, 작업 중 비계를 고정하지 않아 움직이는 것이 보인다.

① 승강용 사다리는 견고하게 설치할 것
② 비계의 최상부에서 작업을 하는 경우에는 안전난간을 설치할 것
③ 작업발판의 최대적재하중은 250킬로그램을 초과하지 않도록 할 것
④ 이동식비계의 바퀴에는 뜻밖의 갑작스러운 이동 또는 전도를 방지하기 위하여 브레이크·쐐기 등으로 바퀴를 고정시킨 다음 비계의 일부를 견고한 시설물에 고정하거나 아웃트리거를 설치하는 등 필요한 조치를 할 것
⑤ 작업발판은 항상 수평을 유지하고 작업발판 위에서 안전난간을 딛고 작업을 하거나 받침대 또는 사다리를 사용하여 작업하지 않도록 할 것

▲ 해당 답안 중 3가지 선택 기재

05 영상은 변압기 측정 중 일어난 재해 상황이다. 재해 발생원인을 2가지 쓰시오.(4점)

[기사1202C/기사1301C/기사1303A/기사1402B/기사1501C/기사1503B/기사1701B/기사1702C/기사1901C/기사2102A/기사2103C]

영상에서 A작업자가 변압기의 2차 전압을 측정하기 위해 유리창 너머의 B작업자에게 전원을 투입하라는 신호를 보낸다. A작업자의 측정 완료 후 다시 차단하라고 신호를 보내고 전원이 차단되었다고 생각하고 측정기기를 철거하다 감전사고가 발생되는 장면을 보여주고 있다.(이때 작업자 A는 맨손에 슬리퍼를 착용하고 있다.)

① 작업자가 절연용 보호구(내전압용 절연장갑, 절연장화)를 미착용하고 있다.
② 작업자 간의 신호전달이 정확하게 이루어지지 않았다.
③ 작업자가 안전 확인을 소홀히 했다.

▲ 해당 답안 중 2가지 선택 기재

06 강재의 연마작업 모습을 보여주고 있다. 동영상을 참고하여 연마작업 시 감전사고 예방을 위한 안전대책 2가지를 쓰시오.(5점)

[기사2102A/기사2103B]

고무장갑을 착용하고 방진마스크를 착용하지 않은 작업자가 강재에 물을 뿌리며 연마작업을 하고 있다. 전선의 접속부를 고무장갑 안쪽에 넣은 후 물에 젖은 바닥에 둔다. 작업자가 감전되는 모습을 보여준다.

① 임시배선의 전로가 설치된 장소에 누전차단기를 설치한다.
② 물 등의 도전성이 높은 액체가 있는 습윤한 장소에서 작업중 이동전선 및 이의 부속 접속기구에 접촉할 우려가 있는 경우 충분한 절연효과가 있는 것을 사용하여야 한다.
③ 통로바닥에 전선 또는 이동전선 등을 설치하여 사용하여서는 안된다.

▲ 해당 답안 중 2가지 선택 기재

07 타워크레인으로 커다란 통을 인양중에 있는 장면을 보여주고 있다. 동영상을 참고하여 크레인 작업 시의 준수사항을 3가지 쓰시오.(6점) [산기2101A/기사2101C/기사2102A]

크레인으로 형강의 인양작업을 준비중이다. 유도로프를 사용해 작업자가 형강을 1줄걸이로 인양하고 있다. 인양된 형강은 철골 작업자에게 전달되어진다.

① 인양할 하물(荷物)을 바닥에서 끌어당기거나 밀어내는 작업을 하지 아니할 것
② 고정된 물체를 직접 분리·제거하는 작업을 하지 아니할 것
③ 미리 근로자의 출입을 통제하여 인양 중인 하물이 작업자의 머리 위로 통과하지 않도록 할 것
④ 유류드럼이나 가스통 등 운반 도중에 떨어져 폭발하거나 누출될 가능성이 있는 위험물 용기는 보관함(또는 보관고)에 담아 안전하게 매달아 운반할 것
⑤ 인양할 하물이 보이지 아니하는 경우에는 어떠한 동작도 하지 아니할 것

▲ 해당 답안 중 3가지 선택 기재

08 영상은 아파트 창틀에서 작업 중 발생한 재해사례를 보여주고 있다. 해당 동영상에서 추락사고의 원인 3가지를 간략히 쓰시오.(6점) [기사1202B/산기1203B/기사1302B/기사1401B/산기1402B/기사1403A/기사1502B/산기1503B/기사1601B/기사1701A/기사1702C/기사801B/산기1901A/기사2001B/기사2004C/기사2101B/기사2102A/기사2103B]

A, B 2명의 작업자가 아파트 창틀에서 작업 중에 A가 작업발판을 처마 위의 B에게 건네 준 후, B가 있는 옆 처마 위로 이동하려다 발을 헛디뎌 바닥으로 추락하는 재해 상황을 보여주고 있다. 이때 주변에 정리정돈이 되어 있지 않고, A작업자가 밟고 있던 콘크리트 부스러기가 추락할 때 같이 떨어진다.

① 작업발판 부실   ② 추락방호망 미설치
③ 안전난간 미설치   ④ 주변 정리정돈 불량
⑤ 안전대 미착용 및 안전대 부착설비 미설치

▲ 해당 답안 중 3가지 선택 기재

09 영상은 인쇄 윤전기를 청소하는 중에 발생한 재해사례이다. 영상을 보고 롤러기의 청소 시 위험요인과 안전작업수칙을 각각 2가지씩 쓰시오.(4점) [기사1301B/기사1302B/기사1402B/기사1403B/기사1503A/

기사1503B/기사1602C/기사1701B/기사1703B/기사1902C/기사2002C/기사2101A/기사2102A]

작업자가 인쇄용 윤전기의 전원을 끄지 않고 서로 맞물려서 돌아가는 롤러를 걸레로 닦고 있다. 작업자는 체중을 실어서 위험하게 맞물리는 지점까지 걸레를 집어넣고 열심히 닦고 있는 도중 손이 롤러기 사이에 끼어서 사고를 당하고, 사고 발생 후 전원을 차단하고 손을 빼내는 장면을 보여준다.

가) 위험요인

① 회전 중 롤러의 죄어 들어가는 쪽에서 직접 손으로 눌러 닦고 있어서 손이 물려 들어갈 위험이 있다.

② 전원을 차단하지 않고 청소를 함으로 인해 사고위험에 노출되어 있다.

③ 체중을 걸쳐 닦고 있음으로 해서 신체의 일부가 말려 들어갈 위험이 있다.

④ 안전장치가 없어서 걸레를 위로 넣었을 때 롤러가 멈추지 않아 손이 물려 들어갈 위험이 있다.

나) 안전대책

① 회전 중 롤러의 죄어 들어가는 쪽에서 직접 손으로 눌러 닦고 있어서 손이 물려 들어가게 되므로 전용의 청소도구를 사용한다.

② 청소를 할 때는 기계의 전원을 차단한다.

③ 체중을 걸쳐 닦고 있어서 물려 들어가게 되므로 바로 서서 청소한다.

④ 안전장치가 없어서 걸레를 위로 넣었을 때 롤러가 멈추지 않아 손이 물려 들어가므로 안전장치를 설치한다.

▲ 해당 답안 중 각각 2가지씩 선택 기재

01 섬유공장에서 기계가 돌아가고 있는 영상이다. 적절한 보호구를 3가지 쓰시오.(4점)

[기사1801B/산기1803A/기사2001C/기사2102B]

돌아가는 회전체가 보이고 작업자가 목장갑만 끼고 전기기구를 만지고 있음. 먼지가 많이 날리는지 먼지를 손으로 닦아내고 있고, 소음으로 인해 계속 얼굴 찡그리고 있는 것과 작업자의 귀와 눈을 많이 보여준다.

① 방진마스크   ② 보안경   ③ 귀덮개

02 영상은 화물을 지게차로 옮기다 사고가 발생하는 화면이다. 사고위험요인 3가지를 쓰시오.(6점)

[기사1302C/기사1803C/기사2004C/기사2101C/기사2102B]

화물을 지게차로 옮기는 것을 보여주는 영상이다. 화물이 과적되어 운전자의 시야를 방해하고 있으며, 적재된 화물의 일부가 주행 중 떨어져 지나가던 작업자를 덮치는 재해가 발생하였다. 별도의 유도자도 보이지 않고 있는 상황이다.

① 전방 시야확보가 충분하지 않아 사고 발생의 위험이 있다.
② 시야확보가 되지 않음에도 불구하고 유도자를 배치하지 않았다.
③ 화물을 불안정하게 적재하여 화물이 떨어질 위험이 있다.

03 영상은 영상표시단말기(VDT) 작업을 하고 있는 장면을 보여주고 있다. 이 작업에서 개선사항을 찾아 3가지를 쓰시오.(6점)

[기사1401B/기사1702A/기사1901A/기사2102B]

작업자가 사무실에서 의자에 앉아 컴퓨터를 조작하고 있다. 작업자의 의자 높이가 맞지 않아 다리를 구부리고 앉아있는 모습과 모니터가 작업자와 너무 가깝게 놓여 있는 모습, 키보드가 너무 높게 위치해 있어 불편하게 조작하는 모습을 보여주고 있다.

① 의자가 앞쪽으로 기울어져 요통에 위험이 있으므로 허리를 등받이 깊이 밀어 넣도록 한다.
② 키보드가 너무 높은 곳에 있어 손목에 무리를 주므로 키보드를 조작하기 편한 위치에 놓는다.
③ 모니터가 작업자와 너무 가깝게 있어 시력 저하의 우려가 있으므로 모니터를 적당한 위치(45~50cm)로 조정한다.

04 이동식비계에서의 작업 영상이다. 영상을 참고하여 위험요인 2가지를 쓰시오.(4점)

[기사2004B/기사2101A/기사2102B/기사2103C/기사2303C]

2층에서 천정작업을 하고 있는 작업자가 보인다. 2층 난간이 앞뒤로는 없고, 양옆으로만 난간이 구성되어 있다. 목재로 된 작업발판이 비스듬하게 걸쳐져 있고, 각종 건축폐기물이 비계 한쪽에 어지럽게 흩어져있다. 승강용 사다리는 설치하지 않았으며, 작업 중 비계를 고정하지 않아 움직이는 것이 보인다.

① 이동식비계의 바퀴를 브레이크·쐐기 등으로 고정시키지 않았다.
② 이동식비계의 일부를 견고한 시설물에 고정하거나 아웃트리거를 설치하여야 하는데 고정하지 않았다.
③ 비계의 최상부는 안전난간을 설치하여야 하나 양옆으로만 설치하고 앞뒤로는 설치하지 않았다.
④ 승강용 사다리를 설치하지 않았다.

▲ 해당 답안 중 2가지 선택 기재

05 영상에서 표시하는 구조물의 설치 기준에 관한 설명이다. ( ) 안을 채우시오.(4점)

[기사1803B/산기2003C/기사2101B/기사2102B]

가설통로를 지나던 작업자가 쌓아
둔 적재물을 피하다가 추락하는 영
상이다.

설치 시 경사는 (①)로 하여야 하며, 경사가 (②)하는 경우에는 미끄러지지 아니하는 구조로 할 것

① 30도 이하   ② 15도를 초과

06 영상은 항타기·항발기 장비로 땅을 파고 전주를 묻는 작업현장을 보여주고 있다. 고압선 주위에서 항타기·
항발기 작업 시 안전 작업수칙 3가지를 쓰시오.(6점)

[기사1402B/기사1403B/산기1501A/기사1502A/산기1602B/기사1701B/기사1901A/기사2002E/기사2101C/기사2102B/기사2301C]

항타기로 땅을 파고 전주를 묻는 작업
현장에서 2~3명의 작업자가 안전모
를 착용하고 작업하는 상황이다. 항
타기에 고정된 전주가 조금 불안전한
듯 싶더니 조금씩 돌아가서 항타기로
전주를 조금 움직이는 순간 인접 활선
전로에 접촉되어서 스파크가 일어난
상황을 보여준다.

① 충전전로에 대한 접근 한계거리 이상을 유지한다.
② 인접 충전전로에 대하여 절연용 방호구를 설치한다.
③ 해당 충전전로에 접근이 되지 않도록 울타리를 설치하거나 감시인을 배치한다.

07 영상은 천장크레인으로 물건을 옮기다 재해가 발생하는 장면을 보여주고 있다. 위험요인을 3가지 쓰시오.(6점)

[기사2102B/기사2203B]

천장크레인으로 물건을 옮기는 동영상으로 작업자는 한손으로는 조작스위치를, 또다른 손으로는 인양물을 잡고 있다. 1줄 걸이로 인양물을 걸고 인양 중 인양물이 흔들리면서 한쪽으로 기울고 결국에는 추락하고 만다. 작업장 바닥이 여러 가지 자재들로 어질러져 있고 인양물이 떨어지는 사태에 당황한 작업자도 바닥에 놓인 자재에 부딪혀 넘어지며 소리지르고 있다. 인양물을 걸었던 훅에는 해지장치가 달려있지 않다.

① 훅에 해지장치가 없다.　　　　　② 1줄 걸이로 인양물을 걸었다.
③ 유도로프를 사용하지 않아 인양물의 흔들림을 방지할 수 없다.
④ 작업장소 주변의 정리정돈이 되지 않았다.
⑤ 작업지휘자 없이 혼자서 단독작업을 하고 있고, 양손으로 작업하고 있어 위험하다.

▲ 해당 답안 중 3가지 선택 기재

08 동영상은 전주에 작업자가 올라서서 전기형강 교체작업을 하던 중 추락하는 장면이다. 위험요인 2가지를 쓰시오.(4점)　[기사1302A/기사1403C/기사1601A/기사1702B/기사1803C/산기1901B/기사2001A/산기2002C/기사2102B/기사2103C]

작업자가 안전대를 착용하고 있으나 이를 전주에 걸지 않은 상태에서 전주에 올라서서 작업발판(볼트)을 딛고 변압기 볼트를 조이는 중 추락하는 영상이다. 작업자는 안전대를 착용하지 않고, 안전화의 끈이 풀려있는 상태에서 불안정한 발판 위에서 작업 중 사고를 당했다.

① 작업자가 안전대를 전주에 걸지 않고 작업하고 있어 추락위험이 있다.
② 작업자가 딛고 선 발판이 불안하여 위험에 노출되어 있다.
③ 안전화의 끈이 풀려있는 등 작업자 복장이 작업에 적합하지 않다.

▲ 해당 답안 중 2가지 선택 기재

09 다양한 위험기계들이 나오는 영상이다. 해당 위험기계에 필요한 방호장치를 각각 1개씩 쓰시오.(5점)

[기사1903B/기사2102B]

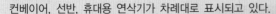

컨베이어, 선반, 휴대용 연삭기가 차례대로 표시되고 있다.

① (컨베이어) 비상정지장치, 건널다리, 덮개, 울
② (선반) 덮개, 울, 가드
③ (휴대용 연삭기) 덮개

▲ ①, ② 답안 중 1가지씩 선택 기재

01 영상은 지게차 운행 중 발생한 사고를 보여주고 있다. 이 작업의 작업계획서에 포함될 사항 2가지를 쓰시오. (4점)

[기사1903C/기사2102C/기사2301A]

작업장에서 화물을 지게차로 옮기다 사고가 발생하는 장면을 보여주고 있다.

① 해당 작업에 따른 추락·낙하·전도·협착 및 붕괴 등의 위험 예방대책
② 차량계 하역운반기계 등의 운행경로 및 작업방법

02 전기를 점검하는 도중 작업자의 몸에 통전되어 사망하는 사고가 발생하였다. 해당 사고의 재해유형과 가해물을 적으시오.(4점)

[기사1701B/기사1903B/기사2004C/기사2102C]

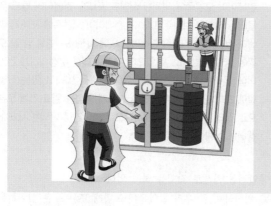

배전반에서 전기보수작업을 진행 중인 영상이다. 배전반을 사이에 두고 앞과 뒤에서 각각의 작업자가 점검과 보수를 진행하고 있다. 앞의 작업자가 절연내력시험기를 들고 스위치를 ON/OFF하며 점검 중인 상황에서 뒤쪽의 작업자가 쓰러지는 사고가 발생하였다.

① 재해유형 : 감전(=전류접촉)
② 가해물 : 전류

03 작업자가 대형 관의 플랜지 아랫부분에 교류 아크용접작업을 하고 있는 영상이다. 확인되는 작업 중 위험요인 2가지를 쓰시오.(4점)

[기사1903D/기사2001C/산기2002A/기사2102C/기사2103C/기사2203C]

교류아크용접 작업장에서 작업자 혼자 대형 관의 플랜지 아래 부위를 아크 용접하는 상황이다. 작업자의 왼손은 플랜지 회전 스위치를 조작하고 있으며, 오른손으로는 용접을 하고 있다. 작업장 주위에는 인화성 물질로 보이는 깡통 등이 용접작업장 주변에 쌓여있는 상황이다.

① 단독작업으로 감시인이 없어 작업장 상황파악이 어렵다.
② 작업현장에 인화성 물질이 쌓여있는 등 화재의 위험이 높다.
③ 용접불티 비산방지덮개, 용접방화포 등 불꽃, 불티 등의 비산방지조치가 되어있지 않다.
④ 화기작업에 따른 인근 가연성물질에 대한 방호조치 및 소화기구 비치가 되어있지 않다.
⑤ 케이블이 정리되지 않아 전도의 위험에 노출되어 있다.

▲ 해당 답안 중 2가지 선택 기재

04 영상은 컨베이어를 이용해 화물을 적재 중인 장면을 보여주고 있다. 영상에서의 작업 위험요인을 2가지 쓰시오.(6점)

[기사1301A/기사1403B/기사1502B/기사2004A/기사2102C]

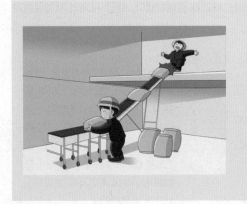

30도 정도의 경사를 가진 컨베이어 기계가 작동 중이고, 컨베이어 위에 작업자 A가, 아래쪽 작업장 바닥에 작업자 B가 있으며, 컨베이어 오른쪽에 위치한 시멘트 포대를 컨베이어 벨트 위로 올리는 작업을 보여주고 있다. 컨베이어 오른쪽에 포대가 많이 쌓여 있고, A는 경사진 컨베이어 위에 회전하는 벨트 양 끝 모서리에 양발을 벌리고 서 있으며, B가 포대를 무성의하게 컨베이어에 올리는 중에 컨베이어 위에 양발을 벌리고 있는 작업자 발에 포대 끝부분이 부딪혀 A가 무게 중심을 잃고 기계 오른쪽으로 쓰러진 후, 팔이 기계하단으로 들어가 절단되는 사고가 발생하는 상황을 보여주고 있다.

① 작업자가 양발을 컨베이어 양 끝에 지지하여 불안전한 자세로 작업을 하고 있다.
② 시멘트 포대가 컨베이어로부터 떨어져 근로자를 위험하게 할 우려가 있음에도 덮개 또는 울을 설치하는 등의 낙하 방지 조치를 하지 않았다.
③ 비상상황에서 비상정지장치를 사용하지 않았다.

▲ 해당 답안 중 2가지 선택 기재

05 화면의 작업상황에서와 같이 작업자의 손이 말려 들어가는 부분에서 형성되는 ① 위험점, ② 정의를 쓰시오. (5점)

[산기1203B/산기1303A/기사1402C/산기1403B/기사1503B/
산기1603A/산기1303A/산기1702B/기사1702C/산기2002B/산기2003C/기사2004A/기사2101A/기사2102C/기사2201B/기사2302C]

작업자가 회전물에 샌드페이퍼(사포)를 감아 손으로 지지하고 있다. 면장갑을 착용하고 보안경 없이 작업중이다.주위 사람과 농담을 하며 산만하게 작업하다 위험점에 작업복과 손이 감겨 들어가는 동영상이다.

① 위험점 : 회전말림점
② 정의 : 회전하는 기계의 운동부 자체에 작업복 등이 말려들 위험이 존재하는 점을 말한다.

06 영상은 마그네틱크레인으로 물건을 옮기다 재해가 발생하는 장면을 보여주고 있다. 위험요인을 3가지 쓰시오.(6점)

[기사1302C/기사1403C/기사1502B/기사2001B/산기2002B/기사2102C]

마그네틱크레인으로 물건을 옮기는 동영상으로 마그네틱을 금형 위에 올리고 손잡이를 작동시켜 이동시키고 있다. 작업자는 안전모를 미착용하고, 목장갑 착용하고 오른손으로 금형을 잡고, 왼손으로 상하좌우 조정장치(전기배선 외관에 피복이 벗겨져 있음)를 누르면서 이동 중이다. 갑자기 작업자가 쓰러지면서 오른손이 마그네틱 ON/ OFF 봉을 건드려 금형이 발등으로 떨어져 협착사고가 발생하는 상황을 보여주고 있다. 이때 크레인에는 훅 해지장치가 없고, 훅에 샤클이 3개 연속으로 걸려있는 상태이다.

① 훅에 해지장치가 없어 슬링와이어가 이탈 위험을 가지고 있다.
② 조정장치의 전선피복이 벗겨져 있어 전선 단선으로 인한 하물의 낙하 위험을 가지고 있다.
③ 작업자가 안전모 등 보호구를 착용하지 않았다.
④ 화물의 흔들림을 방지하는 보조기구를 사용하지 않았다.
⑤ 작업지휘자 없이 단독작업으로 사고발생의 위험이 있다.
⑥ 작업자가 작업반경 내 낙하 위험장소에서 조정장치를 조작하고 있다.
⑦ 작업자가 양손을 동시에 사용하여 스위치를 보지 않고 조작하다 오작동의 위험을 가지고 있다.

▲ 해당 답안 중 3가지 선택 기재

07 영상은 프레스기 외관을 점검하고 있는 모습을 보여주고 있다. 프레스 작업 시작 전 점검사항 4가지를 쓰시오.(6점)

[기사2002B/기사2102C/산기2103A/기사2301A]

작업자가 프레스의 외관을 살펴보면서 페달을 밟거나 전원을 올려 작동시험을 하는 등 점검작업을 수행 중이다.

① 클러치 및 브레이크의 기능 ② 프레스의 금형 및 고정볼트 상태
③ 방호장치의 기능 ④ 전단기의 칼날 및 테이블의 상태
⑤ 크랭크축·플라이휠·슬라이드·연결봉 및 연결 나사의 풀림 여부
⑥ 1행정 1정지기구·급정지장치 및 비상정지장치의 기능
⑦ 슬라이드 또는 칼날에 의한 위험방지 기구의 기능

▲ 해당 답안 중 4가지 선택 기재

08 동영상은 실험실에서 유해물질을 취급하고 있는 장면이다. 영상을 참고하여 필요한 보호구를 3가지 쓰시오. (6점)

[기사2102C/기사2103B]

작업자가 아무런 보호구도 착용하지 않고 유리병을 황산(H_2SO_4)이 들어있는 용기를 만지다 용기가 바닥으로떨어지는 모습을 보여주고 있다. 용기가 깨져 황산이 실험실 바닥에 퍼지는 모습과 함께 작업자의 갈색 운동화를 보여준다.

① 불침투성 보호복 ② 불침투성 보호장갑
③ 불침투성 보호장화 ④ 방독마스크
⑤ 보안경 ⑥ 내산 안전장화

▲ 해당 답안 중 3가지 선택 기재

09 영상은 이동식크레인으로 작업하는 현장을 보여주고 있다. 충전전로 인근에서 작업 시 조치사항에 대한 다음 ( ) 안을 채우시오.(4점) [기사2004B/기사2101A/기사2102C/기사2103B]

고압선 아래에서 항타기를 이용해 전주를 심는 작업을 하고 있다. 작업 중 붐대가 고압선에 접촉하여 스파크가 일어나는 상황을 보여준다.

가) 충전전로를 취급하는 근로자에게 그 작업에 적합한 (①)를 착용시킬 것
나) 충전전로에 근접한 장소에서 전기작업을 하는 경우에는 해당 전압에 적합한 (②)를 설치할 것. 다만, 저압인 경우에는 해당 전기작업자가 (①)를 착용하되, 충전전로에 접촉할 우려가 없는 경우에는 (②)를 설치하지 아니할 수 있다.

① 절연용 보호구
② 절연용 방호구

01 중량물을 취급하는 동영상을 보고 해당 내용에 대한 작업계획서에 제출할 내용을 3가지 쓰시오.(6점)

[기사1801C/기사2101A]

큰 회전체를 열고 회전체를 닦더니 다시 조립하고 있는 작업현장에 대한 영상이다. 조립하는 중 2인 1조 작업인데 한 작업자가 분해된 무거운 부품을 무리해서 들다가 허리가 삐끗하여 놓쳐서 옆 사람의 발등을 부품으로 눌러버리는 상황을 보여주고 있다.

① 추락위험을 예방할 수 있는 안전대책   ② 낙하위험을 예방할 수 있는 안전대책
③ 전도위험을 예방할 수 있는 안전대책   ④ 협착위험을 예방할 수 있는 안전대책
⑤ 붕괴위험을 예방할 수 있는 안전대책

▲ 해당 답안 중 3가지 선택 기재

02 영상은 화물을 매달아 올리는 장면을 보여주고 있다. 해당 작업을 시작하기 전 점검사항을 2가지 쓰시오.(단, 경보장치는 제외한다)(5점) [기사1402A/기사1503B/기사1701C/기사1702A/기사1802C/기사1803B/기사2001A/기사2004A/기사2101A]

이동식크레인 붐대를 보여준 후 와이어로프에 화물을 매달아 올리는 영상을 보여준다.

① 브레이크·클러치 및 조정장치의 기능
② 와이어로프가 통하고 있는 곳 및 작업장소의 지반상태

03 영상은 작업자가 용광로 근처에서 작업하고 있는 상황을 보여주고 있다. 용융고열물을 취급하는 설비를 내부에 설치한 건축물에 대하여 수증기 폭발을 방지하기 위한 사업주의 조치사항 2가지를 쓰시오.(4점)

[기사2101A]

아무런 보호구를 착용하지 않은 작업자가 쇳물이 들어가는 탕도 내에 고무래로 출렁이는 쇳물 표면을 젓고 당기면서 굳은 찌꺼기를 긁어내는 작업을 하고 있다. 찌꺼기를 긁어낸 후 고무래에 털어내는 영상이 보인다.

① 바닥은 물이 고이지 아니하는 구조로 할 것
② 지붕·벽·창 등은 빗물이 새어들지 아니하는 구조로 할 것

04 영상은 교량하부 점검 중 발생한 재해사례이다. 화면을 참고하여 사고 원인 3가지를 쓰시오.(6점)

[기사1303B/기사1501C/기사1701B/기사1802B/기사1903B/기사2101A]

교량의 하부를 점검하던 도중 작업자A가 작업자가 B에게 이동하던 중 갑자기 화면이 전환되면서 교량 하부에 설치된 그물을 비추고 화면이 회전하면서 흔들리는 영상을 보여주고 있다.

① 안전대 부착 설비 및 작업자가 안전대 착용을 하지 않았다.
② 추락방호망이 설치되지 않았다.
③ 안전난간 설치가 불량하다.
④ 작업장의 정리정돈이 불량하다.
⑤ 작업 전 작업발판 등에 대한 점검이 미비했다.

▲ 해당 답안 중 3가지 선택 기재

05 화면의 작업상황에서와 같이 작업자의 손이 말려 들어가는 부분에서 형성되는 ① 위험점, ② 정의를 쓰시오.
(4점) [산기1203B/산기1303A/기사1402C/산기1403B/기사1503B/
산기1603A/산기1303A/산기1702B/기사1702C/산기2002B/산기2003C/기사2004A/기사2101A/기사2102C/기사2201B/기사2302C]

작업자가 회전물에 샌드페이퍼(사
포)를 감아 손으로 지지하고 있다.
면장갑을 착용하고 보안경 없이 작
업중이다.주위 사람과 농담을 하며
산만하게 작업하다 위험점에 작업
복과 손이 감겨 들어가는 동영상이
다.

① 위험점 : 회전말림점
② 정의 : 회전하는 기계의 운동부 자체에 작업복 등이 말려들 위험이 존재하는 점을 말한다.

06 영상은 지하 피트의 밀폐공간 작업 동영상이다. 작업 시 준수해야 할 안전수칙 3가지를 쓰시오.(단, 감시자
배치는 제외)(6점) [기사1202C/기사1303B/기사1702C/기사1801C/기사1902A/기사2003A/기사2101A/기사2303B]

지하 피트 내부의 밀폐공간에서 작
업자들이 작업하는 영상이다.

① 작업 전에 산소 및 유해가스 농도를 측정하여 적정공기 유지 여부를 평가한다.
② 작업을 시작하기 전과 작업 중에 해당 작업장을 적정공기 상태가 유지되도록 환기하여야 한다.
③ 환기가 되지 않거나 곤란한 경우 공기호흡기 또는 송기마스크 착용하게 한다.
④ 밀폐공간에 근로자를 입장시킬 때와 퇴장시킬 때마다 인원을 점검한다.
⑤ 밀폐공간에 관계 근로자 외의 사람의 출입을 금지하고, 출입금지 표지를 게시한다.

▲ 해당 답안 중 3가지 선택 기재

07 이동식비계에서의 작업 영상이다. 영상을 참고하여 위험요인 2가지를 쓰시오.(4점)

[기사2004B/기사2101A/기사2102B/기사2103C/기사2303C]

2층에서 천정작업을 하고 있는 작업자가 보인다. 2층 난간이 앞뒤로는 없고, 양옆으로만 난간이 구성되어 있다. 목재로 된 작업발판이 비스듬하게 걸쳐져 있고, 각종 건축폐기물이 비계 한쪽에 어지럽게 흩어져있다. 승강용 사다리는 설치하지 않았으며, 작업 중 비계를 고정하지 않아 움직이는 것이 보인다.

① 이동식비계의 바퀴를 브레이크·쐐기 등으로 고정시키지 않았다.
② 이동식비계의 일부를 견고한 시설물에 고정하거나 아웃트리거를 설치하여야 하는데 고정하지 않았다.
③ 비계의 최상부는 안전난간을 설치하여야 하나 양옆으로만 설치하고 앞뒤로는 설치하지 않았다.
④ 승강용 사다리를 설치하지 않았다.

▲ 해당 답안 중 2가지 선택 기재

08 영상은 이동식크레인으로 작업하는 현장을 보여주고 있다. 충전전로 인근에서 작업 시 조치사항에 대한 다음 ( ) 안을 채우시오.(4점)

[기사2004B/기사2101A/기사2102C/기사2103B]

고압선 아래에서 항타기를 이용해 전주를 심는 작업을 하고 있다. 작업 중 붐대가 고압선에 접촉하여 스파크가 일어나는 상황을 보여준다.

가) 충전전로를 취급하는 근로자에게 그 작업에 적합한 (①)를 착용시킬 것
나) 충전전로에 근접한 장소에서 전기작업을 하는 경우에는 해당 전압에 적합한 (②)를 설치할 것. 다만, 저압인 경우에는 해당 전기작업자가 (①)를 착용하되, 충전전로에 접촉할 우려가 없는 경우에는 (②)를 설치하지 아니할 수 있다.

① 절연용 보호구   ② 절연용 방호구

09 영상은 인쇄 윤전기를 청소하는 중에 발생한 재해사례이다. 영상을 보고 롤러기의 청소 시 위험요인과 안전작업수칙을 각각 3가지씩 쓰시오.(6점) [기사1301B/기사1302B/기사1402B/기사1403B/기사1503A/기사1503B/기사1602C/기사1701B/기사1703B/기사1902C/기사2002C/기사2101A/기사2102A]

작업자가 인쇄용 윤전기의 전원을 끄지 않고 서로 맞물려서 돌아가는 롤러를 걸레로 닦고 있다. 작업자는 체중을 실어서 위험하게 맞물리는 지점까지 걸레를 집어넣고 열심히 닦고 있는 도중 손이 롤러기 사이에 끼어서 사고를 당하고, 사고 발생 후 전원을 차단하고 손을 빼내는 장면을 보여준다.

가) 위험요인
① 회전 중 롤러의 죄어 들어가는 쪽에서 직접 손으로 눌러 닦고 있어서 손이 물려 들어갈 위험이 있다.
② 전원을 차단하지 않고 청소를 함으로 인해 사고위험에 노출되어 있다.
③ 체중을 걸쳐 닦고 있음으로 해서 신체의 일부가 말려 들어갈 위험이 있다.
④ 안전장치가 없어서 걸레를 위로 넣었을 때 롤러가 멈추지 않아 손이 물려 들어갈 위험이 있다.

나) 안전대책
① 회전 중 롤러의 죄어 들어가는 쪽에서 직접 손으로 눌러 닦고 있어서 손이 물려 들어가게 되므로 전용의 청소도구를 사용한다.
② 청소를 할 때는 기계의 전원을 차단한다.
③ 체중을 걸쳐 닦고 있어서 물려 들어가게 되므로 바로 서서 청소한다.
④ 안전장치가 없어서 걸레를 위로 넣었을 때 롤러가 멈추지 않아 손이 물려 들어가므로 안전장치를 설치한다.

▲ 해당 답안 중 각각 3가지씩 선택 기재

01 영상은 지게차 주유 중 화재가 발생하는 상황을 보여주고 있다. 영상을 보고 재해발생형태와 불안전한 행동을 쓰시오.(6점)

[기사2101B]

지게차가 시동이 걸린 상태에서 경유를 주입하는 모습을 보여주고 있다. 이때 운전자는 차에서 내려 다른 작업자와 흡연을 하며 대화하는 중에 담뱃불에 의해 화재가 발생하는 장면을 보여준다.

① 재해형태 : 폭발
② 불안전한 행동 : 인화성 물질 옆에서 흡연

02 영상은 자동차 브레이크 라이닝을 세척하는 것을 보여주고 있다. 작업자가 착용해야 할 보호구 2가지를 쓰시오.(4점) [기사1502A/기사1603C/기사1801B/기사1903B/산기2001A/기사2004A/기사2101B/기사2103C/기사2201C/기사2301C]

작업자들이 브레이크 라이닝을 화학약품을 사용하여 세척하는 작업과정을 보여주고 있다. 세정제가 바닥에 흩어져 있으며, 고무장화 등을 착용하지 않고 작업을 하고 있는 상태를 보여준다.

① 보안경　　　　② 불침투성 보호복　　　　③ 불침투성 보호장갑
④ 송기마스크(방독마스크)　　　　⑤ 불침투성 보호장화

▲ 해당 답안 중 2가지 선택 기재

03 영상은 작업자가 전동권선기에 동선을 감는 작업 중 기계가 정지하여 점검 중 발생한 재해사례를 보여주고 있다. 재해의 유형과 위험요소 1가지를 적으시오.(4점)

[기사1203A/기사1301B/기사1403B/기사1501A/기사1602A/기사1603A/기사1903D/기사2002B/기사2101B/기사2102A/기사2203A/기사2303C]

작업자(맨손, 일반 작업복)가 전동 권선기에 동선을 감는 작업 중 기계가 정지하여 점검하면서 전기에 감전되는 재해사례이다.

가) 재해의 유형 : 감전(=전류접촉)

나) 위험요소

   ① 작업자가 절연용 보호구(내전압용 절연장갑)를 착용하지 않았다.

   ② 작업자가 전원을 차단하지 않은 채 점검을 하고 있다.

   ▲ 나)의 답안 중 1가지 선택 기재

04 영상은 아파트 창틀에서 작업 중 발생한 재해사례를 보여주고 있다. 해당 동영상에서 추락사고의 원인 3가지를 간략히 쓰시오.(6점)

[기사1202B/산기1203B/기사1302B/기사1401B/산기1402B/기사1403A/기사1502B/ 산기1503B/기사1601B/기사1701A/기사1702C/기사1801B/산기1901A/기사2001B/기사2004C/기사2101B/기사2102A/기사2103B]

A, B 2명의 작업자가 아파트 창틀에서 작업 중에 A가 작업발판을 처마 위의 B에게 건네 준 후, B가 있는 옆 처마 위로 이동하려다 발을 헛디뎌 바닥으로 추락하는 재해 상황을 보여주고 있다. 이때 주변에 정리정돈이 되어 있지 않고, A작업자가 밟고 있던 콘크리트 부스러기가 추락할 때 같이 떨어진다.

① 작업발판 부실   ② 추락방호망 미설치

③ 안전난간 미설치   ④ 주변 정리정돈 불량

⑤ 안전대 미착용 및 안전대 부착설비 미설치

   ▲ 해당 답안 중 3가지 선택 기재

05 영상은 유해물질 취급 작업장에서 발생한 재해사례이다. 이때 발생하는 ① 재해형태, ② 정의를 각각 쓰시오. (4점) [기사1202B/기사1303C/기사1601C/산기1801A/기사1802C/기사1903D/산기2003C/기사2004C/기사2101B/기사2301B]

작업자가 어떠한 보호구도 착용하지 않고 유리병을 황산(H_2SO_4)에 세척하다 갑자기 아파하는 장면을 보여주고 있다.

① 재해형태 : 유해·위험물질 노출·접촉
② 정의 : 유해·위험물질에 노출·접촉 또는 흡입하였거나 독성동물에 쏘이거나 물린 경우

06 영상은 컨베이어 관련 재해사례를 보여주고 있다. 컨베이어 작업 시작 전 점검사항 3가지를 쓰시오.(6점) [기사1301C/기사1402C/산기1403A/기사1501C/산기1602B/기사1702B/산기1803A/산기2001B/기사2004B/기사2101B/기사2103B/기사2201C]

작은 공장에서 볼 수 있는 소규모 작업용 컨베이어를 작업자가 점검 중이다. 이때 다른 작업자가 전원스위치 쪽으로 서서히 다가오더니 전원버튼을 누르는 순간 점검 중이던 작업자의 손이 벨트에 끼이는 사고가 발생하는 영상을 보여준다.

① 원동기 및 풀리(Pulley) 기능의 이상 유무
② 이탈 등의 방지장치 기능의 이상 유무
③ 비상정지장치 기능의 이상 유무
④ 원동기·회전축·기어 및 풀리 등의 덮개 또는 울 등의 이상 유무

▲ 해당 답안 중 3가지 선택 기재

07 원형톱을 이용해 물을 뿌리면서 대리석을 절단하는 영상을 보여주고 있다. 해당 작업 시 불안전한 행동을 찾아 3가지 쓰시오.(6점) [기사2101B]

영상은 대리석 절단작업 현장을 보여주고 있다. 절단작업 중 물의 수압을 조절하려는지 쇠파이프를 이용해서 작업자가 수압조절밸브를 조절하고 있다. 그 후 가동중인 기계의 레일 위를 이동한 후 전원스위치를 물 묻은 손으로 만지고 있다. 왼쪽의 원형톱(방호장치가 설치되지 않았다)이 갑자기 정지하자 면장갑을 낀 손으로 톱날을 돌려본다.

① 전원이 On 상태에서 원형톱의 톱날을 점검하고 있다.
② 원형톱에 방호장치(톱날접촉예방장치)가 설치되지 않았다.
③ 가동 중인 기계 위를 넘어다니고 있다.
④ 전원이 On 상태에서 수압조절밸브를 조절하고 있다.
⑤ 회전기계를 사용중에 면장갑을 착용하고 있다.

▲ 해당 답안 중 3가지 선택 기재

08 영상에서 표시하는 구조물의 설치 기준에 관한 설명이다. ( ) 안을 채우시오.(4점)
[기사1803B/산기2003C/기사2101B/기사2102B]

가설통로를 지나던 작업자가 쌓아둔 적재물을 피하다가 추락하는 영상이다.

설치 시 경사는 (①)로 하여야 하며, 경사가 (②)하는 경우에는 미끄러지지 아니하는 구조로 할 것

① 30도 이하 　　　　② 15도를 초과

09 동영상은 이동식비계의 조립하여 작업하는 모습을 보여주고 있다. 해당 작업 시 준수하여야 할 사항을 3가지 쓰시오.(6점)

[기사2001A/기사2101B/기사2102A/기사2302B]

 2층에서 작업을 하고 있는 작업자가 보인다. 2층 난간이 앞뒤로는 없고, 양옆으로만 난간이 구성되어 있다. 목재로 된 작업발판이 비스듬하게 걸쳐져 있고, 각종 건축폐기물이 비계 한쪽에 어지럽게 흩어져있다. 승강용 사다리는 설치하지 않았으며, 작업 중 비계를 고정하지 않아 움직이는 것이 보인다.

① 승강용 사다리는 견고하게 설치할 것
② 비계의 최상부에서 작업을 하는 경우에는 안전난간을 설치할 것
③ 작업발판의 최대적재하중은 250킬로그램을 초과하지 않도록 할 것
④ 이동식비계의 바퀴에는 뜻밖의 갑작스러운·이동 또는 전도를 방지하기 위하여 브레이크·쐐기 등으로 바퀴를 고정시킨 다음 비계의 일부를 견고한 시설물에 고정하거나 아웃트리거를 설치하는 등 필요한 조치를 할 것
⑤ 작업발판은 항상 수평을 유지하고 작업발판 위에서 안전난간을 딛고 작업을 하거나 받침대 또는 사다리를 사용하여 작업하지 않도록 할 것

▲ 해당 답안 중 3가지 선택 기재

01 영상은 화물을 지게차로 옮기다 사고가 발생하는 화면이다. 사고위험요인 2가지를 쓰시오.(4점)

[기사1302C/기사1803C/기사2004C/기사2101C/기사2102B]

화물을 지게차로 옮기는 것을 보여주는 영상이다. 화물이 과적되어 운전자의 시야를 방해하고 있으며, 적재된 화물의 일부가 주행 중 떨어져 지나가던 작업자를 덮치는 재해가 발생하였다. 별도의 유도자도 보이지 않고 있는 상황이다.

① 전방 시야확보가 충분하지 않아 사고 발생의 위험이 있다.
② 시야확보가 되지 않음에도 불구하고 유도자를 배치하지 않았다.
③ 화물을 불안정하게 적재하여 화물이 떨어질 위험이 있다.
④ 정해진 적재하중을 초과하여 화물을 적재하였다.
⑤ 지게차 운행경로 상에 다른 작업자가 작업을 하였다.

▲ 해당 답안 중 2가지 선택 기재

02 영상은 롤러기를 이용한 작업상황을 보여주고 있다. 긴급상황이 발생했을 때 롤러기를 급히 정지하기 위한 급정지장치의 조작부 설치 위치에 따른 급정지장치의 종류를 3가지로 분류해서 쓰시오.(6점)

[기사1701C/기사1902A/기사2101C/기사2303B]

작업자가 롤러기의 전원을 끄지 않은 상태에서 롤러기 측면의 볼트를 채운 후 롤러기 롤러 전면에 부착된 이물질을 불어내면서 면장갑을 착용한 채 손을 회전 중인 롤러에 대려다가 말려 들어가는 사고를 당하고 사고 발생 후 전원을 차단하고 손을 빼내는 장면을 보여준다.

① 손 조작식 : 밑면에서 1.8[m] 이내   ② 복부 조작식 : 밑면에서 0.8~1.1[m]
③ 무릎 조작식 : 밑면에서 0.6[m] 이내

03 타워크레인으로 커다란 통을 인양중에 있는 장면을 보여주고 있다. 동영상을 참고하여 크레인 작업 시의 준수사항을 3가지 쓰시오.(6점) [산기2101A/기사2101C/기사2102A]

크레인으로 형강의 인양작업을 준비중이다. 유도로프를 사용해 작업자가 형강을 1줄걸이로 인양하고 있다. 인양된 형강은 철골 작업자에게 전달되어진다.

① 인양할 하물(荷物)을 바닥에서 끌어당기거나 밀어내는 작업을 하지 아니할 것
② 고정된 물체를 직접 분리·제거하는 작업을 하지 아니할 것
③ 미리 근로자의 출입을 통제하여 인양 중인 하물이 작업자의 머리 위로 통과하지 않도록 할 것
④ 유류드럼이나 가스통 등 운반 도중에 떨어져 폭발하거나 누출될 가능성이 있는 위험물 용기는 보관함(또는 보관고)에 담아 안전하게 매달아 운반할 것
⑤ 인양할 하물이 보이지 아니하는 경우에는 어떠한 동작도 하지 아니할 것

▲ 해당 답안 중 3가지 선택 기재

04 크레인을 이용한 양중작업을 보여주고 있다. 영상과 같이 크레인 작업 시 낙하 및 비래 위험을 방지하기 위한 작업시작 전 점검사항 3가지를 쓰시오.(6점) [기사2103C]

타워크레인을 이용하여 철제 비계를 옮기는 중 안전모와 안전대를 미착용한 신호수가 있는 곳에서 흔들리다 작업자 위로 비계가 낙하하는 사고가 발생한 사례를 보여주고 있다.

① 권과방지장치·브레이크·클러치 및 운전장치의 기능
② 주행로의 상측 및 트롤리(Trolley)가 횡행하는 레일의 상태
③ 와이어로프가 통하고 있는 곳의 상태

05 영상은 승강기 설치 전 피트 내부에서 작업자가 승강기 개구부로 추락 사망하는 사고를 보여주고 있다. 이 영상에서와 같이 작업발판 및 통로의 끝이나 개구부에서의 재해방지를 위해서 사업주가 설치해야 하는 설비를 3가지 쓰시오.(6점)

[기사2103C]

승강기 설치 전 피트 내부의 불안정한 발판 위에서 청소작업 하던 작업자가 승강기 개구부로 추락하여 사망하는 재해 상황을 보여주고 있다. 이때 작업자는 안전장비를 착용하지 않았고, 피트 내부에 안전시설이 설치되지 않음을 확인할 수 있다.

① 안전난간   ② 울타리   ③ 덮개
④ 수직형 추락방망   ⑤ 추락방호망

▲ 해당 답안 중 3가지 선택 기재

06 영상은 전기드릴을 이용하여 수행하는 위험한 작업을 보여주고 있다. 위험요인을 2가지 쓰시오.(4점)

[기사1703C/기사1803C/기사1903A/기사2001B/기사2001C/기사2004A/기사2101C/기사2103B/기사2202A/기사2203A/기사2303C]

작업자가 공작물을 맨손으로 잡고 전기드릴을 이용해서 작업물의 구멍을 넓히는 작업을 하는 것을 보여주고 있다. 안전모와 보안경을 착용하지 않고 있으며, 방호장치도 설치되어 있지 않은 상태에서 일반 목장갑을 끼고 작업하다가 이물질을 입으로 불어 제거하고, 동시에 손으로 제거하려다 드릴에 손을 다치는 장면을 보여주고 있다.

① 보안경과 작업모 등의 안전보호구를 미착용하고 있다.
② 안전덮개 등 방호장치가 설치되어있지 않다.
③ 회전기계를 사용하면서 목장갑을 착용하고 있다.
④ 이물질을 제거하면서 전원을 차단하지 않았다.
⑤ 이물질을 손으로 제거하고 있다.

▲ 해당 답안 중 2가지 선택 기재

07 영상은 연삭기를 이용한 작업 화면이다. 화면에서 나오는 연삭기 작업에 사용하는 ① 방호장치와 안전한 ② 설치각도를 쓰시오.(4점)　　　　[기사1401B/기사1601C/기사2101C/기사2103B/기사2202A/기사2303B]

휴대용 연삭기를 이용하여 목재의 각진 부분을 연마하는 작업을 보여 주고 있다.

① 덮개
② 180° 이상(노출각도는 180° 이내)

08 영상은 항타기·항발기 장비로 땅을 파고 전주를 묻는 작업현장을 보여주고 있다. 고압선 주위에서 항타기· 항발기 작업 시 안전 작업수칙 2가지를 쓰시오.(5점)

[기사1402B/기사1403B/산기1501A/기사1502A/산기1602B/기사1701B/기사1901A/기사2002E/기사2101C/기사2102B/기사2301C]

항타기로 땅을 파고 전주를 묻는 작업 현장에서 2~3명의 작업자가 안전모 를 착용하고 작업하는 상황이다. 항 타기에 고정된 전주가 조금 불안전한 듯 싶더니 조금씩 돌아가서 항타기로 전주를 조금 움직이는 순간 인접 활선 전로에 접촉되어서 스파크가 일어난 상황을 보여준다.

① 충전전로에 대한 접근 한계거리 이상을 유지한다.
② 인접 충전전로에 대하여 절연용 방호구를 설치한다.
③ 해당 충전전로에 접근이 되지 않도록 울타리를 설치하거나 감시인을 배치한다.

▲ 해당 답안 중 2가지 선택 기재

09 영상은 밀폐공간에서 작업하는 근로자들을 보여주고 있다. 아래 빈칸을 채우시오.(4점)

[기사1602A/기사1703A/기사1801C/산기1803A/기사1903C/산기2001A/기사2101C]

지하 피트 내부의 밀폐공간에서 작업자들이 작업하는 영상이다.

적정공기란 산소농도의 범위가 (①)% 이상, (②)% 미만, 이산화탄소의 농도가 (③)% 미만, 황화수소의 농도가 (④)ppm 미만인 수준의 공기를 말한다.

① 18   ② 23.5

③ 1.5   ④ 10

01 동영상은 화물을 매달아 올리는 장면을 보여주고 있다. 해당 작업을 시작하기 전 점검사항을 3가지 쓰시오.
(6점) [기사1402A/기사1503B/기사1701C/기사1702A/기사1802C/기사1803B/기사2001A/기사2004A/기사2101A]

이동식크레인 붐대를 보여준 후 와이어로프에 화물을 매달아 올리는 영상을 보여준다.

① 권과방지장치나 그 밖의 경보장치의 기능
② 브레이크·클러치 및 조정장치의 기능
③ 와이어로프가 통하고 있는 곳 및 작업장소의 지반상태

02 영상은 컨베이어를 이용해 화물을 적재 중인 장면을 보여주고 있다. 영상에서 잘못된 작업방법과 재해 발생시 조치사항을 각각 1가지씩 쓰시오.(4점) [기사1301A/기사1403B/기사1502B/기사2004A]

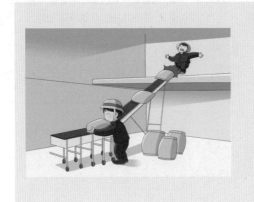

30도 정도의 경사를 가진 컨베이어 기계가 작동 중이고, 컨베이어 위에 작업자 A가, 아래쪽 작업장 바닥에 작업자 B가 있으며, 컨베이어 오른쪽에 위치한 시멘트 포대를 컨베이어 벨트 위로 올리는 작업을 보여주고 있다. 컨베이어 오른쪽에 포대가 많이 쌓여 있고, A는 경사진 컨베이어 위에 회전하는 벨트 양 끝 모서리에 양발을 벌리고 서 있으며, B가 포대를 무성의하게 컨베이어에 올리는 중에 컨베이어 위에 양발을 벌리고 있는 작업자 발에 포대 끝부분이 부딪혀 A가 무게중심을 잃고 기계 오른쪽으로 쓰러진 후, 팔이 기계하단으로 들어가 절단되는 사고가 발생하는 상황을 보여주고 있다.

① 잘못된 작업방법 : 작업자가 양발을 컨베이어 양 끝에 지지하여 불안전한 자세로 작업을 하고 있었다.
② 조치사항 : 피재 기계의 정지

03 영상은 크롬도금작업을 보여준다. 동영상에서와 같이 유해물질(화학물질) 취급 시 일반적인 주의사항을 3가지 쓰시오.(6점) [기사1302B/기사1403C/기사1503C/기사1701B/기사1802C/기사2003C/기사2004A]

크롬도금작업을 하고 있는 작업자의 모습을 보여준다. 작업자는 보안경과 방독마스크를 착용하지 않고 있다. 상의는 티셔츠를 입고 그 위에 앞치마 형식의 보호복을 걸친 작업자가 작업을 하는 모습이다.

① 유해물질에 대한 사전 조사　　② 유해물 발생원인의 봉쇄

③ 실내 환기와 점화원의 제거　　④ 설비의 밀폐화와 자동화

⑤ 생산 공정의 격리와 원격조작의 채용　　⑥ 환경의 정돈과 청소

▲ 해당 답안 중 3가지 선택 기재

04 영상은 스팀노출 부위를 점검하던 중 발생한 재해사례이다. 동영상에서와 같은 배관작업 시 위험요인을 2가지 쓰시오.(4점) [기사2004A/산기2004B/기사2203A]

스팀배관의 보수를 위해 노출부위를 점검하던 중 스팀이 노출되면서 작업자에게 화상을 입히는 영상이다. 작업자는 안전모와 장갑을 착용하고 플라이어로 작업하고 있다.

① 작업자가 보안경을 착용하지 않고 작업하고 있다.

② 작업 전 배관의 내용물을 제거하지 않았다.

③ 전용공구를 사용하지 않아 작업 중 위험에 노출되어 있다.

④ 보호구(방열장갑, 방열복 등)를 미착용하고 있다.

▲ 해당 답안 중 2가지 선택 기재

05 영상은 크랭크프레스로 철판에 구멍을 뚫는 작업에 대한 그림이다. 위험요소 3가지를 쓰시오.(6점)

[기사1502A/기사1701A/기사1802B/기사2004A/기사2201C]

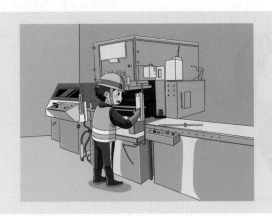

영상은 프레스로 철판에 구멍을 뚫는 작업현장을 보여준다. 주변 정리가 되지 않은 상태에서 작업자가 작업 중 철판에 걸린 이물질을 제거하기 위해 몸을 기울여 제거하는 중 실수로 페달을 밟아 프레스 손을 다치는 재해가 발생한다. 프레스에는 별도의 급정지장치가 부착되어 있지 않다.

① 프레스 페달을 발로 밟아 프레스의 슬라이드가 작동해 손을 다칠 수 있다.
② 금형에 붙어있는 이물질을 전용공구를 사용하지 않고 손으로 제거하고 있다.
③ 전원을 차단하지 않은 채 이물질 제거작업을 해 다칠 수 있다.
④ 페달 위에 U자형 커버 등 방호구를 설치하지 않았다.
⑤ 급정지장치 및 안전장치 등의 방호장치를 설치하지 않았다.

▲ 해당 답안 중 3가지 선택 기재

06 화면의 작업상황에서와 같이 작업자의 손이 말려 들어가는 부분에서 형성되는 ① 위험점, ② 정의를 쓰시오. (5점)

[산기1203B/산기1303A/기사1402C/산기1403B/기사1503B/
산기1603A/산기1303A/산기1702B/기사1702C/산기2002B/산기2003C/기사2004A/기사2101A/기사2102C/기사2201B/기사2302C]

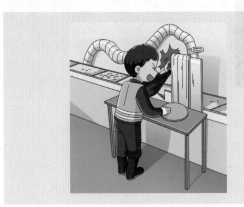

작업자가 회전물에 샌드페이퍼(사포)를 감아 손으로 지지하고 있다. 면장갑을 착용하고 보안경 없이 작업중이다.주위 사람과 농담을 하며 산만하게 작업하다 위험점에 작업복과 손이 감겨 들어가는 동영상이다.

① 위험점 : 회전말림점
② 정의 : 회전하는 기계의 운동부 자체에 작업복 등이 말려들 위험이 존재하는 점을 말한다.

07 영상은 퍼지작업 상황을 보여주고 있다. 이 퍼지작업의 종류 4가지를 쓰시오.(4점)

[기사1402B/기사1502A/기사1503B/기사1701C/기사1802B/기사2002A/기사2004A]

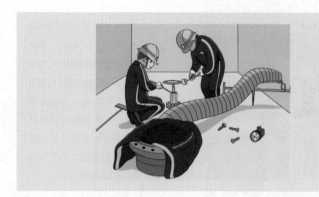

영상은 불활성가스를 주입하여 산소의 농도를 낮추는 퍼지작업 진행 상황을 보여주고 있다.

① 진공퍼지 ② 압력퍼지
③ 스위프퍼지 ④ 사이펀퍼지

08 영상은 자동차 브레이크 라이닝을 세척하는 것을 보여주고 있다. 작업자가 착용해야 할 보호구 2가지를 쓰시오.(4점) [기사1502A/기사1603C/기사1801B/기사1903B/산기2001A/기사2004A/기사2101B/기사2103C/기사2201C/기사2301C]

작업자들이 브레이크 라이닝을 화학약품을 사용하여 세척하는 작업과정을 보여주고 있다. 세정제가 바닥에 흩어져 있으며, 고무장화 등을 착용하지 않고 작업을 하고 있는 상태를 보여준다.

① 보안경 ② 불침투성 보호복 ③ 불침투성 보호장갑
④ 송기마스크(방독마스크) ⑤ 불침투성 보호장화

▲ 해당 답안 중 2가지 선택 기재

09 영상은 전기드릴을 이용하여 수행하는 위험한 작업을 보여주고 있다. 위험요인을 3가지 쓰시오.(6점)

[기사1703C/기사1803C/기사1903A/기사2001B/기사2001C/기사2004A/기사2101C/기사2103B/기사2202A/기사2203A/기사2303C]

작업자가 공작물을 맨손으로 잡고 전기 드릴을 이용해서 작업물의 구멍을 넓히는 작업을 하는 것을 보여주고 있다. 안전모와 보안경을 착용하지 않고 있으며, 방호장치도 설치되어 있지 않은 상태에서 일반 목장갑을 끼고 작업하다가 이물질을 입으로 불어 제거하고, 동시에 손으로 제거하려다 드릴에 손을 다치는 장면을 보여주고 있다.

① 보안경과 작업모 등의 안전보호구를 미착용하고 있다.

② 안전덮개 등 방호장치가 설치되어있지 않다.

③ 회전기계를 사용하면서 목장갑을 착용하고 있다.

④ 이물질을 제거하면서 전원을 차단하지 않았다.

⑤ 이물질을 손으로 제거하고 있다.

▲ 해당 답안 중 3가지 선택 기재

01 화면에서는 지게차 작업을 보여주고 있다. 지게차를 시속 5km 속도로 주행할 때의 좌우 안정도를 쓰시오.(4점)

[기사1602A/기사1902B/기사2004B]

작업장에서 화물을 지게차로 옮기다 사고가 발생하는 장면을 보여주고 있다.

- 주행 시의 좌우 안정도는 (15 + 1.1V)%이므로 속도가 5km라면 15+1.1×5 = 15+5.5 = 20.5%가 된다.

02 영상은 컨베이어 관련 재해사례를 보여주고 있다. 컨베이어 작업 시작 전 점검사항 3가지를 쓰시오.(6점)

[기사1301C/기사1402C/산기1403A/기사1501C/산기1602B/기사1702B/산기1803A/산기2001B/기사2004B/기사2101B/기사2103B]

작은 공장에서 볼 수 있는 소규모 작업용 컨베이어를 작업자가 점검 중이다. 이때 다른 작업자가 전원스위치 쪽으로 서서히 다가오더니 전원버튼을 누르는 순간 점검 중이던 작업자의 손이 벨트에 끼이는 사고가 발생하는 영상을 보여준다.

① 원동기 및 풀리(Pulley) 기능의 이상 유무
② 이탈 등의 방지장치 기능의 이상 유무
③ 비상정지장치 기능의 이상 유무
④ 원동기·회전축·기어 및 풀리 등의 덮개 또는 울 등의 이상 유무

▲ 해당 답안 중 3가지 선택 기재

03 분전반 전면에서 그라인더 작업이 진행 중인 영상이다. 위험요인 2가지를 찾아 쓰시오.(4점)

[산기1202A/산기1401B/산기1402B/산기1502C/산기1701A/기사1802B/기사1903B/기사2002B/기사2004B]

작업자 한 명이 콘센트에 플러그를 꽂고 그라인더 작업 중이고, 다른 작업자가 다가와서 작업을 위해 콘센트에 플러그를 꽂고 주변을 만지는 도중 감전이 발생하는 동영상이다.

① 작업자가 절연용 보호구를 착용하지 않았다.
② 감전방지용 누전차단기를 설치하지 않았다.
③ 접지를 하지 않았다.

▲ 해당 답안 중 2가지 선택 기재

04 영상은 작업자가 피트 내에서 작업하다 추락하는 재해사례를 보여주고 있다. 피트에서 작업할 때 지켜야할 안전 작업수칙 3가지를 쓰시오.(5점)

[기사1202A/기사1401B/기사1502C/기사1603A/기사1902B/기사2003C/기사2004B/기사2303A]

작업자가 뚜껑을 한쪽으로 열어놓고, 불안정한 나무 발판 위에 발을 올려놓은 상태에서 왼손으로 뚜껑을 잡고, 오른손으로 플래시를 안쪽으로 비추면서 내부를 점검하던 중 발이 미끄러져 추락하는 재해 상황을 보여주고 있다.

① 개구부에 덮개를 설치한다.   ② 추락방호망을 설치 한다.
③ 개구부에 안전난간을 설치한다.   ④ 개구부 주변에 울타리를 설치한다.
⑤ 수직형 추락방망을 설치한다.
⑥ 안전대 부착설비 설치 및 작업자가 안전대를 착용한다.

▲ 해당 답안 중 3가지 선택 기재

05 영상은 밀폐공간 작업 동영상이다. 밀폐공간 작업 시 사업주의 직무를 3가지 쓰시오.(6점) [기사2004B]

지하 피트 내부의 밀폐공간에서 작업자들이 작업하는 영상이다.

① 밀폐공간작업프로그램을 수립하여 시행한다.

② 작업 전에 산소 및 유해가스 농도를 측정하여 적정공기가 유지되고 있는지 평가하도록 한다.

③ 작업을 시작하기 전과 작업 중에 해당 작업장을 적정공기 상태가 유지되도록 환기하여야 한다.

④ 환기가 되지 않거나 곤란한 경우 반드시 송기마스크와 같은 호흡용 보호기를 착용하도록 한다.

⑤ 근로자를 입장시킬 때와 퇴장시킬 때마다 인원을 점검하여야 한다.

⑥ 근로자가 밀폐공간에서 작업을 하는 동안 작업상황을 감시할 수 있는 감시인을 지정하여 밀폐공간 외부에 배치하여야 한다.

▲ 해당 답안 중 3가지 선택 기재

06 영상은 띠톱으로 강재를 절단하는 작업 중 발생한 재해사례를 보여주고 있다. 동영상을 보고 작업자의 복장과 행동에서 위험요인 3가지를 찾아 쓰시오.(6점) [기사1202B/기사1303A/기사2004B]

띠톱을 이용해, 보안경을 착용하지 않고 강재가 절단되는 것을 작업자가 고개 숙여서 들여다보고 있다. 절단 후 작업대에서 강재를 꺼내려다, 착용하고 있던 일반 면장갑 손등부분이 작동이 멈춘 띠톱 날에 걸려 찢어지는 사고가 발생하는 영상이다.

① 전원을 차단하지 않고 이물질을 제거하다가 위험에 노출되었다.

② 절단 후 강재를 꺼낼 때 전용공구를 사용하지 않고 손으로 제거하는 등 불안전한 행동을 하고 있다.

③ 강재의 절단 시 파편 등이 비산할 경우를 대비하여 보안경을 착용하여야 하나 착용하지 않았다.

④ 회전기계 사용 중 면장갑을 착용하고 있다.

▲ 해당 답안 중 3가지 선택 기재

07 영상은 이동식크레인으로 작업하는 현장을 보여주고 있다. 충전전로 인근에서 작업 시 조치사항에 대한 다음 ( ) 안을 채우시오.(4점)

[기사2004B/기사2101A/기사2102C/기사2103B]

고압선 아래에서 항타기를 이용해 전주를 심는 작업을 하고 있다. 작업 중 붐대가 고압선에 접촉하여 스파크가 일어나는 상황을 보여준다.

가) 충전전로를 취급하는 근로자에게 그 작업에 적합한 (①)를 착용시킬 것

나) 충전전로에 근접한 장소에서 전기작업을 하는 경우에는 해당 전압에 적합한 (②)를 설치할 것. 다만, 저압인 경우에는 해당 전기작업자가 (①)를 착용하되, 충전전로에 접촉할 우려가 없는 경우에는 (②)를 설치하지 아니할 수 있다.

① 절연용 보호구   ② 절연용 방호구

08 이동식비계에서의 작업 영상이다. 영상을 참고하여 위험요인 2가지를 쓰시오.(4점)

[기사2004B/기사2101A/기사2102B/기사2103C/기사2303C]

2층에서 천정작업을 하고 있는 작업자가 보인다. 2층 난간이 앞뒤로는 없고, 양옆으로만 난간이 구성되어 있다. 목재로 된 작업발판이 비스듬하게 걸쳐져 있고, 각종 건축폐기물이 비계 한쪽에 어지럽게 흩어져있다. 승강용 사다리는 설치하지 않았으며, 작업 중 비계를 고정하지 않아 움직이는 것이 보인다.

① 이동식비계의 바퀴를 브레이크·쐐기 등으로 고정시키지 않았다.

② 이동식비계의 일부를 견고한 시설물에 고정하거나 아웃트리거를 설치하여야 하는데 고정하지 않았다.

③ 비계의 최상부는 안전난간을 설치하여야 하나 양옆으로만 설치하고 앞뒤로는 설치하지 않았다.

④ 승강용 사다리를 설치하지 않았다.

▲ 해당 답안 중 2가지 선택 기재

09 영상은 터널 굴착 중 폭약을 장전하는 모습을 보여주고 있다. 이때 준수사항 3가지를 쓰시오.(6점)

[기사2004B]

터널 굴착을 위한 터널 내 발파작업을 보여주고 있다. 장전구 안으로 화약을 집어넣는데 길고 얇은 철물을 이용해서 화약을 장전구 안으로 3~4개 정도 밀어 넣은 다음 접속한 전선을 꼬아 주변 선에 올려놓고 있다.

① 발파공의 충진재료는 점토·모래 등 발화성 또는 인화성의 위험이 없는 재료를 사용할 것

② 화약이나 폭약을 장전하는 경우에는 그 부근에서 화기를 사용하거나 흡연을 하지 않도록 할 것

③ 장전구는 마찰·충격·정전기 등에 의한 폭발의 위험이 없는 안전한 것을 시용할 것

④ 얼어붙은 다이나마이트는 화기에 접근시키거나 그 밖의 고열물에 직접 접촉시키는 등 위험한 방법으로 융해되지 않도록 할 것

⑤ 전기뇌관에 의한 발파의 경우 점화하기 전에 화약류를 장전한 장소로부터 30미터 이상 떨어진 안전한 장소에서 전선에 대하여 저항측정 및 도통시험을 할 것

▲ 해당 답안 중 3가지 선택 기재

01 영상은 작업자가 용광로 근처에서 작업하고 있는 상황을 보여주고 있다. 작업자가 해당 작업을 수행할 때 착용해야 할 신체부위별 보호구를 3가지 쓰시오.(6점)

[기사2004C]

아무런 보호구를 착용하지 않은 작업자가 쇳물이 들어가는 탕도 내에 고무래로 출렁이는 쇳물 표면을 젓고 당기면서 굳은 찌꺼기를 긁어내는 작업을 하고 있다. 찌꺼기를 긁어낸 후 고무래에 털어내는 영상이 보인다.

① 얼굴 : 보안면 또는 방열두건   ② 신체 : 방열복

③ 손 : 방열장갑

02 영상은 지게차 작업 화면을 보여주고 있다. 영상을 보고 지게차 운행 시의 문제점을 2가지 쓰시오.(6점)

[기사1302C/기사1803C/기사2004C/기사2101C/기사2102B]

화물을 지게차로 옮기는 것을 보여주는 영상이다. 화물이 과적되어 운전자의 시야를 방해하고 있으며, 적재된 화물의 일부가 주행 중 떨어져 지나가던 작업자를 덮치는 재해가 발생하였다. 별도의 유도자도 보이지 않고 있는 상황이다.

① 전방 시야확보가 충분하지 않아 사고 발생의 위험이 있다.

② 시야확보가 되지 않음에도 불구하고 유도자를 배치하지 않았다.

③ 화물을 불안정하게 적재하여 화물이 떨어질 위험이 있다.

▲ 해당 답안 중 3가지 선택 기재

03 영상은 유해물질 취급 작업장에서 발생한 재해사례이다. 이때 발생하는 ① 재해형태, ② 정의를 각각 쓰시오.
(4점)   [기사1202B/기사1303C/기사1601C/산기1801A/기사1802C/기사1903D/산기2003C/기사2004C/기사2101B/기사2301B]

작업자가 어떠한 보호구도 착용하지 않고 유리병을 황산(H_2SO_4)에 세척하다 갑자기 아파하는 장면을 보여주고 있다.

① 재해형태 : 유해·위험물질 노출·접촉

② 정의 : 유해·위험물질에 노출·접촉 또는 흡입하였거나 독성동물에 쏘이거나 물린 경우

04 영상은 인화성 물질의 취급 및 저장소를 보여주고 있다. 이 동영상을 참고하여 ① 가스폭발의 종류와 ② 정의를 쓰시오.(4점)   [산기1503B/기사1503C/기사1701A/기사1802B/산기1901A/산기2002A/기사2004C/기사2202A/기사2303C]

인화성 물질 저장창고에 인화성 물질을 저장한 드럼이 여러 개 있고 한 작업자가 인화성 물질이 든 운반용 캔을 몇 개 운반하다가 잠시 쉬려고 드럼 옆에서 웃옷을 벗는 순간 "퍽"하는 소리와 함께 폭발이 일어나는 사고상황을 보여주고 있다.

① 종류 : 증기운폭발

② 정의 : 액체상태로 저장되어 있던 인화성 물질이 인화성가스로 공기 중에 누출되어 있다가 정전기와 같은 점화원에 접촉하여 폭발하는 현상

05 전기를 점검하는 도중 작업자의 몸에 통전되어 사망하는 사고가 발생하였다. 해당 사고의 재해유형과 가해물을 적으시오.(4점) [기사1701B/기사1903B/기사2004C/기사2102C]

배전반에서 전기보수작업을 진행 중인 영상이다. 배전반을 사이에 두고 앞과 뒤에서 각각의 작업자가 점검과 보수를 진행하고 있다. 앞의 작업자가 절연내력시험기를 들고 스위치를 ON/OFF하며 점검 중인 상황에서 뒤쪽의 작업자가 쓰러지는 사고가 발생하였다.

① 재해유형 : 감전(=전류접촉)
② 가해물 : 전류

06 영상은 목재를 톱질하다가 발생한 재해 상황을 보여주고 있다. ① 재해형태와 ② 가해물, ③ 기인물을 쓰시오. (5점) [기사1402A/기사1503A/기사2004C/기사2303A]

작업발판용 목재토막을 가공대 위에 올려놓고 목재를 고정하고 톱질을 하다 작업발판이 흔들림으로 인해 작업자가 균형을 잃고 넘어지는 재해발생 장면을 보여준다.

① 재해형태 : 전도(=넘어짐)　　② 가해물 : 바닥
③ 기인물 : 작업발판

07 영상은 봉강 연마작업 중 발생한 재해를 보여주고 있다. 기인물은 무엇이며, 봉강 연마작업 시 파편이나 칩의 비래에 의한 위험에 대비하기 위하여 설치해야 하는 장치명을 쓰시오.(4점)

[기사1203A/산기1301A/기사1402B/산기1502A/기사1602B/기사1703A/산기1901B/기사2004C/기사2301C]

수도 배관용 파이프 절단 바이트 날을 탁상용 연마기로 연마작업을 하던 중 연삭기에 튕긴 칩이 작업자 얼굴을 강타하는 재해가 발생하는 영상이다.

① 기인물 : 탁상공구연삭기(가해물은 환봉)
② 방호장치명 : 칩비산방지투명판

08 영상은 아파트 창틀에서 작업 중 발생한 재해사례를 보여주고 있다. 해당 동영상에서 추락사고의 원인 3가지를 간략히 쓰시오.(6점)

[기사1202B/산기1203B/기사1302B/기사1401B/산기1402B/기사1403A/기사1502B/
산기1503B/기사1601B/기사1701A/기사1702C/기사1801B/산기1901A/기사2001B/기사2004C/기사2101B/기사2102A/기사2103B]

A, B 2명의 작업자가 아파트 창틀에서 작업 중에 A가 작업발판을 처마 위의 B에게 건네 준 후, B가 있는 옆 처마 위로 이동하려다 발을 헛디뎌 바닥으로 추락하는 재해 상황을 보여주고 있다. 이때 주변에 정리정돈이 되어 있지 않고, A작업자가 밟고 있던 콘크리트 부스러기가 추락할 때 같이 떨어진다.

① 작업발판 부실　　　　　② 추락방호망 미설치
③ 안전난간 미설치　　　　④ 주변 정리정돈 불량
⑤ 안전대 미착용 및 안전대 부착설비 미설치

▲ 해당 답안 중 3가지 선택 기재

09 영상은 롤러기를 점검하는 중에 발생한 재해사례이다. 영상을 보고 롤러기의 점검 시 위험요인과 안전작업수칙을 각각 2가지씩 쓰시오.(6점) [기사1903B/기사1903C/기사2004C]

작업자가 롤러기의 전원을 끄지 않은 상태에서 롤러기 측면의 볼트를 채운 후, 롤러기 롤러 전면에 부착된 이물질을 불어내면서, 면장갑을 착용한 채 회전 중인 롤러에 손을 대려다가 말려 들어가는 사고를 당하고, 사고 발생 후 전원을 차단하고 손을 빼내는 장면을 보여준다.

가) 위험요인

① 전원을 차단하지 않고 점검을 함으로 인해 사고위험에 노출되어 있다.

② 안전장치가 없어서 롤러 표면부에 손을 대는 등 위험에 노출되어 있다.

③ 회전 중인 롤러기를 점검하는데 면장갑을 끼고 있어 이로 인해 장갑이 회전체에 물려 들어갈 위험에 노출되어 있다.

나) 안전대책

① 점검할 때는 기계의 전원을 차단한다.

② 안전장치를 설치한다.

③ 회전 중인 롤러를 점검할 때는 장갑을 착용하지 않는다.

▲ 해당 답안 중 각각 2가지씩 선택 기재

01 영상은 실험실에서 유해물질을 취급하고 있는 장면이다. 유해물질이 인체에 흡수되는 경로를 2가지 쓰시오. (4점)

[산기1202B/기사1203B/기사1301A/산기1402B/기사1402C/기사1501C/

산기1601B/기사1702B/기사1901B/기사1902B/기사1903A/산기1903A/기사2002A/기사2003A/기사2303A]

작업자는 맨손에 마스크도 착용하지 않고 황산을 비커에 따르다 실수로 손에 묻는 장면을 보여주고 있다.

① 호흡기 　　　② 소화기 　　　③ 피부

▲ 해당 답안 중 2가지 선택 기재

02 화면은 작업자가 가정용 배전반 점검을 하다 추락하는 재해사례이다. 화면에서 점검 시 불안전한 행동 2가지를 쓰시오.(4점)

[산기1203A/산기1501A/산기1602A/기사2003A]

작업자가 가정용 배전반 점검을 하다가 딛고 있던 의자가 불안정하여 추락하는 재해사례를 보여주고 있다.

① 전원을 차단하지 않고 배전반을 점검하고 있어 감전의 위험이 있다.
② 절연용 보호구를 착용하지 않아 감전의 위험에 노출되어 있다.
③ 작업자가 딛고 있는 의자(발판)가 불안정하여 추락위험이 있다.

▲ 해당 답안 중 2가지 선택 기재

03 영상은 섬유기계의 운전 중 발생한 재해사례를 보여주고 있다. 영상에 나오는 기계 작업 시 핵심위험요인 3가지를 쓰시오.(5점) [기사1203C/기사1401C/기사1503C/기사1703B/기사2003A/산기2003B]

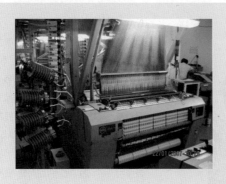

섬유공장에서 실을 감는 기계를 운전 중에 갑자기 실이 끊어지며 기계가 정지한다. 이때 목장갑을 착용한 작업자가 회전하는 대형 회전체의 문을 열고 허리까지 안으로 집어넣고 안을 들여다보며 점검하다가 갑자기 기계가 동작하면서 작업자의 몸이 회전체에 끼이는 상황을 보여주고 있다.

① 기계의 전원을 차단하지 않은 상태에서 점검하여 사고위험에 노출되었다.

② 목장갑을 착용한 상태에서 회전체를 점검할 경우 장갑으로 인해 회전체에 끼일 위험에 노출된다.

③ 기계에 안전장치가 설치되지 않아 사고위험이 있다.

04 컨베이어 작업 중 재해가 발생한 영상이다. 위험요인 3가지를 쓰시오.(6점) [산기1802B/산기2001A/기사2003A]

파지 압축장의 컨베이어 위에서 작업자가 집게암으로 파지를 들어서 작업자 머리 위를 통과한 후 집게암을 흔들어서 파지를 떨어뜨리는 영상을 보여주고 있다.

① 작업자가 안전모를 착용하지 않고 있다.

② 파지를 작업자 머리 위로 옮기고 있어 위험하다.

③ 작업자가 컨베이어 위에서 작업을 하고 있어 위험하다.

④ 파지가 떨어지지 않는다고 집게암을 흔들어서 떨어뜨리고 있어 위험하다.

▲ 해당 답안 중 3가지 선택 기재

05 영상은 박공지붕 설치작업 중 박공지붕의 비래에 의해 재해가 발생하는 장면을 보여주고 있다. 재해요인을 찾아 3가지 쓰시오.(6점)

[산기1202A/기사1302C/산기1401A/기사1403A/기사1503A/산기1701B/기사1703B/기사1803A/기사1901C/산기1902B/산기2002C/기사2003A]

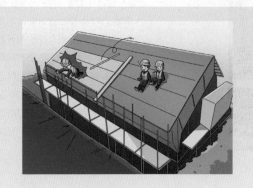

박공지붕 위쪽과 바닥을 보여주고 있으며, 지붕의 오른쪽에 안전난간, 추락방지망이 미설치된 화면과 지붕 위쪽 중간에서 커피를 마시면서 앉아 휴식을 취하는 작업자(안전모, 안전화 착용함)들과 작업자 왼쪽과 뒤편에 적재물이 적치되어 있는 상태이다. 뒤에 있던 삼각형 적재물이 굴러와 휴식 중이던 작업자를 덮쳐 작업자가 앞으로 쓰러지는 영상이다.

① 중량물이 구를 위험이 있는 방향에서 근로자가 휴식을 취하고 있다.

② 추락방호망이 설치되지 않았다.

③ 안전대 부착설비가 없고, 안전대를 착용하지 않았다.

④ 안전난간이 설치되지 않았다.

⑤ 중량물의 동요나 이동을 조절하기 위해 구름멈춤대, 쐐기 등을 이용하지 않았다.

▲ 해당 답안 중 3가지 선택 기재

06 영상은 덤프트럭의 적재함을 올리고 실린더 유압장치 밸브를 수리하던 중에 발생한 재해사례를 보여주고 있다. 동영상에서와 같이 차량계 하역운반기계 등의 수리 또는 부속장치의 장착 및 해제작업을 할 때 설치해야 하는 안전장치 2가지를 쓰시오.(4점)   [기사1803B/기사2003A]

작업자가 운전석에서 내려 덤프트럭 적재함을 올리고 실린더 유압장치 밸브를 수리하던 중 적재함의 유압이 빠지면서 사이에 끼이는 재해가 발생한 사례를 보여주고 있다.

① 안전지지대   ② 안전블록

07 영상은 지하 피트의 밀폐공간 작업 동영상이다. 작업 시 준수해야 할 안전수칙 3가지를 쓰시오.(단, 감시자 배치는 제외)(6점)

[기사1202C/기사1303B/기사1702C/기사1801C/기사1902A/기사2003A/기사2101A/기사2303B]

지하 피트 내부의 밀폐공간에서 작업자들이 작업하는 영상이다.

① 작업 전에 산소 및 유해가스 농도를 측정하여 적정공기 유지 여부를 평가한다.
② 작업을 시작하기 전과 작업 중에 해당 작업장을 적정공기 상태가 유지되도록 환기하여야 한다.
③ 환기가 되지 않거나 곤란한 경우 공기호흡기 또는 송기마스크 착용하게 한다.
④ 밀폐공간에 근로자를 입장시킬 때와 퇴장시킬 때마다 인원을 점검한다.
⑤ 밀폐공간에 관계 근로자 외의 사람의 출입을 금지하고, 출입금지 표지를 게시한다.

▲ 해당 답안 중 3가지 선택 기재

08 안전장치가 달려있지 않은 둥근톱 기계에 고정식 접촉예방장치를 설치하고자 한다. 이때 ① 하단과 가공재 사이의 간격, ② 하단과 테이블 사이의 높이는 각각 얼마로 하여야 하는지를 각각 쓰시오.(4점)

[기사0901C/기사1602A/기사1603C/기사1703A/기사1901B/기사2001C/기사2003A/기사2201A/기사2302C]

안전장치가 달려있지 않은 둥근톱 기계를 보여준다. 고정식 접촉예방장치를 설치하려고 해당 장치의 설명서를 살펴보고 있다.

① 가공재 : 8mm 이내   ② 테이블 상부 : 25mm 이하

09 영상은 건물의 해체작업을 보여주고 있다. 영상을 참고하여 다음 물음에 답하시오.(6점)

[기사2003A/기사2301B]

압쇄기를 이용해 건물의 해체작업이 진행중인 모습을 보여주고 있다.

가) 동영상에서 보여주고 있는 해체장비의 명칭을 쓰시오.
나) 해체작업을 할 때 재해 예방을 위한 준수사항 2가지를 쓰시오.

가) 해체장비의 명칭 : 압쇄기

나) 준수사항

① 작업구역 내에는 관계자 이외의 자에 대하여 출입을 통제하여야 한다.

② 강풍, 폭우, 폭설 등 악천후 시에는 작업을 중지하여야 한다.

③ 사용기계기구 등을 인양하거나 내릴때에는 그물망이나 그물포대 등을 사용토록 하여야 한다.

④ 외벽과 기둥 등을 전도시키는 작업을 할 경우에는 전도 낙하위치 검토 및 파편 비산거리 등을 예측하여 작업 반경을 설정하여야 한다.

⑤ 전도작업을 수행할 때에는 작업자 이외의 다른 작업자는 대피시키도록 하고 완전 대피상태를 확인한 다음 전도시키도록 하여야 한다.

⑥ 해체건물 외곽에 방호용 비계를 설치하여야 하며 해체물의 전도, 낙하, 비산의 안전거리를 유지하여야 한다.

⑦ 파쇄공법의 특성에 따라 방진벽, 비산차단벽, 분진억제 살수시설을 설치하여야 한다.

⑧ 작업자 상호간의 적정한 신호규정을 준수하고 신호방식 및 신호기기사용법은 사전교육에 의해 숙지되어야 한다.

⑨ 적정한 위치에 대피소를 설치하여야 한다.

▲ 나)의 답안 중 2가지 선택 기재

01

영상은 전기형강작업을 보여주고 있다. 작업 중 위험요인 3가지를 쓰시오.(6점)

[기사1203B/기사1402C/기사1602A/기사1703A/기사1801B/기사1903A/기사2003B]

작업자 2명이 전주 위에서 작업을 하고 있는 장면을 보여주고 있다. 작업자 1명은 발판이 안정되지 않은 변압기 위에 올라가서 담배를 입에 물고 볼트를 푸는 작업을 하고 있으며 작업자의 아래쪽 발판용 볼트에 C.O.S (Cut Out Switch)가 임시로 걸쳐있음을 보여주고 있다. 다른 한명의 작업자는 근처에선 이동식 크레인에 작업대를 매달고 또 다른 작업을 하고 있는 상황을 보여주고 있다.

① 작업 중 흡연을 하고 있다.

② 작업자가 딛고 선 발판이 불안하다.

③ C.O.S(Cut Out Switch)를 발판용 볼트에 임시로 걸쳐놓아 위험하다.

02

영상은 자동차 부품을 도금한 후 세척하는 과정을 보여주고 있다. 이 영상을 참고하여 위험예지훈련을 하고자 한다. 연관된 행동목표 2가지를 쓰시오.(4점)

[기사1202C/기사1303B/기사1503A/기사1801A/신기1803A/기사1902C/신기2002B/기사2003B]

작업자들이 브레이크 라이닝을 화학약품을 사용하여 세척하는 작업과정을 보여주고 있다. 세정제가 바닥에 흘어져 있으며, 고무장화 등을 착용하지 않고 작업을 하고 있는 상태를 보여준다. 담배를 피우면서 작업하는 작업자의 모습도 보여준다.

① 작업 중 흡연을 금지하자.

② 세척 작업 시 불침투성 보호장화 및 보호장갑을 착용하자.

03 영상은 이동식크레인을 이용하여 배관을 이동하는 작업이다. 영상을 보고 위험요인 3가지를 쓰시오.(6점)

[산기1201B/산기1302B/산기1403B/산기1903A/산기1903B/기사2001B/기사2002B/기사2003B]

신호수의 신호에 의해 이동식크레인을 이용하여 배관을 위로 올리는 작업현장을 보여주고 있다. 보조로프가 없어 배관이 근처 H빔에 부딪혀 흔들린다. 훅 해지장치는 보이지 않으며 배관 양쪽 끝에 와이어로 두바퀴를 감고 샤클로 채결한 상태이다. 흔들리는 배관을 아래쪽의 근로자가 손으로 지탱하려다가 배관이 근로자의 상체에 부딪혀 근로자가 넘어지는 사고가 발생한다.

① 작업 반경 내 작업과 관계없는 근로자가 출입하고 있다.

② 보조(유도)로프를 설치하지 않아 화물이 빠질 위험이 있다.

③ 훅의 해지장치 및 안전상태를 점검하지 않았다.

④ 와이어로프가 불안정 상태를 안정시킬 방안을 마련하지 않고 인양하여 위험에 노출되었다.

▲ 해당 답안 중 3가지 선택 기재

04 영상은 스팀노출 부위를 점검하던 중 발생한 재해사례이다. 동영상에서와 같은 재해를 산업재해 기록, 분류에 관한 기준에 따라 분류할 때 해당되는 재해 발생형태를 쓰시오.(3점)

[기사1203B/기사1401A/기사1501B/기사1603B/기사1801B/산기1803A/기사2003B]

스팀배관의 보수를 위해 노출부위를 점검하던 중 스팀이 노출되면서 작업자에게 화상을 입히는 영상이다.

• 이상온도 노출·접촉에 의한 화상

05 영상은 작업자가 사출성형기에 끼인 이물질을 당기다 감전으로 뒤로 넘어지는 사고가 발생하는 재해사례이다. 사출성형기 잔류물 제거 시 재해 발생 방지대책을 3가지 쓰시오.(6점) [산기1203B/기사1301B/산기1401B/기사1403A/기사1501B/기사1602B/산기1603B/기사1703C/기사1801B/산기1902A/기사1902B/기사2003B]

작업자가 장갑을 착용하지 않고 작동 중인 사출성형기에 끼인 이물질을 잡아당기다. 감전과 함께 뒤로 넘어지는 사고영상이다.

① 잔류물 제거를 위해서는 제거작업을 시작하기 전 기계의 전원을 차단한다.
② 잔류전하 등으로 인한 방전위험을 방지하기 위해 제거작업 시 절연용 보호구를 착용한다.
③ 금형의 이물질 제거를 위한 전용공구를 사용하여 제거한다.

06 용접작업을 준비하는 중 발생한 재해사례를 보여주고 있다. 재해의 유형과 불안전한 요소 2가지를 쓰시오.(4점) [기사2003B]

용접작업을 준비하기 위해 분전반 판넬에 용접기 케이블을 결선하고 있는 모습을 보여주고 있다. 이때 전원은 유지 중이며, 작업자는 일반 목장갑을 착용하고 있다. 결선작업이 끝난 후 작업자가 용접기를 만지는 순간 쓰러지는 영상이다.

가) 재해의 유형 : 감전
나) 불안전한 요소
　① 전원을 차단하지 않았다.
　② 절연용 보호구를 착용하지 않았다.

07 영상은 특수 화학설비를 보여주고 있다. 화면과 연관된 특수 화학설비 내부의 이상상태를 조기에 파악하기 위하여 설치해야 할 장치 등의 대책 2가지를 쓰시오.(단, 계측장비는 제외)(4점)

[기사1902C/기사2003B/산기2201C/기사2202C/기사2303B]

화학공장 내부의 특수 화학설비를 보여주고 있다. 갑자기 배관에서 가스가 누출되면서 비상벨이 울리는 장면이다.

① 자동경보장치
② (원재료 공급) 긴급차단장치
③ (제품 등의)방출장치
④ 불활성가스의 주입장치
⑤ 냉각용수 등의 공급장치

▲ 해당 답안 중 2가지 선택 기재

08 영상은 작업장에서 전구를 교체하는 영상이다. 영상을 보고 위험요인 3가지를 쓰시오.(6점)

[산기1803B/산기2001A/기사2003B/기사2303B]

안전장구를 착용하지 않은 작업자가 지게차 포크 위에서 전원이 연결된 상태의 전구를 교체하고 있다. 교체가 완료된 후 포크 위에서 뛰어내리는 영상을 보여주고 있다.

① 작업자가 지게차 포크 위에 올라가서 전구 교체작업을 하는 위험한 행동을 하고 있다.
② 전원을 차단하지 않고 전구를 교체하는 등 감전 위험에 노출되어 있다.
③ 작업자가 절연용 보호구를 착용하지 않아 감전 위험에 노출되어 있다.

09 영상은 콘크리트 파일 권상용 항타기를 보여주고 있다. 해당 영상을 보고 아래 설명의 (   ) 안을 채우시오.
(6점)

[기사1302A/기사1503B/기사1703B/기사1803A/기사2003B]

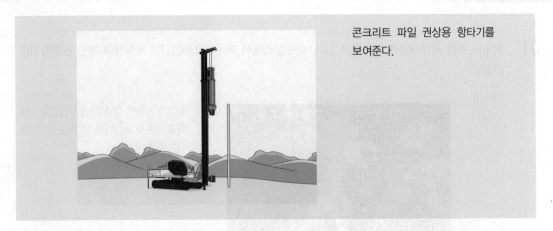

콘크리트 파일 권상용 항타기를
보여준다.

- 화면에 표시되는 항타기의 권상장치의 드럼축과 권상장치로부터 첫 번째 도르래의 축 간의 거리를 권상장치 드럼
폭의 (①   ) 이상으로 해야 한다.
- 도르래는 권상장치의 드럼 (②   )을 지나야 하며 축과 (③   )면상에 있어야 한다.

① 15배   ② 중심   ③ 수직

01 상수도 배관 용접작업을 보여주고 있다. 습윤장소에서 교류아크용접기에 부착해야 하는 안전장치를 쓰시오. (5점)

[기사2003C]

작업자가 일반 캡 모자와 목장갑을 착용하고 상수도 배관 용접을 하다 감전당한 사고영상이다.

• 자동전격방지기

02 영상은 크롬도금작업을 보여준다. 동영상에서와 같이 유해물질(화학물질) 취급 시 일반적인 주의사항을 4가지 쓰시오.(4점)

[기사1302B/기사1403C/기사1503C/기사1701B/기사1802C/기사2003C/기사2004A]

크롬도금작업을 하고 있는 작업자의 모습을 보여준다. 작업자는 보안경과 방독마스크를 착용하지 않고 있다.상의는 티셔츠를 입고 그 위에 앞치마 형식의 보호복을 걸친 작업자가 작업을 하는 모습이다.

① 유해물질에 대한 사전 조사   ② 유해물 발생원인의 봉쇄
③ 실내 환기와 점화원의 제거   ④ 설비의 밀폐화와 자동화
⑤ 생산 공정의 격리와 원격조작의 채용   ⑥ 환경의 정돈과 청소

▲ 해당 답안 중 4가지 선택 기재

03 영상은 터널 내 발파작업을 보여주고 있다. 영상에 나오는 화약 장전 시의 불안전한 행동을 쓰시오.(4점)

[산기1202A/기사1301C/기사1402C/산기1502B/기사1602B/기사1902C/기사1903A/산기1903A/기사2003C]

터널 굴착을 위한 터널 내 발파작업을 보여주고 있다. 장전구 안으로 화약을 집어넣는데 길고 얇은 철물을 이용해서 화약을 장전구 안으로 3~4개 정도 밀어 넣은 다음 접속한 전선을 꼬아 주변 선에 올려놓고 있다.

• 철근으로 화약을 장전시킬 경우 충격, 정전기, 마찰 등으로 인해 폭발의 위험이 있으므로 폭발의 위험이 없는 안전한 장전봉으로 장전을 실시해야 한다.

04 영상은 작업자가 피트 내에서 작업하다 추락하는 재해사례를 보여주고 있다. 피트에서 작업할 때 지켜야 할 안전 작업수칙 3가지를 쓰시오.(6점)

[기사1202A/기사1401B/기사1502C/기사1603A/기사1902B/기사2003C/기사2004B/기사2303A]

작업자가 뚜껑을 한쪽으로 열어놓고, 불안정한 나무 발판 위에 발을 올려놓은 상태에서 왼손으로 뚜껑을 잡고, 오른손으로 플래시를 안쪽으로 비추면서 내부를 점검하던 중 발이 미끄러져 추락하는 재해 상황을 보여주고 있다.

① 개구부에 덮개를 설치한다.　　　② 추락방호망을 설치한다.
③ 개구부에 안전난간을 설치한다.　　④ 개구부 주변에 울타리를 설치한다.
⑤ 수직형 추락방망을 설치한다.
⑥ 안전대 부착설비 설치 및 작업자가 안전대를 착용한다.

▲ 해당 답안 중 3가지 선택 기재

05 대리석 연마작업 상황을 보여주고 있다. 작업 중 위험요인 3가지를 쓰시오.(6점)

[산기2003A/기사2003C/기사2301B]

대리석 연마작업을 하는 2명의 작업자를 보여주고 있다. 작업장 정리정돈이 안 되어 이동전선과 충전부가 널려져 있으며 일부는 물에 젖은 상태로 방치되고 있다. 덮개도 없는 연삭기의 측면을 사용해 대리석을 연마하는 모습이 보인다. 작업이 끝난 후 작업자가 대리석을 힘겹게 옮긴다.

① 연삭작업을 하는 작업자가 보안경을 착용하지 않았다.

② 연삭기에 방호장치가 설치되지 않았다.

③ 작업자가 방진마스크를 착용하지 않았다.

④ 통로바닥에 이동전선이 방치되어 감전의 위험이 있다.

▲ 해당 답안 중 3가지 선택 기재

06 승강기(리프트)를 타고 이동한 후 용접하는 영상이다. 리프트를 이용한 작업 시작 전 점검사항을 2가지 쓰시오.(4점)

[기사1202A/기사1303B/기사1601A/기사1801A/기사1801B/기사1902B/기사2003C]

테이블리프트(승강기)를 타고 이동한 후 고공에서 용접하는 영상을 보여주고 있다.

① 방호장치·브레이크 및 클러치의 기능

② 와이어로프가 통하고 있는 곳의 상태

07 영상은 전주에 사다리를 기대고 작업하는 도중 넘어지는 재해를 보여주고 있다. 동영상에서와 같이 이동식사다리의 설치기준(=사용상 주의사항) 3가지를 쓰시오.(6점) [산기1401A/산기1502C/산기1603B/산기1903B/기사2003C]

작업자 1명이 전주에 사다리를 기대고 작업하는 도중 사다리가 미끄러지면서 작업자와 사다리가 넘어지는 재해상황을 보여주고 있다.

① 이동식사다리의 길이는 6m를 초과해서는 안 된다.
② 사다리의 상단은 걸쳐놓은 지점으로부터 60cm 이상 또는 사다리 발판 3개 이상을 연장하여 설치한다.
③ 사다리 기둥 하부에 마찰력이 큰 재질의 미끄러짐 방지조치가 된 사다리를 사용한다.
④ 이동식 사다리 발판의 수직간격은 25~35cm 사이, 폭은 30cm 이상으로 제작된 사다리를 사용한다.
⑤ 다리의 벌림은 벽 높이의 1/4 정도가 적당하다.
⑥ 이동식 사다리를 수평으로 눕히거나 계단식 사다리를 펼쳐 사용하는 것을 제한한다.

▲ 해당 답안 중 3가지 선택 기재

08 영상은 수소를 취급·보관하는 저장소를 보여주고 있다. 수소 취급 시 주의사항을 고려한 수소의 특성을 2가지 쓰시오.(4점) [기사2003C]

작업자가 수소 저장고로 들어가는 모습을 보여준다. 방폭형 전원스위치가 있고, 저장고 상단부분에 동작하지 않는 환풍기가 보인다. 환풍기 선의 콘센트와 전기 콘센트는 일반형이 설치되어 있다. 콘센트 주변에는 거미줄이 쳐 있는 등 관리가 소홀함을 확인할 수 있다.

① 공기보다 가볍다.
② 인화성이 강한 기체이다.

09 영상은 영상표시단말기(VDT) 작업을 하고 있는 장면을 보여주고 있다. 이러한 자세를 오래 지속할 경우 발생할 수 있는 위험요인을 3가지 쓰시오.(6점)

[기사1502C/기사2003C]

작업자가 사무실에서 의자에 앉아 컴퓨터를 조작하고 있다. 작업자의 의자 높이가 맞지 않아 다리를 구부리고 앉아있는 모습과 모니터가 작업자와 너무 가깝게 놓여 있는 모습, 키보드가 너무 높게 위치해 있어 불편하게 조작하는 모습을 보여주고 있다.

① 의자가 앞쪽으로 기울어져 요통에 위험이 있다.

② 키보드가 너무 높은 곳에 있어 손목에 무리를 주어 손목증후군 및 어깨 결림이 발생할 수 있다.

③ 모니터가 작업자와 너무 가깝게 있어 시력 저하의 우려가 있다.

01 영상은 실험실에서 유해물질을 취급하고 있는 장면이다. 유해물질이 인체에 흡수되는 경로를 2가지 쓰시오.
(4점)

[산기1202B/기사1203B/기사301A/산기1402B/기사1402C/기사1501C/

산기1601B/기사1702B/기사1901B/기사1902B/기사1903A/산기1903A/기사2002A/기사2003A/기사2303A]

작업자는 맨손에 마스크도 착용하
지 않고 황산을 비커에 따르다 실수
로 손에 묻는 장면을 보여주고 있다.

① 호흡기　　　　　② 소화기　　　　　③ 피부

▲ 해당 답안 중 2가지 선택 기재

02 고속절단기를 이용해 파이프 절단 작업을 보여주고 있다. 작업자가 추가로 착용해야 할 보호구 3가지를
쓰시오.(5점)
[기사2002A]

고속절단기 파이프 절단 작업으로
불똥이 튀는 작업현장을 보여주고
있다. 작업자는 안전화와 안전모를
착용하고 작업 중이다.

① 보안경　　　　　② 귀마개　　　　　③ 방진마스크

03 영상은 퍼지작업 상황을 보여주고 있다. 이 퍼지작업의 종류 4가지를 쓰시오.(4점)

[기사1402B/기사1502A/기사1503B/기사1701C/기사1802B/기사2002A/기사2004A]

영상은 불활성가스를 주입하여 산소의 농도를 낮추는 퍼지작업 진행 상황을 보여주고 있다.

① 진공퍼지   ② 압력퍼지

③ 스위프퍼지   ④ 사이펀퍼지

04 영상에서와 같이 터널 굴착공사 중에 사용되는 계측방법의 종류 3가지를 쓰시오.(6점)

[기사1302B/기사1403C/기사1601C/기사1702B/기사1902A/기사2002A]

터널 굴착공사 현장을 보여준다.

① 터널내 육안조사   ② 내공변위 측정   ③ 천단침하 측정

④ 록 볼트 인발시험   ⑤ 지표면 침하측정   ⑥ 지중변위 측정

⑦ 지중수평변위 측정   ⑧ 지하수위 측정   ⑨ 록볼트 축력 측정

⑩ 뿜어붙이기콘크리트 응력측정   ⑪ 터널 내 탄성파 속도 측정   ⑫ 주변 구조물의 변형상태 조사

▲ 해당 답안 중 3가지 선택 기재

05 영상은 전주의 이동작업 중 발생한 사고사례이다. 다음 물음에 답을 쓰시오.(6점) [신기1202A/기사1203C/
기사1401C/신기1402B/기사1502B/신기1503A/기사1603B/신기1701B/신기1802B/기사1902B/기사1903A/신기1903A/기사2002A/기사2302B]

항타기를 이용하여 콘크리트 전주를 세우는 작업을 보여주고 있다. 항타기에 고정된 콘크리트 전주가 불안하게 흔들리고 있다. 작업자가 항타기를 조정하는 순간, 전주가 인접한 활선전로에 접촉되면서 스파크가 발생한다. 안전모를 착용한 3명의 작업자가 보인다.

① 재해요인   ② 가해물   ③ 전기용 안전모의 종류

① 재해요인 : 비래(=맞음)
② 가해물 : 전주
③ 전기용 안전모의 종류 : AE형, ABE형

06 영상은 슬라이스 작업 중 재해가 발생한 상황을 보여주고 있다. 슬라이스 기계 중 무채를 썰어내는 부분에서 형성되는 ① 위험점과 ② 그 정의를 쓰시오.(4점) [기사1301C/기사1502C/기사2002A]

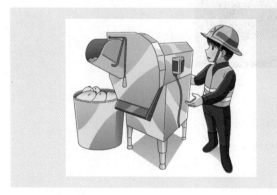

김치제조공장에서 슬라이스 작업 중 전원이 꺼져 무채를 써는(슬라이스) 기계의 작동이 정지되어 이를 점검하는 중 재해가 발생한 상황을 보여준다.

① 위험점 : 절단점
② 정의 : 회전하는 운동부 자체의 위험에서 초래되는 위험점이다.

07 영상은 작업자가 드라이버를 이용해 나사를 조이다 발생한 재해영상이다. 위험요인 2가지를 서술하시오. (4점)

[기사2002A/산기2202A]

동영상은 작업자가 임시배전반에서 맨손으로 드라이버를 이용해 나사를 조이는 중이다. 이때 문틈에 손이 끼어있는 상태이다. 작업 하던 도중 지나가던 다른 작업자가 통행을 위해 문을 닫으려고 배전반 문을 밀면서 손이 컨트롤 박스에 끼이는 사고를 보여주고 있다.

① 작업지휘자 혹은 감시인을 배치하지 않았다.
② 개폐기 문에 작업 중이라는 표지판을 설치하지 않아 다른 작업자가 작업 중임을 인지하지 못해 재해가 발생하였다.

08 영상은 콘크리트 전주를 세우기 작업하는 도중에 발생한 사례를 보여주고 있다. 항타기 · 항발기 조립 및 해체 시 사업주의 점검사항 3가지를 쓰시오.(6점)

[기사1401C/기사1603B/기사1702B/기사1801A/기사1902A/기사2002A/산기2004B/기사2303A]

콘크리트 전주를 세우기 작업하는 도중에 전도사고가 발생한 사례를 보여주고 있다.

① 본체 연결부의 풀림 또는 손상의 유무
② 권상용 와이어로프 · 드럼 및 도르래의 부착상태의 이상 유무
③ 권상장치의 브레이크 및 쐐기장치 기능의 이상 유무
④ 권상기의 설치상태의 이상 유무
⑤ 리더(leader)의 버팀 방법 및 고정상태의 이상 유무
⑥ 본체 · 부속장치 및 부속품의 강도가 적합한지 여부
⑦ 본체 · 부속장치 및 부속품에 심한 손상 · 마모 · 변형 또는 부식이 있는지 여부

▲ 해당 답안 중 3가지 선택 기재

09 공작기계를 이용한 작업상황을 보여주고 있다. 공작기계에 사용할 수 있는 방호장치의 종류 4가지와 그 중 작업자가 기능을 무력화시킨 방호장치의 이름을 쓰시오.(6점)

[기사2002A]

발광부와 수광부가 설치된 프레스를 보여준다. 페달로 작동시켜 철판에 구멍을 뚫는 작업 중 작업자가 방호장치(발광부, 수광부)를 젖히고 2회 더 작업을 한다. 그 후 작업대 위에 손으로 청소를 하다가 페달을 밟아 작업자의 손이 끼이는 사고가 발생하는 장면을 보여준다.

가) 사용가능한 방호장치

① 게이트가드식 방호장치   ② 손쳐내기식 방호장치

③ 수인식 방호장치   ④ 양수조작식 방호장치

나) 작업자가 기능을 무력화시킨 방호장치 : 광전자식 방호장치

01 영상은 작업자가 전동권선기에 동선을 감는 작업 중 기계가 정지하여 점검 중 발생한 재해사례를 보여주고 있다. 위험요소 2가지를 적으시오.(4점)

[기사1203A/기사1301B/기사1403B/기사1501A/기사1602A/기사1603A/기사1903D/기사2002B/기사2101B/기사2102A/기사2203A/기사2303C]

작업자(맨손, 일반 작업복)가 전동 권선기에 동선을 감는 작업 중 기계가 정지하여 점검하면서 전기에 감전되는 재해사례이다.

① 작업자가 절연용 보호구(내전압용 절연장갑)를 착용하지 않았다.

② 작업자가 전원을 차단하지 않은 채 점검을 하고 있다.

02 영상은 프레스기 외관을 점검하고 있는 모습을 보여주고 있다. 프레스 작업 시작 전 점검사항 3가지를 쓰시오.(6점)

[기사2002B/기사2102C/신기2103A/기사2301A]

작업자가 프레스의 외관을 살펴보면서 페달을 밟거나 전원을 올려 작동시험을 하는 등 점검작업을 수행 중이다.

① 클러치 및 브레이크의 기능

② 프레스의 금형 및 고정볼트 상태

③ 방호장치의 기능

④ 전단기의 칼날 및 테이블의 상태

⑤ 크랭크축·플라이휠·슬라이드·연결봉 및 연결 나사의 풀림 여부

⑥ 1행정 1정지기구·급정지장치 및 비상정지장치의 기능

⑦ 슬라이드 또는 칼날에 의한 위험방지 기구의 기능

▲ 해당 답안 중 3가지 선택 기재

03 영상은 그라인더를 이용한 연마작업 현장을 보여주고 있다. 연삭작업 중 작업자가 미착용한 보호구 2가지를 쓰시오.(4점)　　　　　　　　　　　　　　　　[기사2002B/산기2002C]

작업자가 보안경, 안전모, 귀마개 등을 착용하지 않고 작업을 하고 있는 모습을 보여주고 있다. 작업이 끝나자 손으로 눈을 비비는 모습을 보여준다.

① 보안경　　　　　　　　② 방진마스크　　　　　　　　③ 귀마개

▲ 해당 답안 중 2가지 선택 기재

04 영상은 이동식크레인을 이용하여 배관을 이동하는 작업이다. 영상을 보고 위험요인 3가지를 쓰시오.(6점)

[산기1201B/산기1302B/산기1403B/산기1903A/산기1903B/기사2001B/기사2002B/기사2003B]

신호수의 신호에 의해 이동식크레인을 이용하여 배관을 위로 올리는 작업현장을 보여주고 있다. 보조로프가 없어 배관이 근처 H빔에 부딪혀 흔들린다. 혹 해지장치는 보이지 않으며 배관 양쪽 끝에 와이어로 두바퀴를 감고 샤클로 채결한 상태이다. 흔들리는 배관을 아래쪽의 근로자가 손으로 지탱하려다가 배관이 근로자의 상체에 부딪혀 근로자가 넘어지는 사고가 발생한다.

① 작업 반경 내 작업과 관계없는 근로자가 출입하고 있다.
② 보조(유도)로프를 설치하지 않아 화물이 빠질 위험이 있다.
③ 훅의 해지장치 및 안전상태를 점검하지 않았다.
④ 와이어로프가 불안정 상태를 안정시킬 방안을 마련하지 않고 인양하여 위험에 노출되었다.

▲ 해당 답안 중 3가지 선택 기재

05 맨홀(밀폐공간)에서 전화선 작업 중 발생한 재해영상이다. 재해피해자를 구호하기 위한 구조자가 착용해야 할 호흡용 보호구를 쓰시오.(5점)

[기사1302C/기사1601A/기사1703B/기사1902A/기사2002B/기사2002C/산기2003B/기사2202C/기사2303A]

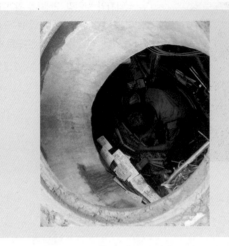

지하에 위치한 맨홀(밀폐공간)에서 전화선 복구작업을 하던 중 유해가스에 작업자가 쓰러지는 재해영상을 보여주고 있다.

- 공기호흡기 또는 송기마스크

06 분전반 전면에서 그라인더 작업이 진행 중인 영상이다. 위험요인 2가지를 찾아 쓰시오.(4점)

[산기1202A/산기1401B/산기1402B/산기1502C/산기1701A/기사1802B/기사1903B/기사2002B/기사2004B]

작업자 한 명이 콘센트에 플러그를 꽂고 그라인더 작업 중이고, 다른 작업자가 다가와서 작업을 위해 콘센트에 플러그를 꽂고 주변을 만지는 도중 감전이 발생하는 동영상이다.

① 작업자가 절연용 보호구를 착용하지 않았다.
② 감전방지용 누전차단기를 설치하지 않았다.
③ 접지를 하지 않았다.

▲ 해당 답안 중 2가지 선택 기재

07 굴착공사 현장에서 흙막이 지보공을 설치한 후 정기적으로 점검하고 이상 발견 시 즉시 보수해야 할 사항을 3가지 쓰시오.(6점)

[산기1902A/기사2002B/산기2003C/기사2201B/기사2301A]

대형건물의 건축현장이다. 굴착공사를 하면서 흙막이 지보공을 설치하고 이를 점검하는 모습을 보여준다.

① 부재의 손상·변형·부식·변위 및 탈락의 유무와 상태

② 버팀대 긴압의 정도

③ 부재의 접속부·부착부 및 교차부의 상태

④ 침하의 정도

▲ 해당 답안 중 3가지 선택 기재

08 영상은 2m 이상 고소작업을 하고 있는 이동식비계를 보여주고 있다. 다음 ( ) 안을 채우시오.(4점)

[기사1301A/기사1503A/기사1601A/기사1701C/기사1702C/기사1801C/기사1902C/기사1903B/기사2002B/기사2103C]

높이가 2m 이상인 이동식 비계의 작업발판을 설치하던 중 발생한 재해 상황을 보여주고 있다.

비계 작업발판의 폭은 (①)센티미터 이상으로 하고, 발판재료 간의 틈은 (②)센티미터 이하로 할 것

① 40   ② 3

09 벨트에 묻은 기름과 먼지를 걸레로 청소하던 중 발생한 재해상황이다. 물음에 답하시오.(6점)

[기사2002B/기사2201C]

골재생산 작업장에서 작업자가 골재 이송용 컨베이어 벨트에 묻은 기름과 먼지를 걸레로 청소하던 중 상부 고정부분에 손이 끼이는 재해상황을 보여주고 있다.

① 위험점	② 재해형태	③ 재해형태의 정의

① 위험점 : 끼임점

② 재해형태 : 협착(=끼임)

③ 정의 : 두 물체 사이의 움직임에 의하여 일어난 것으로 직선 운동하는 물체 사이의 협착, 회전부와 고정체 사이의 끼임, 롤러 등 회전체 사이에 물리거나 또는 회전체·돌기부 등에 감긴 경우

01 영상은 밀폐공간에서 의식불명의 피해자가 발생한 것을 보여주고 있다. 밀폐공간에서 작업자가 착용해야 하는 호흡용 보호구를 2가지 쓰시오.(4점)

[기사1302C/기사1601A/기사1703B/기사1902A/기사2002B/기사2002C/산기2003B/기사2202C/기사2303A]

작업 공간 외부에 존재하던 국소배기장치의 전원이 다른 작업자의 실수에 의해 차단됨에 따라 탱크 내부의 밀폐된 공간에서 그라인더 작업을 수행 중에 있는 작업자가 갑자기 의식을 잃고 쓰러지는 상황을 보여주고 있다.

① 공기호흡기 ② 송기마스크

02 영상은 터널공사 현장을 보여주고 있다. 영상에서와 같이 터널 등의 건설작업에 있어서 낙반 등에 의하여 근로자에게 위험을 미칠 우려가 있을 때 위험을 방지하기 위하여 필요한 조치를 2가지 쓰시오.(4점)

[기사1203C/기사1401A/기사1601B/기사1901B/기사2002C]

터널공사 중 다이너마이트를 설치하는 장면을 보여주고 있다.

① 터널 지보공 및 록볼트의 설치
② 부석의 제거

03 영상은 교량하부 점검작업 중 발생한 재해사례를 보여주고 있다. 영상을 참고하여 해당 상황에서 필요한
① 안전용품의 이름과 주어진 문제의 ② 빈칸을 채우시오.(4점) [기사1802C/기사2002C]

교량의 하부를 점검하던 도중 작
업자A가 작업자가 B에게 이동하
던 중 갑자기 화면이 전환되면서
교량 하부에 설치된 그물을 비추
고 화면이 회전하면서 흔들리는
영상을 보여주고 있다.

설치위치는 가능하면 작업면으로부터 가까운 지점에 설치하여야 하며, 작업면으로부터 망의 설치지점까지의 수직거리
는 (②)미터를 초과하지 아니할 것

① 추락방호망   ② 10

04 영상은 전주에서 활선작업 중 감전사고가 발생하는 장면을 보여주고 있다. 화면을 보고 해당 작업에서 내재되
어 있는 핵심 위험요인 2가지를 쓰시오.(4점)

[기사1301A/기사1401A/기사1601B/기사1701A/기사1701C/기사1802B/기사1803A/기사2002C/기사2002D]

영상은 작업자 2명이 전주에서 활선작업을 하고 있다.
작업자 1명은 아래에서 주황색 플라스틱으로 된 절연
방호구를 올려주고 다른 1명이 크레인 위에서 이를 받
아 활선에 절연방호구를 설치하는 작업을 하다 감전
사고가 발생하는 상황이다. 크레인 붐대가 활선에 접
촉되지는 않았으나 근처까지 접근하여 작업하고 있으
며, 위쪽의 작업자는 두꺼운 장갑(절연용 방호장갑으
로 보임)을 착용하였으나 아래쪽 작업자는 목장갑을
착용하고 있다. 작업자 간에 신호전달이 원활하지 않
아 작업이 원활하지 않다.

① 작업자가 보호구(내전압용 절연장갑)를 착용하지 않아 감전위험에 노출되었다.
② 근로자가 활선 접근 시 지켜야 하는 접근한계거리를 준수하지 않아 감전위험에 노출되었다.
③ 크레인 붐대가 활선에 가깝게 접근해 감전 위험이 있다.
④ 작업자들 간에 신호전달이 원활하게 이뤄지지 않고 있다.

▲ 해당 답안 중 2가지 선택 기재

05 영상은 폭발성 화학물질 취급 중 작업자의 부주의로 발생한 사고 사례를 보여주고 있다. 영상에서와 같이 폭발성 물질 저장소에 들어가는 작업자가 신발에 물을 묻히는 ① 이유는 무엇인지 상세히 설명하고, 화재 시 적합한 ② 소화방법은 무엇인지 쓰시오.(6점)

[기사1302B/기사1403C/기사1502C/기사1603C/기사1803B/기사2002C/신기2003B]

작업자가 폭발성 물질 저장소에 들어가는 장면을 보여주고 있다. 먼저 들어오는 작업자는 입구에서 신발 바닥에 물을 묻힌 후 들어오는 데 반해 뒤에 들어오는 작업자는 그냥 들어오고 있다. 뒤의 작업자 이동에 따라 작업자 신발 바닥에서 불꽃이 발생되는 모습을 보여준다.

① 이유 : 정전기에 의한 폭발위험에 대비해 신발과 바닥면의 접촉으로 인한 정전기 발생을 예방하기 위해서이다.
② 소화방법 : 다량 주수에 의한 냉각소화

06 영상은 이동식크레인을 이용하여 배관을 운반하는 작업을 보여주고 있다. 이동식크레인 운전자의 준수수항 3가지를 쓰시오.(6점)

[기사1303C/기사1802A/기사2002C]

신호수의 신호에 의해 이동식크레인을 이용하여 배관을 위로 올리는 작업현장을 보여주고 있다. 보조로프가 없어 배관이 근처 H빔에 부딪혀 흔들린다. 훅 해지장치는 보이지 않으며 배관 양쪽 끝에 와이어로 두바퀴를 감고 샤클로 채결한 상태이다. 흔들리는 배관을 아래쪽의 근로자가 손으로 지탱하려다가 배관이 근로자의 상체에 부딪혀 근로자가 넘어지는 사고가 발생한다.

① 일정한 신호방법을 정하고 신호수의 신호에 따라 작업한다.
② 화물을 매단 채 운전석을 이탈하지 않는다.
③ 작업종료 후 크레인의 동력을 차단시키고 정지조치를 확실히 한다.

07 영상은 인쇄 윤전기를 청소하는 중에 발생한 재해사례이다. 영상을 보고 롤러기의 청소 시 위험요인을 3가지 쓰시오.(6점)

[기사1301B/기사1302B/기사1402B/기사1403B/기사1503A/ 기사1503B/기사1602C/기사1701B/기사1703B/기사1902C/기사2002C/기사2101A/기사2102A]

작업자가 인쇄용 윤전기의 전원을 끄지 않고 서로 맞물려서 돌아가는 롤러를 걸레로 닦고 있다. 작업자는 체중을 실어서 위험하게 맞물리는 지점까지 걸레를 집어넣고 열심히 닦고 있는 도중 손이 롤러기 사이에 끼어서 사고를 당하고, 사고 발생 후 전원을 차단하고 손을 빼내는 장면을 보여준다.

① 회전 중 롤러의 죄어 들어가는 쪽에서 직접 손으로 눌러 닦고 있어서 손이 물려 들어갈 위험이 있다.
② 전원을 차단하지 않고 청소를 함으로 인해 사고위험에 노출되어 있다.
③ 체중을 걸쳐 닦고 있음으로 해서 신체의 일부가 말려 들어갈 위험이 있다.
④ 안전장치가 없어서 걸레를 위로 넣었을 때 롤러가 멈추지 않아 손이 물려 들어갈 위험이 있다.

▲ 해당 답안 중 3가지 선택 기재

08 영상은 도로상의 가설전선 점검 작업 중 발생한 재해사례이다. ① 재해형태, ② 정의를 쓰시오.(5점)

[기사1102A/기사1302C/기사1601B/기사1702A/기사1901C/기사2002C]

도로공사 현장에서 공사구획을 점검하던 중 작업자가 절연테이프로 테이핑된 전선을 맨손으로 만지다 감전사고가 발생하는 영상이다.

① 재해형태 : 감전(=전류접촉)
② 정의 : 전기접촉이나 방전에 의해 사람이 (전기)충격을 받는 것을 말한다.

09 화면은 가스용접작업 진행 중 발생된 재해사례를 나타내고 있다. 위험요인을 3가지 쓰시오.(6점)

[산기1201A/산기1303B/산기1501B/산기1602A/산기1801A/기사2002C]

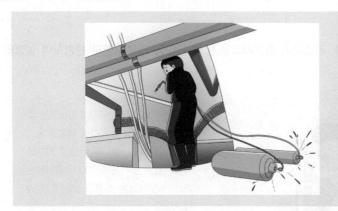

가스 용접작업 중 맨 얼굴과 목장갑을 끼고 작업하면서 산소통 줄을 당겨서 호스가 뽑혀 산소가 새어나오고 불꽃이 튀는 동영상이다. 가스용기가 눕혀진 상태이고 별도의 안전장치가 없다.

① 용기가 눕혀진 상태에서 작업을 실시하고 있다.

② 작업자가 작업 중 용접용 보안면과 용접용 안전장갑을 미착용하고 있다.

③ 산소통의 호스를 잡아 당겨 호스가 뽑혀 산소가 유출되고 있다.

01 영상은 감전사고를 보여주고 있다. 작업자가 감전사고를 당한 원인을 피부저항과 관련하여 설명하시오. (5점)

[기사1203B/기사1402A/기사1501C/기사1602C/기사1703B/기사1901B/기사2002D/기사2302C]

영상은 작업자가 단무지가 들어있는 수조에 수중펌프를 설치하는 작업을 하고 있는 상황이다. 설치를 끝내고 펌프를 작동시킴과 동시에 작업자가 감전되는 재해가 발생하는 상황을 보여주고 있다.

- 인체가 수중에 있으면 인체의 피부저항이 기존 저항의 최대 1/25로 감소되므로 쉽게 감전의 피해를 입는다.

02 영상은 DMF작업장에서 작업자가 유해물질 DMF 작업을 하고 있는 것을 보여주고 있다. 피부 자극성 및 부식성 관리대상 유해물질 취급 시 비치하여야 할 보호장구 3가지를 쓰시오.(6점)

[산기1301A/기사1402C/기사1503A/기사1702B/기사1801A/산기1801A/기사1802A/기사2002D]

DMF작업장에서 한 작업자가 방독마스크, 안전장갑, 보호복 등을 착용하지 않은 채 유해물질 DMF 작업을 하고 있는 것을 보여주고 있다.

① 보안경
③ 불침투성 보호복

② 불침투성 보호장갑
④ 불침투성 보호장화

▲ 해당 답안 중 3가지 선택 기재

03 영상은 변압기를 유기화합물에 담가서 절연처리와 건조작업을 하고 있음을 보여주고 있다. 이 작업 시 착용할 보호구를 다음에 제시한 대로 쓰시오.(6점)

[기사1202A/기사1301A/기사1401B/기사1402B/기사1501A/기사1602C/기사1701B/기사1703C/기사2001C/산기2002B/기사2002D/기사2302C]

가로·세로 15cm 정도로 작은 변압기의 양쪽에 나와 있는 선을 일반 작업복에 맨손의 작업자가 양손으로 들고 스텐으로 사각형 유기화합물통에 넣었다 빼서 앞쪽 선반에 올리는 작업하고 있다. 화면이 바뀌면서 선반 위 소형변압기를 건조시키기 위해 문 4개짜리 업소용 냉장고처럼 생긴 곳에다가 넣고 문을 닫는 화면을 보여준다.

① 손	② 눈	③ 피부(몸)

① 손 : 불침투성 보호장갑　　　　　② 눈 : 보안경
③ 피부 : 불침투성 보호복

04 동영상은 비계에서 작업 중 발생한 재해상황을 보여주고 있다. 영상을 참고하여 해당 재해를 방지하기 위한 대책을 2가지 쓰시오.(4점)

[기사2002D/기사2002E]

작업자가 강관비계에서 작업을 하던 중 망치를 놓쳐 망치가 아래로 떨어진다. 작업장 아래에 지나가는 다른 근로자의 모습과 함께 비명소리가 들린다.

① 낙하물 방지망의 설치　　　　　② 보호구의 착용
③ 수직보호망 또는 방호선반의 설치　　　　　④ 출입금지구역의 설정

▲ 해당 답안 중 2가지 선택 기재

05 영상은 승강기 컨트롤 패널을 점검하는 중 발생한 재해사례이다. 동종의 재해 방지대책 3가지를 서술하시오. (6점)

[기사1302C/기사1403C/기사1503B/기사1702B/기사1801A/기사2002D]

동영상은 MCC 패널 점검 중으로 개폐기에는 통전 중이라는 표지가 붙어있고 작업자(면장갑 착용)가 개폐기 문을 열어 전원을 차단하고 문을 닫은 후 다른 곳 패널에서 작업하려다 쓰러진 상황이다.

① 작업 전에 잔류전하를 완전히 제거해야 한다.
② 작업 시작 전 내전압용 절연장갑 등 절연용 보호구를 착용하여야 한다.
③ 잠금장치 및 표찰을 부착하여 해당 작업자 이외의 자에 의한 오작동을 막아야 한다.
④ 개폐기 문에 통전금지 표지판을 설치하고, 감시인을 배치한 후 작업을 한다.
⑤ 작업자들에게 해당 작업 시의 전기위험에 대한 안전교육을 실시한다.

▲ 해당 답안 중 3가지 선택 기재

06 영상은 덤프트럭의 적재함을 올리고 실린더 유압장치 밸브를 수리하던 중에 발생한 재해사례를 보여주고 있다. 동영상에서와 같이 차량계 하역운반기계 등의 수리 또는 부속장치의 장착 및 해제작업을 하는 때에 작업 시작 전 조치사항을 3가지 쓰시오.(6점)

[산기1202B/기사1203A/산기1303A/기사1402B/산기1501B/기사1503C/산기1701B/기사1703C/기사1801A/산기1803B/기사2002D]

작업자가 운전석에서 내려 덤프트럭 적재함을 올리고 실린더 유압장치 밸브를 수리하던 중 적재함의 유압이 빠지면서 사이에 끼이는 재해가 발생한 사례를 보여주고 있다.

① 작업지휘자를 지정·배치한다.
② 작업지휘자로 하여금 작업순서를 결정하고 작업을 지휘하게 한다.
③ 안전지지대 또는 안전블록 등의 사용 상황을 점검하게 한다.

07 영상은 전주에서 활선작업 중 감전사고가 발생하는 장면을 보여주고 있다. 화면을 보고 해당 작업에서 내재되어 있는 불안전한 요소 3가지를 쓰시오.(4점)　[기사1701A/기사1701C/기사1802B/기사1803A/기사2002C/기사2002D]

영상은 작업자 2명이 전주에서 활선작업을 하고 있다. 작업자 1명은 아래에서 주황색 플라스틱으로 된 절연방호구를 올려주고 다른 1명이 크레인 위에서 이를 받아 활선에 절연방호구를 설치하는 작업을 하다 감전사고가 발생하는 상황이다. 크레인 붐대가 활선에 접촉되지는 않았으나 근처까지 접근하여 작업하고 있으며, 위쪽의 작업자는 두꺼운 장갑(절연용 방호장갑으로 보임)을 착용하였으나 아래쪽 작업자는 목장갑을 착용하고 있다. 작업자 간에 신호전달이 원활하지 않아 작업이 원활하지 않다.

① 크레인 붐대가 활선에 가깝게 접근해 감전 위험이 있다.
② 근로자가 활선 접근 시 지켜야 하는 접근한계거리를 준수하지 않아 감전위험에 노출되었다.
③ 작업자가 보호구(내전압용 절연장갑)를 착용하지 않아 감전위험에 노출되었다.
④ 작업자들 간에 신호전달이 원활하게 이뤄지지 않고 있다.

▲ 해당 답안 중 3가지 선택 기재

08 영상은 작업자가 피트 내에서 작업하다 추락하는 재해사례를 보여주고 있다. 영상의 작업현장에서 불안전 요소 3가지를 쓰시오.(4점)　[산기1601B/기사1602C/산기1703A/산기1802A/기사1803B/산기1903B/기사2002D/기사2203C]

승강기 설치 전 피트 내부의 불안정한 발판(나무판자로 엉성하게 이어붙인) 위에서 벽면에 돌출된 못을 망치로 제거하던 중 승강기 개구부로 추락하여 사망하는 재해 상황을 보여주고 있다. 이때 작업자는 안전장비를 착용하지 않았고, 피트 내부에 안전시설이 설치되지 않았음을 확인할 수 있다.

① 안전대 부착설비 및 안전대를 착용하지 않았다.
② 추락방호망을 설치하지 않았다.
③ 작업자가 딛고 선 발판이 불량하다.
④ 안전난간, 덮개, 수직형 추락방망 등 안전시설을 설치하지 않았다.

▲ 해당 답안 중 3가지 선택 기재

09 영상은 크랭크프레스로 철판에 구멍을 뚫는 작업 중 발생한 재해를 보여준다. 재해 예방을 위한 조치사항 2가지를 쓰시오.(4점)

[기사2002D]

영상은 프레스로 철판에 구멍을 뚫는 작업현장을 보여준다. 주변 정리가 되지 않은 상태에서 작업자가 작업 중 철판에 걸린 이물질을 제거하기 위해 몸을 기울여 제거하는 중 실수로 페달을 밟아 프레스 손을 다치는 재해가 발생한다. 프레스에는 별도의 급정지장치가 부착되어 있지 않다.

① 프레스 작업을 중지할 때는 페달에 U자형 덮개를 씌운다.
② 금형에 붙어있는 이물질을 제거하기 위해서는 전용의 공구를 사용한다.
③ 정해진 수공구 및 지그를 사용한다.
④ 작업 시작 전 복장, 작업장 정리정돈, 기계점검을 실시한다.
⑤ 작업자의 자세가 무리하거나 불편하지 않도록 보조도구를 사용한다.
⑥ 급정지장치 및 안전장치를 설치하고 주기적으로 기능을 점검한다.

▲ 해당 답안 중 2가지 선택 기재

01 영상은 지게차 주유 중 화재가 발생하는 상황을 보여주고 있다. 이 화면에서 발화원의 형태를 쓰시오.(3점)

[기사1601B/기사1701A/기사2002E]

지게차가 시동이 걸린 상태에서 경유를 주입하는 모습을 보여주고 있다. 이때 운전자는 차에서 내려 다른 작업자와 흡연을 하며 대화하는 중에 담뱃불에 의해 화재가 발생하는 장면을 보여준다.

• 나화

02 영상은 특수 화학설비를 보여주고 있다. 화면과 연관된 특수 화학설비 내부의 이상상태를 조기에 파악하기 위하여 설치해야 할 계측장치 3가지를 쓰시오.(6점)

[기사1302A/산기1303A/기사1403A/산기1502C/기사1503B/산기1603A/기사1801C/기사1803B/산기2001B/기사2002E/기사2302A]

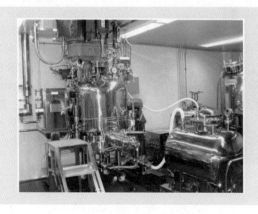

화학공장 내부의 특수 화학설비를 보여주고 있다.

① 온도계   ② 유량계   ③ 압력계

03 영상은 거푸집 해체작업 중 작업자가 다치는 장면을 보여주고 있다. 영상을 보고 사고예방을 위해 준수해야 하는 사항을 3가지 쓰시오.(6점)

[기사1802C/기사2002E]

거푸집 해체작업 중 거푸집 지지대가 떨어져서 아래를 지나던 사람이 맞는 사고가 발생했다.

① 해당 작업을 하는 구역에는 관계 근로자가 아닌 사람의 출입을 금지할 것

② 비, 눈, 그 밖의 기상상태의 불안정으로 날씨가 몹시 나쁜 경우에는 그 작업을 중지할 것

③ 재료, 기구 또는 공구 등을 올리거나 내리는 경우에는 근로자로 하여금 달줄·달포대 등을 사용하도록 할 것

④ 낙하·충격에 의한 돌발적 재해를 방지하기 위하여 버팀목을 설치하고 거푸집 동바리 등을 인양장비에 매단 후에 작업을 하도록 하는 등 필요한 조치를 할 것

▲ 해당 답안 중 3가지 선택 기재

04 작업장 내부에서의 재해사례를 보여주고 있다. 재해의 유형과 불안전한 요소 2가지를 쓰시오.(6점)

[기사2002E/기사2201C/기사2202C]

작업장 내 하부 바닥의 철판을 교체하기 위하여 밸브의 해체작업을 하던 중 작업장소를 밝게 하기 위해 이동형 전등을 이동시켜 줄 것을 동료 작업자가 요청하여 해당 이동형 전등을 잡고 위치를 이동시키는 중 외함에 재해자의 손이 접촉되어 쓰러지는 재해를 보여주고 있다.

가) 재해의 유형 : 감전

나) 불안전한 요소

　① 전원을 차단하지 않았다.

　② 절연용 보호구를 착용하지 않았다.

05 영상은 박공지붕 설치작업 중 박공지붕의 비래에 의해 재해가 발생하는 장면을 보여주고 있다. 재해방지대책을 3가지 쓰시오.(6점) [기사1301B/산기1303B/기사1402C/산기1501B/산기1803B/산기2001A/기사2002E/기사2103C]

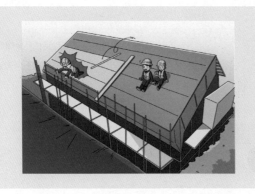

박공지붕 위쪽과 바닥을 보여주고 있으며, 지붕의 오른쪽에 안전난간, 추락방지망이 미설치된 화면과 지붕 위쪽 중간에서 커피를 마시면서 앉아 휴식을 취하는 작업자(안전모, 안전화 착용함)들과 작업자 왼쪽과 뒤편에 적재물이 적치되어 있는 상태이다. 뒤에 있던 삼각형 적재물이 굴러와 휴식 중이던 작업자를 덮쳐 작업자가 앞으로 쓰러지는 영상이다.

① 휴식은 안전한 장소에서 취하도록 한다.
② 추락방호망을 설치한다.
③ 안전대 부착설비 및 안전대를 착용한다.
④ 지붕의 가장자리에 안전난간을 설치한다.
⑤ 구름멈춤대, 쐐기 등을 이용하여 중량물의 동요나 이동을 조절한다.
⑥ 중량물이 구를 위험이 있는 방향 앞의 일정거리 이내로는 근로자의 출입을 제한한다.

▲ 해당 답안 중 3가지 선택 기재

06 영상은 가스 저장소에서 발생한 재해 상황을 보여주고 있다. 누설감지경보기의 적절한 ① 설치위치 ② 경보설정값이 몇 %가 적당한지 쓰시오.(4점) [기사1401B/기사1502B/기사1702A/기사1803C/기사2002E/기사2103B/기사2302A]

LPG저장소에 가스누설감지경보기의 미설치로 인해 재해사례가 발생한 장면이다.

① 설치위치 : LPG는 공기보다 무거우므로 바닥에 인접한 곳에 설치한다.
② 설정값 : 폭발하한계의 25% 이하

07 영상은 이동식크레인으로 작업하는 현장을 보여주고 있다. 고압선 아래에서 작업 시 사업주의 감전에 대비한 조치사항 3가지를 쓰시오.(6점)

[기사1203B/기사1301B/기사1402B/기사1403B/산기1501A/기사1502A/산기1602B/기사1701B/기사1901A/기사2002E]

이동식크레인으로 작업하다 붐대가 전선에 닿아 스파크가 일어나는 상황을 보여준다.

① 충전전로에 대한 접근 한계거리 이상을 유지한다.
② 인접 충전전로에 대하여 절연용 방호구를 설치한다.
③ 해당 충전전로에 접근이 되지 않도록 울타리를 설치하거나 감시인을 배치한다.

08 영상은 작업자가 차단기를 점검하다 감전되어 쓰러지는 영상이다. 위험요인 2가지를 서술하시오.(4점)

[산기1303A/산기1801B/기사1901A/기사1901C/산기1902B/산기2001A/산기2002C/기사2002E]

배전반 뒤쪽에서 작업자 1명이 보수작업을 하고 있다. 화면이 배전반 앞쪽으로 이동하면서 다른 작업자 1명을 보여준다. 해당 작업자가 절연내력시험기를 들고 한 선은 배전반 접지에 꽂은 후 장비의 스위치를 ON시키고 배선용 차단기에 나머지 한 선을 여기저기 대보고 있는데 뒤쪽 작업자가 배전반 작업 중 쓰러졌는지 놀라서 일어나는 동영상이다.

① 작업 시작 전 내전압용 절연장갑 등 절연용 보호구를 착용하지 않았다.
② 개폐기 문에 통전금지 표지판을 설치하고, 감시인을 배치한 후 작업을 하여야 하나 그러하지 않았다.
③ 작업 시작 전 전원을 차단하지 않았다.
④ 잠금장치 및 표찰을 부착하여 해당 작업자 이외의 자에 의한 오작동을 막아야 하나 그러하지 않았다.

▲ 해당 답안 중 2가지 선택 기재

09 동영상은 비계에서 작업 중 발생한 재해상황을 보여주고 있다. 영상을 참고하여 해당 재해를 방지하기 위한 대책을 2가지 쓰시오.(4점)

[기사2002D/기사2002E]

작업자가 강관비계에서 작업을 하던 중 망치를 놓쳐 망치가 아래로 떨어진다. 작업장 아래에 지나가는 다른 근로자의 모습과 함께 비명소리가 들린다.

① 낙하물 방지망의 설치　　　② 보호구의 착용

③ 수직보호망 또는 방호선반의 설치　　　④ 출입금지구역의 설정

▲ 해당 답안 중 2가지 선택 기재

01 영상은 지게차를 운행하기 전 운전자가 유압장치, 조정장치, 경보등 등을 점검하고 있음을 보여주고 있다. 지게차의 작업 시작 전 점검사항 3가지를 쓰시오.(6점) [기사1103C/기사1803A/기사1902A/기사2001A/기사2103A]

작업자가 지게차를 사용하기 전에 지게차의 바퀴를 발로 차보고 조명을 켜보는 등 점검을 하고 있는 모습을 보여주고 있다.

① 제동장치 및 조종장치 기능의 이상 유무
② 하역장치 및 유압장치 기능의 이상 유무
③ 바퀴의 이상 유무
④ 전조등 · 후미등 · 방향지시기 및 경보장치 기능의 이상 유무

▲ 해당 답안 중 3가지 선택 기재

02 영상은 화물을 매달아 올리는 장면을 보여주고 있다. 해당 작업을 시작하기 전 점검사항을 3가지 쓰시오.(단, 경보장치는 제외한다)(6점) [기사1402A/기사1503B/기사1701C/기사1702A/기사1802C/기사1803B/기사2001A/기사2004A/기사2101A]

이동식크레인 붐대를 보여준 후 와이어로프에 화물을 매달아 올리는 영상을 보여준다.

① 권과방지장치나 그 밖의 경보장치의 기능
② 브레이크 · 클러치 및 조정장치의 기능
③ 와이어로프가 통하고 있는 곳 및 작업장소의 지반상태

03 동영상은 이동식비계의 조립하여 작업하는 모습을 보여주고 있다. 해당 작업 시 준수하여야 할 사항을 3가지 쓰시오.(6점) [기사2001A/기사2101B/기사2102A/기사2302B]

2층에서 작업을 하고 있는 작업자가 보인다. 2층 난간이 앞뒤로는 없고, 양옆으로만 난간이 구성되어 있다. 목재로 된 작업발판이 비스듬하게 걸쳐져 있고, 각종 건축폐기물이 비계 한쪽에 어지럽게 흩어져있다. 승강용 사다리는 설치하지 않았으며, 작업 중 비계를 고정하지 않아 움직이는 것이 보인다.

① 승강용 사다리는 견고하게 설치할 것
② 비계의 최상부에서 작업을 하는 경우에는 안전난간을 설치할 것
③ 작업발판의 최대적재하중은 250킬로그램을 초과하지 않도록 할 것
④ 이동식비계의 바퀴에는 뜻밖의 갑작스러운 이동 또는 전도를 방지하기 위하여 브레이크·쐐기 등으로 바퀴를 고정시킨 다음 비계의 일부를 견고한 시설물에 고정하거나 아웃트리거를 설치하는 등 필요한 조치를 할 것
⑤ 작업발판은 항상 수평을 유지하고 작업발판 위에서 안전난간을 딛고 작업을 하거나 받침대 또는 사다리를 사용하여 작업하지 않도록 할 것

▲ 해당 답안 중 3가지 선택 기재

04 프레스에 금형을 부착하는 중 발생한 재해상황을 보여주고 있다. 해당 작업에 종사하는 근로자의 신체가 위험한계 내에 있는 경우 슬라이드가 갑자기 작동함으로써 근로자에게 발생할 우려가 있는 위험을 방지하기 위한 안전장치의 이름은?(3점) [기사2001A]

영상은 프레스로 철판에 구멍을 뚫는 작업현장을 보여준다. 주변 정리가 되지 않은 상태에서 작업자가 작업 중 철판에 걸린 이물질을 제거하기 위해 몸을 기울여 제거하는 중 실수로 페달을 밟아 프레스 손을 다치는 재해가 발생한다. 프레스에는 별도의 급정지장치가 부착되어 있지 않다.

• 안전블록

05 동영상은 높이가 2m 이상인 조립식 비계의 작업발판을 설치하던 중 발생한 재해 상황을 보여주고 있다. 높이가 2m 이상인 작업장소에서의 작업발판 설치기준을 3가지 쓰시오.(단, 작업발판 폭과 틈의 크기는 제외한다)(5점)

[기사1903C/기사2001A/산기2003B/기사2201A/기사2302A/기사2303B]

작업자 2명이 비계 최상단에서 비계설치를 위해 발판을 주고 받다가 균형을 잡지 못하고 추락하는 재해상황을 보여주고 있다.

① 발판재료는 작업할 때의 하중을 견딜 수 있도록 견고한 것으로 할 것

② 추락의 위험이 있는 장소에는 안전난간을 설치할 것

③ 작업발판의 지지물은 하중에 의하여 파괴될 우려가 없는 것을 사용할 것

④ 작업발판재료는 뒤집히거나 떨어지지 않도록 둘 이상의 지지물에 연결하거나 고정시킬 것

⑤ 작업발판을 작업에 따라 이동시킬 경우에는 위험 방지에 필요한 조치를 할 것

▲ 해당 답안 중 3가지 선택 기재

06 동영상은 전주에 작업자가 올라서서 전기형강 교체작업을 하던 중 추락하는 장면이다. 위험요인 2가지를 쓰시오.(4점)

[기사1302A/기사1403C/기사1601A/기사1702B/기사1803C/산기1901B/기사2001A/산기2002C/기사2102B/기사2103C]

작업자가 안전대를 착용하고 있으나 이를 전주에 걸지 않은 상태에서 전주에 올라서서 작업발판(볼트)을 딛고 변압기 볼트를 조이는 중 추락하는 영상이다. 작업자는 안전대를 착용하지 않고, 안전화의 끈이 풀려있는 상태에서 불안정한 발판 위에서 작업 중 사고를 당했다.

① 작업자가 안전대를 전주에 걸지 않고 작업하고 있어 추락위험이 있다.

② 작업자가 딛고 선 발판이 불안하여 위험에 노출되어 있다.

③ 안전화의 끈이 풀려있는 등 작업자 복장이 작업에 적합하지 않다.

▲ 해당 답안 중 2가지 선택 기재

07 동영상은 그라인더로 작업하는 중 발생한 재해를 보여주고 있다. 누전에 의한 감전위험을 방지하기 위하여 누전차단기를 설치해야 하는 기계·기구 3가지를 쓰시오.(6점)

[기사1601A/기사1703A/기사1802A/기사1901B/기사2001A/기사2201B/기사2303A]

작업자 한 명이 분전반을 통해 연결한 콘센트에 플러그를 꽂고 그라인더 앵글작업을 진행하는 중에 또 다른 작업자 한 명이 다가와 콘센트에 플러그를 꽂으려고 전기선을 만지다가 감전되어 쓰러지는 영상이다. 작업장 주변에 물이 고여있고 전선 등이 널려있다.

① 대지전압이 150볼트를 초과하는 이동형 또는 휴대형 전기기계·기구
② 물 등 도전성이 높은 액체가 있는 습윤장소에서 사용하는 저압용 전기기계·기구
③ 철판·철골 위 등 도전성이 높은 장소에서 사용하는 이동형 또는 휴대형 전기기계·기구
④ 임시배선의 전로가 설치되는 장소에서 사용하는 이동형 또는 휴대형 전기기계·기구

▲ 해당 답안 중 3가지 선택 기재

08 영상은 밀폐공간 내부에서 작업 도중 발생한 재해사례를 보여주고 있다. 이러한 사고에 대비하여 필요한 비상시 피난용구 3가지를 쓰시오.(3점) [기사1203A/기사1401A/기사1501B/기사1601C/기사1703C/신기1901A/기사2001A]

선박 밸러스트 탱크 내부의 슬러지를 제거하는 작업 도중에 작업자가 유독가스 질식으로 의식을 잃고 쓰러지는 재해가 발생하여 구급요원이 이들을 구호하는 모습을 보여주고 있다.

① 공기호흡기 또는 송기마스크　　　② 사다리　　　③ 섬유로프

09 동영상은 건설현장에서 사용하는 리프트의 위치별 방호장치를 보여주고 있다. 그림에 맞는 장치의 이름을 쓰시오.(6점)

[기사1803A/기사2001A/산기2003A/기사2301C]

① 과부하방지장치　　　　② 완충스프링　　　　③ 비상정지장치

④ 출입문연동장치　　　　⑤ 방호울출입문연동장치　　⑥ 3상전원차단장치

01 영상은 마그네틱크레인으로 물건을 옮기다 재해가 발생하는 장면을 보여주고 있다. 위험요인을 3가지 쓰시오.(6점)

[기사1302C/기사1403C/기사1502B/기사2001B/산기2002B/기사2102C]

마그네틱크레인으로 물건을 옮기는 동영상으로 마그네틱을 금형 위에 올리고 손잡이를 작동시켜 이동시키고 있다. 작업자는 안전모를 미착용하고, 목장갑 착용하고 오른손으로 금형을 잡고, 왼손으로 상하좌우 조정장치(전기배선 외관에 피복이 벗겨져 있음)를 누르면서 이동 중이다. 갑자기 작업자가 쓰러지면서 오른손이 마그네틱 ON/ OFF 봉을 건드려 금형이 발등으로 떨어져 협착사고가 발생하는 상황을 보여주고 있다. 이때 크레인에는 훅 해지장치가 없고, 훅에 샤클이 3개 연속으로 걸려있는 상태이다.

① 훅에 해지장치가 없어 슬링와이어가 이탈 위험을 가지고 있다.

② 조정장치의 전선피복이 벗겨져 있어 전선 단선으로 인한 하물의 낙하 위험을 가지고 있다.

③ 작업자가 안전모 등 보호구를 착용하지 않았다.

02 동영상의 장치는 A-1이라 불리우는 방호장치이다. 해당 방호장치의 명칭과 작동형태를 쓰시오.(5점)

[기사1801B/기사2001B]

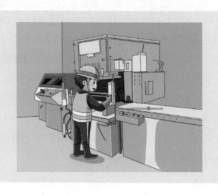

광전자식 방호장치가 부착된 프레스를 보여주고 있다. 왼쪽의 빨간색, 오른쪽의 노란색 발광기와 수광기가 눈에 띈다.

① 명칭 : 광전자식 방호장치

② 작동형태 : 슬라이드 하강 중에 작업자의 손이나 신체 일부가 광센서에 감지되면 자동적으로 슬라이드를 정지시키는 접근반응형 방호장치를 말한다.

03 동영상은 아파트 창틀에서 작업 중 발생한 재해사례를 보여주고 있다. 추락방지대책을 2가지 쓰시오.(4점)

[기사2001B/산기2002A]

A, B 2명의 작업자가 아파트 창틀에서 작업 중에 A가 작업발판을 처마 위의 B에게 건네 준 후, B가 있는 옆 처마 위로 이동하려다 발을 헛디뎌 바닥으로 추락하는 재해 상황을 보여주고 있다. 이때 주변에 정리정돈이 되어 있지 않고, A작업자가 밟고 있던 콘크리트 부스러기가 추락할 때 같이 떨어진다.

① 안전난간을 설치한다.　　　　　② 추락방호망을 설치한다.

③ 주변 정리정돈을 잘한다.　　　　④ 작업발판을 견고히 설치한다.

⑤ 안전대 부착설비를 설치하고 안전대를 착용한다.

▲ 해당 답안 중 2가지 선택 기재

04 화면(전주 동영상)은 전기형강작업 중이다. 정전작업 후 조치사항 3가지를 쓰시오.(6점)

[기사1302A/기사1601C/기사2001B]

작업자 2명이 전주 위에서 작업을 하고 있는 장면을 보여주고 있다. 작업자 1명은 발판이 안정되지 않은 변압기 위에 올라가서 담배를 입에 물고 볼트를 푸는 작업을 하고 있으며 작업자의 아래쪽 발판용 볼트에 C.O.S (Cut Out Switch)가 임시로 걸쳐있음을 보여주고 있다. 다른 한 명의 작업자는 근처에선 이동식 크레인에 작업대를 매달고 또 다른 작업을 하고 있는 상황을 보여주고 있다.

① 작업기구, 단락 접지기구 등을 제거하고 전기기기 등이 안전하게 통전될 수 있는지를 확인할 것

② 모든 작업자가 작업이 완료된 전기기기 등에서 떨어져 있는지를 확인할 것

③ 잠금장치와 꼬리표는 설치한 근로자가 직접 철거할 것

④ 모든 이상 유무를 확인한 후 전기기기 등의 전원을 투입할 것

▲ 해당 답안 중 3가지 선택 기재

05 동영상은 고소에 위치한 에어배관 점검 중 발생한 재해상황을 보여주고 있다. 위험요인 3가지를 쓰시오.(6점)

[산기1202A/산기1301B/산기1303B/산기1402A/산기1501A/산기1503A/산기1701A/산기1702B/산기1902A/기사2001B/산기2002B]

작업자가 이동식사다리를 딛고 올라서서 고온의 증기가 흐르는 고소의 에어배관을 점검하고 있다. 작업자는 스패너 2개를 각각의 손에 나눠 들고 배관 플랜지의 볼트를 풀려고 하다가 추락한다.

① 보안경을 착용하지 않아 고압증기에 의한 눈 부위 손상의 위험에 노출되어 있다.

② 보호구(방열장갑, 방열복 등)를 미착용하고 있다.

③ 작업자가 밟고 선 사다리의 설치상태가 불안정하여 위험에 노출되었다.

④ 배관 내 가스 및 압력을 미제거하여 위험에 노출되었다.

⑤ 보호구(방열장갑, 방열복 등)를 미착용하고 있다.

▲ 해당 답안 중 3가지 선택 기재

06 영상은 밀폐공간에서 작업을 하던 중 발생한 재해를 보여주고 있다. 밀폐공간에서의 작업 시 위험요인 2가지를 쓰시오.(4점)

[산기1801B/기사2001B]

작업 공간 외부에 존재하던 국소배기장치의 전원이 다른 작업자의 실수에 의해 차단됨에 따라 탱크 내부의 밀폐된 공간에서 그라인더 작업을 수행 중에 있는 작업자가 갑자기 의식을 잃고 쓰러지는 상황을 보여주고 있다.

① 국소배기장치의 전원부에 잠금장치를 하지 않았다.

② 감시인을 배치하지 않아 사고의 위험이 있다.

③ 산소결핍 장소에 작업을 위해 들어갈 때는 호흡용 보호구를 착용하여야 함에도 이를 위반하여 위험에 노출되었다.

④ 작업 시작 전 산소농도 및 유해가스 농도를 측정하지 않았고, 작업 중 꾸준히 환기를 시키지 않아 위험에 노출되어 있다.

▲ 해당 답안 중 2가지 선택 기재

07 영상은 아파트 창틀에서 작업 중 발생한 재해사례를 보여주고 있다. 해당 동영상에서 추락사고의 원인 3가지를 간략히 쓰시오.(6점)

[기사1202B/산기1203B/기사1302B/기사1401B/산기1402B/기사1403A/기사1502B/
산기1503B/기사1601B/기사1701A/기사1702C/기사1801B/산기1901A/기사2001B/기사2004C/기사2101B/기사2102A/기사2103B]

A, B 2명의 작업자가 아파트 창틀에서 작업 중에 A가 작업발판을 처마 위의 B에게 건네 준 후, B가 있는 옆 처마 위로 이동하려다 발을 헛디뎌 바닥으로 추락하는 재해 상황을 보여주고 있다. 이때 주변에 정리정돈이 되어 있지 않고, A작업자가 밟고 있던 콘크리트 부스러기가 추락할 때 같이 떨어진다.

① 작업발판 부실
② 추락방호망 미설치
③ 안전난간 미설치
④ 주변 정리정돈 불량
⑤ 안전대 미착용 및 안전대 부착설비 미설치

▲ 해당 답안 중 3가지 선택 기재

08 영상은 이동식크레인을 이용하여 배관을 이동하는 작업이다. 영상을 보고 위험요인 2가지를 쓰시오.(4점)

[산기1201B/산기1302B/산기1403B/산기1903A/산기1903B/기사2001B/기사2002B/기사2003B]

신호수의 신호에 의해 이동식크레인을 이용하여 배관을 위로 올리는 작업현장을 보여주고 있다. 보조로프가 없어 배관이 근처 H빔에 부딪혀 흔들린다. 훅 해지장치는 보이지 않으며 배관 양쪽 끝에 와이어로 두바퀴를 감고 샤클로 채결한 상태이다. 흔들리는 배관을 아래쪽의 근로자가 손으로 지탱하려다가 배관이 근로자의 상체에 부딪혀 근로자가 넘어지는 사고가 발생한다.

① 작업 반경 내 작업과 관계없는 근로자가 출입하고 있다.
② 보조(유도)로프를 설치하지 않아 화물이 빠질 위험이 있다.
③ 훅의 해지장치 및 안전상태를 점검하지 않았다.
④ 와이어로프가 불안정 상태를 안정시킬 방안을 마련하지 않고 인양하여 위험에 노출되었다.

▲ 해당 답안 중 2가지 선택 기재

09 영상은 전기드릴을 이용하여 수행하는 위험한 작업을 보여주고 있다. 위험요인을 2가지 쓰시오.(4점)

[기사1703C/기사1803C/기사1903A/기사2001B/기사2001C/기사2004A/기사2101C/기사2103B/기사2202A/기사2203A/기사2303C]

작업자가 공작물을 맨손으로 잡고 전기 드릴을 이용해서 작업물의 구멍을 넓히는 작업을 하는 것을 보여주고 있다. 안전모와 보안경을 착용하지 않고 있으며, 방호장치도 설치되어 있지 않은 상태에서 일반 목장갑을 끼고 작업하다가 이물질을 입으로 불어 제거하고, 동시에 손으로 제거하려다 드릴에 손을 다치는 장면을 보여주고 있다.

① 보안경과 작업모 등의 안전보호구를 미착용하고 있다.

② 안전덮개 등 방호장치가 설치되어있지 않다.

③ 회전기계를 사용하면서 목장갑을 착용하고 있다.

④ 이물질을 제거하면서 전원을 차단하지 않았다.

⑤ 이물질을 손으로 제거하고 있다.

▲ 해당 답안 중 2가지 선택 기재

01 섬유공장에서 기계가 돌아가고 있는 영상이다. 적절한 보호구를 3가지 쓰시오.(6점)

[기사1801B/신기1803A/기사2001C/기사2102B]

돌아가는 회전체가 보이고 작업자가 목장갑만 끼고 전기기구를 만지고 있음. 먼지가 많이 날리는지 먼지를 손으로 닦아내고 있고, 소음으로 인해 계속 얼굴 찡그리고 있는 것과 작업자의 귀와 눈을 많이 보여준다.

① 방진마스크   ② 보안경   ③ 귀덮개

02 영상은 변압기를 유기화합물에 담가서 절연처리와 건조작업을 하고 있음을 보여주고 있다. 이 작업 시 착용할 보호구를 다음에 제시한 대로 쓰시오.(6점)

[기사1202A/기사1301A/기사1401B/기사1402B/기사1501A/기사1602C/기사1701B/기사1703C/기사2001C/신기2002B/기사2002D/기사2302C]

가로·세로 15cm 정도로 작은 변압기의 양쪽에 나와 있는 선을 일반 작업복에 맨손의 작업자가 양손으로 들고 스텐으로 사각형 유기화합물통에 넣었다 빼서 앞쪽 선반에 올리는 작업하고 있다. 화면이 바뀌면서 선반 위 소형변압기를 건조시키기 위해 문 4개짜리 업소용 냉장고처럼 생긴 곳에다가 넣고 문을 닫는 화면을 보여준다.

① 손   ② 눈   ③ 피부(몸)

① 손 : 불침투성 보호장갑   ② 눈 : 보안경

③ 피부 : 불침투성 보호복

03 타워크레인을 이용한 양중작업을 보여주고 있다. 영상과 같이 타워크레인 작업 시 위험요인 3가지를 쓰시오. (6점)

[기사1202A/기사1203C/기사1303A/기사1502C/기사1703C/기사2001C/기사2202B]

타워크레인을 이용하여 철제 비계를 옮기는 중 안전모와 안전대를 미착용한 신호수가 있는 곳에서 흔들리다 작업자 위로 비계가 낙하하는 사고가 발생한 사례를 보여주고 있다.

① 크레인을 사용하여 작업하는 경우 인양 중인 화물이 작업자의 머리 위로 통과하지 않도록 미리 작업자 출입통제를 실시하여야 하지만 그렇지 않았다.

② 크레인을 사용하여 작업하는 경우 미리 슬링 와이어의 체결상태 등을 점검하여야 하지만 그렇지 않았다.

③ 보조로프를 설치하여 흔들림을 방지하여야 하지만 그렇지 않았다.

④ 운전자와 신호수 간에 무전기 등을 사용하여 신호하거나 일정한 신호방법을 미리 정하여 작업하여야 하지만 그렇지 않아 사고가 발생하였다.

▲ 해당 답안 중 3가지 선택 기재

04 작업자가 대형 관의 플랜지 아랫부분에 교류 아크용접작업을 하고 있는 영상이다. 확인되는 작업 중 위험요인 3가지를 쓰시오.(6점)

[기사1903D/기사2001C/신기2002A/기사2102C/기사2103C/기사2203C]

교류아크용접 작업장에서 작업자 혼자 대형 관의 플랜지 아래 부위를 아크 용접하는 상황이다. 작업자의 왼손은 플랜지 회전 스위치를 조작하고 있으며, 오른손으로는 용접을 하고 있다. 작업장 주위에는 인화성 물질로 보이는 깡통 등이 용접작업장 주변에 쌓여있는 상황이다.

① 단독작업으로 감시인이 없어 작업장 상황파악이 어렵다.

② 작업현장에 인화성 물질이 쌓여있는 등 화재의 위험이 높다.

③ 용접불티 비산방지덮개, 용접방화포 등 불꽃, 불티 등의 비산방지조치가 되어있지 않다.

④ 화기작업에 따른 인근 가연성물질에 대한 방호조치 및 소화기구 비치가 되어있지 않다.

⑤ 케이블이 정리되지 않아 전도의 위험에 노출되어 있다.

▲ 해당 답안 중 3가지 선택 기재

05 영상은 전기드릴을 이용하여 수행하는 위험한 작업을 보여주고 있다. 위험요인을 3가지 쓰시오.(4점)

[기사1703C/기사1803C/기사1903A/기사2001B/기사2001C/기사2004A/기사2101C/기사2103B/기사2202A/기사2203A/기사2303C]

작업자가 공작물을 맨손으로 잡고 전기 드릴을 이용해서 작업물의 구멍을 넓히는 작업을 하는 것을 보여주고 있다. 안전모와 보안경을 착용하지 않고 있으며, 방호장치도 설치되어 있지 않은 상태에서 일반 목장갑을 끼고 작업하다가 이물질을 입으로 불어 제거하고, 동시에 손으로 제거하려다 드릴에 손을 다치는 장면을 보여주고 있다.

① 보안경과 작업모 등의 안전보호구를 미착용하고 있다.

② 안전덮개 등 방호장치가 설치되어있지 않다.

③ 회전기계를 사용하면서 목장갑을 착용하고 있다.

④ 이물질을 제거하면서 전원을 차단하지 않았다.

⑤ 이물질을 손으로 제거하고 있다.

▲ 해당 답안 중 3가지 선택 기재

06 안전장치가 달려있지 않은 둥근톱 기계에 고정식 접촉예방장치를 설치하고자 한다. 이때 ① 하단과 가공재 사이의 간격, ② 하단과 테이블 사이의 높이는 각각 얼마로 하여야 하는지를 각각 쓰시오.(4점)

[기사0901C/기사1602A/기사1603C/기사1703A/기사1901B/기사2001C/기사2003A/기사2201A/기사2302C]

안전장치가 달려있지 않은 둥근톱 기계를 보여준다. 고정식 접촉예방장치를 설치하려고 해당 장치의 설명서를 살펴보고 있다.

① 가공재 : 8mm 이내   ② 테이블 상부 : 25mm 이하

07 영상은 공장 지붕 철골 작업 중 발생한 재해사례를 보여주고 있다. 영상의 내용을 참고하여 재해 방지를 위한 조치사항 2가지를 쓰시오.(4점) [기사1302A/기사1501C/기사1602A/기사1703A/기사2001C]

공장 지붕 철골 상에 패널을 설치하는 중 작업자가 미끄러지면서 추락하는 재해 상황을 보여준다.

① 안전대 부착설비 설치 및 안전대 착용을 철저히 한다.
② 추락방호망을 설치한다.
③ 작업발판을 설치한다.

▲ 해당 답안 중 2가지 선택 기재

08 영상은 습윤한 장소에서 이동전선을 사용하는 화면이다. 사용하기 전 점검사항 2가지를 쓰시오.(4점) [기사1202A/기사1303A/기사1603C/기사1802A/기사2001C]

영상은 작업자가 단무지가 들어있는 수조에 수중펌프를 설치하는 작업을 하고 있는 상황이다. 설치를 끝내고 펌프를 작동시킴과 동시에 작업자가 감전되는 재해가 발생하는 상황을 보여주고 있다.

① 접속부위 절연상태 점검
② 전선의 피복 또는 외장의 손상유무 점검
③ 절연저항 측정 실시

▲ 해당 답안 중 2가지 선택 기재

09 영상은 천장크레인을 이용해 철판을 이동시키는 작업 중 발생한 재해를 보여주고 있다. 다음 물음에 답하시오.(5점) [기사1103B/기사1603B/기사2001C]

천장크레인이 고리가 아닌 철판집게로 철판을 'ㄷ'자로 물고 철판을 트럭 위로 이동시키고 있다. 트럭 위에서 작업자가 이동해 온 철판을 내리려는 찰나에 철판이 낙하하여 작업자가 깔리는 재해가 발생하는 상황을 보여준다.

가) 이 기계의 방호장치를 3가지 쓰시오.

나) 영상을 보고 괄호 안에 적절한 수치를 적어 넣으시오.

> 안전검사 주기에서 사업장에 설치가 끝난 날로부터 (①)년 이내에 최초 안전검사를 실시하되, 그 이후부터 매 (②)년[건설현장에서 사용하는 것은 최초로 설치한 날로부터 6개월]마다 안전검사를 실시한다.

가) ① 권과방지장치

② 과부하방지장치

③ 비상정지장치 및 제동장치

나) ① 3 　　　　　　　② 2

01 영상은 실험실에서 유해물질을 취급하고 있는 장면이다. 유해물질이 인체에 흡수되는 경로를 2가지 쓰시오.
(4점)

[산기1202B/기사1203B/기사1301A/산기1402B/기사1402C/기사1501C/
산기1601B/기사1702B/기사1901B/기사1902B/기사1903A/산기1903A/기사2002A/기사2003A/기사2303A]

작업자는 맨손에 마스크도 착용하
지 않고 황산을 비커에 따르다 실수
로 손에 묻는 장면을 보여주고 있다.

① 호흡기 　　　　　　② 소화기 　　　　　　③ 피부

▲ 해당 답안 중 2가지 선택 기재

02 영상은 작업장 내에서 차량을 이용하는 모습이다. 해당 차량을 사용하는 경우 준수해야 할 사항을 3가지
쓰시오.(5점)

[기사1903A/산기1903A]

작업장 내에서 구내운반차를 이용
하여 화물을 이송하는 모습을 보여
준다.

① 주행을 제동하거나 정지상태를 유지하기 위하여 유효한 제동장치를 갖출 것

② 경음기를 갖출 것

③ 전조등과 후미등을 갖출 것

④ 운전석이 차 실내에 있는 것은 좌우에 한 개씩 방향지시기를 갖출 것

▲ 해당 답안 중 3가지 선택 기재

03 영상은 이동식크레인을 이용하여 배관을 이동하는 작업이다. 영상을 보고 화물의 낙하·비래 위험을 방지하기 위한 사전 조치사항 3가지를 쓰시오.(6점) [산기1201A/기사1301A/산기1302B/산기1401B/기사1403B/기사1501A/기사1501B/기사1601B/산기1601B/기사1602A/기사1602C/기사1603C/기사1701A/산기1702B/기사1801C/산기1802B/기사1802C/산기1901A/산기1901B/기사1903A/기사1902B/기사1903D/산기2001B/산기2003B]

신호수의 신호에 의해 이동식크레인을 이용하여 배관을 위로 올리는 작업현장을 보여주고 있다. 보조로프가 없어 배관이 근처 H빔에 부딪혀 흔들린다. 훅 해지장치는 보이지 않으며 배관 양쪽 끝에 와이어로 두바퀴를 감고 샤클로 채결한 상태이다. 흔들리는 배관을 아래쪽의 근로자가 손으로 지탱하려다가 배관이 근로자의 상체에 부딪혀 근로자가 넘어지는 사고가 발생한다.

① 작업 반경 내 관계 근로자 이외의 자는 출입을 금지한다.
② 와이어로프 및 슬링벨트의 안전상태를 점검한다.
③ 훅의 해지장치 및 안전상태를 점검한다.
④ 인양 도중에 화물이 빠질 우려가 있는지에 대해 확인한다.
⑤ 보조(유도)로프를 설치하여 화물의 흔들림을 방지한다.

▲ 해당 답안 중 3가지 선택 기재

04 영상은 터널 내 발파작업을 보여주고 있다. 영상에 나오는 화약 장전 시의 불안전한 행동을 쓰시오.(4점) [산기1202A/기사1301C/기사1402C/산기1502B/기사1602B/기사1902C/기사1903A/산기1903A/기사2003C]

터널 굴착을 위한 터널 내 발파작업을 보여주고 있다. 장전구 안으로 화약을 집어넣는데 길고 얇은 철물을 이용해서 화약을 장전구 안으로 3~4개 정도 밀어 넣은 다음 접속한 전선을 꼬아 주변 선에 올려놓고 있다.

• 철근으로 화약을 장전시킬 경우 충격, 정전기, 마찰 등으로 인해 폭발의 위험이 있으므로 폭발의 위험이 없는 안전한 장전봉으로 장전을 실시해야 한다.

05 영상은 전기드릴을 이용하여 수행하는 위험한 작업을 보여주고 있다. 위험요인을 3가지 쓰시오.(6점)

[기사1703C/기사1803C/기사1903A/기사2001B/기사2001C/기사2004A/기사2101C/기사2103B/기사2202A/기사2203A/기사2303C]

작업자가 공작물을 맨손으로 잡고 전기
드릴을 이용해서 작업물의 구멍을 넓히
는 작업을 하는 것을 보여주고 있다. 안전
모와 보안경을 착용하지 않고 있으며, 방
호장치도 설치되어 있지 않은 상태에서
일반 목장갑을 끼고 작업하다가 이물질
을 입으로 불어 제거하고, 동시에 손으로
제거하려다 드릴에 손을 다치는 장면을
보여주고 있다.

① 보안경과 작업모 등의 안전보호구를 미착용하고 있다.

② 안전덮개 등 방호장치가 설치되어있지 않다.

③ 회전기계를 사용하면서 목장갑을 착용하고 있다.

④ 이물질을 제거하면서 전원을 차단하지 않았다.

⑤ 이물질을 손으로 제거하고 있다.

▲ 해당 답안 중 3가지 선택 기재

06 영상은 자동차 브레이크 라이닝을 세척하는 것을 보여주고 있다. 작업자가 착용해야 할 보호구 2가지를 쓰시오.(4점) [기사1502A/기사1603C/기사1801B/기사1903B/산기2001A/기사2004A/기사2101B/기사2103C/기사2201C/기사2301C]

작업자들이 브레이크 라이닝을 화학약품
을 사용하여 세척하는 작업과정을 보여
주고 있다. 세정제가 바닥에 흩어져 있으
며, 고무장화 등을 착용하지 않고 작업을
하고 있는 상태를 보여준다.

① 보안경　　　　　② 불침투성 보호복　　　　　③ 불침투성 보호장갑

④ 송기마스크(방독마스크)　　　　　⑤ 불침투성 보호장화

▲ 해당 답안 중 2가지 선택 기재

07 영상은 전기형강작업을 보여주고 있다. 작업 중 위험요인 3가지를 쓰시오.(6점)

[기사1203B/기사1402C/기사1602A/기사1703A/기사1801B/기사1903A/기사2003B]

작업자 2명이 전주 위에서 작업을 하고 있는 장면을 보여주고 있다. 작업자 1명은 발판이 안정되지 않은 변압기 위에 올라가서 담배를 입에 물고 볼트를 푸는 작업을 하고 있으며 작업자의 아래쪽 발판용 볼트에 C.O.S (Cut Out Switch)가 임시로 걸쳐있음을 보여주고 있다. 다른 한명의 작업자는 근처에선 이동식 크레인에 작업대를 매달고 또 다른 작업을 하고 있는 상황을 보여주고 있다.

① 작업 중 흡연을 하고 있다.
② 작업자가 딛고 선 발판이 불안하다.
③ C.O.S(Cut Out Switch)를 발판용 볼트에 임시로 걸쳐놓아 위험하다.

08 영상은 드럼통을 운반하고 있는 모습을 보여주고 있다. 영상에서 위험요인 2가지를 쓰시오.(4점)

[기사1903A/산기1903A]

작업자 한 명이 내용물이 들어있는 드럼통을 굴려서 운반하고 있다. 혼자서 무리하게 드럼통을 들어올리려다 허리를 삐끗한 후 드럼통을 떨어뜨려 다리를 다치는 영상이다.

① 안전화 및 안전장갑을 미착용하였다.
② 중량물을 혼자 들어 올리려 하는 등 사고 위험에 노출되어 있다.
③ 전용 운반도구를 사용하지 않았다.

▲ 해당 답안 중 2가지 선택 기재

09 영상은 전주의 이동작업 중 발생한 사고사례이다. 다음 물음에 답을 쓰시오.(6점) [산기1202A/기사1203C/

기사1401C/산기1402B/기사1502B/산기1503A/기사1603B/산기1701B/산기1802B/기사1902B/기사1903A/산기1903A/기사2002A/기사2302B]

항타기를 이용하여 콘크리트 전주를 세우는 작업을 보여주고 있다. 항타기에 고정된 콘크리트 전주가 불안하게 흔들리고 있다. 작업자가 항타기를 조정하는 순간, 전주가 인접한 활선전로에 접촉되면서 스파크가 발생한다. 안전모를 착용한 3명의 작업자가 보인다.

① 재해요인	② 가해물	③ 전기용 안전모의 종류

① 재해요인 : 비래(=맞음)

② 가해물 : 전주

③ 전기용 안전모의 종류 : AE형, ABE형

01 전기를 점검하는 도중 작업자의 몸에 통전되어 사망하는 사고가 발생하였다. 해당 사고의 재해유형과 가해물을 적으시오.(4점)

[기사1701B/기사1903B/기사2004C/기사2102C]

배전반에서 전기보수작업을 진행 중인 영상이다. 배전반을 사이에 두고 앞과 뒤에서 각각의 작업자가 점검과 보수를 진행하고 있다. 앞의 작업자가 절연내력시험기를 들고 스위치를 ON/OFF하며 점검 중인 상황에서 뒤쪽의 작업자가 쓰러지는 사고가 발생하였다.

① 재해유형 : 감전(=전류접촉)   ② 가해물 : 전류

02 영상은 철로에서 작업 중에 일어난 재해와 관련된 영상이다. 동영상을 보고 사고예방대책 3가지를 쓰시오.(6점)

[기사1903B]

철로에서 작업 중이던 근로자가 다가온 기차에 치이는 재해가 발생한 영상이다. 작업자들 중 일부는 보호구를 착용하지 않았으며, 작업 중 잡담 등으로 주의가 산만한 상태에서 작업하던 중이었다.

① 작업 중 감시인을 배치하여 기차의 접근 등 위험이 있을 시 사전에 조치를 취하도록 한다.

② 작업자들의 개인용 보호구 착용을 철저히 하도록 한다.

③ 작업 중 잡담 등으로 주위를 분산시키지 않도록 한다.

④ 철도가 다니지 않는 시간대에 작업을 진행시키거나 철도 기관사에게 작업이 있음을 사전에 고지하도록 한다.

▲ 해당 답안 중 3가지 선택 기재

03 영상은 인화성 물질의 취급 및 저장소를 보여주고 있다. 이 동영상을 참고하여 점화원의 유형과 종류를 쓰시오.(4점) [기사1602C/기사1703B/기사1903B]

인화성 물질 저장창고에 인화성 물질을 저장한 드럼이 여러 개 있고 한 작업자가 인화성 물질이 든 운반용 캔을 몇 개 운반하다가 잠시 쉬려고 드럼 옆에서 웃옷을 벗는 순간 "퍽" 하는 소리와 함께 폭발이 일어나는 사고상황을 보여주고 있다.

① 점화원의 유형 : 작업복에 의한 정전기
② 점화원의 종류 : 정전기, 전기스파크

04 영상은 롤러기를 점검하는 중에 발생한 재해사례이다. 영상을 보고 롤러기의 점검 시 위험요인과 안전작업수칙을 각각 2가지씩 쓰시오.(6점) [기사1903B/기사1903C/기사2004C]

작업자가 롤러기의 전원을 끄지 않은 상태에서 롤러기 측면의 볼트를 채운 후, 롤러기 롤러 전면에 부착된 이물질을 불어내면서, 면장갑을 착용한 채 회전 중인 롤러에 손을 대려다가 말려 들어가는 사고를 당하고, 사고 발생 후 전원을 차단하고 손을 빼내는 장면을 보여준다.

가) 위험요인
　　① 전원을 차단하지 않고 점검을 함으로 인해 사고위험에 노출되어 있다.
　　② 안전장치가 없어서 롤러 표면부에 손을 대는 등 위험에 노출되어 있다.
　　③ 회전 중인 롤러기를 점검하는데 면장갑을 끼고 있어 이로 인해 장갑이 회전체에 물려 들어갈 위험에 노출되어 있다.
나) 안전대책
　　① 점검할 때는 기계의 전원을 차단한다.
　　② 안전장치를 설치한다.
　　③ 회전 중인 롤러를 점검할 때는 장갑을 착용하지 않는다.

　▲ 해당 답안 중 각각 2가지씩 선택 기재

05 분전반 전면에서 그라인더 작업이 진행 중인 영상이다. 위험요인 2가지를 찾아 쓰시오.(4점)

[산기1202A/산기1401B/산기1402B/산기1502C/산기1701A/기사1802B/기사1903B/기사2002B/기사2004B]

작업자 한 명이 콘센트에 플러그를 꽂고 그라인더 작업 중이고, 다른 작업자가 다가와서 작업을 위해 콘센트에 플러그를 꽂고 주변을 만지는 도중 감전이 발생하는 동영상이다.

① 작업자가 절연용 보호구를 착용하지 않았다.
② 감전방지용 누전차단기를 설치하지 않았다.
③ 접지를 하지 않았다.

▲ 해당 답안 중 2가지 선택 기재

06 영상은 화학약품을 사용하는 작업영상이다. 동영상에서 작업자가 착용하여야 하는 마스크와 흡수제 종류 3가지를 쓰시오.(5점)

[산기1202B/기사1203C/기사1301B/기사1402A/산기1501A/산기1502B/기사1601B/산기1602B/기사1603B/기사1702A/산기1703A/산기1801B/기사1903B/기사1903C/산기2003C/기사2302A]

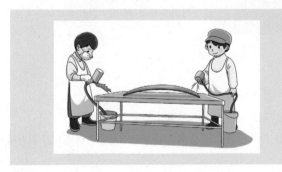

작업자가 스프레이건으로 쇠파이프 여러 개를 눕혀놓고 페인트칠을 하는 작업영상을 보여주고 있다.

가) 마스크 : 방독마스크
나) 흡수제 : ① 활성탄　　② 큐프라마이트　　③ 소다라임
　　　　　　④ 실리카겔　　⑤ 호프카라이트

▲ 나)의 답안 중 3가지 선택 기재

07 영상은 2m 이상 고소작업을 하고 있는 이동식비계를 보여주고 있다. 다음 ( ) 안을 채우시오.(4점)

[기사1301A/기사1503A/기사1601A/기사1701C/기사1702C/기사1801C/기사1902C/기사1903B/기사2002B/기사2103C]

높이가 2m 이상인 이동식 비계의 작업발판을 설치하던 중 발생한 재해 상황을 보여주고 있다.

비계 작업발판의 폭은 (①)센티미터 이상으로 하고, 발판재료 간의 틈은 (②)센티미터 이하로 할 것

① 40   ② 3

08 영상은 교량하부 점검 중 발생한 재해사례이다. 화면을 참고하여 사고 원인 3가지를 쓰시오.(6점)

[기사1303B/기사1501C/기사1701B/기사1802B/기사1903B/기사2101A]

교량의 하부를 점검하던 도중 작업자A가 작업자가 B에게 이동하던 중 갑자기 화면이 전환되면서 교량 하부에 설치된 그물을 비추고 화면이 회전하면서 흔들리는 영상을 보여주고 있다.

① 안전대 부착 설비 및 작업자가 안전대 착용을 하지 않았다.
② 추락방호망이 설치되지 않았다.
③ 안전난간 설치가 불량하다.
④ 작업장의 정리정돈이 불량하다.
⑤ 작업 전 작업발판 등에 대한 점검이 미비했다.

▲ 해당 답안 중 3가지 선택 기재

09 다양한 위험기계들이 나오는 영상이다. 해당 위험기계에 필요한 방호장치를 각각 1개씩 쓰시오.(6점)

[기사1903B/기사2102B]

컨베이어, 선반, 휴대용 연삭기가 차례대로 표시되고 있다.

① (컨베이어) 비상정지장치, 건널다리, 덮개, 울

② (선반) 덮개, 울, 가드

③ (휴대용 연삭기) 덮개

▲ ①, ② 답안 중 1가지씩 선택 기재

01 영상은 지게차 운행 중 발생한 사고를 보여주고 있다. 이 작업의 작업계획서에 포함될 사항 2가지를 쓰시오.
(4점)

[기사1903C/기사2102C/기사2301A]

작업장에서 화물을 지게차로 옮기
다 사고가 발생하는 장면을 보여주
고 있다.

① 해당 작업에 따른 추락·낙하·전도·협착 및 붕괴 등의 위험 예방대책
② 차량계 하역운반기계 등의 운행경로 및 작업방법

02 영상은 개인용 보호구(방독마스크)를 보여주는 영상이다. 화면에 보이는 영상에 해당하는 보호구의 시험성
능 기준 3가지를 쓰시오.(6점)

[기사1903C]

다양한 종류의 방독면을 보여주고 있다.

① 안면부 흡기저항   ② 정화통의 제독능력   ③ 안면부 배기저항
④ 안면부 누설률   ⑤ 배기밸브 작동   ⑥ 시야
⑦ 강도, 신장률 및 영구변형률   ⑧ 불연성   ⑨ 음성전달판
⑩ 투시부의 내충격성   ⑪ 정화통 질량   ⑫ 정화통 호흡저항

▲ 해당 답안 중 3가지 선택 기재

03 동영상은 높이가 2m 이상인 조립식 비계의 작업발판을 설치하던 중 발생한 재해 상황을 보여주고 있다. 높이가 2m 이상인 작업장소에서의 작업발판 설치기준을 3가지 쓰시오.(단, 작업발판 폭과 틈의 크기는 제외한다)(6점)

[기사1903C/기사2001A/산기2003B/기사2201A/기사2302A/기사2303B]

작업자 2명이 비계 최상단에서 비계설치를 위해 발판을 주고 받다가 균형을 잡지 못하고 추락하는 재해상황을 보여주고 있다.

① 발판재료는 작업할 때의 하중을 견딜 수 있도록 견고한 것으로 할 것

② 추락의 위험이 있는 장소에는 안전난간을 설치할 것

③ 작업발판의 지지물은 하중에 의하여 파괴될 우려가 없는 것을 사용할 것

④ 작업발판재료는 뒤집히거나 떨어지지 않도록 둘 이상의 지지물에 연결하거나 고정시킬 것

⑤ 작업발판을 작업에 따라 이동시킬 경우에는 위험 방지에 필요한 조치를 할 것

▲ 해당 답안 중 3가지 선택 기재

04 영상은 재해의 발생 사례를 보여주고 있다. ① 재해 발생형태, ② 정의를 쓰시오.(4점)

[기사1303A/기사1601C/기사1903C]

영상에서 승강기 개구부에 A, B 2명의 작업자가 위치해 있는 가운데, A는 위에서 안전난간에 밧줄을 걸쳐 하중물(물건)을 끌어올리고 B는 이를 밑에서 올려주고 있는데, 이때 인양하던 물건이 떨어져 밑에 있던 B가 다치는 사고장면을 보여주고 있다.

① 재해 발생형태 : 낙하(=비래)

② 정의 : 물건이 떨어져 사람에게 부딪히는 것을 말한다.

05 영상은 밀폐공간에서 작업하는 근로자들을 보여주고 있다. 아래 빈칸을 채우시오.(4점)

[기사1602A/기사1703A/기사1801C/산기1803A/기사1903C/산기2001A/기사2101C]

지하 피트 내부의 밀폐공간에서
작업자들이 작업하는 영상이다.

적정공기란 산소농도의 범위가 (①)% 이상, (②)% 미만, 이산화탄소의 농도가 (③)% 미만, 황화수소의 농도가
(④)ppm 미만인 수준의 공기를 말한다.

① 18 　　　　　② 23.5 　　　　③ 1.5 　　　④ 10

06 영상은 화학약품을 사용하는 작업영상이다. 동영상에서 작업자가 착용하여야 하는 마스크와 흡수제 종류
3가지를 쓰시오.(5점)

[산기1202B/기사1203C/기사1301B/기사402A/산기1501A/산기1502B/
기사1601B/산기1602B/기사1603B/기사1702A/산기1703A/산기1801B/기사1903B/기사1903C/산기2003C/기사2302A]

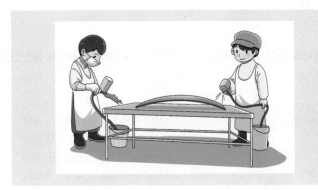

작업자가 스프레이건으로 쇠파
이프 여러 개를 눕혀놓고 페인트
칠을 하는 작업영상을 보여주고
있다.

가) 마스크 : 방독마스크

나) 흡수제 :　① 활성탄　　　② 큐프라마이트　　　③ 소다라임
　　　　　　　④ 실리카겔　　　⑤ 호프카라이트

▲ 나)의 답안 중 3가지 선택 기재

07 영상은 롤러기를 점검하는 중에 발생한 재해사례이다. 영상을 보고 롤러기의 점검 시 위험요인과 안전작업수칙을 각각 2가지씩 쓰시오.(6점) [기사1903B/기사1903C/기사2004C]

작업자가 롤러기의 전원을 끄지 않은 상태에서 롤러기 측면의 볼트를 채운 후, 롤러기 롤러 전면에 부착된 이물질을 불어내면서, 면장갑을 착용한 채 회전 중인 롤러에 손을 대려다가 말려 들어가는 사고를 당하고, 사고 발생 후 전원을 차단하고 손을 빼내는 장면을 보여준다.

가) 위험요인

① 전원을 차단하지 않고 점검을 함으로 인해 사고위험에 노출되어 있다.

② 안전장치가 없어서 롤러 표면부에 손을 대는 등 위험에 노출되어 있다.

③ 회전 중인 롤러기를 점검하는데 면장갑을 끼고 있어 이로 인해 장갑이 회전체에 물려 들어갈 위험에 노출되어 있다.

나) 안전대책

① 점검할 때는 기계의 전원을 차단한다.

② 안전장치를 설치한다.

③ 회전 중인 롤러를 점검할 때는 장갑을 착용하지 않는다.

▲ 해당 답안 중 각각 2가지씩 선택 기재

08 영상은 컨베이어가 작동되는 작업장에서의 안전사고 사례에 대해서 보여주고 있다. 작업자의 불안전한 행동 2가지를 쓰시오.(4점) [산기1302B/기사1402C/기사1501B/산기1602A/기사1602B/기사1603A/산기1801A/산기1902B/기사1903C]

영상은 작업자가 컨베이어가 작동하는 상태에서 컨베이어 벨트 끝부분에 발을 짚고 올라서서 불안정한 자세로 형광등을 교체하다 추락하는 재해사례를 보여주고 있다.

① 컨베이어 전원을 끄지 않은 상태에서 형광등 교체를 시도하여 사고위험에 노출되었다.

② 작동하는 컨베이어에 올라가 불안정한 자세로 형광등 교체를 시도하여 사고위험에 노출되었다.

09 동력식 수동대패기를 이용하여 목재를 가공하는 영상이다. 영상의 기계에 설치하는 방호장치의 명칭과 종류, 설치방법 3가지를 쓰시오.(6점)

[기사1903C]

동력식 수동대패기계에 작업자가 목재를 밀어넣는 영상이 보인다. 노란색 덮개(날접촉예방장치)가 보이고, 기계 아래로는 톱밥이 떨어지고 있는 영상이다.

가) 방호장치 : 날접촉예방장치(보호덮개)

나) 종류 : 가동식, 고정식

다) 설치방법

① 날접촉예방장치의 덮개는 가공재를 절삭하고 있는 부분 이외의 날부분을 완전히 덮을 수 있어야 한다.

② 날접촉예방장치를 고정시키는 볼트 및 핀 등은 견고하게 부착되도록 하여야 한다.

③ 다수의 가공재를 절삭폭이 일정하게 절삭하는 경우 외에 사용하는 날접촉예방장치는 가동식이어야 한다.

01 영상은 유해물질 취급 작업장에서 발생한 재해사례이다. 이때 발생하는 ① 재해형태, ② 정의를 각각 쓰시오. (4점)

[기사1202B/기사1303C/기사1601C/산기1801A/기사1802C/기사1903D/산기2003C/기사2004C/기사2101B/기사2301B]

작업자가 어떠한 보호구도 착용하지 않고 유리병을 황산(H_2SO_4)에 세척하다 갑자기 아파하는 장면을 보여주고 있다.

① 재해형태 : 유해·위험물질 노출·접촉

② 정의 : 유해·위험물질에 노출·접촉 또는 흡입하였거나 독성동물에 쏘이거나 물린 경우

02 작업자가 대형 관의 플랜지 아랫부분에 교류 아크용접작업을 하고 있는 영상이다. 확인되는 작업 중 위험요인 2가지를 쓰시오.(6점)

[기사1903D/기사2001C/산기2002A/기사2102C/기사2103C/기사2203C]

교류아크용접 작업장에서 작업자 혼자 대형 관의 플랜지 아래 부위를 아크 용접하는 상황이다. 작업자의 왼손은 플랜지 회전 스위치를 조작하고 있으며, 오른손으로는 용접을 하고 있다. 작업장 주위에는 인화성 물질로 보이는 깡통 등이 용접작업장 주변에 쌓여있는 상황이다.

① 단독작업으로 감시인이 없어 작업장 상황파악이 어렵다.

② 작업현장에 인화성 물질이 쌓여있는 등 화재의 위험이 높다.

③ 용접불티 비산방지덮개, 용접방화포 등 불꽃, 불티 등의 비산방지조치가 되어있지 않다.

④ 화기작업에 따른 인근 가연성물질에 대한 방호조치 및 소화기구 비치가 되어있지 않다.

⑤ 케이블이 정리되지 않아 전도의 위험에 노출되어 있다.

▲ 해당 답안 중 2가지 선택 기재

03 영상은 작업자가 전동권선기에 동선을 감는 작업 중 기계가 정지하여 점검 중 발생한 재해사례를 보여주고 있다. 재해의 유형과 위험요소 2가지를 적으시오.(6점)

[기사1203A/기사1301B/기사1403B/기사1501A/기사1602A/기사1603A/기사1903D/기사2002B/기사2101B/기사2102A/기사2203A/기사2303C]

작업자(맨손, 일반 작업복)가 전동 권선기에 동선을 감는 작업 중 기계가 정지하여 점검하면서 전기에 감전되는 재해사례이다.

가) 재해의 유형 : 감전(=전류접촉)

나) 위험요소

　① 작업자가 절연용 보호구(내전압용 절연장갑)를 착용하지 않았다.

　② 작업자가 전원을 차단하지 않은 채 점검을 하고 있다.

04 영상은 작업자가 전주에 올라가다 표지판에 부딪혀 추락하는 재해를 보여주고 있다. 재해 발생 원인 2가지를 쓰시오.(4점)

[기사1202A/기사1303B/기사1502C/기사1801A/기사1903D/기사2103B]

전기형강작업을 위해 작업자가 전주에 올라가다 기존에 설치되어 있던 표지판에 부딪혀 추락하는 재해 상황을 보여주고 있다.

① 전주에 올라갈 때 방해를 주는 표지판을 이설하지 않고 작업하였다.

② 전주에 올라갈 때 머리 위의 시야를 확보하는 데 소홀했다.

③ 안전대 미착용으로 피해가 발생하였다.

　▲ 해당 답안 중 2가지 선택 기재

05 영상은 인화성 물질의 취급 및 저장소를 보여주고 있다. 이 동영상을 참고하여 점화원의 유형과 종류를 쓰시오.(4점)　　　　　　　　　　　　　　　　　　　　　　　[기사1602C/기사1703B/기사1903B]

인화성 물질 저장창고에 인화성 물질을 저장한 드럼이 여러 개 있고 한 작업자가 인화성 물질이 든 운반용 캔을 몇 개 운반하다가 잠시 쉬려고 드럼 옆에서 웃옷을 벗는 순간 "퍽" 하는 소리와 함께 폭발이 일어나는 사고상황을 보여주고 있다.

① 점화원의 유형 : 작업복에 의한 정전기
② 점화원의 종류 : 정전기, 전기스파크

06 영상은 이동식크레인을 이용하여 배관을 이동하는 작업이다. 영상을 보고 화물의 낙하·비래 위험을 방지하기 위한 사전 조치사항 3가지를 쓰시오.(6점)　　[산기1201A/기사1301A/산기1302B/산기1401B/기사1403B/기사1501A/
기사1501B/기사1601B/산기1601B/기사1602A/기사1602C/기사1603C/기사1701A/산기1702B/
기사1801C/산기1802B/기사1802C/산기1901A/산기1901B/기사1903A/기사1902B/기사1903D/산기2001B/산기2003B]

신호수의 신호에 의해 이동식크레인을 이용하여 배관을 위로 올리는 작업현장을 보여주고 있다. 보조로프가 없어 배관이 근처 H빔에 부딪혀 흔들린다. 훅 해지장치는 보이지 않으며 배관 양쪽 끝에 와이어로 두바퀴를 감고 샤클로 채결한 상태이다. 흔들리는 배관을 아래쪽의 근로자가 손으로 지탱하려다가 배관이 근로자의 상체에 부딪혀 근로자가 넘어지는 사고가 발생한다.

① 작업 반경 내 관계 근로자 이외의 자는 출입을 금지한다.
② 와이어로프 및 슬링벨트의 안전상태를 점검한다.
③ 훅의 해지장치 및 안전상태를 점검한다.
④ 인양 도중에 화물이 빠질 우려가 있는지에 대해 확인한다.
⑤ 보조(유도)로프를 설치하여 화물의 흔들림을 방지한다.

▲ 해당 답안 중 3가지 선택 기재

07 영상은 건물의 해체작업을 보여주고 있다. 화면상에 나타난 해체작업의 해체계획서 작성 시 포함사항 4가지를 쓰시오.(5점)

[기사1202C/산기1301A/기사1303C/산기1403A/기사1501A/기사1502B/
기사1602B/기사1702A/산기1702B/기사1802B/기사1803C/산기1902A/기사1903D/산기2003A/기사2103A/기사2201A]

영상은 건물해체에 관한 장면으로
작업자가 위험부분에 머무르고 있어
사고 발생의 위험을 내포하고 있다.

① 사업장 내 연락방법　　　　　　　　② 해체물의 처분계획
③ 가설설비·방호설비·환기설비 및 살수·방화설비 등의 방법
④ 해체의 방법 및 해체 순서도면
⑤ 해체작업용 기계·기구 등의 작업계획서
⑥ 해체작업용 화약류 등의 사용계획서

▲ 해당 답안 중 4가지 선택 기재

08 영상은 고소작업대 이동 중 발생한 재해영상이다. 고소작업대 이동 시 준수사항을 2가지 쓰시오.(4점)

[기사1903D/기사2201B/산기2201B]

고소작업대가 이동 중 부하를 이기지 못
하고 옆으로 넘어지는 전도재해가 발생
한 상황을 보여주고 있다.

① 작업대를 가장 낮게 내릴 것
② 작업자를 태우고 이동하지 말 것
③ 이동통로의 요철상태 또는 장애물의 유무 등을 확인할 것

▲ 해당 답안 중 2가지 선택 기재

09 고소작업대에서 작업자가 작업하는 영상이다. 고소작업대에서의 안전작업 준수사항 3가지를 쓰시오.(6점)

[기사1903D/기사2202B]

고소작업대에서 산소절단기를 이용한 철근 절단 작업을 진행중이다. 소화기를 확대해서 보여주고 있다.

① 작업대에서 작업 중인 작업자는 안전대와 용접용 보안면 등 보호구를 착용하여야 한다.

② 고소작업대에서 용접작업 시 방염복 등 보호장구 착용, 불꽃비산방지 조치 및 소화기를 비치하고, 화재감시자 배치장소에는 하부에 감시인을 배치하여야 한다.

③ 작업대를 정기적으로 점검하고 붐·작업대 등 각 부위의 이상 유무를 확인할 것

④ 작업대의 붐대를 상승시킨 상태에서 탑승자는 작업대를 벗어나지 말 것

⑤ 작업대는 정격하중을 초과하여 물건을 싣거나 탑승하지 말 것

▲ 해당 답안 중 3가지 선택 기재

01 화면(전주 동영상)은 전기형강작업 중이다. 작업 중 작업자가 착용하고 있는 안전대의 종류를 쓰시오.(3점)

[기사1401A/기사1703B/기사1902A]

작업자 2명이 전주 위에서 작업을 하고 있는 장면을 보여주고 있다.

작업자 1명은 발판이 안정되지 않은 변압기 위에 올라가서 담배를 입에 물고 볼트를 푸는 작업을 하고 있으며 작업자의 아래쪽 발판용 볼트에 C.O.S(Cut Out Switch)가 임시로 걸쳐 있음을 보여주고 있다. 다른 한명의 작업자는 근처에선 이동식 크레인에 작업대를 매달고 또 다른 작업을 하고 있는 상황을 보여주고 있다.

- 벨트식 안전대

02 영상은 2m 이상 고소작업을 하고 있는 이동식비계를 보여주고 있다. 다음 (   ) 안을 채우시오.(4점)

[기사1301A/기사1503A/기사1601A/기사1701C/기사1702C/기사1801C/기사1902C/기사1903B/기사2002B/기사2103C]

높이가 2m 이상인 이동식 비계의 작업발판을 설치하던 중 발생한 재해 상황을 보여주고 있다.

비계 작업발판의 폭은 (①)센티미터 이상으로 하고, 발판재료 간의 틈은 (②)센티미터 이하로 할 것

① 40   ② 3

03 영상에서와 같이 터널 굴착공사 중에 사용되는 계측방법의 종류 3가지를 쓰시오.(6점)

[기사1302B/기사1403C/기사1601C/기사1702B/기사1902A/기사2002A]

터널 굴착공사 현장을 보여준다.

① 터널내 육안조사　　　② 내공변위 측정　　　③ 천단침하 측정

④ 록 볼트 인발시험　　　⑤ 지표면 침하측정　　　⑥ 지중변위 측정

⑦ 지중수평변위 측정　　　⑧ 지하수위 측정　　　⑨ 록볼트 축력 측정

⑩ 뿜어붙이기콘크리트 응력측정　　⑪ 터널 내 탄성파 속도 측정　　⑫ 주변 구조물의 변형상태 조사

▲ 해당 답안 중 3가지 선택 기재

04 영상은 롤러기를 이용한 작업상황을 보여주고 있다. 긴급상황이 발생했을 때 롤러기를 급히 정지하기 위한 급정지장치의 조작부 설치 위치에 따른 급정지장치의 종류를 3가지로 분류해서 쓰시오.(6점)

[기사1701C/기사1902A/기사2101C/기사2303B]

작업자가 롤러기의 전원을 끄지 않은 상태에서 롤러기 측면의 볼트를 채운 후 롤러기 롤러 전면에 부착된 이물질을 불어내면서 면장갑을 착용한 채 손을 회전 중인 롤러에 대려다가 말려 들어가는 사고를 당하고 사고 발생 후 전원을 차단하고 손을 빼내는 장면을 보여준다.

① 손 조작식 : 밑면에서 1.8[m] 이내

② 복부 조작식 : 밑면에서 0.8~1.1[m]

③ 무릎 조작식 : 밑면에서 0.6[m] 이내

05 영상은 콘크리트 전주를 세우기 작업하는 도중에 발생한 사례를 보여주고 있다. 항타기·항발기 조립 및 해체 시 사업주의 점검사항 3가지를 쓰시오.(6점)

[기사1401C/기사1603B/기사1702B/기사1801A/기사1902A/기사2002A/산기2004B/기사2303A]

콘크리트 전주를 세우기 작업하
는 도중에 전도사고가 발생한 사
례를 보여주고 있다.

① 본체 연결부의 풀림 또는 손상의 유무

② 권상용 와이어로프·드럼 및 도르래의 부착상태의 이상 유무

③ 권상장치의 브레이크 및 쐐기장치 기능의 이상 유무

④ 권상기의 설치상태의 이상 유무

⑤ 리더(leader)의 버팀 방법 및 고정상태의 이상 유무

⑥ 본체·부속장치 및 부속품의 강도가 적합한지 여부

⑦ 본체·부속장치 및 부속품에 심한 손상·마모·변형 또는 부식이 있는지 여부

▲ 해당 답안 중 3가지 선택 기재

06 영상은 방열복을 비롯한 내열원단을 보여주고 있다. 내열원단의 성능시험항목 3가지를 쓰시오.(6점)

[기사1301C/기사1402A/기사1601B/기사1801B/기사1902A]

작업자가 착용하는 방열복, 방열두
건, 방열장갑 등을 보여주고 있다.

① 난연성 시험   ② 내열성 시험   ③ 내한성 시험

07 영상은 지하 피트의 밀폐공간 작업 동영상이다. 작업 시 준수해야 할 안전수칙 3가지를 쓰시오.(단, 감시자 배치는 제외)(4점)　　[기사1202C/기사1303B/기사1702C/기사1801C/기사1902A/기사2003A/기사2101A/기사2303B]

지하 피트 내부의 밀폐공간에서 작업자들이 작업하는 영상이다.

① 작업 전에 산소 및 유해가스 농도를 측정하여 적정공기 유지 여부를 평가한다.

② 작업을 시작하기 전과 작업 중에 해당 작업장을 적정공기 상태가 유지되도록 환기하여야 한다.

③ 환기가 되지 않거나 곤란한 경우 공기호흡기 또는 송기마스크 착용하게 한다.

④ 밀폐공간에 근로자를 입장시킬 때와 퇴장시킬 때마다 인원을 점검한다.

⑤ 밀폐공간에 관계 근로자 외의 사람의 출입을 금지하고, 출입금지 표지를 게시한다.

▲ 해당 답안 중 3가지 선택 기재

08 영상은 지게차를 운행하기 전 운전자가 유압장치, 조정장치, 경보등 등을 점검하고 있음을 보여주고 있다. 지게차의 작업 시작 전 점검사항 3가지를 쓰시오.(6점)　　[기사1103C/기사1803A/기사1902A/기사2001A/기사2103A]

작업자가 지게차를 사용하기 전에 지게차의 바퀴를 발로 차보고 조명을 켜보는 등 점검을 하고 있는 모습을 보여주고 있다.

① 제동장치 및 조종장치 기능의 이상 유무

② 하역장치 및 유압장치 기능의 이상 유무

③ 바퀴의 이상 유무

④ 전조등·후미등·방향지시기 및 경보장치 기능의 이상 유무

▲ 해당 답안 중 3가지 선택 기재

09 영상은 밀폐공간에서 의식불명의 피해자가 발생한 것을 보여주고 있다. 밀폐공간에서 구조자가 착용해야 할 보호구를 쓰시오.(4점) [기사1302C/기사1601A/기사1703B/기사1902A/기사2002B/기사2002C/산기2003B/기사2202C/기사2303A]

작업 공간 외부에 존재하던 국소배기장치의 전원이 다른 작업자의 실수에 의해 차단됨에 따라 탱크 내부의 밀폐된 공간에서 그라인더 작업을 수행 중에 있는 작업자가 갑자기 의식을 잃고 쓰러지는 상황을 보여주고 있다.

• 공기호흡기 또는 송기마스크

01 영상은 작업자가 사출성형기에 끼인 이물질을 당기다 감전으로 뒤로 넘어지는 사고가 발생하는 재해사례이다. 사출성형기 잔류물 제거 시 재해 발생 방지대책을 3가지 쓰시오.(6점) [산기1203B/기사1301B/산기1401B/

기사1403A/기사1501B/기사1602B/산기1603B/기사1703C/산기1801B/산기1902A/기사1902B/기사2003B]

작업자가 장갑을 착용하지 않고 작동 중인 사출성형기에 끼인 이물질을 잡아당기다, 감전과 함께 뒤로 넘어지는 사고영상이다.

① 잔류물 제거를 위해서는 제거작업을 시작하기 전 기계의 전원을 차단한다.

② 잔류전하 등으로 인한 방전위험을 방지하기 위해 제거작업 시 절연용 보호구를 착용한다.

③ 금형의 이물질 제거를 위한 전용공구를 사용하여 제거한다.

02 화면에서는 지게차 작업을 보여주고 있다. 지게차를 시속 5km 속도로 주행할 때의 좌우 안정도를 쓰시오. (4점) [기사1602A/기사1902B/기사2004B]

작업장에서 화물을 지게차로 옮기다 사고가 발생하는 장면을 보여주고 있다.

• 주행 시의 좌우 안정도는 $(15 + 1.1V)$%이므로 속도가 5km라면 $15+1.1\times5 = 15+5.5 = 20.5\%$가 된다.

03 영상은 작업자가 피트 내에서 작업하다 추락하는 재해사례를 보여주고 있다. 피트에서 작업할 때 지켜야 할 안전 작업수칙 3가지를 쓰시오.(6점)

[기사1202A/기사1401B/기사1502C/기사1603A/기사1902B/기사2003C/기사2004B/기사2303A]

작업자가 뚜껑을 한쪽으로 열어놓고, 불안정한 나무 발판 위에 발을 올려놓은 상태에서 왼손으로 뚜껑을 잡고, 오른손으로 플래시를 안쪽으로 비추면서 내부를 점검하던 중 발이 미끄러져 추락하는 재해 상황을 보여주고 있다.

① 개구부에 덮개를 설치한다.　　　② 추락방호망을 설치 한다.

③ 개구부에 안전난간을 설치한다.　　④ 개구부 주변에 울타리를 설치한다.

⑤ 수직형 추락방망을 설치한다.

⑥ 안전대 부착설비 설치 및 작업자가 안전대를 착용한다.

▲ 해당 답안 중 3가지 선택 기재

04 영상은 실험실에서 유해물질을 취급하고 있는 장면이다. 유해물질이 인체에 흡수되는 경로를 2가지 쓰시오. (4점)

[산기1202B/기사1203B/기사1301A/산기1402B/기사1402C/기사1501C/

산기1601B/기사1702B/기사1901B/기사1902B/기사1903A/산기1903A/기사2002A/기사2003A/기사2303A]

작업자는 맨손에 마스크도 착용하지 않고 황산을 비커에 따르다 실수로 손에 묻는 장면을 보여주고 있다.

① 호흡기　　　　　② 소화기　　　　　③ 피부

▲ 해당 답안 중 2가지 선택 기재

05 영상은 브레이크 패드를 제조하는 중 석면을 사용하는 장면을 보여주고 있다. 이 작업의 안전한 작업방법에 대하여 3가지를 쓰시오.(단, 근로자는 석면의 위험성을 인지하고 있다.)(6점)

[기사1202B/기사1401C/기사1602B/기사1901A/기사1902B]

석면이 날리고 있는 작업장에서 작업자가 석면을 포대에서 플라스틱 용기를 사용하여 배합기에 넣고, 아래 작업자는 철로 된 용기에 주변 바닥으로 흩어진 석면을 빗자루로 쓸어서 담고 있으며, 국소배기장치가 보이지 않는다. 작업자는 일반 작업복에 일반장갑, 일반 마스크를 착용한 상태에서 작업하는 상황을 보여준다.

① 석면이 작업자의 호흡기로 침투되는 것을 방지하기 위하여 작업자에게 호흡용 보호구를 착용시킨다.
② 작업장에는 석면이 날리지 않도록 국소배기장치, 석면분진 포집장치 등을 설치 가동한다.
③ 작업장 내 작업 중 석면이 날리지 않도록 적절한 습기를 유지시킨다.

06 영상은 전주의 이동작업 중 발생한 사고사례이다. 다음 물음에 답을 쓰시오.(6점) [산기1202A/기사1203C/
기사1401C/산기1402B/기사1502B/산기1503A/기사1603B/산기1701B/산기1802B/기사1902B/기사1903A/산기1903A/기사2002A/기사2302B]

항타기를 이용하여 콘크리트 전주를 세우는 작업을 보여주고 있다. 항타기에 고정된 콘크리트 전주가 불안하게 흔들리고 있다. 작업자가 항타기를 조정하는 순간, 전주가 인접한 활선전로에 접촉되면서 스파크가 발생한다. 안전모를 착용한 3명의 작업자가 보인다.

① 재해요인   ② 가해물   ③ 전기용 안전모의 종류

① 재해요인 : 비래(=맞음)   ② 가해물 : 전주
③ 전기용 안전모의 종류 : AE형, ABE형

07 영상은 이동식크레인을 이용하여 배관을 이동하는 작업이다. 영상을 보고 화물의 낙하·비래 위험을 방지하기 위한 사전 조치사항 3가지를 쓰시오.(4점) [산기1201A/기사1301A/산기1302B/산기1401B/기사1403B/기사1501A/
기사1501B/기사1601B/산기1601B/산기1602A/기사1602C/기사1603C/기사1701A/산기1702B/
기사1801C/산기1802B/기사1802C/산기1901A/산기1901B/기사1903A/기사1902B/기사1903D/산기2001B/산기2003B]

신호수의 신호에 의해 이동식크레인을 이용하여 배관을 위로 올리는 작업현장을 보여주고 있다. 보조로프가 없어 배관이 근처 H빔에 부딪혀 흔들린다. 훅 해지장치는 보이지 않으며 배관 양쪽 끝에 와이어로 두바퀴를 감고 샤클로 채결한 상태이다. 흔들리는 배관을 아래쪽의 근로자가 손으로 지탱하려다가 배관이 근로자의 상체에 부딪혀 근로자가 넘어지는 사고가 발생한다.

① 작업 반경 내 관계 근로자 이외의 자는 출입을 금지한다.
② 와이어로프 및 슬링벨트의 안전상태를 점검한다.
③ 훅의 해지장치 및 안전상태를 점검한다.
④ 인양 도중에 화물이 빠질 우려가 있는지에 대해 확인한다.
⑤ 보조(유도)로프를 설치하여 화물의 흔들림을 방지한다.

▲ 해당 답안 중 3가지 선택 기재

08 승강기(리프트)를 타고 이동한 후 용접하는 영상이다. 리프트를 이용한 작업 시작 전 점검사항을 2가지 쓰시오.(4점) [기사1202A/기사1303B/기사1601A/기사1801A/기사1801B/기사1902B/기사2003C]

테이블리프트(승강기)를 타고 이동한 후 고공에서 용접하는 영상을 보여주고 있다.

① 방호장치·브레이크 및 클러치의 기능
② 와이어로프가 통하고 있는 곳의 상태

09 영상에서 보여주는 보호장구의 등급별 여과재 분진 등 포집효율을 쓰시오.(5점)

[기사1203C/기사1403B/기사1601C/기사1702A/기사1902B]

개인용 보호구에 해당하는 흡기밸브와 배기밸브를 갖는 분리식 방진 마스크를 보여주고 있다.

형태 및 등급		염화나트륨(NaCl) 및 파라핀 오일(Paraffin Oil) 시험[%]
분리식	특급	①
	1급	②
	2급	③

① 99.95% 이상   ② 94.0% 이상   ③ 80.0% 이상

01 영상은 터널 내 발파작업을 보여주고 있다. 영상에 나오는 화약 장전 시의 불안전한 행동을 쓰시오.(4점)

[산기1202A/기사1301C/기사1402C/산기1502B/기사1602B/기사1902C/기사1903A/산기1903A/기사2003C]

터널 굴착을 위한 터널 내 발파작업을 보여주고 있다. 장전구 안으로 화약을 집어넣는데 길고 얇은 철물을 이용해서 화약을 장전구 안으로 3~4개 정도 밀어 넣은 다음 접속한 전선을 꼬아 주변 선에 올려놓고 있다.

● 철근으로 화약을 장전시킬 경우 충격, 정전기, 마찰 등으로 인해 폭발의 위험이 있으므로 폭발의 위험이 없는 안전한 장전봉으로 장전을 실시해야 한다.

02 영상은 선반작업 중 발생한 재해사례를 보여주고 있다. 화면에서와 같이 안전준수사항을 지키지 않고 작업할 때 일어날 수 있는 재해요인을 2가지 쓰시오.(4점) [기사1203A/기사1401A/기사1501A/기사1702A/기사1902C/기사2102A]

작업자가 회전물에 샌드페이퍼(사포)를 감아 손으로 지지하고 있다. 면장갑을 착용하고 보안경 없이 작업중이다. 주위 사람과 농담을 하며 산만하게 작업하다 위험점에 작업복과 손이 감겨 들어가는 동영상이다.

① 회전물에 샌드페이퍼(사포)를 감아 손으로 지지하고 있기 때문에 작업복과 손이 말려 들어갈 수 있다.

② 회전기계를 사용하는 중에 면장갑을 착용하고 있어 위험하다.

③ 작업에 집중하지 않았을 때 작업복과 손이 말려 들어갈 위험성이 존재한다.

▲ 해당 답안 중 2가지 선택 기재

03 영상은 개인용 보호구 중 하나를 보여주고 있다. 다음과 같은 마스크의 명칭, 등급 3종류, 산소농도가 몇 % 이상인 장소에서 사용하는 지를 쓰시오.(6점)　　　　　　[기사1403A/기사1503B/기사1902C]

직결식 반면형 방진마스크를 보여주고 있다.

① 방진마스크(직결식 반면형)　　② 특급, 1급, 2급　　③ 18%

04 영상은 특수 화학설비를 보여주고 있다. 화면과 연관된 특수 화학설비 내부의 이상상태를 조기에 파악하고 이에 따른 폭발·화재 또는 위험물의 누출을 방지하기 위하여 설치해야 할 장치 3가지를 쓰시오.(단, 온도계, 유량계, 압력계 등의 계측장치는 제외)(4점)　　　[기사1902C/기사2003B/산기2201C/기사2202C/기사2303B]

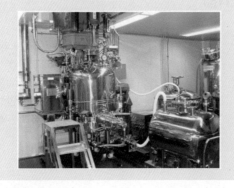

화학공장 내부의 특수 화학설비를 보여주고 있다. 작업자가 설비를 수리하기 위해 스패너로 배관을 두들기다가 스패너를 놓치는 모습을 보여준다.

① 자동경보장치　　　　　② (원재료 공급) 긴급차단장치
③ (제품 등의)방출장치　　④ 불활성가스의 주입장치
⑤ 냉각용수 등의 공급장치

▲ 해당 답안 중 3가지 선택 기재

05 영상은 2m 이상 고소작업을 하고 있는 이동식비계를 보여주고 있다. 다음 (   ) 안을 채우시오.(4점)

[기사1301A/기사1503A/기사1601A/기사1701C/기사1702C/기사1801C/기사1902C/기사1903B/기사2002B/기사2103C]

높이가 2m 이상인 이동식 비계의 작업발판을 설치하던 중 발생한 재해 상황을 보여주고 있다.

비계 작업발판의 폭은 (①)센티미터 이상으로 하고, 발판재료 간의 틈은 (②)센티미터 이하로 할 것

① 40   ② 3

06 영상은 자동차 부품을 도금한 후 세척하는 과정을 보여주고 있다. 이 영상을 참고하여 위험예지훈련을 하고자 한다. 연관된 행동목표 2가지를 쓰시오.(6점)

[기사1202C/기사1303B/기사1503A/기사1801A/산기1803A/기사1902C/산기2002B/기사2003B]

작업자들이 브레이크 라이닝을 화학약품을 사용하여 세척하는 작업과정을 보여주고 있다. 세정제가 바닥에 흩어져 있으며, 고무장화 등을 착용하지 않고 작업을 하고 있는 상태를 보여준다. 담배를 피우면서 작업하는 작업자의 모습도 보여준다.

① 작업 중 흡연을 금지하자.
② 세척 작업 시 불침투성 보호장화 및 보호장갑을 착용하자.

07 공장에서 고장난 기계를 보수하려다 재해가 발생한 상황을 보여주는 영상이다. 위험요인 2가지를 쓰시오. (6점)

[기사1902C]

작동 중이던 기계가 갑자기 정지함에 따라 작업자가 이를 보수하기 위해 기계장치를 손보는 중에 감전되어 쓰러지는 상황이 발생하였다.

① 기계의 전원을 차단하지 않은 상태에서 점검하여 사고위험에 노출되었다.
② 보호구(내전압용 절연장갑)를 착용하지 않고 보수작업을 하여 사고위험에 노출되었다.
③ 전용공구를 사용하지 않고 손으로 금형의 이물질을 제거하려고 해서 위험에 노출되었다.

▲ 해당 답안 중 2가지 선택 기재

08 영상은 개인보호구(방열복)에 대한 영상이다. 해당 보호구 내열원단의 시험성능기준에 대한 설명에서 ( )안을 채우시오.(6점)

[기사1902C/기사2103A/기사2201B]

작업자가 착용하는 방열복, 방열두건, 방열장갑 등을 보여주고 있다.

가) 난연성 : 잔염 및 잔진시간이 (①) 미만이고 녹거나 떨어지지 말아야 하며, 탄화길이가 (②) 이내 일 것
나) 절연저항 : 표면과 이면의 절연저항이 (③) 이상일 것

① 2초   ② 102mm   ③ 1MΩ

09 영상은 인쇄 윤전기를 청소하는 중에 발생한 재해사례이다. 영상을 보고 롤러기의 청소 시 위험요인과 안전작업수칙을 각각 3가지씩 쓰시오.(6점)

[기사1301B/기사1302B/기사1402B/기사1403B/기사1503A/
기사1503B/기사1602C/기사1701B/기사1703B/기사1902C/기사2002C/기사2101A/기사2102A]

작업자가 인쇄용 윤전기의 전원을 끄지 않고 서로 맞물려서 돌아가는 롤러를 걸레로 닦고 있다. 작업자는 체중을 실어서 위험하게 맞물리는 지점까지 걸레를 집어넣고 열심히 닦고 있는 도중 손이 롤러기 사이에 끼어서 사고를 당하고, 사고 발생 후 전원을 차단하고 손을 빼내는 장면을 보여준다.

가) 위험요인

① 회전 중 롤러의 죄어 들어가는 쪽에서 직접 손으로 눌러 닦고 있어서 손이 물려 들어갈 위험이 있다.

② 전원을 차단하지 않고 청소를 함으로 인해 사고위험에 노출되어 있다.

③ 체중을 걸쳐 닦고 있음으로 해서 신체의 일부가 말려 들어갈 위험이 있다.

④ 안전장치가 없어서 걸레를 위로 넣었을 때 롤러가 멈추지 않아 손이 물려 들어갈 위험이 있다.

나) 안전대책

① 회전 중 롤러의 죄어 들어가는 쪽에서 직접 손으로 눌러 닦고 있어서 손이 물려 들어가게 되므로 전용의 청소도구를 사용한다.

② 청소를 할 때는 기계의 전원을 차단한다.

③ 체중을 걸쳐 닦고 있어서 물려 들어가게 되므로 바로 서서 청소한다.

④ 안전장치가 없어서 걸레를 위로 넣었을 때 롤러가 멈추지 않아 손이 물려 들어가므로 안전장치를 설치한다.

▲ 해당 답안 중 각각 3가지씩 선택 기재

01 영상은 아크용접작업 영상이다. 교류아크용접기용 자동전격방지기의 종류를 4가지 쓰시오.(4점)

[기사1901A/기사2303C]

교류아크용접 작업장에서 작업자 혼자 대형 관의 플랜지 아래 부위를 아크용접하는 상황이다. 작업자의 왼손은 플랜지 회전 스위치를 조작하고 있으며, 오른손으로는 용접을 하고 있다. 작업장 주위에는 인화성 물질로 보이는 깡통 등이 용접작업장 주변에 쌓여 있는 상황이다.

① 외장형
② 내장형
③ 저저항시동형(L형)
④ 고저항시동형(H형)

02 영상은 개인용 보호구에 해당하는 안전모를 보여주고 있다. 해당 보호구의 시험성능기준에 대한 설명에서 (   )안을 채우시오.(6점)

[기사1901A]

개인용 보호구에 해당하는 안전모를 보여주고 있다.

가) 내관통성은 AE, ABE종 안전모는 관통거리가 (①)이고, AB종 안전모는 관통거리가 (②)이어야 한다.
나) 충격흡수성은 최고전달충격력이 (③)을 초과해서는 안 되며, 모체와 착장체의 기능이 상실되지 않아야 한다.

① 9.5mm 이하
② 11.1mm 이하
③ 4,450N

03 영상에 표시되는 장치의 명칭과 갖추어야 하는 구조를 2가지 쓰시오.(4점)

[기사1202A/기사1301A/기사1402B/기사1501B/기사1602A/기사1603B/기사1703C/기사1801C/신기1803A/기사1901A]

안전그네와 연결하여 작업자의 추락을
방지하는 장치를 보여주고 있다

가) 명칭 : 안전블록

나) 갖추어야 하는 구조

   ① 자동잠김장치를 갖출 것

   ② 안전블록의 부품은 부식방지처리를 할 것

04 영상은 작업자가 차단기를 점검하다 감전되어 쓰러지는 영상이다. 위험요인 2가지를 서술하시오.(4점)

[산기1303A/산기1801B/기사1901A/기사1901C/산기1902B/산기2001A/신기2002C/기사2002E]

배전반 뒤쪽에서 작업자 1명이 보수작업
을 하고 있다. 화면이 배전반 앞쪽으로 이
동하면서 다른 작업자 1명을 보여준다. 해
당 작업자가 절연내력시험기를 들고 한
선은 배전반 접지에 꽂은 후 장비의 스위
치를 ON시키고 배선용 차단기에 나머지
한 선을 여기저기 대보고 있는데 뒤쪽 작
업자가 배전반 작업 중 쓰러졌는지 놀라
서 일어나는 동영상이다.

① 작업 시작 전 내전압용 절연장갑 등 절연용 보호구를 착용하지 않았다.

② 개폐기 문에 통전금지 표지판을 설치하고, 감시인을 배치한 후 작업을 하여야 하나 그러하지 않았다.

③ 작업 시작 전 전원을 차단하지 않았다.

④ 잠금장치 및 표찰을 부착하여 해당 작업자 이외의 자에 의한 오작동을 막아야 하나 그러하지 않았다.

▲ 해당 답안 중 2가지 선택 기재

05 영상은 영상표시단말기(VDT) 작업을 하고 있는 장면을 보여주고 있다. 이 작업에서 개선사항을 찾아 3가지 를 쓰시오.(6점)　　　　　　　　　　　　　　　　　　　　　　　[기사1401B/기사1702A/기사1901A/기사2102B]

작업자가 사무실에서 의자에 앉 아 컴퓨터를 조작하고 있다. 작 업자의 의자 높이가 맞지 않아 다리를 구부리고 앉아있는 모습 과 모니터가 작업자와 너무 가깝 게 놓여 있는 모습, 키보드가 너 무 높게 위치해 있어 불편하게 조작하는 모습을 보여주고 있다.

① 의자가 앞쪽으로 기울어져 요통에 위험이 있으므로 허리를 등받이 깊이 밀어 넣도록 한다.
② 키보드가 너무 높은 곳에 있어 손목에 무리를 주므로 키보드를 조작하기 편한 위치에 놓는다.
③ 모니터가 작업자와 너무 가깝게 있어 시력 저하의 우려가 있으므로 모니터를 적당한 위치(45~50cm)로 조정한다.

06 영상은 건물해체와 관련된 영상이다. 사고 예방차원에서 작업자는 해체장비로부터 최소 몇 m 이상 떨어져야 적절한지 쓰시오.(5점)　　　　　　　　　　　　　　　　　　　　[기사1203A/기사1401B/기사1503C/기사1901A]

영상은 건물해체에 관한 장면으로 작업자가 위험부분에 머무르고 있어 사고 발생의 위험을 내포하고 있다.

• 4m

07 영상은 브레이크 패드를 제조하는 중 석면을 사용하는 장면을 보여주고 있다. 이 작업의 안전한 작업방법에 대하여 3가지를 쓰시오.(단, 근로자는 석면의 위험성을 인지하고 있다.)(6점)

[기사1202B/기사1401C/기사1602B/기사1901A/기사1902B]

석면이 날리고 있는 작업장에서 작업자가 석면을 포대에서 플라스틱 용기를 사용하여 배합기에 넣고, 아래 작업자는 철로 된 용기에 주변 바닥으로 흩어진 석면을 빗자루로 쓸어서 담고 있으며, 국소배기장치가 보이지 않는다. 작업자는 일반 작업복에 일반장갑, 일반 마스크를 착용한 상태에서 작업하는 상황을 보여준다.

① 석면이 작업자의 호흡기로 침투되는 것을 방지하기 위하여 작업자에게 호흡용 보호구를 착용시킨다.

② 작업장에는 석면이 날리지 않도록 국소배기장치, 석면분진 포집장치 등을 설치 가동한다.

③ 작업장 내 작업 중 석면이 날리지 않도록 적절한 습기를 유지시킨다.

08 영상은 항타기·항발기 장비로 땅을 파고 전주를 묻는 작업현장을 보여주고 있다. 동영상에서의 재해의 직접적인 원인 2가지를 쓰시오.(4점)

[기사1402B/기사1403B/산기1501A/기사1502A/산기1602B/기사1701B/기사1901A/기사2002E/기사2101C/기사2102B/기사2301C]

항타기로 땅을 파고 전주를 묻는 작업현장에서 2~3명의 작업자가 안전모를 착용하고 작업하는 상황이다. 항타기에 고정된 전주가 조금 불안전한 듯 싶더니 조금씩 돌아가서 항타기로 전주를 조금 움직이는 순간 인접 활선 전로에 접촉되어서 스파크가 일어난 상황을 보여준다.

① 충전전로에 대한 접근 한계거리 이상을 유지하여야 하지만 그렇지 않았다.

② 인접 충전전로에 대하여 절연용 방호구를 설치하지 않았다.

③ 해당 충전전로에 접근이 되지 않도록 울타리를 설치하지도, 감시인을 배치하지도 않았다.

▲ 해당 답안 중 2가지 선택 기재

09 영상은 산소결핍작업을 보여주고 있다. 동영상에서의 장면 중 퍼지(환기)하는 상황이 있는데, 아래 내용과
연관하여 퍼지의 목적을 쓰시오.(6점) [기사1203C/기사1601C/기사1702C/기사1901A]

영상은 불활성가스를 주입하여 산소
의 농도를 낮추는 퍼지작업 진행상황
을 보여주고 있다.

① 가연성 가스 및 지연성 가스의 경우   ② 독성 가스의 경우
③ 불활성 가스의 경우

① 가연성 가스 및 지연성 가스의 경우 : 화재폭발사고 방지 및 산소결핍에 의한 질식사고 방지

② 독성 가스의 경우 : 중독사고 방지

③ 불활성 가스의 경우 : 산소결핍에 의한 질식사고 방지

01 영상은 감전사고를 보여주고 있다. 작업자가 감전사고를 당한 원인을 피부저항과 관련하여 설명하시오.
(5점)

[기사1203B/기사1402A/기사1501C/기사1602C/기사1703B/기사1901B/기사2002D/기사2302C]

영상은 작업자가 단무지가 들어있는 수조에 수중펌프를 설치하는 작업을 하고 있는 상황이다. 설치를 끝내고 펌프를 작동시킴과 동시에 작업자가 감전되는 재해가 발생하는 상황을 보여주고 있다.

• 인체가 수중에 있으면 인체의 피부저항이 기존 저항의 최대 1/25로 감소되므로 쉽게 감전의 피해를 입는다.

02 영상은 이동식크레인으로 작업하는 현장을 보여주고 있다. 고압선 아래에서 작업 시 사업주의 감전에 대비한 조치사항 3가지를 쓰시오.(6점)

[기사1203B/기사1301B/기사1402B/기사1403B/산기1501A/기사1502A/산기1602B/기사1701B/기사1901A/기사2002E]

30kV 전압이 흐르는 고압선 아래에서 이동식크레인으로 작업하다 붐대가 전선에 닿아 스파크가 일어나는 상황을 보여준다.

① 충전전로에 대한 접근 한계거리 이상을 유지한다.
② 인접 충전전로에 대하여 절연용 방호구를 설치한다.
③ 해당 충전전로에 접근이 되지 않도록 울타리를 설치하거나 감시인을 배치한다.

03 영상은 밀폐공간 내에서의 작업 상황을 보여주고 있다. 이와 같은 환경의 작업장에서 관리감독자의 직무를 3가지 쓰시오.(6점)

[기사1302C/기사1603A/기사1901B]

작업 공간 외부에 존재하던 국소배기장치의 전원이 다른 작업자의 실수에 의해 차단됨에 따라 탱크 내부의 밀폐된 공간에서 그라인더 작업을 수행 중에 있는 작업자가 갑자기 의식을 잃고 쓰러지는 상황을 보여주고 있다.

① 작업 시작 전 작업방법 결정 및 당해 근로자의 작업을 지휘한다.
② 작업 시작 전 작업을 행하는 장소의 공기 적정여부를 확인한다.
③ 작업 시작 전 측정장비·환기장치 또는 송기마스크 등을 점검한다.
④ 근로자에게 공기호흡기 또는 송기마스크의 착용을 지도하고 착용 상황을 점검한다.

▲ 해당 답안 중 3가지 선택 기재

04 영상은 실험실에서 유해물질을 취급하고 있는 장면이다. 유해물질이 인체에 흡수되는 경로를 2가지 쓰시오. (4점)

[산기1202B/기사1203B/기사1301A/산기1402B/기사1402C/기사1501C/
산기1601B/기사1702B/기사1901B/기사1902B/기사1903A/산기1903A/기사2002A/기사2003A/기사2303A]

작업자는 맨손에 마스크도 착용하지 않고 황산을 비커에 따르다 실수로 손에 묻는 장면을 보여주고 있다.

① 호흡기　　　　② 소화기　　　　③ 피부

▲ 해당 답안 중 2가지 선택 기재

05 동영상은 그라인더로 작업하는 중 발생한 재해를 보여주고 있다. 누전에 의한 감전위험을 방지하기 위하여 누전차단기를 설치해야 하는 기계·기구 3가지를 쓰시오.(6점)

[기사1601A/기사1703A/기사1802A/기사1901B/기사2001A/기사2201B/기사2303A]

작업자 한 명이 분전반을 통해 연결한 콘센트에 플러그를 꽂고 그라인더 앵글작업을 진행하는 중에 또 다른 작업자 한 명이 다가와 콘센트에 플러그를 꽂으려고 전기선을 만지다가 감전되어 쓰러지는 영상이다. 작업장 주변에 물이 고여있고 전선 등이 널려있다.

① 대지전압이 150볼트를 초과하는 이동형 또는 휴대형 전기기계·기구
② 물 등 도전성이 높은 액체가 있는 습윤장소에서 사용하는 저압용 전기기계·기구
③ 철판·철골 위 등 도전성이 높은 장소에서 사용하는 이동형 또는 휴대형 전기기계·기구
④ 임시배선의 전로가 설치되는 장소에서 사용하는 이동형 또는 휴대형 전기기계·기구

▲ 해당 답안 중 3가지 선택 기재

06 영상은 안전대의 한 종류를 보여주고 있다. 이 안전대의 명칭과 ① 위쪽과 ② 아래쪽의 명칭을 쓰시오.(4점)

[산기1202B/산기1301B/산기1402A/산기1503B/산기1601A/산기1701B/기사1702C/기사1901B]

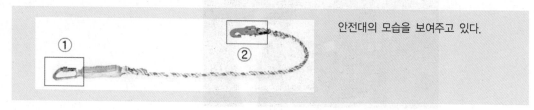

안전대의 모습을 보여주고 있다.

가) 명칭 : 죔줄
나) ① 카라비나 ② 훅

07 안전장치가 달려있지 않은 둥근톱 기계에 고정식 접촉예방장치를 설치하고자 한다. 이때 ① 하단과 가공재 사이의 간격, ② 하단과 테이블 사이의 높이는 각각 얼마로 하여야 하는지를 각각 쓰시오.(4점)

[기사0901C/기사1602A/기사1603C/기사1703A/기사1901B/기사2001C/기사2003A/기사2201A/기사2302C]

안전장치가 달려있지 않은 둥근톱 기계 를 보여준다. 고정식 접촉예방장치를 설 치하려고 해당 장치의 설명서를 살펴보 고 있다.

① 가공재 : 8mm 이내
② 테이블 상부 : 25mm 이하

08 영상은 터널공사 현장을 보여주고 있다. 영상에서와 같이 터널 등의 건설작업에 있어서 낙반 등에 의하여 근로자에게 위험을 미칠 우려가 있을 때 위험을 방지하기 위하여 필요한 조치를 2가지 쓰시오.(4점)

[기사1203C/기사1401A/기사1601B/기사1901B/기사2002C]

터널공사 중 다이너마이트를 설치 하는 장면을 보여주고 있다.

① 터널 지보공 및 록볼트의 설치
② 부석의 제거

09 영상은 개인용 보호구에 해당하는 EM(Ear Mask) 귀덮개를 보여주고 있다. 해당 보호구의 중심주파수 별 차음성능 기준에 해당하는 값을 채우시오.(6점)

[기사1901B]

개인용 보호구에 해당하는 EM(Ear Mask) 귀덮개를 보여주고 있다.

중심주파수(Hz)	차음치(dB)
1,000	(①) 이상
2,000	(②) 이상
4,000	(③) 이상

① 25   ② 30   ③ 35

01   영상은 항타기·항발기 장비로 땅을 파고 전주를 묻는 작업현장을 보여주고 있다. 고압선 주위에서 항타기·항발기 작업 시 안전 작업수칙 2가지를 쓰시오.(4점)

[기사1402B/기사1403B/산기1501A/기사1502A/산기1602B/기사1701B/기사1901A/기사2002E/기사2101C/기사2102B/기사2301C]

항타기로 땅을 파고 전주를 묻는 작업현장에서 2~3명의 작업자가 안전모를 착용하고 작업하는 상황이다. 항타기에 고정된 전주가 조금 불안전한 듯 싶더니 조금씩 돌아가서 항타기로 전주를 조금 움직이는 순간 인접 활선전로에 접촉되어서 스파크가 일어난 상황을 보여준다.

① 충전전로에 대한 접근 한계거리 이상을 유지한다.
② 인접 충전전로에 대하여 절연용 방호구를 설치한다.
③ 해당 충전전로에 접근이 되지 않도록 울타리를 설치하거나 감시인을 배치한다.

▲ 해당 답안 중 2가지 선택 기재

02   영상은 지게차 주유 중 화재가 발생하는 상황을 보여주고 있다. 위험요인을 원인과 결과로 구분하여 쓰시오. (4점)

[기사1601B/기사1701A/기사1901C]

지게차가 시동이 걸린 상태에서 경유를 주입하는 모습을 보여주고 있다. 이때 운전자는 차에서 내려 다른 작업자와 흡연을 하며 대화하는 중에 담뱃불에 의해 화재가 발생하는 장면을 보여준다.

① 원인 : 인화성 물질 옆에서 흡연을 하였다.
② 결과 : 나화로 인해 화재 및 폭발이 발생했다.

03 영상은 박공지붕 설치작업 중 박공지붕의 비래에 의해 재해가 발생하는 장면을 보여주고 있다. 재해요인을 찾아 3가지 쓰시오.(6점)

[산기1202A/기사1302C/산기1401A/기사1403A/기사1503A/산기1701B/기사1703B/기사1803A/기사1901C/산기1902B/산기2002C/기사2003A]

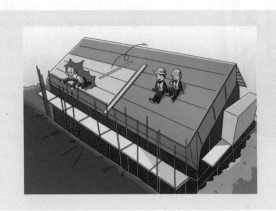

박공지붕 위쪽과 바닥을 보여주고 있으며, 지붕의 오른쪽에 안전난간, 추락방지망이 미설치된 화면과 지붕 위쪽 중간에서 커피를 마시면서 앉아 휴식을 취하는 작업자(안전모, 안전화 착용함)들과 작업자 왼쪽과 뒤편에 적재물이 적치되어 있는 상태이다. 뒤에 있던 삼각형 적재물이 굴러와 휴식 중이던 작업자를 덮쳐 작업자가 앞으로 쓰러지는 영상이다.

① 중량물이 구를 위험이 있는 방향에서 근로자가 휴식을 취하고 있다.

② 추락방호망이 설치되지 않았다.

③ 안전대 부착설비가 없고, 안전대를 착용하지 않았다.

④ 안전난간이 설치되지 않았다.

⑤ 중량물의 동요나 이동을 조절하기 위해 구름멈춤대, 쐐기 등을 이용하지 않았다.

▲ 해당 답안 중 3가지 선택 기재

04 영상은 도로상의 가설전선 점검 작업 중 발생한 재해사례이다. ① 재해형태, ② 정의를 쓰시오.(4점)

[기사1102A/기사1302C/기사1601B/기사1702A/기사1901C/기사2002C]

도로공사 현장에서 공사구획을 점검하던 중 작업자가 절연테이프로 테이핑된 전선을 맨손으로 만지다 감전사고가 발생하는 영상이다.

① 재해형태 : 감전(=전류접촉)

② 정의 : 전기접촉이나 방전에 의해 사람이 (전기)충격을 받는 것을 말한다.

05 영상은 변압기 측정 중 일어난 재해 상황이다. 재해 발생원인을 3가지 쓰시오.(6점)

[기사1202C/기사1301C/기사1303A/기사1402B/기사1501C/기사1503B/기사1701B/기사1702C/기사1901C/기사2102A/기사2103C]

영상에서 A작업자가 변압기의 2차 전압을 측정하기 위해 유리창 너머의 B작업자에게 전원을 투입하라는 신호를 보낸다. A작업자의 측정 완료 후 다시 차단하라고 신호를 보내고 전원이 차단되었다고 생각하고 측정기기를 철거하다 감전사고가 발생되는 장면을 보여주고 있다.(이때 작업자 A는 맨손에 슬리퍼를 착용하고 있다.)

① 작업자가 절연용 보호구(내전압용 절연장갑, 절연장화)를 미착용하고 있다.
② 작업자 간의 신호전달이 정확하게 이루어지지 않았다.
③ 작업자가 안전 확인을 소홀히 했다.

06 영상은 유해물질 취급 시 사용하는 보호구이다. 동영상에서 표시된 보호구의 사용 장소에 따른 분류 2가지를 쓰시오.(5점)

[산기1203A/기사1302A/산기1403A/기사1501A/기사1701A/기사1901C/산기1902A]

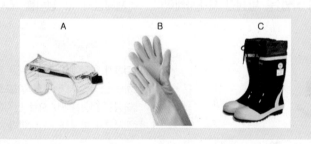

도금작업에 사용하는 보호구 사진 A, B, C 3가지를 보여준 후 C보호구에 노란색 동그라미가 표시되면서 정지된다.

① 일반용 : 일반작업장
② 내유용 : 탄화수소류의 윤활유 등을 취급하는 작업장

07 영상은 작업자가 드라이버를 이용해 나사를 조이다 발생한 재해영상이다. 재해의 형태와 위험요인 2가지를 서술하시오.(4점)

[기사1901A/기사1901C/기사2002E]

배전반 뒤쪽에서 작업자 1명이 보수작업을 하고 있다. 화면이 배전반 앞쪽으로 이동하면서 다른 작업자 1명을 보여준다. 해당 작업자가 절연내력시험기를 들고 한 선은 배전반 접지에 꽂은 후 장비의 스위치를 ON시키고 배선용 차단기에 나머지 한 선을 여기저기 대보고 있는데 뒤쪽 작업자가 배전반 작업 중 쓰러졌는지 놀라서 일어나는 동영상이다.

가) 재해형태 : 감전(=전류접촉)

나) 위험요인

① 절연용 보호구(내전압용 안전장갑)를 착용하지 않고 작업하였다.

② 작업 전 전원을 차단하지 않았다.

③ 개폐기 문에 통전금지 표지판을 설치하고, 감시인을 배치한 후 작업을 하여야 하나 그러하지 않았다.

④ 잠금장치 및 표찰을 부착하여 해당 작업자 이외의 자에 의한 오작동을 막아야 하나 그러하지 않았다.

▲ 나)의 답안 중 2가지 선택 기재

08 영상은 개인용 보호장구(용접용 보안면)를 보여주고 있다. 해당 보호장구의 등급을 나누는 기준과 투과율의 종류를 3가지 쓰시오.(6점)

[산기1203B/산기1402B/산기1501A/산기1701A/산기1802A/기사1901C]

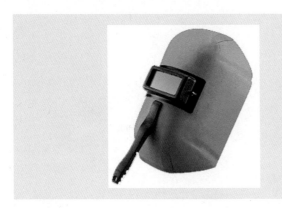

용접용 보안면을 보여주고 있다.

① 등급을 나누는 기준 : 차광도 번호

② 투과율의 종류 : 자외선투과율, 적외선투과율, 시감투과율

09 영상은 석면을 취급하는 장면을 보여주고 있다. 작업자가 마스크를 착용하고 있으나 석면분진 폭로위험성에 노출되어 있어 작업자에게 직업성 질환으로 이환될 우려가 있다. 그 이유를 상세히 설명하고, 장기간 폭로 시 어떤 종류의 직업병이 발생할 위험이 있는지 3가지를 쓰시오.(6점) [기사1301B/기사1301C/ 기사1303A/기사1402A/기사1501A/기사1502B/산기1502C/기사1601A/산기1701B/기사1701C/기사1703A/기사1901C/산기1903B]

송기마스크를 착용한 작업자가 석면을 취급하는 상황을 보여주고 있다.

가) 이유 : 석면 취급장소는 특급 방진마스크를 착용하여야 하는데, 해당 작업자가 착용한 마스크는 방진전용마스크가 아닌 배기밸브가 없는 안면부여과식이어서 석면분진이 마스크를 통해 흡입될 수 있다.

나) 발생 직업병 :　　① 폐암
　　　　　　　　　　② 석면폐증
　　　　　　　　　　③ 악성중피종

01 영상은 가죽제 안전화를 보여주고 있다. 안전화의 뒷굽을 제외한 몸통높이에 대한 기준의 (   )안을 채우시오.
(5점)

[기사1202B/기사1503A/기사1703A/기사1803A]

화면에서 보여주는 개인용 보호구는 가죽제 안전화이다.

단화	중단화	장화
(①)	(②)	(③)

① 113 미만   ② 113 이상   ③ 178 이상

02 영상은 지게차를 운행하기 전 운전자가 유압장치, 조정장치, 경보등 등을 점검하고 있음을 보여주고 있다. 지게차의 작업 시작 전 점검사항 3가지를 쓰시오.(6점)

[기사1103C/기사1803A/기사1902A/기사2001A/기사2103A/기사2202B/기사2302A]

작업자가 지게차를 사용하기 전에 지게차의 바퀴를 발로 차보고 조명을 켜보는 등 점검을 하고 있는 모습을 보여주고 있다.

① 제동장치 및 조종장치 기능의 이상 유무
② 하역장치 및 유압장치 기능의 이상 유무
③ 바퀴의 이상 유무
④ 전조등·후미등·방향지시기 및 경보장치 기능의 이상 유무

▲ 해당 답안 중 3가지 선택 기재

03 영상은 전주에서 활선작업 중 감전사고가 발생하는 장면을 보여주고 있다. 화면을 보고 해당 작업에서 내재되어 있는 핵심 위험요인 2가지를 쓰시오.(4점)

[기사1301A/기사1401A/기사1601B/기사1701A/기사1701C/기사1802B/기사1803A/기사2002C/기사2002D]

영상은 작업자 2명이 전주에서 활선작업을 하고 있다. 작업자 1명은 아래에서 주황색 플라스틱으로 된 절연방호구를 올려주고 다른 1명이 크레인 위에서 이를 받아 활선에 절연방호구를 설치하는 작업을 하다 감전사고가 발생하는 상황이다. 크레인 붐대가 활선에 접촉되지는 않았으나 근처까지 접근하여 작업하고 있으며, 위쪽의 작업자는 두꺼운 장갑(절연용 방호장갑으로 보임)을 착용하였으나 아래쪽 작업자는 목장갑을 착용하고 있다. 작업자 간에 신호전달이 원활하지 않아 작업이 원활하지 않다.

① 작업자가 보호구(내전압용 절연장갑)를 착용하지 않아 감전위험에 노출되었다.
② 근로자가 활선 접근 시 지켜야 하는 접근한계거리를 준수하지 않아 감전위험에 노출되었다.
③ 크레인 붐대가 활선에 가깝게 접근해 감전 위험이 있다.
④ 작업자들 간에 신호전달이 원활하게 이뤄지지 않고 있다.

▲ 해당 답안 중 2가지 선택 기재

04 영상에 나오는 장소(가스집합 용접장치)에 배관을 설치할 때 준수해야 하는 사항을 2가지 쓰시오.(4점)

[기사1803A/기사2302B]

각종 가스를 공급하는 밸브들을 여러 개를 보여주고 있다.

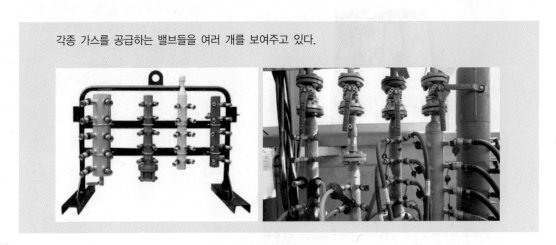

① 플랜지·밸브·콕 등의 접합부에는 개스킷을 사용하고 접합면을 상호 밀착시키는 등의 조치를 한다.
② 주관 및 분기관에는 안전기를 설치할 것. 이 경우 하나의 취관에 2개 이상의 안전기를 설치하여야 한다.

05 동영상은 높이가 2m 이상인 조립식 비계의 작업발판을 설치하던 중 발생한 재해 상황을 보여주고 있다. 높이가 2m 이상인 작업장소에서의 작업발판 설치기준을 3가지 쓰시오.(6점)

[기사1203B/기사1401A/기사1501B/기사1703A/기사1802A/기사1802B/기사1803A]

작업자 2명이 비계 최상단에서 비계설치를 위해 발판을 주고 받다가 균형을 잡지 못하고 추락하는 재해상황을 보여주고 있다.

① 발판재료는 작업할 때의 하중을 견딜 수 있도록 견고한 것으로 할 것
② 작업발판의 폭은 40센티미터 이상으로 하고, 발판재료 간의 틈은 3센티미터 이하로 할 것
③ 추락의 위험이 있는 장소에는 안전난간을 설치할 것
④ 작업발판의 지지물은 하중에 의하여 파괴될 우려가 없는 것을 사용할 것
⑤ 작업발판재료는 뒤집히거나 떨어지지 않도록 둘 이상의 지지물에 연결하거나 고정시킬 것
⑥ 작업발판을 작업에 따라 이동시킬 경우에는 위험 방지에 필요한 조치를 할 것

▲ 해당 답안 중 3가지 선택 기재

06 영상은 작업자들이 작업장을 청소하는 모습을 보여주고 있다. 이때 작업자가 착용해야 하는 보호구를 2가지 쓰시오.(4점)

[기사1803A]

작업자들이 작업장을 청소하는 모습을 보여주고 있다. 그중 한 작업자가 에어컴프레셔를 이용해 배관 위의 분진을 제거하는데 분진이 날리면서 작업자가 눈을 찡그리고, 기침을 하는 장면을 보여준다.

① 방진마스크   ② 비산물방지용보안경   ③ 귀덮개

▲ 해당 답안 중 2가지 선택 기재

07 영상은 박공지붕 설치작업 중 박공지붕의 비래에 의해 재해가 발생하는 장면을 보여주고 있다. 재해요인을 찾아 3가지 쓰시오.(6점)

[산기1202A/기사1302C/산기1401A/기사1403A/기사1503A/산기1701B/기사1703B/기사1803A/기사1901C/산기1902B/산기2002C/기사2003A]

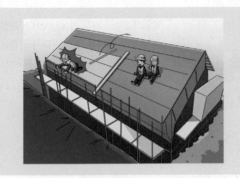

박공지붕 위쪽과 바닥을 보여주고 있으며, 지붕의 오른쪽에 안전난간, 추락방지망이 미설치된 화면과 지붕 위쪽 중간에서 커피를 마시면서 앉아 휴식을 취하는 작업자(안전모, 안전화 착용함)들과 작업자 왼쪽과 뒤편에 적재물이 적치되어 있는 상태이다. 뒤에 있던 삼각형 적재물이 굴러와 휴식 중이던 작업자를 덮쳐 작업자가 앞으로 쓰러지는 영상이다.

① 중량물이 구를 위험이 있는 방향에서 근로자가 휴식을 취하고 있다.

② 추락방호망이 설치되지 않았다.

③ 안전대 부착설비가 없고, 안전대를 착용하지 않았다.

④ 안전난간이 설치되지 않았다.

⑤ 중량물의 동요나 이동을 조절하기 위해 구름멈춤대, 쐐기 등을 이용하지 않았다.

▲ 해당 답안 중 3가지 선택 기재

08 영상은 콘크리트 파일 권상용 항타기를 보여주고 있다. 해당 영상을 보고 아래 설명의 (   ) 안을 채우시오. (6점)

[기사1302A/기사1503B/기사1703B/기사1803A/기사2003B]

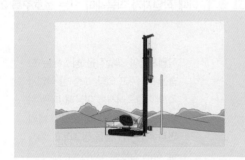

콘크리트 파일 권상용 항타기를 보여준다.

• 화면에 표시되는 항타기의 권상장치의 드럼축과 권상장치로부터 첫 번째 도르래의 축 간의 거리를 권상장치 드럼 폭의 (①) 이상으로 해야 한다.

• 도르래는 권상장치의 드럼 (②)을 지나야 하며 축과 (③)면상에 있어야 한다.

① 15배   ② 중심   ③ 수직

09 동영상은 건설현장에서 사용하는 리프트의 위치별 방호장치를 보여주고 있다. 그림에 맞는 장치의 이름을 쓰시오.(6점)

[기사1803A/기사2001A/산기2003A/기사2301C]

① 과부하방지장치　　　　② 완충스프링　　　　③ 비상정지장치
④ 출입문연동장치　　　　⑤ 방호울출입문연동장치　　⑥ 3상전원차단장치

01 영상은 교류 아크용접작업 중 재해가 발생한 사례이다. 작업 중 작업자의 눈과 감전재해로부터 작업자를 보호하기 위해 착용하여야 할 보호구를 각각 쓰시오.(4점)

[기사1203C/기사1401B/산기1403A/산기1602B/기사1603A/산기1703B/기사1803B/산기1901B/산기2003B]

교류아크용접 작업장에서 작업자 혼자 대형 관의 플랜지 아래 부위를 아크 용접하는 상황이다. 작업자의 왼손은 플랜지 회전 스위치를 조작하고 있으며, 오른손으로는 용접을 하고 있다. 작업장 주위에는 인화성 물질로 보이는 깡통 등이 용접작업장 주변에 쌓여 있는 상황이다.

① 눈 : 용접용 보안면   ② 감전 : 용접용 안전장갑

02 컨베이어 작업 시 가장 위험한 원인 및 사고발생 시 즉시 취해야 할 조치에 대해 쓰시오.(4점)

[기사1701C/기사1803B]

영상은 작업자가 컨베이어가 작동하는 상태에서 컨베이어 벨트 끝부분에 발을 짚고 올라서서 불안정한 자세로 형광등을 교체하다 추락하는 재해사례를 보여주고 있다.

① 원인 : 기계의 전원을 차단시키지 않고 작업
② 조치 : 피재기계의 정지

03 영상은 폭발성 화학물질 취급 중 작업자의 부주의로 발생한 사고 사례를 보여주고 있다. 영상에서와 같이 폭발성 물질 저장소에 들어가는 작업자가 신발에 물을 묻히는 ① 이유는 무엇인지 상세히 설명하고, 화재 시 적합한 ② 소화방법은 무엇인지 쓰시오.(6점)

[기사1302B/기사1403C/기사1502C/기사1603C/기사1803B/기사2002C/산기2003B]

작업자가 폭발성 물질 저장소에 들어가는 장면을 보여주고 있다. 먼저 들어오는 작업자는 입구에서 신발 바닥에 물을 묻힌 후 들어오는 데 반해 뒤에 들어오는 작업자는 그냥 들어오고 있다. 뒤의 작업자 이동에 따라 작업자 신발 바닥에서 불꽃이 발생되는 모습을 보여준다.

① 이유 : 정전기에 의한 폭발위험에 대비해 신발과 바닥면의 접촉으로 인한 정전기 발생을 예방하기 위해서이다.
② 소화방법 : 다량 주수에 의한 냉각소화

04 영상은 특수 화학설비를 보여주고 있다. 화면과 연관된 특수 화학설비 내부의 이상상태를 조기에 파악하기 위하여 설치해야 할 계측장치 3가지를 쓰시오.(6점)

[기사1302A/산기1303A/기사1403A/산기1502C/기사1503B/산기1603A/기사1801C/기사1803B/산기2001B/기사2002E/기사2302A]

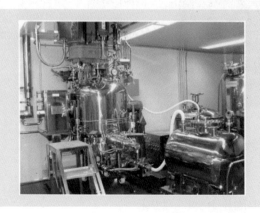

화학공장 내부의 특수 화학설비를 보여주고 있다.

① 온도계   ② 유량계   ③ 압력계

05 영상에서 표시하는 구조물의 설치 기준에 관한 설명이다. (   ) 안을 채우시오.(6점)

[기사1803B/산기2003C/기사2101B/기사2102B]

가설통로를 지나던 작업자가 쌓아 둔 적재물을 피하다가 추락하는 영상이다.

설치 시 경사는 (①)로 하여야 하며, 경사가 (②)하는 경우에는 미끄러지지 아니하는 구조로 할 것

① 30도 이하   ② 15도를 초과

06 영상은 승강기 설치 전 피트 내부에서 작업자가 승강기 개구부로 추락 사망하는 사고를 보여주고 있다. 이 영상에서의 핵심 위험요인 3가지를 쓰시오.(6점)

[기사1301C/기사1402A/산기1403B/산기1601B/기사1602C/산기1703A/산기1802A/기사1803B/산기1903B/기사2002D/기사2203C]

승강기 설치 전 피트 내부의 불안정한 발판 위에서 청소작업 하던 작업자가 승강기 개구부로 추락하여 사망하는 재해 상황을 보여주고 있다. 이때 작업자는 안전장비를 착용하지 않았고, 피트 내부에 안전시설이 설치되지 않음을 확인할 수 있다.

① 안전대 부착설비 및 안전대를 착용하지 않았다.
② 추락방호망을 설치하지 않았다.
③ 작업자가 딛고 선 발판이 불량하다.
④ 안전난간, 덮개, 수직형 추락방망 등 안전시설을 설치하지 않았다.

▲ 해당 답안 중 3가지 선택 기재

07 영상은 덤프트럭의 적재함을 올리고 실린더 유압장치 밸브를 수리하던 중에 발생한 재해사례를 보여주고 있다. 동영상에서와 같이 차량계 하역운반기계 등의 수리 또는 부속장치의 장착 및 해제작업을 할 때 설치해야 하는 안전장치 2가지를 쓰시오.(4점) [기사1803B/기사2003A]

작업자가 운전석에서 내려 덤프트럭 적재함을 올리고 실린더 유압장치 밸브를 수리하던 중 적재함의 유압이 빠지면서 사이에 끼이는 재해가 발생한 사례를 보여주고 있다.

① 안전지지대
② 안전블록

08 영상을 보고 다음 각 물음에 답을 쓰시오.(단, 정화통의 문자표기는 무시한다)(5점) [기사1202C/기사1303A/기사1502C/기사1603A/기사1701B/기사1801A/기사1803B]

녹색의 정화통을 가진 방독면을 보여주고 있다.

① 방독마스크의 종류를 쓰시오.
② 방독마스크의 형식을 쓰시오.
③ 방독마스크의 시험가스 종류를 쓰시오.

① 암모니아용 방독마스크 ② 격리식 전면형 ③ 암모니아 가스

09 영상은 화물을 매달아 올리는 장면을 보여주고 있다. 해당 작업을 시작하기 전 점검사항을 2가지 쓰시오.(단, 경보장치는 제외한다)(4점) [기사1402A/기사1503B/기사1701C/기사1702A/기사1802C/기사1803B/기사2001A/기사2004A/기사2101A]

이동식크레인 붐대를 보여준 후 와이어로프에 화물을 매달아 올리는 영상을 보여준다.

① 브레이크·클러치 및 조정장치의 기능
② 와이어로프가 통하고 있는 곳 및 작업장소의 지반상태

01 영상은 인쇄윤전기를 청소하는 중에 발생한 재해사례이다. 이 동영상을 보고 작업 시 발생한 ① 위험점, ② 정의를 쓰시오.(4점)

[기사1202C/산기1203A/기사1303B/산기1501A/산기1502C/
기사1601C/산기1603B/산기1701A/기사1703C/산기1802C/기사1803C/산기2004B/기사2103A]

작업자가 인쇄용 윤전기의 전원을 끄지 않고 서로 맞물려서 돌아가는 롤러를 걸레로 닦고 있다. 작업자는 체중을 실어서 위험하게 맞물리는 지점까지 걸레를 집어넣고 열심히 닦고 있던 중, 손이 롤러기 사이에 끼어서 사고를 당하고, 사고 발생 후 전원을 차단하고 손을 빼내는 장면을 보여준다.

① 위험점 : 물림점
② 정의 : 롤러기의 두 롤러 사이와 같이 회전하는 두 개의 회전체에 물려 들어갈 위험이 있는 점을 말한다.

02 영상은 타워크레인이 무너진 재해현장을 보여주고 있다. 작업 중 강풍에 의해 작업을 중지하여야 하는 기준에 대한 다음 (   ) 안을 채우시오.(4점)

[기사1803C/기사2103A/기사2302B]

강풍에 의해 무너진 타워크레인 현장을 보여주고 있다.

가) 설치·수리·점검 또는 해체 작업을 중지하여야 하는 순간풍속은 (①)m/s
나) 운전 작업을 중지하여야 하는 순간풍속은 (②)m/s

① 10   ② 15

03 영상은 건물의 해체작업을 보여주고 있다. 화면상에 나타난 해체작업의 해체계획서 작성 시 포함사항 4가지를 쓰시오.(4점)
[기사1202C/산기1301A/기사1303C/산기1403A/기사1501A/기사1502B/
기사1602B/기사1702A/산기1702B/기사1802B/기사1803C/산기1902A/기사1903D/산기2003A/기사2103A]

영상은 건물해체에 관한 장면으로 작업자가 위험부분에 머무르고 있어 사고 발생의 위험을 내포하고 있다.

① 사업장 내 연락방법 　　　　　 ② 해체물의 처분계획
③ 가설설비 · 방호설비 · 환기설비 및 살수 · 방화설비 등의 방법
④ 해체의 방법 및 해체 순서도면
⑤ 해체작업용 기계 · 기구 등의 작업계획서
⑥ 해체작업용 화약류 등의 사용계획서

▲ 해당 답안 중 4가지 선택 기재

04 영상은 화물을 지게차로 옮기다 사고가 발생하는 화면이다. 사고위험요인 3가지를 쓰시오.(6점)
[기사1302C/기사1803C/기사2004C/기사2101C/기사2102B]

화물을 지게차로 옮기는 것을 보여주는 영상이다. 화물이 과적되어 운전자의 시야를 방해하고 있으며, 적재된 화물의 일부가 주행 중 떨어져 지나가던 작업자를 덮치는 재해가 발생하였다. 별도의 유도자도 보이지 않고 있는 상황이다.

① 전방 시야확보가 충분하지 않아 사고 발생의 위험이 있다.
② 화물을 정해진 적재하중을 초과하여 과적하였다.
③ 유도자를 배치하지 않았다.
④ 지게차 운행경로 상에 다른 작업자가 작업을 하였다.
⑤ 화물을 불안정하게 적재하여 화물이 떨어질 위험이 있다.

▲ 해당 답안 중 3가지 선택 기재

05 영상은 전기드릴을 이용하여 수행하는 위험한 작업을 보여주고 있다. 위험요인을 3가지 쓰시오.(6점)

[기사1703C/기사1803C/기사1903A/기사2001B/기사2001C/기사2004A/기사2101C/기사2103B/기사2202A/기사2203A/기사2303C]

작업자가 공작물을 맨손으로 잡고 전기드릴을 이용해서 작업물의 구멍을 넓히는 작업을 하는 것을 보여주고 있다. 안전모와 보안경을 착용하지 않고 있으며, 방호장치도 설치되어 있지 않은 상태에서 일반 목장갑을 끼고 작업하다가 이물질을 입으로 불어 제거하고, 동시에 손으로 제거하려다 드릴에 손을 다치는 장면을 보여주고 있다.

① 보안경과 작업모 등의 안전보호구를 미착용하고 있다.
② 안전덮개 등 방호장치가 설치되어있지 않다.
③ 회전기계를 사용하면서 목장갑을 착용하고 있다.
④ 이물질을 제거하면서 전원을 차단하지 않았다.
⑤ 이물질을 손으로 제거하고 있다.

▲ 해당 답안 중 3가지 선택 기재

06 영상은 가스 저장소에서 발생한 재해 상황을 보여주고 있다. 누설감지경보기의 적절한 ① 설치위치 ② 경보설정값이 몇 %가 적당한지 쓰시오.(6점) [기사1401B/기사1502B/기사1702A/기사1803C/기사2002E/기사2103B/기사2302A]

LPG저장소에 가스누설감지경보기의 미설치로 인해 재해사례가 발생한 장면이다.

① 설치위치 : LPG는 공기보다 무거우므로 바닥에 인접한 곳에 설치한다.
② 설정값 : 폭발하한계의 25% 이하

07 동영상은 전주에 작업자가 올라서서 전기형강 교체작업을 하던 중 추락하는 장면이다. 위험요인 2가지를 쓰시오.(4점) [기사1302A/기사1403C/기사1601A/기사1702B/기사1803C/산기1901B/기사2001A/산기2002C/기사2102B/기사2103C]

작업자가 안전대를 착용하고 있으나 이를 전주에 걸지 않은 상태에서 전주에 올라서서 작업발판(볼트)을 딛고 변압기 볼트를 조이는 중 추락하는 영상이다. 작업자는 안전대를 착용하지 않고, 안전화의 끈이 풀려있는 상태에서 불안정한 발판 위에서 작업 중 사고를 당했다.

① 작업자가 안전대를 전주에 걸지 않고 작업하고 있어 추락위험이 있다.
② 작업자가 딛고 선 발판이 불안하여 위험에 노출되어 있다.
③ 안전화의 끈이 풀려있는 등 작업자 복장이 작업에 적합하지 않다.

▲ 해당 답안 중 2가지 선택 기재

08 영상은 승강기 모터 벨트 부분에 묻은 기름과 먼지를 걸레로 청소하던 중 손이 끼이는 재해사례를 보여주고 있다. 동영상을 보고 ① 위험점, ② 재해형태, ③ 위험점의 정의를 쓰시오.(6점)

[기사1403A/기사1503C/기사1803C]

승강기 모터 벨트 부분에 묻은 기름과 먼지를 걸레로 청소하던 중, 모터에 손이 끼이는 재해상황을 보여준다.

① 위험점 : 접선물림점 ② 재해형태 : 협착(=끼임)
③ 위험점의 정의 : 회전하는 부분의 접선방향으로 물려 들어가는 위험점이다.

09 영상은 방열보호구를 보여주고 있다. 방열복의 종류에 따른 질량을 쓰시오.(5점) [기사1603C/기사1803C]

작업자가 착용하는 방열복, 방열두건, 방열장갑 등을 보여주고 있다.

종류	질량(kg)
방열상의	(①) 이하
방열하의	(②) 이하
방열일체복	(③) 이하
방열장갑	(④) 이하
방열두건	(⑤) 이하

① 3.0 ② 2.0 ③ 4.3
④ 0.5 ⑤ 2.0

01 동영상은 프레스로 철판에 구멍을 뚫는 작업을 보여주고 있다. 동영상에서 보여주는 프레스에는 급정지 장치가 부착되어 있지 않다. 이 경우 설치하여야 하는 방호장치를 3가지 쓰시오.(4점)

[산기1202B/기사1302B/산기1402A/산기1503A/기사1603B/기사1802A/산기2001B/기사2301C/기사2302A]

급정지장치가 없는 프레스로 철판에 구멍을 뚫는 작업을 보여주고 있다.

① 가드식   ② 수인식
③ 손쳐내기식   ④ 양수기동식

▲ 해당 답안 중 3가지 선택 기재

02 영상은 습윤한 장소에서 이동전선을 사용하는 화면이다. 사용하기 전 점검사항 2가지를 쓰시오.(4점)

[기사1202A/기사1303A/기사1603C/기사1802A/기사2001C]

영상은 작업자가 단무지가 들어있는 수조에 수중펌프를 설치하는 작업을 하고 있는 상황이다. 설치를 끝내고 펌프를 작동시킴과 동시에 작업자가 감전되는 재해가 발생하는 상황을 보여주고 있다.

① 접속부위 절연상태 점검
② 전선의 피복 또는 외장의 손상유무 점검
③ 절연저항 측정 실시

▲ 해당 답안 중 2가지 선택 기재

03 동영상은 높이가 2m 이상인 조립식 비계의 작업발판을 설치하던 중 발생한 재해 상황을 보여주고 있다. 높이가 2m 이상인 작업장소에서의 작업발판 설치기준을 3가지 쓰시오.(6점)

[기사1203B/기사1401A/기사1501B/기사1703A/기사1802A/기사1802B/기사1803A]

작업자 2명이 비계 최상단에서 비계설치를 위해 발판을 주고 받다가 균형을 잡지 못하고 추락하는 재해상황을 보여주고 있다.

① 발판재료는 작업할 때의 하중을 견딜 수 있도록 견고한 것으로 할 것
② 작업발판의 폭은 40센티미터 이상으로 하고, 발판재료 간의 틈은 3센티미터 이하로 할 것
③ 추락의 위험이 있는 장소에는 안전난간을 설치할 것
④ 작업발판의 지지물은 하중에 의하여 파괴될 우려가 없는 것을 사용할 것
⑤ 작업발판재료는 뒤집히거나 떨어지지 않도록 둘 이상의 지지물에 연결하거나 고정시킬 것
⑥ 작업발판을 작업에 따라 이동시킬 경우에는 위험 방지에 필요한 조치를 할 것

▲ 해당 답안 중 3가지 선택 기재

04 영상은 터널 지보공 공사현장을 보여주고 있다. 터널 지보공을 설치한 경우에 수시로 점검하여 이상을 발견 시 즉시 보강하거나 보수해야 할 사항 3가지를 쓰시오.(4점)

[산기1203A/산기1402A/산기1601A/산기1703A/산기1801A/기사1802A]

터널 지보공을 보여주고 있다.

① 부재의 긴압 정도   ② 기둥침하의 유무 및 상태
③ 부재의 접속부 및 교차부의 상태   ④ 부재의 손상·변형·부식·변위 및 탈락의 유무와 상태

▲ 해당 답안 중 3가지 선택 기재

05 동영상은 그라인더로 작업하는 중 발생한 재해를 보여주고 있다. 누전에 의한 감전위험을 방지하기 위하여 누전차단기를 설치해야 하는 기계 · 기구 3가지를 쓰시오.(6점)

[기사1601A/기사1703A/기사1802A/기사1901B/기사2001A/기사2201B/기사2303A]

작업자 한 명이 분전반을 통해 연결한 콘센트에 플러그를 꽂고 그라인더 앵글작업을 진행하는 중에 또 다른 작업자 한 명이 다가와 콘센트에 플러그를 꽂으려고 전기선을 만지다가 감전되어 쓰러지는 영상이다. 작업장 주변에 물이 고여있고 전선 등이 널려있다.

① 대지전압이 150볼트를 초과하는 이동형 또는 휴대형 전기기계 · 기구
② 물 등 도전성이 높은 액체가 있는 습윤장소에서 사용하는 저압용 전기기계 · 기구
③ 철판 · 철골 위 등 도전성이 높은 장소에서 사용하는 이동형 또는 휴대형 전기기계 · 기구
④ 임시배선의 전로가 설치되는 장소에서 사용하는 이동형 또는 휴대형 전기기계 · 기구

▲ 해당 답안 중 3가지 선택 기재

06 영상은 이동식크레인을 이용하여 배관을 운반하는 작업을 보여주고 있다. 이동식크레인 운전자의 준수수항 3가지를 쓰시오.(6점)

[기사1303C/기사1802A/기사2002C]

신호수의 신호에 의해 이동식크레인을 이용하여 배관을 위로 올리는 작업현장을 보여주고 있다. 보조로프가 없어 배관이 근처 H빔에 부딪혀 흔들린다. 훅 해지장치는 보이지 않으며 배관 양쪽 끝에 와이어로 두바퀴를 감고 샤클로 채결한 상태이다. 흔들리는 배관을 아래쪽의 근로자가 손으로 지탱하려다가 배관이 근로자의 상체에 부딪혀 근로자가 넘어지는 사고가 발생한다.

① 일정한 신호방법을 정하고 신호수의 신호에 따라 작업한다.
② 화물을 매단 채 운전석을 이탈하지 않는다.
③ 작업종료 후 크레인의 동력을 차단시키고 정지조치를 확실히 한다.

07 동영상은 콘크리트 타설작업을 보여주고 있다. 작업 시 안전작업수칙을 3가지 쓰시오.(6점) [기사1802A]

콘크리트 타설작업 현장을 보여주고 있다.

① 콘크리트를 타설하는 경우에는 편심이 발생하지 않도록 골고루 분산하여 타설할 것
② 설계도서상의 콘크리트 양생기간을 준수하여 거푸집 동바리 등을 해체할 것
③ 콘크리트 타설작업 시 거푸집 붕괴의 위험이 발생할 우려가 있으면 충분한 보강조치를 할 것
④ 당일의 작업을 시작하기 전에 해당 작업에 관한 거푸집 동바리 등의 변형·변위 및 지반의 침하 유무 등을 점검하고 이상이 있으면 보수할 것
⑤ 작업 중에는 거푸집 동바리 등의 변형·변위 및 침하 유무 등을 감시할 수 있는 감시자를 배치하여 이상이 있으면 작업을 중지하고 근로자를 대피시킬 것

▲ 해당 답안 중 3가지 선택 기재

08 영상은 작업자의 개인용 보호구의 한 종류를 보여주고 있다. 해당 보호구의 세부 명칭을 쓰시오.(5점)

[기사1601A/기사1701C/기사1802A]

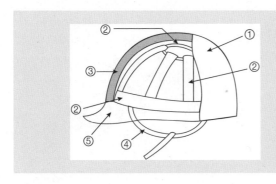

개인용 보호구에 해당하는 안전모를 보여주고 있다.

① 모체　　　　　② 착장체(머리고정대)　　　③ 충격흡수재
④ 턱끈　　　　　⑤ 챙(차양)

09 영상은 DMF작업장에서 작업자가 유해물질 DMF 작업을 하고 있는 것을 보여주고 있다. 피부 자극성 및 부식성 관리대상 유해물질 취급 시 비치하여야 할 보호장구 3가지를 쓰시오.(4점)

[산기1301A/기사1402C/기사1503A/기사1702B/기사1801A/산기1801A/기사1802A/기사2002D]

DMF작업장에서 한 작업자가 방독마스크, 안전장갑, 보호복 등을 착용하지 않은 채 유해물질 DMF 작업을 하고 있는 것을 보여주고 있다.

① 보안경 ② 불침투성 보호장갑
③ 불침투성 보호복 ④ 불침투성 보호장화

▲ 해당 답안 중 3가지 선택 기재

01 영상은 퍼지작업 상황을 보여주고 있다. 이 퍼지작업의 종류 4가지를 쓰시오.(4점)

[기사1402B/기사1502A/기사1503B/기사1701C/기사1802B/기사2002A/기사2004A]

영상은 불활성가스를 주입하여 산소의 농도를 낮추는 퍼지작업 진행상황을 보여주고 있다.

① 진공퍼지   ② 압력퍼지

③ 스위프퍼지   ④ 사이펀퍼지

02 영상은 건물의 해체작업을 보여주고 있다. 화면상에 나타난 해체작업의 해체계획서 작성 시 포함사항 4가지를 쓰시오.(6점)

[기사1202C/산기1301A/기사1303C/산기1403A/기사1501A/기사1502B/
기사1602B/기사1702A/산기1702B/기사1802B/기사1803C/산기1902A/기사1903D/산기2003A/기사2103A]

영상은 건물해체에 관한 장면으로 작업자가 위험부분에 머무르고 있어 사고 발생의 위험을 내포하고 있다.

① 사업장 내 연락방법   ② 해체물의 처분계획

③ 가설설비 · 방호설비 · 환기설비 및 살수 · 방화설비 등의 방법

④ 해체의 방법 및 해체 순서도면

⑤ 해체작업용 기계 · 기구 등의 작업계획서

⑥ 해체작업용 화약류 등의 사용계획서

▲ 해당 답안 중 4가지 선택 기재

03 영상은 크랭크프레스로 철판에 구멍을 뚫는 작업에 대한 그림이다. 위험요소 3가지를 쓰시오.(6점)

[기사1502A/기사1701A/기사1802B/기사2004A/기사2201C]

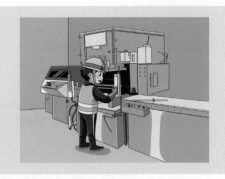

영상은 프레스로 철판에 구멍을 뚫는 작업현장을 보여준다. 주변 정리가 되지 않은 상태에서 작업자가 작업 중 철판에 걸린 이물질을 제거하기 위해 몸을 기울여 제거하는 중 실수로 페달을 밟아 프레스 손을 다치는 재해가 발생한다. 프레스에는 별도의 급정지장치가 부착되어 있지 않다.

① 프레스 페달을 발로 밟아 프레스의 슬라이드가 작동해 손을 다칠 수 있다.
② 금형에 붙어있는 이물질을 전용공구를 사용하지 않고 손으로 제거하고 있다.
③ 전원을 차단하지 않은 채 이물질 제거작업을 해 다칠 수 있다.
④ 페달 위에 U자형 커버 등 방호구를 설치하지 않았다.
⑤ 급정지장치 및 안전장치 등의 방호장치를 설치하지 않았다.

▲ 해당 답안 중 3가지 선택 기재

04 영상은 교량하부 점검 중 발생한 재해사례이다. 화면을 참고하여 사고 원인 2가지를 쓰시오.(4점)

[기사1303B/기사1501C/기사1701B/기사1802B/기사1903B/기사2101A]

교량의 하부를 점검하던 도중 작업자A가 작업자가 B에게 이동하던 중 갑자기 화면이 전환되면서 교량 하부에 설치된 그물을 비추고 화면이 회전하면서 흔들리는 영상을 보여주고 있다.

① 안전대 부착 설비 및 작업자가 안전대 착용을 하지 않았다.
② 추락방호망이 설치되지 않았다.
③ 안전난간 설치가 불량하다.
④ 작업장의 정리정돈이 불량하다.
⑤ 작업 전 작업발판 등에 대한 점검이 미비했다.

▲ 해당 답안 중 2가지 선택 기재

05 분전반 전면에서 그라인더 작업이 진행 중인 영상이다. 위험요인 2가지를 찾아 쓰시오.(4점)

[산기1202A/산기1401B/산기1402B/산기1502C/산기1701A/기사1802B/기사1903B/기사2002B/기사2004B]

작업자 한 명이 콘센트에 플러그를 꽂고 그라인더 작업 중이고, 다른 작업자가 다가와서 작업을 위해 콘센트에 플러그를 꽂고 주변을 만지는 도중 감전이 발생하는 동영상이다.

① 작업자가 절연용 보호구를 착용하지 않았다.
② 감전방지용 누전차단기를 설치하지 않았다.
③ 접지를 하지 않았다.

▲ 해당 답안 중 2가지 선택 기재

06 동영상은 높이가 2m 이상인 조립식 비계의 작업발판을 설치하던 중 발생한 재해 상황을 보여주고 있다. 높이가 2m 이상인 작업장소에서의 작업발판 설치기준을 3가지 쓰시오.(6점)

[기사1203B/기사1401A/기사1501B/기사1703A/기사1802A/기사1802B/기사1803A]

작업자 2명이 비계 최상단에서 비계설치를 위해 발판을 주고 받다가 균형을 잡지 못하고 추락하는 재해상황을 보여주고 있다.

① 발판재료는 작업할 때의 하중을 견딜 수 있도록 견고한 것으로 할 것
② 작업발판의 폭은 40센티미터 이상으로 하고, 발판재료 간의 틈은 3센티미터 이하로 할 것
③ 추락의 위험이 있는 장소에는 안전난간을 설치할 것
④ 작업발판의 지지물은 하중에 의하여 파괴될 우려가 없는 것을 사용할 것
⑤ 작업발판재료는 뒤집히거나 떨어지지 않도록 둘 이상의 지지물에 연결하거나 고정시킬 것
⑥ 작업발판을 작업에 따라 이동시킬 경우에는 위험 방지에 필요한 조치를 할 것

▲ 해당 답안 중 3가지 선택 기재

07 영상은 인화성 물질의 취급 및 저장소를 보여주고 있다. 이 동영상을 참고하여 ① 가스폭발의 종류와 ② 정의를 쓰시오.(4점) [산기1503B/기사1503C/기사1701A/기사1802B/산기1901A/산기2002A/기사2004C/기사2202A/기사2303C]

인화성 물질 저장창고에 인화성 물질을 저장한 드럼이 여러 개 있고 한 작업자가 인화성 물질이 든 운반용 캔을 몇 개 운반하다가 잠시 쉬려고 드럼 옆에서 웃옷을 벗는 순간 "펑"하는 소리와 함께 폭발이 일어나는 사고상황을 보여주고 있다.

① 종류 : 증기운폭발
② 정의 : 액체상태로 저장되어 있던 인화성 물질이 인화성가스로 공기 중에 누출되어 있다가 정전기와 같은 점화원에 접촉하여 폭발하는 현상

08 영상은 전주에서 활선작업 중 감전사고가 발생하는 장면을 보여주고 있다. 화면을 보고 해당 작업에서 내재되어 있는 핵심 위험요인 2가지를 쓰시오.(4점)

[기사1301A/기사1401A/기사1601B/기사1701A/기사1701C/기사1802B/기사1803A/기사2002C/기사2002D]

영상은 작업자 2명이 전주에서 활선작업을 하고 있다. 작업자 1명은 아래에서 주황색 플라스틱으로 된 절연방호구를 올려주고 다른 1명이 크레인 위에서 이를 받아 활선에 절연방호구를 설치하는 작업을 하다 감전사고가 발생하는 상황이다. 크레인 붐대가 활선에 접촉되지는 않았으나 근처까지 접근하여 작업하고 있으며, 위쪽의 작업자는 두꺼운 장갑(절연용 방호장갑으로 보임)을 착용하였으나 아래쪽 작업자는 목장갑을 착용하고 있다. 작업자 간에 신호전달이 원활하지 않아 작업이 원활하지 않다.

① 작업자가 보호구(내전압용 절연장갑)를 착용하지 않아 감전위험에 노출되었다.
② 근로자가 활선 접근 시 지켜야 하는 접근한계거리를 준수하지 않아 감전위험에 노출되었다.
③ 크레인 붐대가 활선에 가깝게 접근해 감전 위험이 있다.
④ 작업자들 간에 신호전달이 원활하게 이뤄지지 않고 있다.

▲ 해당 답안 중 2가지 선택 기재

09 영상은 보안면을 보여주고 있다. 보안면의 시험성능기준 중 채색 투시부 구분에 따른 투과율에 대한 ( )안을 채우시오.(6점)

[산기1703B/기사1802B]

용접용 보안면을 보여주고 있다.

구 분		투과율(%)
투명 투시부		85 이상
채색 투시부	밝 음	(①)±7
	중간밝기	(②)±4
	어 두 움	(③)±4

① 50   ② 23   ③ 14

01 영상에서 보여주는 보호구에 안전인증 표시 외의 추가 표시사항 4가지를 쓰시오.(4점)

[기사1303C/기사1502B/기사1802C]

개인용 보호구 중 방독마스크의 정화통을 여러 개 보여주고 있다.

① 피괴곡선도   ② 사용시간 기록카드
③ 정화통의 외부측면의 표시 색   ④ 사용상의 주의사항

02 영상은 감전사고를 보여주고 있다. 재해를 예방할 수 있는 방안을 3가지 쓰시오.(6점)

[기사1403B/기사1503A/기사1701C/기사1802C/기사2103A]

영상은 작업자가 단무지가 들어있는 수조에 수중펌프를 설치하는 작업을 하고 있는 상황이다. 설치를 끝내고 펌프를 작동시킴과 동시에 작업자가 감전되는 재해가 발생하는 상황을 보여주고 있다.

① 모터와 전선의 이음새 부분을 작업 시작 전 확인 또는 작업 시작 전 펌프의 작동여부를 확인한다.
② 수중 및 습윤한 장소에서 사용하는 전선은 수분의 침투가 불가능한 것을 사용한다.
③ 감전방지용 누전차단기를 설치한다.

03 영상은 거푸집 해체작업 중 작업자가 다치는 장면을 보여주고 있다. 영상을 보고 사고예방을 위해 준수해야 하는 사항을 3가지 쓰시오.(6점) [기사1802C/기사2002E]

거푸집 해체작업 중 거푸집 지지대
가 떨어져서 아래를 지나던 사람이
맞는 사고가 발생했다.

① 해당 작업을 하는 구역에는 관계 근로자가 아닌 사람의 출입을 금지할 것
② 비, 눈, 그 밖의 기상상태의 불안정으로 날씨가 몹시 나쁜 경우에는 그 작업을 중지할 것
③ 재료, 기구 또는 공구 등을 올리거나 내리는 경우에는 근로자로 하여금 달줄·달포대 등을 사용하도록 할 것
④ 낙하·충격에 의한 돌발적 재해를 방지하기 위하여 버팀목을 설치하고 거푸집 동바리 등을 인양장비에 매단 후
   에 작업을 하도록 하는 등 필요한 조치를 할 것

▲ 해당 답안 중 3가지 선택 기재

04 영상은 화물을 매달아 올리는 장면을 보여주고 있다. 해당 작업을 시작하기 전 점검사항을 2가지 쓰시오.(단, 경보장치는 제외한다)(4점) [기사1402A/기사1503B/기사1701C/기사1702A/기사1802C/기사1803B/기사2001A/기사2004A/기사2101A]

이동식크레인 붐대를 보여준 후 와이
어로프에 화물을 매달아 올리는 영상
을 보여준다.

① 브레이크·클러치 및 조정장치의 기능
② 와이어로프가 통하고 있는 곳 및 작업장소의 지반상태

05 영상은 크롬도금작업을 보여준다. 동영상에서와 같이 유해물질(화학물질) 취급 시 일반적인 주의사항을 4가지 쓰시오.(4점) [기사1302B/기사1403C/기사1503C/기사1701B/기사1802C/기사2003C/기사2004A]

크롬도금작업을 하고 있는 작업자의 모습을 보여준다. 작업자는 보안경과 방독마스크를 착용하지 않고 있다. 상의는 티셔츠를 입고 그 위에 앞치마 형식의 보호복을 걸친 작업자가 작업을 하는 모습이다.

① 유해물질에 대한 사전 조사 ② 유해물 발생원인의 봉쇄
③ 실내 환기와 점화원의 제거 ④ 설비의 밀폐화와 자동화
⑤ 생산 공정의 격리와 원격조작의 채용 ⑥ 환경의 정돈과 청소

▲ 해당 답안 중 4가지 선택 기재

06 영상은 MCC 패널 차단기의 전원을 투입하여 발생한 재해사례이다. 동종의 재해방지 대책 3가지를 서술하시오.(6점) [산기1202B/기사1302B/산기1303B/산기1501A/기사1503C/산기1703B/기사1802C/산기1803B/산기2002C/산기2002A]

작업자가 MCC 패널의 문을 열고 스피커를 통해 나오는 지시사항을 정확히 듣지 못한 상태에서, 차단기 2개를 쳐다보며 망설이다가 그중 하나를 투입하였는데, 잘못 투입하여 원하지 않은 상황이 발생하여 당황하는 표정을 짓고 있다.

① 차단기 별로 회로명을 표기하여 오작동을 막는다.
② 잠금장치 및 표찰을 부착하여 해당 작업자 이외의 자에 의한 오작동을 막는다.
③ 작업자 간의 정확성을 기하기 위해 무전기 등 연락가능 장비를 이용하여 여러 차례 확인하는 절차를 준수한다.
④ 작업자에게 해당 작업 시의 전기위험에 대한 안전교육을 실시한다.

▲ 해당 답안 중 3가지 선택 기재

07 영상은 유해물질 취급 작업장에서 발생한 재해사례이다. 이때 발생하는 ① 재해형태, ② 정의를 각각 쓰시오. (4점) [기사1202B/기사1303C/기사1601C/산기1801A/기사1802C/기사1903D/산기2003C/기사2004C/기사2101B/기사2301B]

작업자가 어떠한 보호구도 착용하지 않고 유리병을 황산(H_2SO_4)에 세척하다 갑자기 아파하는 장면을 보여주고 있다.

① 재해형태 : 유해·위험물질 노출·접촉
② 정의 : 유해·위험물질에 노출·접촉 또는 흡입하였거나 독성동물에 쏘이거나 물린 경우

08 영상은 이동식크레인을 이용하여 배관을 이동하는 작업이다. 영상을 보고 화물의 낙하·비래 위험을 방지하기 위한 사전 조치사항 3가지를 쓰시오.(6점) [산기1201A/기사1301A/산기1302B/산기1401B/기사1403B/기사1501A/기사1501B/기사1601B/산기1601B/산기1602A/기사1602C/기사1603C/기사1701A/산기1702B/기사1801C/산기1802B/기사1802C/산기1901A/산기1901B/기사1903A/기사1902B/기사1903D/산기2001B/산기2003B]

신호수의 신호에 의해 이동식크레인을 이용하여 배관을 위로 올리는 작업현장을 보여주고 있다. 보조로프가 없어 배관이 근처 H빔에 부딪혀 흔들린다. 훅 해지장치는 보이지 않으며 배관 양쪽 끝에 와이어로 두바퀴를 감고 샤클로 채결한 상태이다. 흔들리는 배관을 아래쪽의 근로자가 손으로 지탱하려다가 배관이 근로자의 상체에 부딪혀 근로자가 넘어지는 사고가 발생한다.

① 작업 반경 내 관계 근로자 이외의 자는 출입을 금지한다.
② 와이어로프 및 슬링벨트의 안전상태를 점검한다.
③ 훅의 해지장치 및 안전상태를 점검한다.
④ 인양 도중에 화물이 빠질 우려가 있는지에 대해 확인한다.
⑤ 보조(유도)로프를 설치하여 화물의 흔들림을 방지한다.

▲ 해당 답안 중 3가지 선택 기재

09 영상은 교량공사 중 작업자가 추락하는 재해 장면을 보여주고 있다. 이러한 사고 예방을 위한 설비에 대한 설명이다. (   ) 안을 채우시오.(5점) [기사1802C/기사2002C]

교량의 하부를 점검하던 도중 작업자A가 작업자가 B에게 이동하던 중 갑자기 화면이 전환되면서 교량 하부에 설치된 그물을 비추고 화면이 회전하면서 흔들리는 영상을 보여주고 있다.

사업주는 근로자가 추락하거나 넘어질 위험이 있는 장소 또는 기계·설비·선박블록 등에서 작업을 할 때에 근로자가 위험해질 우려가 있는 경우 비계를 조립하는 등의 방법으로 작업발판을 설치하여야 한다. 작업발판을 설치하기 곤란한 경우 (①   )을 설치하여야 한다. 설치위치는 가능하면 작업면으로부터 가까운 지점에 설치하여야 하며, 작업면으로부터 수직거리는 (②   )미터를 초과하지 아니하도록 한다.

① 추락방호망
② 10

01 동영상에서와 같이 차량계 하역운반기계 등의 수리 또는 부속장치의 장착 및 해제작업을 하는 때에 작업 시작 전 조치사항을 3가지 쓰시오.(6점)

[신기1202B/기사1203A/신기1303A/기사1402B/신기1501B/기사1503C/신기1701B/기사1703C/기사1801A/신기1803B/기사2002D]

작업자가 운전석에서 내려 덤프트럭 적재함을 올리고 실린더 유압장치 밸브를 수리하는 동영상을 보여주고 있다.

① 작업지휘자를 지정·배치한다.
② 작업지휘자로 하여금 작업순서를 결정하고 작업을 지휘하게 한다.
③ 안전지지대 또는 안전블록 등의 사용 상황을 점검하게 한다.

02 영상은 자동차 부품을 도금한 후 세척하는 과정을 보여주고 있다. 이 영상을 참고하여 위험예지훈련을 하고자 한다. 연관된 행동목표 2가지를 쓰시오.(4점)

[기사1202C/기사1303B/기사1503A/기사1801A/신기1803A/기사1902C/신기2002B/기사2003B]

작업자들이 브레이크 라이닝을 화학약품을 사용하여 세척하는 작업 과정을 보여주고 있다. 세정제가 바닥에 흩어져 있으며, 고무장화 등을 착용하지 않고 작업을 하고 있는 상태를 보여준다. 담배를 피우면서 작업하는 작업자의 모습도 보여준다.

① 작업 중 흡연을 금지하자.
② 세척 작업 시 불침투성 보호장화 및 보호장갑을 착용하자.

03 영상은 콘크리트 전주를 세우기 작업하는 도중에 발생한 사례를 보여주고 있다. 항타기·항발기 조립 및 해체 시 사업주의 점검사항 3가지를 쓰시오.(6점)

[기사1401C/기사1603B/기사1702B/기사1801A/기사1902A/기사2002A/산기2004B/기사2303A]

콘크리트 전주를 세우기 작업하
는 도중에 전도사고가 발생한 사
례를 보여주고 있다.

① 본체 연결부의 풀림 또는 손상의 유무
② 권상용 와이어로프·드럼 및 도르래의 부착상태의 이상 유무
③ 권상장치의 브레이크 및 쐐기장치 기능의 이상 유무
④ 권상기의 설치상태의 이상 유무
⑤ 리더(leader)의 버팀 방법 및 고정상태의 이상 유무
⑥ 본체·부속장치 및 부속품의 강도가 적합한지 여부
⑦ 본체·부속장치 및 부속품에 심한 손상·마모·변형 또는 부식이 있는지 여부

▲ 해당 답안 중 3가지 선택 기재

04 영상은 DMF작업장에서 작업자가 유해물질 DMF 작업을 하고 있는 것을 보여주고 있다. 피부 자극성 및 부식성 관리대상 유해물질 취급 시 비치하여야 할 보호장구 3가지를 쓰시오.(6점)

[산기1301A/기사1402C/기사1503A/기사1702B/기사1801A/산기1801A/기사1802A/기사2002D]

DMF작업장에서 한 작업자가 방독마
스크, 안전장갑, 보호복 등을 착용하지
않은 채 유해물질 DMF 작업을 하고 있
는 것을 보여주고 있다.

① 보안경   ② 불침투성 보호장갑
③ 불침투성 보호복   ④ 불침투성 보호장화

▲ 해당 답안 중 3가지 선택 기재

05 영상은 작업자가 전주에 올라가다 표지판에 부딪혀 추락하는 재해를 보여주고 있다. 재해 발생 원인 2가지를 쓰시오.(4점)

[기사1202A/기사1303B/기사1502C/기사1801A/기사1903D/기사2103B]

전기형강작업을 위해 작업자가 전주에 올라가다 기존에 설치되어 있던 표지판에 부딪혀 추락하는 재해 상황을 보여주고 있다.

① 전주에 올라갈 때 방해를 주는 표지판을 이설하지 않고 작업하였다.
② 전주에 올라갈 때 머리 위의 시야를 확보하는 데 소홀했다.
③ 안전대 미착용으로 피해가 발생했다.

▲ 해당 답안 중 2가지 선택 기재

06 영상은 승강기 컨트롤 패널을 점검하는 중 발생한 재해사례이다. 동종의 재해 방지대책 3가지를 서술하시오. (6점)

[기사1302C/기사1403C/기사1503B/기사1702B/기사1801A/기사2002D]

동영상은 MCC 패널 점검 중으로 개폐기에는 통전 중이라는 표지가 붙어 있고 작업자(면장갑 착용)가 개폐기 문을 열어 전원을 차단하고 문을 닫은 후 다른 곳 패널에서 작업하려다 쓰러진 상황이다.

① 작업 전에 잔류전하를 완전히 제거해야 한다.
② 작업 시작 전 내전압용 절연장갑 등 절연용 보호구를 착용하여야 한다.
③ 잠금장치 및 표찰을 부착하여 해당 작업자 이외의 자에 의한 오작동을 막아야 한다.
④ 개폐기 문에 통전금지 표지판을 설치하고, 감시인을 배치한 후 작업을 한다.

▲ 해당 답안 중 3가지 선택 기재

07 동영상은 철골작업에 참여할 작업자를 보여주고 있다. 영상을 참고하여 안전한 철골작업을 위한 작업자의 시정사항 2가지 적으시오.(4점) [기사1801A]

철골작업에 참여할 작업자가 안전화를 신지 않고 작업복도 몸에 맞지 않고 너무 커 바지 단이 땅에 끌리고 있는 상태를 보여주고 있다.

① 작업자는 안전보호구(안전화 착용)를 착용하여야 한다.
② 작업자는 작업복장(각반 착용)의 정리정돈을 해야 한다.

08 승강기(리프트)를 타고 이동한 후 용접하는 영상이다. 리프트를 이용한 작업 시작 전 점검사항을 2가지 쓰시오.(4점) [기사1202A/기사1303B/기사1601A/기사1801A/기사1801B/기사1902B/기사2003C]

테이블리프트(승강기)를 타고 이동한 후 고공에서 용접하는 영상을 보여주고 있다.

① 방호장치·브레이크 및 클러치의 기능
② 와이어로프가 통하고 있는 곳의 상태

09 영상을 보고 다음 각 물음에 답을 쓰시오.(단, 정화통의 문자표기는 무시한다)(5점)

[기사1202C/기사1303A/기사1502C/기사1603A/기사1701B/기사1801A/기사1803B]

녹색의 정화통을 가진 방독면을
보여주고 있다.

① 방독마스크의 종류를 쓰시오.
② 방독마스크의 형식을 쓰시오.
③ 방독마스크의 시험가스 종류를 쓰시오.

① 암모니아용 방독마스크
② 격리식 전면형
③ 암모니아 가스

01 건설현장에서 사용하는 리프트를 보여주고 있다. 이 장치를 이용한 작업 시작 전 점검사항 2가지를 쓰시오. (5점)

[기사1202A/기사1303B/기사1601A/기사1801A/기사1801B/기사1902B/기사2003C]

작업장에 설치된 리프트를 보여주고 있다.

① 와이어로프가 통하고 있는 곳의 상태
② 방호장치, 브레이크 및 클러치의 기능

02 영상은 자동차 브레이크 라이닝을 세척하는 것을 보여주고 있다. 작업자가 착용해야 할 보호구 2가지를 쓰시오.(4점)

[기사1502A/기사1603C/기사1801B/기사1903B/산기2001A/기사2004A/기사2101B/기사2103C/기사2201C/기사2301C]

작업자들이 브레이크 라이닝을 화학약품을 사용하여 세척하는 작업과정을 보여주고 있다. 세정제가 바닥에 흩어져 있으며, 고무장화 등을 착용하지 않고 작업을 하고 있는 상태를 보여준다.

① 보안경   ② 불침투성 보호복   ③ 불침투성 보호장갑
④ 송기마스크(방독마스크)   ⑤ 불침투성 보호장화

▲ 해당 답안 중 2가지 선택 기재

03 영상은 아파트 창틀에서 작업 중 발생한 재해사례를 보여주고 있다. 해당 동영상에서 추락사고의 원인 3가지를 간략히 쓰시오.(6점) [기사1202B/산기1203B/기사1302B/기사1401B/산기1402B/기사1403A/기사1502B/산기1503B/기사1601B/기사1701A/기사1702C/기사1801B/산기1901A/기사2001B/기사2004C/기사2101B/기사2102A/기사2103B]

A, B 2명의 작업자가 아파트 창틀에서 작업 중에 A가 작업발판을 처마 위의 B에게 건네 준 후, B가 있는 옆 처마 위로 이동하려다 발을 헛디뎌 바닥으로 추락하는 재해 상황을 보여주고 있다. 이때 주변에 정리정돈이 되어 있지 않고, A작업자가 밟고 있던 콘크리트 부스러기가 추락할 때 같이 떨어진다.

① 작업발판 부실
② 추락방호망 미설치
③ 안전난간 미설치
④ 주변 정리정돈 불량
⑤ 안전대 미착용 및 안전대 부착설비 미설치

▲ 해당 답안 중 3가지 선택 기재

04 영상은 작업자가 사출성형기에 끼인 이물질을 당기다 감전으로 뒤로 넘어지는 사고가 발생하는 재해사례이다. 사출성형기 잔류물 제거 시 재해 발생 방지대책을 3가지 쓰시오.(6점) [산기1203B/기사1301B/산기1401B/기사1403A/기사1501B/기사1602B/산기1603B/기사1703C/기사1801B/산기1902A/기사1902B/기사2003B]

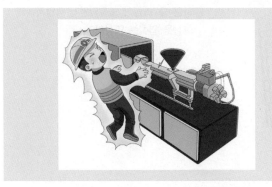

작업자가 장갑을 착용하지 않고 작동 중인 사출성형기에 끼인 이물질을 잡아당기다, 감전과 함께 뒤로 넘어지는 사고영상이다.

① 잔류물 제거를 위해서는 제거작업을 시작하기 전 기계의 전원을 차단한다.
② 잔류전하 등으로 인한 방전위험을 방지하기 위해 제거작업 시 절연용 보호구를 착용한다.
③ 금형의 이물질 제거를 위한 전용공구를 사용하여 제거한다.

05 영상은 전기형강작업을 보여주고 있다. 작업 중 위험요인 3가지를 쓰시오.(6점)

[기사1203B/기사1402C/기사1602A/기사1703A/기사1801B/기사1903A/기사2003B]

작업자 2명이 전주 위에서 작업을 하고 있는 장면을 보여주고 있다. 작업자 1명은 발판이 안정되지 않은 변압기 위에 올라가서 담배를 입에 물고 볼트를 푸는 작업을 하고 있으며 작업자의 아래쪽 발판용 볼트에 C.O.S (Cut Out Switch)가 임시로 걸쳐있음을 보여주고 있다. 다른 한명의 작업자는 근처에선 이동식 크레인에 작업대를 매달고 또 다른 작업을 하고 있는 상황을 보여주고 있다.

① 작업 중 흡연을 하고 있다.
② 작업자가 딛고 선 발판이 불안하다.
③ C.O.S(Cut Out Switch)를 발판용 볼트에 임시로 걸쳐놓아 위험하다.

06 영상은 스팀노출 부위를 점검하던 중 발생한 재해사례이다. 동영상에서와 같은 재해를 산업재해 기록, 분류에 관한 기준에 따라 분류할 때 해당되는 재해 발생형태를 쓰시오.(3점)

[기사1203B/기사1401A/기사1501B/기사1603B/기사1801B/산기1803A/기사2003B]

스팀배관의 보수를 위해 노출부위를 점검하던 중 스팀이 노출되면서 작업자에게 화상을 입히는 영상이다.

• 이상온도 노출·접촉에 의한 화상

07 섬유공장에서 기계가 돌아가고 있는 영상이다. 적절한 보호구를 3가지 쓰시오.(6점)

[기사1801B/산기1803A/기사2001C/기사2102B]

돌아가는 회전체가 보이고 작업자가 목장 갑만 끼고 전기기구를 만지고 있음. 먼지가 많이 날리는지 먼지를 손으로 닦아내고 있고, 소음으로 인해 계속 얼굴 찡그리고 있는 것과 작업자의 귀와 눈을 많이 보여준다.

① 방진마스크   ② 보안경   ③ 귀덮개

08 영상은 방열복을 비롯한 내열원단을 보여주고 있다. 내열원단의 성능시험항목 3가지를 쓰시오.(5점)

[기사1301C/기사1402A/기사1601B/기사1801B/기사1902A]

작업자가 착용하는 방열복, 방열두건, 방열장갑 등을 보여주고 있다.

① 난연성 시험   ② 내열성 시험   ③ 내한성 시험
④ 절연저항 시험   ⑤ 인장강도 시험

▲ 해당 답안 중 3가지 선택 기재

09 동영상의 장치는 A-1이라 불리우는 방호장치이다. 해당 방호장치의 명칭과 작동형태를 쓰시오.(4점)

[기사1801B/기사2001B]

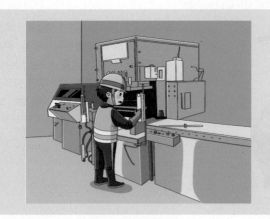

광전자식 방호장치가 부착된 프레스를 보여주고 있다. 왼쪽의 빨간색, 오른쪽의 노란색 발광기와 수광기가 눈에 띈다.

① 명칭 : 광전자식 방호장치
② 작동형태 : 슬라이드 하강 중에 작업자의 손이나 신체 일부가 광센서에 감지되면 자동적으로 슬라이드를 정지시키는 접근반응형 방호장치를 말한다.

01 중량물을 취급하는 동영상을 보고 해당 내용에 대한 작업계획서에 제출할 내용을 3가지 쓰시오.(6점)

[기사1801C/기사2101A]

큰 회전체를 열고 회전체를 닦더니 다시 조립하고 있는 작업현장에 대한 영상이다. 조립하는 중 2인 1조 작업인데 한 작업자가 분해된 무거운 부품을 무리해서 들다가 허리가 삐끗하여 놓쳐서 옆 사람의 발등을 부품으로 눌러버리는 상황을 보여주고 있다.

① 추락위험을 예방할 수 있는 안전대책　② 낙하위험을 예방할 수 있는 안전대책
③ 전도위험을 예방할 수 있는 안전대책　④ 협착위험을 예방할 수 있는 안전대책
⑤ 붕괴위험을 예방할 수 있는 안전대책

▲ 해당 답안 중 3가지 선택 기재

02 영상은 특수 화학설비를 보여주고 있다. 화면과 연관된 특수 화학설비 내부의 이상상태를 조기에 파악하기 위하여 설치해야 할 계측장치 3가지를 쓰시오.(6점)

[기사1302A/산기1303A/기사1403A/산기1502C/기사1503B/산기1603A/기사1801C/기사1803B/산기2001B/기사2002E/기사2302A]

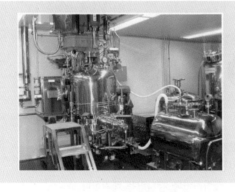

화학공장 내부의 특수 화학설비를 보여주고 있다.

① 온도계　　　　　② 유량계　　　　　③ 압력계

03 영상은 2m 이상 고소작업을 하고 있는 이동식비계를 보여주고 있다. 다음 (   ) 안을 채우시오.(4점)

[기사1301A/기사1503A/기사1601A/기사1701C/기사1702C/기사1801C/기사1902C/기사1903B/기사2002B/기사2103C]

높이가 2m 이상인 이동식 비계의 작업발판을 설치하던 중 발생한 재해 상황을 보여주고 있다.

비계 작업발판의 폭은 (①)센티미터 이상으로 하고, 발판재료 간의 틈은 (②)센티미터 이하로 할 것

① 40   ② 3

04 30kV 전압이 흐르는 고압선 아래에서 작업하던 중 발생한 재해사례를 보여주고 있다. 고압선 아래에서 작업 시 사업주의 감전에 대비한 조치사항 3가지를 쓰시오.(6점)

[기사1301A/기사1401C/기사1402A/기사1501A/기사1503A/기사1603C/기사1701A/기사1801C]

30kV 전압이 흐르는 고압선 아래에서 이동식크레인으로 작업하다 붐대가 전선에 닿아 스파크가 일어나는 상황을 보여준다.

① 충전전로에 대한 접근 한계거리 이상을 유지한다.
② 인접 충전전로에 대하여 절연용 방호구를 설치한다.
③ 해당 충전전로에 접근이 되지 않도록 울타리를 설치하거나 감시인을 배치한다.

05 영상에 표시되는 장치의 명칭과 갖추어야 하는 구조를 2가지 쓰시오.(4점)

[기사1202A/기사1301A/기사1402B/기사1501B/기사1602A/기사1603B/기사1703C/기사1801C/신기1803A/기사1901A]

안전그네와 연결하여 작업자의 추락을 방지하는 장치를 보여주고 있다

가) 명칭 : 안전블록
나) 갖추어야 하는 구조
　① 자동잠김장치를 갖출 것
　② 안전블록의 부품은 부식방지처리를 할 것

06 영상은 콘크리트 전주 세우기 작업 도중에 발생한 재해사례이다. 동영상에서와 같이 발생한 재해 발생 원인 중 직접원인에 해당되는 것은 무엇인지 2가지를 찾아 쓰시오.(4점)

[기사1203A/기사1402B/기사1602C/기사1703C/기사1801C]

콘크리트 전주를 세우기 위해 이동식크레인을 이용하여 전주를 들어올려 세우는 도중 작업자가 인접한 활선에 감전되는 사고영상을 보여주고 있다. 작업자는 일반적인 작업복에 목장갑을 착용하고 있다.

① 충전전로에 대한 접근한계거리를 미준수하였다.
② 인접 충전전로에 절연용 방호구를 미설치하였다.
③ 작업자는 해당 전압에 적합한 절연용 보호구 등을 착용하지 않았다.

▲ 해당 답안 중 2가지 선택 기재

07 영상은 밀폐공간에서 작업하는 근로자들을 보여주고 있다. 아래 빈칸을 채우시오.(4점)

[기사1602A/기사1703A/기사1801C/산기1803A/기사1903C/산기2001A/기사2101C]

지하 피트 내부의 밀폐공간에서 작업자들이 작업하는 영상이다.

적정공기란 산소농도의 범위가 (①)% 이상, (②)% 미만, 이산화탄소의 농도가 (③)% 미만, 황화수소의 농도가 (④)ppm 미만인 수준의 공기를 말한다.

① 18 　　　　　　② 23.5 　　　　　③ 1.5 　　　　　④ 10

08 영상은 이동식크레인을 이용하여 배관을 이동하는 작업이다. 영상을 보고 화물의 낙하·비래 위험을 방지하기 위한 사전 조치사항 3가지를 쓰시오.(6점)

[산기1201A/기사1301A/산기1302B/산기1401B/기사1403B/기사1501A/기사1501B/기사1601B/산기1601B/산기1602A/기사1602C/기사1603C/기사1701A/산기1702B/기사1801C/산기1802B/기사1802C/산기1901A/산기1901B/기사1903A/기사1902B/기사1903D/산기2001B/산기2003B]

신호수의 신호에 의해 이동식크레인을 이용하여 배관을 위로 올리는 작업현장을 보여주고 있다. 보조로프가 없어 배관이 근처 H빔에 부딪혀 흔들린다. 훅 해지장치는 보이지 않으며 배관 양쪽 끝에 와이어로 두바퀴를 감고 샤클로 채결한 상태이다. 흔들리는 배관을 아래쪽의 근로자가 손으로 지탱하려다가 배관이 근로자의 상체에 부딪혀 근로자가 넘어지는 사고가 발생한다.

① 작업 반경 내 관계 근로자 이외의 자는 출입을 금지한다.
② 와이어로프 및 슬링벨트의 안전상태를 점검한다.
③ 훅의 해지장치 및 안전상태를 점검한다.
④ 인양 도중에 화물이 빠질 우려가 있는지에 대해 확인한다.
⑤ 보조(유도)로프를 설치하여 화물의 흔들림을 방지한다.

▲ 해당 답안 중 3가지 선택 기재

09 영상은 지하 피트의 밀폐공간 작업 동영상이다. 작업 시 준수해야 할 안전수칙 4가지를 쓰시오.(단, 감시자 배치는 제외)(5점)

[기사1202C/기사1303B/기사1702C/기사1801C/기사1902A/기사2003A/기사2101A/기사2303B]

지하 피트 내부의 밀폐공간에서 작업자들이 작업하는 영상이다.

① 작업 전에 산소 및 유해가스 농도를 측정하여 적정공기 유지 여부를 평가한다.
② 작업을 시작하기 전과 작업 중에 해당 작업장을 적정공기 상태가 유지되도록 환기하여야 한다.
③ 환기가 되지 않거나 곤란한 경우 공기호흡기 또는 송기마스크 착용하게 한다.
④ 밀폐공간에 근로자를 입장시킬 때와 퇴장시킬 때마다 인원을 점검한다.
⑤ 밀폐공간에 관계 근로자 외의 사람의 출입을 금지하고, 출입금지 표지를 게시한다.

▲ 해당 답안 중 4가지 선택 기재

01 영상은 봉강 연마작업 중 발생한 재해를 보여주고 있다. 기인물은 무엇이며, 봉강 연마작업 시 파편이나 칩의 비래에 의한 위험에 대비하기 위하여 설치해야 하는 장치명을 쓰시오.(4점)

[기사1203A/산기1301A/기사1402B/산기1502A/기사1602B/기사1703A/산기1901B/기사2004C/기사2301C]

수도 배관용 파이프 절단 바이트 날을 탁상용 연마기로 연마작업을 하던 중 연삭기에 튕긴 칩이 작업자 얼굴을 강타하는 재해가 발생하는 영상이다.

① 기인물 : 탁상공구연삭기(가해물은 환봉)
② 방호장치명 : 칩비산방지투명판

02 영상은 석면을 취급하는 장면을 보여주고 있다. 작업자가 마스크를 착용하고 있으나 석면분진 폭로위험성에 노출되어 있어 작업자에게 직업성 질환으로 이환될 우려가 있다. 그 이유를 상세히 설명하시오.(6점)

[기사1301B/기사1301C/기사1303A/기사1402A/기사1501A/기사1502B/
산기1502C/기사1601A/산기1701B/기사1701C/기사1703A/기사1901C/산기1903B]

송기마스크를 착용한 작업자가 석면을 취급하는 상황을 보여주고 있다.

• 석면 취급장소는 특급 방진마스크를 착용하여야 하는데, 해당 작업자가 착용한 마스크는 방진전용마스크가 아닌 배기밸브가 없는 안면부여과식이어서 석면분진이 마스크를 통해 흡입될 수 있다.

03 영상은 밀폐공간에서 작업하는 근로자들을 보여주고 있다. 아래 빈칸을 채우시오.(4점)

[기사1602A/기사1703A/기사1801C/산기1803A/기사1903C/산기2001A/기사2101C]

지하 피트 내부의 밀폐공간에서 작업자들이 작업하는 영상이다.

적정공기란 산소농도의 범위가 (①)% 이상, (②)% 미만, 이산화탄소의 농도가 (③)% 미만, 황화수소의 농도가 (④)ppm 미만인 수준의 공기를 말한다.

① 18   ② 23.5   ③ 1.5   ④ 10

04 동영상은 그라인더로 작업하는 중 발생한 재해를 보여주고 있다. 누전에 의한 감전위험을 방지하기 위하여 누전차단기를 설치해야 하는 기계·기구 3가지를 쓰시오.(6점)

[기사1601A/기사1703A/기사1802A/기사1901B/기사2001A/기사2201B/기사2303A]

작업자 한 명이 분전반을 통해 연결한 콘센트에 플러그를 꽂고 그라인더 앵글작업을 진행하는 중에 또 다른 작업자 한 명이 다가와 콘센트에 플러그를 꽂으려고 전기선을 만지다가 감전되어 쓰러지는 영상이다. 작업장 주변에 물이 고여있고 전선 등이 널려있다.

① 대지전압이 150볼트를 초과하는 이동형 또는 휴대형 전기기계·기구
② 물 등 도전성이 높은 액체가 있는 습윤장소에서 사용하는 저압용 전기기계·기구
③ 철판·철골 위 등 도전성이 높은 장소에서 사용하는 이동형 또는 휴대형 전기기계·기구
④ 임시배선의 전로가 설치되는 장소에서 사용하는 이동형 또는 휴대형 전기기계·기구

▲ 해당 답안 중 3가지 선택 기재

05 영상은 전기형강작업을 보여주고 있다. 작업 중 위험요인 3가지를 쓰시오.(6점)

[기사1203B/기사1402C/기사1602A/기사1703A/기사1801B/기사1903A/기사2003B]

작업자 2명이 전주 위에서 작업을 하고 있는 장면을 보여주고 있다. 작업자 1명은 발판이 안정되지 않은 변압기 위에 올라가서 담배를 입에 물고 볼트를 푸는 작업을 하고 있으며 작업자의 아래쪽 발판용 볼트에 C.O.S (Cut Out Switch)가 임시로 걸쳐있음을 보여주고 있다. 다른 한명의 작업자는 근처에선 이동식 크레인에 작업대를 매달고 또 다른 작업을 하고 있는 상황을 보여주고 있다.

① 작업 중 흡연을 하고 있다.
② 작업자가 딛고 선 발판이 불안하다.
③ C.O.S(Cut Out Switch)를 발판용 볼트에 임시로 걸쳐놓아 위험하다.

06 영상은 가죽제 안전화를 보여주고 있다. 안전화의 뒷굽을 제외한 몸통높이에 대한 기준의 ( )안을 채우시오. (5점)

[기사1202B/기사1503A/기사1703A/기사1803A]

화면에서 보여주는 개인용 보호구는 가죽제 안전화이다.

단화	중단화	장화
(①)	(②)	(③)

① 113 미만   ② 113 이상   ③ 178 이상

07 동영상은 높이가 2m 이상인 조립식 비계의 작업발판을 설치하던 중 발생한 재해 상황을 보여주고 있다. 높이가 2m 이상인 작업장소에서의 작업발판 설치기준을 3가지 쓰시오.(6점)

[기사1203B/기사1401A/기사1501B/기사1703A/기사1802A/기사1802B/기사1803A]

작업자 2명이 비계 최상단에서 비계설 치를 위해 발판을 주고 받다가 균형을 잡지 못하고 추락하는 재해상황을 보 여주고 있다.

① 발판재료는 작업할 때의 하중을 견딜 수 있도록 견고한 것으로 할 것
② 작업발판의 폭은 40센티미터 이상으로 하고, 발판재료 간의 틈은 3센티미터 이하로 할 것
③ 추락의 위험이 있는 장소에는 안전난간을 설치할 것
④ 작업발판의 지지물은 하중에 의하여 파괴될 우려가 없는 것을 사용할 것
⑤ 작업발판재료는 뒤집히거나 떨어지지 않도록 둘 이상의 지지물에 연결하거나 고정시킬 것
⑥ 작업발판을 작업에 따라 이동시킬 경우에는 위험 방지에 필요한 조치를 할 것

▲ 해당 답안 중 3가지 선택 기재

08 안전장치가 달려있지 않은 둥근톱 기계에 고정식 접촉예방장치를 설치하고자 한다. 이때 ① 하단과 가공재 사이의 간격, ② 하단과 테이블 사이의 높이는 각각 얼마로 하여야 하는지를 각각 쓰시오.(4점)

[기사0901C/기사1602A/기사1603C/기사1703A/기사1901B/기사2001C/기사2003A/기사2201A/기사2302C]

안전장치가 달려있지 않은 둥근톱 기계 를 보여준다. 고정식 접촉예방장치를 설 치하려고 해당 장치의 설명서를 살펴보 고 있다.

① 가공재 : 8mm 이내   ② 테이블 상부 : 25mm 이하

09 영상은 공장 지붕 철골 작업 중 발생한 재해사례를 보여주고 있다. 영상의 내용을 참고하여 재해 원인과 조치사항 2가지를 각각 쓰시오.(4점) [기사1302A/기사1501C/기사1602A/기사1703A/기사2001C]

공장 지붕 철골 상에 패널을 설치하는 중 작업자가 미끄러지면서 추락하는 재해 상황을 보여준다.

가) 원인
① 안전대 부착설비 미설치 및 안전대 미착용하였다.
② 추락방호망을 미설치하였다.
③ 작업발판을 미설치하였다.

나) 대책
① 안전대 부착설비 설치 및 안전대 착용을 철저히 한다.
② 추락방호망을 설치한다.
③ 작업발판을 설치한다.

▲ 해당 답안 중 각각 2가지씩 선택 기재

01 영상은 밀폐공간에서 의식불명의 피해자가 발생한 것을 보여주고 있다. 밀폐공간에서 구조자가 착용해야 할 보호구를 쓰시오.(4점) [기사1302C/기사1601A/기사1703B/기사1902A/기사2002B/기사2002C/산기2003B/기사2202C/기사2303A]

작업 공간 외부에 존재하던 국소배기장치의 전원이 다른 작업자의 실수에 의해 차단됨에 따라 탱크 내부의 밀폐된 공간에서 그라인더 작업을 수행 중에 있는 작업자가 갑자기 의식을 잃고 쓰러지는 상황을 보여주고 있다.

• 공기호흡기 또는 송기마스크

02 영상은 인화성 물질의 취급 및 저장소를 보여주고 있다. 이 동영상을 참고하여 점화원의 유형과 종류를 쓰시오.(4점) [기사1602C/기사1703B/기사1903B]

인화성 물질 저장창고에 인화성 물질을 저장한 드럼이 여러 개 있고 한 작업자가 인화성 물질이 든 운반용 캔을 몇 개 운반하다가 잠시 쉬려고 드럼 옆에서 웃옷을 벗는 순간 "퍽" 하는 소리와 함께 폭발이 일어나는 사고상황을 보여주고 있다.

① 점화원의 유형 : 작업복에 의한 정전기
② 점화원의 종류 : 정전기, 전기스파크

03 영상은 섬유기계의 운전 중 발생한 재해사례를 보여주고 있다. 영상에 나오는 기계 작업 시 핵심위험요인 2가지를 쓰시오.(4점)

[기사1203C/기사1401C/기사1503C/기사1703B/기사2003A/산기2003B]

섬유공장에서 실을 감는 기계를 운전 중에 갑자기 실이 끊어지며 기계가 정지한다. 이때 목장갑을 착용한 작업자가 회전하는 대형 회전체의 문을 열고 허리까지 안으로 집어넣고 안을 들여다보며 점검하다가 갑자기 기계가 동작하면서 작업자의 몸이 회전체에 끼이는 상황을 보여주고 있다.

① 기계의 전원을 차단하지 않은 상태에서 점검하여 사고위험에 노출되었다.
② 목장갑을 착용한 상태에서 회전체를 점검할 경우 장갑으로 인해 회전체에 끼일 위험에 노출된다.
③ 기계에 안전장치가 설치되지 않아 사고위험이 있다.

▲ 해당 답안 중 2가지 선택 기재

04 영상은 콘크리트 파일 권상용 항타기를 보여주고 있다. 해당 영상을 보고 아래 설명의 ( ) 안을 채우시오. (6점)

[기사1302A/기사1503B/기사1703B/기사1803A/기사2003B]

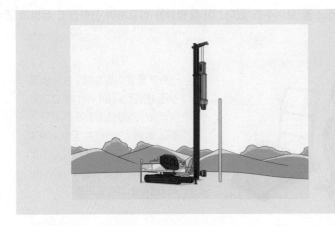

콘크리트 파일 권상용 항타기를 보여준다.

- 화면에 표시되는 항타기의 권상장치의 드럼축과 권상장치로부터 첫 번째 도르래의 축 간의 거리를 권상장치 드럼폭의 (①) 이상으로 해야 한다.
- 도르래는 권상장치의 드럼 (②)을 지나야 하며 축과 (③)면상에 있어야 한다.

① 15배   ② 중심   ③ 수직

05 영상은 감전사고를 보여주고 있다. 작업자가 감전사고를 당한 원인을 피부저항과 관련하여 설명하시오.
(5점)

[기사1203B/기사1402A/기사1501C/기사1602C/기사1703B/기사1901B/기사2002D]

영상은 작업자가 단무지가 들어있는 수조에 수중펌프를 설치하는 작업을 하고 있는 상황이다. 설치를 끝내고 펌프를 작동시킴과 동시에 작업자가 감전되는 재해가 발생하는 상황을 보여주고 있다.

• 인체가 수중에 있으면 인체의 피부저항이 기존 저항의 최대 1/25로 감소되므로 쉽게 감전의 피해를 입는다.

06 영상은 박공지붕 설치작업 중 박공지붕의 비래에 의해 재해가 발생하는 장면을 보여주고 있다. 재해요인을 찾아 3가지 쓰시오.(6점)

[산기1202A/기사1302C/산기1401A/기사1403A/기사1503A/산기1701B/기사1703B/기사1803A/기사1901C/산기1902B/산기2002C/기사2003A]

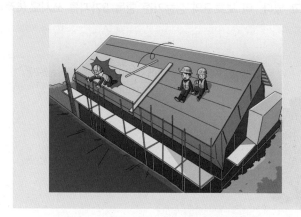

박공지붕 위쪽과 바닥을 보여주고 있으며, 지붕의 오른쪽에 안전난간, 추락방지망이 미설치된 화면과 지붕 위쪽 중간에서 커피를 마시면서 앉아 휴식을 취하는 작업자(안전모, 안전화 착용함)들과 작업자 왼쪽과 뒤편에 적재물이 적치되어 있는 상태이다. 뒤에 있던 삼각형 적재물이 굴러와 휴식 중이던 작업자를 덮쳐 작업자가 앞으로 쓰러지는 영상이다.

① 중량물이 구를 위험이 있는 방향에서 근로자가 휴식을 취하고 있다.
② 추락방호망이 설치되지 않았다.
③ 안전대 부착설비가 없고, 안전대를 착용하지 않았다.
④ 안전난간이 설치되지 않았다.
⑤ 중량물의 동요나 이동을 조절하기 위해 구름멈춤대, 쐐기 등을 이용하지 않았다.

▲ 해당 답안 중 3가지 선택 기재

07 화면(전주 동영상)은 전기형강작업 중이다. 작업 중 작업자가 착용하고 있는 안전대의 종류를 쓰시오.(4점)

[기사1401A/기사1703B/기사1902A]

작업자 2명이 전주 위에서 작업을 하고 있는 장면을 보여주고 있다.
작업자 1명은 발판이 안정되지 않은 변압기 위에 올라가서 담배를 입에 물고 볼트를 푸는 작업을 하고 있으며 작업자의 아래쪽 발판용 볼트에 C.O.S(Cut Out Switch)가 임시로 걸쳐 있음을 보여주고 있다.
다른 한명의 작업자는 근처에선 이동식 크레인에 작업대를 매달고 또 다른 작업을 하고 있는 상황을 보여주고 있다.

• 벨트식 안진대

08 영상은 개인보호구의 한 종류를 보여주고 있다. 이 보호구의 성능기준 항목 3가지를 쓰시오.(6점)

[산기1201B/산기1302A/기사1402C/산기1403B/기사1502A/산기1602B/기사1703B/산기1801A]

화면에서 보여주는 개인용 보호구는 가죽제 안전화이다.

① 내답발성　　　　　　② 내부식성
③ 내유성　　　　　　　④ 몸통과 겉창의 박리저항

▲ 해당 답안 중 3가지 선택 기재

09 영상은 인쇄 윤전기를 청소하는 중에 발생한 재해사례이다. 영상을 보고 롤러기의 청소 시 위험요인과 안전작업수칙을 각각 3가지씩 쓰시오.(6점) [기사1301B/기사1302B/기사1402B/기사1403B/기사1503A/ 기사1503B/기사1602C/기사1701B/기사1703B/기사1902C/기사2002C/기사2101A/기사2102A]

작업자가 인쇄용 윤전기의 전원을 끄지 않고 서로 맞물려서 돌아가는 롤러를 걸레로 닦고 있다. 작업자는 체중을 실어서 위험하게 맞물리는 지점까지 걸레를 집어넣고 열심히 닦고 있는 도중 손이 롤러기 사이에 끼어서 사고를 당하고, 사고 발생 후 전원을 차단하고 손을 빼내는 장면을 보여준다.

가) 위험요인

① 회전 중 롤러의 죄어 들어가는 쪽에서 직접 손으로 눌러 닦고 있어서 손이 물려 들어갈 위험이 있다.

② 전원을 차단하지 않고 청소를 함으로 인해 사고위험에 노출되어 있다.

③ 체중을 걸쳐 닦고 있음으로 해서 신체의 일부가 말려 들어갈 위험이 있다.

④ 안전장치가 없어서 걸레를 위로 넣었을 때 롤러가 멈추지 않아 손이 물려 들어갈 위험이 있다.

나) 안전대책

① 회전 중 롤러의 죄어 들어가는 쪽에서 직접 손으로 눌러 닦고 있어서 손이 물려 들어가게 되므로 전용의 청소도구를 사용한다.

② 청소를 할 때는 기계의 전원을 차단한다.

③ 체중을 걸쳐 닦고 있어서 물려 들어가게 되므로 바로 서서 청소한다.

④ 안전장치가 없어서 걸레를 위로 넣었을 때 롤러가 멈추지 않아 손이 물려 들어가므로 안전장치를 설치한다.

▲ 해당 답안 중 각각 3가지씩 선택 기재

01 영상은 밀폐공간 내부에서 작업 도중 발생한 재해사례를 보여주고 있다. 이러한 사고에 대비하여 필요한 비상시 피난용구 3가지를 쓰시오.(3점)   [기사1203A/기사1401A/기사1501B/기사1601C/기사1703C/산기1901A/기사2001A]

선박 밸러스트 탱크 내부의 슬러지를 제거하는 작업 도중에 작업자가 유독가스 질식으로 의식을 잃고 쓰러지는 재해가 발생하여 구급요원이 이들을 구호하는 모습을 보여주고 있다.

① 공기호흡기 또는 송기마스크   ② 사다리   ③ 섬유로프

02 영상은 인쇄윤전기를 청소하는 중에 발생한 재해사례이다. 이 동영상을 보고 작업 시 발생한 ① 위험점, ② 정의를 쓰시오.(4점)   [기사1202C/산기1203A/기사1303B/산기1501A/산기1502C/
기사1601C/산기1603B/산기1701A/기사1703C/산기1802A/기사1803C/산기2004B/기사2103A]

작업자가 인쇄용 윤전기의 전원을 끄지 않고 서로 맞물려서 돌아가는 롤러를 걸레로 닦고 있다. 작업자는 체중을 실어서 위험하게 맞물리는 지점까지 걸레를 집어넣고 열심히 닦고 있던 중, 손이 롤러기 사이에 끼어서 사고를 당하고, 사고 발생 후 전원을 차단하고 손을 빼내는 장면을 보여준다.

① 위험점 : 물림점
② 정의 : 롤러기의 두 롤러 사이와 같이 회전하는 두 개의 회전체에 물려 들어갈 위험이 있는 점을 말한다.

03 영상에 표시되는 장치의 명칭과 갖추어야 하는 구조를 2가지 쓰시오.(4점)

[기사1202A/기사1301A/기사1402B/기사1501B/기사1602A/기사1603B/기사1703C/기사1801C/산기1803A/기사1901A]

안전그네와 연결하여 작업자의 추락을 방지하는 장치를 보여주고 있다

가) 명칭 : 안전블록

나) 갖추어야 하는 구조

　① 자동잠김장치를 갖출 것

　② 안전블록의 부품은 부식방지처리를 할 것

04 동영상에서와 같이 차량계 하역운반기계 등의 수리 또는 부속장치의 장착 및 해제작업을 하는 때에 작업 시작 전 조치사항을 3가지 쓰시오.(6점)

[산기1202B/기사1203A/산기1303A/기사1402B/산기1501B/기사1503C/산기1701B/기사1703C/기사1801A/산기1803B/기사2002D]

작업자가 운전석에서 내려 덤프트럭 적재함을 올리고 실린더 유압장치 밸브를 수리하는 동영상을 보여주고 있다.

① 작업지휘자를 지정·배치한다.

② 작업지휘자로 하여금 작업순서를 결정하고 작업을 지휘하게 한다.

③ 안전지지대 또는 안전블록 등의 사용 상황을 점검하게 한다.

05 영상은 전기드릴을 이용하여 수행하는 위험한 작업을 보여주고 있다. 위험요인을 3가지 쓰시오.(6점)

[기사1703C/기사1803C/기사1903A/기사2001B/기사2001C/기사2004A/기사2101C/기사2103B/기사2202A/기사2203A/기사2303C]

작업자가 공작물을 맨손으로 잡고 전기드릴을 이용해서 작업물의 구멍을 넓히는 작업을 하는 것을 보여주고 있다. 안전모와 보안경을 착용하지 않고 있으며, 방호장치도 설치되어 있지 않은 상태에서 일반 목장갑을 끼고 작업하다가 이물질을 입으로 불어 제거하고, 동시에 손으로 제거하려 드릴에 손을 다치는 장면을 보여주고 있다.

① 보안경과 작업모 등의 안전보호구를 미착용하고 있다.
② 안전덮개 등 방호장치가 설치되어있지 않다.
③ 회전기계를 사용하면서 목장갑을 착용하고 있다.
④ 이물질을 제거하면서 전원을 차단하지 않았다.
⑤ 이물질을 손으로 제거하고 있다.

▲ 해당 답안 중 3가지 선택 기재

06 영상은 작업자가 사출성형기에 끼인 이물질을 당기다 감전으로 뒤로 넘어지는 사고가 발생하는 재해사례이다. 사출성형기 잔류물 제거 시 재해 발생 방지대책을 3가지 쓰시오.(6점)   [산기1203B/기사1301B/산기1401B/

기사1403A/기사1501B/기사1602B/산기1603B/기사1703C/기사1801B/산기1902A/기사1902B/기사2003B]

작업자가 장갑을 착용하지 않고 작동 중인 사출성형기에 끼인 이물질을 잡아당기다, 감전과 함께 뒤로 넘어지는 사고영상이다.

① 잔류물 제거를 위해서는 제거작업을 시작하기 전 기계의 전원을 차단한다.
② 잔류전하 등으로 인한 방전위험을 방지하기 위해 제거작업 시 절연용 보호구를 착용한다.
③ 금형의 이물질 제거를 위한 전용공구를 사용하여 제거한다.

07 영상은 변압기를 유기화합물에 담가서 절연처리와 건조작업을 하고 있음을 보여주고 있다. 이 작업 시 착용할 보호구를 다음에 제시한 대로 쓰시오.(6점)

[기사1202A/기사1301A/기사1401B/기사1402B/기사1501A/기사1602C/기사1701B/기사1703C/기사2001C/산기2002B/기사2002D/기사2302C]

가로·세로 15cm 정도로 작은 변압기의 양쪽에 나와 있는 선을 일반 작업복에 맨손의 작업자가 양손으로 들고 스텐으로 사각형 유기화합물통에 넣었다 빼서 앞쪽 선반에 올리는 작업하고 있다. 화면이 바뀌면서 선반 위 소형변압기를 건조시키기 위해 문 4개짜리 업소용 냉장고처럼 생긴 곳에다가 넣고 문을 닫는 화면을 보여준다.

① 손　　　　　② 눈　　　　　③ 피부(몸)

① 손 : 불침투성 보호장갑　　　② 눈 : 보안경
③ 피부 : 불침투성 보호복

08 타워크레인을 이용한 양중작업을 보여주고 있다. 영상과 같이 타워크레인 작업 시 위험요인 3가지를 쓰시오.
(6점)

[기사1202A/기사1203C/기사1303A/기사1502C/기사1703C/기사2001C]

타워크레인을 이용하여 철제 비계를 옮기는 중 안전모와 안전대를 미착용한 신호수가 있는 곳에서 흔들리다 작업자 위로 비계가 낙하하는 사고가 발생한 사례를 보여주고 있다.

① 크레인을 사용하여 작업하는 경우 인양 중인 화물이 작업자의 머리 위로 통과하지 않도록 미리 작업자 출입통제를 실시하여야 하지만 그렇지 않았다.
② 크레인을 사용하여 작업하는 경우 미리 슬링 와이어의 체결상태 등을 점검하여야 하지만 그렇지 않았다.
③ 보조로프를 설치하여 흔들림을 방지하여야 하지만 그렇지 않았다.
④ 운전자와 신호수 간에 무전기 등을 사용하여 신호하거나 일정한 신호방법을 미리 정하여 작업하여야 하지만 그렇지 않아 사고가 발생하였다.

▲ 해당 답안 중 3가지 선택 기재

09 영상은 콘크리트 전주 세우기 작업 도중에 발생한 재해사례이다. 동영상에서와 같이 발생한 재해 발생 원인 중 직접원인에 해당되는 것은 무엇인지 2가지를 찾아 쓰시오.(4점)

[기사1203A/기사1402B/기사1602C/기사1703C/기사1801C]

콘크리트 전주를 세우기 위해 이동식크레인을 이용하여 전주를 들어올려 세우는 도중 작업자가 인접한 활선에 감전되는 사고영상을 보여주고 있다.

① 충전전로에 대한 접근한계거리를 미준수하였다.
② 인접 충전전로에 절연용 방호구를 미설치하였다.
③ 작업자가 해당 전압에 적합한 절연용 보호구를 착용하지 않았다.
④ 근로자가 차량 등의 그 어느 부분과도 접촉하지 않도록 하기 위한 울타리나 감시인을 배치하지 않았다.

▲ 해당 답안 중 2가지 선택 기재

01 영상은 화물을 매달아 올리는 장면을 보여주고 있다. 해당 작업을 시작하기 전 점검사항을 2가지 쓰시오.(단, 경보장치는 제외한다)(4점) [기사1402A/기사1503B/기사1701C/기사1702A/기사1802C/기사1803B/기사2001A/기사2004A/기사2101A]

이동식크레인 붐대를 보여준 후 와이어로프에 화물을 매달아 올리는 영상을 보여준다.

① 브레이크·클러치 및 조정장치의 기능
② 와이어로프가 통하고 있는 곳 및 작업장소의 지반상태

02 영상은 가스 저장소에서 발생한 재해 상황을 보여주고 있다. 누설감지경보기의 적절한 ① 설치위치 ② 경보설 정값이 몇 %가 적당한지 쓰시오.(6점) [기사1401B/기사1502B/기사1702A/기사1803C/기사2002E/기사2103B/기사2302A]

LPG저장소에 가스누설감지경보기의 미설치로 인해 재해사례가 발생한 장면이다.

① 설치위치 : LPG는 공기보다 무거우므로 바닥에 인접한 곳에 설치한다.
② 설정값 : 폭발하한계의 25% 이하

03 영상은 건물의 해체작업을 보여주고 있다. 화면상에 나타난 해체작업의 해체계획서 작성 시 포함사항 4가지 를 쓰시오.(6점)

[기사1202C/산기1301A/기사1303C/산기1403A/기사1501A/기사1502B/ 기사1602B/기사1702A/산기1702B/기사1802B/기사1803C/산기1902A/기사1903D/산기2003A/기사2103A]

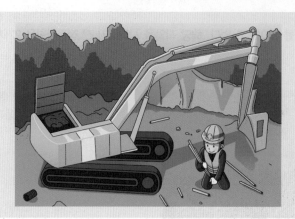

영상은 건물해체에 관한 장면으로 작업자가 위험부분에 머무르고 있어 사고 발생의 위험을 내포하고 있다.

① 사업장 내 연락방법   ② 해체물의 처분계획
③ 가설설비·방호설비·환기설비 및 살수·방화설비 등의 방법
④ 해체의 방법 및 해체 순서도면
⑤ 해체작업용 기계·기구 등의 작업계획서
⑥ 해체작업용 화약류 등의 사용계획서

▲ 해당 답안 중 4가지 선택 기재

04 영상은 도로상의 가설전선 점검 작업 중 발생한 재해사례이다. ① 재해형태, ② 정의를 쓰시오.(4점)

[기사1102A/기사1302C/기사1601B/기사1702A/기사1901C/기사2002C]

도로공사 현장에서 공사구획을 점 검하던 중 작업자가 절연테이프로 테이핑된 전선을 맨손으로 만지다 감전사고가 발생하는 영상이다.

① 재해형태 : 감전(=전류접촉)
② 정의 : 전기접촉이나 방전에 의해 사람이 (전기)충격을 받는 것을 말한다.

05 영상은 선반작업 중 발생한 재해사례를 보여주고 있다. 화면에서와 같이 안전준수사항을 지키지 않고 작업할 때 일어날 수 있는 재해요인을 2가지 쓰시오.(4점) [기사1203A/기사1401A/기사1501A/기사1702A/기사1902C/기사2102A]

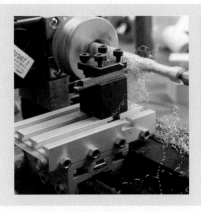

작업자가 회전물에 샌드페이퍼 (사포)를 감아 손으로 지지하고 있다. 면장갑을 착용하고 보안경 없이 작업중이다.주위 사람과 농담을 하며 산만하게 작업하다 위험점에 작업복과 손이 감겨 들어가는 동영상이다.

① 회전물에 샌드페이퍼(사포)를 감아 손으로 지지하고 있기 때문에 작업복과 손이 말려 들어갈 수 있다.
② 회전기계를 사용하는 중에 면장갑을 착용하고 있어 위험하다.
③ 작업에 집중하지 않았을 때 작업복과 손이 말려 들어갈 위험성이 존재한다.

▲ 해당 답안 중 2가지 선택 기재

06 영상은 화학약품을 사용하는 작업영상이다. 동영상에서 작업자가 착용하여야 하는 마스크와 흡수제 종류 3가지를 쓰시오.(6점) [산기1202B/기사1203C/기사1301B/기사1402A/산기1501A/산기1502B/
기사1601B/산기1602B/기사1603B/기사1702A/산기1703A/산기1801B/기사1903B/기사1903C/산기2003C/기사2302A]

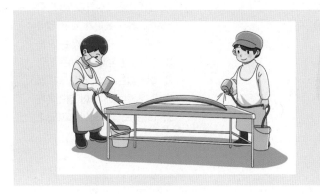

작업자가 스프레이건으로 쇠파이프 여러 개를 눕혀놓고 페인트칠을 하는 작업영상을 보여주고 있다.

가) 마스크 : 방독마스크
나) 흡수제 : ① 활성탄　　　 ② 큐프라마이트　　 ③ 소다라임
　　　　　　 ④ 실리카겔　　 ⑤ 호프카라이트

▲ 나)의 답안 중 3가지 선택 기재

07 영상은 어두운 장소에서의 컨베이어 점검 시 사고가 발생하는 상황을 동영상으로 보여주고 있다. 작업 시작 전 조치사항을 2가지 쓰시오.(4점) [기사1301B/기사1403A/기사1501C/기사1702A]

작업자가 어두운 장소에서 플래시를 들고 컨베이어 벨트를 점검하다가 부주의하여 손이 컨베이어의 롤러기 사이에 끼어 말려 들어가는 재해 상황을 보여주고 있다.

① 컨베이어의 전원을 차단한다.
② 조명을 밝게 한다.
③ 통전금지 표지판 및 잠금장치를 설치한다.

▲ 해당 답안 중 2가지 선택 기재

08 영상은 영상표시단말기(VDT) 작업을 하고 있는 장면을 보여주고 있다. 이 작업에서 개선사항을 찾아 3가지를 쓰시오.(6점) [기사1401B/기사1702A/기사1901A/기사2102B]

작업자가 사무실에서 의자에 앉아 컴퓨터를 조작하고 있다. 작업자의 의자 높이가 맞지 않아 다리를 구부리고 앉아있는 모습과 모니터가 작업자와 너무 가깝게 놓여 있는 모습, 키보드가 너무 높게 위치해 있어 불편하게 조작하는 모습을 보여주고 있다.

① 의자가 앞쪽으로 기울어져 요통에 위험이 있으므로 허리를 등받이 깊이 밀어 넣도록 한다.
② 키보드가 너무 높은 곳에 있어 손목에 무리를 주므로 키보드를 조작하기 편한 위치에 놓는다.
③ 모니터가 작업자와 너무 가깝게 있어 시력 저하의 우려가 있으므로 모니터를 적당한 위치(45~50cm)로 조정한다.

09 영상에서 보여주는 보호장구의 등급별 여과재 분진 등 포집효율을 쓰시오.(5점)

[기사1203C/기사1403B/기사1601C/기사1702A/기사1902B]

개인용 보호구에 해당하는 흡기밸브와 배기밸브를 갖는 분리식 방진 마스크를 보여주고 있다.

형태 및 등급		염화나트륨(NaCl) 및 파라핀 오일(Paraffin Oil) 시험[%]
분리식	특급	①
	1급	②
	2급	③

① 99.95% 이상

② 94.0% 이상

③ 80.0% 이상

01 영상에서와 같이 터널 굴착공사 중에 사용되는 계측방법의 종류 3가지를 쓰시오.(6점)

[기사1302B/기사1403C/기사1601C/기사1702B/기사1902A/기사2002A]

터널 굴착공사 현장을 보여준다.

① 터널내 육안조사   ② 내공변위 측정   ③ 천단침하 측정
④ 록 볼트 인발시험   ⑤ 지표면 침하측정   ⑥ 지중변위 측정
⑦ 지중수평변위 측정   ⑧ 지하수위 측정   ⑨ 록볼트 축력 측정
⑩ 뿜어붙이기콘크리트 응력측정   ⑪ 터널 내 탄성파 속도 측정   ⑫ 주변 구조물의 변형상태 조사

▲ 해당 답안 중 3가지 선택 기재

02 영상은 실험실에서 유해물질을 취급하고 있는 장면이다. 유해물질이 인체에 흡수되는 경로를 2가지 쓰시오.
(4점)

[산기1202B/기사1203B/기사1301A/산기1402B/기사1402C/기사1501C/

산기1601B/기사1702B/기사1901B/기사1902B/기사1903A/산기1903A/기사2002A/기사2003A/기사2303A]

작업자는 맨손에 마스크도 착용하지 않고 황산을 비커에 따르다 실수로 손에 묻는 장면을 보여주고 있다.

① 호흡기   ② 소화기   ③ 피부

▲ 해당 답안 중 2가지 선택 기재

03 영상은 DMF작업장에서 작업자가 유해물질 DMF 작업을 하고 있는 것을 보여주고 있다. 피부 자극성 및 부식성 관리대상 유해물질 취급 시 비치하여야 할 보호장구 3가지를 쓰시오.(6점)

[산기1301A/기사1402C/기사1503A/기사1702B/기사1801A/산기1801A/기사1802A/기사2002D]

DMF작업장에서 한 작업자가 방독마스크, 안전장갑, 보호복 등을 착용하지 않은 채 유해물질 DMF 작업을 하고 있는 것을 보여주고 있다.

① 보안경   ② 불침투성 보호장갑

③ 불침투성 보호복   ④ 불침투성 보호장화

▲ 해당 답안 중 3가지 선택 기재

04 영상은 승강기 컨트롤 패널을 점검하는 중 발생한 재해사례이다. 동종의 재해 방지대책 3가지를 서술하시오. (6점)

[기사1302C/기사1403C/기사1503B/기사1702B/기사1801A/기사2002D]

동영상은 MCC 패널 점검 중으로 개폐기에는 통전 중이라는 표지가 붙어 있고 작업재(면장갑 착용)가 개폐기 문을 열어 전원을 차단하고 문을 닫은 후 다른 곳 패널에서 작업하려다 쓰러진 상황이다.

① 작업 전에 잔류전하를 완전히 제거해야 한다.

② 작업 시작 전 내전압용 절연장갑 등 절연용 보호구를 착용하여야 한다.

③ 잠금장치 및 표찰을 부착하여 해당 작업자 이외의 자에 의한 오작동을 막아야 한다.

④ 개폐기 문에 통전금지 표지판을 설치하고, 감시인을 배치한 후 작업을 한다.

▲ 해당 답안 중 3가지 선택 기재

05 영상은 컨베이어 관련 재해사례를 보여주고 있다. 컨베이어 작업 시작 전 점검사항 3가지를 쓰시오.(6점)

[기사1301C/기사1402C/산기1403A/기사1501C/산기1602B/기사1702B/산기1803A/산기2001B/기사2004B/기사2101B/기사2103B]

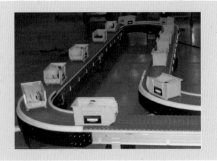

작은 공장에서 볼 수 있는 소규모 작업용 컨베이어를 작업자가 점검 중이다. 이때 다른 작업자가 전원스위치 쪽으로 서서히 다가오더니 전원버튼을 누르는 순간 점검 중이던 작업자의 손이 벨트에 끼이는 사고가 발생하는 영상을 보여준다.

① 원동기 및 풀리(Pulley) 기능의 이상 유무
② 이탈 등의 방지장치 기능의 이상 유무
③ 비상정지장치 기능의 이상 유무
④ 원동기·회전축·기어 및 풀리 등의 덮개 또는 울 등의 이상 유무

▲ 해당 답안 중 3가지 선택 기재

06 동영상은 전주에 작업자가 올라서서 전기형강 교체작업을 하던 중 추락하는 장면이다. 위험요인 2가지를 쓰시오.(4점) [기사1302A/기사1403C/기사1601A/기사1702B/기사1803C/산기1901B/기사2001A/산기2002C/기사2102B/기사2103C]

작업자가 안전대를 착용하고 있으나 이를 전주에 걸지 않은 상태에서 전주에 올라서서 작업발판(볼트)을 딛고 변압기 볼트를 조이는 중 추락하는 영상이다. 작업자는 안전대를 착용하지 않고, 안전화의 끈이 풀려있는 상태에서 불안정한 발판 위에서 작업 중 사고를 당했다.

① 작업자가 안전대를 전주에 걸지 않고 작업하고 있어 추락위험이 있다.
② 작업자가 딛고 선 발판이 불안하여 위험에 노출되어 있다.
③ 안전화의 끈이 풀려있는 등 작업자 복장이 작업에 적합하지 않다.

▲ 해당 답안 중 2가지 선택 기재

07 작업자가 작업 기계에 이물질을 제거하는 작업을 하다가 재해가 발생한 사례의 영상이다. 이러한 사고의 예방을 위해 조치하여야 할 사항 2가지를 쓰시오.(4점) [기사1303C/기사1601A/기사1702B]

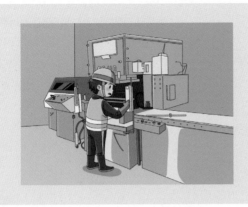

영상은 프레스로 철판에 구멍을 뚫는 작업현장을 보여준다. 주변 정리가 되지 않은 상태에서 작업자가 작업 중 철판에 걸린 이물질을 제거하기 위해 몸을 기울여 제거하는 중 실수로 페달을 밟아 프레스 손을 다치는 재해가 발생한다. 프레스에는 별도의 급정지장치가 부착되어 있지 않다.

① 게이트 가드식 안전장치 등을 설치하여 사고를 예방해야 한다.
② 작업의 일시 정지 시에는 페달에 U자형 덮개를 씌워 우발적으로 페달을 밟을 가능성을 없애도록 한다.

08 영상은 콘크리트 전주를 세우기 작업하는 도중에 발생한 사례를 보여주고 있다. 항타기·항발기 조립 및 해체 시 사업주의 점검사항 3가지를 쓰시오.(6점)

[기사1401C/기사1603B/기사1702B/기사1801A/기사1902A/기사2002A/산기2004B/기사2303A]

콘크리트 전주를 세우기 작업하는 도중에 전도사고가 발생한 사례를 보여주고 있다.

① 본체 연결부의 풀림 또는 손상의 유무
② 권상용 와이어로프·드럼 및 도르래의 부착상태의 이상 유무
③ 권상장치의 브레이크 및 쐐기장치 기능의 이상 유무
④ 권상기의 설치상태의 이상 유무
⑤ 리더(leader)의 버팀 방법 및 고정상태의 이상 유무
⑥ 본체·부속장치 및 부속품의 강도가 적합한지 여부
⑦ 본체·부속장치 및 부속품에 심한 손상·마모·변형 또는 부식이 있는지 여부

▲ 해당 답안 중 3가지 선택 기재

09 영상을 보고 다음 각 물음에 답을 쓰시오.(단, 정화통의 문자표기는 무시한다)(5점)

[기사1203B/기사1301B/기사1401B/기사1403C/기사1501C/기사1702B]

녹색의 정화통을 가진 방독면을 보여주고 있다.

① 방독마스크의 종류를 쓰시오.
② 방독마스크의 형식을 쓰시오.
③ 방독마스크의 시험가스 종류를 쓰시오.
④ 방독마스크의 정화통 흡수제 1가지를 쓰시오.
⑤ 방독마스크가 직결식 전면형일 경우 누설률은 몇 %인가?
⑥ 방독마스크의 시험가스 농도가 0.5%일 때 파과시간을 쓰시오.
⑦ 시험가스 농도가 0.5%, 농도가 25ppm(±20%)이었을 때 파과시간을 쓰시오.

① 암모니아용 방독마스크 ② 격리식 전면형 ③ 암모니아 가스
④ 큐프라마이트 ⑤ 0.05% 이하 ⑥ 40분 이상
⑦ 40분 이상

01 화면의 작업상황에서와 같이 작업자의 손이 말려 들어가는 부분에서 형성되는 ① 위험점, ② 정의를 쓰시오.
(5점)

[산기1203B/산기1303A/기사1402C/산기1403B/기사1503B/
산기1603A/산기1303A/산기1702B/기사1702C/산기2002B/산기2003C/기사2004A/기사2101A/기사2102C/기사2201B/기사2302C]

작업자가 회전물에 샌드페이퍼(사포)를 감아 손으로 지지하고 있다. 면장갑을 착용하고 보안경 없이 작업중이다. 주위 사람과 농담을 하며 산만하게 작업하다 위험점에 작업복과 손이 감겨 들어가는 동영상이다.

① 위험점 : 회전말림점
② 정의 : 회전하는 기계의 운동부 자체에 작업복 등이 말려들 위험이 존재하는 점을 말한다.

02 영상은 안전대의 한 종류를 보여주고 있다. 이 안전대의 명칭과 ① 위쪽과 ② 아래쪽의 명칭을 쓰시오. (4점)

[산기1202B/산기1301B/산기1402A/산기1503B/산기1601A/산기1701B/기사1702C/기사1901B]

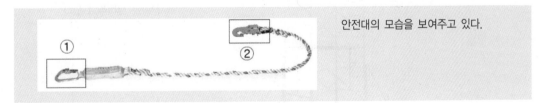

안전대의 모습을 보여주고 있다.

가) 명칭 : 죔줄
나) ① 카라비나 ② 훅

03 영상은 지하 피트의 밀폐공간 작업 동영상이다. 작업 시 준수해야 할 안전수칙 3가지를 쓰시오.(단, 감시자 배치는 제외)(6점)

[기사1202C/기사1303B/기사1702C/기사1801C/기사1902A/기사2003A/기사2101A/기사2303B]

지하 피트 내부의 밀폐공간에서 작업자들이 작업하는 영상이다.

① 작업 전에 산소 및 유해가스 농도를 측정하여 적정공기 유지 여부를 평가한다.
② 작업을 시작하기 전과 작업 중에 해당 작업장을 적정공기 상태가 유지되도록 환기하여야 한다.
③ 환기가 되지 않거나 곤란한 경우 공기호흡기 또는 송기마스크 착용하게 한다.
④ 밀폐공산에 근로자를 입장시킬 때와 퇴장시킬 때마다 인원을 점검한다.
⑤ 밀폐공간에 관계 근로자 외의 사람의 출입을 금지하고, 출입금지 표지를 게시한다.

▲ 해당 답안 중 3가지 선택 기재

04 영상은 2m 이상 고소작업을 하고 있는 이동식비계를 보여주고 있다. 다음 (   ) 안을 채우시오.(4점)

[기사1301A/기사1503A/기사1601A/기사1701C/기사1702C/기사1801C/기사1902C/기사1903B/기사2002B/기사2103C]

높이가 2m 이상인 이동식 비계의 작업발판을 설치하던 중 발생한 재해 상황을 보여주고 있다.

비계 작업발판의 폭은 (①)센티미터 이상으로 하고, 발판재료 간의 틈은 (②)센티미터 이하로 할 것

① 40   ② 3

05 영상은 변압기 측정 중 일어난 재해 상황이다. 재해 발생원인을 3가지 쓰시오.(6점)

[기사1202C/기사1301C/기사1303A/기사1402B/기사1501C/기사1503B/기사1701B/기사1702C/기사1901C/기사2102A/기사2103C]

영상에서 A작업자가 변압기의 2차 전압을 측정하기 위해 유리창 너머의 B작업자에게 전원을 투입하라는 신호를 보낸다. A작업자의 측정 완료 후 다시 차단하라고 신호를 보내고 전원이 차단되었다고 생각하고 측정기기를 철거하다 감전사고가 발생되는 장면을 보여주고 있다.(이때 작업자 A는 맨손에 슬리퍼를 착용하고 있다.)

① 작업자가 절연용 보호구(내전압용 절연장갑, 절연장화)를 미착용하고 있다.
② 작업자 간의 신호전달이 정확하게 이루어지지 않았다.
③ 작업자가 안전 확인을 소홀히 했다.

06 작동 중인 양수기를 수리 중에 손을 벨트에 물리는 재해가 발생하였다. 동영상에서 점검 작업 시 위험요인 3가지를 쓰시오.(6점)

[기사1202C/기사1303B/기사1601B/기사1702C/기사2202A]

2명의 작업자(장갑 착용)가 작동 중인 양수기 옆에서 점검작업을 하면서 수공구(드라이버나 집게 등)를 던져주다가 한 사람이 양수기 벨트에 손이 물리는 재해 상황을 보여주고 있다. 작업자는 이야기를 하면서 웃다가 재해를 당한다.

① 운전 중 점검작업을 하고 있어 사고위험이 있다.
② 회전기계에 장갑을 착용하고 취급하고 있어서 접선물림점에 손이 다칠 수 있다.
③ 작업자가 작업에 집중하지 않고 있어 사고위험이 있다.

07 영상은 아파트 창틀에서 작업 중 발생한 재해사례를 보여주고 있다. 해당 동영상에서 추락사고의 원인 3가지를 간략히 쓰시오.(4점)

[기사1202B/산기1203B/기사1302B/기사1401B/산기1402B/기사1403A/기사1502B/산기1503B/기사1601B/기사1701A/기사1702C/기사1801B/산기1901A/기사2001B/기사2004C/기사2101B/기사2102A/기사2103B]

A, B 2명의 작업자가 아파트 창틀에서 작업 중에 A가 작업발판을 처마 위의 B에게 건네 준 후, B가 있는 옆 처마 위로 이동하려다 발을 헛디뎌 바닥으로 추락하는 재해 상황을 보여주고 있다. 이때 주변에 정리정돈이 되어 있지 않고, A작업자가 밟고 있던 콘크리트 부스러기가 추락할 때 같이 떨어진다.

① 작업발판 부실
② 추락방호망 미설치
③ 안전난간 미설치
④ 주변 정리정돈 불량
⑤ 안전대 미착용 및 안전대 부착설비 미설치

▲ 해당 답안 중 3가지 선택 기재

08 영상은 금형제조를 위해 가공기를 사용하던 중에 발생한 재해사례를 보여주고 있다. 이 영상 속에서 발견되는 재해의 발생원인을 2가지 쓰시오.(4점)

[기사1202B/기사1303C/기사1502A/기사1702C]

작업자가 금형을 제작하는 과정에서 천을 이용하여 맨손으로 이물질을 직접 제거하고 있는데, 금형의 한쪽에서는 연기가 조금씩 나기 시작하는 것을 보여주다가 금형을 만지던 작업자가 감전된다.

① 기계의 가동 중에 전원을 차단하지 않고 청소작업을 실시하였다.
② 작업자가 내전압용 절연장갑 등의 절연용 보호구를 착용하지 않았다.

09 영상은 산소결핍작업을 보여주고 있다. 동영상에서의 장면 중 퍼지(환기)하는 상황이 있는데, 아래 내용과
연관하여 퍼지의 목적을 쓰시오.(6점) [기사1203C/기사1601C/기사1702C/기사1901A]

영상은 불활성가스를 주입하여 산소
의 농도를 낮추는 퍼지작업 진행상황
을 보여주고 있다.

① 가연성 가스 및 지연성 가스의 경우　　　　② 독성 가스의 경우
③ 불활성 가스의 경우

① 가연성 가스 및 지연성 가스의 경우 : 화재폭발사고 방지 및 산소결핍에 의한 질식사고 방지
② 독성 가스의 경우 : 중독사고 방지
③ 불활성 가스의 경우 : 산소결핍에 의한 질식사고 방지

01 영상은 지게차 주유 중 화재가 발생하는 상황을 보여주고 있다. 이 화면에서 발화원의 형태를 쓰시오.(3점)

[기사1601B/기사1701A/기사2002E]

지게차가 시동이 걸린 상태에서 경유를 주입하는 모습을 보여주고 있다. 이때 운전자는 차에서 내려 다른 작업자와 흡연을 하며 대화하는 중에 담뱃불에 의해 화재가 발생하는 장면을 보여준다.

• 나화

02 30kV 전압이 흐르는 고압선 아래에서 작업하던 중 발생한 재해사례를 보여주고 있다. 고압선 아래에서 작업 시 사업주의 감전에 대비한 조치사항 3가지를 쓰시오.(6점)

[기사1301A/기사1401C/기사1402A/기사1501A/기사1503A/기사1603C/기사1701A/기사1801C]

30kV 전압이 흐르는 고압선 아래에서 이동식크레인으로 작업하다 붐대가 전선에 닿아 스파크가 일어나는 상황을 보여준다.

① 충전전로에 대한 접근 한계거리 이상을 유지한다.
② 인접 충전전로에 대하여 절연용 방호구를 설치한다.
③ 해당 충전전로에 접근이 되지 않도록 울타리를 설치하거나 감시인을 배치한다.

03 영상은 이동식크레인을 이용하여 배관을 이동하는 작업이다. 영상을 보고 화물의 낙하·비래 위험을 방지하기 위한 사전 조치사항 3가지를 쓰시오.(6점) [산기1201A/기사1301A/산기1302B/산기1401B/기사1403B/기사1501A/

기사1501B/기사1601B/산기1601B/산기1602A/기사1602C/기사1603C/기사1701A/산기1702B/

기사1801C/산기1802B/기사1802C/산기1901A/산기1901B/기사1903A/기사1902B/기사1903D/산기2001B/산기2003B]

신호수의 신호에 의해 이동식크레인을 이용하여 배관을 위로 올리는 작업현장을 보여주고 있다. 보조로프가 없어 배관이 근처 H빔에 부딪혀 흔들린다. 훅 해지장치는 보이지 않으며 배관 양쪽 끝에 와이어로 두바퀴를 감고 샤클로 채결한 상태이다. 흔들리는 배관을 아래쪽의 근로자가 손으로 지탱하려다가 배관이 근로자의 상체에 부딪혀 근로자가 넘어지는 사고가 발생한다.

① 작업 반경 내 관계 근로자 이외의 자는 출입을 금지한다.
② 와이어로프 및 슬링벨트의 안전상태를 점검한다.
③ 훅의 해지장치 및 안전상태를 점검한다.
④ 인양 도중에 화물이 빠질 우려가 있는지에 대해 확인한다.
⑤ 보조(유도)로프를 설치하여 화물의 흔들림을 방지한다.

▲ 해당 답안 중 3가지 선택 기재

04 영상은 지게차 작업 화면을 보여주고 있다. 영상과 같이 운전자의 시야가 심각하게 방해를 받을 경우 운전자의 조치를 3가지 쓰시오.(6점) [기사1203C/기사1401C/기사1502A/기사1602B/기사1701A]

화물을 지게차로 옮기는 것을 보여주는 영상이다. 화물이 과적되어 운전자의 시야를 방해하고 있으며, 적재된 화물의 일부가 주행 중 떨어져 지나가던 작업자를 덮치는 재해가 발생하였다. 별도의 유도자도 보이지 않고 있는 상황이다.

① 하차하여 주변의 안전을 확인한다.
② 경적 및 경광등을 사용하여 주의를 환기시킨다.
③ 유도자를 지정하여 지게차를 유도 또는 후진으로 서행한다.

05 영상은 전주에서 활선작업 중 감전사고가 발생하는 장면을 보여주고 있다. 화면을 보고 해당 작업에서 내재되어 있는 핵심 위험요인 2가지를 쓰시오.(4점)

[기사1301A/기사1401A/기사1601B/기사1701A/기사1701C/기사1802B/기사1803A/기사2002C/기사2002D]

영상은 작업자 2명이 전주에서 활선작업을 하고 있다. 작업자 1명은 아래에서 주황색 플라스틱으로 된 절연방호구를 올려주고 다른 1명이 크레인 위에서 이를 받아 활선에 절연방호구를 설치하는 작업을 하다 감전사고가 발생하는 상황이다. 크레인 붐대가 활선에 접촉되지는 않았으나 근처까지 접근하여 작업하고 있으며, 위쪽의 작업자는 두꺼운 장갑(절연용 방호장갑으로 보임)을 착용하였으나 아래쪽 작업자는 목장갑을 착용하고 있다. 작업자 간에 신호전달이 원활하지 않아 작업이 원활하지 않다.

① 작업자가 보호구(내전압용 절연장갑)를 착용하지 않아 감전위험에 노출되었다.
② 근로자가 활선 접근 시 지켜야 하는 접근한계거리를 준수하지 않아 감전위험에 노출되었다.
③ 크레인 붐대가 활선에 가깝게 접근해 감전 위험이 있다.
④ 작업자들 간에 신호전달이 원활하게 이뤄지지 않고 있다.

▲ 해당 답안 중 2가지 선택 기재

06 영상은 유해물질 취급 시 사용하는 보호구이다. 동영상에서 표시된 보호구의 사용 장소에 따른 분류 2가지를 쓰시오.(5점)

[산기1203A/기사1302A/산기1403A/기사1501A/기사1701A/기사1901C/산기1902A]

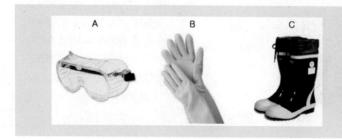

도금작업에 사용하는 보호구 사진 A, B, C 3가지를 보여준 후 C보호구에 노란색 동그라미가 표시되면서 정지된다.

① 일반용 : 일반작업장
② 내유용 : 탄화수소류의 윤활유 등을 취급하는 작업장

07 영상은 인화성 물질의 취급 및 저장소를 보여주고 있다. 이 동영상을 참고하여 ① 가스폭발의 종류와 ② 정의를 쓰시오.(4점) [산기1503B/기사1503C/기사1701A/기사1802B/산기1901A/산기2002A/기사2004C/기사2202A/기사2303C]

인화성 물질 저장창고에 인화성 물질을 저장한 드럼이 여러 개 있고 한 작업자가 인화성 물질이 든 운반용 캔을 몇 개 운반하다가 잠시 쉬려고 드럼 옆에서 웃옷을 벗는 순간 "퍽"하는 소리와 함께 폭발이 일어나는 사고상황을 보여주고 있다.

① 종류 : 증기운폭발
② 정의 : 액체상태로 저장되어 있던 인화성 물질이 인화성가스로 공기 중에 누출되어 있다가 정전기와 같은 점화원에 접촉하여 폭발하는 현상

08 영상은 크랭크프레스로 철판에 구멍을 뚫는 작업에 대한 그림이다. 위험요소 3가지를 쓰시오.(6점)

[기사1502A/기사1701A/기사1802B/기사2004A/기사2201C]

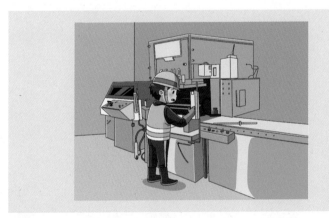

영상은 프레스로 철판에 구멍을 뚫는 작업현장을 보여준다. 주변 정리가 되지 않은 상태에서 작업자가 작업 중 철판에 걸린 이물질을 제거하기 위해 몸을 기울여 제거하는 중 실수로 페달을 밟아 프레스 손을 다치는 재해가 발생한다. 프레스에는 별도의 급정지장치가 부착되어 있지 않다.

① 프레스 페달을 발로 밟아 프레스의 슬라이드가 작동해 손을 다칠 수 있다.
② 금형에 붙어있는 이물질을 전용공구를 사용하지 않고 손으로 제거하고 있다.
③ 전원을 차단하지 않은 채 이물질 제거작업을 해 다칠 수 있다.
④ 페달 위에 U자형 커버 등 방호구를 설치하지 않았다.
⑤ 급정지장치 및 안전장치 등의 방호장치를 설치하지 않았다.

▲ 해당 답안 중 3가지 선택 기재

09 영상은 아파트 창틀에서 작업 중 발생한 재해사례를 보여주고 있다. 해당 동영상에서 작업자의 추락사고
① 원인 3가지, ② 기인물, ③ 가해물을 간략히 쓰시오.(5점) [기사1601B/기사1701A]

A, B 2명의 작업자가 아파트 창틀에서 작업 중에 A가 작업발판을 처마 위의 B에게 건네 준 후, B가 있는 옆 처마 위로 이동하려다 발을 헛디뎌 바닥으로 추락하는 재해 상황을 보여주고 있다. 이때 주변에 정리정돈이 되어 있지 않고, A작업자가 밟고 있던 콘크리트 부스러기가 추락할 때 같이 떨어진다.

① 원인 : 안전난간 미설치, 안전대 미착용, 주변 정리정돈 불량, 추락방호망 미설치, 작업발판 부실 등
② 기인물 : 작업발판
③ 가해물 : 바닥

▲ ① 원인 중 3가지 선택 기재

01 영상은 항타기·항발기 장비로 땅을 파고 전주를 묻는 작업현장을 보여주고 있다. 고압선 주위에서 항타기·항발기 작업 시 안전 작업수칙 2가지를 쓰시오.(4점)

[기사1402B/기사1403B/산기1501A/기사1502A/산기1602B/기사1701B/기사1901A/기사2002E/기사2101C/기사2102B/기사2301C]

항타기로 땅을 파고 전주를 묻는 작업 현장에서 2~3명의 작업자가 안전모를 착용하고 작업하는 상황이다. 항타기에 고정된 전주가 조금 불안전한 듯 싶더니 조금씩 돌아가서 항타기로 전주를 조금 움직이는 순간 인접 활선 전로에 접촉되어서 스파크가 일어난 상황을 보여준다.

① 충전전로에 대한 접근 한계거리 이상을 유지한다.
② 인접 충전전로에 대하여 절연용 방호구를 설치한다.
③ 해당 충전전로에 접근이 되지 않도록 울타리를 설치하거나 감시인을 배치한다.

▲ 해당 답안 중 2가지 선택 기재

02 전기를 점검하는 도중 작업자의 몸에 통전되어 사망하는 사고가 발생하였다. 해당 사고의 재해유형과 가해물을 적으시오.(4점)

[기사1701B/기사1903B/기사2004C/기사2102C]

배전반에서 전기보수작업을 진행 중인 영상이다. 배전반을 사이에 두고 앞과 뒤에서 각각의 작업자가 점검과 보수를 진행하고 있다. 앞의 작업자가 절연내력시험기를 들고 스위치를 ON/OFF하며 점검 중인 상황에서 뒤쪽의 작업자가 쓰러지는 사고가 발생하였다.

① 재해유형 : 감전(=전류접촉)   ② 가해물 : 전류

03 영상을 보고 다음 각 물음에 답을 쓰시오.(단, 정화통의 문자표기는 무시한다)(6점)

[기사1202C/기사1303A/기사1502C/기사1603A/기사1701B/기사1702B/기사1801A/기사1803B]

녹색의 정화통을 가진 방독
면을 보여주고 있다.

① 방독마스크의 종류를 쓰시오.
② 방독마스크의 형식을 쓰시오.
③ 방독마스크의 시험가스 종류를 쓰시오.

① 암모니아용 방독마스크   ② 격리식 전면형   ③ 암모니아 가스

04 영상은 프레스기의 금형을 교체하는 작업을 보여주고 있다. 작업 중 안전상 점검사항을 4가지 쓰시오.(5점)

[기사1203B/산기1401A/산기1602B/기사1701B]

프레스기의 금형을 교체하는 작
업을 보여주고 있다.

① 펀치와 다이의 평행도   ② 펀치와 볼스터면의 평행도
③ 다이와 볼스터의 평행도   ④ 다이홀더와 펀치의 직각도
⑤ 생크홀과 펀치의 직각도

▲ 해당 답안 중 4가지 선택 기재

05 영상은 변압기를 유기화합물에 담가서 절연처리와 건조작업을 하고 있음을 보여주고 있다. 이 작업 시 착용할 보호구를 다음에 제시한 대로 쓰시오.(6점)

[기사1202A/기사1301A/기사1401B/기사1402B/기사1501A/기사1602C/기사1701B/기사1703C/기사2001C/산기2002B/기사2002D/기사2302C]

가로·세로 15cm 정도로 작은 변압기의 양쪽에 나와 있는 선을 일반 작업복에 맨손의 작업자가 양손으로 들고 스텐으로 사각형 유기화합물통에 넣었다 빼서 앞쪽 선반에 올리는 작업하고 있다. 화면이 바뀌면서 선반 위 소형변압기를 건조시키기 위해 문 4개짜리 업소용 냉장고처럼 생긴 곳에다가 넣고 문을 닫는 화면을 보여준다.

① 손	② 눈	③ 피부(몸)

① 손 : 불침투성 보호장갑   ② 눈 : 보안경
③ 피부 : 불침투성 보호복

06 영상은 크롬도금작업을 보여준다. 동영상에서와 같이 유해물질(화학물질) 취급 시 일반적인 주의사항을 4가지 쓰시오.(4점)

[기사1302B/기사1403C/기사1503C/기사1701B/기사1802C/기사2003C/기사2004A]

크롬도금작업을 하고 있는 작업자의 모습을 보여준다. 작업자는 보안경과 방독마스크를 착용하지 않고 있다.상의는 티셔츠를 입고 그 위에 앞치마 형식의 보호복을 걸친 작업자가 작업을 하는 모습이다.

① 유해물질에 대한 사전 조사   ② 유해물 발생원인의 봉쇄
③ 실내 환기와 점화원의 제거   ④ 설비의 밀폐화와 자동화
⑤ 생산 공정의 격리와 원격조작의 채용   ⑥ 환경의 정돈과 청소

▲ 해당 답안 중 4가지 선택 기재

07 영상은 변압기 측정 중 일어난 재해 상황이다. 재해 발생원인을 3가지 쓰시오.(6점)

[기사1202C/기사1301C/기사1303A/기사1402B/기사1501C/기사1503B/기사1701B/기사1702C/기사1901C/기사2102A/기사2103C]

영상에서 A작업자가 변압기의 2차 전압을 측정하기 위해 유리창 너머의 B작업자에게 전원을 투입하라는 신호를 보낸다. A작업자의 측정 완료 후 다시 차단하라고 신호를 보내고 전원이 차단되었다고 생각하고 측정기기를 철거하다 감전사고가 발생되는 장면을 보여주고 있다.(이때 작업자 A는 맨손에 슬리퍼를 착용하고 있다.)

① 작업자가 절연용 보호구(내전압용 절연장갑, 절연장화)를 미착용하고 있다.
② 작업자 간의 신호전달이 정확하게 이루어지지 않았다.
③ 작업자가 안전 확인을 소홀히 했다.

08 영상은 교량하부 점검 중 발생한 재해사례이다. 화면을 참고하여 사고 원인 2가지를 쓰시오.(4점)

[기사1303B/기사1501C/기사1701C/기사1802B/기사1903B/기사2101A]

교량의 하부를 점검하던 도중 작업자A가 작업자가 B에게 이동하던 중 갑자기 화면이 전환되면서 교량 하부에 설치된 그물을 비추고 화면이 회전하면서 흔들리는 영상을 보여주고 있다.

① 안전대 부착 설비 및 작업자가 안전대 착용을 하지 않았다.
② 추락방호망이 설치되지 않았다.
③ 안전난간 설치가 불량하다.
④ 작업장의 정리정돈이 불량하다.
⑤ 작업 전 작업발판 등에 대한 점검이 미비했다.

▲ 해당 답안 중 2가지 선택 기재

09 영상은 인쇄 윤전기를 청소하는 중에 발생한 재해사례이다. 영상을 보고 롤러기의 청소 시 위험요인과 안전작업수칙을 각각 3가지씩 쓰시오.(6점)

[기사1301B/기사1302B/기사1402B/기사1403B/기사1503A/
기사1503B/기사1602C/기사1701B/기사1703B/기사1902C/기사2002C/기사2101A/기사2102A]

작업자가 인쇄용 윤전기의 전원을 끄지 않고 서로 맞물려서 돌아가는 롤러를 걸레로 닦고 있다. 작업자는 체중을 실어서 위험하게 맞물리는 지점까지 걸레를 집어넣고 열심히 닦고 있는 도중 손이 롤러기 사이에 끼어서 사고를 당하고, 사고 발생 후 전원을 차단하고 손을 빼내는 장면을 보여준다.

가) 위험요인

① 회전 중 롤러의 죄어 들어가는 쪽에서 직접 손으로 눌러 닦고 있어서 손이 물려 들어갈 위험이 있다.

② 전원을 차단하지 않고 청소를 함으로 인해 사고위험에 노출되어 있다.

③ 체중을 걸쳐 닦고 있음으로 해서 신체의 일부가 말려 들어갈 위험이 있다.

④ 안전장치가 없어서 걸레를 위로 넣었을 때 롤러가 멈추지 않아 손이 물려 들어갈 위험이 있다.

나) 안전대책

① 회전 중 롤러의 죄어 들어가는 쪽에서 직접 손으로 눌러 닦고 있어서 손이 물려 들어가게 되므로 전용의 청소도구를 사용한다.

② 청소를 할 때는 기계의 전원을 차단한다.

③ 체중을 걸쳐 닦고 있어서 물려 들어가게 되므로 바로 서서 청소한다.

④ 안전장치가 없어서 걸레를 위로 넣었을 때 롤러가 멈추지 않아 손이 물려 들어가므로 안전장치를 설치한다.

▲ 해당 답안 중 각각 3가지씩 선택 기재

01 영상은 작업자의 개인용 보호구의 한 종류를 보여주고 있다. 해당 보호구의 세부 명칭을 쓰시오.(5점)

[기사1601A/기사1701C/기사1802A]

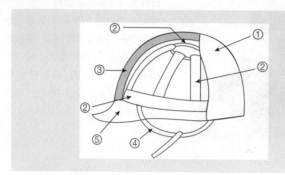

개인용 보호구에 해당하는 안전모
를 보여주고 있다.

① 모체   ② 착장체(머리고정대)   ③ 충격흡수재
④ 턱끈   ⑤ 챙(차양)

02 영상은 2m 이상 고소작업을 하고 있는 이동식비계를 보여주고 있다. 다음 (   ) 안을 채우시오.(4점)

[기사1301A/기사1503A/기사1601A/기사1701C/기사1702C/기사1801C/기사1902C/기사1903B/기사2002B/기사2103C]

높이가 2m 이상인 이동식 비계의 작업발판
을 설치하던 중 발생한 재해 상황을 보여주
고 있다.

비계 작업발판의 폭은 (①)센티미터 이상으로 하고, 발판재료 간의 틈은 (②)센티미터 이하로 할 것

① 40   ② 3

03 영상은 전주에서 활선작업 중 감전사고가 발생하는 장면을 보여주고 있다. 화면을 보고 해당 작업에서 내재되어 있는 핵심 위험요인 2가지를 쓰시오.(4점)

[기사1301A/기사1401A/기사1601B/기사1701A/기사1701C/기사1802B/기사1803A/기사2002C/기사2002D]

영상은 작업자 2명이 전주에서 활선작업을 하고 있다. 작업자 1명은 아래에서 주황색 플라스틱으로 된 절연방호구를 올려주고 다른 1명이 크레인 위에서 이를 받아 활선에 절연방호구를 설치하는 작업을 하다 감전사고가 발생하는 상황이다. 크레인 붐대가 활선에 접촉되지는 않았으나 근처까지 접근하여 작업하고 있으며, 위쪽의 작업자는 두꺼운 장갑(절연용 방호장갑으로 보임)을 착용하였으나 아래쪽 작업자는 목장갑을 착용하고 있다. 작업자 간에 신호전달이 원활하지 않아 작업이 원활하지 않다.

① 작업자가 보호구(내전압용 절연장갑)를 착용하지 않아 감전위험에 노출되었다.
② 근로자가 활선 접근 시 지켜야 하는 접근한계거리를 준수하지 않아 감전위험에 노출되었다.
③ 크레인 붐대가 활선에 가깝게 접근해 감전 위험이 있다.
④ 작업자들 간에 신호전달이 원활하게 이뤄지지 않고 있다.

▲ 해당 답안 중 2가지 선택 기재

04 영상은 화물을 매달아 올리는 장면을 보여주고 있다. 해당 작업을 시작하기 전 점검사항을 2가지 쓰시오.(단, 경보장치는 제외한다)(4점) [기사1402A/기사1503B/기사1701C/기사1702A/기사1802C/기사1803B/기사2001A/기사2004A/기사2101A]

이동식크레인 붐대를 보여준 후 와이어로프에 화물을 매달아 올리는 영상을 보여준다.

① 브레이크·클러치 및 조정장치의 기능
② 와이어로프가 통하고 있는 곳 및 작업장소의 지반상태

05 영상은 석면을 취급하는 장면을 보여주고 있다. 작업자가 마스크를 착용하고 있으나 석면분진 폭로위험성에 노출되어 있어 작업자에게 직업성 질환으로 이환될 우려가 있다. 그 이유를 상세히 설명하고, 장기간 폭로 시 어떤 종류의 직업병이 발생할 위험이 있는지 3가지를 쓰시오.(6점)

[기사1301B/기사1301C/기사1303A/기사1402A/기사1501A/기사1502B/산기1502C/기사1601A/산기1701B/기사1701C/기사1703A/기사1901C/산기1903B]

송기마스크를 착용한 작업자가 석면을 취급하는 상황을 보여주고 있다.

가) 이유 : 석면 취급장소는 특급 방진마스크를 착용하여야 하는데, 해당 작업자가 착용한 마스크는 방진전용마스크가 아닌 배기밸브가 없는 안면부여과식이어서 석면분진이 마스크를 통해 흡입될 수 있다.

나) 발생 직업병 : ① 폐암 ② 석면폐증 ③ 악성중피종

06 영상은 감전사고를 보여주고 있다. 재해를 예방할 수 있는 방안을 3가지 쓰시오.(6점)

[기사1403B/기사1503A/기사1701C/기사1802C/기사2103A]

영상은 작업자가 단무지가 들어있는 수조에 수중펌프를 설치하는 작업을 하고 있는 상황이다. 설치를 끝내고 펌프를 작동시킴과 동시에 작업자가 감전되는 재해가 발생하는 상황을 보여주고 있다.

① 모터와 전선의 이음새 부분을 작업 시작 전 확인 또는 작업 시작 전 펌프의 작동여부를 확인한다.
② 수중 및 습윤한 장소에서 사용하는 전선은 수분의 침투가 불가능한 것을 사용한다.
③ 감전방지용 누전차단기를 설치한다.

07 컨베이어 작업 시 가장 위험한 원인 및 사고발생 시 즉시 취해야 할 조치에 대해 쓰시오.(4점)

[기사1701C/기사1803B]

영상은 작업자가 컨베이어가 작동하는 상태에서 컨베이어 벨트 끝부분에 발을 짚고 올라서서 불안정한 자세로 형광등을 교체하다 추락하는 재해사례를 보여주고 있다.

① 원인 : 기계의 전원을 차단시키지 않고 작업
② 조치 : 피재기계의 정지

08 영상은 롤러기를 이용한 작업상황을 보여주고 있다. 긴급상황이 발생했을 때 롤러기를 급히 정지하기 위한 급정지장치의 조작부 설치 위치에 따른 급정지장치의 종류를 3가지로 분류해서 쓰시오.(6점)

[기사1701C/기사1902A/기사2101C/기사2303B]

작업자가 롤러기의 전원을 끄지 않은 상태에서 롤러기 측면의 볼트를 채운 후 롤러기 롤러 전면에 부착된 이물질을 불어내면서 면장갑을 착용한 채 손을 회전 중인 롤러에 대려다가 말려 들어가는 사고를 당하고 사고 발생 후 전원을 차단하고 손을 빼내는 장면을 보여준다.

① 손 조작식 : 밑면에서 1.8[m] 이내
② 복부 조작식 : 밑면에서 0.8~1.1[m]
③ 무릎 조작식 : 밑면에서 0.6[m] 이내

09 영상은 퍼지작업 상황을 보여주고 있다. 이 퍼지작업의 종류 4가지를 쓰시오.(6점)

[기사1402B/기사1502A/기사1503B/기사1701C/기사1802B/기사2002A/기사2004A]

영상은 불활성가스를 주입하여 산소의 농도를 낮추는 퍼지작업 진행 상황을 보여주고 있다.

① 진공퍼지　　　　　　　② 압력퍼지
③ 스위프퍼지　　　　　　④ 사이펀퍼지

MEMO

MEMO